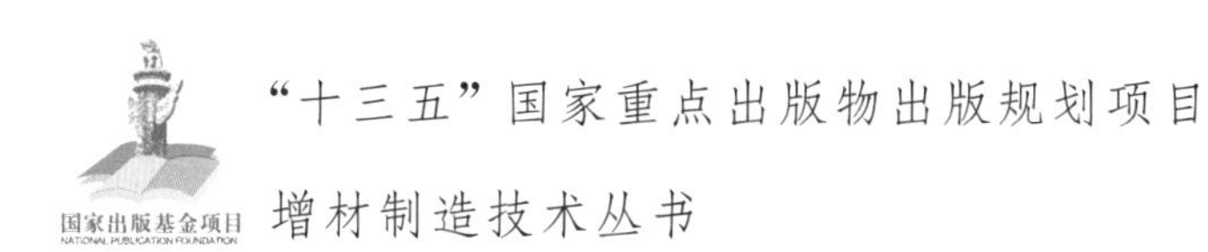

“十三五”国家重点出版物出版规划项目

增材制造技术丛书

激光增材制造在线监控系统理论与技术

Laser-based Additive Manufacturing System Monitoring and Control：Theory and Applications

朱锟鹏　傅盈西　著

国防工業出版社

·北京·

内 容 简 介

激光增材制造是目前应用范围最广、实用意义最大的增材制造技术，其在工业和医疗领域，尤其是在航空航天领域具有广阔的应用前景。金属增材制造的在线监测与智能过程控制是实现高性能增材制造装备的核心技术之一。本书对激光增材制造过程与工艺参数、建模、材料微观组织、熔池动力学及成形过程监控等基础理论与技术展开讨论，重点研究增材制造过程建模的数据驱动模型、过程监测及智能控制技术，对成形过程中的声、光、图像进行采集，通过智能监测与信息处理，实现对激光增材制造过程中缺陷的智能监测与控制，提高成形零部件的质量、可靠性、生产效率。本书的内容对金属增材制造技术在航天、医疗等领域的应用有十分重要的理论与工程实践意义。

本书面向对增材制造领域感兴趣的科研人员、从业工程师和制造业专业人员，也可作为高年级本科生或研究生的学习参考书。

图书在版编目(CIP)数据

激光增材制造在线监控系统理论与技术 / 朱锟鹏，傅盈西著. —北京：国防工业出版社，2021.11
(增材制造技术丛书)
“十三五”国家重点出版项目
ISBN 978-7-118-12403-3

Ⅰ.①激… Ⅱ.①朱… ②傅… Ⅲ.①激光加工-在线控制-研究 Ⅳ.①TG665

中国版本图书馆 CIP 数据核字(2021)第 201242 号

※

国防工业出版社出版发行
(北京市海淀区紫竹院南路 23 号 邮政编码 100048)
雅迪云印（天津）科技有限公司印刷
新华书店经售

*

开本 710×1000 1/16 **印张** 34 **字数** 595 千字
2021 年 11 月第 1 版第 1 次印刷 **印数** 1—3 000 册 **定价** 198.00 元

(本书如有印装错误，我社负责调换)

国防书店：(010)88540777 书店传真：(010)88540776
发行业务：(010)88540717 发行传真：(010)88540762

总 序

—

Foreward

增材制造(additive manufacturing，AM)技术，又称为3D打印技术，是采用材料逐层累加的方法，直接将数字化模型制造为实体零件的一种新型制造技术。当前，随着新科技革命的兴起，世界各国都将增材制造作为未来产业发展的新动力进行培育，增材制造技术将引领制造技术的创新发展，加快转变经济发展方式，为产业升级提质增效。

推动增材制造技术进步，在各领域广泛应用，带动制造业发展，是我国实现强国梦的必由之路。当前，推动制造业高质量发展，实现传统制造业转型升级等，成为我国制造业发展的重中之重。在政府支持下，我国增材制造技术得到了迅速的发展，增材制造技术与世界先进水平基本同步，高性能复杂大型金属承力构件增材制造等部分技术领域已达到国际先进水平，已成功研制出光固化成形、激光选区烧结成形、激光选区熔化成形、激光净成形、熔融沉积成形、电子束选区熔化成形等工艺装备。增材制造技术及产品已经在航空航天、汽车、生物医疗等领域得到初步应用。随着我国增材制造技术蓬勃发展，增材制造技术在各领域方向的研究取得了重大突破。

增材制造技术发展日新月异，方兴未艾。为此，我国科技工作者应该注重原创工作，在运用增材制造技术促进产品创新设计、开发和应用方面做出更多的努力。

在此时代背景下，我们深刻感受到组织出版一套具有鲜明时代特色的增材制造领域学术著作的必要性。因此，我们邀请了领域内有突出成就的专家学者和科研团队共同打造了这套能够系统反映当前我国增材制造技术发展水平和应用水平的科技丛书。

“增材制造技术丛书”从工艺、材料、装备、应用等方面进行阐述，系统梳理行业技术发展脉络。丛书对增材制造理论、技术的创新发展和推动这些技术的转化应用具有重要意义，同时也将提升我国增材制造理论与技术的学术研究水平，引领增材制造技术应用的新方向。相信丛书的出版，将为我国增材制造技术的科学研究和工程应用提供有价值的参考。

卢秉恒

卢秉恒，中国工程院院士，西安交通大学教授。

前 言

—

Preface

自20世纪90年代后期用于金属零件成形的激光增材制造(laser additive manufacturing，LAM)技术问世以来，其功能不断扩展并应用到许多工业领域。面向金属的激光增材制造的独特功能是生成复杂形状的、功能渐变的或定制的零部件，如电力电子、医疗器械和航空航天等功能部件的制造。许多企业已开始使用LAM技术来缩短产品上市时间，以期提高产品性能并降低制造成本。激光增材制造被一些学者誉为"第三次工业革命"，它具有变革性的制造能力和成本效益，以及大规模定制生产的潜力。尽管近年来LAM工艺取得了长足的进步，但仍有许多技术难点有待解决，例如，零部件精度、可重复性和一致性不足以及缺乏有效的工艺过程与质量控制。为了实现LAM带来的"制造革命"的潜力，必须在满足所有严格质量与功能要求的同时，快速、高效地制造产品。激光增材制造过程的在线监测与智能过程控制是解决这些问题的重要基础，是实现高精度增材制造设备的核心技术之一。

本书通过提供背景知识，回顾LAM成形及监测技术的最新进展，系统探讨有关LAM设计、仿真、监测和控制成形零部件质量问题，以期为解决以上不足提供系统的解决方法。本书的研究内容对金属增材制造技术在航空航天、电力电子、医疗器械等制造领域的扩展与应用具有十分重要的意义。

本书思路

本书是两位作者近十年在增材制造工艺与过程监测领域研究的合作成果。作者认为，在当前知识结构下，充分利用工艺过程的传感与测试信息，并通过信息处理与机器学习方法建模实现LAM过程监控，是目前解决这些问题的最佳技术框架。基于这样的认识，我们利用先进的信息处理（包括信号、图像与视觉）和机器学习领域研发的最新方法，并将它们应用于成形过程监控问题，尽管这些方法最初都不是在考虑成形过程监测的情况下开发的——这种关于成形过程监控的观点在当前研究领域已经得到了很大程度认同与发展。本书的主要目的是向读者提供信息处理与机器学习（或模式识别）方法的概要，并介绍在成形过程监测问题中应用的机器学习工具。此外，作者希望读者能够理解这种方法的一般性质，并看到它非常适合于处理实际成形过程监控中遇到的不确定性问题。

需要指出的是：当我们说采用机器学习方法来解决成形过程监控问题，并使用模式识别算法来实现这种方法时，并不排除物理（或机理）模型的使用。物理模型的发展历来都是研究的主要内容，本书在第一部分通过大量篇幅讨论这些机理问题及其数值仿真方法。然而，由于与成形缺陷起始和演化相关的时间尺度变化很大，以及增材制造系统的复杂性影响因素，成形过程监控的物理过程建模变得具有很强的挑战性，准确性也难以保证。我们并没有将自己限制在特定的机器学习模型形式上，因此如果这些模型是可用的，并且已经过验证，那么通过机器学习的方法，以数据驱动的增材制造过程监控将能从这些物理模型中获得改进。利用信息系统与物理系统的深度融合技术（cyber-physical system，CPS），是增材制造状态监控系统发展的必然趋势。

最后，作者希望本书能为研究者提供成形过程监控技术的参考资料，了解该技术的一般背景、当前研究状况、发展趋势与局限性等，使读者能够在其特定的应用背景下进一步研究这一课题。

本书读者

本书面向对增材制造领域感兴趣的研究人员、从业工程师和制造业专业人员，还可作为高年级本科生或研究生的学习参考书。本书对LAM机械特性、材料性能和信号处理、智能建模等数学方法进行了深入详细的讨论。每章都从提供有关主题的理论背景信息、术语、定义等开始，以帮助非主题专业读者深入研究。为了帮助读者理解主题，示例和案例研究在文中或章末介绍。

对于大多数读者来说，增材制造系统过程监控仍然是一个充满未知、等待研究的课题。作者试图通过本书提供一些最新的领域研究总结，并给出一般性的方法来解决增材制造过程监控问题。然而，随着新方法的不断提出，可以预计这项技术将持续快速地发展。即使对于本书所提出的主题，我们的讨论也绝不是完整的。因此，我们鼓励读者寻找其他最新期刊论文与书籍，以便对这一主题进行更广泛、更深入的探讨。

内容安排

本书通过对激光增材制造工艺与过程参数、各种材料微观组织及其力学性能等展开讨论，重点研究金属激光增材制造(metal additive manufacturing，MAM)过程建模的数据驱动模型、过程监测及智能控制，基于此对成形过程中的声、光、图像等信息进行采集与处理，通过智能模型，实现对成形过程中的缺陷监测与控制。本书分为4个部分，共10章。

第一部分(第1～4章)介绍了LAM作为一种工艺的发展概况及前景，讨论了与LAM相关的概念和技术，并重点研究金属LAM技术。研究的主题包括MAM与粉末床熔融工艺(powder bed fusion，PBF)，系统特性与技术参数、材料与粉末性能、熔池形态以及热动力学性质(包括热分析和流体流动、热效应产生的微观结构、涉及熔化过程中熔融金属的凝固、残余应力)等，以及这些过程中产生的缺陷机理，并以过程监控为目的对缺陷进行分类。

第二部分(第5章)重点介绍与成形有关的计算机辅助设

计(CAD)和建模技术，例如，CAD 切片、几何精度、参数优化等，以期达到更好的零部件质量。探讨具有复杂几何形状的零件，如悬垂结构、阶梯效应等有关问题的设计方法及研究工作。

第三部分(第 6～8 章)讨论了通常用于成形过程监控的信号处理与机器学习方法，包括传统的统计信号处理、图像处理、小波分析、模式识别以及最新发展的深度学习理论。

第四部分(第 9、10 章)讨论了用于成形过程监测过程的模型与控制方法、测量与传感器以及分析传感器输出的方法，概述了与每种不同类型的传感器相关联的处理参数的范围与特点。最后从文献中选取当前有代表性的研究实例，从激光增材制造监测系统、过程控制系统、监控系统的信号、图像与智能方法等方面介绍研究实例，并总结与讨论当前研究动向。

在这里需要指出的是：增材制造过程监控是一个多学科的主题，本书所讨论的内容在力学、无损监测、信号处理、检测理论、机器学习和工程测试等课程中有一定程度的涵盖。面对如此广泛的题材，作者不得已在对这些主题进行全面和详细的处理之间取得平衡，以使本书保持合理的篇幅。这导致在内容方面做出大幅压缩，许多章节本身可以扩充成完整的专著(如第 6 章，状态监测的信号处理问题)。这里作者所采取的策略是充分详细地解释材料，使读者能够理解概念和关键问题，然后利用引文向读者更详细地介绍各种主题。

致谢

本书中总结的工作代表了许多同行的贡献。在某种程度上，本书正是在作者试图学习并理解同行的研究工作之后汇编而成的，如果同行的研究工作没有被适当地引用或注明，作者要为这些遗漏提前道歉。

在本书的写作过程中，作者要感谢一批优秀的、具有奉献精神的研究生，本书是在他们的支持下完成的，特别是：

中科院先进制造所精密制造实验室的段现银、林昕、李国超和李斯博士，博士研究生张宇、郭浩、余小龙，硕士研究生凌志豪、黄称意、孙剑、李鑫。

作者还要感谢新加坡国立大学的 Hong Geok Soon 教授、Wong Yoke San 教授、Lu Wen-Feng 教授长期以来的支持与指导。

感谢中科院先进制造技术研究所与新加坡国立大学提供的宽松的科研环境，使得这项工作得以顺利完成。

感谢国家基金委、中科院以及江苏省产业技术研究院的项目支持，感谢新加坡科技局、新加坡国立大学长期以来的项目支持。

有关本书的内容与任何不足之处，欢迎读者来信批评指正：zhukp@iamt. ac. cn。

朱锟鹏　傅盈西

2019 年 12 月

目 录

Contents

第1章 激光增材制造研究及应用现状

第2章 激光增材制造工艺技术基础

第6章 状态监测的信号分析基础

第9章 在线测量与监控方法

第10章 研究实例

第1章 激光增材制造研究及应用现状

1.1 增材制造简介

制造是指通过各种加工技术，使用劳动力和工具，将原材料或零部件按照预先确定的设计模式转化为成品的工艺过程。当金属作为这一工艺中的主要原材料时，它是金属制造。金属制造业经历了工业时代的无数次变革，逐渐转变为现代制造业。

从第一次工业革命到第三次革命，学者们提出了计算机集成制造系统，其中大规模及自动化生产(指批量生产类似零部件)是现代制造技术的核心。随后，制造技术开始转向以客户为中心的方法，由此带来了定制生产(指基于客户需求的单个零部件生产)的理念，以满足客户个性化需求，提高产品竞争力。各制造行业都力图在客户需求和产品供求之间取得良好的平衡。增材制造是目前实现大规模定制产品中最重要的生产工艺，它集合了制造业中的“量产”和“定制生产”的技术优势，为制造业的发展创造了新的机遇。

根据我国2018年实施的国标(GB/T 35351—2017)，增材制造(additive manufacturing，AM)被定义为：以三维模型数据为基础，通过材料堆积的方式制造零件或实物的工艺[1]。美国材料与实验协会(ASTM F2792)及国际标准化组织(ISO 17296)将增材制造定义为：一种根据三维模型数据黏合材料形成零部件的工艺，通常为材料层层叠加的过程，与减材制造正好相反[2]。后者的定义突出了增材制造与传统加工方式的不同。

基于不同的分类原则和理解方式，增材制造技术还有快速原型、快速成形、快速制造、3D打印等多种称谓[3]，其内涵仍在不断深化，外延也在不断扩展。需要指出的是，目前国内外关于增材制造各方面的研究正蓬勃发展，虽然出版了大量的文献，但科学界没有统一的增材制造术语标准，国际标准与国标（如 GB/T 35351—2017）关于术语定义也有出入。本书的中文术语以国标 GB/T 35351—2017 为基准，对没有对应术语的则按照行业使用较多的用法来翻译，并在第一次使用时注释相应的英文表达。

增材制造相对于传统制造工艺的显著特征是计算机驱动的逐层堆积，而不需要加工部件所需的特定刀具和夹具以及多道加工工序，在一台设备上可快速精密地制造出任意复杂形状的零件，从而实现了零件“自由制造”，解决了许多复杂结构零件的成形，并大大减少了加工工序，缩短了加工周期。而且产品结构越复杂，其作用就越显著。增材制造技术能高效地利用可用的原材料，产生最小的浪费，同时突破成品零件几何结构限制，得到令人满意的精度，是真正意义上的数字化制造技术。增材制造的这一点也启发了创新设计，避免了传统制造工艺必需的加工和组装过程。

增材制造技术的最初应用仅限于创建可视化模型和原型，以加快组件的设计和生产周期，因此也称为快速原型制造或 3D 打印。增材制造能够以多种材料生产全功能零件，包括金属、陶瓷、聚合物及其以复合材料或功能梯度材料（FGM）各种形式的组合。在这些材料中，聚合物作为主要材料在快速原型设计的第一代机器中得到广泛使用[4-6]。但是，该技术不仅限于聚合物材料，也可以使用增材制造将包括金属[7-10]、陶瓷、纳米材料、药物和生物材料[11-13]在内的所有类型的材料转换为 3D 形状和结构。根据原材料结合机理、成形及送料方式的不同，国际标准化组织（ISO）/美国测试和材料学会（ASTM）52900：2015 标准将增材制造工艺分为 7 个类别：

（1）黏合剂喷射（BJ）；

（2）定向能量沉积（DED）；

（3）材料挤出（ME）；

（4）物料喷射（MJ）；

（5）粉末床熔融（PBF）；

（6）薄材叠层（SL）；

（7）立体光固化（VP）。

表 1－1 总结了这 7 个系统中每个系统的基本原理、制造的示例材料及优缺点，并给出了特定的增材制造技术的主要设备制造商。

表1-1 ASTM的7个工艺类别的基本原理(改编自参考文献[14])

工艺类型	基本原理	技术案例	优点	缺点	材料	设备制造商
黏合剂喷射BJ	液体黏结剂喷射在每层粉末薄层上。零件通过粘住粉末逐层成形	• 3D喷墨技术	• 无支撑/无基板 • 自由设计 • 适合大体积成形 • 快速打印 • 成本相当低	• 易脆,力学性能有限 • 可能需要后处理	• 聚合物 • 陶瓷 • 复合材料 • 金属 • 混合物	Exone,美国 PolyPico,爱尔兰
定向能量沉积DED	沉积过程中利用聚焦热能熔化材料	• 激光沉积(LD) • 激光工程化净成形(LENS) • 电子束 • 等离子电弧体熔化	• 能够高度控制晶粒结构 • 零件质量高 • 修复领域的应用效果很好	• 需要权衡表面质量与速度 • 只适合于金属/金属混合物	• 金属 • 复合材料	Optomec,美国 InssTek,美国 Sciaky,美国 Irepa Laser,法国 Trumpf,德国
材料挤出ME	通过喷嘴或孔口选择性挤出材料	• 熔融沉积(FDM) • 熔丝制造(FFF) • 熔融层制造(FLM)	• 广泛应用 • 价格低 • 可扩展 • 能够实现零件全功能性成形	• 垂直各向异性 • 阶梯结构表面 • 细节上不足	• 聚合物 • 混合物	Stratasys,美国
物料喷射MJ	打印材料以液滴形式按需喷射沉积	• 3D喷墨技术 • 直写成形技术	• 高度准确的液滴沉积 • 材料浪费少 • 能够实现多材料成形 • 多颜色	• 通常需要支撑材料 • 主要使用光聚合物和热固性树脂	• 聚合物 • 陶瓷 • 复合材料 • 混合物 • 生物材料	Stratasys,美国 3D systems,美国 PolyPico,爱尔兰 3Dinks,美国 WASP,意大利

（续）

工艺类型	基本原理	技术案例	优点	缺点	材料	设备制造商
粉末床熔融 PBF	利用热能熔化粉床上打印材料的局部区域	• 电子束熔融技术（EBM） • 金属粉末直接激光烧结(DMLS) • 选择性激光烧结/熔化（SLS/SLM）	• 价格相当便宜 • 设备占地小 • 将粉床作为一体的支撑结构 • 材料的选择范围广	• 相当慢 • 缺乏结构完整性 • 有尺寸约束 • 需要的输入能量高 • 光洁度取决于前驱体粉末粒度	• 金属 • 陶瓷 • 聚合物 • 复合材料 • 混合物	EOS，德国 Concept Laser，德国 ARCAM，瑞典 MTT，德国 Phoenix Group，法国 Renishaw，英国 Matsuura，日本 3D systems，美国
薄材叠层 SL	烧结片材或箔材	• 分层实体制造（LOM） • 超声 • 超声波固结/超声波增材制造	• 高速度 • 低成本 • 材料处理简单	• 零件的强度和完整性取决于使用的黏合剂 • 需要后处理达到光洁度 • 材料使用类型有限	• 聚合物 • 金属 • 陶瓷 • 混合物	3D systems，美国 MCor，爱尔兰
立体光固化 VP	利用光固化液体缸中的液态光敏聚合物	• 立体光固化成形（SLA） • 数字光处理技术（DLP）	• 适合制造大型零件 • 准备度很高 • 表面光洁度和细节处理很好	• 只适合于光敏聚合物 • 保质期短，光敏聚合物力学性能差 • 前驱体贵，成形慢	• 聚合物 • 陶瓷	Lithoz，澳大利亚 3D Ceram，法国

增材制造工艺一般包含预处理、成形和后处理 3 个阶段。增材制造的这 3 个阶段为大规模定制提供了灵活性。在预处理阶段，首先设计了一个 3D CAD 模型，并将其转换为特定数据格式，用于切片和数控代码生成。3D CAD 模型提供了大规模定制的第一阶段，客户可以直接参与组件的设计，并对产品的外观具有最终决定权。在成形阶段，可以在定制设计完成后，在一个步骤中成形许多组件。在后处理阶段，每个产品都成为一个独立的实体，并且可以根据客户的要求进行热处理等后续加工。

一种典型的激光增材制造工艺系统（选区激光熔融，SLM）如图 1－1 所示。该工艺包括一层均匀分布在金属平台上的球形金属粉末（通常直径为 20～45 μm，厚度为 30～100 μm）。基于计算机生成的轨迹，激光束使用高速 *XY* 扫描镜对其进行扫描，聚焦激光束首先完全熔化一层粉末，然后平台下降一层厚度，整个过程重复，直到零件制造完成。成形平台位于金属室内部，在成形过程中用均匀的惰性气体（氦气或氩气）来保护，以防止熔池氧化并帮助去除产生的金属飞溅与蒸气。根据零件的方向和相对于需要成形的法向角度，通常需要为大于 50°的零件角度合并支撑结构。

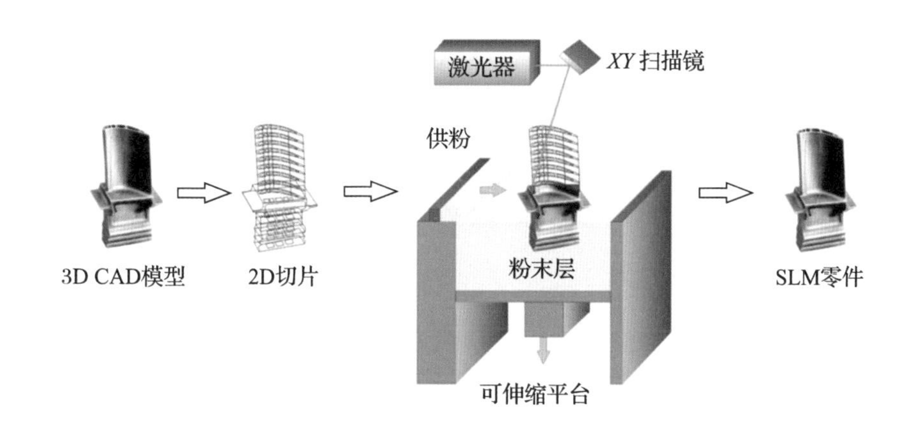

图 1－1　SLM 成形工艺流程

在增材制造中，材料层处于流体状态时最好沉积或定向。显然，聚合物和聚合物基产品（例如，聚合物基复合材料、杂化材料和 FGM）通常提供了便利，它们只需要相对较低的处理温度或在大气环境中进行生产，无需任何真空和惰性气体环境。聚合物的熔融温度和玻璃化转变温度较低，因此与陶瓷和金属相比，聚合物在较低的温度下更容易流动，冷却后也更容易实现固化和黏结。金属和陶瓷的熔化温度高，因此不易实现。它们涉及金属或陶瓷颗粒的表面熔化，然后进行晶粒生长的固态烧结。目前，直接激光熔化陶瓷或金属[6,13]也是可行的，并且发展迅速。

工艺的决定性因素是用于叠加材料的技术，材料的熔融和黏结原理不同，决定了不同材料适用的工艺不同。总的来讲，利用增材制造工艺加工形成产品的基本属性由以下因素决定：

(1)材料的种类(聚合物、金属、陶瓷或复合材料等)；

(2)熔融或黏结方法(熔化、固化、烧结等)；

(3)用作增材制造的原材料形态(液态、粉末、悬浮体、丝材、薄片等)；

(4)供料方式(送粉、铺粉等)。

1.2 激光金属增材制造技术概述

1.2.1 激光增材制造工艺分类

以激光束、电子束、等离子或离子束为热源，加热或熔化金属材料使之结合、直接制造零件的金属增材制造(MAM)方法，是增材制造领域目前发展最快的技术。其中，激光能量源具有能量密度高的特点，形成易熔的液态金属[15]，可实现对难加工金属材料的制造，如钛合金、镍基合金等；同时激光增材制造技术不受零件结构限制，可用于复杂拓扑结构的加工，在工业领域最为常见。

尽管每个工艺在材料、工艺及适用条件上有所差异，但基于激光的增材制造工艺仍具有相同的制造原理：使用激光束为熔化、连接或熔覆增材制造材料提供热能，或提供一定波长的光量子以引发聚合反应中的化学固化反应。基于激光的增材制造工艺原材料可以是粉末(金属、陶瓷和聚合物)、液体(树脂)或固体(纸张、塑料和金属)，使用粉末材料的基本类型包括激光烧结(SLS)、选区激光熔融(SLM)、电子束熔化(EBM)和激光金属沉积(LMD)。粉末熔合机制包括固态烧结、液相烧结、化学诱导结合和完全熔化。以液体或固体为原料的基于激光的增材制造工艺分别是立体光刻(SLA)和叠层实体制造(LOM)。

1.2.1.1　基于金属材料的增材制造工艺

增材制造最初被认为是一种仅适用于概念建模和快速原型制作的工艺，但多年来取得了突破性进展，并扩展到几乎可以使用的近净成形的金属部件。新一代增材制造工艺中，能够使用标准的增材制造工艺成形金属零部件的部分被称为“金属增材制造”(MAM)，通常也称为金属 3D 打印(3D metal printing)。以金属作为主要用作所有工程应用的原材料，金属增材制造为制造业增加了一个重要方面，它提供了轻量化、多部件合并、快速设计迭代等独特的优势。金属增材制造系统可以根据能源或材料的连接方式(如激光、电子束、等离子体等)进行分类。

这些类别中，其中 4 种能够用于金属零件生产：粉末床熔融(PBF)、黏结剂喷射(BJ)、薄材叠层(SL)和定向能量沉积(DED)[16-17](注：该分类包含非激光 AM 工艺)。金属增材制造技术自 20 世纪 90 年代初以来就开发了能够加工先进金属材料和合金的成形工艺，并在 21 世纪初经历了指数级的增长，如今已成为一些工业部门医疗、汽车和航空航天中重要零件的制造工艺[18]。与传统制造(例如铸造、机械切削加工等)相比，增材制造具有许多优势[19]：

- 生产任意复杂形状的零部件。例如，相互连接的冷却通道、网格或蜂窝状结构，图 1-2(a)显示了带有内部冷却通道的钛制热交换器。

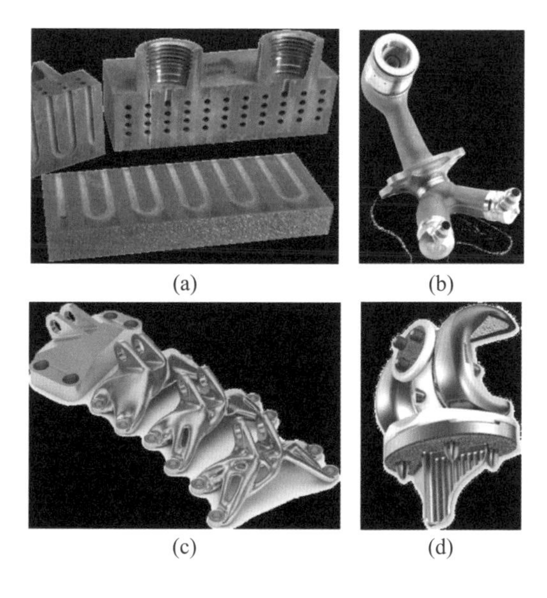

图 1-2
增材制造相对于传统工艺的优势
(a)复杂的几何形状；
(b)零件熔合[20]；
(c)减少材料浪费[21]；
(d)无需专用机床[22]。

• 零件熔结成完整部件。通过紧固、胶合或焊接多个较小零件制造一个完整的零件，图 1-2(b)显示了 GE LEAP 喷气发动机燃油喷嘴，由 20 个不同的组件组成[20]。

• 通过设计和拓扑优化减少零件重量和材料浪费。图 1-2(c)显示了由 3D Systems Inc. 开发的 GE 飞机发动机支架，该支架在最初只能满足经典功能，如今可以实现减轻 70%的支架重量同时满足所有功能和结构要求。

• 无需昂贵的专用机床即可生产零件。图 1-2(d)显示了通过增材制造成形的膝盖植入物，能够适合患者的特定尺寸和规格。

ISO 17296-1 提出了如图 1-3 所示的基于金属材料的增材制造工艺分类树。

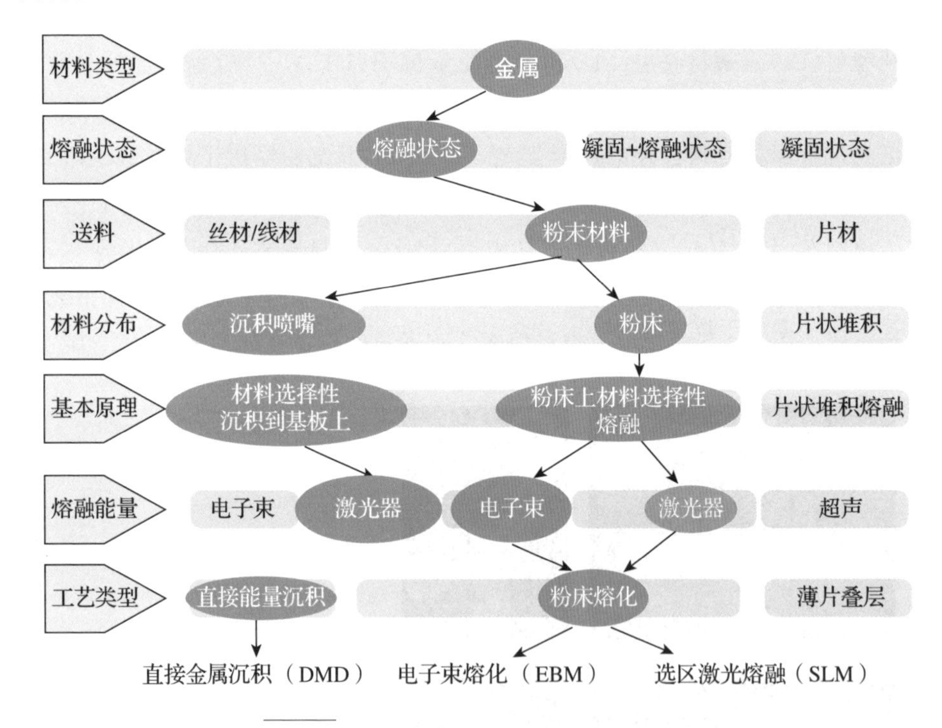

图 1-3　金属粉末材料的增材制造工艺[23]

选区激光熔融(SLM)是最常见的金属增材制造工艺之一，能够成形具有复杂形状的全致密金属零件，获得与传统制造工艺相同的零件力学性能。SLM 系统的基本组件包括高强度固态激光源、光束偏转机构、成形平台、粉末供给容器以及铺粉辊子或刮刀，如图 1-4 所示。开始成形之前，需将 3D

模型转换为增材制造工艺系统的标准文件创建切片数据。或对粉末进行预热，改善粉末的激光吸收性能，降低温度梯度，提高润湿性能。在 SLM 过程中，粉末平铺在平台上，计算机控制激光束选择性地扫描粉末，使粉末完全熔化和固结。当完成一层后，成形平台下降层厚距离，将新粉末铺在平台上，重复该过程至零件成形完成。

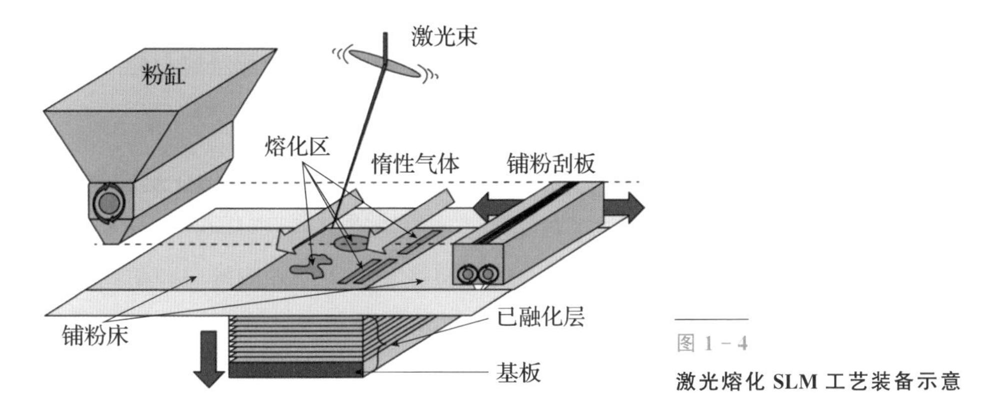

图 1-4
激光熔化 SLM 工艺装备示意

SLS 系统构成与 SLM 类似，但与完全熔化的 SLM 不同，选区激光烧结技术(SLS)只是将粉末部分熔化或加热至烧结点。在扫描前，将热熔性粉末预热并使其温度低于烧结点温度，激光扫描提供颗粒烧结或部分熔化所需的额外能量。在间接 SLS 中，粉末与聚合物黏合剂混合来改善烧结过程，增加生产部件的密度和强度。黏合剂可以是液体或固体形式，熔点比其他粉末颗粒低，方便将颗粒熔融在一起。起始混合物可以是粉末或浆液的形式。在烧结过程中黏合剂处于液态时，那么熔合过程称为液相烧结。随后进行去黏合工艺，除去聚合物，在炉中使颗粒烧结。在直接 SLS 中，没有添加黏合剂，激光与粉末颗粒的相互作用足以使颗粒结合。通常，可焊接材料都可用于 SLM 加工，包括纯金属(Al、Cr、Ti、Fe、Cu)，化合物(如 FeCu、FeSn、CuSn)，合金如镍基合金、钴不锈钢、工具钢以及诸如 Ti-6Al-4V 的钛合金。

激光金属沉积(LMD)亦被称为直接金属沉积(DMD)、激光近净成形(LENS)、激光熔覆、直接能量沉积等。激光金属沉积使用聚焦在工件上的激光束产生熔池，金属粉末同时注入熔池中，单熔轨道彼此相邻放置以形成单层，通过在相邻轨道顶部添加多个层生成近净几何形状。激光金属沉积粉末由喷嘴提供，图 1-5 所示为激光金属沉积工作原理。

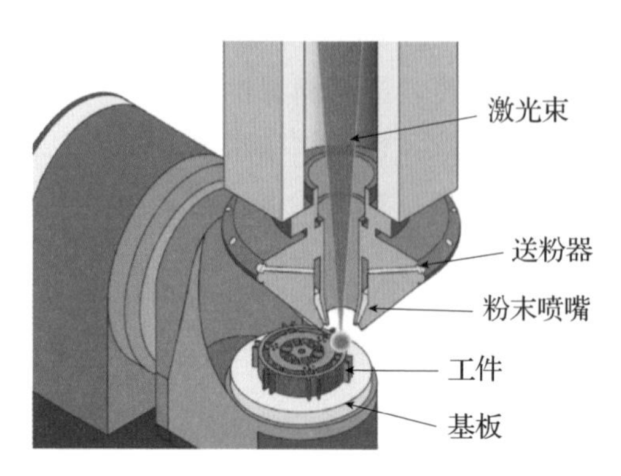

图 1－5
激光金属沉积工艺示意

在激光金属沉积中，粉末通过惰性气流（氦气或氩气）同轴或侧向进料。根据不同工艺参数（进给速度、送粉速度和激光功率），层厚从 0.1mm 变化到几毫米。该工艺可应用于高价值部件的破损修复、新部件的耐磨和耐腐蚀涂层制造。激光金属沉积使用直径为 0.5～3mm 的激光束，成形限制在局部区域，从而减小残余应力和热影响区域。而传统的修复技术（如钨惰性气体（TIG）和金属惰性气体（MIG）焊接）易大幅增大零件温度及分布区域，影响基体材料性能。和 SLM 类似，激光金属沉积与多数可焊接材料兼容，适用于多种纯金属及合金材料，如高熔点合金钛基合金、工具钢、镍基合金和不锈钢等。

熔丝沉积系统采用丝材成形部件。基于金属丝的激光金属沉积系统非常适合生产复杂度适中的大零件。与使用粉末相比，使用金属丝的优势包括更清洁的工作环境、更高的沉积速度和高效的资源利用率，因为所有金属丝都被有效地使用，且金属丝价格低。熔丝沉积系统金属丝材料包括 Inconel 625、Inconel 718 和 Ti－6Al－4V。针对熔丝沉积系统的特殊工艺策略，目前开展的研究包括热线策略或中央送丝。

1.2.1.2　基于聚合物的激光增材制造工艺

立体光刻（SLA）是一种早期开发的增材制造工艺，主要用于聚合物的加工。它通过计算机控制激光束扫描移动平台上的液态树脂感光聚合物，光敏聚合物在与适当波长的电磁波接触时固化，形成零部件。通常使用低功率激光器加工一层，随后平台下降一个层厚距离，将新树脂涂在固化层上，并逐层重复该过程，直至部件完成（图 1－6），将多余的树脂排干并清洗部件获得零件。

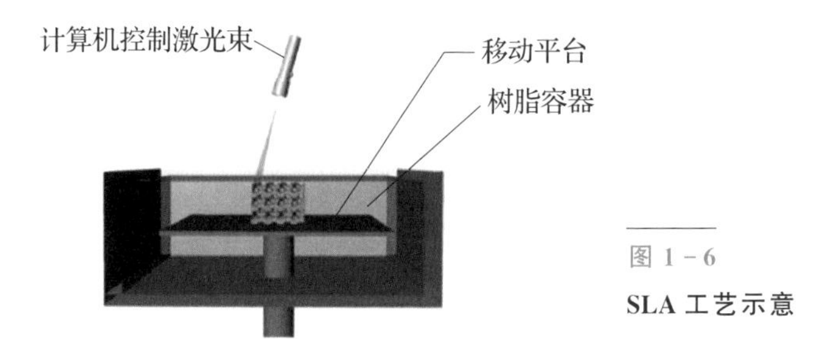

图 1-6
SLA 工艺示意

立体光刻具有许多优点，如尺寸精度高、表面光洁度平滑，主要应用于原型和非结构零件制造。立体光刻中最小尺寸可达 50～200 μm。用于立体光刻的树脂包括低分子量聚丙烯酸酯和环氧大分子单体。可加入非反应性稀释剂如甲基吡咯烷酮或水以降低黏度，还可以添加陶瓷颗粒制造聚合物陶瓷复合材料。另一方面，立体光刻存在需要支撑结构、无法加工金属、成本高以及树脂供应有限等问题。目前，已开发出用于生产微型产品的立体平版印刷术，亦被称为微立体平版印刷术。

叠层实体制造工艺（LOM）使用加热辊将黏合剂层沉积在平台上。首先采用 CO_2 激光器切割所需的横截面，然后在平台上铺上新层，重复该过程直到部件完成。图 1-7 为 LOM 工艺示意图。LOM 适用于塑料、织物、合成材料、复合材料以及金属板材。LOM 存在的问题包括切割过程中的材料及时间浪费以及高功耗。此外，激光束的不良控制可能导致激光能量渗透到先前切割的层中，导致尺寸不稳定和功率增加。该工艺已被进一步应用于采用金属板材生产金属部件，金属部件采用超声波固结和电阻焊接进行黏结[23]。

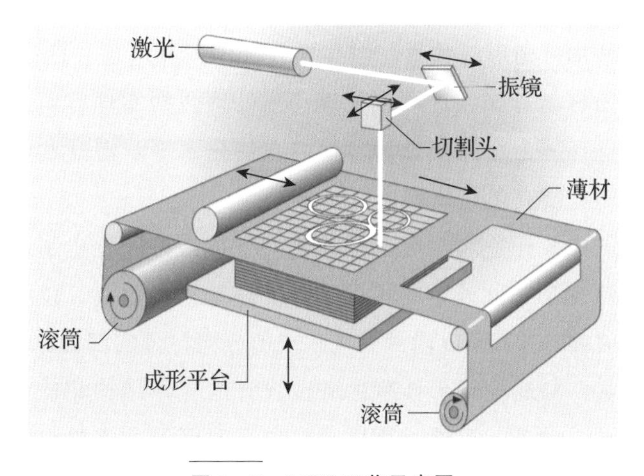

图 1-7　LOM 工艺示意图

1.2.2 激光增材制造工艺设计

增材制造与传统减材制造工艺相比具有完全相反的制造方式，它为设计提供了新的自由度，但需要与之相适应的设计规则。一般采用增材制造工艺生产的零件表面质量较差，影响因素较多，但通过工艺优化可有效提高表面质量。例如，在生产过程中，零件的横截面积应保持不变或变小，使热能均匀分布。如果每层的横截面积相对于初始横截面增加，会导致引入的热能过度增加而出现变形。为避免尖锐边缘导致的外形缺陷，边缘应该被圆化并钝化。应减少超过45°角的悬垂结构，此类结构具有较差的表面质量并且可能由于热应力而坍塌。零件应避免封闭空腔结构，由于零件完全建成后会去除多余的材料，封闭空间无法移除材料。为降低制造成本，可以采用晶格结构(Lattice Structure)。晶格结构具有高强度、低质量和高能量吸收率的优点，适用于高附加值的医疗和航空部件。

1.2.3 数据准备和后期处理要求

增材制造工艺首先需要采用CAD软件建立待成形零件的3D模型，并存储为STL文件。STL文件将原始CAD模型转化为小三角形表示，称为三角测量或曲面细分。STL文件是一种简单的数据格式，它使用三个点(x, y, z)和法向矢量来描述每个三角形，以区分表面内部和外部，从CAD数据计算多个切片。但是，在曲面细分过程中会出现异常间隙、面退化等错误。为减少错误，可以增加三角形的数量，但会导致文件内存增加。然后，将STL文件导入特定的增材制造软件进行预处理。预处理包括零件方向、支撑结构以及切片模型的选择。为增加预处理过程的自动化水平，需开发数学程序优化增材方向及策略，提高填充效率。

数据准备的主要任务之一是选择合适的支撑结构，防止制造过程中悬垂表面坍塌或部件变形。此外，应尽量减少支撑结构的数量，以降低成本、材料消耗和成形时间。采用3D隐函数优化成形方向，可实现支撑件位置优化并减少支撑件数量。与通过基于体素的方法设计的支撑结构相比，该优化方法可显著减轻重量。此外，可通过软件预估成形时间及所需材料，并将软件信息导入增材制造硬件系统。

在生产开始前，需设置合适的增材制造工艺参数(能量源、层厚度、时间)。在生产结束后，去除支撑结构及多余材料，获得零件。立体光刻工艺在后期采用紫外线使生成的零件充分固化，从而提高机械强度。对于基于粉末的工艺，多余的粉末可部分回收利用。通过热处理等后续工序提高零件密度、拉伸强度和外观，降低残余应力。通过喷砂处理或酸蚀可以改善由粉末基工艺制造的部件的表面完整性。表面处理对于提高零件的尺寸精度和外观非常关键。在增材制造中改善零件力学性能的常用方法是热等静压(HIP)和真空退火、正火等热处理，也可以进行涂覆和抛光以改善所生产零件的外观。

1.2.4　增材制造生产链质量控制

目前，增材制造产品在尺寸公差、表面特性、内部材料缺陷和力学性能方面存在明显差异，为使其在工业中得到推广应用，必须完善增材制造质量管理体系。该质量体系在 2006 年工业增材制造早期阶段已被提及[22]。

对增材制造产品进行全面认证的质量管理体系需要覆盖整个工艺链，从增材制造工艺的原材料检测开始，至零件后处理并获得最终产品质量，为此，在工艺链的不同工序之间增加质检并明确合格标准。但是，增材制造工艺链需要考虑很多影响因素。研究显示，SLM 工艺链中的影响(输入)参数最多可达 130 个。针对 SLM 工艺链，较强的影响因素包括 5 个：“设备”“材料”“产品”“批次”和“已成形部位”[22]。

增材制造成形过程中，装备及工艺过程所产生的间接信号与零件质量密切相关。增材制造的核心技术之一是对成形参数(例如激光功率)、粉末层质量(例如通过光学层观察)和粉末性质进行连续控制、观察、测量和记录。成形过程监测信号可以是光学信号、声发射、图像、温度、涡流信号等。因此，可以通过传感器采集声音、噪声、超声波、反射激光或熔化过程(例如熔池)产生的热辐射等信号，监测成形过程异常情况。可靠的质量控制取决于成形过程中相关信号的连续获取、识别与分析。此外，生产链中的工艺参数和成形状态必须同时记录存储。由于参数繁多，质量控制系统应该只包括对最终零件质量影响最大的成形参数。部分质量定义参数必须根据工业部门的要求来定义。基于粉末床的增材制造系统的质量管理系统如图 1-8 所示，包括整个工艺链中所需的控制和测量。

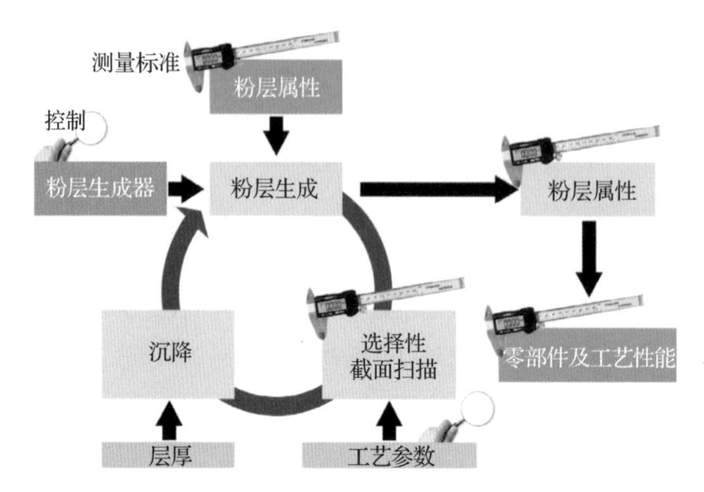

图 1-8 基于粉末床的增材制造系统质量管理体系[22]

非侵入式过程监控解决方案(non-invasive in-process monitoring solutions)是整个工艺链中另一个重要组成部分，可以在材料成形过程中实现缺陷检测。过程监测目前大多是基于熔池的监测，需要进一步开发完整的监测解决方案，评估制造设备及成形材料的质量。过程监控系统是开发闭环反馈控制的基础，该系统需要与最终零件无损检测(NDT)数据相关联，向用户解释监测数据，并建立缺陷类型和质量的评价标准。

最后，零件最终状态需要关注的参数包括：

• 材料密度；

• 机械材料特性(强度、弹性模量、断裂伸长率)；

• 表面质量；

• 在成形方向上悬垂的表面尺寸和几何精度。

质量管理程序将为增材制造工艺链的改进提供基础，并且可以在没有NDT的情况下直接验证最终零件。但是，目前尚无认证需要的特定协议和标准，迫切需要制定和实施具体的质量认证流程和标准。

1.2.5 工业应用与商业化系统

增材制造为制造工艺提供了独特的优势，即几乎无限制的设计自由度。增材制造在小批量或具有复杂几何形状零件的生产中具有明显优势，与传统技术(例如铣削)相比，增材制造的成本仅随其复杂性缓慢增加。

图 1-9 为不同制造工艺的组合分析。考虑到数量和几何结构的复杂性，增材

制造工艺适用于生产数量较少的复杂成形零件，同时在切削及熔模铸造领域的应用不断增加。然而，增材制造工艺的可靠性及其所获得零件材料的质量仍有待验证。增材制造零件表面质量及几何精度差，通常需要后处理才能达到要求。同时，与传统工艺如铣削、成形和熔模铸造相比，增材制造工艺效率较低。

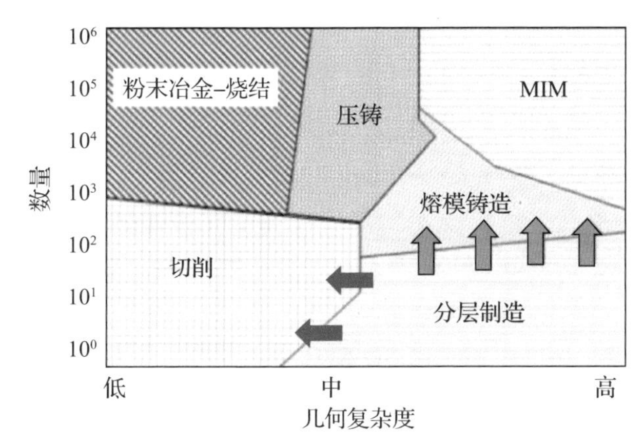

图 1-9 考虑产量和几何结构复杂性制造工艺组合分析[22]

在目前大约 100 种增材制造工艺中，只有少数基于激光的增材制造工艺在工业中得到有效应用。其中，用于聚合物的立体光刻和用于金属部件的 SLM 应用较多。Schmidt 等[22]对比了产品生命周期所需要的总能耗，显示增材制造相比传统制造具有较低的能耗。在生产阶段，如果重新设计整个系统，避免使用昂贵的工具，增材制造则具有明显优势。在使用阶段，零件性能的提高及交货时间的缩短降低了使用能耗。在产品生命后期回收阶段，零件数量的减少降低了回收能耗。

在商业应用中，最为成功的是粉末床熔融(PBF)技术。德国在 PBF 系统装备研发上具有国际领先地位。德国 EOS 是一家成立于 1989 年的制造企业，生产金属和聚合物增材制造设备。EOS 已将其金属增材制造工艺注册为金属粉末直接激光烧结(DMLS)。EOS 销售多种用于加工金属粉末材料和聚合物粉末材料的机器，开发的 PRECIOUS M 080 设备于 2014 年首次亮相，可以加工贵金属，如金、银、铂金或贵金属合金。EOS 公司最新研发的设备 EOS M290 可将成形金属零件的表面精度提高到传统铣削水平，成形的最大尺寸为 250mm×250mm×325mm，光纤激光器功率为 400W，扫描速度可达 7m/s，成形精度达 6 μm，具有较高的成形效率。

德国机床厂商 SLM Solutions 也开发了激光粉末床制造设备。该公司的

SLM 500HL 设备，成形尺寸达 500mm×280mm×325mm。SLM Solution 可根据客户的需求提供不同的解决方案，销售开放式系统，客户可以使用自己的粉末或开发自己的参数以实现特殊应用。为了保持竞争力，EOS 和 SLM 扩展了它们的专利许可协议，并通过进一步的交叉许可协议，就激光束熔化和金属烧结设备研发展开合作。

德国 Concept Laser 公司被美国通用电气(GE)公司收购，该公司也在开发用于 PBF 的设备，名为 laser cusing。2014 年 SISMA(意大利)和 Trumpf(德国)成立 3D 打印合资企业，开发用于工业系列制造的激光金属 3D 打印机。在 2015 年，该产品通过激光束熔化在粉末床中的即插即用解决方案得以延伸，典型的有 TruPrint 1000、TruPrint 3000、TruPrint 5000 等不同规格的 PBF 打印机。

除德国企业外，英国的 Renishaw 和美国 3D Systems 是 PBF 系统技术的全球参与者。2016 年，Renishaw 宣布推出 AM 系列生产的新系统，实现高度自动化。而自从 2013 年兼并法国的 Phenix Systems 以来，3D Systems 也已经开发出了金属的粉末床熔融技术与装备。2015 年，荷兰 Additive Industries B. V. 公司将其研发的金属增材制造系统(MetalFab)商业化，该系统通过自动化工艺和使用模块化系统(如集成热处理单元)，优化金属粉末床熔融，提高了生产率。此外，日本 MATSUURA 公司及大阪大学 Osakada 实验室、比利时的鲁汶大学等也均研制出金属粉末床激光熔融设备[24-25]。

金属粉末床激光熔融技术在全球范围内得到迅速发展，中国也逐渐有部分高校、科研机构及公司开始研发和生产设备，华中科技大学、南京航空航天大学、南京理工大学、北京航空航天大学、西北工业大学等较早地开展了这方面的研究，在国内处于领先地位。此外，国内公司西安铂力特、武汉滨湖、湖南华曙高科等也推出商业化 PBF 设备(表 1-2)。

表 1-2 国内外金属粉末床激光熔融主要厂商与设备参数[24-27]

	公司/高校	设备型号	激光器类型	功率/W	成形范围/mm	光斑直径/μm
国外	EOS	M280	光纤	200/400	250×250×325	100～500
	Renishaw	AM250	光纤	200/400	245×245×300	70～200
	Concept Laser	M2 cusing	光纤	200/400	250×250×280	50～200
		M3 cusing	光纤	200/400	300×350×300	70～300
	SLM Solutions	SLM 500HL	光纤	200/500	500×280×325	70～200

（续）

	公司/高校	设备型号	激光器类型	功率/W	成形范围/mm	光斑直径/μm
国内	华南理工大学	DiMetal-240	半导体	200	240×240×250	70～150
		DiMetal-280	光纤	200	280×280×300	70～150
		DiMetal-100	光纤	200	100×100×100	50～200
	华中科技大学	HRPM-I	YAG	150	250×250×450	70～150
		HPPM-II	光纤	100	250×250×400	30～100
	西安铂力特	BLT-S320	光纤	200/500	250×250×400	—
	湖南华曙高科	FS271M	光纤	200/500	275×275×320	70～200
	长沙嘉程机械	JC-SLM250-6	光纤	200/500	250×250×300	80～700
	广东汉邦激光	SLM-280	光纤	200/500	250×250×300	70～100

1.2.6 增材制造标准化

对工业中使用的熔融激光束技术参数进行标准化，可以实现零件与工艺间的通信，确保输出质量。为此，国内外不同的协会提供了适用的标准。美国材料与实验协会（ASTM）于 2009 年成立了 ASTM F－42 委员会，对增材制造术语进行标准化[2]。第一个关于增材制造术语的标准是 ASTM F2792－10。到 2015 年 2 月，共发布了 13 个增材制造行业标准，其中两个与 ISO TC 261（ISO：国际标准化组织）共同开发。ISO TC 261 自 2011 年以来一直致力于增材制造工艺、硬件和软件工艺链、质量参数、词汇表等的标准化工作。

德国工程师协会（verein deutscher ingenieure，VDI）于 2014 年 12 月发布了一份指南，其中包含增材制造工艺，包含基本要素、定义和工艺的快速制造建议。最新的 VDI 指南于 2015 年 12 月发布，部分 VDI 3405 标准是 ISO/ASTM DIS 52792 和 ISO 17296－2 发展的基础。

我国也从 2017 年开始，制定了如增材制造术语 GB/T 35351—2017、工艺分类与原材料 GB/T 35021—2018、文件格式 GB/T 35352—2017（ISO ASTM52915—2016）、主要特性和测试方法 GB/T 35022—2108 等一系列的增材制造标准。

尽管以上针对增材制造的标准化已开展了大量工作，但还需要建立更多的具体应用标准。例如，与传统加工环境相似的航空合金材料成形，或者医疗领域增材制造产品检验的标准化方法。

1.3 金属增材制造过程的质量监控

1.3.1 金属增材制造质量监控内容

金属增材制造技术有着广泛的工业应用，目前面临的关键问题是成形质量缺乏可重复性和可靠性，例如尺寸精度、层间形态与缺陷等。当前研究尽管已经取得了较大进展，但增材制造产品质量控制仍需大幅提升。目前，增材制造质量控制主要通过离线数据驱动技术和传统的经验优化方法(例如，实验设计)，质量难以控制，废品率高[28]。在此背景下，美国国家标准与技术研究院(NIST)在技术路线图报告(roadmap report)中将基于传感器测量和物理模型的增材制造工艺和产品研究列为高优先级[29]。此外，美国国家科学基金会(NSF)和国防分析研究所(IDA)都建议开展进一步研究，以克服仿真模型与实时在线过程控制之间的脱节[3-4]。

相对于其他增材制造技术，金属增材制造成形的零件拥有更高的精度和致密度，在汽车零部件、医疗器械、精密复杂航空航天零部件等领域具有独特的优势和广阔的应用前景。然而，金属材料的熔化过程是一个多种物理场相互耦合、高度动态的复杂过程，成形件易产生诸如翘曲、球化、气孔、开裂[30-35]等多种宏观与微观缺陷。成形零件的质量缺陷一直阻碍了金属增材制造技术的广泛应用。为克服这些不足，制造出高质量的零件，进行成形过程的在线监测与过程控制显得十分重要，使之能够在出现微小缺陷时就自动调整工艺参数直至消除缺陷，提高成形零件的质量，同时消除工艺不稳定性对该技术发展的限制。

在线监测是指在工艺过程中对成形状态和缺陷进行及时检测的技术方法。一方面它能够为研究人员提供记录工艺过程的途径，辅助研究工艺机理和优化工艺参数；另一方面它能够对工艺过程进行实时监控和数据分析，既可为缺陷的在线诊断、探测和实时修复奠定基础，也可为工艺过程的文档化提供关键数据。因此，在线监测技术，尤其是针对金属增材制造工艺的在线监测技术，近年来已经成为一个研究热点。

图1-10介绍了增材制造质量保证方法，主要包括4种：

(1)统计建模：指基于经验的成形参数优化。这种类型的研究包括在给定

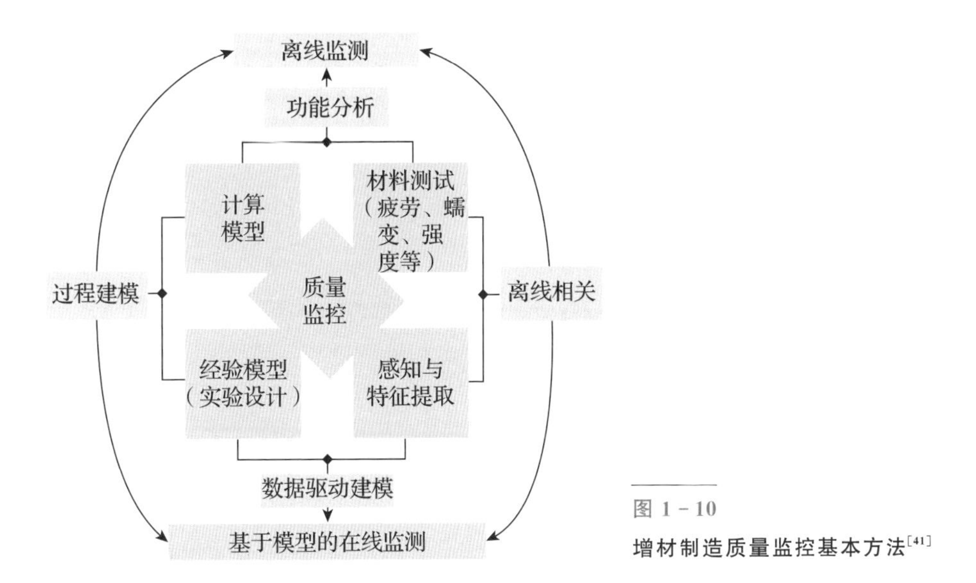

图 1-10　增材制造质量监控基本方法[41]

典型几何形状的情况下改变扫描速度和激光功率并测量响应变量，如公差、表面粗糙度和力学性能[36-37]。这种方法的主要缺点：

①实验的时间和成本；

②实验空间有限，在没有进行实验的区域难以做出反应；

③无法逐层分析因果关系；

④假设相对稳定的工艺条件和在实验室条件下进行的实验结果。例如，通常设计典型的标准测试工件并分析该工件的实验结果。实际上，多数增材制造应用程序很少涉及大批量生产，增材制造更适合定制设计、高价值、低产量产品。

(2)传感和特征提取：设备配有红外摄像机、光电二极管、高温计传感器等传感器用于监控工艺过程。传感器模式与过程异常相关。但是，目前主要采用传统统计过程分析方法；传感器信号与工艺条件、材料行为和产品质量之间的关系仍有待进一步探索。

(3)物理机械表征(材料测试)：对采用不同工艺制造的测试件进行断裂、疲劳和蠕变测试[37-38]。虽然该方法与统计建模类似，但响应形式不同，如微观结构特征、孔隙度等难以参数化。由此产生的相关性也基于单次实验的单个因素，成形过程之间的交互作用尚不明确。

(4)计算建模：采用有限元和热弹性计算模型研究工艺过程[39-40]，重点在于建立扫描速度、材料流速和温度与残余应力之间的函数关系。残余应力产生的主要原因包括：反复加热和冷却，成形过程中产生不同的热流、随高度增加而增加的温度梯度。

研究人员尝试将这些优势结合起来，如图 1－10 所示：

①材料测试和基于传感器的建模技术相结合，获得与零件特征的离线相关性；

②统计建模与传感器相结合，用于数据驱动建模；

③计算模型与经验模型相结合，获得实际验证的相互作用过程；

④材料测试与计算模型集成，获得功能分析模型。

最后，工艺模型、离线关系和数据驱动模型对于基于模型的在线监控至关重要，同时也是离线监测的主要组成部分。

1.3.2 增材制造质量监控现状

为满足工业需求，提高质量管理，不同的 PBF 系统开发人员（EOS、Concept Laser、Arcam、SLM 等）和第三方设备开发人员（B6 Sigma，Inc）提供工艺过程监控模块和工具包。其中大部分主要用于通过现场传感采集数据，并为用户提供一些后期数据报告。需要进一步的开发工作来实现分析工具，这些工具能够在过程中快速理解收集到的数据并自动生成警报。代表性的成形质量监控商业模块见表 1－3。

EOS 开发了在线监控解决方案，以三个模块 EOS PowderBed、EOSTATE Base、EOSTATE Laser Monitoring 提高了复杂的制造工艺过程的透明度。其功能分别如下：

EOS PowderBed：在成形腔中安装一个摄像系统，检测每一层粉末铺粉情况，并拍摄。

EOSTATE Base：实时监控 Z 轴的位置、激光功率、扫描精度、成形腔温度、成形腔湿度、腔内压力等参数。

EOSTATE Laser Monitoring：激光检测模块，在生产全过程中实时监测激光功率。

SLM Solutions 开发了 Additive Quality 系列产品，它包含了熔池监测（MPM）、铺粉监控系统（LCS）、激光功率监测（LPM）等功能模块，来监控、记录和验证选区激光熔化的成形过程，以确保满足金属增材制造的质量标准。

其中熔池监测(MPM)采用同轴设置，用于监测粉床上熔池的热辐射。MPM使用高温计，测量速度高达每秒 10 万次，数据实时记录并逐层保存。铺粉监控系统(LCS)用于检查每层铺粉的质量，通过图像来监控粉床并检测铺粉可能出现的异常，可以在打印过程发生损害之前作出反应。

表 1-3　用于 PBF 过程监控的商业工具包

AM 工艺	工具包	开发商	监测特征	原位感知系统
SLM	QM meltpool 3D	Concept Laser	Melt pool (area and intensity)	Co-axial camera and photodiode
	QM coating	Concept Laser	Powder bed	Off-axial camera
	EOSTATE MeltPool	EOS	Melt pool	Co-axial and off-axial sensors
	EOSTATE	EOS	Powder bed	Off-axial camera
	PrintRite 3D	B6 Sigma, Inc.	Different monitoring possibilities	Set of co-axial and off-axial sensors available
SLM	Melt Pool Monitoring	SLM Solutions	Melt pool	Co-axial pyrometer
	Layer Control System (LCS)	SLM Solutions	Powder bed	Off-axial camera
EBM	LayerQam	Arcam	Slice pattern and geometry	Off-axial camera

注：截至目前，一些功能细节尚不清楚。

Concept Laser 公司研发了 QMmeltpool、QMcoating、QMatmosphere、QMpowder 和 QMlaser 质量管理模块，它们对激光功率、熔池、金属粉末的层结构进行测量，并且不间断监控以及记录整个制作过程。QMmeltpool 质量管理模块的内嵌过程监控(inline process monitoring)系统，可以在一个1mm×1mm 的极小面积上通过摄像头和光电二极管进行监控，并将这个过程记录下来。质量管理模块的另一个特征是，在封闭系统中工作，以保证监控过程无尘、无污染，消除了对成形过程可能产生负面影响的干扰因素。

除了一些成熟的商业系统模块以外，目前国内外也有许多科研机构开展金属增材制造监控的技术基础研究。国外包括比利时鲁汶大学、美国宾夕法尼亚州立大学、卡耐基梅隆大学、英国利物浦大学、新加坡国立大学等。国内的主要研究团队有清华大学、华中科技大学、南京航空航天大学、北京航空航天大学、中科院先进制造技术研究所等。这些科研单位与企业为提高金属零件的成形质量做出了较多的成果并持续进行着研究与开发工作。

值得注意的是，目前仍缺乏“开放系统”，这使得为PBF系统开发过程监控或第三方控制系统非常困难。尽管如此，研究人员仍在为开发实时和位置同步传感器数据的“开放通信协议”而努力。

1.3.3 增材制造质量监控面临的问题与挑战

由于增材制造过程为材料叠加，而不是材料去除，为传统制造工艺开发的物理模型和质量监控技术不再适用于增材制造。此外，实验研究周期长、耗费大，降低了增材制造相对于传统加工方式的主要优势。虽然已经引入了基于传感器的增材制造过程监测技术，但这些数据驱动的方法仅限于缺陷识别，没有物理模型对缺陷进行预测和控制。缺乏材料—工艺—设备之间相互作用的物理模型以及专用的检测策略也是增材制造质量控制面临的关键难题。

需要进一步开展研究的问题包括：

(1)需要新的增材制造质量检测方法：表面形貌及尺寸精度直接影响零件性能。现有的几何尺寸、公差和表面测量技术主要适用于规则的欧几里得特征，不适用于具有自由复杂几何形状的增材制造零件。在缺乏表面形貌及尺寸精度检测方法的情况下，增材制造金属零件的质量检测标准是需要突破的瓶颈问题之一[42-43]。

(2)需要响应式传感方法：因其特殊的工艺机理(材料沉积和变形)，增材制造中基于传感器的监测与传统的去除加工过程相比需要的传感器不同。例如，加速度计、力传感器和声发射传感器可用于切削加工过程检测，但在增材制造应用中作用有限。虽然基于激光、声学、热光、红外(IR)等技术的传感器已广泛应用[44-49]，但针对金属增材制造质量检测的专用传感器技术仍需要进一步研究。

(3)缺少能够反映动态力学过程的物理模型：当前增材制造物理模型不具有基于传感器数据进行自我更新的能力。由于没有考虑影响增材制造成形质量的工艺与机床之间的实时动态过程，这些模型预测能力有限，导致基于实时传感器信息和物理模型的成形过程补偿仍难以实现。

（4）缺乏基于物理模型的过程监控：在增材制造中，包括材料科学、热弹性现象和工艺—设备相互作用的定量描述物理模型尚不成熟。因此，当前增材制造质量监测方法或是离线的，或是基于纯数据驱动的（神经网络、混合高斯建模、统计分析），或是集中质量模型[50-53]。因此，它们的作用在很大程度上简化为异常监测。在没有物理模型的情况下，数据驱动模型的预测和调整能力有限。为实现增材制造过程的闭环控制，需要将物理模型与传感器数据相结合。

参考文献

[1] 全国增材制造标准化技术委员会. 增材制造术语：GB/T 35351—2017[S]. 北京：中国标准出版社，2017：12.

[2] American Society of Testing Materials（ASTM）International. Standard Terminology for Additive Manufacturing-General Principles-Terminology：ISO/ASTM 52900—2015[S]. West Conshohocken，PA：ISO，2015：12.

[3] HUANG Y，LEU M C. Frontiers of additive manufacturing research and education—Report of NSF additive manufacturing workshop[R]. Florida，USA：Center for Manufacturing Innovation-University of Florida，2014：1 - 35.

[4] SCOTT J，GUPTA N，WEBER C，et al. Additive Manufacturing：Status and Opportunities[M]. Washington DC，USA：Institute for Defense Analysis-Science and Technology Policy Institute，2012：1 - 29.

[5] SCHECK C，JONES N，FARINA S，et al. Technical overview of additive manufacturing [M]. West Bethesda，MD：Naval Surface Warfare Center，Carderock Division，2014.

[6] LV L，FUH J Y H，WONG Y S. Laser-Induced Materials and Processes for Rapid Prototyping[M]. Berlin：Springer，2001.

[7] HERZOG D，SEYDA V，WYCISK E，et al. Additive manufacturing of metals[J]. Acta Materialia，2017，117：371 - 92.

[8] 杨永强，陈杰，宋长辉，等. 金属零件激光选区熔化技术的现状及进展[J]. 激光与光电子学进展，2018，55：1 - 13.

[9] KING W E，ANDERSON A T，FERENCZ R M，et al. Laser powder bed fusion additive manufacturing of metals：physics，computational，and materials challenges[J]. Applied Physics Reviews，2015，2(4)：041304.

[10] LEWANDOWSKI J J，SEIFI M. Metal Additive Manufacturing：A Review of Mechanical Properties[J]. Annual Review of Materials Research，2016，46：151－186.

[11] NGO T D，KASHANI A，IMBALZANO G，et al. Additive manufacturing (3D printing)：A review of materials，methods，applications and challenges [J]. Composites Part B：Engineering，2018，143(15)：172－196.

[12] KRUTH J P，LEU M，NAKAGAWA T. Progress in additive manufacturing and rapid prototyping [J]. CIRP Annals—Manufacturing Technology，1998，47(2)：525－540.

[13] BOURELL D，KRUTH J P，LEU M，et al. Materials for additive manufacturing[J]. CIRP Annals-Manufacturing Technology，2017，66：659－681.

[14] TOFAIL S A M，KOUMOULOS E P，BANDYOPADHYAY A，et al. Additive manufacturing：scientific and technological challenges，market uptake and opportunities[J]. Materials Today，2018，21(1)：22－37.

[15] DEBROY T，WEI H，ZUBACK J，et al. Additive manufacturing of metallic components-process，structure and properties[J]. Progress in Materials Science，2018，92：112－224.

[16] MILEWSKI J O. Additive manufacturing of metals[M]. Berlin：Springer，2017.

[17] SAMES W J，LIST F A，PANNALA S，et al. The metallurgy and processing science of metal additive manufacturing[J]. International Materials Reviews，2016，61(5)：1－46.

[18] GU D，MEINERS W，WISSENBACH K，et al. Laser additive manufacturing of metallic components：materials，processes and mechanisms[J]. International Materials Reviews，2012，57：133－164.

[19] FRAZIER W E. Metal additive manufacturing：a Review[J]. Journal of Materials Engineering & Performance，2014，23(6)：1917-1928.

[20] KELLNER T. Mind mel：How GE and a 3D-printing visionary joined forces [EB/OL].（2017-06-10）[2018-04-16]. https：//www.ge.com/news/reports/mind-meld-ge-3d-printing-visionary-joined-forces.

[21] General Electric. [EB/OL]. [2018-04-16]. https：//www.ge.com/reports/mind-meld-ge-3d-printing-visionary-joined-forces/.

[22] Stryker Corporation. Designed to work with the body[EB/OL]. [2020-01-31]. https：//www.stryker.com/us/en/portfolios/orthopaedics/joint-replacement/knee.html.

[23] SCHMIDT M，MERKLEIN M，BOURELL D，et al. Laser based additive manufacturing in industry and academia[J]. CIRP Annals，2017，66：561-583.

[24] TAPIA G，ELWANY A，A Review on Process Monitoring and Control in Metal-Based Additive Manufacturing[J]. Journal of Manufacturing Science and Engineering，2014，136(6)：60801.

[25] GROTE KH，ANTONSSON E K. Handbook of Mechanical Engineering [M]. Berlin：Springer，2009.

[26] 刘旭东. 金属粉末床激光熔融路径规划与控制研究[D]. 长沙：湖南大学，2018.

[27] GRASSO M，COLOSIMO B M. Process defects and in situ monitoring methods in metal powder bed fusion：a review[J]. Measurement Science and Technology，2017，28(4)：044005.

[28] EOS Monitoring systems. Software für die Effizienzoptimierung von Produktionsumgebungen [EB/OL]. [2020-01-31]. https：//www.eos.info/software/monitoring-software.

[29] SLM Solutions. Selective laser melting process monitoring[EB/OL]. [2020-01-31]. https：//slm-solutions.us/product/process-monitoring.

[30] MANI M，LANE B，DONMEZ A，et al. Measurement Science Needs for Real-time Control of Additive Manufacturing Powder Bed Fusion Processes：NISTIR 8036[S]. Gaithersburg，MD：National Institute

of Standards and Technology, 2015: 2.

[31] MANI M, LANE B M, DONMEZ M A, et al. A review on measurement science needs for real-time control of additive manufacturing metal powder bed fusion processes[J]. International Journal of Production Research, 2017, 55(5-6): 1400-1418.

[32] BAUEREIß A, SCHAROWSKY T, KÖRNER C. Defect generation and propagation mechanism during additive manufacturing by selective beam melting[J]. Journal of Materials Processing Technology, 2014, 214(11): 2522-2528.

[33] EVERTON S K, HIRSCH M, STRAVROULAKIS P, et al. Review of in-situ process monitoring and in-situ metrology for metal additive manufacturing[J]. Materials & design, 2016, 95: 431-445.

[34] CHUA Z Y, AHN I H, MOON S K. Process monitoring and inspection systems in metal additive manufacturing: Status and applications[J]. International Journal of Precision Engineering and Manufacturing-Green Technology, 2017, 4(2): 235-245.

[35] MALEKIPOUR E, EL-MOUNAYRI H. Common defects and contributing parameters in powder bed fusion AM process and their classification for online monitoring and control: a review[J]. International Journal of Advanced Manufacturing Technology, 2018, 95(1-4): 527-550.

[36] REUTZEL E W, NASSAR A R. A survey of sensing and control systems for machine and process monitoring of directed-energy, metal based additive manufacturing[J]. Rapid Prototyping Journal, 2015, 21(2): 159-167.

[37] TAPIA G, ELWANY A. A Review on Process Monitoring and Control in Metal-Based Additive Manufacturing[J]. Journal of Manufacturing Science & Engineering, 2014, 136(6): 060801.

[38] ARRIETA C, URIBE S, JORGE RG, et al. Quantitative assessments of geometric errors for rapid prototyping in medical applications[J]. Rapid Prototyping Journal, 2011, 18(6): 431-442.

[39] MUMTAZ K, HOPKINSON N. Top surface and side roughness of

Inconel 625 parts processed using selective laser melting[J]. Rapid Prototyping Journal, 2009, 15(2): 96 - 103.

[40] BODDU M R, LANDERS R G, LIOU F W. Control of laser cladding for rapid prototyping—A review [Z]. Austin: Proceedings of the Solid Freeform Fabrication Symposium, 2001, 460 - 467.

[41] BIAN L, SHAMSAEI N, USHER J M. Laser-Based Additive Manufacturing of Metal Parts: Modeling, Optimization, and Control of Mechanical Properties[M]. London: Taylor & Francis Group, 2018.

[42] GABRIEL B M C, LOMBERA G. Numerical prediction of temperature and density distributions in selective laser sintering processes [J]. Rapid Prototyping Journal, 1999, 5(1): 21 - 26.

[43] SHIOMI M, YOSHIDOME A, ABE F, et al. Finite element analysis of melting and solidifying processes in laser rapid prototyping of metallic powders[J]. 1999, 39(2): 237 - 252.

[44] BRAJLIH T, VALENTAN B, BALIC J, et al. Speed and accuracy evaluation of additive manufacturing machines [J]. Rapid Prototyping Journal, 2011, 17(1): 64 - 75.

[45] JAVIER M, DE CIURANA J, RIBA C. Pursuing successful rapid manufacturing: a users' best-practices approach [J]. Rapid Prototyping Journal, 2008, 14(3): 173 - 179.

[46] BERUMEN S, BECHMANN F, LINDNER S, et al. Quality control of laser-and powder bed-based Additive Manufacturing (AM) technologies[J]. Physics Procedia, 2010, 5: 617 - 622.

[47] CHIVEL Y, SMUROV I. Temperature Monitoring and Overhang Layers Problem[J]. Physics Procedia, 2011, 12(1): 691 - 696.

[48] CRAEGHS T, BECHMANN F, BERUMEN S, et al. Feedback control of Layerwise Laser Melting using optical sensors[J]. Physics Procedia, 2010, 5(5): 505 - 514.

[49] CRAEGHS T, CLIJSTERS S, YASA E, et al. Determination of geometrical factors in Layerwise Laser Melting using optical process monitoring [J]. Optics & Lasers in Engineering, 2011, 49(12): 1440 - 1446.

[50] ILYAS I P. 3D Machine vision and additive manufacturing：Concurrent product and process development [J]. IOP Conference Series Materials Science and Engineering，2013，46(1)：20－29.

[51] HU D，KOVACEVIC R. Sensing，modeling and control for laser-based additive manufacturing[J]. International Journal of Machine Tools and Manufacture，2003，43(1)：51－60.

[52] BOURELL D L，LEU M C，ROSEN D W. Roadmap for additive manufacturing：Identifying the future of freeform processing[C]. Austin：The University of Texas，2009.

[53] BOSCHETTO A，GIORDANO V，VENIALI F. Surface roughness prediction in fused deposition modelling by neural networks[J]. International Journal of Advanced Manufacturing Technology，2013，67(9－12)：2727－2742.

[54] COOPER K P WACHTER R F. Cyber-enabled manufacturing systems for additive manufacturing[J]. Rapid Prototyping Journal，2014，20(5)：355－359.

[55] MUKHERJEE T，DEBROY T. A digital twin for rapid qualification of 3D printed metallic components[J]. Applied Materials Today，2019，14：59－65.

[56] KNAPP G L，MUKHERJEE T，ZUBACK J S，et al. Building blocks for a digital twin of additive manufacturing[J]. Acta Materialia，2017，135：390－399.

第2章 激光增材制造工艺技术基础

2.1 增材制造的激光系统

激光增材制造(LAM)技术是一种以激光为能量源，集成计算机、数控、新材料等高科技技术的增材制造技术。该技术目前用于制造，金属、型合金或功能梯度材料(FGM)的设计以及快速制造、维修，为复杂机械零件及特殊材料机械零件的制造提供了全新的途径。与传统的沉积技术(例如，电弧焊和等离子喷涂)相比，LAM 在工艺优化和最终产品质量方面具有多个优势，它的热影响区和热变形极小、稀释度低，具有更好的表面质量或几何形状控制。

2.1.1 激光系统

激光是 LAM 工艺的热源，其功率、光束直径和工件表面的强度分布会影响成形速度、微观结构以及部件性能。LAM 系统由以下 3 个主要子系统组成：大功率激光系统、供料系统和 CNC 控制系统。CO_2 激光器、Nd：YAG 激光器和光纤激光器是工业的主要设备。送料系统包括送丝和送粉。激光被认为在系统和金属 AM 制造中起着关键作用。它是金属 AM 技术的“心脏”，其在功率、效率、光束质量和可靠性方面的发展与金属 AM 系统的发展和应用同步。LAM 使用大功率激光系统作为热源，对在薄层基板上的沉积进料和预铺材料(或进料)进行逐层激光熔覆。其中 CO_2 激光器、Nd：YAG 激光器、光纤激光器和二极管激光器是应用最广泛的激光器。在各种激光器中，较短波长的激光器，如 Nd：YAG、光纤和二极管激光器，因其更好被吸收而最常见于 LAM，而 CO_2 激光器尽管因既定的程序和系统而具有较大的波长，但仍然很常见[1]。商业系统中使用的激光器的功率一般为几百瓦，为了进一步扩展 LAM 的能力，需要更强大的激光器，提高工艺重复性、零件再现性、沉积速率和高能利用率。

2.1.2 LAM 中的激光与物质的相互作用

LAM 过程中激光物质相互作用的物理机理现在已经被充分地理解，许多文献对此进行了描述[2-3]。因为激光是携带能量可控热源，故材料（特别是金属）的激光加工是一种可控加热过程。当激光束撞击材料表面时，无论固体、粉末还是液体，都会反射一些光，有些光被吸收，有些光可能被透射，这取决于工件的光学特性。在金属材料的情况下，被材料表面吸收的激光束的部分通过电子间相互作用转化为热，这种热提高了表面的温度，以达到所需的材料熔融状态。

激光输出功率、空间分布、时间依赖性（脉冲或连续）、光束直径和光束发散度会影响光束能量传递到材料的速率，以及这种能量在空间上的分布。波长是决定最适合特定工艺的激光器的关键因素，除非选择有吸收的波长，否则不会发生加热或状态变化。光束对材料的入射角及其偏振特性决定了入射激光从材料表面反射的程度。激光束在材料表面的空间分布[2,4]会影响获得的最大辐照度和产生的温度分布。例如，对于中心强度最大的高斯激光束强度分布，熔池表面的温度比其边界在中心更高，从而在熔池表面产生径向温度梯度。温度梯度意味着表面张力梯度，这是因为表面张力取决于温度。表面张力通过马朗戈尼（Marangoni）流形成熔池中的表面轮廓和质量流。熔池与注入颗粒相互作用的物理机理，已经有许多学者进行了研究和建模，并且做出了深入的解析[2]。随着所用激光器输出功率的增加，“粉末床”系统中的熔池生成、流动与凝固机理等还没有被很好地理解，但正在引起更多的关注与研究[5]。

从系统工程的角度来看，LAM 系统中激光束的空间分布由系统制造商决定，他们根据应用对象对其进行优化。激光束的特性只是控制激光 AM 过程的一部分。另一个方面是材料特性，包括激光波长下表面的反射率、热导率和扩散率、材料密度、热容等。其中，表面反射率可能是主要的材料特性，因为它影响激光辐射的吸收。一般来说，金属的反射率随着波长的减小而降低，因此使用较短波长的激光可以提高工艺效率。波长约为 1 μm 的光纤、二极管或圆盘激光器的 MAM 比波长为 10 μm 的 CO_2 激光器的加工效率更高。

对于非金属(如陶瓷和聚合物粉末)的 AM，较长波长下的反射率较低，因此 CO_2 激光器是加工它们的首选激光器。对于金属，反射率的精确值是包括表面光洁度和氧化状态等变量的函数，在成形过程中，粗糙和/或氧化表面的反射率较低，因此有助于将更多的能量吸收到表面，表面粗糙度可使反射率降低 50%[4]。然而，金属的氧化并不总是有益的，因为氧化物的熔化温度可能比纯金属高得多(例如铝材)，因而降低了工艺效率。

在金属粉末的情况下，由于合金粒子的多次激光束反射(可在送粉和铺粉系统中发生)，从而增加了吸收，因此光束发射器的相互作用更加复杂。King 等[6]计算和测量了 316L、Ti－6Al－4V 和纯铝粉在波长 1 μm 时的粉末吸收率，结果表明吸收率值在 0.55～0.65 之间。飞行过程中的轻粒子相互作用有助于整体吸收率，但与粉末床方案相比，吸收率较小。在这两种情况下，根据所用的激光参数以及由此产生的熔池温度，粉末的烧结或低熔化温度合金的汽化都可能在加工过程中发生，可能会影响制造部件的力学性能。

材料中的热流由其热扩散率和导热率决定。它们决定了材料接受和传导热能的速度，从而影响正在成形部件的温度分布。较低的热扩散率限制了热量进入零件，因此与具有较高热扩散率的材料相比，需要不同的成形策略。材料的比热、密度等性能决定了相变过程中吸收能量的消耗量。从激光 AM 的角度来看，铝和铜合金等金属具有热性能和光学性能的结合，与钢、钛和镍基合金相比，它们更难加工。为了加工这些材料，通常采用较高的激光强度和较短的停留时间来减少传导损失，并获得形成熔池所需的温度升高。

虽然从制造的角度来看，激光是 LAM 系统的核心，但激光必须与几个不同的光学和机械设备一起使用，才能充分发挥效用。这些设备需要集成到一个功能单元中，才能加工材料和制造零件。LAM 系统的关键要素包括：

- 激光源；
- 光束传输和处理光学器件，用于聚焦光束和传输粉末及金属丝；
- 多轴数控运动系统，包括基于笛卡儿和机器人的系统，用于控制零件运动；
- 操作软件。

多年来，对这些关键系统元件的研究和开发，促进着 LAM 技术的发展。

2.2 激光增材制造工艺分类

本书的研究范围以金属材料为主。金属 LAM 的方法包括“送粉/送丝”(以激光金属沉积为主)和“铺粉”(以选区激光熔融为主)。这两项技术都对航空航天、国防工业、电力电子以及一般制造业的零部件制造与维修、再制造产生了重大影响，并将持续快速发展。金属 LAM 系统的分类如图 2-1 所示。

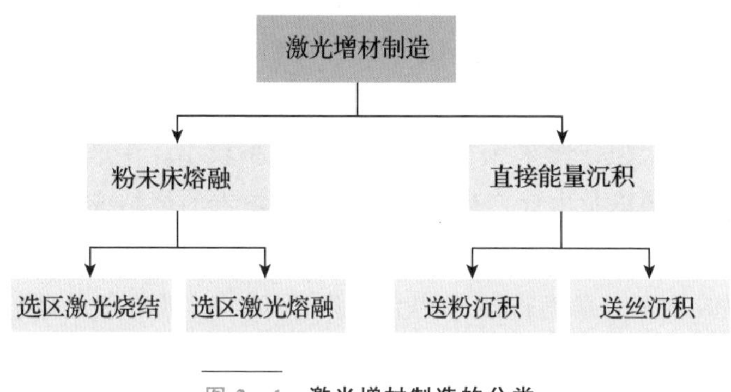

图 2-1 激光增材制造的分类

2.2.1 粉末床熔融

粉末床熔融(powder bed fusion，PBF)系统是目前发展最快、应用最成功的 MAM 技术。粉末床熔融(PBF)系统中，在床上铺设一层薄薄的金属粉末，并使用聚焦激光束选择性地熔化或烧结粉末床层。按照设计，一个接一个地铺设若干层，以形成组件的形状。在此过程中，通过无缝绑定机制确保当前层与前一层的黏合。最常用的 PBF 系统是选区激光烧结(SLS)和选区激光熔融(SLM)。

1. 选区激光烧结 (selective laser sintering，SLS)

激光烧结(LS)工艺由美国得克萨斯大学奥斯汀分校的 C. R. Deckard 于 1989 年研制成功，并获得专利[7]。1990 年，Manriquez Frayre 和 Bourell 在 LS 工艺中使用金属合金粉末制造了第一个金属 AM 零件，采用计算机控制的低功率 Nd：YAG 激光器，额定功率为 100W，光束尺寸为 0.5mm，选择性烧结金属粉末。所用粉末材料包括铜、锡等[8]。

激光烧结基于粉末床，利用激光能量制造 3D 元件，与其他 AM 技术一样，它也需要零件几何的 CAD 模型来启动，并形成 2D 的切片以表示零件。粉末分布在成形圆筒的表面上，然后通过使用激光选择性扫描所需的横截面积，在薄层中烧结并结合颗粒来形成组件层。每层多余的粉末在成形过程中作为零件的支撑。整个制造室被密封并保持在粉末熔点以下的温度。因此，激光产生的热量只需稍微升高温度即可引起烧结，大大加快了烧结过程。随后，成形板向下移动一层厚度以容纳粉末层，并且创建另一层并将其黏合到已创建的层。重复该过程，直到开发出原始实体模型所描述的几何体[7,9]。

选区激光烧结[10]通常使用粒径在几微米到几百微米之间的自由浇注(松散)或轻微压实粉末。当激光束加热粉末床时，熔化前沿通过低导电粉末层表面移动到主体上。当熔体前沿到达基体时，基体/前一沉积层的高导热性显著提高了热传导。如果激光能量足以熔化基板/先前沉积层的薄层，则熔化的粉末被熔化并沉积，形成冶金结合。如果使用过量的能量，则会导致过度重熔和热变形，而能量不足则会导致粉末黏附不良和不完全熔化。对于特定材料的任何特定沉积高度(h)，可通过以下公式计算特定激光能量(E)：

$$E = P/V \tag{2-1}$$

式中：P 为激光功率；V 为扫描速度。

特定激光能量(E)的值必须在一定范围内，以控制基板的重熔，并为特定材料实现良好的粉末固化[11]。

2. 选区激光熔融(selective laser melting, SLM)

选区激光熔融(SLM)和选区激光烧结(SLS)都具有非常相似的概念。二者的区别只在于 SLS 中粉末是部分熔化，而 SLM 中粉末是完全熔化。和 SLS 一样，SLM 也是在上一层材料或基体上预铺一层粉末，并用辊子压实。高能量密度激光沿着计算机生成的路径将预铺粉层完全熔化。传递给粉末的能量大小决定了粉末颗粒的烧结和熔化程度，从而产生固体零件。传输到原料的能量通常主要受激光功率、扫描速度和扫描间隔的影响。

图 2－2 描述了 SLM 工艺过程，在完成一层粉体的激光扫描后，将粉末层降低一个指定的层厚，铺上一层新的粉末使其平整。重复这个过程，直到完成整个零件的成形。每一层的激光扫描路径由 Z 方向对应的零件几何位置和所选的扫描策略来决定。在成形过程中，利用惰性气体(如氩气和氮气)来

保护成形腔以防止粉末被氧化。同时气体流动也有助于去除熔化的粉末产生的凝结水，所以成形腔内均匀的气体流动对 SLM 加工零件的质量和性能起着重要的作用[4]。在工艺描述的基础上，实现各层粉末厚度的均匀对于控制激光粉体熔化成形零件的质量至关重要。Gu 和 Shen[12]研究了不同的扫描策略，以及完全熔化粉末颗粒所需的最佳激光功率和扫描速度。

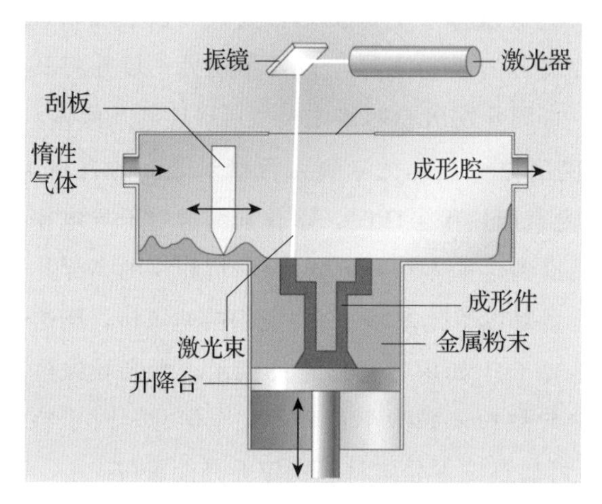

图 2－2
激光熔融过程示意图

SLM 成形过程中的粉末是完全熔化的，所以 SLM 成形加工的零件防氧化保护至关重要，而且熔体凝固后会形成较大的收缩。由热膨胀引起的变形甚至裂纹，以及尺寸误差成为 SLM 中的显著问题。为了避免变形和裂纹，通常将基体金属甚至整个粉末加工空间预热到一定温度。另一种方法是将第一层粉末与其他悬垂结构烧结到基板上，从而实现固定的作用。关于粉末床 LAM 技术的深入研究和讨论将在下一章展开。

SLM 成形技术主要有以下特点：①精度高(可达 0.05mm)、质量好，加工余量很小或无加工余量，除精密的配合面之外，制造的产品一般经喷砂或抛光等后续简单处理就可直接使用；②适合中、小型复杂结构件(尤其是复杂薄壁型腔结构件)的高精度整体快速制造；③成形零件的力学性能良好，一般拉伸性能可超铸件，达到锻件水平。

2.2.2 直接能量沉积

虽然直接能量沉积(DED)的工艺策略遵循一般的增材制造原理，但原料供应机制不同于 PBF 工艺。PBF 系统采用原料预分散，而 DED 系统采用原料进料机制。DED 包括将原料沉积到由聚焦能量束（如激光或电子束）产生的熔池中的所有方法。这项技术是从焊接开始的，在焊接过程中，材料可以通过流动的保护气体沉积在成形区域外[13]。最商业化的 DED 系统之一是美国桑迪亚国家实验室（Sandia National Lab.）开发的激光近成形 LENS 工艺[14]。LENS 当时被认为是一种颠覆性技术，它制造的产品具有优良的材料性能和近净形状，可直接借助计算机辅助设计完成自由曲面零件成形和修复。将金属丝送入熔池（送丝）的电火花焊接工艺本质上是焊接技术的延伸。因此，DED 工艺可以是送粉沉积（PFD）或熔丝沉积（WFD）。

金属激光 DED 技术集成了激光熔覆技术和快速成形技术的优点，具有以下特点：①无需模具，可实现复杂结构的制造，但悬臂结构需要添加相应的支撑结构；②成形尺寸不受限制，可实现大尺寸零件的制造；③可实现不同材料的混合加工与制造梯度材料；④可对损伤零件实现快速修复；⑤成形组织均匀，具有良好的力学性能，可实现定向组织的制造；⑥加工柔性高，能够实现多品种、变批量零件制造的快速转换。

1. 送粉沉积（powder fed deposition，PFD）

送粉沉积技术已经发展了几十年，起初只应用于零件表面处理，用来修复零件表面性能。在 PFD 成形工艺中，金属基体表面熔覆上一层合金层，合金层与基体之间通过冶金结合和逐渐稀释形成新的表面层。近年来，已有研究进一步地应用到 PFD 工艺制造的金属 3D 零件中。这种工艺特有优点是能够一步制造出金相组织一致的 3D 物件。PFD 成形工艺的原理图如图 2-3 所示。PFD 的成形工艺系统主要包括激光器、金属粉末输送系统和计算机控制器。高能激光束通过喷嘴阵列中心沿 Z 轴的同轴喷嘴传输，并由靠近工件的透镜聚焦。聚焦的激光束（XY 平面工作台）沿着零件的轮廓线进行移动，形成所需的横截面几何结构，连续的层叠加沉积，形成 3D 零部件。

在 PFD 成形工艺过程中，粉末微粒被直接带入由激光生成的熔池中形成熔覆线。当激光束离开熔池时，熔料会凝固后形成完全致密的结构。激光束功率、扫描速度和送粉速率是控制 PFD 加工成形件质量的关键因素。熔化粉末形成均质熔池对于保证熔覆工艺的成功具有至关重要的作用。由于马朗戈尼效应（Marangoni effect），熔池较高的温度梯度通常会引起强烈的热对流。当使用多种不同成分组成粉末时，粉末的均质化尤为重要。这取决于温度、

热流动、激光束光斑等参数的影响。均质化水平由表面张力数 S 描述为

$$S=\frac{(\mathrm{d}\gamma/\mathrm{d}T)qd}{\mu Vk} \tag{2-2}$$

式中：$\mathrm{d}\gamma/\mathrm{d}T$ 为表面张力的温度导数；q 为热流量；d 为激光束的光斑直径；μ 为黏度；V 为激光束的扫描速度；k 为导热系数。

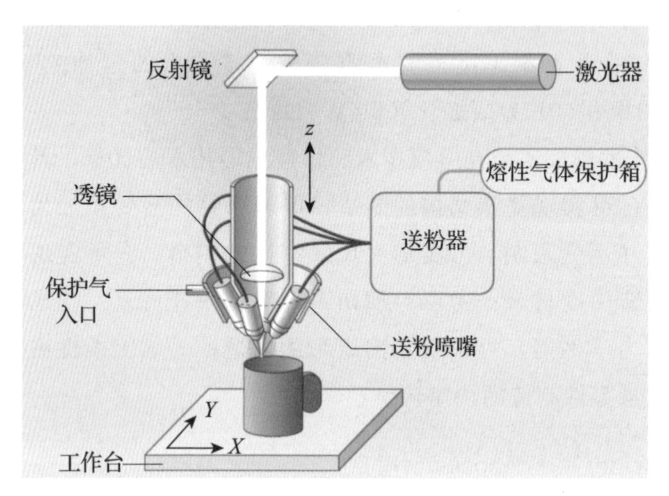

图 2-3
PFD 系统原理图

当 S 较小时，热对流可以忽略，熔池中的热扩散更快，因此组成成分的均质化水平较低。而当 S 较大时，热对流却起到了主要作用。

当激光粉末和扫描速度一定时，送粉速率就成为重要的影响因素。进入熔池中的粉末量由流粉速率决定。当送粉速率较低时，熔覆高度和接触角较小，熔池较深，如图 2-4(a)所示。当送粉速率增大时，每单位体积粉末吸收的激光能量降低，熔覆高度和接触角增大，如图 2-4(b)所示。

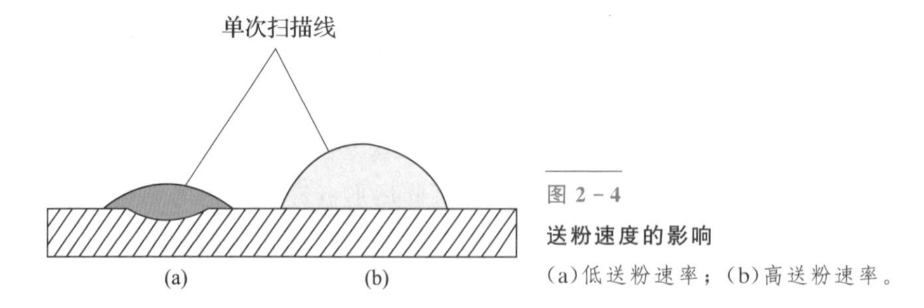

图 2-4
送粉速度的影响
(a)低送粉速率；(b)高送粉速率。

在 PFD 成形工艺过程中，熔覆道的宽度主要取决于激光束尺寸，高度由激光功率密度、扫描速度和送粉速率共同决定。熔覆道的水平重叠程度是实

现更高表面光洁度和使成形件缩松缺陷达到最小化的关键因素。

喷嘴的设计：在 PFD 中，送粉系统可分为同轴送粉末、侧向送粉。表 2-1所示为 3 种常见的粉末输送喷嘴及其特性。所有粉末喷嘴都具有特定的优缺点，这取决于粉末输送概念。合适的粉末喷嘴的选择取决于具体的应用，因此，零件和材料也取决于具体的工艺。表 2-1[15] 列出了用于 AM 的 3 种常见粉末输送喷嘴的特性。

表 2-1　不同送粉方式的喷嘴优缺点[15]

送粉方式	优点	缺点	应用场合
偏轴或离轴	•零件可及性。 •沉积轨道的宽度为 0.5～25mm。 •激光功率最大可达 20kW	•定向沉积。 •送粉效率低。 •粉末和激光束之间的对准难度大。 •没有集成的保护气供给	•定向沉积。 •对零件可及性具有特殊要求
连续同轴	•单向沉积。 •沉积轨道的宽度为 0.3～5mm。 •施加的激光功率最高为 3kW。 •送粉效率最高达 90%(聚集的粉末气体喷射直径最小为 400 μm)。 •集成式保护气供给	•受限的零件可及性。 •由于重力影响，粉末密度分布不均匀，倾斜角度大于 20°时不会产生沉积	•3D 沉积，最大倾斜角度大约为 20°。 •集成式保护气输入
非连续同轴	•单向沉积。 •放置的轨道宽度为2～7mm。 •施加的激光功率最大为 5kW。 •自由 3D 功能。 •集成式保护气供给	•受限的零件可及性。 •送粉效率低(焦点处的粉末气体喷嘴直径最小为 2.5mm)	•3D 沉积，最大倾斜角度为 180°(可以完成顶置处理)

为了实现粉末在熔体表面上进行沉积，有学者开发了一种同轴喷嘴[16]。图 2-5 为同轴喷嘴的示意图，其中激光束通过喷嘴的中心通道，透镜由

保护气体进行保护。粉末微粒通过惰性气体流动喷射，以低速通过中间的锥形通道。另外，在外部锥形通道中通入另一保护气体。采用这种同轴喷嘴时，聚焦的激光束直接射向基体表面，与此同时，同轴输送金属熔覆粉末可以得到质量良好的熔覆轨道。目前已经研发出多种材料系统并将其应用于激光熔覆加工中。

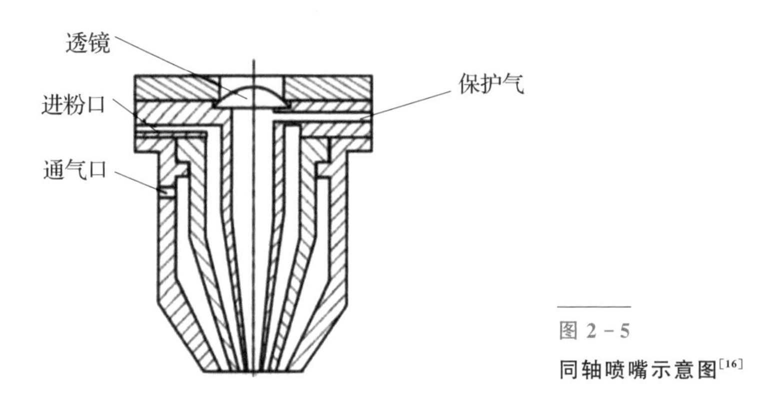

图 2-5
同轴喷嘴示意图[16]

DED 工艺的优点是具有柔性特点，即其合金化过程可以使用多种不同的送粉器。然而由于系统的送粉特性，难以加工出曲面或复杂几何结构的零件。

2. 送丝沉积

送丝沉积(wire fed deposition，WFD)技术通过喷嘴送丝和激光束熔化送丝来沉积材料。熔融金属与基体/先前沉积的材料形成冶金结合，通过基体和激光头/送丝器之间的相对运动，在熔融金属凝固后产生金属轨道。为了保护熔融金属的氧化，喷嘴与适当的惰性气体保护装置或受控的气室集成。送丝沉积(WFD)通常用于各种工业应用，如气体保护金属电弧焊和埋弧焊。WFD 相比 PFD 的优点在于沉积速率几乎为 100%，材料损耗最小。除此之外，与 PFD 相比，健康危害可能更少。图 2-6 给出了典型侧向送丝 LAM 系统的示意图。

与 PFD 系统相比，WFD 具有额外的工艺参数，如激光束与送丝角度、丝径和丝尖位置。激光束与送丝的夹角影响送丝速率、偏距以及光束的反射，从而影响能量的吸收。为了有效地熔化和沉积，还应根据激光直径适当选择丝径。金属丝尖端相对于熔池的位置也会影响金属丝的熔化，从而影响工艺的稳定性。WFD 系统对工艺参数非常敏感，因此，熔池中的线端位置、送丝角度、送丝方向、激光光斑尺寸、激光功率、送丝速率和横移速度等工艺参数的平衡对于稳定熔覆至关重要。WFD 系统可配置前送丝和后送丝[15]。前送丝是以相反的沉积方向送丝，后送丝是以沉积方向送丝。送丝位置对实现均匀的沉积也很重要。当导线分别位于前缘和后缘时，前送丝和后送丝都能获得良好的沉积质量。一般前送丝无气孔，后送丝有气孔[15]。

同轴送丝系统是 WFD 最新的发展方向之一，同轴送丝系统采用金属丝同轴送丝和激光束制作 3D 元件。它基本上由同轴送丝喷嘴、大功率激光束、分束器和反射镜组成。图 2－7 给出了同轴送丝 LAM 系统的示意图。光束使用分束器分成 3 个不同的光束，由反射镜反射，聚焦在一个点上，保持水平方向 120°分开。金属丝使用聚焦激光束熔化，可用于从 CAD 模型数据制作复杂的 3D 组件。与侧向送丝相比，这种送丝系统的主要优点是全方位的。

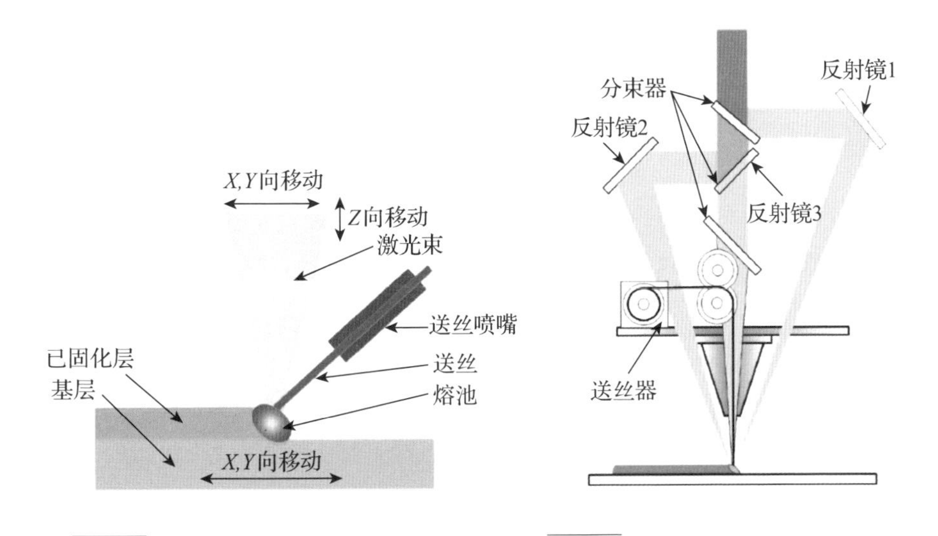

图 2－6　侧向送丝 LAM 系统的示意图　　图 2－7　同轴送丝 LAM 系统的示意图

在送丝过程中，金属丝始终与基板上的熔池接触，金属丝的位置和送丝速度不准确会影响熔池的形状和尺寸。这种干扰会导致沉积不均匀。此外，为了获得表面均匀光滑的良好的沉积—基底冶金结合，束径和丝径之间应保持一定的比例(通常大于 3)。因此，在 WFD 中，导线相对于基板上的光束点的位置及其尺寸至关重要。由于线/激光耦合性差，导致能量效率低，各种形式的材料不可用，成本低，故不采用该方法作为通用方法。材料输送到表面的方式对沉积速度、材料缺陷和部件的力学性能有显著影响。在送丝系统中，送丝的垂直和水平角度控制着激光能量耦合、表面粗糙度和原料熔化。

总体来说，对于以上几种典型金属 LAM 工艺，激光选区烧结(SLS)的优点是只需要低功率的激光器即可实现对成形件的烧结，然而也正因为这个原因导致粉末在激光扫描过程中未能完全熔化，所以采用 SLS 工艺成形的零件不是充分致密的，具有相对较低的强度。为了克服这一不足，发展了新的激光选区熔化(SLM)和直接能量沉积(DED)两种成形工艺。在 SLM 和 PFD 这两种成形工艺中，粉末能够完全熔化。相比之下，除了 SLM 所使用的激光能量密度高很多以外，SLM 和 SLS 两种成形工艺基本上是一样的。二者的粉末层完全或者部分熔化，直接形成金属键结合。

2.3 工艺过程控制

金属增材制造工艺质量控制手段主要从两方面着手：一是金属基 3D 打印设备，普遍认为影响其成形质量的关键因素取决于能量源的能量密度(功率、光斑直径、扫描速率、扫描间距等)、成形腔气氛控制(保护气氛流量、循环过滤质量)、基板预热温度以及扫描路径等[3]；二是金属基 3D 打印粉体材料的性能，包括粉末球形度与洁净度、粒径窄分布、氧含量以及松装密度等[17]。

2.3.1 激光功率和能量密度

激光束的能量由其能量密度确定，能量密度是一个至关重要的影响因素，它直接影响成形件的性能。能量密度有不同的定义形式，将在第 3 章详细讨论。按照常见的定义：

$$E_s = \frac{P}{V\delta} \ (\mathrm{J/mm^2} \text{ 或 } \mathrm{J/cm^2}) \tag{2-3}$$

实验结果表明，即使通过改变不同的激光功率 P、扫描速度 V 和激光束直径 δ 来得到相同能量密度 E_s，加工的成形件也会具有不同的结构和性能。图 2-8 所示为采用 CuSn89/11 材料进行激光熔化实验的数据，从数据可见，熔化(烧结)深度随着激光能量密度的增大而增大，其中激光能量密度的增大是通过增大激光功率或激光扫描速度来实现的。当激光能量密度相同时，比如 $E_s = 1.4$ 或者 $E_s = 1.8$，激光功率对熔化深度有非常显著的影响。激光束直径大小对熔化深度没有明显影响；但实际上当激光束直径减小时，熔化深度也会有轻微减小。

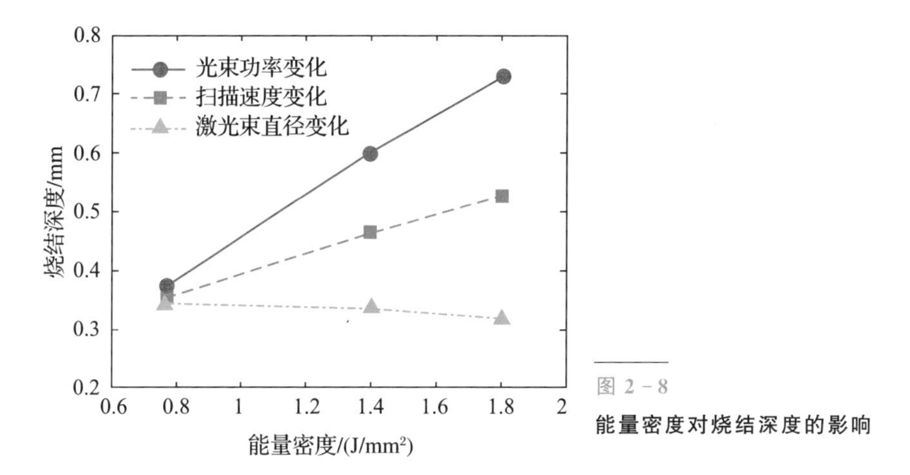

图2-8
能量密度对烧结深度的影响

如图2-9所示，当激光能量密度增大时，加工工件的密度通常也会增大。当激光能量密度不变时，激光扫描速度对密度的影响最大，而激光束功率对密度的影响最小。其原因在于激光熔化线在扫描速度降低时扩散程度更小，在激光束直径尺寸增大时能量更加接近。

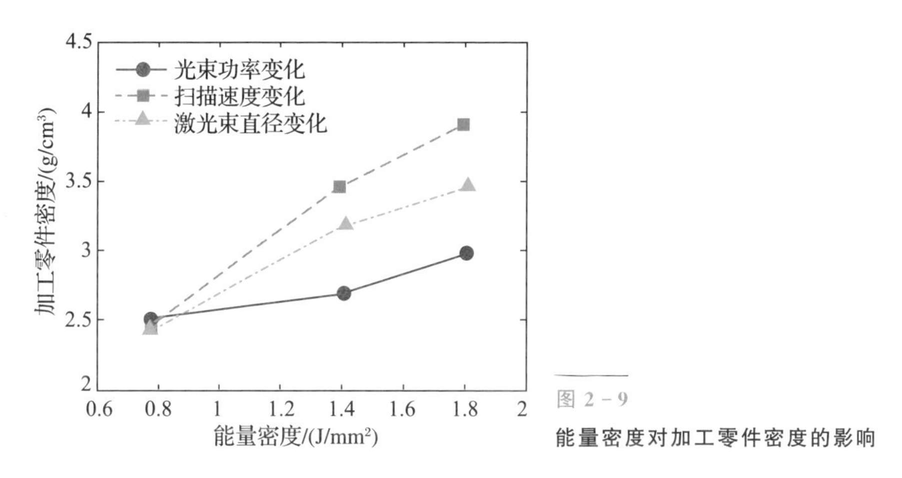

图2-9
能量密度对加工零件密度的影响

2.3.2 激光扫描速度

当激光扫描速度增大时，激光能量密度也会随之增大，使得扫描线宽度减小。图2-10展示了扫描速度对单次扫描雾化高速钢粉末形态的影响。当扫描速度低至5mm/s时，在50～150W激光功率范围内的扫描线都是连续的。当扫描速度增大到20mm/s时，50～150W激光功率范围内的扫描线都不是连续的。另外，当扫描速度大于等于 10mm/s、激光功率为 150W 时，高速钢粉末呈现为球状的不连续扫描线。

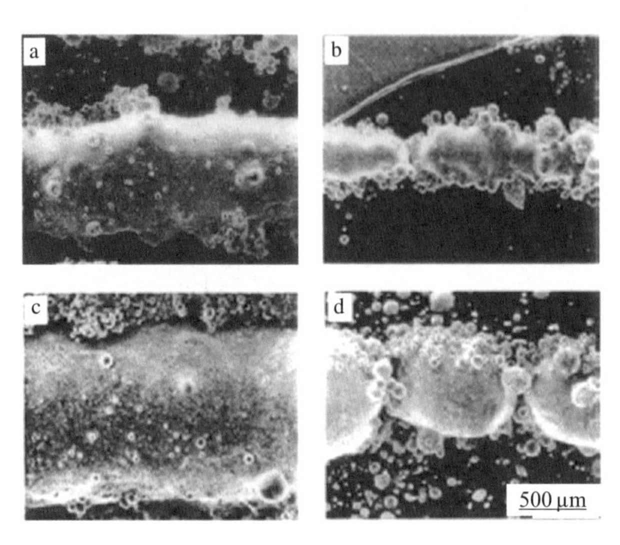

图 2-10 显示扫描速度和激光功率影响的单道扫描线
(a)5mm/s，50W；(b)20mm/s，50W；(c)5mm/s，150W；
(d)20mm/s，150W。

根据公式(2-3)可计算出如表 2-2 所示的激光束直径为 0.5mm 时的激光能量密度。由图 2-10 和表 2-2 可见，尽管第 1 组和第 5 组中的激光能量密度的大小相差很大，但这两组实验中的熔化体积几乎相同。另外，尽管第 5 组中的激光能量密度是第 2 组的 3 倍，但第 5 组中球状形态没有降低的趋势。这表明扫描速度是决定球化或者形成球状物的重要因素。

表 2-2 激光能量密度

序号	工作参数	激光能量密度/(J/cm²)
1	2mm/s，50W	5000
2	20mm/s，50W	500
3	2mm/s，150W	15000
4	10mm/s，150W	3000
5	20mm/s，150W	1500

球化效应与熔化轨迹的不稳定性有关。在激光熔化过程中，液态轨迹易于断裂形成一排球状物以降低其表面能量。Rayleigh 的分析表明，呈正弦波

波形进行波动且波长 $\lambda>\pi D$ 时的流束具有不稳定性(其中，D 为未扰动圆柱体的初始直径)。随着初始直径 D 的增大，圆柱体破碎所需要的时间也相应增大。在激光熔化过程中，熔化轨迹的内部和边缘之间具有较大的温度梯度。由于表面张力是温度的函数，所以温度梯度的存在会导致熔化轨迹内部和边缘之间的表面张力发生变化。然而表面张力的梯度会引起从较低表面张力区域到较高表面张力区域的马朗戈尼流动，并引起一个作用在熔化轨迹上的力。最终，当产生的作用力过大，连续的熔化轨迹会断裂并形成球状物。当熔化轨迹成为球状物时，熔化轨迹的体积等于球状物的体积，所以球状物的直径与熔化轨迹的直径是成比例的。从图 2 - 10 可明显看出，熔化轨迹的直径是随着激光功率的增大和扫描速度的降低而增大的。因此，可通过增大激光功率或者降低扫描速度来控制熔化轨迹不易断裂形成球状物，以得到连续的轨迹线。图 2 - 11 显示了激光扫描速度和激光功率对球状物直径变化的影响。从图中可见，在达到一定临界速度之前，球状物随着扫描速度的降低仅有轻微的增加。当降低到临界速度之后，球状物直径迅速增大，并且目前已有实验证明球状物的直径仅与激光功率呈线性关系。

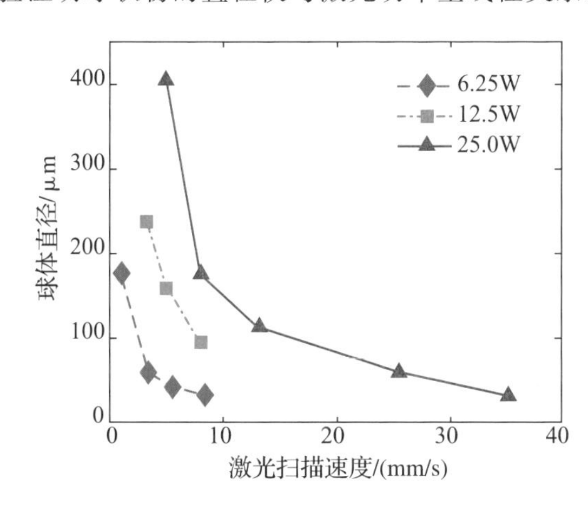

图 2 - 11
激光扫描速度和激光功率对球体直径变化的影响

和激光功率相比，扫描速度对球化的影响更为显著。较低的扫描速度更容易保持瞬时液态轨迹($\lambda<\pi D$)，因此会得到更光滑的表面。所以加工中宜采用较低的扫描速度。而且，球状物的成形趋势也和粉末的含氧量紧密相关。氧化物的形成会增大表面的温度张力系数并将其符号由负变为正。

Lv 等通过研究绘制出可用来选择激光功率与扫描速度参数组合的关系图[16]。图 2 - 12 显示了使用光束直径为 0.5mm 的 CO_2 激光器加工 M2 高速钢粉末激光成形表面孔隙度随激光功率和扫描速度的变化情况。当激光功率和扫描速度都很低时，成形表面会出现较大的不封闭气孔。随着扫描速度的增大，较大的不封闭气孔转变为较小的封闭气孔。当激光功率大于40W时，以较低的扫描速度可以加工出完全致密的零件。如果扫描速度较高，必须大幅提高激光功率，才能保证低的孔隙度。

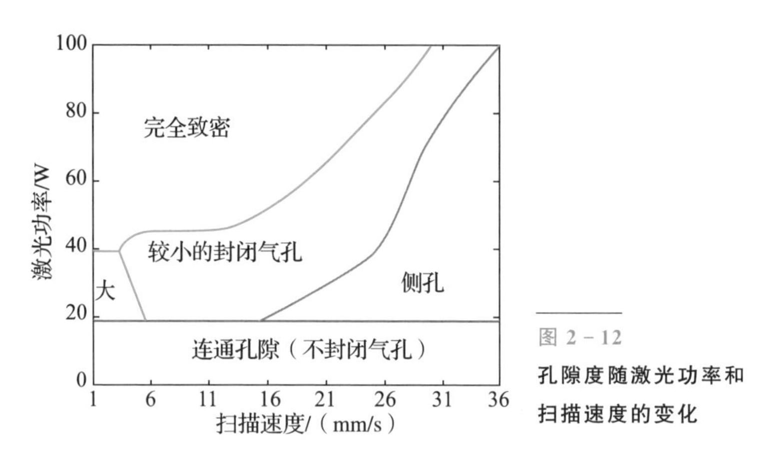

图2-12 孔隙度随激光功率和扫描速度的变化

2.3.3 原料进料速度

在单轨沉积的情况下，在给定的激光功率密度和相互作用时间内，沉积速率随着送粉速率的增加而增加，直至达到临界值。超过这个临界值，沉积速率的增加更为明确，轨道的横截面类似于一个圆。这是因为在较高的粉末供给速率下，粉末通量可保护激光束不与基板接触，并导致基板熔化不足。这导致了由于表面张力不当、湿润和粉末集落增强而形成的圆柱形轨道几何结构。然而，这种轨道几何结构是不可取的，因为它与基板的黏附性差[18]。

2.3.4 扫描策略

扫描策略对LAM制备的器件性能也有显著影响。激光选择性熔化或沉积过程中热源所遵循的路径被归类为扫描策略。由于粉末或送丝系统运动的限制，PFD的扫描策略相对简单。单向和双向填充都是标准的PBF处理技术。这些策略使用直线填充来熔化给定的零件层。单向和双向填充也用于LM系统。孤岛(island)扫描模式是LM中的一种常见策略。扫描区域被分为多个岛(islands)，每个岛上都有一个激光点朝一个方向扫描。扫描方向将与它旁边的岛垂直。这些岛被选择性地熔化，以均匀分布加热，并随机减少残余应力。在岛状物选择性熔化之后，激光被扫描到切片的外轮廓周围，以细化制造零件的表面光洁度[19]。扫描策略对工艺参数有直接影响，因此，必须针对给定的扫描策略优化热源功率和速度。

2.3.5　扫描间距

如图 2 - 13 所示，扫描间距必须小于轨迹宽度，这样可以保证相邻轨迹之间具有较好的金属结合性能和较小的孔隙度。因为轨迹宽度不仅取决于激光束直径大小，还取决于激光能量密度、扫描速度和功率特性，扫描间距不能简单地通过激光束直径大小来定义。

图 2 - 14 描述了激光能量密度和扫描速度对轨迹宽度的影响。当激光能量密度较低或者扫描速度较大时，扫描轨迹的宽度小于激光束直径。当选用较高激光能量时，轨迹宽度可能会大于激光束直径。一般地，轨迹与轨迹之间至少要有 30%的重叠区域，以保证具有较好的结构特性。

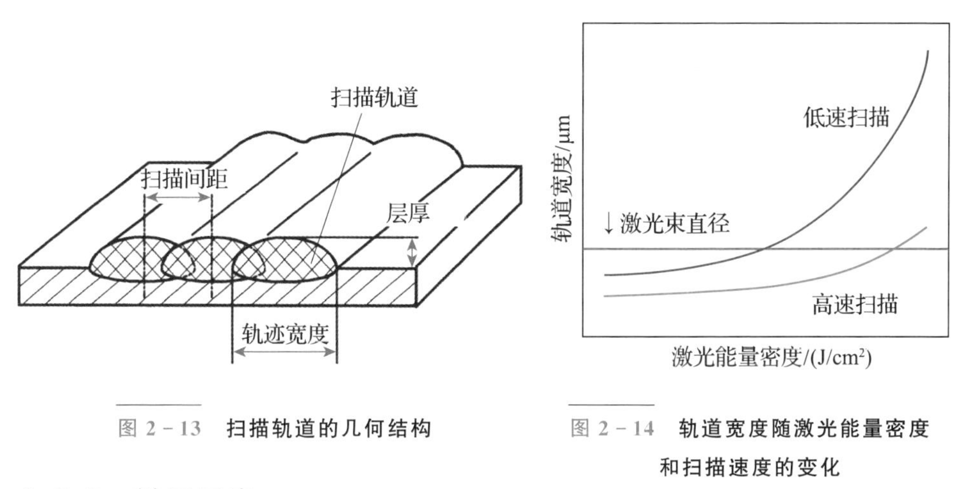

图 2 - 13　扫描轨道的几何结构

图 2 - 14　轨道宽度随激光能量密度和扫描速度的变化

2.3.6　粉层厚度

激光熔道的深度会随着激光能量密度的增大和扫描速度的减小而增大。虽然增大层厚可以缩短零件加工时间，但会降低加工精度和表面光洁度。为了得到较好的金属键，扫描轨迹中必须包含上一层一定比例的金属。图 2 - 15 显示了两种扫描层类型。虽然这两种类型的层厚几乎相同，但在图 2 - 15(a) 的情况中，相邻层之间的重叠区域很小，层的形成是通过沉积粉末的熔化；

而在图 2 - 15(b)的情况中，沉积粉末的层厚比图 2 - 15(a)中的小得多。因此，层的形成一部分是通过沉积粉末，另一部分是通过上一层的再熔化来实现更好的结合。

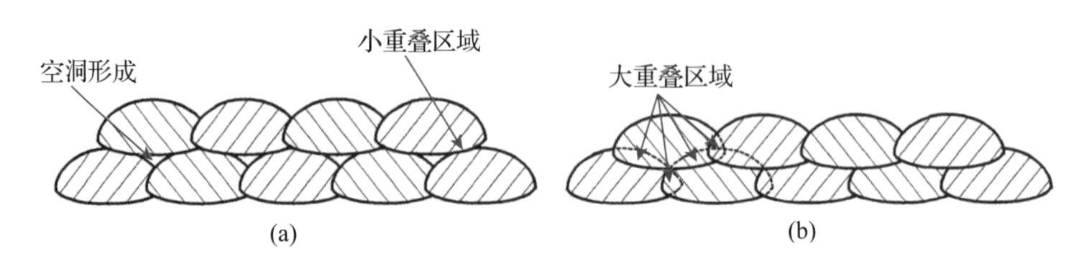

图 2 - 15　两种类型的扫描层
(a)两个相邻层之间的结合不良；(b)两个相邻层之间的结合良好。

2.4 金属系材料粉末

2.4.1 金属 LAM 对材料性能的要求

LAM 可用于加工各种金属合金。钛基合金，通常为 Ti - 6Al - 4V，由于其独特的化学特性、机械特性和生物相容性，广泛用于航空和医疗领域。由于喷气发动机和燃气轮机高性能部件的蠕变、损伤容限、拉伸性能和耐腐蚀性等力学性能的增强平衡，镍铬合金 Inconel 718、Inconel 625 是最常用的镍基高温合金[20-21]。铝合金广泛应用于汽车、航空航天等各个领域，这是由于其优良的可焊性、高导热性和良好的耐腐蚀性相结合的吸引力。但是，与生产其他金属粉末(如钛合金、镍基合金、不锈钢等)相比，铝合金的高反射率和高导热性限制了通过激光熔化工艺加工铝合金。工具钢以其在压铸模具增材制造中的高体积效应而闻名，而不锈钢等级如 316L、304 等因其高耐腐蚀性、力学性能和高成本效益[21-22]而闻名。

针对金属零件，目前商业上主要采用粉末床熔融(PBF)以及定向能量沉积(DED)两种基于粉末的 AM 工艺。可商业应用的合金主要有纯钛、Ti - 6Al - 4V、316L 不锈钢、17 - 4PH 不锈钢、18Ni300 马氏体时效钢、AlSi10Mg、CoCrMo 和镍基高温合金 Inconel 718、Inconel 625。随着市场的不断扩大，可用材料范围也在不断增加。贵金属如黄金、白银或铂金基于失蜡模型进行间接 3D 打印，但目前也可直接采用选区激光熔融(SLM)工艺。金属材料受限原因包括多个方面：其一，AM 工艺需要进行熔合处理，因此，金属必须可焊接并且可浇注；其二，移动熔池尺寸大大小于零件尺寸(通常仅为零件尺寸的 $1/10^4 \sim 1/10^2$)，使局部高温区与周围大面积低温区直接接触，产生较高的热梯度，导致残余应力及非均匀微观组织结构的产生。与 PBF 和 DED 不同，对于粉状原料，应优先选用具有一定尺寸分布的球形颗粒。金属丝用作 DED 工艺的原材料，与粉末基 DED 相比可以产生更大的熔池，从而提高效率。

1. 粉末与大气成分的亲和力

在大气环境中，铝及铝合金粉末颗粒表面易形成稳定的氧化层 Al_2O_3，阻碍颗粒烧结或熔融聚结，对电子束熔化(EBM)工艺产生不利影响。因为在 EBM 工艺中，为避免电子束产生的负电荷引起粉末颗粒间相互排斥，导致颗粒从粉末床中喷出，需要在熔融之前对粉末进行预烧结，将粉末颗粒轻微结合在一起，而 Al_2O_3 氧化层将降低预烧结效果。18Ni300 马氏体时效钢和 Inconel 718 在加工过程中形成稳定的氧化物，并漂浮在熔池顶部。添加新层会破坏这些氧化物并将其中的大部分移动到新形成的顶部表面，但仍有一些颗粒遗留在凝固的微观结构中。这些脆性颗粒产生应力集中，降低力学性能，如图 2-16 所示。对于与氧产生放热反应的材料(如 Mg)，在含氧环境中进行 AM 工艺具有较大的危险性。

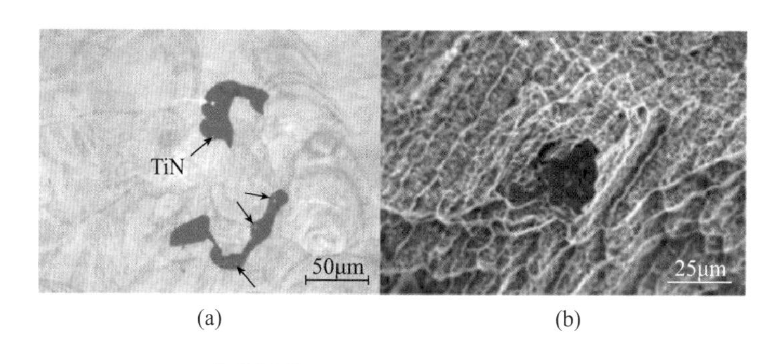

图 2-16　微观结构中的颗粒遗留

(a) 18Ni300 SLM 部件内，大的暗灰色部分为氧化物颗粒，箭头指示的为小的 TiN 颗粒；(b) 含有 Al_2O_3 颗粒的 DED Inconel 718 部件断裂表面。

Ti-6Al-4V 中氧含量增高会增加强度，但延伸性降低。因此，为提高零件力学性能以及粉末的可回收性，需要减少氧气、氮气或水分的含量。

2. 高反射率和热导率

对于具有高反射率（吸收率低）和高热导率的合金（如铜、铝、银和金），难点是形成有效的熔池。为此，需采用功率高达 1kW 的激光器，并通过调整波长提高激光吸收率（图 2－17）。粉末可以对激光产生散射效应，激光吸收效率比平面高 2～7 倍。

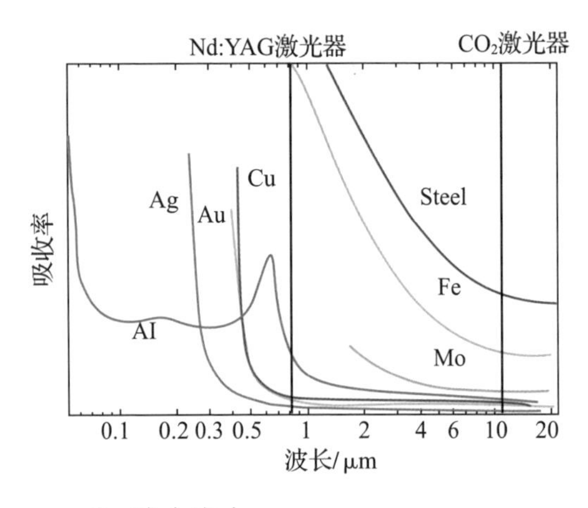

图 2－17 室温下纯金属对不同波长的激光吸收率

3. 残余应力

通常，AM 工艺生产的零件在外表面具有较高的残余拉应力，而在中心处具有较大的残余压应力。采用激光金属沉积（LMD）工艺生产的 Inconel 718 零件残余应力分布如图 2－18 所示。根据零件几何形状、高度以及与基板的连接方式不同，在成形方向上通常也会存在应力梯度。因此，为降低残余应力，需要对 AM 工艺产生的残余应力进行量化分析。

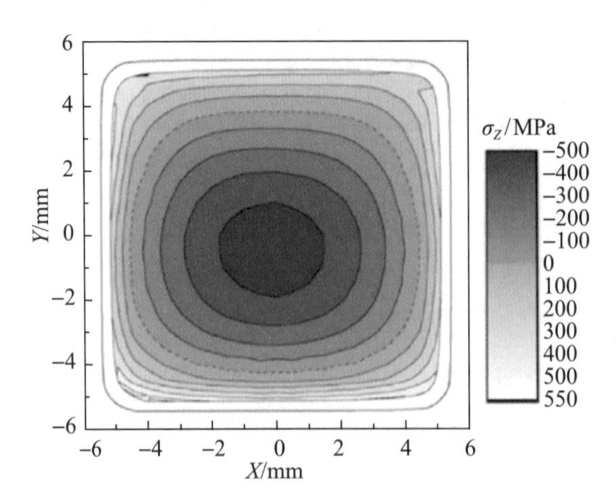

图 2－18 由 LENS 制造的 100mm 高 Inconel 718 柱中部垂直残余应力 2D 分布图

残余应力导致变形的现象与材料无关，但裂纹的产生及裂纹类型与材料有关。例如，Ti－6Al－4V(不易开裂)和 M2 高速钢(更易于开裂)通常为宏观裂缝，而镍基合金为微观裂纹，尤其当 Al 和 Ti 元素含量较高时，因为这些元素是生成 γ'沉淀物的重要条件。微裂纹是由熔池周围局部环境导致的，如晶界处低熔点相的液化，热影响区(HAZ)中的局部老化和脆化，或在凝固结束时几乎凝固的状态下，剩余液体区充当裂纹起始点产生的凝固裂纹。Inconel 625 可以通过固溶强化获得较高的硬度，Inconel 718 具有中等含量 γ'沉淀物，这些合金较适合 AM 工艺。Inconel 738LC 在 HAZ 中产生较多的 γ'沉淀物，使材料脆化，产生裂纹。

4. 金属粉末的选择

粉末床熔融(PBF)系统通常使用预合金粉末，粉末颗粒接近球形，能够很好地定义部署的粉末层。基于激光的 PBF 系统通常使用粒径从几微米开始的相当细的前驱体粉末，但最常见的是粒径高达 60～80 μm 的粉末。电子束熔炼 PBF 采用较粗的粉末，粒度分布一般在 75～150 μm。相应地，与 EBM 相比，基于激光的 PBF 机器使用较薄的粉末层，并允许在制造的组件中实现一些更好的空间分辨率(由粉末粒度和层厚度强烈定义)。相应地，在束流中具有较厚的层和较高的可实现能量的 EBM 可以提供更高的生产率。因此，对于具有更精细结构细节的较小组件的制造，通常选择基于激光的方法，以及具有较大组件和更高能量的 EBM。

2.4.2 金属粉末材料的制备

金属材料粉末的质量决定了 LAM 制造零件的质量。粉末质量取决于大小和形状、成分、表面形态和内部孔隙的数量，它决定了物理变量，如流动性和松装密度。流动性对 PBF 和 PFD 很重要，而松装密度对 PBF 至关重要。流动性是指粉末流动的能力，而松装密度定义了颗粒材料的包装。球形颗粒改善了流动性和松装密度。光滑的颗粒表面比有卫星或其他缺陷的表面要好。通过填充较大颗粒之间的间隙，细颗粒具有更好的松装密度，但流动性可能会降低[13,23]。

增材制造金属粉末制粉技术：金属粉末由于应用及后续成形工艺要求不同，其制备方法也各有不同。当前增材制造用金属粉末主要集中在钛合金、高温合金、钴铬合金、高强钢和模具钢等材料方面。为满足增材制造装备及工艺要求，金属粉末必须具备较低的氧氮含量、良好的球形度、较窄的粒度分布区间和较高的松装密度等特征。一般认为，增材制造金属粉末需具备球形颗粒(球形度＞98%以上、少无空心粉、卫星粉、黏结粉等)、粒径窄分布($D50 \leqslant 45\,\mu m$)、低氧含量($< 100 \times 10^{-6}$)、高松装密度、低杂质含量(杂质含量不高于母合金、无陶瓷夹杂物)等基本特性[24]。

当前金属粉末的制备方法有很多种，每种技术都可制备球形或近球形金属粉末，如气雾化法(GA)、旋转雾化法(RA)、等离子旋转电极法(PREP)等。粉末原料中的气孔是常见的，如气体雾化(GA)工艺在生产过程中截留了惰性气体。这种截留的气体在快速凝固过程中被转移到零件上，从而在制造材料中产生粉末诱导的多孔性。这些气孔通常是球形的，是由于截留气体的蒸气压力而形成的。PREP 粉末制备的零部件部分显示出不明显的气孔，而 GA 和 RA 粉末制备的零部件则显示出气体诱导的气孔[25]。

2.4.3 铁基系[16]

铁基合金由于具有成本低、强度高、耐磨性好、耐高温等特点，在模具制造中得到了广泛的应用。

纯铁在 1538℃ 处熔化，在 2253℃ 处沸腾。然而纯铁不适合运用于一般结构中，通常必须和其他金属结合形成合金。其中基本的合金化元素是碳，质量分数从 0.15%到 1.8%不等，碳含量取决于钢材的使用情况。合金除了碳元素，还经常包含其他类型的元素，例如，Cr、Mn、Ni 和 Si。合金的熔化温度随合金元素添加量的增加而发生变化。一些合金元素的添加对合金的熔化温度没有太大的变化，而另一些合金元素可能会显著地影响熔化温度。例如添加 Cr 元素对熔化温度没有太大影响。

由于铁及其合金能很好地吸收激光能量，CO_2 激光能较早地熔化 Fe 及其合金。为了获得均匀的化学组成，可采用合金粉末或磨粉混合料进行 SLM 成形加工。图 2－19 显示了使用 CO_2 激光在功率为 200W、扫描速度为 200mm/min 和光斑直径为 1mm 参数下成形的单次扫描件。预合金化的 Fe－15Cr－1.5B 材料 SLM 成形后的微观结构显示出致密的结构。由于固化速度快，形成了精细的微结构。从更细微的微结构中可以看出晶粒间的针状结构，针状结构是由于快速冷却而形成的马氏体。

图 2-19　**单道扫描零件**

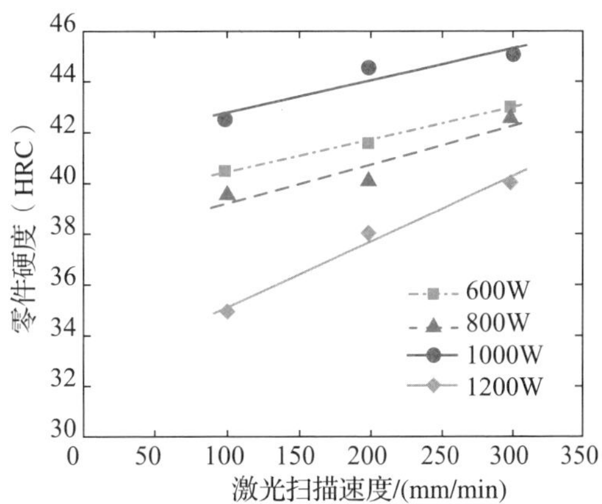

图 2-20　**SLM 加工铁基零件的硬度**

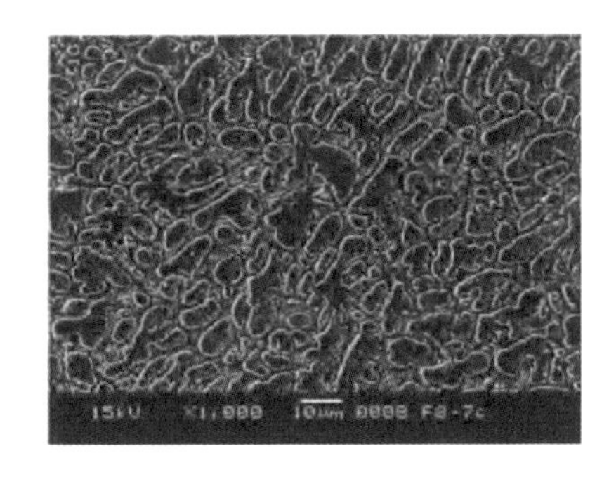

图 2-21　**SLM 处理的 Fe15%Cr1.5%B 材料的微观结构**

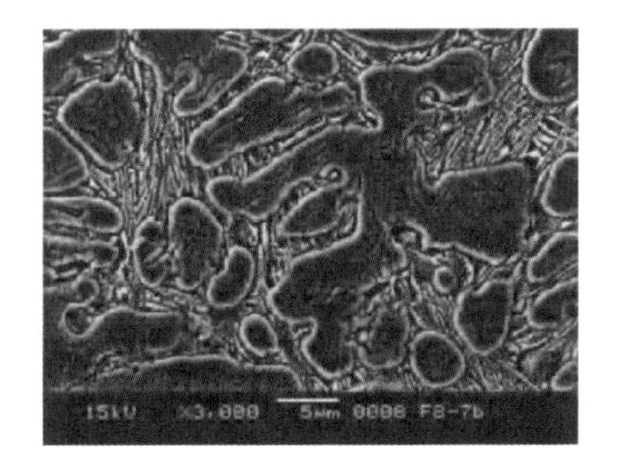

图 2-22　**SLM 处理的 Fe15%Cr1.5%B 材料的微观结构细节特征**

一般来说，硬度呈上升趋势，激光扫描速度如图 2-20 所示。在这种情况下，在 $P=1000\text{W}$ 和 $V=300\text{mm/min}$ 时可以获得最高硬度 HRC45。在 600W 的激光功率下，可以得到一个完全致密的结构（如图 2-21 和图 2-22 所示），因此激光功率的增加可能不会导致密度的增加，但是高的激光功率可能会增加热影响区，从而增大晶粒的尺寸。图 2-23 向我们展示了激光功率的影响。在高激光功率下，大量的热流动到已经凝固的部分，这可能导致晶粒的粗化。正如 Hall-Petch 方程所预测的，材料的屈服强度是关于粒径的函数：

$$\sigma=\sigma_0+kd^{-1/2} \tag{2-4}$$

式中：σ_0 为摩擦应力，k 为常数，d 为晶粒尺寸。晶粒尺寸的增加意味着位错密度的降低，从而降低了材料的强度。

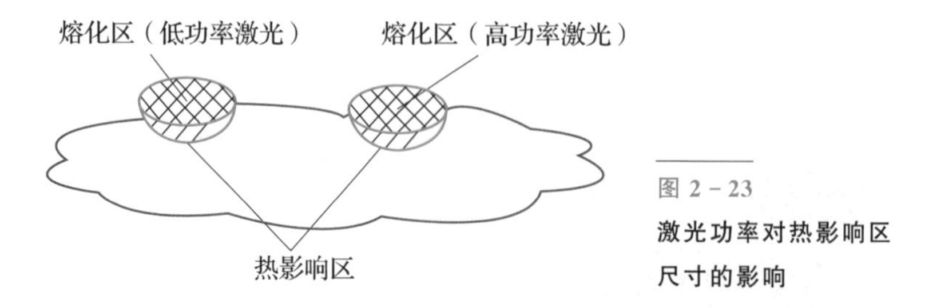

图 2-23
激光功率对热影响区尺寸的影响

如果加工零件用作模具，那么耐磨性是一个至关重要的因素。图 2-24 显示了磨损测试的结果。使用两种材料：常规加工的 P20 工具钢和利用 SLM 成形加工的销。SLM 处理样品的体积损失大于常规处理的 P20 工具钢的损失。选用 600W 激光功率成形的样品显示出了最佳的耐磨性。随着激光功率的增加，体积的损失也随之增加。在高激光功率下，逐渐增加的体积损耗可能归因于热影响区的面积。

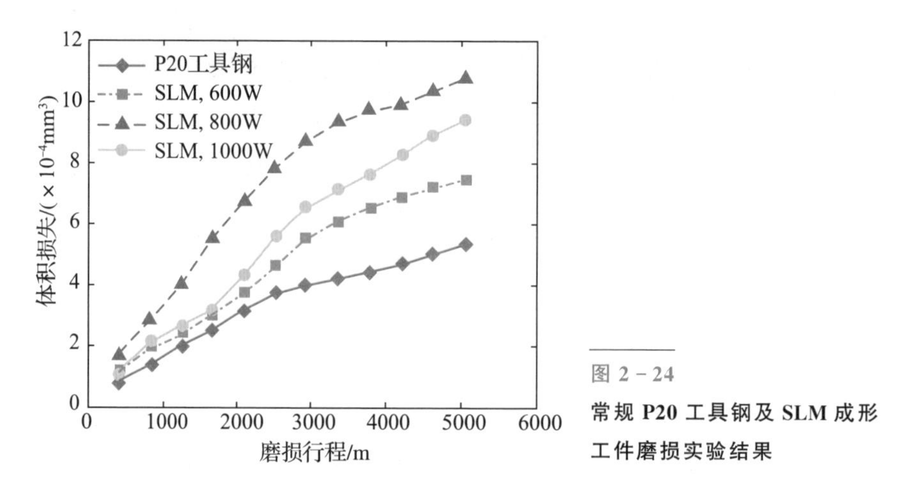

图 2-24
常规 P20 工具钢及 SLM 成形工件磨损实验结果

磨损导致了单位滑动距离的体积损耗，如图 2-25 所示，在不同的激光扫描速度下，同样选用 600W 的激光功率，SLM 成形工艺过程的铁基合金有更多磨损特性。一般来说，SLM 加工零件的磨损率大于 P20 工具钢的磨损率。在一定的磨损情况下，200m/min 样品激光扫描的磨损率比 P20 工具钢的磨损率高 44.2%。随着激光扫描速度的提高，磨损率降低，那么磨损性能得到一定的改善。这些结果证实了图 2-24 中得到的结论，随着激光功率的增加，磨损率增加。激光能量密度随着激光扫描速度的增加而减小，这相当于激光功率在恒定激光扫描速度下的衰减。

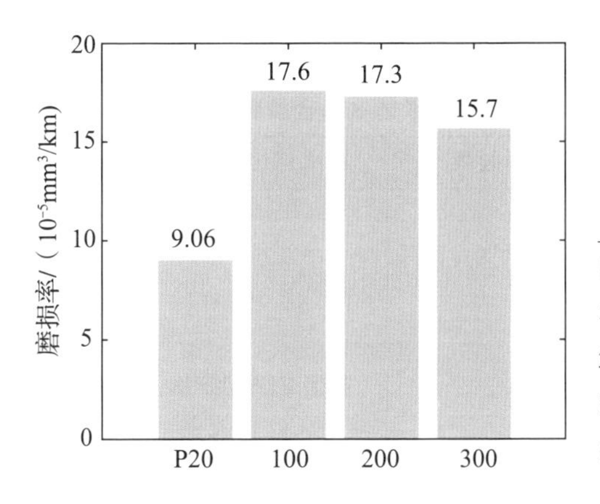

图 2－25
不同扫描速度（100mm/min、200mm/min 和 300 mm/min）的 P20 工具钢 SLM 处理试样的磨损率比较

图 2－26 为经过磨损实验后的 SLM 处理的铁基合金试件和 P20 材料的表面形貌。进行 SLM 处理试样的磨损裂纹要比 P20 试样大得多。

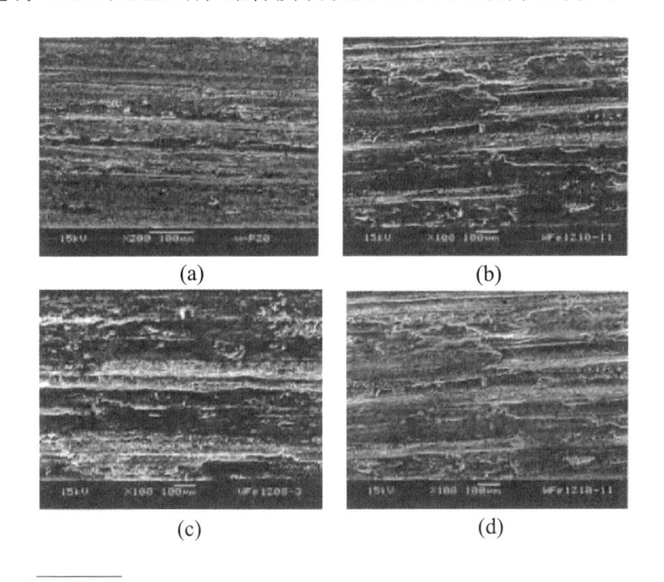

图 2－26　**经磨损实验的 P20 工具钢和在恒定扫描速度不同激光功率下 SLM 成形样件的表面形貌**

（a）经磨损实验的 P20 工具钢；（b）$P = 600$W；（c）$P = 800$W；（d）$P = 1000$W。

磨损表面表现为滑动磨损特征，通过重复轨迹的塑性变形来表示。准备需要使用的样品，不同的激光参数，表面形貌几乎相同，在磨损机理上没有明显的差异。然而，在进行对应的磨损率测试时发现使用 800W 激光功率的试样的磨损表面略大于其他磨损表面。在所有样品的磨损表面都能看到空腔，这些空腔可能是由某些孔隙率和杂质引起的。此外，在空腔附近也发现了裂纹。

表 2－3 总结了国外用于 SLM 成形的铁基粉末。

表 2－3　国外用于 SLM 直接成形的铁基金属粉末[26]

粉末类型	粉末特性	成形效果	成形设备	研究机构
Fe	水雾化；粒径：50μm；氧含量：0.0612%	相对密度：78%	德国 EOS M250X：200W CO_2 激光器，配备粉床预热系统	伊朗 Sharif 科技大学，A. Simchi[24]
Fe-C	Fe 与 C 球磨混合；$D50 = 68\ \mu m$	相对密度：80.8%		
Fe－0.8C－4Cu－0.4P	球磨混合	相对密度：80.6%		
316L 不锈钢	气雾化预合金；$D50 = 19\ \mu m$	相对密度：93%		
M2 高速钢	气雾化预合金；$D50 = 21\ \mu m$	相对密度：88.2%		
Fe－20Ni－15Cu－15Fe3P	Fe、Cu、Fe3P 粉粒径小于 60 μm，Ni 粉粒径小于 5μm；松装密度：3.17g/cm^3；以上粉末进行球磨混合	相对密度：91%；抗弯强度：630MPa；表面平坦，基本无球化现象	自主研发设备；激光器：300W Nd-YAG；成形气氛：抽真空，然后通入氮气或氩气	比利时鲁汶大学，J. P. Kruth[27]
Fe－29Ni－8.3Cu－1.35P	单质粉末均匀混合；平均粒径：4.3±2.9 μm	相对密度：97.4%；正、侧面粗糙度分别为 18.2 μm、12.6 μm；枝晶硬度：(381±30) HV（测试力 4.905×10^{-2} N，HV5）	德国 EOS M250：200W CO_2 激光器，聚集光斑 0.4mm	瑞典卡尔斯塔德大学，Y. Wang
H13 工具钢	80% 粉末粒径小于 22 μm	相对密度：84%；表面粗糙度：8.2 μm	90W Nd：YAG 激光器	英国利物浦大学，J. W. Xie
316L 不锈钢	气雾化球形粉；平均粒径：22 μm	相对密度：99%；拉伸强度：约 750MPa	德国 MCP Relizer 250：100W 光纤激光，激光损耗率低于 10%；成形气氛：氩气 40mbar	德国鲁尔大学，H. Meier

2.4.4　钛基系

钛合金具有比强度高、耐腐蚀性好、耐热性高和良好的生物活性等特点，近年来被广泛应用于航空航天、生物医学、船舶汽车、冶金化工等领域。激光增材制造钛合金具有加工周期短、制造成本低、高柔性化等优点，且成形件具有比锻件更高的强度，在相关领域受到越来越高的重视，甚至在某些国防领域得到应用，所以激光增材制造高性能钛合金的研究有其独特的发展前景和重要意义[28]。

使用熔覆工艺成形的一个成功例子是制造钛合金航天部件。这个工艺是在 20 多年前研发的，美国国防高级研究计划署展示了此技术的可行性和规模。对于采用 LMD 成形制备的钛合金（Ti－6Al－4V），由于从基体中吸热，平行于沉积方向的晶粒在本质上是柱状的。在透镜沉积层和基体之间的界面上，很容易观察到宏观热影响区。根据所用的具体 AM 工艺，微观热影响区在各层之间具有明显的粗糙特性。这一发现归因于由于随后的和额外的沉积导致的先前层的再加热。正是由于存在细小的热影响区，增材制造的微观结构呈现出分层的外观。定向晶粒的存在以及宏观热影响区和微观热影响区都导致了增材制造材料的整体不均匀微观结构。这是导致沿不同方向性能差异的原因。

在一项独立的研究中[27]，观察到增材制造的加工钛合金的屈服强度和极限拉伸强度超过了锻造 Ti－6Al－4V 合金的典型值。此外，发现增材制造合金的延伸性略低于锻造合金，屈服强度、极限拉伸强度和延伸性的各向异性与制造方向有关。研究发现，Ti－6Al－4V 合金的静态性能与锻造产品相当。

Ti－6Al－4V AM 零件是以氩气作为保护气体而形成的，它含有少于 10×10^{-6}的氧气。这对 Ti 来说是至关重要的，因为氧和氮会与它产生一定的反应。激光熔覆 Ti－6Al－4V 合金的显微组织由较细小的与铸件相同尺寸的晶粒组成。由于选取了较大的冷却速率，激光熔覆零件的完整性与铸造和锻造产品一样好，甚至更好。通常要求 DED 加工零件达到 100%无缺陷。表 2－4 显示了 Ti－6Al－4V 的力学性能，相当于铸造和锻造材料的力学性能。应用于 SLM 的钛合金粉末的研究进展情况如表 2－5 所示。

表 2-4 Lasform Ti-6Al-4V 的力学性能[16]

力学性能特征量	数值
极限抗拉强度	1030 MPa
屈服强度	900 MPa
延伸率	12.3%
断面缩减率	22.5%
断裂韧度	90 MPa·$m^{1/2}$
简支梁冲击强度	19 J
硬度	36 HRC

表 2-5 用于 SLM 直接成形的钛基金属粉末[26]

粉末类型	粉末特性	成形效果	成形设备	研究机构
Ti	气雾化，球形粉；氧含量低于 0.1%；平均粒径：45 μm；松装密度：64%	成形出钛骨骼；相对密度：95%；抗拉强度：300MPa	自主研发	日本大阪大学，F. Abe
Ti-6Al-7Nb	—	成形出致密的复杂杯状零件	德国 MCP-HEK	澳大利亚西部大学，T. Sercombe
Ti-6Al-4V	气雾化球形粉；粒径：21 μm	拉伸强度约1300MPa	德国 EOS M270	美国得克萨斯大学
	粒度范围：1～10 μm	成形出多孔钛合金牙齿植入件；杨氏模量：内部约104GPa，外部约77GPa	德国 EOS 设备：200W 光纤激光；氩气保护	意大利 Chieti-Pescara 大学，T. Traini
	雾化粉，球形，粒度范围：5～50 μm，半数以上粉末粒径小于34.43 μm	为了研究微观组织演化，快速冷却产生了马氏体，成功地成形出一系列试样，微观硬度可达(479±42)HRC	自主研发的 LM 型设备，激光器 IPG LR-300SM Yb:YAG，光纤，连续模式激光，最大可以达到 333W	比利时鲁汶大学，L. Thijs，J. P. Kruth

图2－27中光滑S－N疲劳数据显示，成形比铸造Ti－6Al－4V性能要好得多。

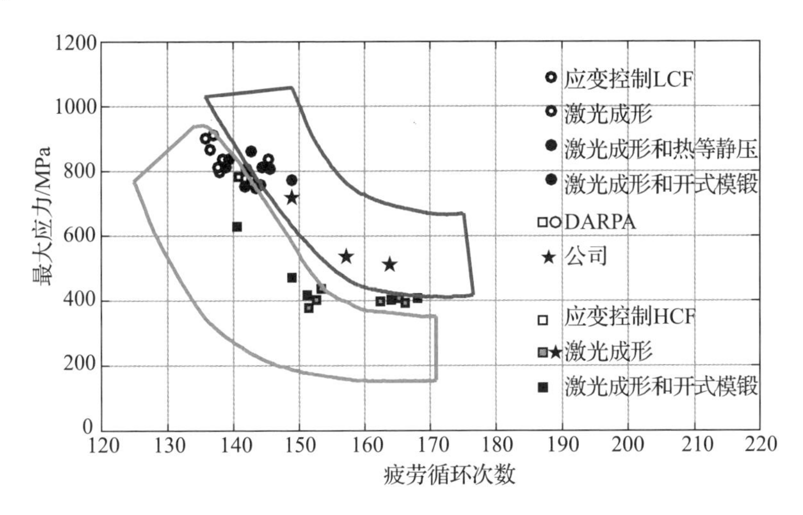

图2－27　Lasformed成形的Ti－6Al－4V S—N疲劳曲线

最近的研究发现[27-28]，用电子束粉末床（EPBF）和激光束粉末床（LPBF）制备的Ti－6Al－4V合金的性能和微观结构存在明显差异。两种方法成形样件的气孔形态和严重程度差异显著。研究人员观察到，LPBF成形样件呈现出不规则形状的气孔，而EPBF合金中的气孔大致上是球形的。表面缺陷的存在损害合金的高周疲劳抗力。在疲劳裂纹扩展性能方面，气孔的存在并不是影响疲劳裂纹扩展性能的主要因素，而采用热等静压（HIP）诱导气孔闭合对疲劳裂纹扩展的改善并没有显著影响。

2.4.5　镍基系

镍基合金在650～1000℃高温下具有卓越的屈服强度和疲劳强度、表面稳定性、抗蠕变和热蠕变变形能力，被广泛用于航空航天、医疗器械、石油化工等制造领域。按照主要性能又细分为镍基耐热合金、镍基耐蚀合金、镍基耐磨合金、镍基精密合金与镍基形状记忆合金等，目前主要用于PBF的有Inconel 718和Inconel 625。

在制备条件下，镍基合金的显微组织呈柱状，晶粒宽度可达20μm。热等静压后，柱状晶趋于再结晶，而亚稳态γ_沉淀（Ni3Nb）逐渐溶解。总的来说，根据所使用的增材制造技术，产生了不寻常的微观结构和微观结构体系，这为微观结构设计打开了大门。表 2-6 总结了由增材制造的镍基高温合金 Inconel 625 的静态力学性能。在制备状态下，Inconel 625 的延伸性相当于锻造和退火的对应件的延伸性，屈服强度仅略低。热等静压后，屈服强度降低了 26%，延伸性提高了 57% 以上。Inconel 718 合金中成形金属沉积（SMD）的力学性能优于铸态合金，但明显低于使用增材制造技术设计的合金。发现整个增材制造加工材料的拉伸强度和延伸率超过铸态材料的拉伸强度和延伸率。表 2-7总结了合金 Inconel 718 的力学性能，表 2-8 为目前国内外主要用于 SLM 直接成形的镍基金属粉末及其参数。

表 2-6　镍基高温合金 Inconel 625 的 AM 成形力学性能

制造过程	屈服强度/MPa	抗拉强度/MPa	延伸率/%
锻造（退火）	450	890	44
原生样品（EBM）	410	750	44
EBM + 热等静压	330	770	69
锻造（冷加工）	1100	—	18

表 2-7　镍基高温合金 Inconel 718 的 AM 成形力学性能

制造方法	屈服强度/MPa	抗拉强度/MPa	延伸率/%
成形金属沉积	473	828	28
铸造	488	786	11
激光器	552	904	16
电子束	580	910	22

表 2-8　国内外用于 SLM 直接成形的镍基金属粉末[26]

粉末类型	粉末特性	成形效果	成形设备	研究机构
Waspaloy®	时效硬化镍基高温合金；平均粒径：63 μm	相对密度：99.7%	550W Nd：YAG 激光器，四轴数控工作台；氩气；流速：15ml/s	英国拉夫堡大学，快速制造研究中心
Inconel 625	粒径：53 μm ± 25 μm	上表面粗糙度：4～9 μm 侧面粗糙度：10～20 μm		
	90% 的粉末粒径小于 20 μm	相对密度：95%；最大抗拉强度：1070MPa ± 60MPa；最大屈服强度：800MPa ± 20MPa；延伸率：8%～10%	法国 Phenix PM100：50WIPG 光纤，光斑直径 70 μm	法国圣太田国立工程师学院

（续）

粉末类型	粉末特性	成形效果	成形设备	研究机构
Ni-Ti 形状记忆合金	Ni：Ti = 1：1	无球化与翘曲产生；可用来人工植入	自主研发 DiMetal-240 型：100W Nd-YAG	华南理工大学
	球形粉；粒径：20～100 μm	相对密度：98%	德国 M CP Realizer：IPG 光纤激光	英国利物浦大学

镍基合金 Inconel 718 和 Inconel 625 具有良好的耐腐蚀性、高拉伸、蠕变和断裂强度、优异的疲劳和热疲劳强度、抗氧化性以及优异的焊接性和钎焊性，以及高工作温度（高达 980℃）[29-30]。Inconel 718 和 Inconel 625 的焊接性和焊后性能（抗裂性）也非常优良。这两种镍基合金的力学性能和物理性能的独特结合使其在航空航天领域广泛应用，典型的有液体燃料火箭、航空发动机和燃气轮机的叶片制造等[31]，发动机排气系统、反推系统等[32-33]。

2.4.6　铜基系[16]

铜及其合金具有很高的导电性和热导率，又具有较好的耐磨性能，是电气和热控制系统的理想选择，广泛应用在电子、机械、航空航天等领域。这些性能与 AM 的设计自由度相结合，开创了新的发展前景，特别是对于复杂的换热设备。一般来说，铜的 AM 制备具有很高的导热性，这导致了很快的散热。此外，铜对激光的反射率很高，这使得铜的 SLM 很难实现，并且限制了铜合金的制备工艺，使铜合金的热导率和反射率大大降低。与 SLM 相比，铜的 EBM 工作得很好，因为电子的吸收和反射机制不同于光子，因此，大部分能量都沉积在 EBM 的材料中。可用的能量足以使纯铜的热导率达到 $400W \cdot (m \cdot K)^{-1}$。同时，由于铜粉比较容易氧化，成形时容易产生球化等缺陷，故铜基合金材料成分设计尤为重要。

2.4.6.1　铜－镍（Cu-Ni）基

由于激光熔化铜不容易，常需要另一种元素作为添加剂，包括锡、铁、镍等。图 2－28 显示了球磨镍和铜粉颗粒。机械碾磨能够使粉末粒子结合在一起，例如，铜和镍粒子。这样当激光能量被镍粒子吸收时，可以很容易地从镍转移到铜粒子上，而在铜粒子熔化之前，这种粒子可能会熔化。

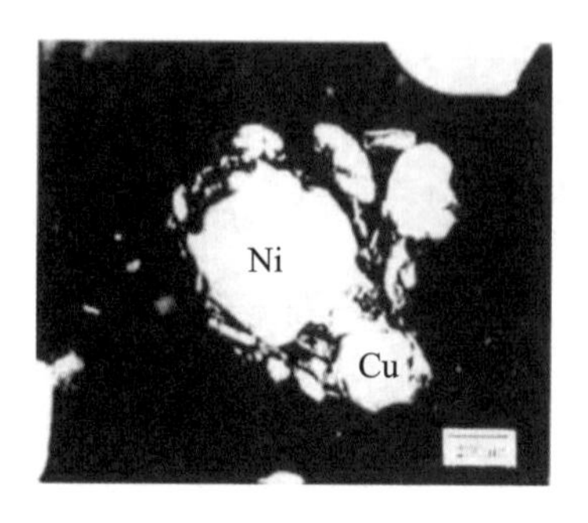

图 2-28
球磨铜镍粉末颗粒

图 2-29 显示了 Cu-Ni 基在两个组分之间的高温和低温下完全混合的相图，没有中间相的形成。因此，这是一个值得考虑的较好合金。图 2-30 显示了 Cu-Ni 基的 XRD 能谱图，没有加入钛和碳。在 SLM 成形之前，可以很容易地区分出两组 XRD 峰值。由于铜和镍都是面心立方结构，所以两组(111)、(200)和(220)峰之间的距离很近。在 SLM 成形之后，只能看到一组衍射峰(铜和镍衍射峰都消失了)，表明 SLM 的 Cu-Ni 固溶已经形成。

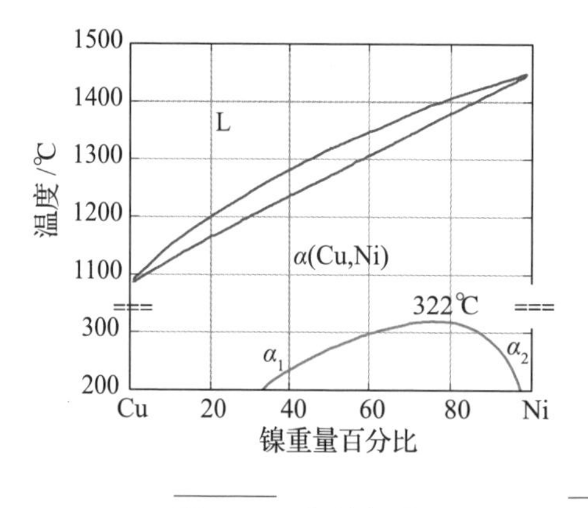

图 2-29 铜镍相图

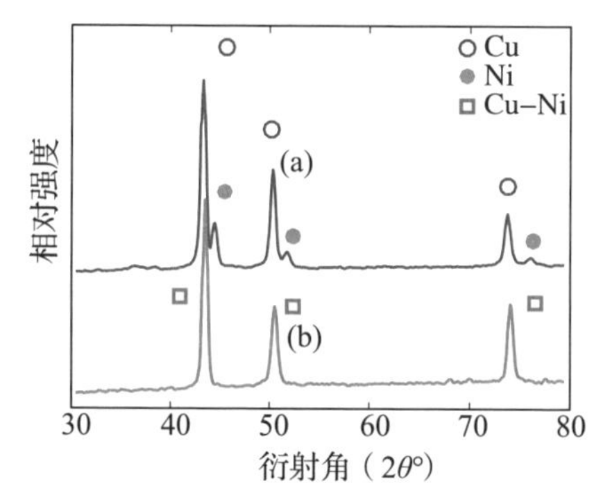

图 2-30 Cu(质量分数 20%)-Ni 的 XRD 能谱图
(a)粉末混合物；(b)激光熔化后。

图 2-31 (a)揭示了 SLM 成形处理的 Cu-Ni 线截面的微观结构。两个分离的 α_1 和 α_2 相可以被识别。由于镍含量较低，其成分在混合相间隙的边界外。α_2 相显示了不连续的形态。从微观结构上不能看出清晰的晶界。当镍含量增加时(图 2-31(b))，通过晶界处的 α_2 相隔离，可以看到明显的晶界。这是由自由能的降低自发生成的成分波动所带来的旋节分解。在 Cu(质量分数 40%)-Ni 基中可以观察到一些孔隙缺陷。如果粉末的水分没有得到很好的控制，那么这种类型的孔隙在结构中是最常见的。因为在熔化过程中，水分在

蒸发过程中蒸发的蒸汽有时被夹在该结构中形成孔隙。

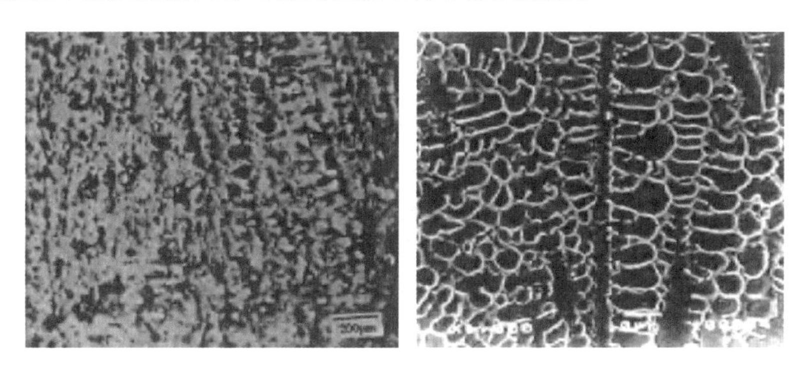

图 2-31　**Cu-Ni 合金的显微组织**

(a)Cu(质量分数 10%)-Ni；(b)Cu(质量分数 40%)-Ni。

2.4.6.2　铜-钨(Cu-W)基

钨是 EDM 电极材料中常加入的另一种元素。钨在液态铜中的溶解度极低(在 1200℃ 时质量分数 10^{-5}%)，Cu-W 为不混溶体系。该系的熔化过程中，在凝固过程中需要进行相分离。如果使用高的激光能量密度，钨可能会熔化。钨还可以用作激光能量的热导体使铜熔化。如果钨含量太低或太高，那么孔隙率可能很高。激光熔化 Cu(质量分数 10%)-W 的 XRD 能谱图如图 2-32 所示。由于没有固溶体，可以观察到铜和钨的衍射峰。

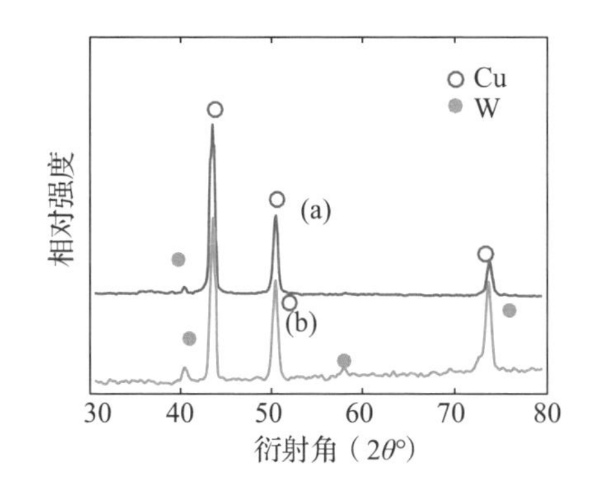

图 2-32

Cu(质量分数 10%)-W 的 XRD 能谱图

(a)粉末混合物；(b)激光熔化后。

对于 Cu(质量分数 5%)-W 基，当粉末被激光扫描时，粉末就会合并形成球体(图 2-33)。熔化的金属完全被松散的粉末所包裹，而不是完全致密的材料，这种粉末不能在液体上施加张力，使熔体在分离的几何形状中凝固。因此，高熔点百分比组分的钨不足以使液态铜浸湿，并将未熔化的粒子结合在一起形成固相线。

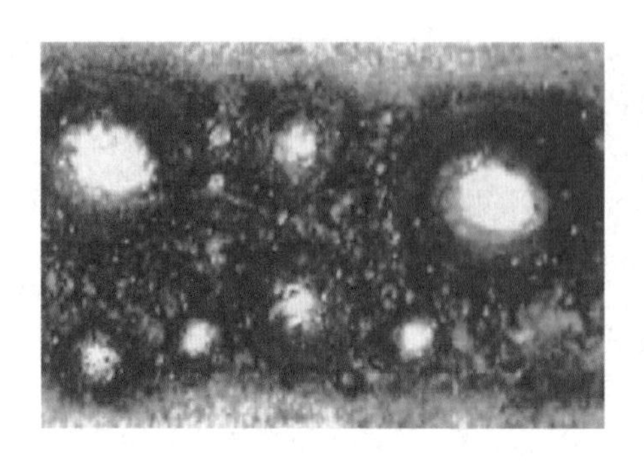

图 2-33 球的初始形成

单个扫描线下的截面微观结构如图 2-34 所示。大颗粒的钨被铜包围着。如果钨粒子聚集在一起，大的孔隙率就可以被看作低黏度铜不能渗透到钨形成的团中。由于温度升高导致的熔体流动增加，造成熔体和基体之间的密度差异($\rho_W = 19.3g/cm^3$，$\rho_{Cu} = 8.96g/cm^3$)，导致钨粒子与单个扫描线的底部隔离，从而形成一个钨的微观结构，如图 2-35 所示，显示了 W 颗粒的偏析。

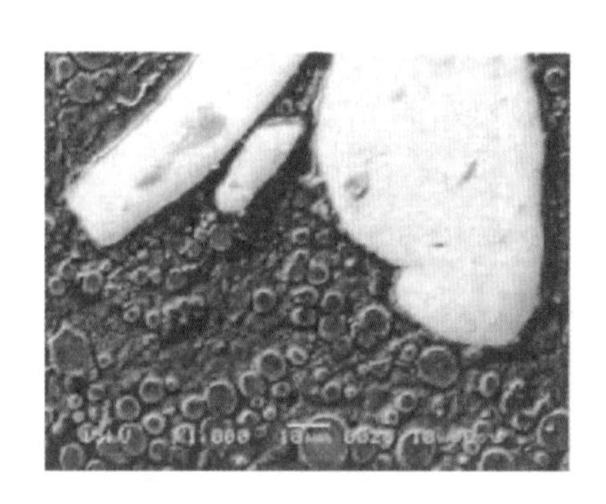

图 2-34 **Cu(质量分数 10%)-W 试样的微观结构(P = 1000W，V = 300mm/min，δ = 2.5mm)**

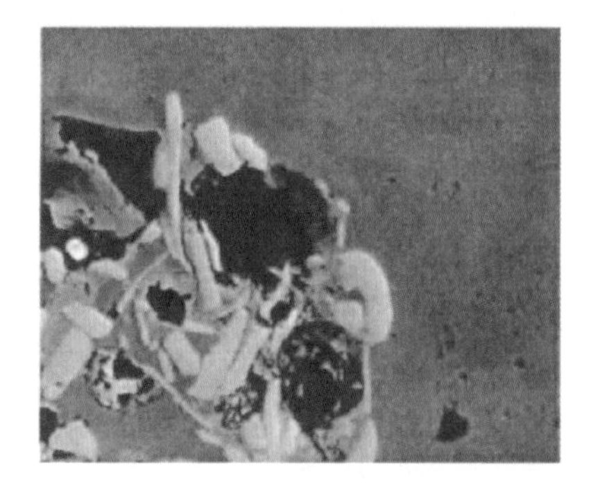

图 2-35 **Cu(质量分数 10%)-W 的微观结构(P = 1000W，V = 250mm/min，δ = 2.5mm)**

在钨含量较低的情况下，高孔隙率是由铜对激光能量的高反射率引起的。因此，当受到激光照射时，铜不易熔化。铜的高导热率也提高了从熔体区进行转移的热量。这使得熔体快速冷却，凝固的时间较短导致孔隙较多。图 2-36所示的是将一些材料的反射率作为波长函数，并进行比较。连续的 CO_2 激光的波长是 10.6μm。如果用这个波长去照射铜，那么大概 90%的能量将被反射。尽管铜吸收了大约 10%的激光能量，但高导热率可能导致热量立即散失。

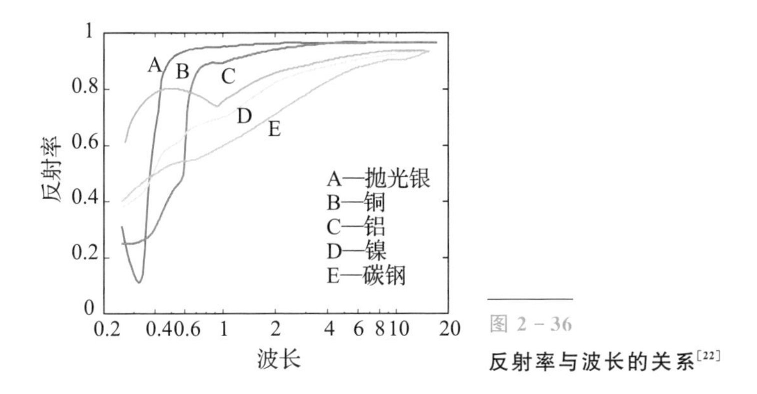

图 2－36　反射率与波长的关系[22]

图 2－37 所示为 Cu－W 的微观结构。与图 2－35 进行对比后可发现孔隙度大大减少。这有助于热量从钨颗粒传递到铜，随后又吸收了来自钨的热量而熔化。由图 2－37 很明显可知，钨是不会熔化的，因为钨的粒子是矩形的。由于大部分钨粒子熔点很高，在激光照射下保持固态，它们就会成为铜熔化的中心。不同成分之间的成核需要在核和固态金属之间进行相对良好的润湿。钨的含量越高，那么由钨粒子吸收的热量就越容易转移到铜粒子并导致铜粒子熔化。甚至细小的钨粒子可以作为铜固体的异质核，形成等轴结构。

某些区域通常位于单个扫描层的顶端，显示出较少的钨粒子。如图 2－37(b) 所示，试样的微观结构显示了 4～10 μm 的等轴铜颗粒。然而，当激光的能量增加时，金属颗粒的体积也会随着温度的升高而增大。

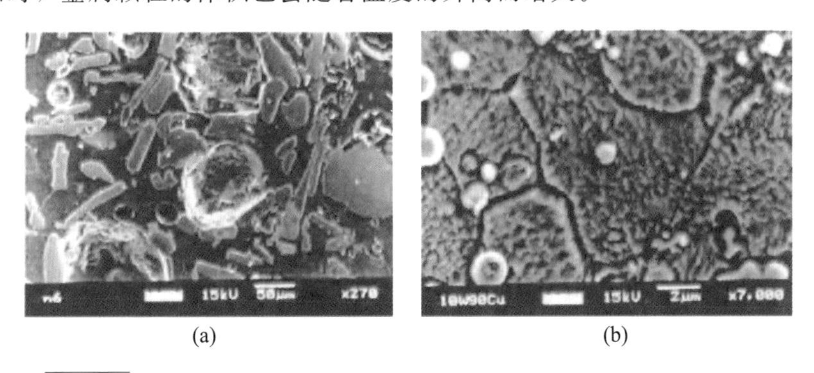

图 2－37　**Cu－W 的微观结构(P = 1000W，V = 200mm/min，δ = 2.5mm)**

(a)Cu(质量分数 40%)－W；(b)Cu(质量分数 10%)－W。

通常来说，如果钨粒子能被铜粒子隔断，那么，孔隙也会显著减少。如图 2－38 所示，可以看出铜和钨有非常好的完整性，没有任何分解和裂纹。熔化铜对钨的润湿受大气影响较大。在纯净、干燥的氢气气氛中，可以获得零度的接触角。随着铜粉中含氧量的增加，润湿程度变得越来越差。

如果采用机械研磨加工时，可能会发生钨与铜被破坏的危险。因为和大多数铣刀相比，钨粒子更加坚硬，经过铣削加工的铁合金会破坏钨粒子。其影响如图 2－39 所示。在 W(质量分数 10%)－Cu(质量分数 90%)的样本中可以观察到一些呈树枝状的钨、铁、铬和钴的化合物结构。然而，存在的破损可以通过降低铜合金的反射率和成形，使铜在一定程度上熔化。

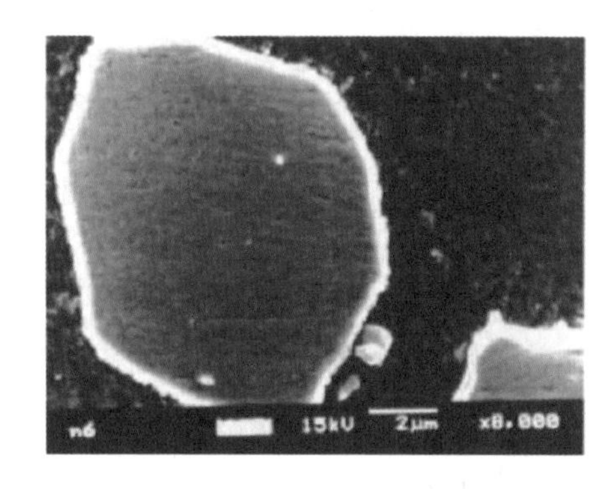

图 2－38　W 粒子与 Cu(质量分数 40%)－W 铜基的界面(P = 1000W，V = 200mm/min，δ = 2.5mm)

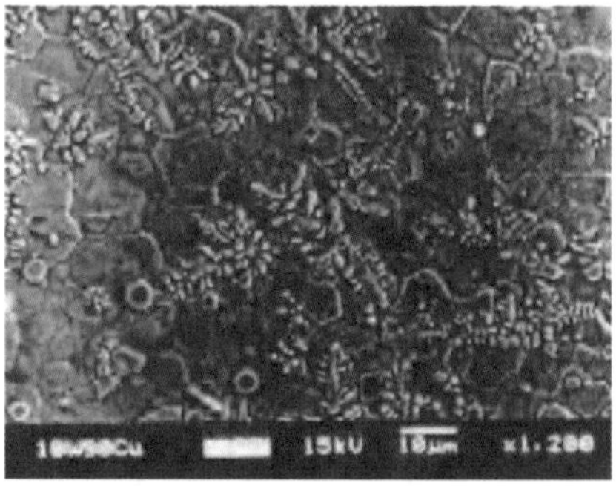

图 2－39　铣削加工对铁和其他元素的污染

2.4.6.3　Ni 对 Cu－W 系的影响

Cu－W 系固有的缺陷是两种金属之间没有互溶性，铜对激光的反射率高，铜的导热率和钨的熔点高。这些缺陷导致铜难以被激光熔化并且会使得孔隙较多。为了提高系统对激光的吸收率，可以通过将某些元素引入 Cu－W 基体，这些元素可以很容易地吸收激光能量，并能扩散到材料中与铜和钨进行黏合。这时可以考虑用镍元素。

镍和铜都是面心立方晶体结构并且具有相对相似的原子半径。这两种元素在激光熔化过程中，便会形成 Ni－Cu 固溶体。镍和铜的晶格参数分别为 2.523Å 和 2.6142Å。铜和镍的原子半径分别为 0.128nm 和 0.125nm，而固溶体的晶格参数随镍的增加而减小。虽然在室温下，钨在镍中大概只有原子百分比 12.5%(质量分数 31%)的溶解度，但是在 1495℃ 下钨和镍的相图显示能够达到最大溶解度 0.3%。因此，镍是在电极形成过程中使用的一个很好的元素。

激光扫描后，钨的衍射峰变得更细长，表明镍向钨扩散。然而镍的百分比从质量分数 9.5%下降到质量分数 4.75%，以至于钨峰值的变化不那么显著。由于镍在钨和铜中都是可溶的，这是一个很好的催化剂，通过增加钨在液相铜中的溶解度来增强结合，从而提高致密化。在图 2-40 中提出了更有效增强钨与铜结合的模型，其中镍位于钨和铜之间。当激光扫描时，镍首先熔化并且浸湿铜和钨。熔化的镍向铜扩散使得铜熔化，向钨扩散使得钨熔化，形成 Ni-Cu 固溶体和 Ni-W 金属间化合物。同时铜和钨也溶入镍形成化合物。

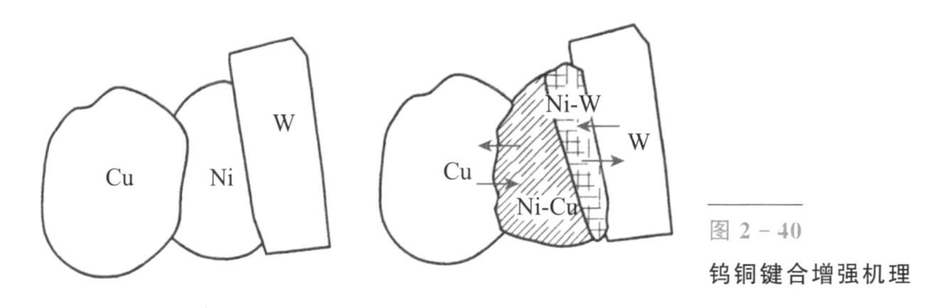

图 2-40
钨铜键合增强机理

50Cu-9.5W-Ni 和 45Cu-4.75W-Ni 两种样本截面的微观结构分别如图 2-41(a)和(b)所示。这两种样本的微观结构非常致密，钨颗粒均匀分布在整个 Cu-Ni 基体中。

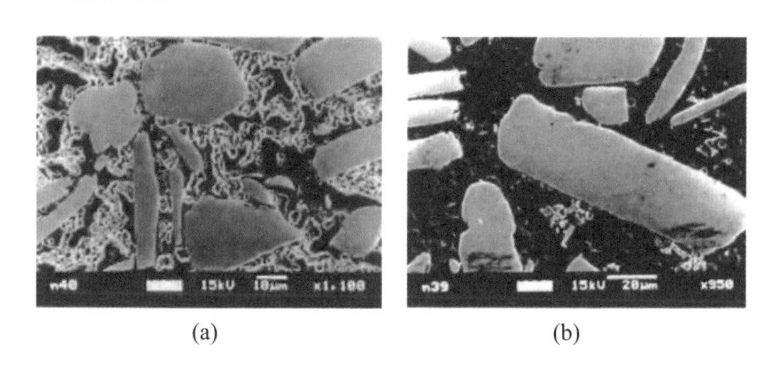

(a)　(b)

图 2-41　**Cu-W-Ni 的微观结构**
(a)50Cu-9.5W-Ni；(b)45Cu-4.75W-Ni。

图 2-42 显示为 50Cu-9.5W-Ni 样本的 EDX。树枝状区域和它们之间的区域由 Ni(质量分数 18.2%)-Cu(质量分数 68.65%)和 Ni(质量分数 15.58%)-Cu(质量分数 71.31%)组成，它们各自还含有少量的钨、碳和铁(来自 Ni 的自熔粉末)。

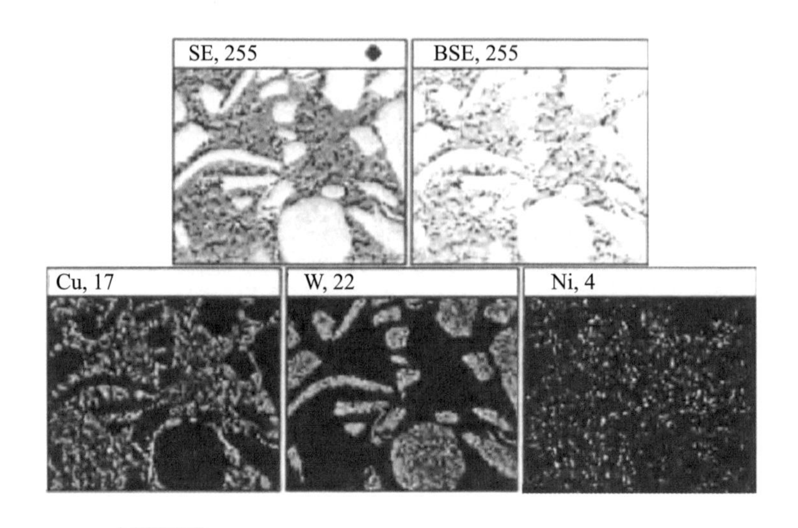

图 2-42 **50Cu-9.5W-Ni 的能量色散 X 射线光谱 EDX**

除了能增加钨和铜之间的润湿，另一个使用镍作为合金元素的原因是当镍的百分比从质量分数 10% 到质量分数 60% 变化时，Ni-Cu 粉末系能够形成相对密集的单线轨道。这主要是由于镍的高吸收率并且能将产生的热能量传导到相邻的铜粒子。铜粉可以通过激光束直接熔化，当激光照射到粉末表面时，可以从粒子反射到粒子上，在每个反射上传输光束能量的一小部分。当铜处于熔化状态，由表面张力效应引起形成很高的“成球”倾向，这可能会导致表面不平整，从而导致多层面的孔隙。然而，随着镍的加入，铜和镍都熔化，导致表面张力降低，表面会越来越光滑。

图 2-43(a)和(b)显示的分别是加入和没有加入镍元素含量 50Cu-9.5W-Ni 的样本的截面。可见，没有加入镍元素样本的结构有非常多的孔隙，而加入了的样本几乎看不到孔隙。钨粒子与 Cu-Ni 基体之间的界面完整性也相对较好，如图 2-44 所示。

应该注意的是，少量镍的加入也会导致钨和铜之间的润湿角增加，但是随着镍的增加，润湿角会慢慢减小。Ihn 等[16]发现了润湿角和添加量的变化(图 2-45)。当镍的百分比增加到质量分数 0.2% 以上时，润湿角逐渐减小。加入少量的钴或铁也可以促进润湿。由于钴和铁在液态铜中扩散，从而在钨颗粒的表面形成金属间化合物 Co_7W_6 和 Fe_2W，进而增加润湿性。

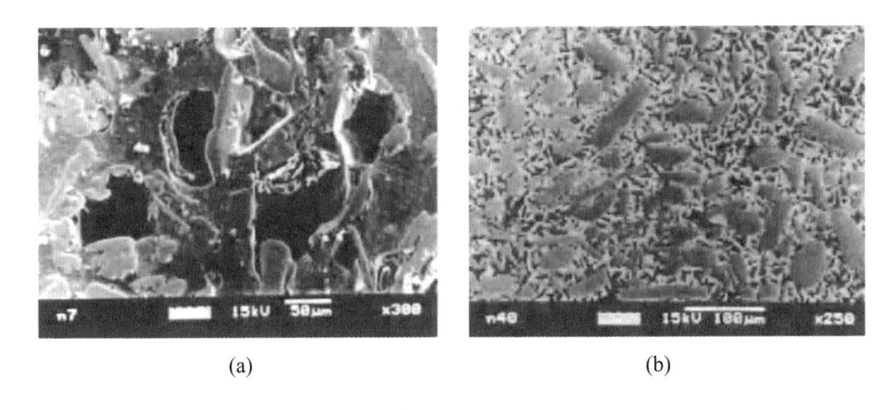

图 2-43　**横截面微观结构**

(a)Cu(质量分数 50%)-W；(b)50Cu-9.5W-Ni

(P=1000W，V=100mm/min，δ=2.5mm)。

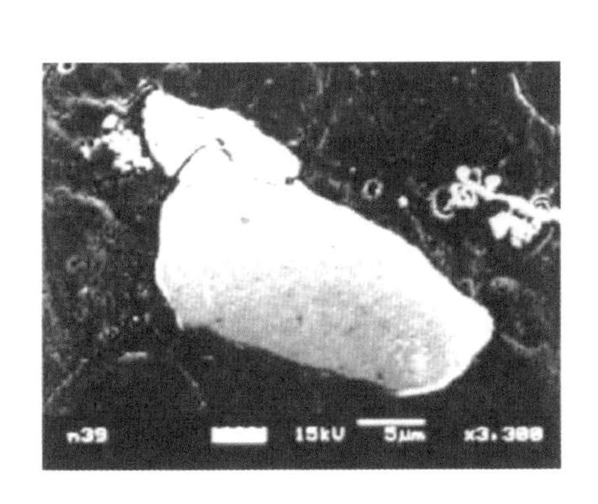

图 2-44　**50Cu-9.5W-Ni 的微观结构**
(P=1000W，V=100mm/min，
δ=2.5mm)

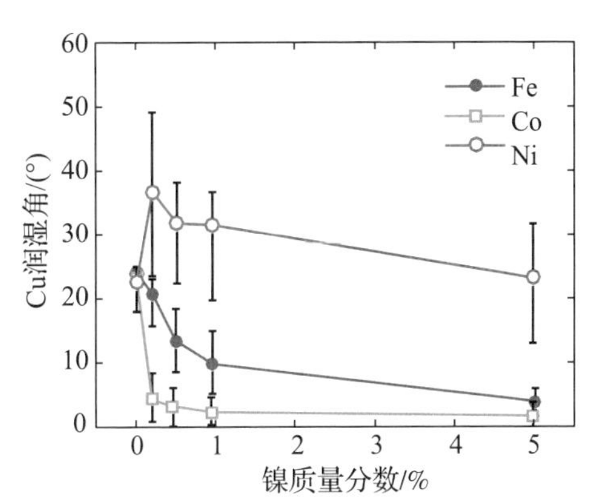

图 2-45　**添加量对 Cu-on-W 润湿角的影响**[16]

图 2-46 所示为 22.5W-2.38Cu-Ni 截面的微观结构，显示出高度的连通孔隙。当钨的百分比增加到质量分数 60%以上时，孔隙率就变得很高，这主要是钨结构的影响。当激光扫描粉末床时，只会导致一小部分的钨粒子熔化，因此，钨粒子的结构被融合在一起。又因为铜和镍的含量过低，液相不足以流进钨的结构，铜和镍的蒸发也可能是造成孔隙率的原因之一。

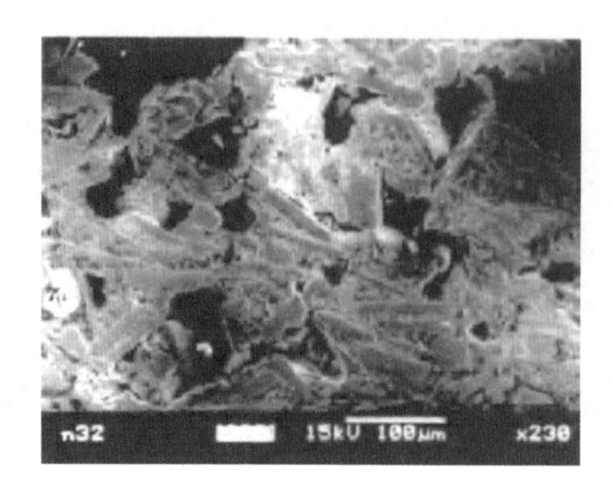

图 2-46
22.5W-2.38Cu-Ni 截面的微观结构(P = 1000W, V = 75mm/min, δ = 2.5mm)

如果薄粉层开始沉积，那么孔隙率就会降低。比如一层很薄的粉末被铺平，那么初始层的孔隙在激光烧结时将会被上层的细金属粉末填充。因此，这将大大减少孔隙率。较薄的粉末层也可以使气体杂质更容易地从粉末床中逸出。

另一种降低孔隙率的方法是增加钨和铜相之间的湿润度，这可以通过将钨表面涂上一层金属镍来实现。在 Raghunathan 等[16] 的研究中提到将预先计算好的含水硝酸镍与钨粉末在水中混合并加热至 366K，水分蒸发后，钨颗粒上便留下硝酸镍涂层。随后，在 873K 的氢气中，涂覆的粉末被还原，便形成了一层金属镍涂层。

2.4.7 金属基复合材料

金属基复合材料(metal matrix composite，MMC)是以金属及其合金为基体，与一种或几种金属或非金属增强体人工结合成的复合材料，包括碳化物、硼化物、氧化物和氮化物，例如 SiC，WC，TiC，TiB_2，ZrB_2，ZrO_2，Al_2O_3。与金属基体材料相比，复合材料具有较高的杨氏系数、屈服强度和耐磨性。金属基质复合材料可以由移位和原位合成工艺制备。

用 AM 制备的金属基复合材料包括颗粒复合材料、纤维复合材料、层压板和功能梯度材料(FGMS)。SLM 和激光金属沉积(LMD)是金属材料 AM 的常用工艺。可以通过液相烧结(LPS)从粉末前驱体中制备金属复合材料，以结合基体材料和二次相。该技术已应用于金属基复合材料(MMCS)中，以实现完全固化和改善烧结性能。在 WC-Co/Cu 复合材料中，WC 颗粒增强了 Co 基体，LPS 使用青铜(Cu-Sn)或铜添加剂；其他添加剂(如氧化镧)可用于降低表面张力以提高致密性[34]。这些是颗粒复合材料，通过控制各向异性响应的多个材料在一个零件上分级。DMD 技术也应用于金属基陶瓷增强相复合材料，如 Ti6 - 4/TiB、Ti6 - 4/TiAl、Ti6 - 4/Ni、Ti6 - 4/WC、W - Co 金属陶瓷、Ti/SiC、TiC/Ni/Inconel、Inconel/WC 和用硼化物增强的四元金属基体。

控制晶粒长大、改善烧结性能、调节热膨胀系数(CTE)等对功能梯度材料的加工至关重要。这些是颗粒复合材料，通过控制各向异性响应实现零件上多材料形成梯度。图 2 - 47[35] 中可以看到金属对金属梯度的示例。使用具有类似热膨胀系数的材料的直接金属沉积(DED)，可以在没有应力断裂的情况下实现梯度，如从不锈钢到 Inconel 625 的梯度分布[36]。用于多材料无缝和有限应力连接的梯度材料在航空航天应用中非常有利，它可以使得单个零件(如推进喷嘴)具有不同的力学和热性能[37]。

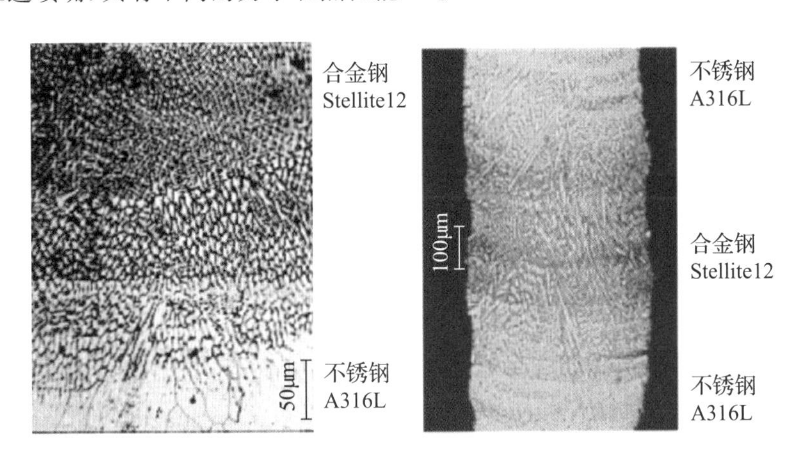

图 2 - 47　通过激光粉末沉积从钨铬钴合金 Stellite 12 到不锈钢 316L 的梯度[35]

2.5　激光增材制造零件的后处理

增材制造的零件在大多数金属材料中具有良好的力学性能，但是，它存在大量的收缩、气孔和残余应力，以及它们的耦合影响效应。取决于所使用的增材制造工艺和成形参数，这些现象将影响静态和动态特性。热等静压和热处理是消除残余应力、消除气孔、恢复延伸性的有效方法。由于特定加工条件和由此产生的微观结构特征，后处理技术不一定能达到预期性能。总的来说，实现增材制造材料和合成成分的预期性能需要以下因素：

- 合理选择适当的增材制造工艺；
- 调整条件、后处理条件和关键控制参数。

由于加热、部分熔化的粉末、凝固的熔滴以及激光运动和加工策略带来的表面变化，造成的变形影响了 LAM 成形材料的体积和表面特性以及获得的几何结构。由于沉积表面粗糙度、尺寸精度和性能不适合许多工业应用，因此，LAM 组件需要一定量的后处理[38]。作适当后处理后，与锻造合金相比，增材制造的合金甚至可以表现出更好的疲劳性能。

后处理的第一个阶段在零件制造后不久。在 PBF 工艺中，所制造的部件将被粉末材料包裹，并且在后处理过程中清除这些松散或未熔化的粉末。在 PBF 中，可以根据几何结构生成支撑结构，并通过切割移除支撑结构。除此之外，PBF 和 PFD 工艺需要从基板上移除零件，这通常通过线放电加工或切割来完成。

后处理的下一个阶段取决于应用，包括表面光洁度增强、美感增强、性能增强等。表面光洁度增强是使用传统的减法制造技术，如计算机数控(CNC)铣削和抛光、玻璃喷砂或超声波加工[39]。近年来，采用激光冲击喷丸(LSP)、激光精整加工和激光退火(LA)等激光加工技术对 LAM 零件进行了后处理。材料加工过程中，由于快速加热和冷却，使用 LAM 制造的部件在表面上继承了拉伸残余应力。因此，LSP 是一种先进的表面工程工艺，它在材料中引入了残余压应力，从而通过增加对许多表面相关故障(如磨损和腐蚀)的抵抗力来提高产品寿命。LAM 制造的 Inconel 718 在 LSP 处理后，硬度、腐蚀性和耐磨性等力学性能方面分别提高了 27%、70% 和 77%。对 LAM 制备的 Ni-Ti 和 Ti-Ni-Cu 基形状记忆合金的 LSP 研究表明，表面形貌发生了变化，如表面粗糙度的增加和许多峰结构的降低。显微组织紧密结合，表面无 LSP 引起的裂纹。而 LSP 和 LA 两种先进后处理工艺的特殊结合，采用飞秒激光技术去除多余的材料，降低表面粗糙度，具有高的空间灵敏度和可控的能量输入，适用于具有复杂特征热敏感零件的后处理[38]。

LAM 组件后处理也可采用热处理，以使组件的性能适应工作条件或减少热应力引起的处理缺陷[78]。因此，通过各种热处理程序，可以达到所需的使用条件下的微观结构和力学性能。这些处理改变了晶粒尺寸、晶粒取向、气孔率和力学性能。消除内应力是热处理的另一个方面。如前所述，由于高热梯度，LAM 组件具有残余内应力，因此，对 LAM 组件进行退火，以降低内部残余应力[40]。固溶处理和时效程序是沉淀硬化材料（如镍基超级合金）的常见方法。固溶处理有助于溶解不良相，而老化则有助于沉淀相的形成和生长。这些过程通常是按顺序进行的。溶解沉淀物时，应适当选择溶液处理的工艺条件和时间。溶液处理完成后，进行老化以增加材料的硬度。铬镍铁合金 Ni 718的标准热处理程序如下：

(1)固溶处理（980℃，1h 空冷）和双重时效（720℃，55℃/h 至 620℃ 下 8 h/炉冷却，8h 空冷）。

(2)均化处理(1080℃，1.5h 空冷)、固溶处理(980℃，1h 空冷)和双重时效(在 720℃ 下 8h 炉冷，在温度以 55℃/h 下降至 620℃ 下 8h 空冷)。

热等静压(HIP)工艺已广泛应用于修复孔洞、热裂等缺陷，对力学性能和微观结构有显著影响[41]。

也可以使用非热技术（如喷丸）来增强性能。喷丸是一种机械表面处理技术，在这种技术中，小球被冲击到零件的表面。球的反复冲击会产生压缩残余应力，并细化组织。这有助于延迟裂纹萌生，并阻碍裂纹扩展。因此，可以根据需要通过喷丸来调整其力学性能和微观结构。渗透是另一种用于激光烧结部件的后处理技术。多孔的激光烧结零件在与渗透剂接触的情况下被加热到渗透剂熔化的温度，并通过毛细管作用浸入零件中[42]。渗透后的结构强度是渗透时间的函数，如表 2-9 所示。结果表明，与烧结组织相比，45min 浸渗后的拉伸强度没有明显提高。这是由于渗透材料中存在大孔隙，毛细管压力与毛细管半径成反比，因此这些孔隙填充缓慢，需要延长渗透时间来增强组件的强度。

表 2-9　烧结和渗透材料的力学性能[42]

材料处理方法	抗拉强度/MPa	洛式硬度
烧结	96～105	25.2
45 分钟渗透	92～102	89.6
90 分钟渗透	132	69.5

图 2-48 显示了 LAM 中的后处理以及成形缺陷缓解方法。

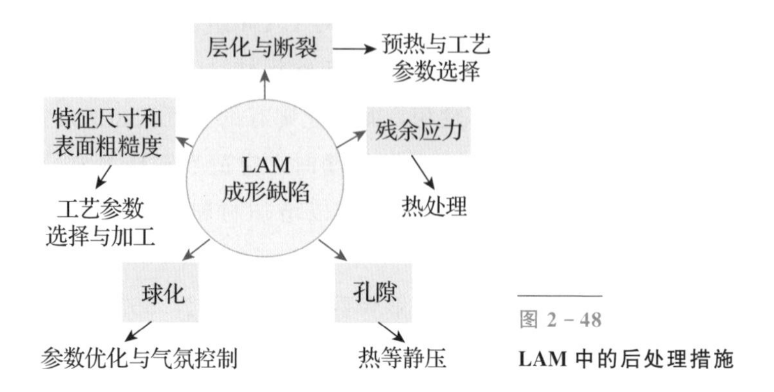

图 2-48
LAM 中的后处理措施

2.6 金属 LAM 增材制造常见缺陷

LAM 在设计、材料、能量控制等方面提供了自由度，但是，与 LAM 工艺相关的某些加工问题，如分层、开裂和残余应力，以及孔隙、台阶效应、球化等宏观和微观特性容易导致成形缺陷。

2.6.1 球化现象

AM 的球化现象已经被广泛研究，其本质上是导致孔隙、微裂纹或表面粗糙度差等物理缺陷的现象。当液体材料不能润湿下面的基体(由于表面张力)时，瑞利泰勒不稳定性使液体球化，导致粗糙的珠状扫描轨迹(如粉末床激光熔融工艺)，增加表面粗糙度并增加孔隙率(图 2-49)。由于污染物会降低润湿度，因此应该防止或尽量减少氧化膜和污染物。

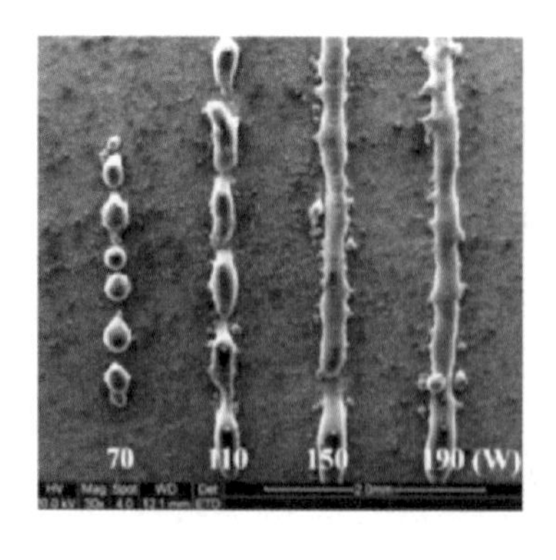

图 2-49
316L 不锈钢 SLM 低激光功率下的球化现象[43-44]

2.6.2　孔隙

多孔性是 AM 产品中的常见缺陷，因为大多数结合机制都是由温度变化、重力和毛细作用力驱动的，无需施加外部压力。如图 2-50 所示，零件包含不规则性孔隙(造成原因是收缩、缺乏结合/熔化或材料进料短缺，通常发生在熔融痕迹的边界处)和球形孔隙(造成原因是被困的气体、熔化区域的热毛细流(Marangoni 流)、物质蒸发等，通常发生在熔融轨道内)。

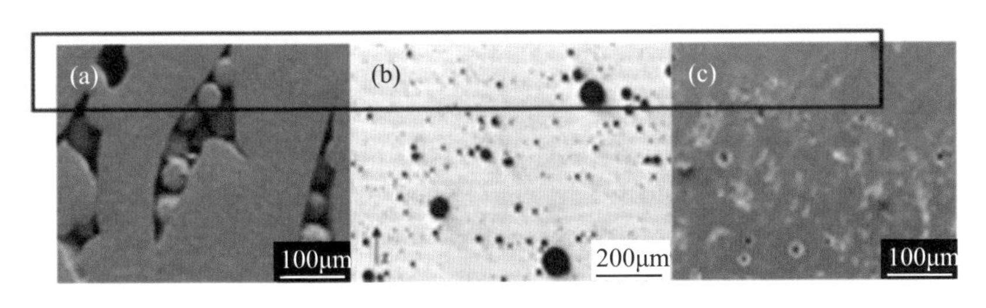

图 2-50　**多孔性原因**

(a) EBM 中没有熔化的 Ti-6Al-4V；(b)SLM 生产 Al-Si-10Mg 过程中存在气体；(c) 聚合物弹性体 SLS 过程中未完全熔化和蒸发[45]。

2.6.3　裂纹

裂纹是 AM 材料成形中较为严重的问题。例如，在基于激光的金属 AM 工艺(激光熔覆、SLM 等)中，熔池的快速收缩或固体材料中的高温梯度易产生大量热应力。图 2-51 为 AM 工艺裂纹实例，由图可知，抗热冲击性较低的材料(如陶瓷或脆性金属)更容易形成裂纹。黏合剂材料的成分偏析、干燥和收缩是可能导致开裂的其他因素。

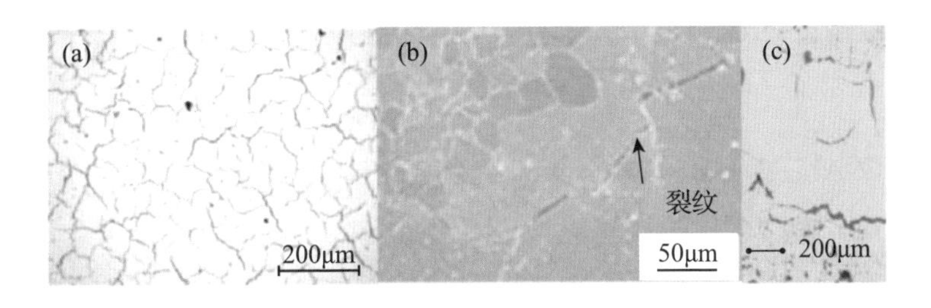

图 2-51　**AM 工艺裂纹实例**

(a) SLM 生产哈氏合金 C276(Hastelloy C276)裂纹；(b)无预热 SLS/SLM 生产氧化铝陶瓷片裂纹；(c)间接 SLS 生产的乙醇铝悬浮液渗透氧化铝裂纹(在渗透区域内形成裂缝)[45]。

2.6.4 变形和分层

变形/翘曲/偏斜是由材料体积变化(例如,立体光刻中的聚合收缩或FDM中挤出的加热塑料长丝的收缩)或部件内较大热梯度引起的缺陷。在极端情况下,偏转会导致部件分层、开裂。图2-52为SLM部件中的变形和分层示例。

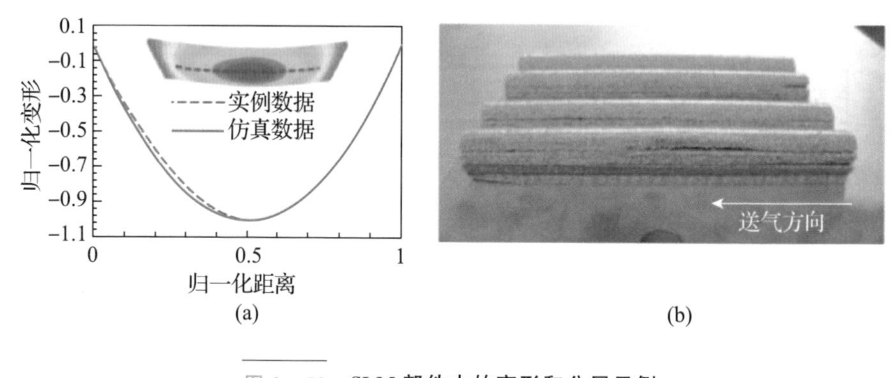

图2-52 **SLM部件中的变形和分层示例**

(a)基于试验和仿真的SLM钢变形分析;(b)惰性气体保护不锈钢SLM部件分层现象[46]。

2.6.5 表面粗糙度

AM零件的另一个问题是表面光洁度差,原因是多方面的,例如有与层厚度和成形方向相关的“阶梯”效应、粗沉积珠(例如,FDM中的粗丝)、低机床精度(例如,大功率EBM中受热影响的区域)、表面张力和球化(常见于PBF工艺)以及熔融粉末(例如,在SLM中面向下的表面附着的粉末和支撑材料)等。

2.6.6 化学降解和氧化

在多数AM过程中(尤其是受高温影响的过程),为了防止或降低化学降解和氧化,必须严格控制环境条件(如氧气含量、湿度等)。降解、氧化在聚合物AM中会导致解聚,在金属AM中会产生氧化物膜或夹杂物,进而降低零件物理和力学性能。

除了环境条件之外,工艺参数(如更高的能量输入或工作温度)也会增加化学降解和氧化。例如,某些聚合物的SLS中较高的激光能量可能会导致降解和解聚(图 2 - 53)，从而降低力学性能。

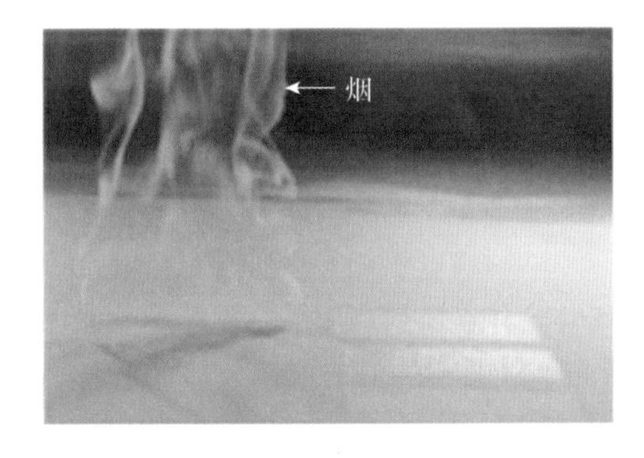

图 2 - 53
采用高能量加工聚合物弹性体 SLS 过程中的发烟现象[45]

2.7 LAM 研究展望

2.7.1 材料

材料是 AM 工艺的研究重点之一，因为只有少量材料适用于基于激光的 AM 工艺。为满足航空航天等行业特殊要求，必须要求材料具有较高的性能。除了难加工或要求很高的材料外，还应重视复杂材料系统创建方法研究。例如，原位合金化和渐变多材料系统生成方法具有广阔的应用前景。

粉末材料紧密度公差的制定非常重要。公差过大，例如镍基超级合金，会导致合金偏析，造成激光束熔融热裂纹等缺陷。同时需要具有质量保障的粉末系列化生产工艺。材料和工艺密切相关，相关研究必须同时开展，根据工艺进行材料设计。

2.7.2 数据准备和过程模拟与建模

除了材料之外，工艺策略本身也决定了零件最终属性。为了调整这些属性，应该将基于仿真的数据准备和流程设计结合起来。目前，没有可用的软件工具来完成这项任务。因此，当前需要开发一种通用文件格式，结合现有的软件工具，用于数据准备和工艺优化。最终目标是开发能够制定优异工艺策略的自动化软件工具，以满足强度、精度和粗糙度要求。需要对工艺进行多尺度模拟，迭代运行优化策略，同时改变零件方向和支持结构。

2.7.3 系统技术

使用由软件设计的工艺策略能够显著降低成本。但为了提高 AM 技术的经济效益，成本必须进一步降低。降低成本的有效方法之一是使用多束系统、不同的激光源（如二极管激光器）和更高的输入功率以及更高的层厚度增加聚集率。

光束整形技术是增加 MAM 输出的有效途径。此外，工艺融合是未来的发展方向，如将用于精细结构的激光 AM 技术与具有高聚集率的线弧 AM 技术进行融合。将来需要开展的工作还包括：设备的自动化，成形范围的扩大，气体控制和操作（如真空室）以及在一个室中使用不同材料。此外，在单一系统中已经组合了减材制造（如铣削、磨削或车削与 LMD），主要目的是保证精度和表面质量，后处理工序可以使用 AM 工艺数据。

另一种方法是将 MAM 与激光烧蚀或激光重熔在同一系统上相结合，以提高最终零件的性能。在这种情况下，需要对整个流程链进行综合考虑。为减少手工操作，加强数据交换，提高产品质量，降低操作风险，必须使用自动化系统统一管理单台机器或生产线上的多个工步。工作场所可能受到粉末材料的污染，需要观察每个工步的污染情况，制定安全指南。

2.7.4 过程监测与质量保证

为了达到所需的最终部件性能，如果前期设计的工艺策略不是最优的，必须不断监控和调整工艺。基于激光的 AM 工艺过程监控是产品质量的保证，同时是开发闭环反馈控制系统的必要条件。

为预测工艺问题并制定工艺调整依据，针对 MAM，需进行熔池监测及加工机理研究。对于愿意将 AM 技术集成到现有流程链中的原始设备制造商来说，这一点也非常重要。质量保证和工艺参数的记录也应该用作将来工艺策略设计的输入参数。因此，针对 AM 的质量管理系统应包括工艺仿真、数据准备、制造工艺以及工艺监测。

2.7.5 后处理

后处理是增材制造零件特性的重要影响因素之一，因此，后处理是将来的研究方向之一。新需求和新材料需要新的后处理工艺，为适应 AM 工艺结构，满足零件特性，需要更好地了解热处理、表面处理和零件加工过程。

从生产平台拆除部件和支撑结构也是研究重点之一。为减少和消除部件制造过程中产生的内部应力，需要研究调整微观结构的热处理工艺。当成形具有复杂几何形状的零件时，后处理工艺比较困难。由于几何复杂性和可加工空间限制，传统表面处理方法效率较低，通常采用振动工艺，但对操作者经验技术要求较高。

参考文献

[1] PAUL C P，BHARGAVA P，KUMAR A，et al. Laser Rapid Manufacturing-Technology，Applications，Modeling and Future Prospects：Lasers in Manufacturing[C]. Hoboken，New Jersey：John Wiley & Sons，Inc，2012.

[2] POPRAWE R，BOUCKE K. Tailored Light 1：High Power Lasers for Production [M]. Berlin：Springer，2012.

[3] GLADUSH G G，SMUROV I. Physics of Laser Materials Processing [M]. Berlin：Springer，2011.

[4] STEEN W M，MAZUMDER J. Laser Material Processing，4th ed. [M]. Berlin：Springer，2010.

[5] KING W E，ANDERSON A T，FERENCZ R M，et al. Laser powder bed fusion additive manufacturing of metals；physics，computational，and materials challenges[J]. Applied Physics Reviews，2015，2(4)：6244 - 6270.

[6] KING W E，BARTH H D，CASTILLO V M，et al，Observation of keyhole-mode laser melting in laser powder fusion additive manufacturing[J]，Journal of Material Processing Technology，2014，214(12)：2915 - 2925.

[7] DECKARD C R. Methods and Apparatus for Producing Parts by Selective Sintering：US4863538[P]. 1989 - 10 - 17.

[8] MANRIQUEZ-FRAYRE I A，BOURELL D L. Selective laser sintering of binary metallic powder [C]. Austin：Proceedings of Solid Freeform

Fabrication Symposium, 1990, 99 - 102.
[9] OLAKANMI E O. Selective laser sintering/melting (SLS/SLM) of pure Al, Al-Mg, and Al-Si powders: Effect of processing conditions and powder properties[J]. Journal of Materials Processing Technology, 2013, 213(8): 1387 - 1405.
[10] GUSAROV A V, LAOUI T, FROYEN L, et al. Contact thermal conductivity of a powder bed in selective laser sintering[J]. International Journal of Heat and Mass Transfer, 2012, 46: 1103 - 1109.
[11] DEBROY T, WEI H L, ZUBACK J S, et al. Additive manufacturing of metallic components—Process, structure and properties[J]. Progress in Materials Science, 2018, 92: 112 - 224.
[12] GU D, SHEN Y. Processing conditions and microstructural features of porous 316L stainless steel components by DMLS[J]. Applied Surface Science, 2008, 255(5): 1880 - 1887.
[13] SAMES W J, LIST F A, PANNALA S, et al. The metallurgy and processing science of metal additive manufacturing[J]. International Materials Reviews, 2016, 61(5): 1 - 46.
[14] GRIFFITH M L. Understanding thermal behavior in the LENS process[J]. Materials & Design, 1999, 20(2/3): 107 - 113.
[15] SINGH N, SINGH R, DAVIM J P, et al. Additive manufacturing: applications and innovations[M]. Florida: CRC Press, 2018.
[16] LV L, FUH J Y H, WONG Y S. Laser-induced materials and processes for rapid prototyping[M]. Berlin: Springer, 2001.
[17] KANNATEY-ASIBU JR E. Principles of Laser Materials Processing[M]. Hoboken, New Jersey: John Wiley & Sons Inc., 2009.
[18] PAUL C P, GANESH P, MISHRA S K. et al. Investigating laser rapid manufacturing for Inconel-625 components[J]. Optics & Laser Technology, 2007, 800 - 805.
[19] CARTER L N, ATTALLAH M M, REED R C. Laser Powder Bed Fabrication of Nickel-Base Superalloys: Influence of Parameters; Characterisation, Quantification and Mitigation of Cracking: Superalloys

[C]. Hoboken, New Jersey: John Wiley & Sons Inc., 2012.
[20] GU D D, MEINERS W, WISSENBACH K, et al. Laser additive manufacturing of metallic components: materials, processes and mechanisms[J]. International Materials Reviews, 2013, 57(3): 133 - 164.
[21] BOURELL D, KRUTH J P, LEU M, et al. Materials for additive manufacturing[J]. CIRP Annals—Manufacturing Technology, 2017, 66: 659 - 681.
[22] GUAN K, WANG Z, GAO M, et al. Effects of processing parameters on tensile properties of selective laser melted 304 stainless steel[J]. Materials & Design, 2013, 50: 581 - 586.
[23] SANTOMASO A, LAZZARO P, CANU P. Powder flowability and density ratios: the impact of granules packing [J]. Chemical Engineering Science, 2003, 58(13): 2857 - 2874.
[24] WOHLER T. Additive Manufacturing and 3D Printing State of the Industry-Annual Worldwide Progress Report[J]. Wohlers Associates Inc., 2012.
[25] SAMES W J, MEDINA F, PETER W H, et al. Effect of Process Control and Powder Quality on Inconel 718 Produced Using Electron Beam Melting: 8th International Symposium on Superalloy 718 and Derivatives[C]. Hoboken, New Jersey: John Wiley & Sons Inc., 2014.
[26] 李瑞迪，魏青松，刘锦辉，等. 选择性激光熔化成形关键基础问题的研究进展[J]. 航空制造技术，2012，401(5)：26 - 31.
[27] KRUTH J P, LEVY G, KLOCKE F, et al. Consolidation phenomena in laser and powder bed based layered manufacturing[J]. CIRP Annals-Manufacturing Technology, 2007, 56(2): 730 - 759.
[28] 梁朝阳，张安峰，梁少端，等. 高性能钛合金激光增材制造技术的研究进展[J]. 应用激光，2017，37(3)：452 - 458.
[29] PEDRO P K, UTKUDENIZ Ö, JESSICA C, et al. High-temperature deformation of delta-processed Inconel 718 [J]. Journal of Materials

Processing Technology，2018，255：204 - 211.

[30] KUO C M，YANG Y T，BOR H Y，et al. Aging effects on the microstructure and creep behavior of Inconel 718 superalloy[J]. Materials Science & Engineering A，2009，510：289 - 294.

[31] KUMAR S，RAO G S，CHATTOPADHYAY K，et al. Effect of surface nanostructure on tensile behavior of superalloy IN718[J]. Materials & Design，2014，62：76 - 82.

[32] MATHEW M D，PARAMESWARAN P，RAO K B S. Microstructural changes in alloy 625 during high temperature creep[J]. Materials Characterization，2008，59(5)：508 - 513.

[33] POLLOCK T M，TIN S. Nickel-Based Superalloys for Advanced Turbine Engines：Chemistry，Microstructure and Properties[J]. Journal of Propulsion and Power，2006，22：361 - 374.

[34] GU D，SHEN Y. WC-Co particulate reinforcing Cu matrix composites produced by direct laser sintering[J]. Materials Letters，2006，60(29/30)：3664 - 3668.

[35] YAKOVLEV A，TRUNOVA E，GREVEY D，et al. Laser-assisted direct manufacturing of functionally graded 3D objects[J]. Surface & Coatings Technology，2005，190(1)：15 - 24.

[36] CARROLL B E，OTIS R A，BORGONIA J P，et al. Functionally graded material of 304L stainless steel and Inconel 625 fabricated by directed energy deposition：Characterization and thermodynamic modeling[J]. Acta Materialia，2016，108：46 - 54.

[37] HOFMANN D C，KOLODZIEJSKA J，ROBERTS S，et al. Compositionally graded metals：A new frontier of additive manufacturing[J]. Journal of Materials Research，2014，29(17)：1899 - 1910.

[38] MINGAREEV I，BONHOFF T，EL-SHERIF A F，et al. Femtosecond Laser Post-Processing of Metal Parts Produced by Laser Additive Manufacturing[J]. Journal of Laser Applications，2013，25(5)：052009.

[39] SINGH R，DAVIM J P，Additive Manufacturing：Applications and Innovations[M]. Florida：CRC Press，2019.

[40] THÖNE M，LEUDERS S，RIEMER A，et al. Influence of heat-treatment on selective laser melting products-e. g. Ti - 6Al - 4V：Proceedings of Solid Freeform Fabrication Symposium[C]. Texas：Annual International Solid Freeform Fabrication Symposium，2012.

[41] ZHAO X，LIN X，CHEN J，et al. The effect of hot isostatic pressing on crack healing，microstructure，mechanical properties of Rene88DT superalloy prepared by laser solid forming[J]. Materials Science & Engineering A，2009，504(1 - 2)：129 - 134.

[42] CHLEBUS E，GRUBER K，KUZNICKA B，et al. Effect of heat treatment on the microstructure and mechanical properties of Inconel 718 processed by selective laser melting[J]. Materials Science and Engineering：A，2015，639：647 - 655.

[43] LI R，LIU J，SHI Y，et al. Balling behavior of stainless steel and nickel powder during selective laser melting process[J]. International Journal of Advanced Manufacturing Technology，2012，59(9 - 12)：1025 - 1035.

[44] 李瑞迪. 金属粉末选择性激光熔化成形的关键基础问题研究[D]. 武汉：华中科技大学，2010.

[45] MALEKIPOUR E，EL-MOUNAYRI H. Common defects and contributing parameters in powder bed fusion AM process and their classification for online monitoring and control：a review[J]. International Journal of Advanced Manufacturing Technology，2018，95(1 - 4)：527 - 550.

[46] EVERTON S K，HIRSCH M，STRAVROULAKIS P，et al. Review of in-situ process monitoring and in-situ metrology for metal additive manufacturing[J]. Materials & design，2016，95：431 - 445.

第3章 金属粉末床熔融成形机理与建模

3.1 金属PBF工艺及特点

3.1.1 PBF工艺及特点

粉末床熔融(PBF)是ASTM F2792[1]中定义的七种增材制造工艺之一。本书在前面2.2节已经简单介绍了PBF的基本结构，本章将从工艺特点、成形机制、微观结构、缺陷机理等方面深入讨论。

粉末床熔融是适用于金属增材制造的目前最主要的工艺之一，也是应用前景最好的金属增材制造技术。PBF使用热能，以激光或电子束为能源，选择性地烧结(即不熔化到液化点)或熔化薄粉末层区域[1]。PBF结合了几种基于3D打印粉末的技术：选区激光烧结/熔融(SLS/SLM)、电子束熔融(EBM)和黏合剂喷射打印(BJP)。前两种PBF技术广泛应用于生物医学植入物、汽车和航空航天等关键应用领域。今天，大多数商用的金属增材制造系统都是基于PBF工艺[2]。

选区激光烧结(SLS)是第一个商业化的金属PBF工艺。后来，PBF系统及其电源的技术改进使金属零件的增材制造得以完全熔化粉末。在熔化过程中，提供足够的能量在熔化温度以上的小区域(称为熔池)内加热材料。这使得生产出比烧结法具有更好力学性能的部件。

目前，PBF工艺主要包括选区激光熔融(SLM)和电子束熔化(EBM)，其中能量源分别为激光和高能电子束。在SLM和EBM中，通过粉末沉积系统将一薄层金属粉末(例如，典型规定厚度在30～50 μm)沉积在平面基板上。然后使用检流计扫描器(SLM)或偏转线圈(EBM)沿预定路径移动光束并局部熔化粉末以实现零件的第一片。当第一层扫描完成后，降低基板，沉积新的粉末层，并重复该过程以实现下一个切片。在SLM中，该过程在惰性气氛中进行(通常使用氮气或氩气)，以避免在零件的分层生长过程中形成表面氧化物。在 EBM 中，这个过程发生在非常低的氦气压力(10^{-2} mbar，或真空)和高温下，低压氦气氛导致杂质浓度低，并允许处理活性金属粉末。

成形过程如图 3-1 所示。成形室由粉末输送系统和能量输送系统组成。粉末输送系统包括一个供应粉末的活塞、一个制造粉末层的涂层机和一个固定所制造零件的活塞。能量传输系统由激光器(通常是在 1075nm 波长下工作的单模连续波镱光纤激光器)和扫描器系统组成，扫描器系统具有光学功能，能够将焦点传输到成形平台的所有点。当能量源在粉末床的顶面上追踪单个层的几何形状时，来自束点的能量被暴露的粉末吸收，导致粉末熔化。这个小的熔融区通常被称为熔池。当熔池再溶解时，单个粉末颗粒熔合在一起。一层完成后，将成形平台降低规定的层厚度，并将分配器平台上的新粉末层扫过成形平台，填充由此产生的间隙并允许成形新层。

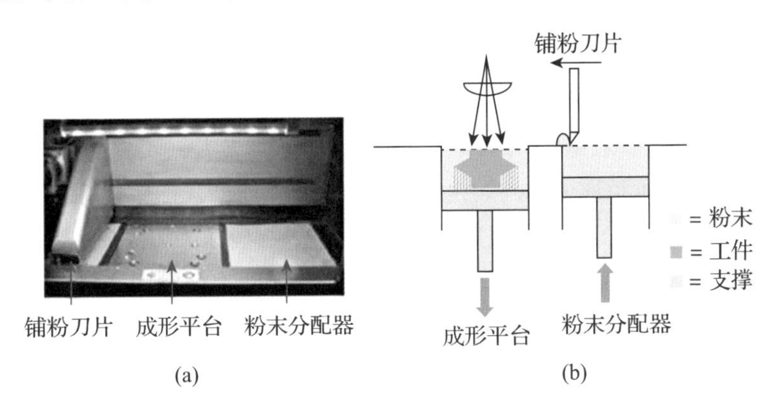

图 3-1　成形室的部件

(a)显示成形平台、粉末分配器平台和铺粉刀片位置的照片；

(b)描述在零件先前熔化层上重新铺粉的过程的示意图。

一些商业设备制造商，如 EOS、SLM Solutions 等新型开发的系统具有现场过程监控功能，可以使用高速摄像机或与激光系统相连的温度传感器对熔池进行图像处理。PBF 技术的制造工艺真正实现了数字化加工，可以根据 3D 模型直接制造出各种复杂的金属零件，显著降低加工时间和成本，缩短了新品的研发周期，十分适应现代制造业快速化、个性化的需求。

总体来说，基于激光的机器在数量和变化上主导着 PBF 设备市场。与 EBM 相比，基于激光的 PBF 系统最大的竞争优势之一在于大量的工业可用金属材料。到目前为止，只有一家 EBM 机器制造商 ARCAM EBM(现在是通用电气 GE 的一部分)拥有大部分关键专利，阻止其他设备制造商提供具有竞争力的替代品。但是，到目前为止，ARCAM EBM 只支持很少的工业制造材料(Ti-6Al-4V、CoCrASTMF75 和 Inconel 718)[3]。

PBF 系统通常使用预合金粉末，粉末颗粒接近球形，能够很好地部署粉末层。激光 PBF 系统通常使用粒径从几微米开始的相当细的前驱体粉末，但最常见的是粒径高达 60～80μm 的粉末。电子束 PBF 采用较粗的粉末，粒度分布一般在 75～150μm。相应地，与 EBM 相比，基于激光的 PBF 机器使用较薄的粉末层，并允许在制造的组件中实现一些更好的空间分辨率(由粉末粒度和层厚定义)。

电子束选区熔化(EBM)的优点在于其能量密度高、热影响区小、变形小、生产率高等，但须在真空环境中进行，需要一整套专用设备和真空系统，价格较贵，生产应用具有一定局限性，但是电子束能力密度高，扫描速度快，束斑直径大，成形精度不及激光选区熔化技术，随着电子腔技术的发展，EBM 技术将会得到快速发展。

激光 PBF 成形最重要的特点是热量集中，加热快、冷却快、热影响区小，进而影响金属相形成的均匀度。金属激光近净成形(LENS)采用的激光功率比较大(2～10kW)、光斑直径大(1～10mm)、粉末沉积效率高(最大 1～3kg/h)，但是成形精度低(毫米级别)，其技术特点适合应用于大型构件毛坯件的加工成形，随着增减材一体化技术的发展，LENS 技术的应用将会进一步得到拓展。金属选区激光熔融(SLM)成形技术是目前金属增材制造中发展最成熟、应用最广泛的技术，采用激光功率较低(200～1000W)、激光功率密度高(10^6～10^8 W/cm^2)、光斑直径小(50～200 μm)、粉末沉积效率低(5～30cm^3/h)，但是制造精度很高(20 μm)，最小壁厚可以达到 100 μm，构件性能可达到同成分锻件水平，精度远高于精铸工艺，零部件致密度近 100%。目前受到 SLM 设备成形尺寸的限制，SLM 主要用于制造中小型复杂精密构件，但随着多振镜和增减材一体化技术的发展，SLM 的应用领域和成形件尺寸都将得到进一步发展。

本章主要以 SLM 系统为例进行研究与讨论。

3.1.2 工艺系统技术

SLM 工艺使用高强度激光束以逐层制造方法选择性地熔化微米尺寸的金

属粉末，生成完全致密的三维结构。虽然所有 SLM 系统具有相似的工艺过程，但不同系统的设计和操作方法之间存在差异，表现为构造尺寸、激光规格、铺粉机构、光学设计和惰性气体循环的差异。除了系统变化，制造过程也与用户密切相关。数据准备过程包括确定零件方位、零件位置、设计支撑结构。除了系统技术和用户经验外，对工艺过程的理解也非常重要。为特定行业开发新材料，是 SLM 对工业的关键贡献之一。

目前对于在激光扫描之前进行供粉和铺平粉末已经提出了多种方法。首先可以控制腔体通过一个反冲器或一个料斗，或者将进料筒提升到控制高度来提供每一层成形加工用的粉末；然后将粉末均匀地通过一个反向旋转的滚子、刮板或刮刀，最后在成形平台上均匀铺开。其中粉末输送系统应最大限度地提高粉末的流动能力，尽量减少颗粒云的形成，并尽量减小前一层引起的剪切力。

工艺参数对所生产零件的相对密度和表面形貌影响较大。针对 SLM 过程中的表面再熔化，研究表明，顶层再熔化改善了表面光洁度，但同时改变了表面的化学组成和氧化层。若材料为 Ti－6Al－4V，将降低零件的耐腐蚀性和生物相容性。对于 M2 HSS 材料，热梯度的降低有助于降低热应力及开裂。粉末床预热可提高镁以及陶瓷(如氧化铝、氧化钇以及稳定的氧化锆)在 SLM 工艺中的可加工性。除了预热之外，支撑结构可有效防止热应力引起的部件变形和结构失效。受用户影响的另一个重要方面是后续热处理，对残余应力消除和具有特殊力学性能的微观结构转变具有重要影响。图 3－2 显示晶粒尺寸取决于热处理温度，SLM 制备 Ti－6Al－4V 的微观结构变化，分别在不同温度下(780℃，(a)图)和(1015℃，(b)图)成形 2h，然后快速冷却。扫描参数和后期热处理共同决定微观结构，需要进行系统性考虑。

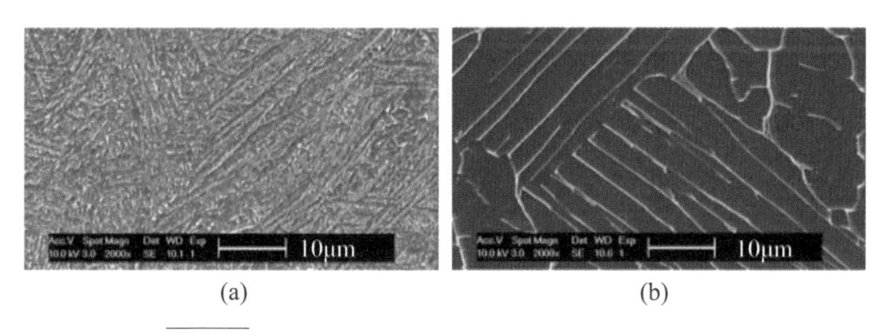

图 3－2　**SLM 制备 Ti－6Al－4V 的微观结构变化**

(a)780℃；(b)1015℃。

3.1.3 质量控制

影响 SLM 制造质量的因素可分为 3 类：系统、用户及材料。工艺参数对制造质量有直接影响，包括激光束质量、功率、焦点位置、扫描策略、粉末层厚度和粉末床温度。SLM 在密闭空间内由 3 个主要步骤组成。首先通过碳纤维刷子、刮刀或辊子沉积薄金属粉末层（20～200μm）；其次用高功率（200～1000W）的激光，光斑直径为 20～700μm 的检流计扫描仪进行粉末激光熔化，扫描仪根据切片的 CAD 模型数据以高达 2m/s 的扫描速度进行操作；最后是对应于所需层厚度的基板下降。重复 3 个步骤逐层融合整个结构。

SLM 系统主要使用 1070nm 的光纤激光器，该激光器具有寿命长、激光质量高的特点。SLM 过程主要由激光物质相互作用决定，因此采用扫描策略包括激光功率、光斑尺寸、强度分布、扫描速度和扫描间距。扫描策略还包括扫描矢量长度和层的方向。熔池尺寸及其动力学特性受到与周围金属粉末、散装材料、定向气流和固结现象交互作用下热力学行为的影响。粉末床的预热降低了熔化过程的温度梯度，并减少了残余应力和变形。而且，当使用低输入能量时，它有利于粉末更好地结合。高能量输入产生的熔池受到重力、浮力、表面张力、毛细作用、马朗戈尼（Marangoni）效应和蒸发压力的影响。加工后的金属粉末具有不同的物理化学性质，包括颗粒尺寸分布、颗粒形状、吸收系数、湿度和氧化度、沉积层的堆积密度和化学组成。

在较高层厚的情况下，粒度分布通过多重反射现象和空腔内部的吸收影响激光束的穿透深度。因此，粉末比腔体获得更多的激光能量。根据加工的金属粉末合金选择合适的惰性气体，并使气体充满粉末床，阻止熔池氧化。此外，气流通过对流带走飞溅物、蒸汽和热量。为了控制 SLM 的加热和冷却速率（最高达 10^8 K/s）、支撑外悬结构，在数据准备过程中需要成形支撑结构。扫描策略是控制热流量的最常用措施。因此，在垂直棋盘状部分扫描平面，并且在连续层之间旋转角度以影响微观结构。此外，轮廓和相邻扫描矢量可以重叠扫描以避免孔隙和空隙的产生。激光重熔通过降低表面粗糙度和导致微裂纹的残余应力成功地用于增加表面特性。

如图 3－3 所示，由于粉末层中的不一致性直接反映在制造的结构上，对粉末形态和粒度测量的铺粉机理和控制非常重要。残余应力也会导致部件变形，降低了零件机械强度。修改扫描策略和加热基板有助于降低残余应力。

另外，处理气体的类型(例如氮气或氩气)对结构的表面质量和成形部件的相对密度影响显著。

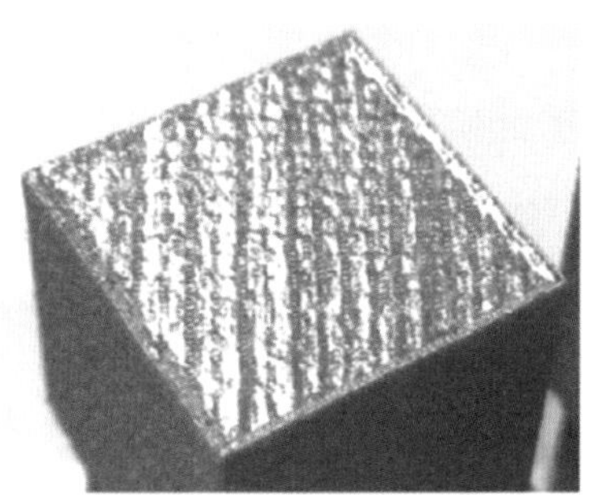

图 3-3　粉末床条纹及其对制造零件影响示意图

对于 SLM 工艺，主要限制之一是外悬表面的几何自由度，需要支撑结构避免浮渣、变形、卷曲等问题，如图 3-4 所示。因此，需要进行支撑结构设计，设计结构相对密度不一致的支撑，随位置和高度变化，如图 3-5 所示。这些不一致性有可能是不合理的光学设计和惰性气体流循环系统导致。室内气体流动可消除熔化过程中产生的烟气。

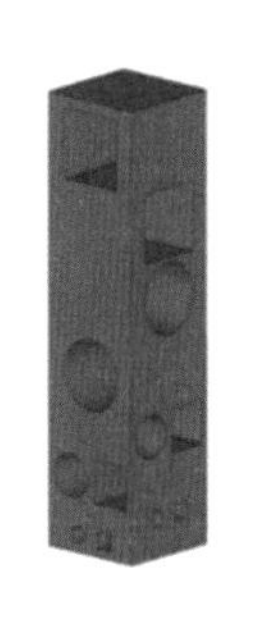
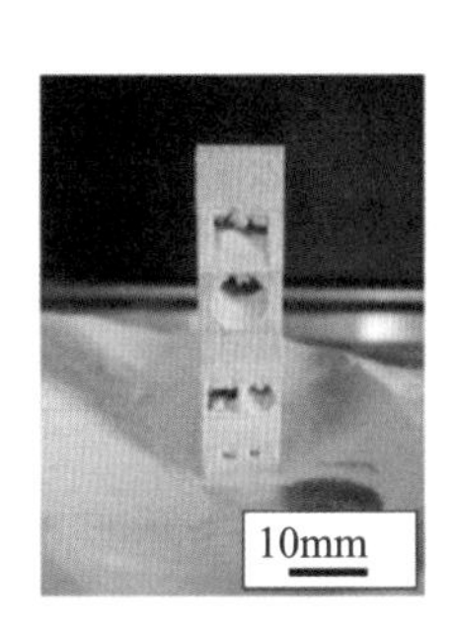

图 3-4　悬挂特征导致的浮渣

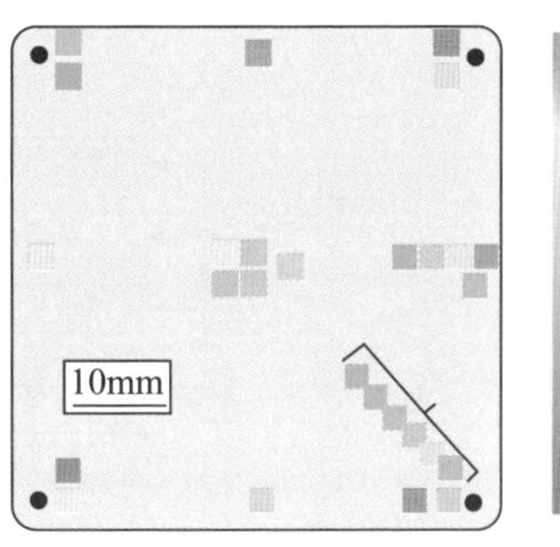

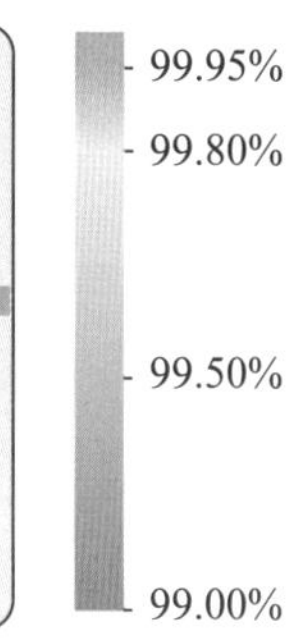

图 3-5　零件密度随位置的变化

光路中的固化物会导致光速的吸收和散射，进而影响熔化过程中光束—粉末的相互作用。部件成形方向对支撑结构体积(例如，避免外悬结构)、成形时间(填充 $X-Y$ 平面通常比在 Z 方向上成形大部件快得多)、后处理成本(由于表面粗糙度降低而造成)影响较大。生产部件的微观结构受到温度梯度和由于逐层反复热应力的影响。

3.2 工艺参数

几乎所有的金属都可以用 SLM 成形[4]。然而，因为成形工艺可能会根据化学成分、激光吸收、表面张力、熔池的黏度和导热系数的不同而发生改变，难以获得稳定持续的成形过程。

粉末床熔融的工艺参数包括粉层厚度(t)、激光功率(P)、激光扫描速度(v)、扫描路径、扫描间距(h)、激光点尺寸(d)、粉末颗粒大小和分布、工作台预热温度和激光束扫描策略(见图 3-6)。

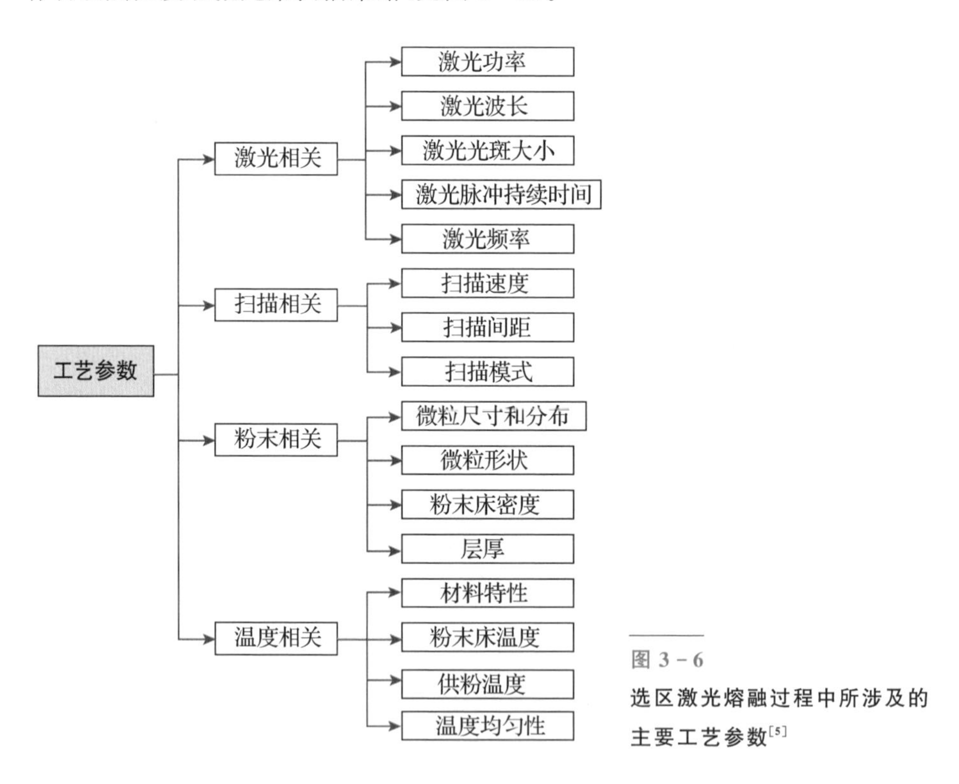

图 3-6 选区激光熔融过程中所涉及的主要工艺参数[5]

3.2.1 组合工艺参数的定义

用来描述成形工艺过程关键变量的工艺参数定义如下[6-7]：

(1)体积能量密度(E_V，J/mm^3)：

$$E_V = \frac{P}{v \cdot h \cdot t} \tag{3-1}$$

(2)线性输入能量密度(E_I，J/mm^2)：

$$E_I = \frac{4P}{\pi \cdot v \cdot d^2} \tag{3-2}$$

(3)用于粉末层表面的表面能量密度(E_S，J/mm^2)：

$$E_S = \frac{P}{v \cdot d} \tag{3-3}$$

(4)单位功率输入速度的线能量密度(LED)(E_L，J/mm)：

$$E_L = \frac{P}{v} \tag{3-4}$$

(5)最佳扫描间距：

$$h = 0.7 \cdot w \tag{3-5}$$

其中 w 为光斑直径(beam waist)。

3.2.2　粒子的形态和大小

原料粉体的形态和大小是影响粉末床熔融过程的重要因素，它影响粉末的流动性、激光能量吸收率和粉末床的导热性。

由于内应力较低、零件变形、孔隙度和表面粗糙度等原因，使得粉末床的填料密度较高。颗粒形貌、粒径和分布对粉末床的填料密度有显著影响。粒子尺寸的减小导致表面积增加，有利于吸收激光能量来增加熔池的温度。随着粒径分布的增大，可以实现更高的粉末层填充密度，大颗粒之间的间隙可以用较小的颗粒填充。但如果间隙过大，则可能导致固化零件的高孔隙率。

球形颗粒形貌提高了粉末的流动性，使粉末层的填料密度提高，从而提高了 SLM 成形加工零件的最终质量。因此，球形气体雾化粉末作为原料被广泛用于增材制造工艺。图 3-7 所示是我国北京航空材料研究院生产的 3D 打印用球形金属粉末。

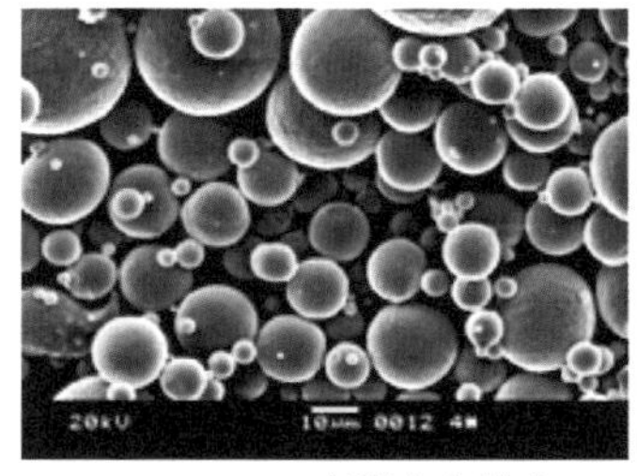

Inconel 718高温合金粉末

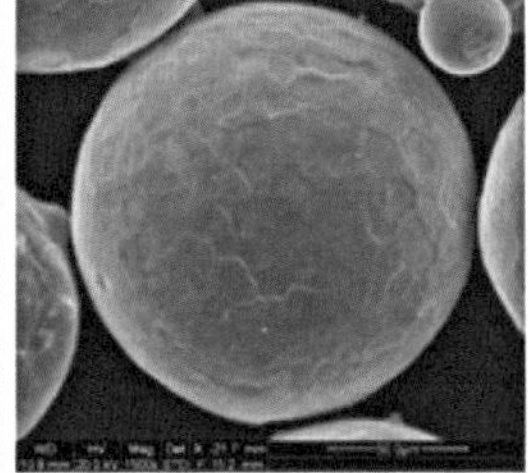

Ti-6Al-4V合金粉末

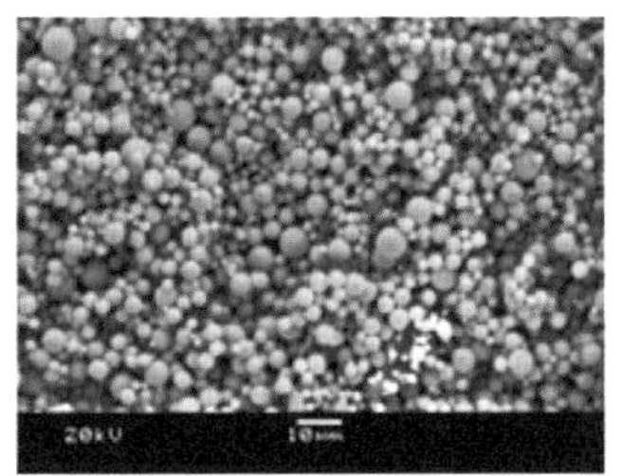

不锈钢/耐热钢合金粉末

图 3-7　**3D 打印用球形金属粉末**

另一方面，由于颗粒间的机械作用从而相互纠缠，使得非球形的粉末流动受阻。因此，在先前成形的固体表面顶部形成不同填料密度的非均匀粉末层，这可能导致缺陷(如孔隙和不完全融化)的形成。

粉末的热导率主要由粉末层的填充密度决定，而与粉体材料的性能相关性不大。一般情况下，由不规则粒子或大尺寸分布的粉末所形成的粉末层的导热系数，高于相同密度的单分散球形粉末的导热系数。

入射激光功率由粉末层通过粒子间间隙的多次反射而吸收。因此，粉末床对激光能量的吸收要比用相同成分的固体金属的表面吸收高得多。然而对高反射金属(如铝和铜)而言，多反射对吸收的影响比中等吸收金属(如铁和钛)更重要；因此，高反射金属对粉末排列和粉料系统吸收率具有更高的依赖性。在粉末层下，基体或先前成形的固体所吸收的入射能量的百分比随着粉末层的光学厚度以及粒径的增加而减小。

3.3 PBF 建模与仿真

基于成形机理的预测模型对于预测材料特性变化的材料行为至关重要。对熔化过程中材料变化(微观结构变化、相变)的详细了解将有助于优化和控制工艺，提高整体产品质量。为了模拟 PBF 过程中材料的高动态、复杂的加热熔化和凝固过程，学者们建立了许多模型[8]。高动态过程意味着在很短的时间内加热、熔化、润湿、收缩、成球、凝固、开裂、翘曲等，复杂性意味着在 AM 过程中高度耦合的热和冶金相互作用。

当前结果表明，一些过程变量，如激光功率、扫描速度、层厚等与零件质量直接相关，并且是通过影响液态金属的浸润性、熔池来实现的(图 3-8)，然而这些物理参数所引起的几何精度及误差缺少系统研究，因此通过对物理过程机理的深入理解，建立温度场的数学模型及有限仿真，由此监测与控制成形过程，是必要与可行的。有效的建模和仿真研究可以评估当前可用的描述 PBF 过程的基于物理的数值模型，同时明确闭环控制所需的可观察和导出的过程特征。

Liu 等[9]全面回顾了 PBF 过程建模与仿真研究的发展和方法。因此，这里只简要回顾了成形的数值模型，并着重介绍了部分实例。我们试图从建模和仿真中分析哪些信息可用于控制方案，并识别出这个过程中派生的工艺特征。

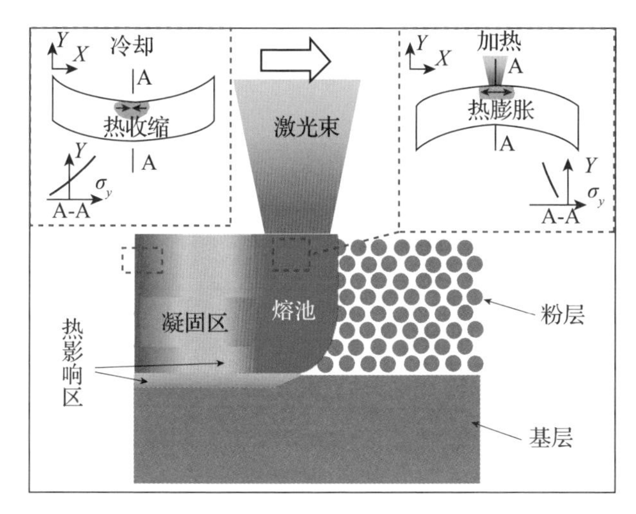

图 3－8
选区激光熔融成形过程

3.3.1　建模与仿真方法

PBF 工艺的几乎所有模型都以某种形式包含以下输入参数：

(1)具有相关功率和特性的热源(激光或电子束)；

(2)具有相关几何形状的粉体、边界条件和材料热力学性能。

这些模型可以是数值模拟的(例如，通过多物理有限元分析(FEM))，也可以是解析的，具有不同程度的尺寸、几何、尺度，以及不同的建模子过程。在三维有限元法中，激光热源通常被建模为具有可变功率或半径的高斯形表面通量，或者被建模为内部热源。许多使用与激光能量转化为热能的部分有关的激光吸收系数，和/或激光能量进入粉末的消光系数或穿透深度。

激光熔池的温度场分布强烈影响能量、动量和质量传输过程，它直接影响选区激光熔融加工的冶金性能和表面质量。可以通过解析方法和有限元模型来计算成形件的热变形及材料收缩引起的误差，热力学 FEM 模型通过描述温度梯度的变化过程来计算热变形。通过这些误差与加工参数相关分析，得出误差与输入参数之间的对应关系，最终利用温度变化对激光加工过程进行反馈控制，实现成形的自动化和智能控制。

熔化层与基底之间三维传热方程是由下式决定的：

$$\lambda(T)\cdot\left(\frac{\partial^2 T}{\partial x^2}+\frac{\partial^2 T}{\partial y^2}+\frac{\partial^2 T}{\partial z^2}\right)=\rho_m(T)\cdot c_p(T)\cdot\frac{\partial T}{\partial t}\tag{3-6}$$

这里 $T=T(x,y,z,t)$ 为零件在时刻 t 的温度。$\lambda(T)$，$\rho_m(T)$，$c_p(T)$ 分别为热传导率、密度及工件材料比热，式（3-6）中的控制方程可以转换成为有限元形式：

$$[C_e]\{\dot{T}_e\}+[K_e^{th}]\{T_e\}=0 \tag{3-7}$$

其中，$[C_e]$ 为单元比热矩阵，$[K_e^{th}]$ 为单元散射传导率矩阵，$\{T_e\}$ 为单元的节点温度，$\{\dot{T}_e\}$ 为单元的节点温度对时间的变化量。用来计算不同层与基底的温度变化过程，并用来作为随后的瞬态结构分析的输入。

Gusarov 等建立了基于多次激光反射和通过粉末床开孔散射的吸收率、消光系数和反射辐射的分析模型[10]。各种其他经验或分析子模型也用于温度、相或粉末密度依赖的热导率和比热[9]。分析模型大多使用移动点热源的三维罗森塔尔解[9]。然而，其有限的复杂度仅允许它通过数值方法验证更复杂的结果。其他更复杂的分析模型通常使用数值方法，如有限差分法来求解激光辐射相互作用。一些分析模型使用无量纲参数，这有助于在不同尺度和条件下比较模型和实验。

采用有限元方法，将粉床视为连续体，基于傅里叶导热定律，建立单线、单层或多层的有限元模型计算温度场，研究工艺参数如激光功率、扫描速度、光斑大小等对温度场的影响，可以获得 SLM 过程中的温度梯度、冷却速度、熔池形貌、热循环曲线等随着工艺参数的变化规律(图 3-9)[11]。金属 SLM 与焊接过程类似，区别在于热源经过后材料由粉末变为实体，不同研究者依据不同的假设给粉床赋予不同的材料属性，其中差异最大之处在于对粉床热导率的处理。不同学者采用的热源模型也不相同，主要有高斯面热源、均匀面热源[12]、高斯柱状热源等[13]。

格子 Boltzmann 方法(Lattice Boltzmann method，LBM)是一种较新的模拟熔池流体力学效应的方法。该方法在流体动力学问题中使用粒子碰撞代替了纳维-斯托克斯方程。LBM 可以模拟更多的物理现象，例如，相对粉末密度的影响、随机填充粉末床的随机效应、毛细和润湿现象以及其他流体力学现象。例如，Körner 等[14]表明，扫描区域附近局部粉末密度的随机变化，或改变粉末体积密度的影响，可导致多个熔池形貌。他们还开发了扫描形貌的工艺图，作为一个特定粉末堆积密度的激光速度和功率的函数。LBM 计算量非常大，这是因为需要多次模拟(通过改变输入参数)来提取参数特征关系。

一般来说，对于粉末床型过程中的单扫描轨迹，熔池和高温区形成彗星状，熔池前缘温度梯度高，后缘温度较低，类似于 Hussein 等有限元仿真结果[15]，如图 3-9(a)、(b)所示。

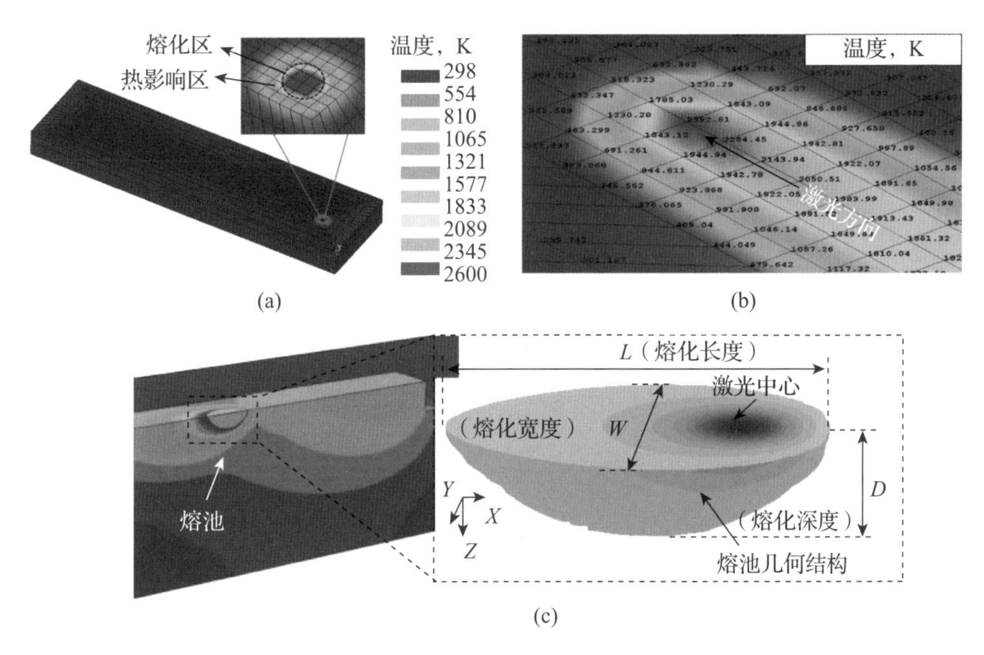

图 3-9　有限元模拟层熔融过程中的瞬态温度分布

(a)第一道扫描开始时；(b)第一道扫描结束时(时间=0.091s)[15]；(c)熔池温度轮廓与熔池中心的几何参数。

3.3.2　参数特征与质量关系

如前面所述，熔池尺寸和温度已被用作闭环控制方案中的反馈参数。在目前文献的模拟结果中，熔池大小并没有明确定义。这可能是由于虽然熔池具有在其整个体积内的完整特征，但是单值测量过于简单，而长度(扫描方向)、深度、宽度和面积有时与工艺参数相关。图 3-9(c)显示当激光位于扫描轨迹的中心时熔池的温度轮廓及熔池的集合参数。

通常在 AM 建模文献中，给出了熔池温度与横截面距离的关系图[15]。熔池大小可以推断出来，并与输入参数相关，但通常不表示为单个值度量。Soylemez 等提到虽然熔池横截面积是一个关键的描述符，但熔池长度已知会影响熔滴形状，因此他们建议使用长深比(L/d)作为特征描述[16]。

通常，熔池尺寸和温度随激光功率的增加而增大，但与扫描速度的关系更为复杂。对于固定脉冲激光实验，较长脉冲持续时间的影响与较低的扫描速度和较高的温度有关。多个模拟工作已经阐明了带有工艺参数的熔池温度和尺寸的变化趋势，如表 3-1 所示。文献[15]表明，随着扫描速度的增加，熔池的宽度和深度略有增大(从 100mm/s 增大到 300mm/s)，而扫描方向上熔池的长度增加，对熔池整体尺寸的贡献更大。这适用于图 3-9 所示的单层模型几何结构。

建模提供了对熔池的全面分析，以推断内部而不仅仅是表面的不规则形状和温度轮廓。熔池特征的表面测量是现场过程控制的主要工作。建模和模拟可以将这些熔池特征与熔池、粉末层或固体零件本身内部的复杂动态特征(如残余应力、孔隙率或金属相结构)联系起来。

增材制造仿真在闭环控制中的一个很有前途的应用是研究变导热系数对熔池特征的影响，进而研究零件质量。完全凝固的部分显示出比周围粉末更高的热导率，从而从激光源传导更多的热量，降低熔池温度但增加其尺寸。Hussein 等显示了熔池和尾随热区如何根据激光是在粉末床(低导热性)上扫描还是在固体基质(高导热性)上扫描而改变温度和形状[15]。

表 3-1　增材制造模型及模拟中常见的熔池特征和相关工艺参数

熔池特征	变化关系	测量参数
温度(峰值)	增加	激光功率
	降低	扫描速度
	降低	热导率
大小	长度、宽度和深度增加	激光功率
	宽度-降低	扫描速度
	长度-增加	扫描速度
	深度-降低	扫描速度
	长度、宽度和深度增加	热导率

Hussein 等还研究了多层粉末床几何结构中的热应力[15]。结果表明，经历热膨胀和收缩的区域是以局部温度历史为基础影响成形几何结构的。研究还表明，熔池特征与残余应力之间的关系非常复杂，因此熔池监测可能无法提供足够的信息来预测残余应力的形成。

建模和仿真可以将可测量的熔池或过程特征与瞬时材料相和微观结构等不可测量但又关键的现象联系起来。然而，这些复杂的关系需要一种有组织和简化的方法来实现现场控制。一种有效的方法是通过开发工艺图，对过程控制的 DED 工艺建模和仿真。Bontha 等使用二维分析和 FEMs 计算了 Ti-6Al-4V的 DED 处理中的冷却速率，作为激光功率、横向速度和增加成形深度的函数[17]。这些都覆盖在先前开发的工艺图上，该工艺图详细说明了不同范围的热梯度与凝固速率的预期微观结构形式。Gockel 和 Beuth 将这些图结合起来，展示功率和速度的特定组合如何在电子束中实现恒定的晶粒尺寸和定制的形貌送丝工艺，如图 3-10 所示[18]。他们提出利用这种依赖模拟数据开发的混合微观结构图，可通过熔池尺寸控制来实时、间接地控制微观结构。

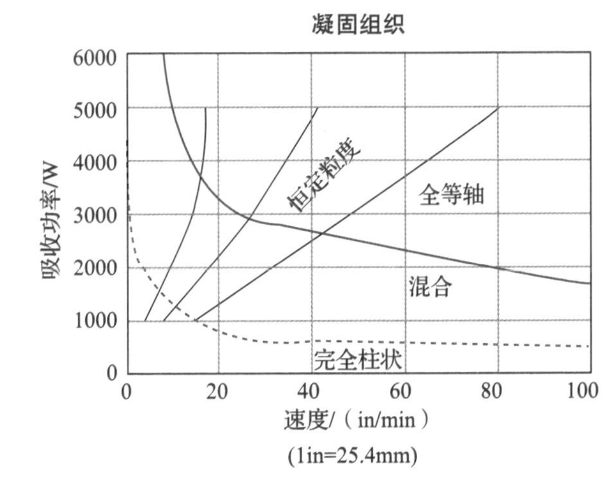

图 3-10 EBM 成形 Ti-6Al-4V 的微观结构与激光功率、扫描速度图（*P*-*V* 图）[18]

3.4 熔池动力学

3.4.1 熔池的形成

在 SLM 过程中，由于激光束扫描速度快，粉末床与热源之间的相互作用时间短，导致快速加热和熔化，然后快速凝固。由此产生的热传递和流体流动（即马朗戈尼流）影响熔池的大小和形状、冷却速度以及熔池和热影响区内的转化反应（见图 3-11）。反过来，熔池几何结构会影响零件的晶粒生长和微观结构。在熔池中心和较冷的固态—熔融界面之间，径向温度梯度为 10^2～10^4 K/mm。这些温度梯度刺激流体从熔池中心流向较冷的固态—熔融界面。

在某些情况下，马朗戈尼流也可能出现在与液流相反的方向。产生的马朗戈尼流甚至可能成为激光熔池内的主要对流机制。这可能导致固液界面的不稳定运动，即使扫描速度是稳定的。快速凝固过程中产生的热能的快速提取，导致了与平衡状态时的大偏差(估计激光熔化冷却速度超过 10^4 K/s)。

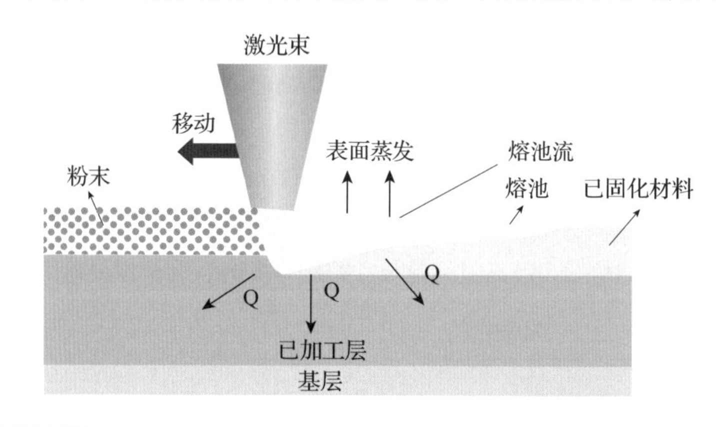

图 3-11　激光—材料相互作用导致不同区域、熔池流动和蒸发的示意图

熔池几何结构与工艺参数(扫描间距和层厚)相结合，可用于评估微观缺陷，例如相邻扫描层之间的熔融不足。此外，熔池的热流体动力学提供了对微观结构形成的洞察和理解，包括孔隙、未熔化或部分熔化的粉末、微裂纹和晶粒形态。在之前的研究中观察到，晶粒形态取决于不同工艺条件下的熔池几何结构(Helmer 等，2016)。

基于粉末的模型对于模拟粉末的熔化、熔化液体的流动、捕获气体以及由此产生的表面形态和零件密度特别有用[19-21]。King 等[21]和 Markl、Körner (2016)总结了粉末级模拟的当前方法，如 SLM、离散粒子法、有限体积法和计算流体动力学(CFD)法。通过热力学、表面张力、相变、马朗戈尼对流、蒸发反冲压力和润湿等方法，可以模拟粉末在二维或三维区域的熔化和凝固过程。图 3-12 显示了粉末级的一些代表性模拟(Körner 等，2011)。然而，目前的粉末级模拟仅限于几个扫描区间，因为它需要高昂的计算成本。

研究金属 SLM 过程熔池动力学不仅可以预测各类型疏松的存在，揭示孔洞及疏松缺陷的形成机制，还可以分析熔体内气泡的溢出行为以及合金元素的蒸发行为等微观物理过程，但数学建模过程非常复杂。Jamshidinia 等[22]利用移动电子束热源和 Ti-6Al-4V 的温度特性，建立了三维热流体流动解析

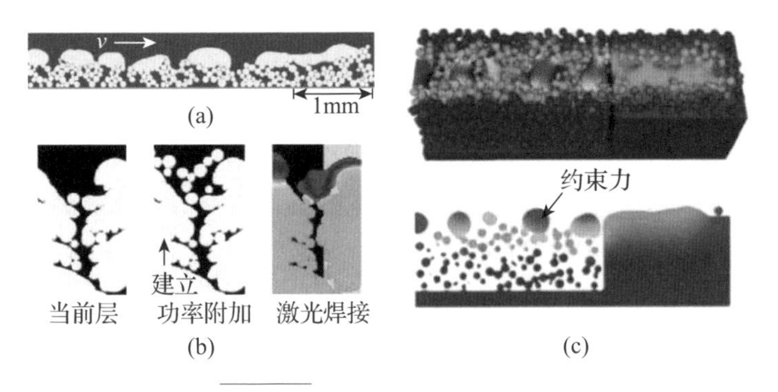

图 3-12　粉末级的代表性模拟

(a)二维 Ti-6Al-4V 的 EBM 单次扫描截面图[19]（Körner 等，2011）；(b)二维 Ti-6Al-4V 的多层 SEBM 截面图[20]；(c)316L 不锈钢的 SLM 单次扫描截面图[21]。

模型。研究了电子束扫描速度、电子束电流、粉末层密度等工艺参数对粉末层厚度的影响。同时，通过比较纯热流体与热流体流动模型，研究了流动对流对温度分布和熔池几何形态的影响。图 3-13 比较了两个模型中的温度分布和熔池几何形状的数值结果。黑色箭头表示电子束扫描方向，1 和 2 分别代表纯热模型和热流体流动模型。如图所示，热流体流动模型显示在粉末床的顶面上有更大的高温区域(图 3-13(a))。此外，热流体流动模型具有更大的熔池宽度(图 3-13(c))。然而，熔池的穿透和熔池的最高温度都显示出相反的结果，在这里，纯热模型的熔池深度比热流体模型(图 3-13(b))深。此外，热流体流动模型中的最高温度为 3034K，而纯热模型的最大温度为 3423K。通过理解 Ti-6Al-4V 熔池中的流体流动机制，可以更深入地讨论这些结果。

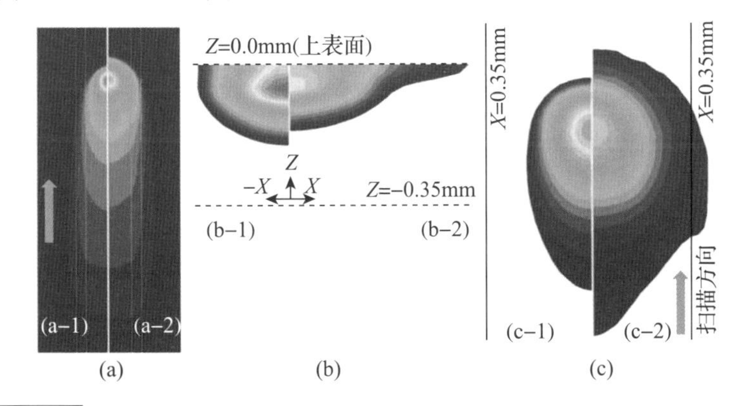

图 3-13　100mm/s 电子束扫描速度和 14mA 电子束电流模型中流体对流对温度分布和熔池几何形状的影响

(a)粉末床顶面温度分布；(b)沿电子束扫描方向在 Y56mm 处的熔池几何形状；(c)粉末床顶面熔池形状。

3.4.2 熔池的凝固

金属 SLM 过程中由于高的温度梯度和冷却速率，使其凝固显微组织不同于传统的热加工工艺，研究 SLM 过程中熔池凝固行为，可以预测枝晶形貌以及一次枝晶间距等凝固组织特征，揭示 SLM 过程中枝晶的形核与生长机制。目前，国内外已经有很多学者采用元胞自动机（CA）或者相场（PF）模型研究焊接、激光熔覆以及 LSF 过程中的熔池凝固组织[23-24]。Fallah 等[23]将合金凝固的相场模型（phase-field model）与激光粉末沉积过程的传热有限元模型耦合，通过研究 Ti－Nb 合金激光粉末沉积定向凝固条件下的间距演化，模拟了 Ti－Nb 合金激光立体成形的凝固微观组织。实验 Ti－Nb 样品显示了纵向截面上的微观结构，并且在整个样品上的枝晶尺寸发生了显著变化。从熔池的温度场有限元模型的结果中提取的局部稳态条件下定向凝固的定量相场模拟证实了这种行为。图 3－14 为采用相场法模拟的凝固微观组织与实验结果的比较，结果显示，实验与 FEM 仿真的拟合度较好。

凝固模型中 PF 模型要求的计算资源较大，模拟的尺度较小，更多用于微观凝固机制的研究。相对于 PF 模型，由于存在网格各向异性，CA 模型的计算精度较低，但计算速度更快，计算的区域相对较大。

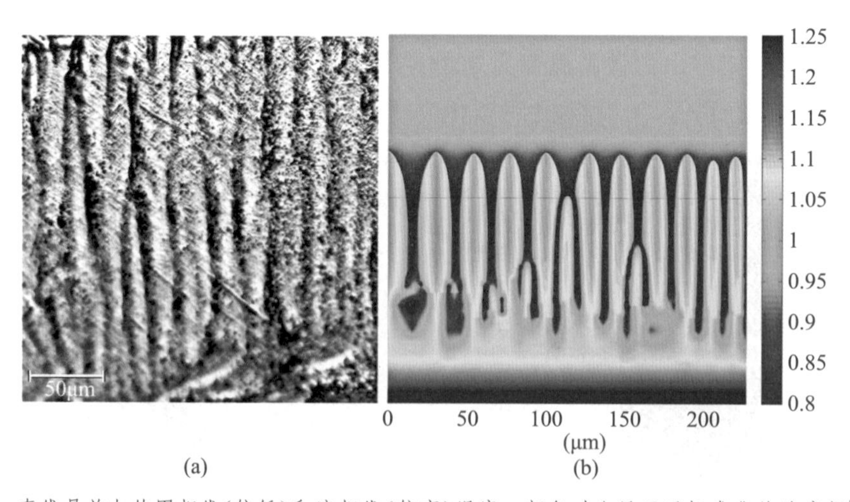

注：直线是施加的固相线（较低）和液相线（较高）温度，颜色对比显示了标准化的浓度场[23]

图 3－14 采用相场法模拟 Ti－Nb 二元合金激光立体成形过程中的凝固微观组织与实验结果的比较

上述研究对熔池的形成与凝固模拟基本上都是采用有限元方法，计算出熔池的温度场和熔池形貌。但有限元模型忽略了流体的流动以及粉末在熔池内的运动和熔化过程，无法深入研究熔池冶金过程，也难以准确揭示成形过程中各类缺陷产生的原因和机理。后面(3.5 节)将介绍目前较有影响的从介观尺度的建模与仿真方法。

3.4.3 熔池的特点

以 SLM 熔池为例，成形过程中由于激光辐射在粉末床表面会产生一个非常小的熔池，它具有以下特点：

(1)熔池温度：随着激光功率或线性能量密度的增加，最高温度显著增加，但随着激光扫描速度的增加，其温度略有下降。

(2)温度梯度：熔池的温度梯度随激光功率的增加而线性增加。在低导热系数的材料中，温度梯度更明显。

(3)熔池成形周期：熔池的成形周期是从局部区域的粉末粒子开始熔化直至最终凝固的持续时间。

(4)熔池尺寸：熔池尺寸包括长度、宽度和深度。其随着线能量密度 LED 或激光功率的增加而增加。LED 对熔池长度和宽度的影响比熔池深度的影响更大。熔池长度增加的同时，熔池的宽度随着激光扫描速度的增加而减小。

(5)熔池黏度：随着熔池温度的增加，熔池黏度随着线性能量密度的增加而降低。动态黏度应保持平衡，不宜过高与过低，这样熔池可以在以前成形过的层上适当地扩散，并且防止产生球化现象。

(6)熔池流动：熔池中的介质是热表面张力产生的结果，马朗戈尼对流是表面张力梯度产生的结果。熔池流动的方向是由表面张力梯度所决定的，如图 3-15 所示。当熔池延径向向外流动 $d\gamma_{LV}/dT<0$（对于纯金属和合金）时，会产生如图 3-15(a)所示的熔道浅而面积较大的熔池。当 $d\gamma_{LV}/dT>0$ 时，如果熔池沿径向向内流动(对于含有大数量表面活性元素的合金)，则形成窄而深的熔池，如图 3-15(b)所示。在铁和钨 SLM 成形过程中，表面氧化可显著降低熔池边缘的表面张力；这改变了表面张力梯度方向，从而使得熔池由熔池边缘(温度和表面张力都较低)向熔池中心(温度和表面张力都较高)流动。随着激光扫描速度和粉末层厚度的增加，熔池流动速度增加，在激光较高的扫描速度下会导致熔溅。

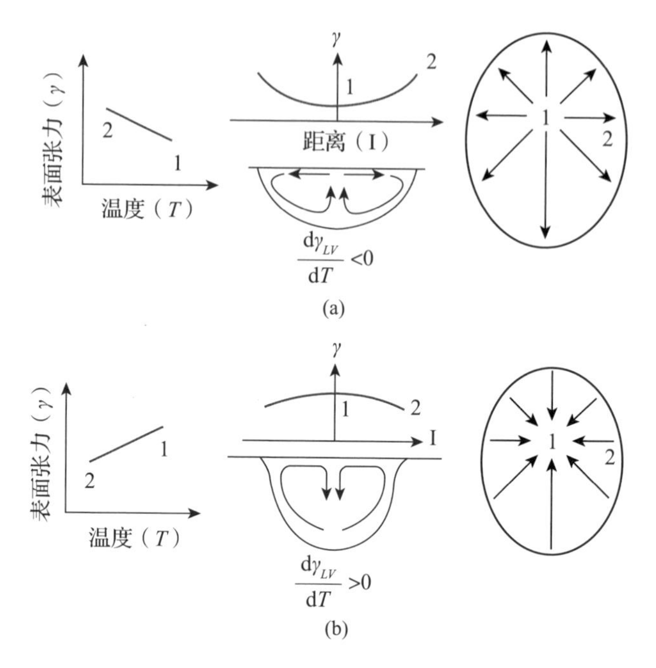

注：1代表熔池的中心；2代表熔池的边缘。

图3-15 熔池中表面张力梯度对马朗戈尼对流的影响示意图

(7)熔池的稳定性：在给定的激光功率的扫描速度范围内，熔池是稳定的。稳定区域的范围随着激光功率的增加而增大，在给定的激光功率和层厚情况下，材料的导热系数更小。熔池的稳定性对板材的质量至关重要；其不稳定会导致不规则和不连续的熔道，最终影响表面粗糙度和体积孔隙度。

①熔池的动力不稳定性是由马朗戈尼效应引起的，随着相对较高的激光功率或较低扫描速度的增加而变得越来越不稳定。

②当熔池的总表面比同一体积球体的总表面大，且黏度过低时，就会导致熔池的不稳定。

(8)球化：熔化的熔道收缩并分裂成一排小球的现象被称为球化，如果熔融物质不润湿底层的材料，表面张力就会降低表面的能量。球化效应会导致在原有部件中出现高表面粗糙度和孔隙度，如果球化的尺寸足够大就会阻碍铺粉辊的运动，甚至可能危及铺粉过程。球化产生的主要原因有以下几点：

①熔池的表面张力不稳定；

②马朗戈尼效应驱动的液动力不稳定；

③熔池表面温度高，熔池流动速度高，凝固前沿流动急；

④在大气中氧气含量高，由于较高铁和钨含量的溶解氧界面润湿性差，质量较差的氧化熔池和径向越来越大的马朗戈尼内流造成了较大的液体表面张力梯度；

⑤ 在高的导热材料(如钨)中，熔池在正常扩散前由流动驱使着进行快速凝固；

⑥由于基材熔融不足，熔融粉末与基体之间缺乏接触。

表面张力不稳定而降低表面自由能会导致球化的发生，如图 3 - 16 所示。因此，控制熔池的长宽比是至关重要的：

$$\frac{l}{d}<2.1 \tag{3-8}$$

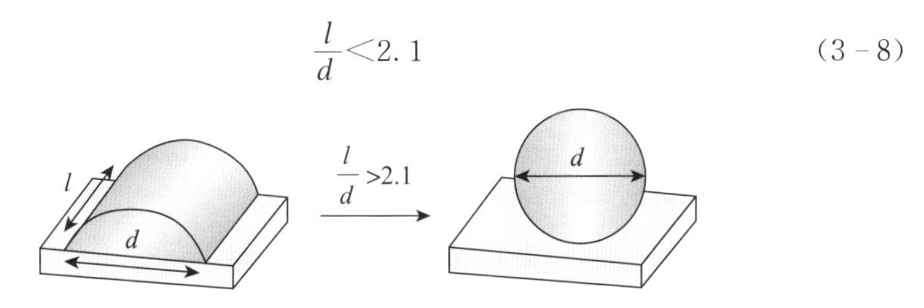

图 3 - 16　由毛细管不稳定引起的球化(由于熔池的尺寸，由半圆柱体向球体过渡)

$$\frac{l}{d}<\frac{\pi}{\sqrt{2}}\sqrt{\frac{2\phi(2+\cos 2\phi)-3\sin 2\phi}{\phi(1+\cos 2\phi)-\sin 2\phi}},\ \phi>\frac{\pi}{2} \tag{3-9}$$

式中，ϕ为接触角。最优的激光加工参数需要熔池的长宽比尽可能小，以消除球化效应。

通过激光二次扫描表面再熔化和选择适当的激光照射时间来达到平衡的黏度可以在一定程度上消除球化。在第一次扫描后，激光表面再熔化可以改善 SLM 成形加工零件的密度。

(9)飞溅：飞溅是由于熔池过热引起的，其强度随着输入能量密度的增加而增加。熔池蒸发使熔池周围的液滴和非熔化的粉末粒子被融化后的反冲压力推出。熔池引起的飞溅是球形的，比进料粉的粒径大得多。在飞溅表面上的几微米大小的氧化物是由飞溅表面富集的合金中最易挥发的元素氧化形成的。非熔化粒子引起的飞溅也称为附属物，其微观结构类似于合金填料粉末。

3.4.4　应用实例：PBF 熔池测量与监测

1. 熔池几何形状[25]

熔池几何数据包括两类：(a)熔池尺寸(宽度和深度)；(b)熔池形状(见图 3 - 17)。

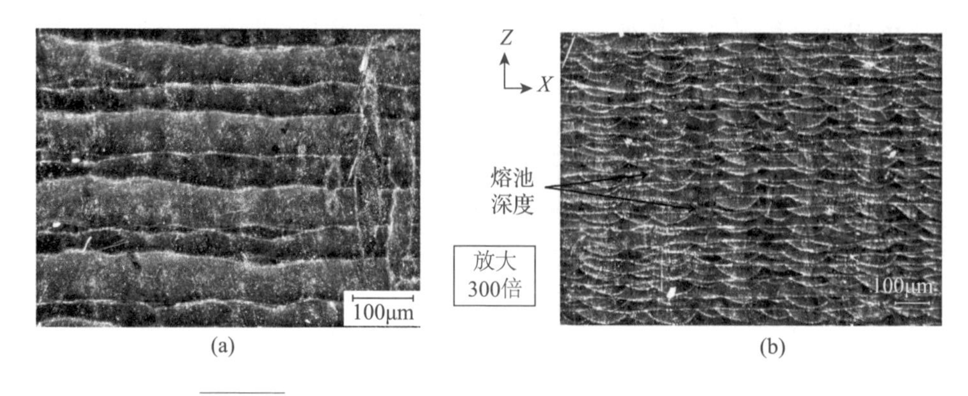

图 3-17　采用 L-PBF 工艺镍合金 Inconel 625 表面视图
($P = 195W$，$v_s = 800mm/s$，$h = 0.1mm$)
(a) $X-Y$ 俯视图；(b) $Y-Z$ 侧视图[25]。

此外，在 L-PBF 过程中产生的不同类型的熔池也具有不同的几何形状（图 3-18）。采用不同的激光扫描可观察到两种类型熔池：

(1) Ⅰ型熔池：正在产生的熔池区域仍在之前扫描形成的热影响区内。

(2) Ⅱ型熔池：正在产生的熔池区域不再受之前扫描形成的热影响区的影响。

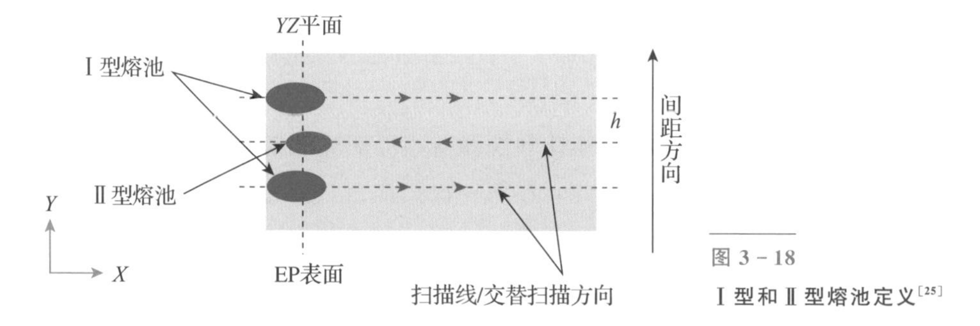

图 3-18　Ⅰ型和Ⅱ型熔池定义[25]

动态熔池的大小也取决于扫描方向。在开始处熔池更大(Ⅰ型)，在末端处熔池更小(Ⅱ型)，这种差异主要由于热影响区(HAZ)和快速冷却。数字光学显微镜成像和热成像已用于证实该结论。

2. 熔池形状分析

激光加热和热影响区对熔池几何形状产生显著影响并可能导致其形状不对称。对于该问题，Criales 等[25]基于数字显微镜获得熔池横截面(YZ 平面)，测量了熔池宽度 w，以及从远离前道轨迹的熔池边缘到熔池最深处的距离 a（参见图 3-19)。熔池形状的测量可表示为

$$\varphi(a, w)=\frac{a-w/2}{w/2}=\frac{2a-w}{w} \tag{3-10}$$

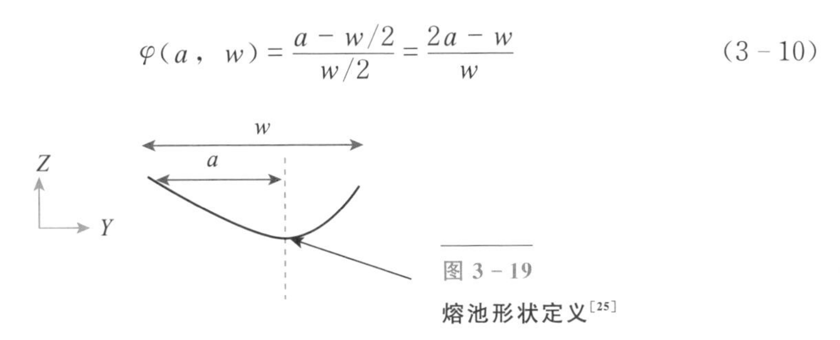

图 3-19 熔池形状定义[25]

有两种观察取值：

(1)如果熔池相对于 z 轴完全对称，则 $a=w/2$ 且 $\varphi=0$。

(2)在完全不对称情况下，如果熔池由于热影响而完全偏向前一道已加工区域，那么 $a\to w$，在这种情况下 $\varphi\to 1$。

总之，建议该测量值取 0 到 1 之间的值，用于量化熔池几何形状的不对称程度。

3. 金属飞溅

激光下方的强温度梯度在熔池中产生复杂的流体动力学特征，在粉末材料的激光加工过程中形成飞溅[26]。在这些效应中，表面张力梯度产生表面对流，即马朗戈尼效应。通过驱动熔池从热激光点流向冷后端，导致熔池深度增加、熔池流动再循环以及高速表面液态金属飞溅。上述复杂的问题都存在于激光 PBF 过程中，为了更好地理解该过程，需要更好地理解熔池形成的物理机理及模型仿真分析技术。

3.5 熔池流动与孔隙、飞溅和剥蚀区的形成机制[26-27]

上节讨论了熔池的动力学机理及特征，本节将研究它的数值模拟方法，并通过数值方法解释成形缺陷的机制。有限元法是模拟金属粉末床增材制造过程最常用的数值方法。Schinochorisis 等[28]和 King 等[21]讨论不同的有限元模型、假设和结果，重点是如何在避免计算费用的同时充分利用有限元模拟。一些简化包括：

(1)将粉末视为具有有效热力学性能的均匀连续体；

(2)将激光热源视为均匀模型，其体积上沉积激光能量，就像 De-Beer-

Lambert 定律的推导公式一样；

(3)忽略了熔池动力学，因此假设为稳态。

以 Gu 等的工作为例[29]，采用了基于有限体积法(FVM)，研究了马朗戈尼对流对连续三维模型中热传质的显著影响。在该模型中，不考虑粉末的离散性质；因此，沿熔化轨道的熔化流是对称的，不会出现随机填充粉末床可能引入的波动。在文献[30]中，Gürtler 等采用体积流体法(VOF)，显示出更接近实际的三维介观模型的熔化和凝固。Khairallah 等[31]提出了一个高分辨率 3D 模型，该模型考虑了 316L 粉末床，强调了解决颗粒点接触的重要性，以捕获粉末的有效热导率。Qiu 等[32]进行了一项实验参数研究，其中测量表面粗糙度和气孔面积分数，作为激光扫描速度的函数。他们指出，不稳定的熔池流动，特别是在高激光扫描速度下，会增加气孔和表面缺陷。基于对单个大尺寸 50μm 规则堆积粉末的计算流体动力学(CFD)研究，他们认为马朗戈尼力和反冲压力是导致熔池流动不稳定的主要影响因素之一。

本节描述了一种新型的介观模拟方法[26-27]。该模型采用激光追踪能量源，并采用三维模型来解释由于反冲压力、马朗戈尼效应以及蒸发和辐射表面冷却而产生的流体流动效应。新发现指出了激光作用下反冲压力物理的重要性及其对产生结构凹陷(类似于小孔)的主要影响，该凹陷具有与马朗戈尼表面流耦合的强复杂流体动力流。涡流导致凹陷处的冷却效应，与扩张后缩表面上的蒸发冷却和辐射冷却相结合，从而调节峰值表面温度，这一发现有助于局部和小尺度的建模工作。

本节除了详细介绍 LPBF 中的主要物理特性外，还揭示了气孔缺陷、飞溅和所谓的剥蚀区的形成机制，在激光轨迹附近清除粉末颗粒。解释了 3 种孔隙缺陷(凹陷塌陷、侧孔、张开和截留孔)是如何产生的，并讨论了避免这些缺陷的策略。这项研究，由于追踪能量源和包含反冲压力，也能够描述气孔、飞溅和剥蚀背后的物理机制。

3.5.1 物理模型

1. 体积与光束跟踪热源模型

LPBF 是一个需要精确建模的热驱动过程。本研究使用一个由垂直光线组成的光束跟踪激光源(200W)，其高斯能量分布，扫描速度为 1.5m/s。激光能量沉积在粉末射线交叉点处。为了减少计算的复杂性，不考虑光线的反射性。直接激光沉积是对文献中常用的体积能量沉积(能量作为固定 Z 轴参考的函数)的改进。

首先，实际上，当激光照射到粉末颗粒表面并向内扩散时，就会产生热量，而均匀沉积则均匀地加热颗粒的内部体积。其次，光线跟踪表面，可以重现阴影。在图 3 - 20(a)中，150W 高斯激光束最初集中在位于基板上的 27μm粒子上方，并以 1m/s 的速度向右移动。对于体积能量沉积，粒子内部各处同时发生熔化。与基体的润湿接触迅速增加，人为地增加了散热量。再者，通过真实的激光追踪，熔化是不均匀的，因为它首先发生在粉末颗粒表面。与均匀激光沉积相比，粉末颗粒内部积聚的热量更多，因为它通过窄点接触缓慢地释放到基板上。如果沉积的热量不足，则颗粒会部分熔化，并导致前文所述的表面和孔隙缺陷。激光跟踪热源有助于更好地耦合表面热传递背后的物理和熔融流体动力学。

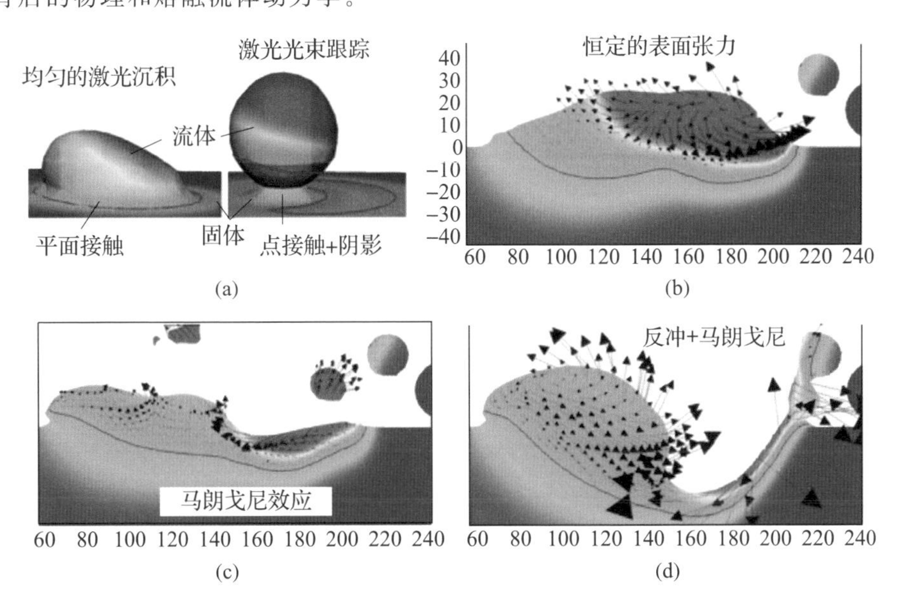

注：红色对应的温度范围为 4000K，蓝色对应的温度范围为 293K，红色轮廓线为熔化线。

图 3 - 20　变化的热传递、熔池深度和流动仿真[26]

2. 三维流动效应:表面张力、马朗戈尼对流和反冲压力

图 3 - 20 (b)～(d)说明了随着更多的与温度相关因素被考虑在内，熔池特性的显著变化。如果假设表面张力(177N/m)与温度无关，则观察到非物理

效应。在图 3-20(b)中，熔池最浅，表面张力恒定，由于表面张力倾向于通过创建液体球体使表面最小化，因此显示出一种球化效果。熔池流动也由浮力驱动。

在图 3-20(c)中，激光器下方的强温度梯度需要启用与温度相关的表面张力 $\sigma(T) = 3.282 - 8.9e^{-4}T$，其中 T 是开氏温度。这会产生马朗戈尼效应，它驱动熔化液从热激光点流向冷后方。该现象有助于增加熔深，使熔液流动循环，并产生飞溅，因为具有低黏度的液态金属从表面弹出。

图 3-20(d)中物理保真度的下一个增加来自于认识到激光点以下的表面温度很容易达到沸腾值。蒸汽反冲压力增加了液体表面的额外作用力，从而在激光下方形成熔池表面凹陷。由于在 LPBF 中应用的加热不会导致极端汽化(烧蚀)，因此该模型不能解决从液相到环境气体的蒸汽流动不连续性和膨胀[33-34]，也不包括蒸发损失的质量。在本研究中，采用了一个简化模型，由 Anisimov[35] 得出，该模型以前曾被使用过[36-37]。反冲压力 P 与温度成指数关系：

$$P(T) = 0.54P_a \exp^{-\frac{\lambda}{K_B}\left(\frac{1}{T} - \frac{1}{T_b}\right)} \tag{3-11}$$

式中：$P_a = 1\text{bar}$，为环境压力；

$\lambda = 4.3\text{eV/atom}$，为每个粒子的蒸发能；

$K_B = 8.617 \times 10^{-5}\text{eV/K}$，为玻耳兹曼常数；

T 为表面温度；

$T_b = 3086\text{K}$，为 316L 的沸腾温度。

通过将马朗戈尼效应与反冲压力相结合，熔深显著增加，这也增加了熔池的表面积，并有助于进一步冷却，因为具有额外的蒸发和辐射表面冷却。事实上，在 3 个 2D 维熔池切片中，最后一个显示的存储热量最少(以伪红色显示)。

3.5.2 仿真与结果分析

1. 熔道分析

可以将熔道细分为 3 个可区分区域：①位于激光点的凹陷区域；②靠近端部的熔道尾端区域；③介于两者之间的过渡区域(见图 3-21，241 μs)。这种细分的选择是基于凹陷处反冲力的指数影响和较冷过渡区与尾部区域的表面张力影响。

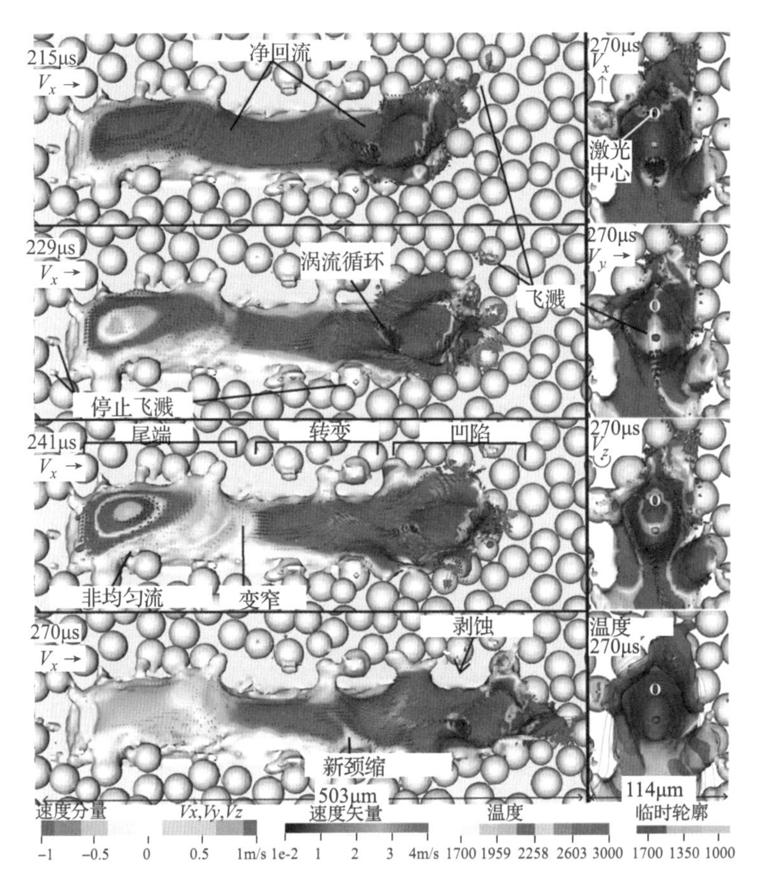

注：由于马朗戈尼效应和反冲压力，与正向流动($V_x>0$，红色)相比，熔池具有较大的反向流动($V_x<0$，蓝色)。右面板放大视图显示 270 μs(流量旋转 +90°)的速度分量(V_x、V_y 和 V_z)和凹陷处的温度(带轮廓线)。白色字母 O 表示激光中心不在凹陷的底部。

图 3－21　**图 3－20 中显示溅落和剥蚀的熔池流动时间快照**[26]

凹陷可视为流体来源。尽管凹陷处的流动是复杂的，但过渡区的流动在负方向(到后方)有一个净表面速度分量(V_x)。图 3－21 中 215～270 μs 的速度快照显示了凹陷区域后面的主要蓝色区域($V_x<0$)。225 μs 时，表面熔池形状达到稳定状态。倒流在轨道的尾端开始破裂。稍后(在 241 μs 和 270 μs 时)，很容易区分 3 个区域：凹陷、过渡和尾部。当放置在激光参考框架中时，这种流动破裂对应了在 LPBF 实验中观察到的圆柱形流体射流中的高原—瑞利不稳定性现象。通过从过渡区观察到的分段汽缸过渡到分段半球状尾端区域[38]，熔化轨道可获得较低的表面能量。熔融轨道降低甚至消失的颈缩位置

与破裂成液滴前窄圆柱形流体射流的颈缩位置相对应。可以通过调整给定功率的激光速度来控制尾部区域的波动幅度，从而通过控制熔化轨道中随时间变化的热含量来避免主要的球化。热含量越低，表面张力越小，完全破坏流动的时间越短[31]。

2. 强动态熔池流动的影响

1)凹陷形成

图 3-22 显示了激光离开平面时固定位置的轨道横截面时间序列。它们突出了凹陷区域的形成，该区域以轨道上达到的最高温度为标志。在激光正下方的这个区域，由于其对温度的指数依赖性，反冲效应占主导地位，并产生明显的拓扑抑制。在 45 μs 时，落在凹陷前的热喷溅所产生的动量将移动激光前面的粒子。在 58 μs 后，粒子在高斯激光中心前 20 μs 内熔化。颗粒尺寸遵循以 27 μm 为中心的正态分布，最大宽度的一半为 1.17，尾部截止点为 42 μm和 17 μm。较小的颗粒在较大的颗粒之前完全熔化，因此增加了颗粒热接触面积。随后的液体有一个大速度横向流动成分，该成分速度为 4～6 m/s，从热点的中心向外，热点由一条狭窄的黑色温度等值线(3500K)标记。在第一次粉末熔化现象出现后，激光的中心到达切片约 30 μs。当表面温度接近沸腾温度时，反冲压力施加一个垂直于表面的随指数递增的力，当速度矢量显示为 76 μs 时，该力使液体加速离开中心。其结果是形成一个带有薄液体边界层的凹陷，在温度最高的底部，它大多很薄。液体的垂直速度分量在凹陷底部为负，沿侧壁和边缘为正，在此液体以相对高速(约 1m/s)垂直逸出，并导致飞溅，如图 3-21 所示，270 μs 处。

该凹陷与焊接过程中观察到的小孔腔密切相关。此外，King 等[39]实验观察到激光粉末床熔化(PBF)中的小孔模式熔化，并将其归因于接近沸腾的表面阈值温度。反冲压力是小孔模式熔化的主要成因。许多小孔模式激光焊接的数值模型都涉及简化假设。它们通常平衡反冲压力、表面张力压力和静液压液体压力。此外，模型可以是二维的，通常只考虑传导传热，而不考虑对流对散热的影响。由于 LPBF 中也出现了类似的底层物理过程，因此在开发 LPBF 模型时也采用了这些简化方法[28]。然而，图 3-21 和图 3-22 所示强动态流的对流冷却效应的缺失可能降低了这些模型的预测性能。

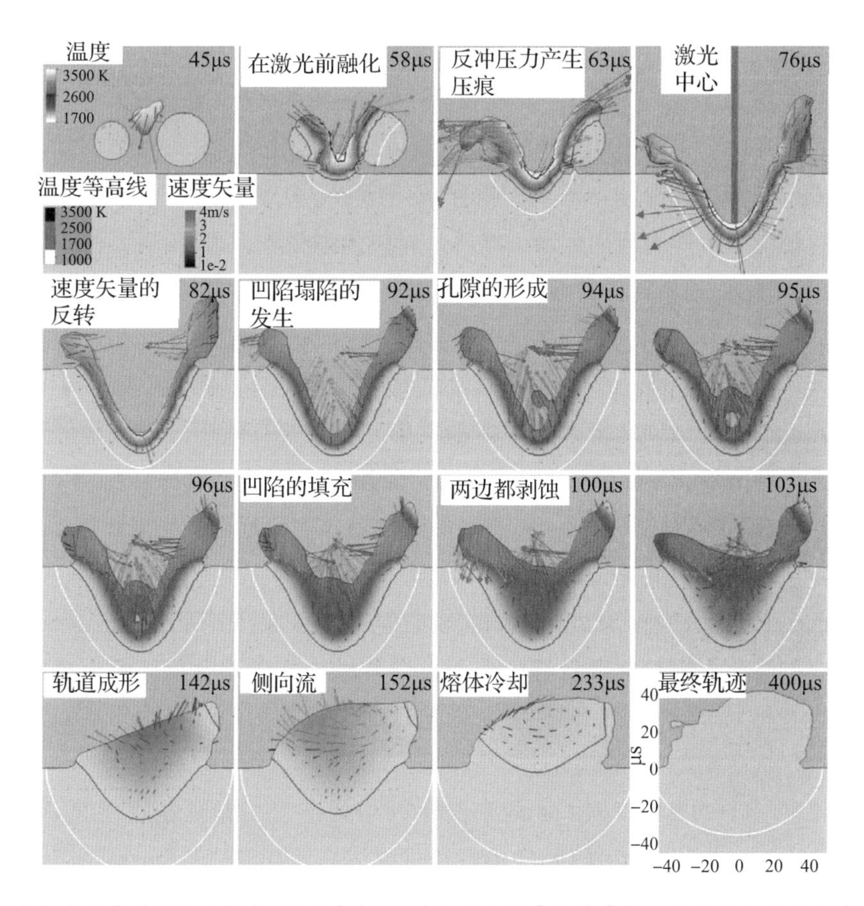

注：显示了固定位置激光扫描(页面外方向)时的熔化温度和速度场。它们显示了激光中心到达前的事件(45～76 μs)、压痕形成(76～82 μs)、压痕塌陷和气孔形成(92～103 μs)以及由于熔池凝固时非对称冷却导致的非对称流动模式(142～400 μs)。

图3-22　**图3-20中轨道的横向2D切片**[26]

2)凹陷塌陷及孔隙形成机理

在82～92 μs(图3-22)时，激光的最热点刚刚穿过图中的平面。凹陷后面的温度降低，这是由黑色温度等值线的后退(约3500 K)指示的。在最热的点后面，温度的降低伴随着反冲压力的指数下降；然而，在较低的温度下，表面张力增加，克服了反冲压力的影响，这使凹陷持续。因此，在图3-22中，熔池流动速度矢量场从82 μs开始向中心反向。这种反向是突然的，导致侧壁在5 μs内坍塌。模型中虽然包含重力，但在该时间尺度的影响可忽略不计。这种快速流动增加了捕获气泡的机会，从而在轨道底部形成孔隙。94～

97μs的序列显示了这种孔隙形成机制。

3)剥蚀机制(denudation mechanism)

在图3-22中的100～400μs下，液体填充凹陷处并沿高度方向增加。由于过渡区的非对称冷却，出现了横向液体流动。这是由于部分熔化的颗粒与熔化轨道保持接触并横向散热。然后，表面张力将表面流体拉向冷点(马朗戈尼效应)，从而使任何横向循环偏斜。这是尽量避免的，因为它们可能会在下面形成空隙，并在下一个沉积层中形成进一步的缺陷。

常见的情况是，一侧的粒子完全熔化，并被困在过渡区的流动中。原因是液体围绕着凹陷的边缘循环，像泪状物。在传统焊接中可以观察到这种模式。在图3-21(270μs，V_y)中可见，凹陷边缘周围的流动在红色($V_y<0$)和蓝色($V_y>0$)之间交替两次：一次在凹陷之前，表示远离激光点的运动；另一次表示从侧面流出并连接形成的流体过渡区。

此圆周运动的直径比熔化轨道宽度宽。如图3-22所示，在100μs下，基板中的熔化温度轮廓线没有延伸到足以容纳上面的熔化物。溢出到两侧的液体会捕捉到邻近的颗粒，并将它们拖到凹陷后面的过渡带中，从而沿着轨道两侧形成所谓的剥蚀带。

图3-21中241～270μs的快照序列中的速度矢量从俯视图显示剥蚀：241μs的流与稍后在270μs消失的粒子重叠。高速环流(1～6m/s)增强了剥蚀形成机制。

4)飞溅形成机理

图3-21和图3-22显示了45μs时在凹陷和激光点之前形成的液体的积聚。这种堆积在本质上类似于船头波，当船在水中移动或雪在犁前滚动时形成。图3-21中红色的液体沿着凹陷处的前壁向上移动，溅到激光束前面的粉末颗粒上。这是一个重要的特征，因为在这个过程中液体可以被挤压掉，并以飞溅颗粒的形式沉积在粉末床上。

图3-23(a)详细说明了液体积聚(或弓形波)如何导致飞溅，这在参考文献[40]中进行了实验观察。高蒸汽表面通量(在参考文献[40]中称为气体羽流)施加压力，喷射液态金属。当液态金属拉长时，由于表面张力的倾向，它会变薄并分裂成小的液滴，从而使表面能量最小化。图3-21和图3-23(a)显示，延伸率在激光点的径向方向，并指向远离熔池的方向。

5)横向浅孔和截留未完全熔化的颗粒

另一种成孔机制发生在过渡区。沿着凹陷边缘的高速强流将微粒带入，从而形成剥蚀带，同时也混合在最初存在于微粒之间的空隙中。现实中，激光源允许粒子部分熔化。如果颗粒没有完全熔化并与熔池结合，则颗粒之间存在的空隙可能会导致气孔缺陷。图3-23(b)中的快照显示了部分熔融的颗粒，在该颗粒下方生成了5μm级的浅侧孔。这些截留的颗粒增加了表面粗糙度、降低了下一层的润湿性能，并且是导致后续层不稳定的根源。

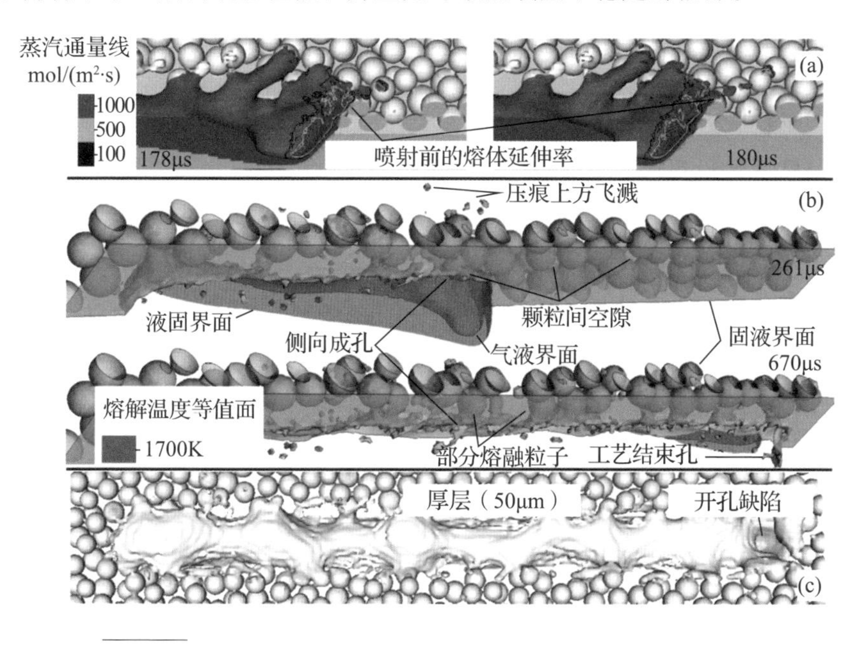

图3-23 缺陷和飞溅的形成(激光功率200W，速度1.5m/s)[26]

在图3-23(a)中，三维选择片段显示由于高蒸汽通量(即蒸发)导致细长的流体柱破裂成飞溅。在图3-23(b)中，快照显示了在颗粒之间的空隙中形成的侧孔。在以585μm关闭激光后，形成一个工艺结束孔。在图3-23(c)中，显示了另一个工艺结束孔，但它是开放的。这些气孔会在随后的层中导致更多的缺陷。

3.5.3 讨论

研究表明了反冲压力和马朗戈尼对流在形成熔池流动中的重要性，以及剥蚀、飞溅和气孔缺陷是如何出现的，它们是理解LPBF工艺的重要基础。

所涉及的物理过程彼此紧密耦合，因为它们都对温度有很大的依赖性。

虽然辐射冷却尺度为 T^4，但蒸发冷却在限制峰值表面温度方面更有效，因为它与 T 呈指数关系。这对反冲压力的大小有很大影响，因为后者也随温度呈指数关系增长。反冲压力克服了表面张力，与反冲压力的压缩效应相反，从而产生凹陷和材料飞溅。当冷却到沸点以下时，表面张力接管并导致凹陷壁上形成孔隙。表面张力效应主要发生在强流(马朗戈尼效应)发生的过渡区。这种流动有助于冷却凹陷，形成剥蚀带，吸入相邻的颗粒，并在靠近部分熔融颗粒的地方形成侧孔。最终过渡区由于熔池流动破碎而变薄，形成尾部区域。后者受到不规则流动的影响，但由于温度下降和凝固，不规则流动的持续时间很短。

应避免深陷和狭窄的凹陷，以减少凹陷塌陷引起的孔隙形成。还应注意，沿扫描轨迹改变方向时，应降低激光强度；否则，沉积的额外热量可能导致深而窄的凹陷，塌陷并形成小孔。适当的扫描矢量重叠可以通过消除部分熔化和截留的颗粒以及任何相关的浅侧孔来增加致密化。另外，激光功率的缓慢下降，可以防止轨道端部气孔和降低侧面粗糙度。

3.6 微观结构及缺陷

3.6.1 微观组织

增材制造过程中实现了快速和定向冷却，与传统加工方式相比，增材制造材料凝固过程存在的传热、传质、流动等现象使之具有明显不同的微观结构。金属增材制造过程中是一层接一层熔化并且快速凝固，零件的成形经历了定向热传递的复杂热演化过程。凝固过程中的这些现象极大地影响着晶粒的形核生长，进而决定合金凝固后的微观组织形态。由于频繁的单向传热和冷却(热量主要通过先前成形的部件向平台垂直方向传导)，在 Ti - 6Al - 4V、镍高温合金、1Cr - 18Ni - 9Ti、Ni - Cr 合金、AlSi10Mg、CoCrMo 钢和 AlSi12 中存在柱状晶粒。因此前一固化层金属晶粒重熔向外生长并定向凝固，最终使晶粒呈细长柱状结构，引起 SLM 工艺的典型缺陷，包括显微组织疏松以及相邻层间融合不好，导致孔隙及引发疲劳裂纹等。

较小的熔池尺寸及较高的冷却速度使零件具有特殊的微观机构。影响凝固的工艺参数主要包括液体温度梯度GL、凝固速率R、液相过冷以及合金成分。GL和R沿熔池边界变化，SLM的温度梯度GL可达10^6K/m。凝固前沿的稳定性决定了微观结构的类型。对于具有单一熔化温度的纯金属，稳定性仅由熔池中的热梯度决定。根据GL的符号，可能会出现平面凝固前缘或不稳定的凝固前缘。尽管如此，在金属增材制造工艺中，由于热量被施加到熔池，GL的符号总是正的。此外，合金的固化温度是一个范围而不是特定的熔点，使合金元素在固体和液体之间重新分布，导致有效液相线和固相线存在温度梯度，产生成分过冷效应。尽管GL为正值，但组织过冷可能会使平面前沿不稳定，导致胞状枝晶。

在平面凝固模式中，晶粒竞争生长，并且在热流方向生长最快。热流主要朝向较冷的底部基体，受高度和零件几何形状影响，少部分会从熔池流向侧面。对于胞状枝晶凝固模式，细胞也沿着容易生长的方向生长，但不需要与最大热通量方向相同。增材制造工艺产生的微观结构通常分为两类：柱状结构和胞状枝晶结构。第一类的典型材料是Ti-6Al-4V，其他材料（如Inconel 718，Ta和W）也存在柱状生长。尽管Al和V质量分数为10%，Ti-6Al-4V的凝固范围小于10 K，限制了合金元素的分配以及成分的过冷，导致垂直β晶粒生长过程中穿过多层，在SLM淬火阶段转变成α′马氏体，在熔丝EBM工艺中产生薄层状的α+β。

在DED中，微观结构在SLM和EBM之间变化，并且在底部和顶部之间形成梯度。图3-24(a)给出了SLM获得的含有针状马氏体的柱状原β晶粒。在没有发生β转变为α或α′的情况下，Ti-6Al-4V具有与Ta相同的极端＜100＞型织构，但是β到α的12种结晶变体弱化了织构。

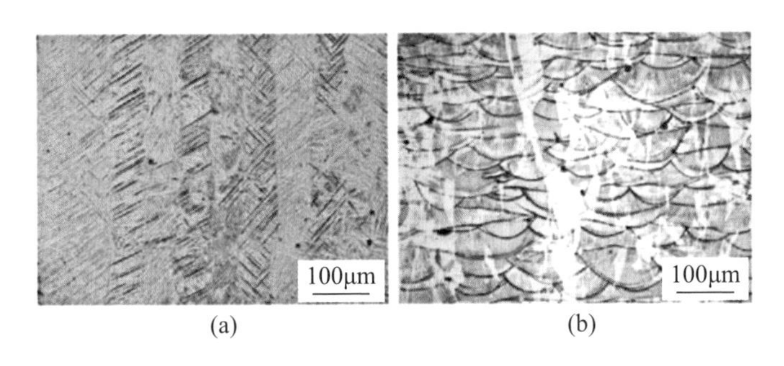

图3-24　Ti-6Al-4V SLM的柱状微观组织和316L SLM中的熔池[41]

多数材料为胞状枝晶凝固模式。熔池对于 Ti-6Al-4V 是不可见的，但对其他材料清晰可见，图 3-24(b)为 316L 熔池，比较典型的材料还包括 AlSi10Mg、18Ni300 马氏体时效钢和 Inconel 718。在图 3-25 所示材料微观结构侧视图中，红色箭头表示前熔池边界，每幅图右上角的插页显示所有材料具有相似的蜂窝状结构。对于 AlSi10Mg，蜂窝间的区域由 Al-Si 共晶组成，但其余材料为显微偏析。立方体类材料在成形方向上都会产生<100>型织构，但比柱状微结构弱。

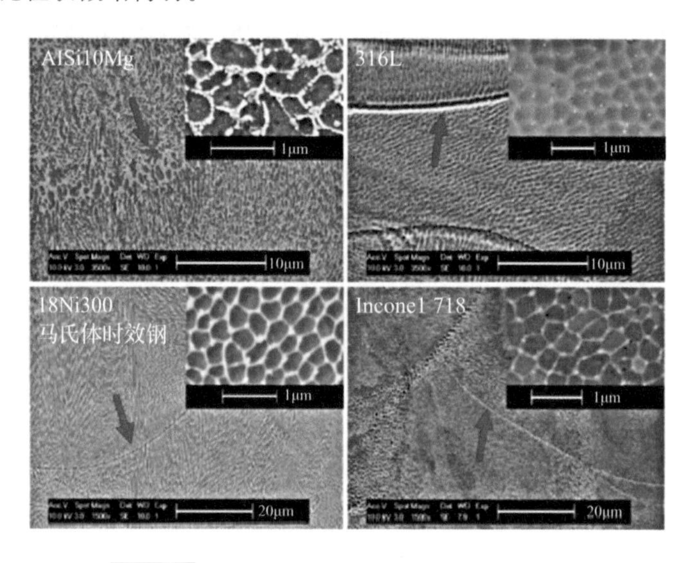

图 3-25　普通 SLM 获得的蜂窝状微观结构[42]

金属增材制造工艺中较高的冷却速度导致小尺寸多孔结构，其中 SLM 的冷却速度可达 10^6 K/s。小尺寸多孔结构使得 SLM 和 DED 具有良好的微观结构，并且被合金元素、位错和亚稳相饱和填充。而在 EBM 工艺中，采用预热温度进行应力消除和原位退火，易导致结构粗糙。精细的微观结构可以产生与锻造或铸造材料相当的强度，甚至接近传统材料时效硬化条件下的强度(如 AlSi10Mg)，但延伸性通常较低。对于 Ti-6Al-4V，通过后续热处理工艺提高延伸性，如热等静压(HIP)也可改善疲劳性能。

通过改变竞争增长条件，织构可以通过旋转层间扫描图案进行调整。材料的凝固模式还可以通过工艺参数进行改变。通过改变扫描速度和激光功率，美国橡树岭国家实验室的研究人员能够在平面、胞状枝晶和混合凝固模式之间进行切换。微观组织可以通过不同的激光扫描策略进行改变。将激光在两个相邻层之间的扫描矢量旋转90°或在一层内旋转一定的扫描矢量可以降低组织取向性[46]。

3.6.2 SLM工艺过程残余应力、裂纹及变形问题

在SLM过程中，由于高的温度梯度与冷却速度，零件成形过程中会积累较大的残余应力[6]，容易使零件产生变形与开裂，降低零件的几何精度，甚至会导致成形失败。当前实际生产中预防零件变形主要是通过预先调整零件的模型以及添加辅助支撑等，这些方法往往缺乏效率、不灵活且需要丰富的经验。采用数值模拟的方法可以在零件成形前对其变形趋势进行预测并进行相应的优化，可以减少昂贵的试错过程和增加打印成功率。

国内外对SLM过程中残余应力与变形的数值模拟方面也做了不少研究，南京航空航天大学李雅莉等[41]采用ANSYS建立了AlSi10Mg在SLM过程中热—应力顺序耦合有限元模型，研究了激光功率与扫描速度对残余应力分布规律的影响。英国诺丁汉大学的Parry等[42]利用MARC有限元法软件研究了不同扫描方式(单向扫描与"S"扫描方式)，对SLM单层TC4合金SLM过程的热应力进行了分析计算，研究表明，沿扫描方向的应力随着扫描线的长度增加而增加，降低扫描线的长度、旋转扫描线方向有利于获得均匀的应力分布。美国阿拉巴马大学的Cheng等[43]利用ABAQUS模拟研究并比较了分区扫描、"S"扫描等多种扫描方式以及不同层间旋转角对Inconel 718合金SLM成形后残余应力与变形的分布规律。

目前关于SLM残余应力与变形的模拟研究一般采用商用有限元分析软件，结合二次开发，建立热—弹塑性顺序耦合分析模型，研究工艺参数(如激光功率、扫描速度以及扫描方式)对残余应力与变形规律的影响。由于金属SLM成形过程是一个高度非线性瞬态分析过程，采用热—弹塑性顺序耦合有限元模型计算成本大，因而分析模型尺度往往只限于几条扫描线或者几层，只能从宏观角度得出一些比较保守的结论。

与焊接过程相比，较高的温度梯度、较大的热膨胀和收缩以及加热和冷却循环期间的不均匀塑性变形导致SLM加工零件存在残余应力。同时在冷却和凝固期间移动熔池的收缩受到下方已加工表面的限制。

粉末材料的热收缩率随着激光功率的增加或激光扫描速度的降低(即线性能量密度的增加)而增加。

SLM 成形的零件处于拉伸状态，最大应力出现在零件表面，可以达到如图 3－26 所示的屈服应力。最终残余应力的大小随着已成形的层数逐渐增加。

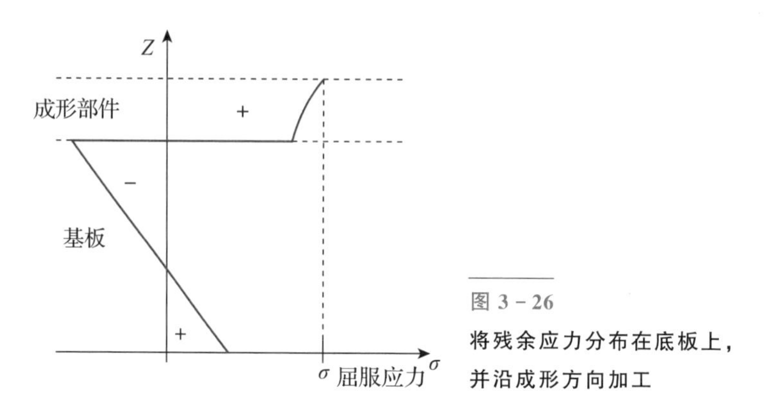

图 3－26 将残余应力分布在底板上，并沿成形方向加工

我们可以通过翘曲角来评估工艺参数对 SLM 成形工艺过程中残余应力的影响，该角度为移除基建造结构之后的桥状结构或悬臂结构形成的翘曲角。

利用 SLM 成形加工 Ti－6Al－4V 的各向异性与残余应力密切相关。残余应力将导致零件产生变形、裂纹及分层。

由于两相邻层之间会产生拉伸残余应力，利用 SLM 成形的 CPTi 中会出现层间热裂纹。然而，在 SLM 成形加工的 IN738LC 中，晶间裂纹(长度从几 μm 至 100 μm，甚至更长)沿着成形方向进行大角度晶界扩展。

裂纹密度与激光功率相关，而激光功率主要决定温度，因此更高的激光功率会产生更陡的温度梯度，导致热应力增加，进而增加热裂纹。

由于平行于激光扫描方向上的残余应力大约是垂直于激光扫描方向的两倍，我们可以通过棋盘扫描策略缩短扫描轨迹，从而减少残余应力。还可以旋转扫描图案进行扫描，改变从一个层到下一个层应力的各向异性，实现更均匀的应力分布。

研究表明，通过利用较低能量密度的激光束进行再次扫描可以有效地抑制 SLM 成形工艺制造的金属玻璃复合材料(Al85Ni5Y6Co2Fe2)裂纹的扩展。

使用单一粉末代替预制合金粉末可以减少由内部应力引起的变形。两种或更多种单一粉末材料在制造过程中的合金化，可以通过形成共晶、亚共晶和过共晶合金的各种组合来降低固化温度。在整个成形过程中，处理后的合金能够在高温预热粉末床的帮助下保持半固态或低应力状态，由此我们可以利用单一粉末的混合物成形更长的没有支撑的悬臂结构。

减少 SLM 成形零件残余应力及变形的方法包括：①去应力热处理；②激光束重新扫描；③增加粉末床温度。但是在 SLM 成形加工零件中保留适当的残余应力有利于提高硬度。

3.6.3 SLM/SLS 零件成形常见缺陷

增材制造中经常会产生例如孔隙、不完全熔化和裂纹等缺陷，这些缺陷会降低零件密度，产生应力集中，降低材料性能。缺陷主要包括：

(1)气孔：气孔由未排出的气体形成，通常为球形。SLM 成形铝合金的气孔主要由粉末颗粒表面气体、雾化粉末或水分和粉末中的溶解氢产生。而对于 Ti－6Al－4V，气孔主要取决于 SLM 成形的工艺参数。

(2)缩孔：扫描轨迹的起点和终点处会形成陡峭而深的熔池，当熔池塌陷或线能量密度过高时将产生缩孔缺陷。

(3)不完全熔化：若能量不足以熔化所有的粉末，那么未熔化颗粒将存在孔隙内，形成一定的几何形状。这种类型的缺陷位于中间层，也称为细长孔，其平面垂直于成形方向。

(4)不稳定熔池：熔池在高能量密度下具有不稳定的流体动力学特性，同时较高的激光扫描速度也会导致熔池流动不稳定，因此，当激光扫描速度降低时，会形成不规则的孔隙。SLM 成形过程中熔池流动的不稳定性归因于马朗戈尼力和熔池蒸发产生的反冲压力。熔池流动的不稳定性随着激光扫描速度和粉末层厚度的增加而增加，导致小液滴溅到固体表面上。

(5)不完全重叠：较大的熔化空间将产生层内孔隙。

SLM 成形零件的孔隙率或密度与线性能量密度密切相关。熔池中气泡的速度随着线性能量密度的增加而增加，并在零件最高密度对应的 LED 处达到最大值。当线性能量密度进一步增加时，将形成涡流，带入之前的气泡并降低其速度，导致具有较高的孔隙率。

针对 Ti－6Al－4V 的 SLM 成形工艺过程，激光功率与激光扫描速度在图中定义了 4 个熔化区域：“完全致密”（区域Ⅰ），“过度熔化”（区域Ⅱ），“不完全熔化”（区域Ⅲ）和“过热”（区域 OH），如图 3－27(a)所示。区域 II 中的缺陷为球形，而在区域Ⅲ中缺陷为形状不规则。

在相同激光功率下，随着激光扫描速度的增加，密度减小并且孔隙率增加，如图 3－27(c)所示。然而，如图 3－27(b)所示，在给定的高激光功率水

平下，随着激光扫描速度的增加，孔隙率将降低至最低值(Ⅱ区的上限)。

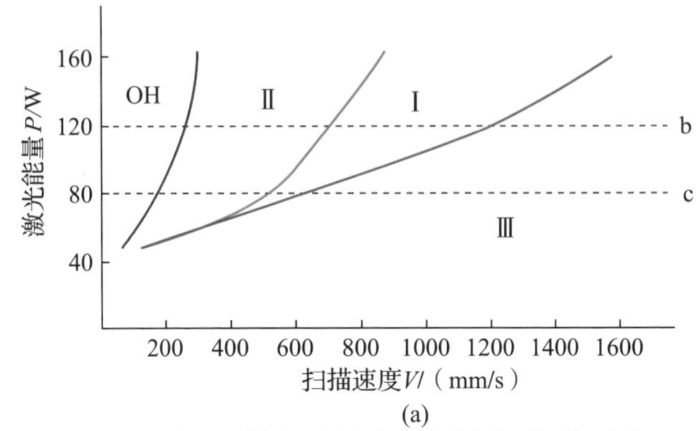

(a)

注：(b)图和(c)图与(a)图中的b和c水平相对应。

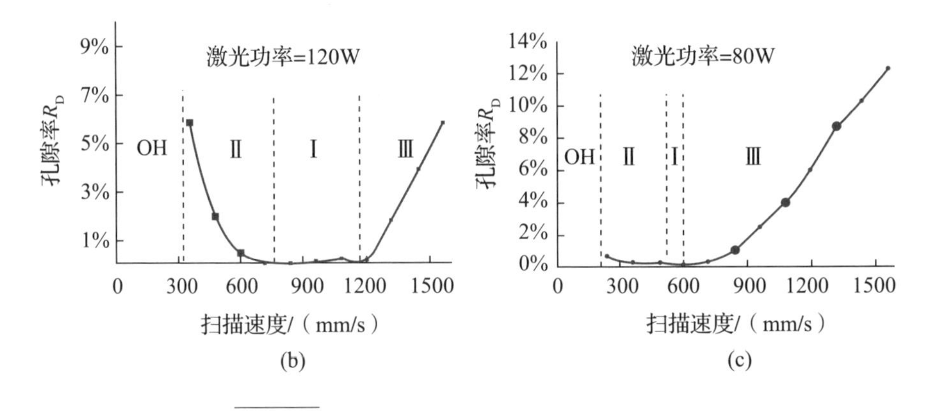

图 3-27 激光功率与激光扫描速度的关系[51]

(a) 激光功率与激光扫描速度图的 4 个区域；(b)激光功率 120W；(c)激光功率 80W。

SLM/SLS 工艺制造的零件的密度随能量密度的增加而增加：

$$\rho = C_1 - C_2\exp(-KE_V) \tag{3-12}$$

在相同的能量密度下，密度有可能发生显著变化(如图 3-28 所示)，因为不同的激光功率和激光扫描速度组合可能会导致以下几点：①粉末不完全熔化；②熔池不稳定性；③粉末过热；④球化效应。在相同的 120J/mm^3 能量密度下，增材制造零件的密度随着激光功率和激光扫描速度的增加而增加，在激光功率为 165W 时达到最大值；激光功率的进一步增加导致密度略微降低。在较高激光功率和较高扫描速度的组合下产生的孔隙率较小且形状更圆，因为此时存在球化效应，并且较高的热应力容易导致开裂。在较低激光功率和较低扫描速度的组合下，由于熔化不足，产生的孔隙被未熔化的粉末填充。

在低激光功率和扫描速度下产生的零件中也依然存在球化效应。

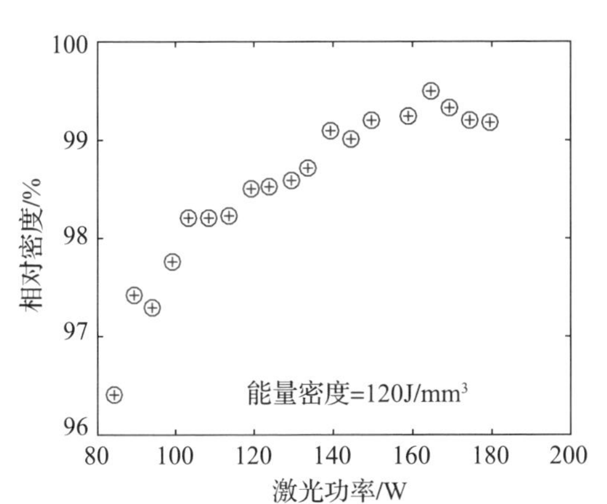

注：在恒定的能量密度下，在 $120J/mm^3$ 上熔化制造商业纯钛。

图3-28 激光功率对选择性激光熔化的相对密度的影响[52]

通过在每一层上都采用双向激光扫描，可以显著提高SLM成形AlSi10Mg零件的密度，第一次扫描使用较低的激光功率进行预烧结，第二次扫描使用较高的激光功率完全固化预烧结层。

3.7 SLM成形金属零件的力学性能

3.7.1 力学性能

SLM成形加工金属零件的力学性能取决于零件的微观结构和相对密度。与铸件相比，当孔隙的尺寸和大小超过临界值时，SLM成形加工零件的强度、延伸性和疲劳寿命随着孔隙率的增加而减少。

通常，SLM成形的零件在垂直于层平面的方向上具有较低的力学性能。而成形方向对利用SLM成形处理的铝制零件强度没有显著影响。

当加载方向平行于成形方向时，SLM成形件的延伸性低于加载方向垂直于成形方向，主要原因如下：

(1)在Z轴取向上的拉伸样品中会形成更多的边界孔隙。

(2)载荷方向垂直于平面形成缺陷(缺乏熔化)的方向，会引起应力集中效应，如图3-29(a)所示。

(3)织构的影响。

(4)沿着层界面的影响。

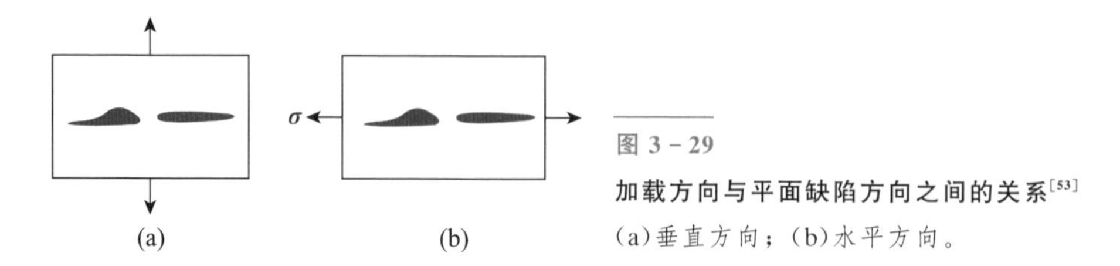

图 3－29
加载方向与平面缺陷方向之间的关系[53]
(a)垂直方向；(b)水平方向。

在 Ni－Cr 合金的 SLM 成形加工过程中，因为柱状晶粒的生长，使得扫描速度的增加导致了屈服强度和极限拉伸强度增大。

在相同的能量密度下，SLM 成形 CpTi 样品的断裂应变和强度(屈服强度和极限拉伸强度)随着激光功率和激光扫描速度的增加而增加。断裂应变的提高是由于较高的成形件密度，而强度提高则是由于晶粒细化和形成了 α′马氏体结构。增材制造零件的断裂行为受到不完全熔化的颗粒和孔隙率的显著影响。

一般来说，SLM 成形加工铝合金、钛合金和 316L 不锈钢的强度(屈服强度和极限抗拉强度)会高于传统制造工艺(如锻造和铸造)，主要是其亚稳态微观结构，然而 SLM 成形的金属延伸性较差。其力学性能与 SLM 成形金属零件中的缺陷密切相关。

SLM 成形制备 Inconel 718 样品的屈服强度和极限拉伸强度均较低，延伸性较高。在 SLM 成形的铝合金中，成形层和熔道边界处显微组织较粗糙，同时重熔区的凝固速率和局部热处理较慢，所以当成形层垂直于层面发生加载时，层边界处的脆性和较粗大的 Si 相降低了延伸性。

平面缺陷的方向在决定冲击韧性的过程中具有重要作用。主要是承重横截面的减小，导致垂直于成形的产品具有较低的冲击韧性。如果在层边界处没有方向性缺陷，且黏合良好，则断裂韧性不受加载方向和成形方向的影响。

SLM 成形加工零件在疲劳状态下的性能与零件中的缺陷、残余应力、预热温度和成形方向密切相关。当加载方向垂直于成形方向时，SLS/SLM 制造的零件疲劳寿命更长。

当未熔化的粉末颗粒附着到加工表面或形成内部缺陷时(尤其当存在缺乏熔化缺陷时)，疲劳测试中的裂纹将从圆形凹陷开始。在周期性加载过程中，裂纹从直径大于 50 μm 且位于离外表面 250 μm 内的孔隙开始。

在适当的能量输入下，SLM 成形的 Ti－6Al－4V 样品具有超细的层状 α＋β微观结构。这种结构是由 SLM 中的针状马氏体α_0自身分解获得的，具有良好的疲劳寿命以及强度和延伸性。

3.7.2　提高性能的关键因素

1. 温度控制

准确的温度分布是制造部件具有优异结构性能的重要保证，可通过调整工艺参数、平台加热、激光扫描策略以及粒度分布获得准确的温度分布。较小尺寸的颗粒具有较高的汽化倾向，而较大的颗粒需要较多的熔化能量。但是，吸收、密度和热容量等材料属性与温度有关。熔化和汽化的潜热影响相变过程。导热性、反射率和材料熔点等性质影响工艺温度。由于工艺参数选择不当而产生较高的热梯度，较高的热梯度会进一步产出残余应力，并导致变形及其他工艺缺陷。熔池尺寸与零件微观结构和性能相关。

另外，由熔池几何形状引起的凝固材料再熔化现象也会影响零件质量，如孔隙率的降低、宏观偏析缺陷的最小化。但是，过度的再熔化可能会降低零件表面质量。优化的扫描策略可以减小变形，降低材料各向异性和孔隙度。传热速率在结构中局部变化。面朝下的表面具有高热积聚性，而顶层不会经历多次照射，因此必须采用特定的工艺参数。支撑结构通过锚定零件的悬垂几何形状防止热应力引起的变形。此外，还有助于将热量从零件传递到成形平台。平台预热有助于减少激光照射面和基板之间的热梯度。除了减少残余应力之外，还能对堆积层进行退火，并起到阻止淬火的作用。采用后热处理降低SLM工艺导致的高残余热应力。在某些情况下，通过较高温度热处理改变合金显微组织。

2. 成形方向

选择成形方向的主要目的是根据零件的复杂程度获得高效、经济的制造工艺。同时，成形方向也会影响零件的机械特性。影响断裂机理和裂纹扩展的微观结构方向也取决于成形方向。

3. 粉末特征

金属粉末流动性主要取决于形状、尺寸等颗粒特性以及粗糙度、化学成分、表面液体等颗粒表面特性。研究表明，针对SLM工艺，采用再利用粉末不会降低零件的冶金或力学性能。对Inconel 718粉末进行14次再利用，粉末特征没有明显变化。对于Ti-6Al-4V粉末，由于流动性增加，在12次循环后相对密度增加。

4. 铺粉机制

铺粉机制旨在获得均匀的涂粉层以及较高的堆积密度。为此，根据粉末特性设计铺粉机制具有重要意义。商业设备配备了辊子或刀片形式的粉末涂料器，可能太软或太硬。但在加工过程中，粉末材料不会受刀片材料污染。

5. 气流效率

SLM 设备中的气流一方面用于提供惰性气体保护环境，另一方面用于去除成形室中的冷凝物(汽化粉末)。在加工区域，高效的气流是激光参数不发生改变的重要保障，同时避免了冷凝物对粉末床的污染。研究表明，非均匀气流会对制造结构机械特性产生影响。

3.8 SLM 关键技术展望

3.8.1 过程监控

零件质量受多方面因素影响，考虑工艺参数与工艺缺陷之间的关系尚不明确，在增材制造技术工业化过程中，过程监控必不可少。通过过程监控，可有效加深对工艺机理的理解并提高加工过程的稳定性。

目前，监测系统多采用温度探测方法。例如：将具有 50ms 高时间分辨率的双色高温计和 CCD 照相机同轴安装在 SLM 装置中监测加工过程；采用高速近红外 CMOS 相机和大面积硅光电二极管传感器对加工过程进行实时监测，采用高达 10kHz 的数据处理速率来研究熔池行为；采用集成的热成像系统分析粉末层温度分布、熔池温度以及表面温度场分布；采用红外热像仪获取温度分布进而监测气孔等工艺问题；采用比率高温测定法监测 SLM 中的激光加工温度峰值及输入热量。

3.8.2 仿真模拟

针对 PBF 工艺的仿真有多种方法。为了模拟选择性电子束熔化过程，需建立考虑大温差、金属相变、参数随温度变化的非线性热力学方程。在 EBM 仿真过程中，需要考虑该过程有关的物理现象，例如热传导、熔化、凝固和熔池的流体动力学。为匹配增材制造过程，需建立热输入模型；为分析部件从支撑件和基底脱离之后的变形，需建立热输出模型。

对于选区激光烧结的建模和模拟，采用离散元件模型，其中粉末颗粒由不同尺寸的单个球体表示，激光以锯齿形图案通过颗粒层，假定激光强度均匀，穿透深度采用比尔—朗伯模型。目前，已经开发出较为先进的 CFD 模型用于模拟 SLM 的热力学行为。该模型与高速相机测量结果吻合良好。此外，采用 PHAse Diagrams（计算机耦合相图）计算方法用于 SLM 模拟，可以预测多组分系统的热力学性质，模拟微观结构性质。

3.8.3　新材料开发

现代工业要求新型合金材料具有质量小、强度高的特点。热磁合金 Calmalloy 是为航空航天开发的铝基合金，具有质量小、强度高的特点，适用于 SLM 工艺。氧化锆、氧化铝陶瓷材料对 SLM 工艺同样具有良好的适应性，为避免热裂纹，在 SLM 装置中使用 CO_2 激光器高温预热，陶瓷部分由熔池凝固形成。生物医学领域对形状记忆合金如镍钛（Ni - Ti）有较高的需求。为满足零件所需的相变条件，需要对工艺参数和环境进行精确控制。具有高硬度的材料，如硬金属或金属基复合材料对增材制造具有较大的应用潜力，因为传统减材制造成本较高。针对 SLM 加工碳化钨材料，已有研究表明初始粉末的密度对部件孔隙率影响较大。在实际生产中，碳化钨钴刀具刀片由 SLM 生产，随后与工具钢注塑模具结合，减少注塑点位置处的磨损，高温热喷砂实验表明其具有良好的耐磨性。而采用团聚和预烧结的碳化钨—钴加工硬质合金，即使增加线能量，密度也无法达到上述工艺结果。

3.8.4　网络制造系统

对于高价值产品，生产后测试的成本也会非常昂贵。为了解决增材制造面临的这些挑战，将研究网络制造系统（cyber-enabled manufacturing systems，CeMS）。CeMS 引入信息物理系统（cyber-physics-systems，CPS），通过计算、网络和物理过程的集成来实现。这些过程通常是加热、固化、烧结、熔化、凝固、相变、结合和其他需要巩固的过程。将粉末或金属丝等原材料制成复杂的三维形状。此外，当涉及能量沉积时，热量积聚和消散变得重要了。CeMS 增加了一个计算“体系结构”层，通过使用实时数据(现场导出)来指导制造过程并记录其每一步，从而更好地控制零件在制造过程中所需的特性。CPS 技术被认为是第四次工业革命的基础，在包括机器人、人工智能、纳米技术、量子计算、生物技术、互联网、增材制造和自主车辆在内的新兴技术方面取得了突破。因此，通过信息物理系统提供的设施和专业知识，增材制造是满足大规模定制需求的重要技术之一。

参考文献

[1] 杨永强，陈杰，宋长辉，等. 金属零件激光选区熔化技术的现状及进展[J]. 激光与光电子学进展，2018，55(001)：1-13.

[2] SAMES W J，LIST F A，PANNALA S，et al. The metallurgy and processing science of metal additive manufacturing[J]. International Materials Reviews，2016，61(5)：1-46.

[3] WOHLERS T T，CAFFREY T，WOHLERSS I. Wohlers report 2013：additive manufacturing and 3D printing state of the industry：annual worldwide progress report[R]. [s. l]：Wohlers Associates，2013.

[4] GLADUSH G G，SMUROV I. Physics of Laser Materials Processing：Theory and Experiment[M]. Berlin：Springer，2011.

[5] MALEKIPOUR E，H. Common defects and contributing parameters in powder bed fusion AM process and their classification for online monitoring and control：a review[J]. International Journal of Advanced Manufacturing Technology，2018，95：1-4.

[6] DEBROY T，WEI H L，ZUBACK J S，et al. Additive manufacturing of metallic components - Process，structure and properties[J]. Progress in Materials Science，2018，92(3)：112-224.

[7] GIBSON I，ROSEN D，STUCKER B. Additive Manufacturing Technologies [M]. Berlin：Springer，2015.

[8] 魏雷，林鑫，王猛，等. 金属激光增材制造过程数值模拟[J]. 航空制造技术，2017，000(013)：16-25.

[9] LIU J，JALALAHMADI B，GUO Y B，et al. A review of computational

modeling in powder-based additive manufacturing for metallic part qualification[J]. Rapid Prototyping Journal, 2018, 24(8): 1245 - 1264.

[10] GUSAROV A V. Homogenization of radiation transfer in two-phase media with irregular phase boundaries [J]. Physical Review B Condensed Matter, 2008, 77(14): 144 - 201.

[11] BAYAT M, MOHANTY S, HATTEL J H. A systematic investigation of the effects of process parameters on heat and fluid flow and metallurgical conditions during laser-based powder bed fusion of Ti6A14V alloy[J]. International Journal of Heat and Mass Transfer, 2019, 139(8): 213 - 230.

[12] SEIDEL C, ZAEH M F, WUNDERER M, et al. Simulation of the laser beam melting process-approaches for an efficient modelling of the beam-material interaction [J]. Procedia CIRP, 2014, 25(12): 146 - 153.

[13] MARKL M, AMMER R, RÜDE, ULRICH, et al. Numerical investigations on hatching process strategies for powder-bed-based additive manufacturing using an electron beam[J]. International Journal of Advanced Manufacturing Technology, 2015, 78(1 - 4): 239 - 247.

[14] KÖRNER C, ATTAR E, HEINL P. Mesoscopic simulation of selective beam melting processes [J]. Journal of Materials Processing Technology, 2011, 211(6): 978 - 987.

[15] HUSSEIN A, HAO L, YAN C, et al. Finite element simulation of the temperature and stress fields in single layers built without-support in selective laser melting[J]. Materials & design, 2013, 52(11): 638 - 647.

[16] SOYLEMEZ E, BEUTH J L, TAMINGER K. Controlling melt pool dimensions over a wide range of material deposition rates in electron beam additive manufacturing: Solid Freedom Fabrication[C]. Austin, Texas: SFF, 2010.

[17] BONTHA S, KLINGBEIL N W, KOBRYN P A, et al. Thermal process maps for predicting solidification microstructure in laser

fabrication of thin-wall structures[J]. Journal of Materials Processing Tech, 2006, 178 (1 – 3): 135 – 142.

[18] GOCKEL J, BEUTH J L. Understanding Ti – 6Al – 4V microstructure control in additive manufacturing via process maps [J]. Materials Science and Engineering A, 2012, 532: 295 – 307.

[19] MARKL M, BAUEREIß A, RAI A, et al. Numerical Investigations of Selective Electron Beam Melting on the Powder Scale[C]. Berlin: the 3rd Fraunhofer Direct Digital Manufacturing Conference, 2016.

[20] BAUEREIß A, SCHAROWSKY T, KÖRNER C. Defect generation and propagation mechanism during additive manufacturing by selective beam melting[J]. Journal of Materials Processing Technology, 2014, 214(11): 2522 – 2528.

[21] KING W E, ANDERSON A T, FERENCZ R M, et al. Laser powder bed fusion additive manufacturing of metals; physics, computational, and materials challenges[J]. Applied Physics Reviews, 2015, 2(4): 44 – 6270.

[22] JAMSHIDINIA M, KONG F, KOVACEVIC R. Numerical Modeling of Heat Distribution in the Electron Beam Melting® of Ti – 6Al – 4V [J]. Journal of Manufacturing Science & Engineering, 2013, 135(6): 61010 – 61011.

[23] FALLAH V, AMOOREZAEI M, PROVATAS N, et al. Phase-field simulation of solidification morphology in laser powder deposition of Ti-Nb alloys[J]. Acta Materialia, 2012, 60(4): 1633 – 1646.

[24] RAI A, MARKL M, KRNER C. A coupled Cellular Automaton-Lattice Boltzmann model for grain structure simulation during additive manufacturing[J]. Computational Materials Science 2016, 124: 37 – 48.

[25] CRIALES L E, YIĞIT M. ARISOY, LANE B, et al. Laser powder bed fusion of nickel alloy 625: Experimental investigations of effects of process parameters on melt pool size and shape with spatter analysis [J]. International Journal of Machine Tools and Manufacture, 2017, 121(11): 22 – 36.

[26] KHAIRALLAH S A，ANDERSON A T，RUBENCHIK A，et al. Laser powder-bed fusion additive manufacturing：Physics of complex melt flow and formation mechanisms of pores，spatter，and denudation zones[J]. Acta Materialia，2016，108：36 - 45.

[27] BIDARE P，BITHARAS I，WARD R M，et al. Fluid and particle dynamics in laser powder bed fusion[J]. Acta Materialia，2017，142：107 - 120.

[28] SCHOINOCHORITIS B，CHANTZIS D，SALONITIS K. Simulation of metallic powder bed additive manufacturing processes with the finite element method：A critical review[J]. Proceedings of the Institution of Mechanical Engineers Part B Journal of Engineering Manufacture，2015，231(1)：96 - 117.

[29] YUAN P，GU D. Molten pool behaviour and its physical mechanism during selective laser melting of TiC/AlSi10Mg nanocomposites：simulation and experiments[J]. Journal of Physics D Applied Physics，2015，48(3)：035303.

[30] GÜRTLER F J，KARG M，LEITZ K H，et al. Simulation of Laser Beam Melting of Steel Powders using the Three-Dimensional Volume of Fluid Method[J]. Physics Procedia，2013，41：874 - 879.

[31] KHAIRALLAH S A，ANDERSON A. Mesoscopic simulation model of selective laser melting of stainless steel. powder [J]. Journal of Materials Processing Tech，2014，214(11)：2627 - 2636.

[32] QIU C，PANWISAWAS C，WARD M，et al. On the role of melt flow into the surface structure and porosity development during selective laser melting[J]. Acta Materialia，2015，96：72 - 79.

[33] ZHANG Z，GOGOS G. Theory of shock wave propagation during laser ablation[J]. Phys. rev. b，2004，69(23)：1681 - 1685.

[34] ADEN M，BEYER E，HERZIGER G. Laser-induced vaporisation of metal as a Riemann problem[J]. Journal of Physics D Applied Physics，1990，23(6)：655.

[35] ANISIMOV S I，KHOKHLOV V A. Instabilities in Laser-Matter

Interaction[M]. Boca Raton, FL: CRC Press, 1995.

[36] KHAIRALLAH S A, ANDERSON A, RUBENCHIK A M, et al. Simulation of the main physical processes in remote laser penetration with large laser spot size[J]. AIP Advances, 2015, 5(4): 47120 - 47120.

[37] SEMAK V, MATSUNAWA A. The role of recoil pressure in energy balance during laser materials processing[J]. Journal of Physics D Applied Physics, 1999, 30(18): 2541.

[38] GUSAROV A V, SMUROV I. Modeling the interaction of laser radiation with powder bed at selective laser melting[J]. Physics Procedia, 2010, 5(Part B): 381 - 394.

[39] KING W E, BARTH H D, CASTILLO V M, et al. Observation of keyhole-mode laser melting in laser powder-bed fusion additive manufacturing[J]. Journal of Materials Processing Technology, 2014, 214(12): 2915 - 2925.

[40] NAKAMURA H, KAWAHITO Y, NISHIMOTO K, et al. Elucidation of melt flows and spatter formation mechanisms during high power laser welding of pure titanium[J]. Journal of Laser Applications, 2015, 27(3): 032012.

[41] BOURELL D , PIERRE J , LEU M, et al., Materials for additive manufacturing[J]. CIRP Annals -Manufacturing Technology, 2017, 66(2): 659 - 681.

[42] VRANCKEN B, WAUTHLÉ R, KRUTH J P, et al. Study of the Influence of Material Properties on Residual Stress in Selective Laser Melting: Proceedings of the Solid Freeform Fabrication Symposium [C]. USA: Proceedings of SFF Symposium Austin TX , 2013.

[43] THIJS L, KEMPEN K, KRUTH J P, et al. Fine-Structured Aluminium Products with Controllable Texture by Selective Laser Melting of Pre-Alloyed AlSi10Mg Powder[J]. Acta Materialia, 2013, 61: 1809 - 1819.

[44] DEHOFF R R, KIRKA M M, SAMES W J, et al. Site Specific Control of Crystallographic Grain Orientation Through Electron Beam Additive Manufacturing[J]. Materials Science and Technology, 2015, 31: 931 - 938.

[45] 李雅莉. 选区激光熔化 AlSi10Mg 温度场及应力场数值模拟研究[D]. 南京：航空航天大学，2015.

[46] PARRY L, ASHCROFT I A, WILDMAN R D. Understanding the effect of laser scan strategy on residual stress in selective laser melting through thermo-mechanical simulation[J]. Additive Manufacturing, 2016, 12: 1-15.

[47] CHENG B, SHRESTHA S, CHOU K. Stress and deformation evaluations of scanning strategy effect in selective laser melting[J]. Additive Manufacturing, 2016: 240-251.

[48] KRUTH J P, DECKERS J , YASA E, et al. Assessing and comparing influencing factors of residual stresses in selective laser melting using a novel analysis method [J]. Proceedings of the Institution of Mechanical Engineers, Part B: Journal of Engineering Manufacture, 2012, 226: 980-991.

[49] LI XP, KANG CW, HUANG H, et al. The role of a low-energyedensity re-scan in fabricating crack-free $Al_{85}Ni_5Y_6Co_2Fe_2$ bulk metallic glass composites via selective laser melting[J]. Materials & Design, 2014, 63: 407-411.

[50] BRANDT M. Laser additive manufacturing: Materials, design, technologies, and applications [M], Woodhead Publishing, 2017.

[51] GONG H, RAFI K, KARTHIK N V, et al. In 24th International SFF Symposium an Additive Manufacturing Conference[C]. USA: SFF, 2013: 440-453.

[52] ATTAR H, CALIN M , ZHANG L C, et al. Manufacture by selective laser melting and mechanical behavior of commercially pure titanium [J], Materials Science and Engineering A, 2014 (593): 170-177.

[53] QIU C, ADKINS N J E, ATTALLAH M M. Selective laser melting of Invar 36: microstructure and properties[J], Acta Materialia 2016, 103: 382-395.

[54] ARDILA L C, GARCIANDIA F, GONZÁLEZ-DÍAZ J B, et al. Effect of IN718 Recycled Powder Reuse on Properties of Parts Manufactured by

Means of Selective Laser Melting[J], Physics Procedia, 2014, 56: 99 - 107.

[55] CARRION P E, SOLTANI-TEHRANI A, PHAN N et al. Powder Recycling Effects on the Tensile and Fatigue Behavior of Additively Manufactured Ti - 6Al - 4V Parts[J]. JOM, 2019, 71: 963 - 973.

[56] ABOULKHAIR N T. Additive manufacture of an aluminium alloy: processing, microstructure, and mechanical properties [D], 2015, University of Nottingham.

[57] COOPER K P, WACHTER R F. Cyber-enabled manufacturing systems for additive manufacturing[J]. Rapid Prototyping Journal, 2014, 20 (5): 355 - 359.

第4章 金属PBF常见成形缺陷及分类

4.1 引言

在前一章，3.6.3节从工艺角度简要介绍了PBF各种成形缺陷及其特征。本章将以状态监测为目的，对成形缺陷机理及其参数特征展开详细讨论，并对常见缺陷进行分类。

粉末床熔化成形PBF增材制造工艺可实现金属零件的复杂几何形状和内部特征，从而简化装配过程，缩短开发周期。然而，由于产品质量缺乏一致性，阻碍了它在工业上广泛应用的巨大潜力。尤其是在航空和医疗行业，因为这些行业中产品的高质量和可重复性是至关重要的。缺陷的存在限制了该工艺的可重复性和精确性，阻碍了该技术的广泛传播与应用。本章的目的是对粉末床熔化成形过程中产生的所有重要缺陷进行综合分析，找出导致这些缺陷的参数，并描述这些参数与相关缺陷之间的关系。文献中已经有不少对PBF成形过程中各种缺陷的研究，并且提出了不同的分类方法。在此基础上，本章对金属PBF，特别是SLM/SLS工艺常见的缺陷及其相关参数进行了分析和讨论，并总结了缺陷与其相关成形参数之间的关系。

尽管对PBF工艺的研究取得了长足的进展，但应用该工艺制造零件仍存在各种缺陷，这限制了应用PBF工艺制造出零件的可重用性、精度及其力学性能。在本节中，我们将描述在PBF过程中产生的所有重要缺陷以及它们的相关特征参数，并揭示缺陷和特征参数之间的关系。根据对3D打印零件的影响方式，可将这些缺陷分为4大类。这4类缺陷影响的方面分别为：①几何尺寸；②表面质量；③微观结构；④力学性能。这4类缺陷如图4－1所示。需要注意的是，在SLS中产生的缺陷类型并不依赖于材料的类型，只有缺陷特征参数的变化范围和缺陷产生的程度是与材料相关的。

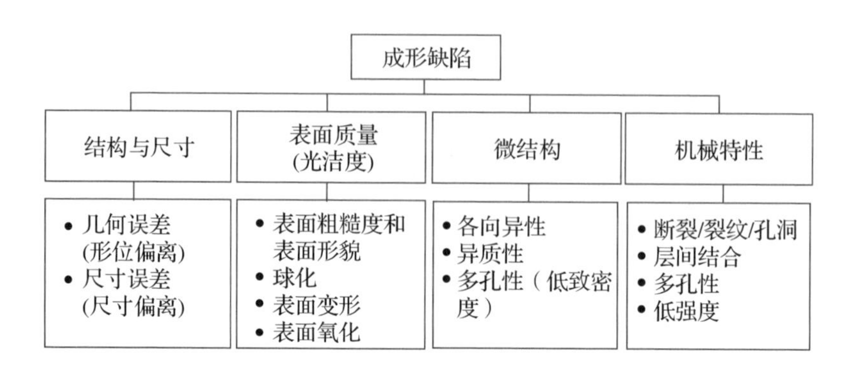

图 4-1　PBF 工艺过程中的常见缺陷

4.2　与几何尺寸相关的缺陷

4.2.1　几何误差（形状尺寸偏差）

阶梯效应和设备误差是引起几何误差的两个主要因素。在打印中将曲面进行几何近似时的分层厚度是带来阶梯效应的主要原因，这一特征用尖峰误差来描述（图 4-2）。显然，层厚越大，阶梯效应越明显。

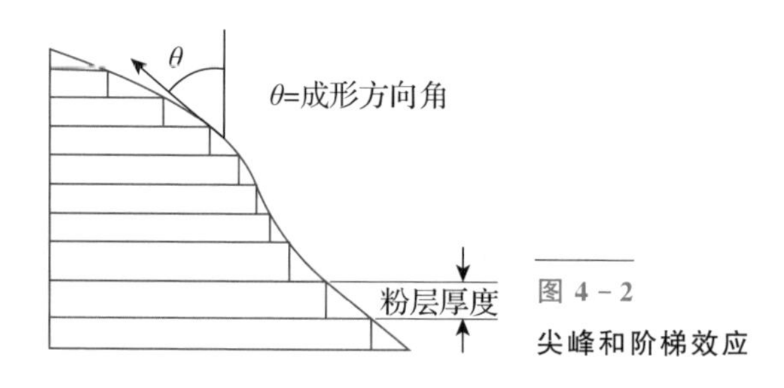

图 4-2　尖峰和阶梯效应

表面粗糙度随着层厚的增加而增加，如图 4-3 所示。

图 4-3 显示，随着粉末层厚度的增加，孔隙率不断增加。特别是当粉层厚度大于 60 μm 时，孔隙率水平迅速上升，孔隙率变得更为细长或不规则。此外，值得注意的是，观察到的孔内没有明显的未熔化或部分熔化的粉末颗粒（通常是球形的），见图 4-3，这表明即使是较厚的粉末层，大多数粉末颗粒也应在 SLM 过程中熔化。

因此，在表面粗糙度的情况下，复杂度和成形时间之间平衡的常见 AM 障碍出现了。建立一个小层厚的零件可以有效地降低表面粗糙度。然而，用薄层来制造零件需要更多的时间。另一种方法是通过正确选择复杂零件的成形方向来避免尖锐的成形方向角。

引起几何误差的两个设备规格（设备误差参数）：①激光定位误差（如 SLM/SLS 设备制造平台的激光存在缺陷）；②平台运动误差（如：制造平台沿着竖直方向的运动存在误差）。

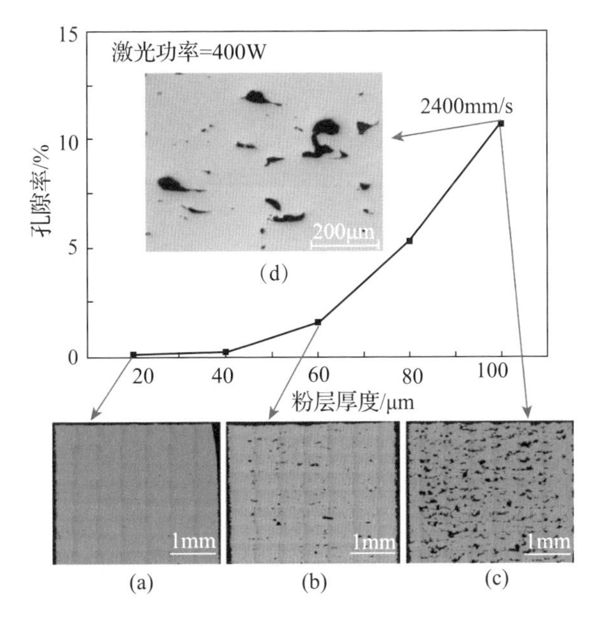

图 4-3
孔隙率 A_f 的面积分数与粉末层厚度的关系[1]
(a) $A_f = 0.09\%$；(b) $A_f = 1.58\%$；(c) $A_f = 10.68\%$。

4.2.2 尺寸误差（大小尺寸偏差）

引起尺寸误差的最主要因素包括振实密度、收缩性、光斑直径或有效的激光直径、微结构波度、成形方向和气流速率。

为了得到更好的密度（振实密度），使用竖向振动的旋转辊子压紧新粉层，这会引起先前已熔层的竖向位移，从而导致尺寸误差。

在 SLS 工艺中存在两种类型的收缩：烧结收缩和热收缩。烧结收缩主要由于密实性，热收缩则由于循环加热。通过调整成形策略或使用补偿技术控制工艺参数可以降低热收缩。最有效的因素如下：

（1）激光功率越高，热收缩越大。

（2）激光扫描速度和扫描间距越大，热收缩越小；扫描间距对 DMLS 影响非常明显（见图 4-4）。

（3）温度变化会引起特定层的非均匀收缩。

(4)制件重量、成形室温度、冷却速率、层厚和材料均可影响收缩性，收缩会随着层厚、粉床温度和间隔时间(两个相邻层的成形时间间隔)的增大而降低。

(5)当使用两种熔点有较大差异的金属粉末时，毛细管力和重力会使其发生移位现象。

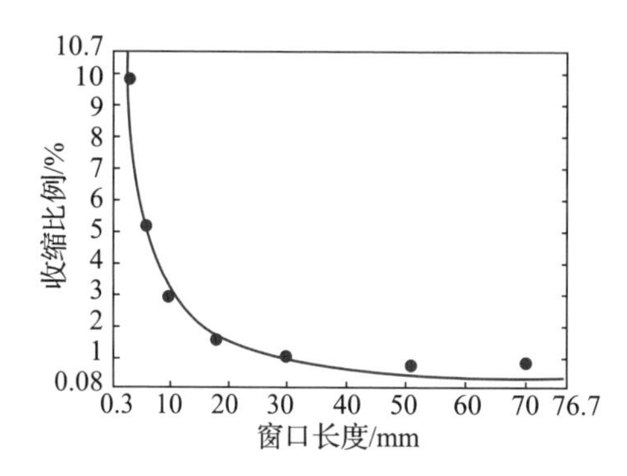

图 4-4 DMLS 工艺中的扫描间距与收缩率的关系[4]

收缩现象在 $X-Y$ 平面上或成形方向(Z 向)都可能发生。由于“Z 增长”现象，$X-Y$ 平面收缩比成形方向(Z 向)的收缩要小得多；收缩会随着外形尺寸的增加而降低。影响收缩最显著的工艺参数是激光功率和沿着 X 向的扫描长度、激光功率和沿着 Y 向的光束速度，以及光束速度、扫描间距和粉床 Z 向温度。此外，几何结构变化会改变扫描长度，从而影响 X 向的收缩；速度补偿技术可补偿收缩，即在不同扫描速度下基于收缩值按照扫描长度动态调整激光扫描速度。该技术应用于 DMLS 工艺。

光斑直径或有效激光直径(烧结区域的直径)通常大于激光束的直径，从而导致尺寸误差。为了修正，应当将激光束移出横截面边界，即所谓光束偏置。

在 SLS 工艺中，由于扫描间距和球化现象，通过烧结成形了波状的固体层(微结构波状)。波长等于扫描间距，降低了尺寸精度和表面质量。

对于成形方向对几何尺寸和误差的影响，在 DMLS 中，当成形方向旋转 90°时，尺寸误差沿着宽度方向降低并沿着厚度方向增大。单元球面法即是提出用以搜寻最优成形方向的方法。

研究学者重点关注了气流速度对实现和维持较高尺寸公差的影响，但尚未有关于这一影响研究结论的报道。

4.3 与表面质量相关的缺陷

表面粗糙度和表面形貌、球化及表面变形是与表面质量缺陷相关的 3 个主要因素。

4.3.1 表面粗糙度和表面形貌

改变制件表面粗糙度和表面形貌的影响参数有很多，包括扫描策略和激光规格，其中激光规格有扫描速度、扫描模式和重熔、重叠率和扫描间距、光斑大小、能量密度和激光脉冲长度。其他影响表面质量的贡献参数有粉末沉积、表面凹坑、断裂、裂纹和孔洞、基底质量、阶梯效应和表面朝向。

AM 制造零件的表面粗糙度或表面特性是由许多相互依赖的输入参数引起的，这些参数会导致若干可观察或可测量的输出条件，这些条件最终会影响零件的性能。这些输入参数与原料、零件设计、工艺选择、工艺参数、后加工和精加工有关。输出条件可以是部分熔融的粉末颗粒（或熔道）、不正确的熔化（如球化）以及由于成形条件、熔化轨迹或扫描路径策略导致的层或条纹未熔合。

采用高激光功率和低扫描速度实现的高热量输入，可以完全熔化所有粉末颗粒，减少球化现象。因此，随着热输入的增加，表面粗糙度有望降低。图 4-5(a)显示了根据线性热输入绘制的三种合金的文献[3]和[4]的表面粗

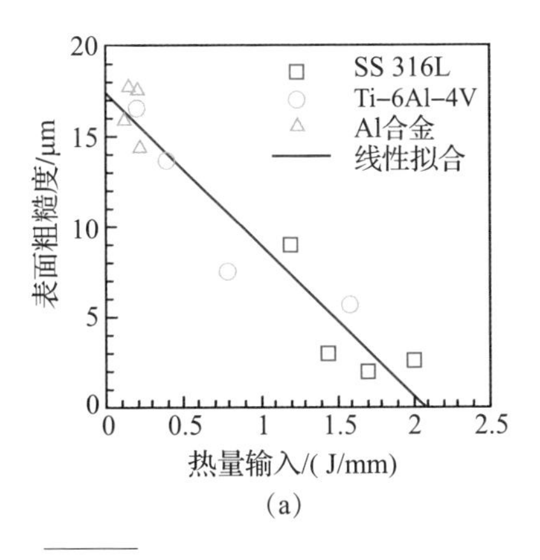

(a)

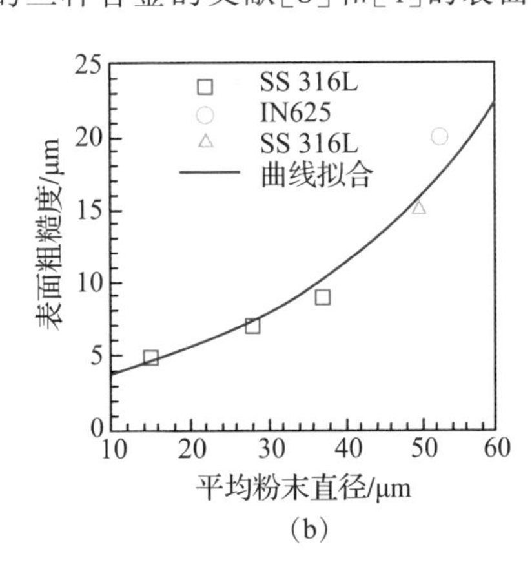

(b)

图 4-5　热输入对表面粗糙度的影响[3-4]及粉末直径对表面粗糙度的影响[3,5-6]

糙度数据的集合。从该图可以证实，通过增加与合金系统无关的热输入，AM部件的表面粗糙度可以最小化。然而，由于较高的热应力和不均匀的凝固速度，很高的热输入可能对表面光洁度不利[6]。最后，较大的粉末颗粒难以熔化。因此，用较粗粉末制成的部件可能会显示出较差的表面光洁度。成形表面上较大的固体颗粒也会导致较高的表面粗糙度。图 4-5(b)使用独立文献[3]、[5]和[6]的数据显示了平均粉末直径与表面粗糙度之间的关系。结果表明，用较细的粉体颗粒制备元件，可以获得较光滑的表面。

优化和降低表面粗糙度取决于大量输入参数和加工条件的相互作用。作为PBF-L的一个例子，根据用于生产粉末(10～60 μm 粉末)的材料类型和工艺、粉末流动和通过滚筒或叶片传播，表面粗糙度在较低的粒子尺寸分布范围内可能会受到不利影响。在另一个例子中，PBF-EB 工艺使用 45～105 μm 范围内的粉末尺寸，以减少粉末的静电充电、排斥和漂浮以及扩散粉末层的干扰的影响。在本例中，当比较 PBF-EB 和 PBF-L 时，由于粒子尺寸分布较大而增加的表面粗糙度与由于静电充电而引起的过程干扰之间的折中导致表面稍粗糙。

不同的扫描策略(模式)，比如栅格、螺旋、交错和“之”字形扫描，会得到不同的表面粗糙度。此外，在不同方向上的多次重熔或者“之”字形扫描策略可改善表面粗糙度。在最终层上进行重熔可以将表面粗糙度改善约 90%。

重叠率定义为 $k=(b-s)/b$ (见图 4-6)[2]，取决于扫描间距大小。实验结果说明了表面粗糙度随着重叠率的变化而变化，并在 $k=29.3\%$，59.2%，71.7%等几个位置处出现谷值(见图 4-7)。总体趋势表明，在扫描重叠增加或者说是扫描间距减小时，表面粗糙度会变得更小。29.3%和59.2%是两个可重复的熔道优化建议值。

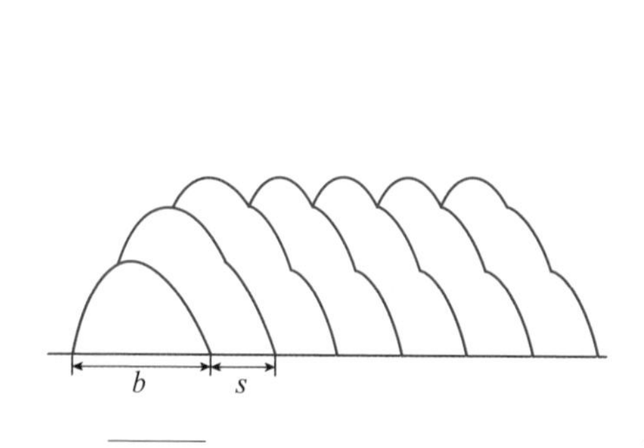

图 4-6　重叠率中的相关参数[2]

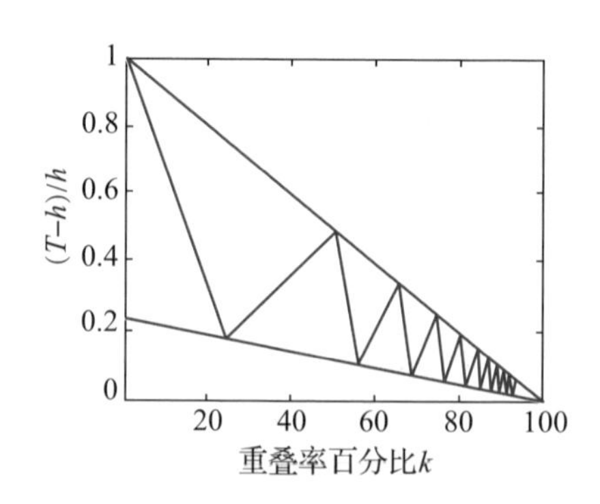

图 4-7　表面粗糙度与重叠率之间的函数关系[2]

值得注意，在DMLS工艺中，将扫描间距降低到0.15 mm可改善熔道间的结合(较少烧结孔隙)，表面粗糙度也因此而降低。

应当注意，改变上述在“扫描策略和激光规格”中的参数会影响能量密度。通常，使用较高的能量密度可提高表面质量；然而，在SLM工艺中，过高的能量密度会导致边缘溢出(border super - elevation)现象(见图4-8)[2]。

图4-8

SLM工艺打印的圆柱边缘溢出现象[2]

较大的光斑大小会得到较小的粗糙度，激光脉冲长度的增加会使得竖直成形方向的表面粗糙度增加。

一致的粉末沉积、平稳的沉积粉末层和一致的铺粉对于表面质量是至关重要的。在这方面，沉积机理和粉末流动效率是两个主要的影响参数。

沉积机构包括3种类型：旋转/反向旋转辊子、刮片和进料槽。这些机构需要做下列4个方面的控制：

(1)粉末量：填充粉末过程需要有盈余粉末以保证粉末的充分填充和覆盖。

(2)盈余的粉末会增加粉末重量，从而增加新层和固化层之间的摩擦，导致层间错位(misalignment)。将第一层黏结在金属网上面可解决这一问题。

(3)刮刀沿着固定路线接触粉末，所以刮刀上任何的擦痕都会引起一些沿着层的不规则扫掠线。

(4)不能用刮刀压紧已经沉积的粉末。

将料斗(hopper)和辊子两种方法联合起来是一种值得推荐的方式。这样就可以解决上述(3)和(4)两种问题，仅需注意竖直方向上的粉末重量问题。还应注意，较大的球团粉末可损坏铺粉系统，使得粉末无法均匀分布，该问题可能会中止成形过程。

粉末特性对粉末的流动性有显著影响，比如粉末粒度太小并且形状太不规则，会妨碍层与层之间的平稳沉积。通常，质量好的微粒在理想的熔融状态下可获取较好的表面光洁度。然而，粉末大小降低会使得一些弱力(weak forces)增强，比如范德瓦耳斯力(Van der Waals force)、静电荷力、磁场力和毛细管液体力(capillary liquid forces)等，这些作用力会降低粉末流动性。另外，粉末颗粒的形状、表面积、表面粗糙度和表面化学也会受大部分粉末的显著影响。实际上，表面粗糙度越大、表面积越大或粉末颗粒尺寸越小都会使得粉末团内部的摩擦力增大，并因此使得流动性降低。应当注意，球形颗粒的流动特性较为理想。

(1)表面凹坑。

有时，由于快速凝固，会出现一些大于层厚的球形颗粒。这些颗粒会被再次铺粉刮片从表面破坏(见图 4-9)，这会导致已成形的表面出现凹坑。在熔池重叠有限的区域内，较大凹坑可能会使得新层产生缺陷。

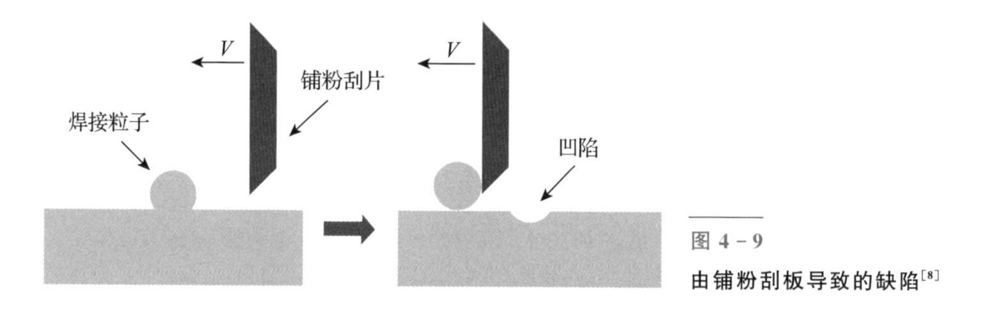

图 4-9
由铺粉刮板导致的缺陷[8]

(2)断裂、裂纹和孔洞。

改变扫描规程可能导致成形表面产生断裂、裂纹和孔洞。例如，扫描速度和扫描长度越高，熔道上会出现越多的窄深纵向裂纹(图 4-10)，这些裂纹主要出现于图 4-11 中的区域Ⅲ。

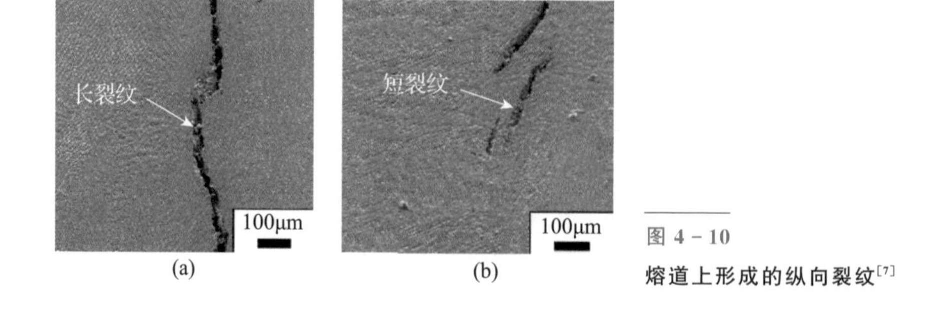

图 4-10
熔道上形成的纵向裂纹[7]

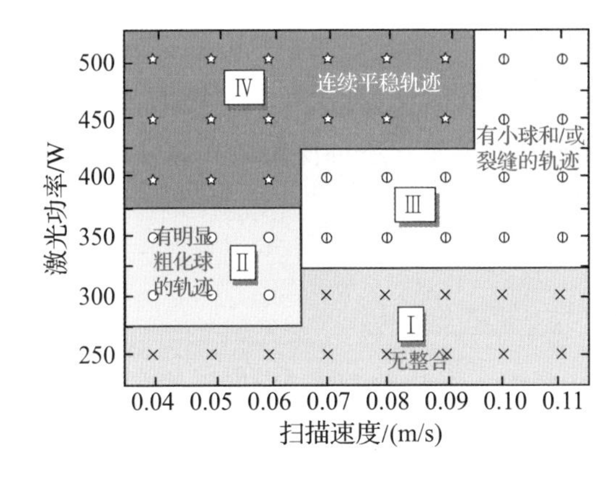

图 4-11
球化现象中激光功率和扫描速度的影响[9]

(3)基底层的成形质量。

已沉积层的表面粗糙度对后续沉积层的表面质量有显著影响。因为表面粗糙度越大越容易导致缺陷，比如孔隙度更大、两个相邻的熔道或成形层之间的结合更弱。

(4)阶梯效应。

阶梯效应是影响表面质量的其他参数之一，在“几何误差(形状尺寸偏差)”中已有阐述。

(5)表面朝向。

参考测得的表面粗糙度，依据 Ra 和 Rz，研究发现侧面粗糙度优于顶面粗糙度。例如对一件工艺制件的监测结果：侧面粗糙度为 $Ra=(3.9\mp1.4)\mu m$，$Rz=(24\mp1)\mu m$；而顶面粗糙度为 $Ra=(7\mp0.5)\mu m$，$Rz=(35\mp3)\mu m$。

4.3.2 球化

在文献中，研究最多的缺陷之一是球化。球化现象可形成一些不连续的扫描轨迹，并受到大量成形参数影响，包括能量密度(能量输入)、成形室所含气体、冷却速度、粉末效果、Plateau 系数(Rayleigh - Plateau limit)和弱润湿性。

1. 能量密度(能量输入)

能量密度(能量输入)是使激光规格和层厚相互关联的因素。以下方程可用于评估这一因素的作用：

$$E = P / vhd \tag{4-1}$$

其中，P 是激光功率，v 是扫描速度，h 是扫描间距，d 是层厚。

通常，增加能量密度会降低球化可能性(见图 4-11 中的区域Ⅳ)。球化现象越明显，熔道越粗糙，表面质量越差。还可使用激光脉冲模式精确控制热输入，该特征可用作在线控制方法。

另外一些文献中还有方程：

$$E=\frac{P\times(t/hl)}{d} \tag{4-2}$$

其中，t 是曝光时间，l 是点距(point distance)。该方程也涉及了，可通过减小光斑尺寸增加能量密度，因此增大能量吸收。

激光功率、扫描速度和影线距离决定了传递给材料的能量密度(即每表面单位的能量)，因此文献中的大部分研究都集中在这些参数上[8]。Li 等[9]研究了不同工艺参数下不锈钢和镍粉的球化行为。如图 4-12 所示，在增加的扫描速度下可观察到成球现象。

在 50mm/s 的较低扫描速度下，表面质量良好，没有大尺寸的球化[10]。在 400mm/s，600mm/s 和 800mm/s 的较高扫描速度下，球化现象明显，因为在较高的扫描速度下能量密度太低。

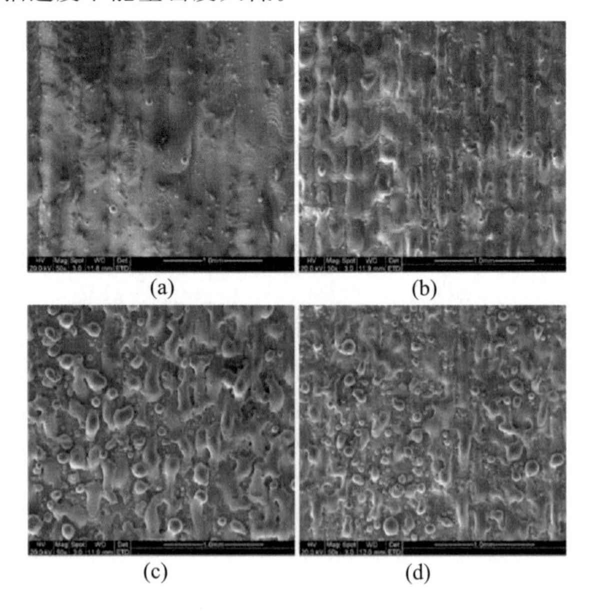

图 4-12　**不同扫描速度下 SLM 层球化特性 SEM 图片**[10]

(a)50mm/s；(b)400mm/s；(c)600mm/s；(d)800mm/s。

激光功率对球化效应的影响如图 4－13 所示。在较低的激光功率下，扫描轨迹不连续，可以观察到球化现象。在激光功率较低的扫描轨道上，能量密度太低而不能产生连续扫描轨道。

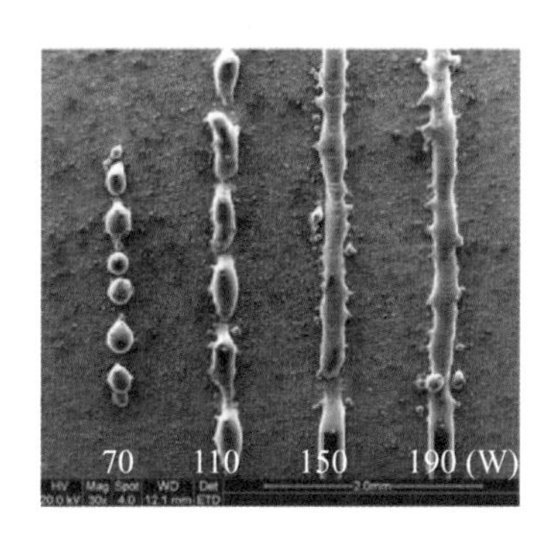

图 4－13
不同激光功率单扫描轨迹球化特性 SEM 图像[9]

图 4－14 显示了层厚度对球化效果的影响。AB 区域之间的厚度是均匀的并且具有合适的深度，因此，图 4－14(b)中的扫描轨迹具有相似的形态。而 BC 区域中的扫描轨道变得不连续并且由于层厚度增加球化现象更明显，主要因为能量密度太低。

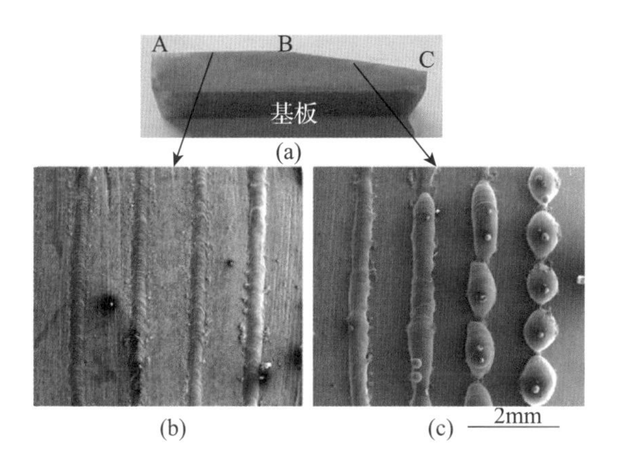

图 4－14
层厚对球化现象的影响[9]

2. 成形室气氛参数

包含气体的成形室(chamber contained gas)内的任意细微改变都会引起制件的一些严重缺陷。因为额外的溶质氧气会导致熔珠的不稳定，因此使得熔道再成形为球状，以至于通过将氧含量从低(约 0.1%)增加到高(2%～10%)时，球状尺寸从很小变得很大。实际上，当熔池的长宽率达到接近于 π 的一定值时，在气体环绕条件下经常出现球化现象。

为了防止发生氧化，SLM 过程在氩气环境中进行。如果氧气水平高于

0.1%，则可能由于氧化而形成超过层厚度的球体，参见图 4-15[10-11]。

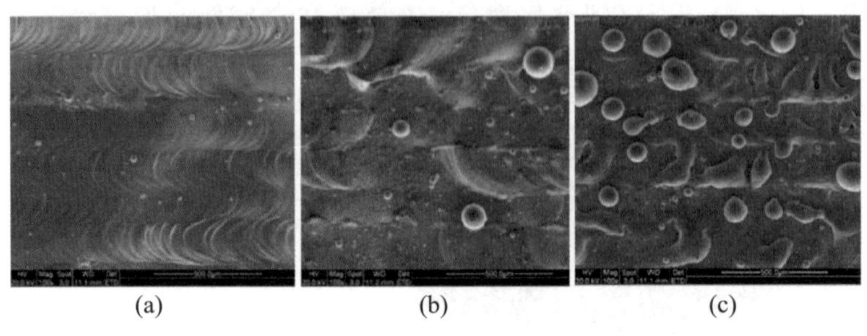

图 4-15　大气中不同氧含量下球化特性 SEM 图像[9]

(a)0.1%；(b)2%；(c)10%。

3. 冷却速率

熔体与较低温度的基底接触会使得熔道重新成形为球状。

4. 粉末效果

将预合金粉(pre-alloyed powder)加热到糊状，由于熔体黏度增加，粉末对球化抵抗力会增加。另外，当涉及更小微粒，由于粉末高氧含量和高能量输入引起的 Marangoni 对流，球化更难控制。

5. Plateau 系数 (Rayleigh-Plateau limit)

Rayleigh-Plateau limit (RPL)或收缩效应指的是在 $\lambda/2r=\pi$ 时，即当圆柱体的长度(λ)超出周长时，液体的圆柱面形状结构，比如熔化轨道，会受破坏并形成一系列液滴(球体形状)。

6. 润湿效果

较高扫描速度和较低扫描功率会导致基底加热较差。较差的加热条件会使得润湿较差，从而导致球化现象。相反，氧化物减少、去除或预防可引起显著的润湿条件增强。另外，熔融粉末的表面质量、工件温度、激光辐射波长和偏振会影响粉末对能量的吸收能力，因此影响液相介质和固相介质润湿效果。

4.3.3　表面变形

翘曲和扭曲是两类主要由制造过程热特性引起的表面变形。翘曲是相对于原有形状出现表面的弯曲，扭曲则不一定是弯曲，而包括表面各种类型形状的改变。这些缺陷主要由有累计热量的打印层扫描区域和较低温度打印层区域之间的热梯度导致。扫描间距越小，热累计越大，因为打印层的冷却越慢。然而，这会形成较为均质和连续的打印层。此外，粉末床的平均温度也会因此逐渐增加。引起该类缺陷的其他影响参数如下：

翘曲热应力、激光功率和扫描长度是翘曲变形的 3 个主要影响参数。

热应力可以导致扭曲和翘曲，它们是由存在于打印层不同区域以及基底和打印层之间的热梯度引起的。

按照临近的和先前已熔的粉末来调整激光功率，对烧结一致性、避免翘曲、层面弱黏附和制件边缘累加有明显影响。如果激光功率足够大，粉末微粒在 SLM 过程中熔化。通常，相对于 SLS 工艺，SLM 制件的表面质量更低。原因是，对于朝下的表面，熔池不稳定性会引起较差的表面质量；而对于朝上的表面，熔池不稳定性会引起更高的粗糙度。

将扫描长度(熔道长度)维持在 15mm 以下可以避免打印层翘曲。

扫描特性、沉积起始点、基板长度和打印层数量是打印层扭曲的主要影响参数。

当扫描速度降到一定值以下，会发生严重的热变形。这个临界值与激光功率、所用材料类型有关。此外，作为另一个扫描特性，扫描策略对热演化有显著影响，并因此影响热变形。

通过实验发现当沉积起始点在每个新的打印方块上旋转了 90°，弯扭变形会降低 50 个打印层总的扭曲。弯曲变形以这样的方式减少：通过旋转起始点获得的 50 层总变形，大约是不旋转起始点获得的 10 层变形的两倍。

此外，增加基板长度会使得基板末端的变形增大；总的变形量还会随着打印层数量的增加而增大(见图 4 - 16)。

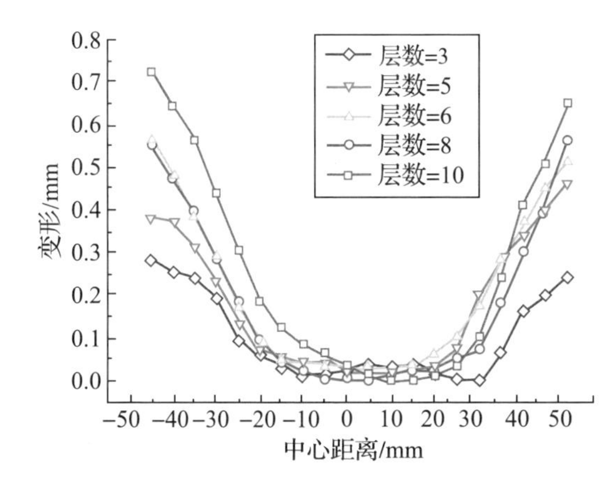

图 4 - 16
打印层数量和金属基板变形的关系

4.3.4 表面氧化

周围防护气体或污染源头，比如粉末生产、存储和处理，都会显著影响表面氧化，进而降低表面质量。

最适合 SLS 的气体环境是真空和在真空中注入氩气或氮气。使用氩气可以得到高致密度和充分加工表面，而无需处理粉末并得到更高的致密度，在较高扫描速度时尤其如此。然而，有学者在 SLS 的真空环境中使用处理后的粉末控制氧化。同时，也有学者通过处理粉末来控制氧化，如将粉末中的气体过滤出去或者使用小尺寸粉末。

4.4 与微观结构相关的缺陷

各向异性、异质性和多孔性（致密性差）是影响制件微结构的成形缺陷。下面概括这些缺陷的影响参数。

4.4.1 各向异性

激光扫描方向和打印层朝向会影响制件的各向同性特点。扫描方向影响抗拉强度、伸长率以及其他力学性能。要打印各向同性零件需要采用多方向扫描模式。对于 z 轴，不同的打印层朝向会引起不同的抗压强度，如图 4-17 所示，当朝向角为 90°时，抗压强度最大，当朝向角为 0°和 45°时，抗压强度最小。由此可得，增材制造零件在结构上和力学性能上是各向异性的。

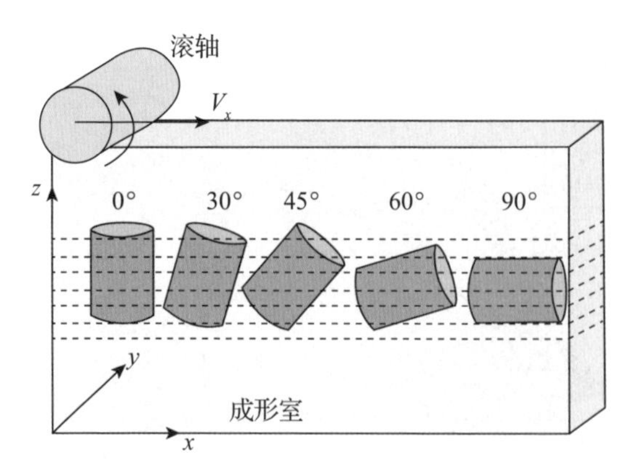

图 4-17
零部件 5 种不同的打印方向[11]

4.4.2　异质性

粉末调制、扫描策略、能量密度、温度和凝固条件是造成异质性的重要参数。

粉末调制可以改善熔化密度和密度均匀性。其中一种调制的方法是将粉末在 450℃ 真空环境中放置 12h。

扫描策略影响制件的同质性。光栅扫描通常会得到不均匀的打印层特点；类似地，较小的扫描间距会使得零件的均匀性降低，而较高的能量密度会提高微结构的一致性。

打印层沉积过程中的温度改变会导致异质性。

不同的凝固条件会得到不同的织构，从而导致异质性。

4.4.3　多孔性（致密性差）

多孔性是 SLS 工艺的最常见缺陷，它使得零件的致密性差。通常，使熔化区域的大小最大化可使孔隙度降到最低。因此存在大量的参数可以增加孔隙度等级，包括激光规格(激光功率、扫描速度和光斑大小)、激光模式、扫描策略、球化、粉末大小、粉末形貌、干燥处理、层厚、熔池大小和微观形貌、润湿不良、粉末包装密度(粉末松装密度)、重叠率、滞留气体、打印层朝向、致密化和气流条件。后续章节会讲述关于上述参数与制件的多孔性如何相关的更多细节。

1. 激光规格

能量密度的降低与孔隙率的增加之间的相关性非常显著(图 4 - 18)。随着扫描速度的增加，孔隙率显著增加[12]。在每组样本中都可观察到这种规律性。当激光功率为 130W，扫描速度为 500mm/s 时，材料密度接近 99%。孔隙率在 0.72%范围内，表明结构中存在内部缺陷。在 500mm/s 以下和以上，观察到孔隙度从 300mm/s 速度下的 1.27%增加到 1300mm/s 速度下的 9.31%(图 4 - 18(a))。功率为 150W、速度为 30mm/s 的试样的孔隙率为 1.5%。在 500mm/s 以上，在 700mm/s 的速度下，孔隙率从 3.37%增加到 1300mm/s 速度下的 8.43%。在 500mm/s 的激光速度下，孔隙率的最小值为 0.46%。与在 130W 相同速度下制造的样品相比，孔隙率降低了 0.26%，而对于最高激光速度获得的最大孔隙率值之间的差值小于 1%(图 4 - 18(b))。

对于扫描速度为300～700mm/s、激光功率为170W的试样，材料的孔隙率为1.69%～0.8%。而在700mm/s以外，孔隙率从900mm/s速度下的5.29%增加到1300mm/s速度下的7.29%。在170W的功率下熔化的样品在500mm/s和700mm/s两种扫描速度下达到了99%以上的密度。在700mm/s扫描的样品中获得了99.73%的最高密度(图4-18(c))。

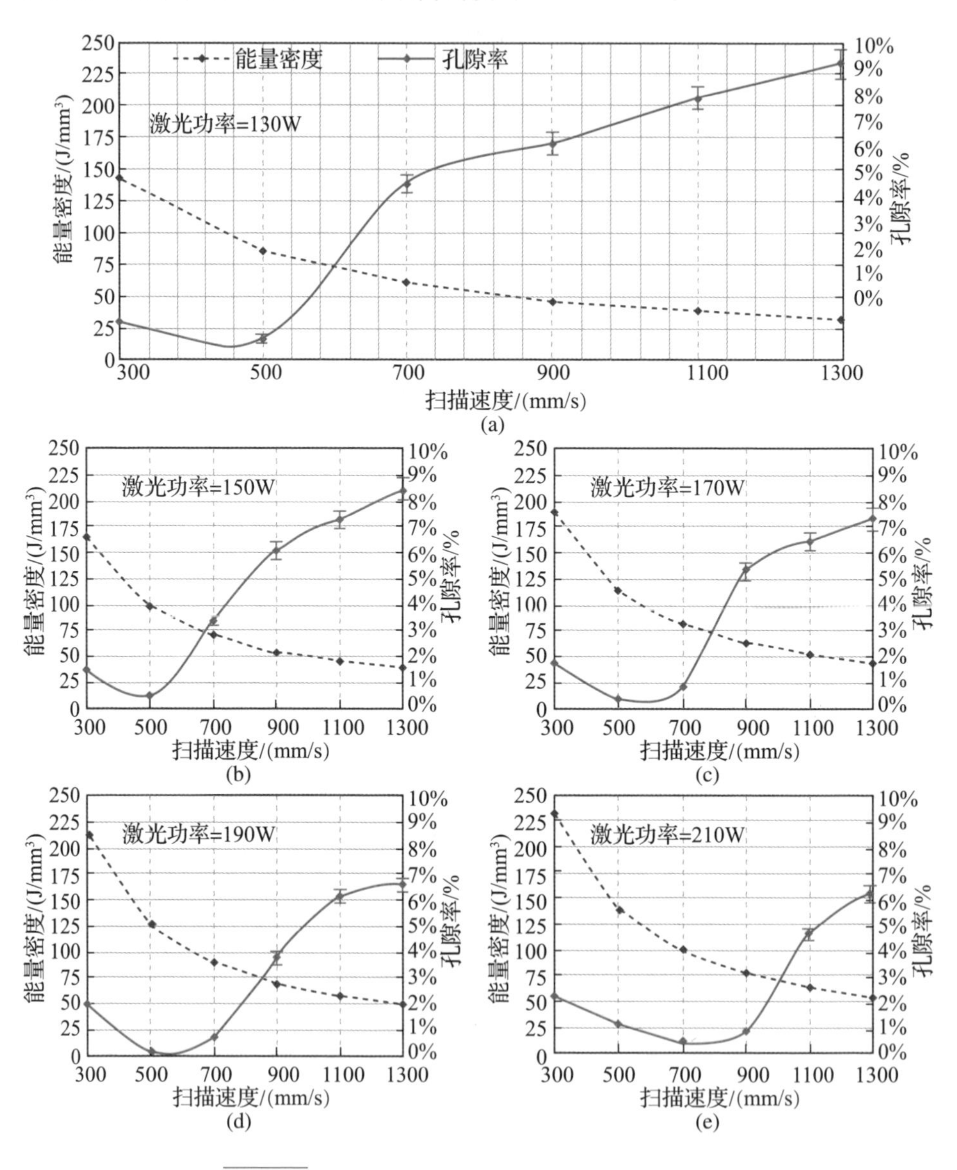

图4-18 扫描速度和能量密度对孔隙率的影响[12]

(a)130W；(b)150W；(c)170W；(d)190W；(e)210W。

此外，对于激光功率为 190W、扫描速度为 500mm/s 和 700mm/s 的试样，孔隙率不超过 1%。在 500mm/s、0.16%的条件下，试样的孔隙率最低。当扫描速度为 300mm/s 时，分析样品中的微观结构缺陷略低于 2%，而当扫描速度进一步提高到 500mm/s 以上时，导致孔隙率从扫描速度 700mm/s 速度下的 0.68%提高到 1300mm/s 速度下的 6.57%(图 4-18(d))。

功率为 210W 时，试样的孔隙率大于 2%，随着烧结速度的增加，孔隙率有下降的趋势，当烧结速度超过 700mm/s 时，孔隙率又增加，在烧结速度为 1300mm/s 时达到最大值 6.16%，最低孔隙率为 700mm/s 时的 0.45%(图 4-18(e))。

另外，和层厚相比，较大光斑尺寸或过低激光功率使得穿透深度(penetration depth)减小。较小的穿透深度会导致在熔道底部存在未熔粉末微粒，这些会导致孔隙。

一些学者发现激光能量密度存在最优值，以加工出孔隙率降到最低的制件。激光能量密度在最优值以下时，会形成不连续的熔道，熔道中存在一些缝隙，并会生成一些小尺寸的球体。另外，激光能量密度在最优值以上时，会球化形成大尺寸的球体，这是由于熔化材料成分的改变和表面张力的增加。

Han 等研究了能量密度对孔隙率的影响[13]。在低能量密度(33～71 J/mm^3)下，孔隙率在 9.31%～3.37%。孔隙分布不均，形状不规则，相互连通。孔隙率的特征是大的凹陷处充满了未熔颗粒的松散颗粒。一个可能的解释是低能量密度和相对较小的激光穿透深度，这使得熔池的尺寸太小，因为粉末颗粒没有充分液化，无法完全熔化，但在层之间提供了充分的结合。能量密度从 78J/mm^3 增加到 127J/mm^3 会产生一个相对较高的温度，这有利于液体的流动，并填充已经熔化的晶粒之间的空间，导致孔隙率在 0.84%～0.16%。在较高的能量密度下，气孔较小且大多为球形，其形成通常与困在熔融粉末层下的气泡有关。当激光能量密度增加到 127J/mm^3 以上时，孔隙形态发生变化，孔隙率从能量密度 140J/mm^3 条件下的 1.12%增加到能量密度 233J/mm^3 条件下的 2.18%(图 4-19)。

Laquai 等[14]、Dilip 等[15]与 Han[13]给出的最佳功率密度范围与本研究得到的功率密度范围(分别为 120～180J/mm^3 和 120～195J/mm^3)相似，但也存在差异。研究显示[14-15]，测试样品的孔隙率不超过 0.05%。此外，Han 还发现，在较低(60J/mm^3)和较高(240J/mm^3)的能量密度范围内，熔融材料的密度不低于99.75%。另一方面，Laguai观察到，只有能量密度低于50J/mm³和高于300J/mm³时，孔隙率才略高于1%。Dilip等提出了完全不同的特征[15]。结果表明，能量密度的最佳范围为50～66J/mm³(孔隙率小于0.5%)，能量密度在40J/mm³左右时，孔隙率增大到5%左右，能量密度在90～130J/mm³之间时，孔隙率约为10%。

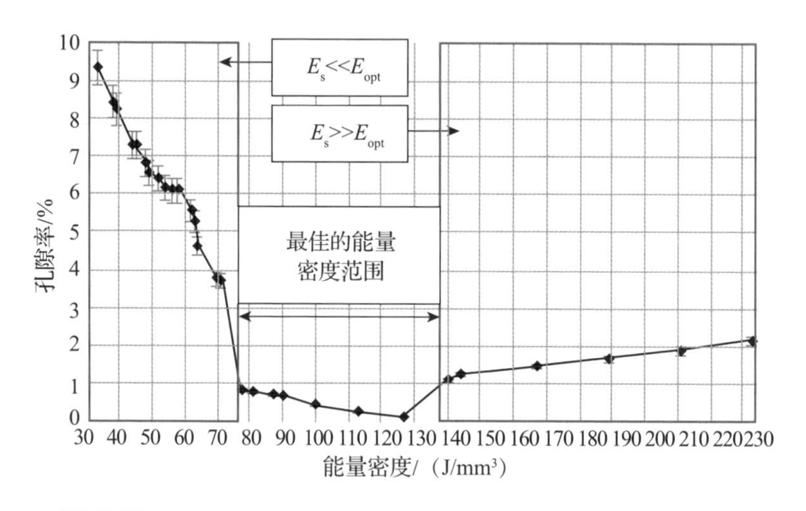

图4-19　DMLS制造Ti-6Al-4V合金孔隙率与能量密度的关系[13]

目前文献中存在多种描述激光功率和扫描速度与孔隙度之间关系的基准研究(benchmarks)。图4-20(a)揭示了5种不同区域如下：

z1——在温度低于熔点时，出现相互连通的孔隙；

z2——相互之间的侧向孔隙；

z3——非常致密的结构，存在小区域孤立的孔隙；

z4——非常致密的结构，存在大区域孤立的孔隙；

z5——完全致密的结构，不存在孔隙。

图4-20(b)也揭示了相同的信息，材料是DMLS工艺打印的316L不锈钢，其不同区域如下：

zone Ⅰ——无熔融区域(粉末未烧结)；

zone Ⅱ——部分熔融(形成有孔隙可穿透的烧结表面)；

zone Ⅲ——有球化的熔融(存在粗糙化的金属球)；

zone Ⅳ——完全熔融(形成充分致密的烧结表面)。

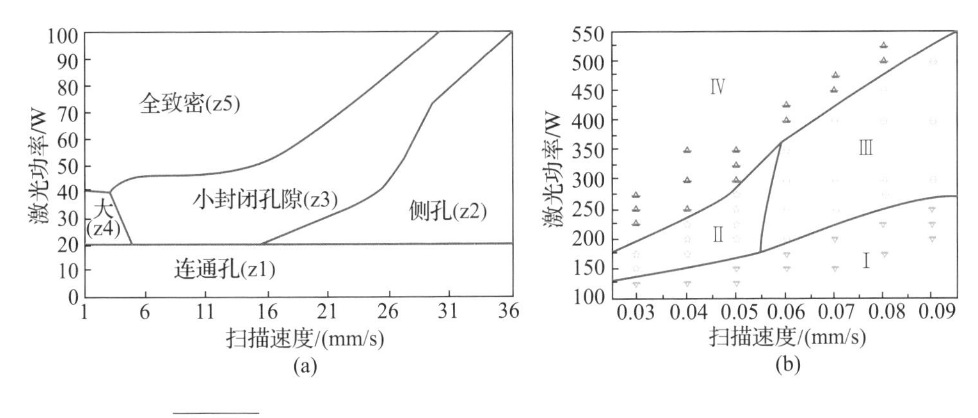

图 4-20　激光功率和扫描速度与孔隙度之间关系的基准研究[7]

(a)单层成形时的 5 个区域；(b)分为 4 个区域。

2. 激光模式

与连续波模式相比，激光的脉冲工作模式会在较低的平均功率下将金属粉末固化，并增加所固化零件的致密度。

3. 扫描策略

不同的扫描策略包括多种扫描模式、扫描间距和重熔策略，这些扫描策略可用于零件的打印，并影响孔隙度。

文献中报道了 6 种不同的扫描模式如下：

(1)X 模式属于单项扫描；

(2)2X 模式与 X 模式类似，区别是其每一层扫描两次；

(3)在交替(Alternating)模式中，每次扫描下一层时，起始点旋转 90°；

(4)在 X&Y 2HS 模式中，每一层扫描两次，两次扫描的轨迹相互垂直，且具有不同的扫描间距；

(5)在预烧结处理(Pre-sinter)模式中，首先以功率的一半扫描打印层，然后再以全功率进行第二次扫描；

(6)在重叠(overlap)模式中，每一次扫描两次，两次扫描中，相邻的轨迹之间有一定重叠。

改变扫描策略对孔隙率的影响可以在图 4-21 所示的光学显微照片中看到[16]。扫描速度为 500 mm/s 时，两次扫描可有效地减少小孔，但在交替扫描时只扫描一次孔。在重叠扫描的情况下，小孔数量减少，但没有消除。每层两次扫描，无论是2X、X&Y 2HS、预烧结或重叠形式，在所有扫描速度下都显著减少(如果没有消除)小孔。然而，过多的能量导致以较慢的速度大量形成冶金气孔，即消除小孔气孔是以引入冶金气孔为代价的。在750mm/s的速度下，使用X扫描策略观察到最大比例的小孔，但如图4－21所示，通过改变扫描策略，小孔数量急剧减少。与使用500mm/s的速度生产的样品不同，在这种速度下，由于能量密度较低，双扫描的冶金气孔并不明显。如图4－21所示，对于1000mm/s的扫描速度，类似的观察是明显的。

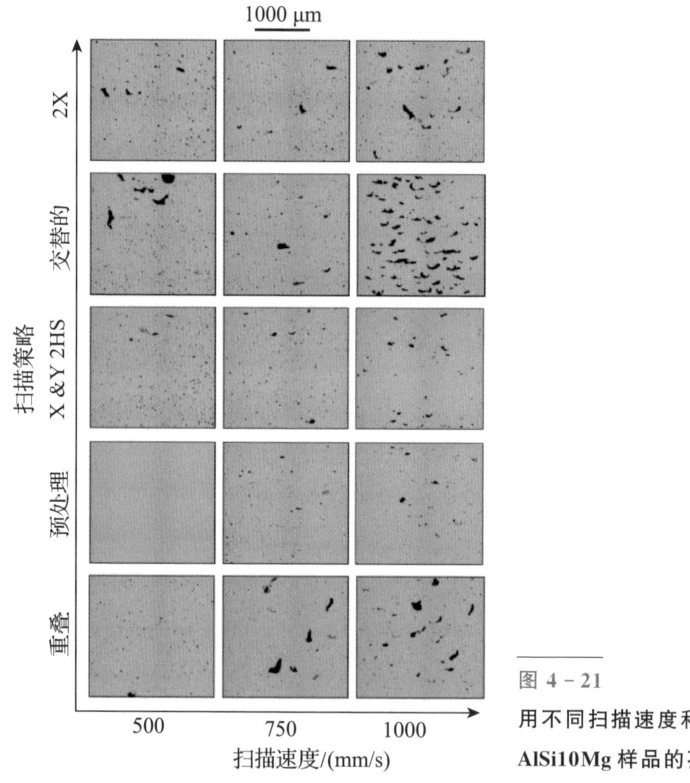

图4－21
用不同扫描速度和扫描策略组合处理的AlSi10Mg样品的孔隙率演化[16]

图4－22展示了以上各种扫描模式之间的对比[16]。扫描策略研究表明，在相同速度下，两次扫描使用不同激光功率的双单向扫描可获得99.82%的相对密度。同时，该图反映了预烧结模式可以最小的速度(v =500mm/s)和最大的速度(v =1000mm/s)得到最好的致密度。

扫描间距越大，孔隙度越大。在每一层后进行激光重熔可消除相邻熔池之间形成的气孔，并将由SLM工艺打印的制件致密度增大到接近100%。

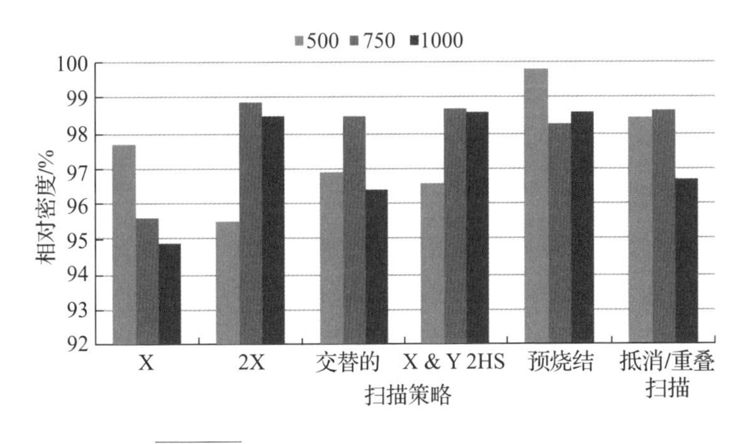

图4-22 扫描模式对相对致密度的影响[16]

4. 球化

孔隙形成的主要因素是球化，即金属球体之间存在气孔导致的。

5. 粉末微粒大小

粉末微粒越小，孔隙度越小。这是因为，较大的粉末微粒(大于100 μm)需要较高的熔融能量密度，在特定的能量密度下会导致更多的孔隙。

6. 粉末形态

当球状粉末微粒越多、不规则粉末微粒越少时，孔隙度越小。因为粉末微粒的流动性越好，表面污染(surface contamination)越少。根据Grasso等的研究表明，SLM中的典型粒径在10～45 μm[20]。

7. 干燥处理

在不考虑环境因素的情况下，未经处理或粗处理的粉末会导致更多裂纹和孔隙。该问题可通过以下方式消除：将粉末加热到100～1000℃进行预处理。

8. 层厚

层厚越小，激光穿透深度越大，相邻层之间的结合越好，孔隙度越小，致密度也因此越高。已打印层的翘曲和不规则的层厚是层间孔隙产生的初始原因。

9. 熔池尺寸和形貌

通常，在 SLS 中，粉末微粒在固态烧结下烧结，其熔融和熔池的概念与在 SLM 中几乎是一样的。然而，在 SLS 中，扫描模式和重熔策略等导致热密度增加可能会形成熔池。

同样地，应当考虑影响生成熔池的因素，包括 Marangoni 对流、能量密度、扫描重叠和粉末纯度。改变熔池形貌（熔池横截面）的显著因素是 Marangoni 对流。Marangoni 对流现象可生成较深和窄的熔池，降低熔道之间的结合力，因此增加了轨道间的孔隙。Marangoni 对流的影响可通过改变扫描间距和扫描策略进行控制。通过使用过大激光功率或过低扫描速度可施以较高能量密度，从而增大熔池的宽度和深度。如图 4－23 所示，增加扫描重叠可降低熔池深度或穿透深度[17]。

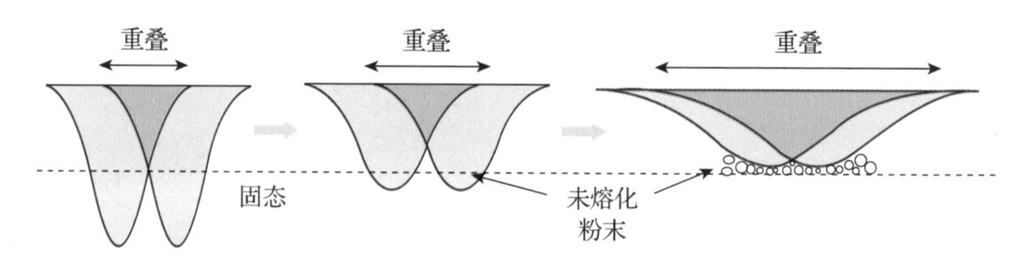

图 4－23　扫描重叠对穿透深度的影响[17]

10. 较差的润湿

球化现象的产生可以归结为液态金属与固态表面的润湿问题。较差的润湿会增加层间孔隙（inter-run porosity）。

Kruth 等最早对球化现象进行研究[18]，主要是通过考虑固体基板上的润湿角和面积，对球化现象进行建模。Kruth 指出，当熔池润湿的表面大于具有相同体积的球体时，就会发生球化。作者假设润湿的形状为半圆柱体，并得出结论，球化将在 $l/d>2.1$ 时发生（图 4－24）。根据 Kruth 的研究结果，当润湿角为锐角时将不产生球化（图 4－25）。三应力接触点达到平衡状态时合力为 0，即

$$\sigma_{V/S} = \sigma_{L/V}\cos\theta_{\gamma} + \sigma_{L/S} \tag{4-3}$$

其中，θ_{γ} 为气液间表面张力 $\sigma_{L/V}$ 与液固间表面张力 $\sigma_{L/S}$ 的夹角。当 $\theta_{\gamma}<90°$ 时，SLM 熔池可以均匀地铺展在前一层上，不形成球化现象；反之，当 $\theta_{\gamma}>90°$

时，SLM 熔池将凝固成金属球后黏附于前一层上。

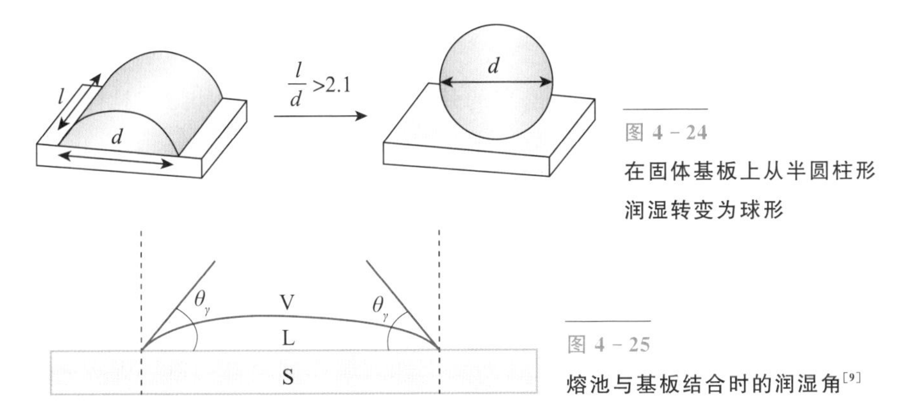

图 4－24
在固体基板上从半圆柱形润湿转变为球形

图 4－25
熔池与基板结合时的润湿角[9]

11. 粉末表观密度

高度压紧的单层沉积粉末的密度对烧结层或熔融层的最终致密度有显著影响，通过升高表观密度可增加致密度。影响参数有微粒大小、微粒形状、微粒大小分布和微粒混合，在某种程度上，混合不同大小的粉末会增大表观密度。应当注意，有树突形状的粉末的表观密度显著低于球形粉末的表观密度。

12. 重叠率

较高的重叠率会导致层间孔隙。

13. 滞留气体

有时，由于粉末之间有滞留气体，打印时会形成小的气孔。由于合金组合材料的熔点低，在气化作用下，对熔池施以较高能量密度使得气泡释放，这是滞留气体形成的原因之一。由于熔池凝固速率很高，气泡来不及浮起并逸出熔化区域，由此形成一些孔隙，这些气孔可能通过扫描后续打印层消除。

14. 打印层朝向

图 4－17 中测试了 5 种不同打印层朝向，结果表明，相对于垂直的 z 轴，打印层朝向会影响孔隙度，结果在 90°时，抗压强度最高，孔隙度最低。在 0°和 45°时，抗压强度最低，孔隙度最高。

15. 致密化

在 SLS 工艺过程中，粉末床的空隙率(void fraction)服从一阶动力学规律：

$$\frac{\partial \varepsilon}{\partial t} = -k'\varepsilon \tag{4-4}$$

其中，k'是烧结率，ε 是零件的空隙率，在 ε_b(激光烧结开始之前粉末床的初始空隙率)和 ε_s(烧结零件中可得到的最小孔隙，在 0.02～0.3，具体数值和所烧结的材料有关)之间变化。烧结率 k'是激光能量输入的函数。因此，SLS 过程金属粉末的烧结致密度应是激光能量输入的指数函数：

$$\ln(1-D) = -K\psi \tag{4-5}$$

式中，ψ 为特定能量输入；$D=\dfrac{\varepsilon-\varepsilon_b}{\varepsilon_s-\varepsilon_b}$，为致密化因子。

指数函数的关系表明能量密度的增加使得致密化更好，但这种关系存在一个饱和度，因此使用非常高的能量密度也不会实现完全致密。

光学显微图像表明，在致密化以后，SLS 制件的微结构明显地相似于平衡态(equilibrium state)，如同传统的粉末冶金或铸造。

16. 气流条件

穿越中成形空间中的气流速率越均匀，在制件中形成的孔隙越少。这也表明了气流速率越均匀，其影响越小。

图 4-26 所示示意图总结了所进行的研究。首先，在 50 μm 和 100 μm 的扫描间距下，相邻熔池之间实现了足够的重叠。如 Pupo 等[7]所述，当使用较小的扫描间距时，熔池中的热量会积聚，因为它允许缓慢冷却形成均匀连续的层。因此，建议使用较小的扫描间距。其次，基于这些扫描间距研究了扫描速度的影响。研究表明，SLM 过程中所形成的孔隙类型与扫描速度有关，

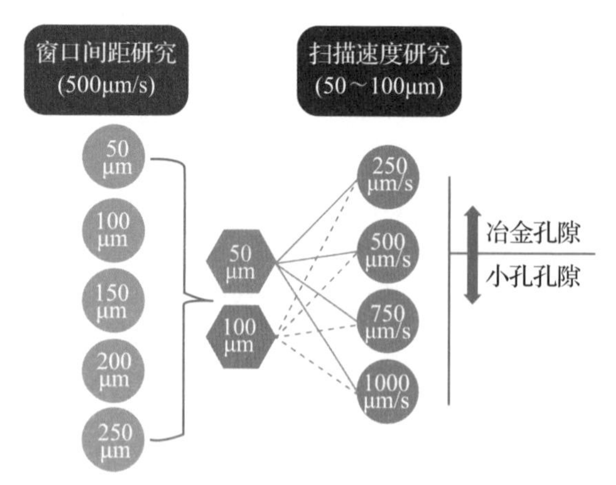

图 4-26 空隙的形成与扫描参数的关系[19]

冶金孔隙形成于较低的扫描速度，而随着扫描速度的增加，小孔形成并伴随着冶金孔的减少。

小孔包围着非熔融粉末，其形成与参数有关。随着扫描速度的增加，表面上的不规则现象，如球化现象，会促进激光束扫描下一层时未完全熔化的粉末的捕获，从而产生小孔。这种情况得到了改变扫描策略的效果的支持，因为两次扫描同一层解决了这个问题，特别是使用预烧结扫描策略，在第二次扫描之前使表面平坦。将扫描策略改为高速双扫描是一种替代方法，因为后者引入了冶金孔隙，因此仅降低扫描速度即可实现小孔预防。一些冶金气孔仍在高速下出现，但值得注意的是，部分气孔(冶金)可能是粉末中固有的气孔。通过对参数窗口的测量，发现当采用 40 μm 的层厚和预烧结扫描策略时，最佳组合为：速度 500mm/s，间距 50 μm，激光功率 100W，相对密度(99. 77 ± 0. 08)%。值得注意的是，与文献中报道的使用最小 200W 激光功率(如 Thijs 等的工作)获得相似密度的值相比，仅使用 100W 激光功率获得的相对密度较高[19]。

4. 5　与力学性能相关的缺陷

断裂、裂纹和孔洞、层间结合不充分(熔融结合不充分)、多孔性和低强度是导致弱力学性能的主要缺陷。

4. 5. 1　多孔性

成形件的孔隙率越高，抗压强度越差，力学性能越低。这些孔隙可以在层内、相邻层之间以及零件外表面上形成。研究发现，在层内发现更多的孔隙，它们常具有不同的大小、形状和空间分布。Grasso 等[20] 划分了 5 种孔隙率，如下：

(1)层内孔；

(2)位于内部阴影区域和外部边界之间的气孔，称为皮下孔；

(3)相邻层之间的孔，称为针状孔；

(4)外表面上的孔，称为表面孔；

(5)球形或非球形孔。

图 4－27 显示了两种常见的孔隙，两个球形内孔(图 4－27(a))和一个针状孔(图 4－27(b))。前者直径为数微米，后者长度超过 20 μm，其特征为拉长形状。

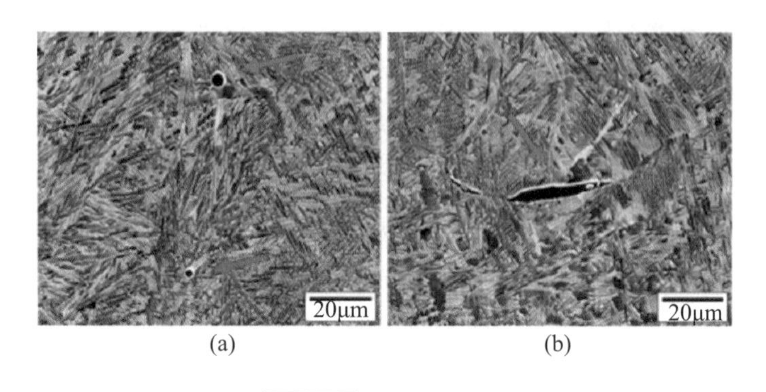

图 4－27　孔隙实例[20]
(a)两个球形内孔；(b)一个针状孔。

4.5.2　断裂/裂纹

第二种缺陷为图 4－28 中所示的裂缝和分层。残余应力产生于熔融顶层热梯度或冷却阶段。当残余应力高于固化材料的拉伸强度时发生开裂。分层是裂缝的一种特殊情况，裂缝在相邻层之间萌生并传播(层间裂缝)[8]。

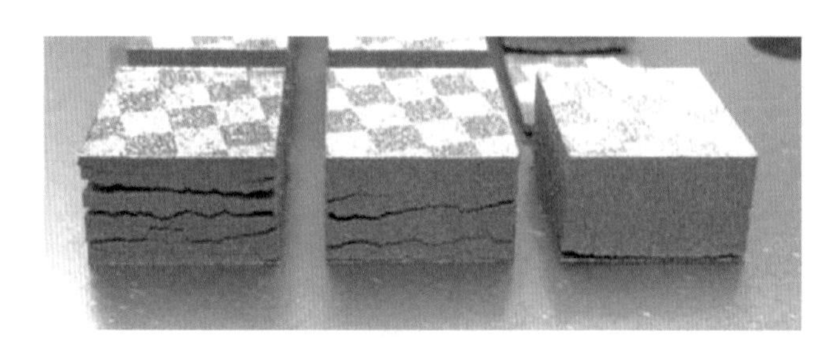

图 4－28　严重分层和开裂实例[20]

在 AM 制造的部件中观察到 3 种主要的开裂类型[20]。首先，与焊接类似，AM 中的凝固裂纹可以沿着构件的晶界观察到。由于凝固收缩和热收缩的共同作用，凝固沉积物趋于收缩。然而，基板或先前沉积层的温度低于沉积层的温度。因此，沉积层的收缩大于下层的收缩，故而凝固层的收缩受到基底或先前沉积层的阻碍，这导致在凝固层产生拉应力。如果拉应力的大小超过了凝固金属的强度，则可以沿着这些晶界观察到裂纹[21]。Carter 等在较宽的工艺参数范围内研究了两种强化镍高温合金（CM247LC 和 CMSX486）的裂纹[22]。结果表明，虽然随着能量密度的增加，孔隙率降低，但裂纹密度与能量密度没有直接关系。他们的发现强调了需要了解冶金（例如，凝固温度范围）和机械（例如，残余应力）因素[22]对其他制造材料热裂纹的影响。

第二，在成形的部分熔化区（PMZ）观察到液化开裂[20]。在 PMZ 中，低于合金液相线温度的快速加热会导致某些晶界析出相（如低熔点碳化物）的熔化。在冷却过程中，由于沉积层的凝固收缩和热收缩，PMZ 受到拉力。在这种力的作用下，这些晶界相或碳化物周围的液膜可以充当开裂点[2]。合金表现出宽的糊状区（液相线和固相线温度相差较大，如镍基高温合金）、大的凝固收缩（大的熔池，如 Ti－6Al－4V）和大的热收缩（高的热膨胀系数，如铝合金）最容易发生液化开裂[2]。最后，分层基本上是两个连续层的分离，如图 4－28所示，这是由于层界面处的残余应力超过合金的屈服强度[20]。

液态合金粉末沉积在相对较冷的基体或先前沉积层上的一个固有结果是温度梯度、热应变和残余应力较陡[22-23]。残余应力可导致零件变形、几何公差损失和沉积过程中的分层（见图 4－28），以及装配零件的疲劳性能和抗断裂性能恶化。对 AM 期间热应力演变的定量了解对于理解并进而控制/缓解上述问题至关重要。例如，对于粉末床 AM，零件变形可能足够大，以防止耙子（或调平系统）在目标区域上散布一层细粉末。了解热应力有助于优化支撑结构的布置，以尽量减少变形。

4.5.3　层间熔合缺陷

层厚大小、Marangoni 对流和热穿透深度、扫描间距、堆积粉末的铺设、脉冲比和气流方向等均会影响层间结合。层间结合越差，力学性能越差。

层厚是层间结合的基本作用参数之一，该参数主要由铺粉机构决定。层厚大小通常在 50 μm～1.5mm 保持不变，对成形速度有显著影响。最小层厚的选择是基于颗粒大小和最大的粉末团聚块。较小的层厚会增强层间结合，因为有更好的基底层重熔。

层间熔融结合强度的主要因素是热穿透深度，该参数主要受能量吸收和 Marangoni 对流的影响。能量吸收越多，热穿透深度越大。马朗戈尼对流只是受可溶解氧（而非表面氧气膜）的影响。

增大扫描间距会降低熔体穿透，因此导致层间结合减弱。

表面的不规则性受铺粉及粉末的堆积影响显著，这些因素对层间结合有很大影响。

降低脉冲比(reducing the pulse ratio)会导致能量输入中断，因此不稳定的熔池深度会导致层间结合较差。

实验结果表明，当零件的成形沉积方向垂直于气流方向时，零件的层间结合会显著加强，因此，和沉积方向平行于气流方向相比，会产生更好的力学性能。

4.5.4 低强度

制件的强度高度依赖于扫描策略、粉末特性和气流速率。

扫描策略和扫描方向影响各向同性和均匀性，并因此影响抗拉强度、伸长率和其他力学特性。有较多文献关注了 DMLS 工艺中扫描间距和烧结速度对制件硬度的影响，并强调了扫描间距的显著影响。图 4-29 描述了烧结速度、扫描间距与硬度的关系。

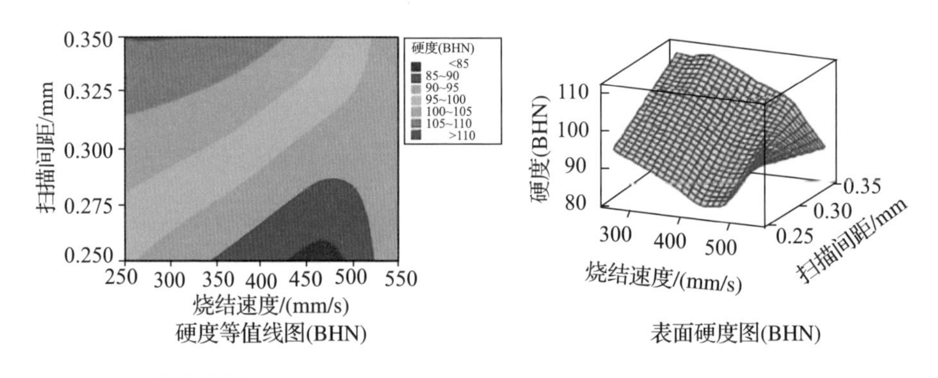

图 4-29 DMLS 工艺中烧结速度、扫描间距与硬度的关系[24]

硬度是粉末特性的函数，其中粉末特性包括了晶粒大小、单个微粒的晶粒组织。凝固熔道的硬度随着微粒大小的降低而增加。粉末其他的热特性和物理特性对最终的 SLS 制件的力学特性有明显效果，比如比热、热导性、致密性。

另外，研究表明微观硬度随着粉末流速的增加而增加。

气流速度的增大会增强对粉末流动路径的干扰，从而降低熔道宽度和高度。该问题会降低制件的微观硬度。

参考文献

[1] QIU C, PANWISAWAS C, WARD M, et al. On the role of melt flow into the surface structure and porosity development during selective laser melting[J]. Acta Materialia, 2015, 96: 72-79.

[2] MALEKIPOUR E, EL-MOUNAYRI H. Common defects and contributing parameters in powder bed fusion AM process and their classification for online monitoring and control: a review[J]. International Journal of Advanced Manufacturing Technology, 2018, 95: 527-550.

[3] YASA E, DECKERS J, KRUTH JEAN-PIERRE. The investigation of the influence of laser re-melting on density, surface quality and microstructure of selective laser melting parts[J]. Rapid Prototyping Journal. 2011, 17(5): 312-27.

[4] NING Y, WONG Y S, FUH J Y H. Effect and control of hatch length on material properties in the direct metal laser sintering process[J]. Proceedings of the Institution of Mechanical Engineers, Part B: Journal of Engineering Manufacture, 2005, 219 (1): 15-25.

[5] BOURELL D, SPIERINGS A B, HERRES N, et al. Influence of the particle size distribution on surface quality and mechanical properties in AM steel parts[J]. Rapid Prototyping Journal, 2011, 17(3): 195-202.

[6] DEBROY T, WEI H L, ZUBACK J S, et al. Additive manufacturing of metallic components-process, structure and properties[J]. Progress in Materials Science, 2018, 92(3): 112-224.

[7] GU D, MEINERS W, WISSENBACH K, et al. Laser additive manufacturing of metallic components: materials, processes and mechanisms[J]. International Materials Reviews, 2013, 57(3): 133-164.

[8] GONG H, RAFI K, GU H, et al. Analysis of defect generation in Ti-6Al-4V parts made using powder bed fusion additive manufacturing processes[J]. Additive Manufacturing, 2014, 1(4): 87-98.

[9] GU D, SHEN Y. Balling phenomena in direct laser sintering of

stainless steel powder: Metallurgical mechanisms and control methods [J]. Materials and Design, 2009, 30: 2903 - 2910.

[10] LI R, LIU J, SHI Y, et al. Balling behavior of stainless steel and nickel powder during selective laser melting process[J]. International Journal of Advanced Manufacturing Technology, 2012, 59(9 - 12): 1025 - 1035.

[11] VLASEA M, PILLIAR R, TOYSERKANI E. Control of structural and mechanical properties in bioceramic bone substitutes via additive manufacturing layer stacking orientation[J]. Additive Manufacturing, 2015, 6: 30 - 38.

[12] ANNA M A. Effect of Laser Energy Density, Internal Porosity and Heat Treatment on Mechanical Behavior of Biomedical Ti - 6Al - 4V Alloy Obtained with DMLS Technology[J]. Materials , 2019, 12 (14): 2331.

[13] HAN J, YANG J, YU H, et al. Microstructure and mechanical property of selective laser melted Ti - 6Al - 4V dependence on laser energy density[J]. Rapid Prototyping Journal, 2017, 23(2): 217 - 226.

[14] LAQUAI R, MÜLLER B R, KASPEROVICH G. et al. X-ray refraction distinguishes unprocessed powder from empty pores in selective laser melting Ti - 6Al - 4V[J]. Materials Letters, 2018, 6(2): 130 - 135.

[15] DILIP J J S, ZHANG S, TENG C, et al. Influence of processing parameters on the evolution of melt pool, porosity, and microstructures in Ti - 6Al - 4V alloy parts fabricated by selective laser melting[J]. Progress in Additive Manufacturing, 2017, 2(12): 157 - 169.

[16] ABOULKHAIR N T, EVERITT N M, ASHCROFT I, et al. Reducing porosity in AlSi10Mg parts processed by selective laser melting[J]. Additive Manufacturing, 2014, 1(4): 77 - 86.

[17] GONG H, RAFI K, GU H, et al. Influence of defects on mechanical properties of Ti - 6Al - 4V components produced by selective laser

melting and electron beam melting[J]. Materials & Design，2015，86：545 - 554.
[18] KRUTH J P，FROYEN L，ROMBOUTS M，et al. New Ferro Powder for Selective Laser Sintering of Dense Parts [J]. CIRP Annals-Manufacturing. Technology. 2003，52 (1)：139 - 142.
[19] THIJS L，KEMPEN K，KRUTH J P，et al. Fine-structured aluminium products with controllable texture by selective laser melting of pre-alloyed AlSi10Mg powder[J]. Acta Materialia，2013，61：1809 - 1819.
[20] GRASSO M，COLOSIMO B M. Process defects and in situ monitoring methods in metal powder bed fusion：a review [J]. Measurement Science and Technology，2017，28(4)：1 - 25.
[21] EVERTON S K，HIRSCH M，STRAVROULAKIS P，et al. Review of in-situ process monitoring and in-situ metrology for metal additive manufacturing[J]. Materials & design，2016，95(Apr.)：431 - 445.
[22] CARTER L N，WANG X，READ N，et al. Process Optimisation of Selective Laser Melting using Energy Density Model for Nickel-based Superalloys[J]. Materials Science and Technology，2016，32(7)：657 - 661.
[23] BOURELL D，KRUTH J P，LEU M，et al. Materials for additive manufacturing[J]. CIRP Annals-Manufacturing Technology，2017，66(2)：659 - 681.
[24] NAIJU C D，ANNAMALAI K，MANOJ P K，et al. Investigation on the Effect of Process Parameters on Hardness of Components Produced by Direct Metal Laser Sintering (DMLS) [J]. Advanced Materials Research，2012，488 - 489：1414 - 1418.

第5章 增材制造工艺的表征、建模和优化

5.1 引言

为了成功制造出增材制造(AM)工件，需要结合其成形过程，确定出最合适的增材制造材料、设备和加工注意事项。市场上现有的各种增材制造设备，已能够满足不同的需求。大多数商用增材制造机器可以加工一种以上材料，有一些甚至可以加工4种或5种材料。每个增材制造系统都有各自的优势和劣势，比如一些可以快速建模，而一些可以生产精度更高或功能性更多的工件，但费用相对较高。不失一般性，本章的讨论范围将不局限于激光金属增材制造。增材制造材料、设备的多样化以及个性化增材制造工艺的优势保障了可以根据不同类型的原型制造出满足指定性能和成本要求的产品。此外，为了满足指定的需求，在选择增材制造材料、设备与成形性能的优化组合基础上增加了工艺复杂性。例如，成形特点受所用材料和工艺、机器类型的限制，涉及零件成形的方向、3D模型的切片以及支撑结构的生成。

增材制造工件的成形方向不仅影响了成形件质量，而且影响了时间和成本。工件成形方向效应对制造质量、时间和成本的影响随增材制造过程的不同而有所不同。因此，需要选择合适的成形方向以达到预期的目标。

3D CAD模型切片是基于分层的增材制造技术来加工工件的关键步骤。切片的层厚不仅影响表面质量，而且影响增材制造工件的加工时间。其中固定切片厚度的方法广泛用于增材制造设备。在固定切片厚度时，为了实现高质量表面要求，在零件的制造中使用薄层，那么必然导致制造时间长。可变厚度的零件成形使得可以在关键区域使用薄片获得所需的表面粗糙度，在不需要的区域使用厚片，从而可以在不损失所需表面质量的情况下最小化总的制造时间。

5.2 增材制造工件加工的建模[1-3]

在确定合适的增材制造工艺、材料时，首先要对不同增材制造工艺的成形机理进行描述和建模，开发出适用于具有相似特征的几种增材制造工艺类型的通用模型，用于评估表面粗糙度、制造时间以及零件/原型成形的成本。

5.2.1 增材制造工艺

众多增材制造技术中有 4 种相对成熟和普遍使用的工艺：激光固化成形技术(SLA)、选区激光烧结/熔融(SLS/SLM)、熔融沉积成形技术(FDM)和分层实体制造技术(LOM)。这 4 种工艺每一种在市场上都有一种对应的、截然不同的增材制造设备。例如，SLA 工艺有 3D Systems 公司的 SLA 机器、EOS 公司的 STEOS 机器和 SONY 的实体造型系统。尽管 4 种工艺都基于相同的层叠成形原理，但具体的制造方法并不相同。

制造方法可以根据 4 种关键工艺参数进行区分：原材料状态、能量来源、层创建工艺以及完成件的状态。原材料的状态涉及成形材料的物理状态，能量来源是指成形过程中实现材料叠加的能量类型，层创建工艺是指成形工艺中形成实体层的物理和/或化学过程，完成件的状态描述了表面和周围环境。表 5-1 总结了 SLA、SLS、FDM 和 LOM 中这 4 种工艺参数的特点。

表 5-1　4 种增材制造工艺的比较[1]

工艺	原材料状态	能源来源	层创建工艺	完成件的状态
SLA	液体	激光束	加性：光固化	浸润液体中
SLS/SLM	固体：粉末	激光/热源	加性：激光烧结/熔融	埋粉中
FDM	固体：丝材	热源	加性：熔融	暴露空气中
LOM	固体：薄板	激光/热源	减性：激光切割	埋入固体薄板中

成形机理对成形结果有显著的影响，如尺寸精度、表面粗糙度、加工时间以及使用不同增材制造工艺实现零件成形的成本。例如，增材制造工艺可达到的表面粗糙度与原材料的状态直接相关：在增材制造工件工艺中使用液态原材料通常比使用固态原材料能产生更好的表面粗糙度。液态原材料的负

面影响是：由液态到固态转变产生的残余应力往往会导致成形件变形较大。

成形工艺使用的能源类型会影响增材制造工艺所能达到的尺寸精度。通常，由于控制激光束相对容易，因此为了获得更好的尺寸精度可以采用激光束工艺。FDM 技术是由喷嘴挤出的熔融热塑性塑料沉积成层。成形宽度的一致性和精细度决定了 FDM 成形件可实现的尺寸精度和表面粗糙度。

制造时间和成本与层创建工艺和完成零件状态密切相关。在 LOM 技术中，原材料薄板首先会黏合到前一层的薄板上，然后从胶合的薄板上切出理想的二维轮廓。通常使用这种去层创建方法能够更快地实现内部实心的常规大型工件或大型模型的成形。完成件的状态确定了后处理所需的程序，例如对于 SLA，将完成的工件浸入液体中；对于 FDM，则将工件暴露在空气中。由于制造该工件的流体介质不能为成形工艺中的某些悬垂部分提供足够的支撑，因此可能需要使用特殊构造的支撑结构，实现最小化变形和最小化成形零件的误差。根据产品模型的几何特征，SLA 和 FDM 零件的后处理程序可能涉及适当的清理操作以移除外部支撑件。在 SLS/SLM 和 LOM 中，完成的零件被埋入固体粉末并由一叠片材支撑，且在成形过程中不需要建立外部支撑来撑住零件的悬垂部分。然而，移除支撑取决于产品模型的几何特征，取出被零件部分包裹的支撑物的后续移除工作，可能是耗时且困难的。

5.2.2 坯件的表面粗糙度

坯件的表面粗糙度可以用多因素的函数来表示，包括原材料状态、层创建工艺、层厚度、成形样式和扫描/沉积系统的分辨率。受切片的层厚度影响最小的两种表面是上表面和垂直面。这些表面的表面粗糙度测量能够反映出成形风格和成形工艺的影响。因此，可以通过设计适当的基准件来确定不同增材制造工艺中的影响因素。

不同增材制造工艺成形的基准件的上水平表面和垂直面的表面粗糙度已经能够使用 Rank Taylor Hobson 的表面纹理测量和分析系统测量出。该仪器采用 ISO 标准 ISO 4287。上表面曲线通过测量工件截面的扫描线或（FDM 中）材料铺设轨迹方向获得，垂直平面上沿着连续的层叠加方向进行测量。表 5-2和表 5-3 分别列出了 4 种样品的水平和垂直面表面的 4 个表面粗糙度曲线参数（Ra，Rt，Rpm，S）。参数 Ra 是采样长度内的绝对坐标值的算术平均值，Rt 是估计长度内的最大曲线峰高度和最大曲线谷深度的总和，Rpm

是采样长度内粗糙度峰高的平均值，参数 S 描述了粗糙度曲线的宽度。

表 5-2 4种增材制造零件的水平面表面粗糙度

种类	评定参数			
	Ra/μm	Rt/μm	Rpm/μm	S/μm
SLA 样品	1.87	11.64	3.74	140.77
SLS 样品	16.27	104.79	39.74	85.76
FEM 样品	18.29	102.33	26.67	486.00
LOM 样品	9.62	142.78	28.58	66.63

表 5-3 4种增材制造零件的垂直面表面粗糙度

种类	评定参数			
	Ra/μm	Rt /μm	Rpm/μm	S/μm
SLA 样品	3.54	21.94	10.21	150.84
SLS 样品	16.11	110.63	57.52	75.83
FEM 样品	18.75	70.86	31.76	123.44
LOM 样品	10.89	128.35	30.30	111.82

表5-2和表5-3显示出SLA样品中的 Ra，Rt 和 Rpm 值都远小于其他3个增材制造工件中对应参数的值。在给定最小偏差幅度后，绘制出的曲线中还表明SLA样品的表面粗糙度是最好的。在SLA样品中，上水平面和垂直面的测量算术平均偏差 Ra 分别为1.8μm和3.5μm，继SLA之后，LOM工艺可以制造出 Ra 约为10μm的工件。SLS和FDM工件的表面粗糙度要更差，Ra 值分别为16μm和18μm。在以下章节中，将使用算术平均偏差 Ra 分析由增材制造工件的倾斜面上的台阶效应引起的表面粗糙度。

5.2.3 台阶效应引起的表面粗糙度[1]

采用层叠加增材制造技术成形的倾斜面的表面粗糙度，不仅受成形风格和成形机理的影响，而且受台阶效应的影响。该效应对所有基于层的增材制造技术来说都是存在的，如图5-1(a)所示。台阶效应的程度取决于层厚度和表面相对于成形平面的倾斜角度。假设使用固定的层厚度 L 和倾斜角 α，如图5-1(b)所示，由台阶效应产生的平均线可以如下推导得到：

$$\text{mean} = \frac{\left\{\int_0^{L\sin\alpha} x\cot\alpha\,\mathrm{d}x + \int_0^{L\cos\alpha\cot\alpha}(L\cos\alpha\cot\alpha - x)\tan\alpha\,\mathrm{d}x\right\}}{L/\sin\alpha} = \frac{L\sin\alpha}{2\tan\alpha} \tag{5-1}$$

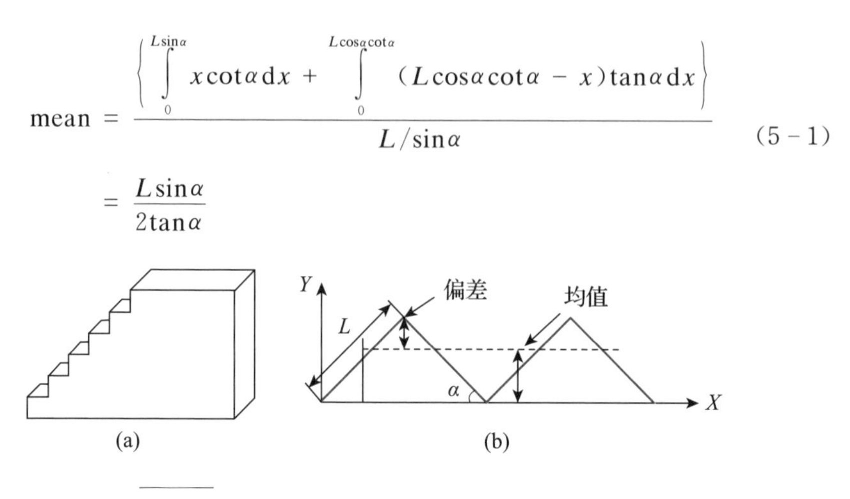

图 5-1　台阶效应影响增材制造零件的粗糙度

(a)增材制造零件的台阶效应；(b) *Ra* 的计算。

根据 *Ra* 的定义，台阶效应影响的粗糙度可以表示为

$$R_a^s = \frac{1}{L_{\text{cutoff}}}\int_0^{L_{\text{cutoff}}} |y|\,\mathrm{d}x$$
$$= \frac{1}{L/\sin\alpha}\left\{\int_0^{L\sin\alpha} |x\cot\alpha - \text{mean}|\,\mathrm{d}x + \int_0^{L\cos\alpha\cdot\cot\alpha} |L\cos\alpha - x\tan\alpha - \text{mean}|\,\mathrm{d}x\right\}$$

其中 L_{cutoff}是采样长度($=L/\sin\alpha$)。替换式(5-1)中的平均值得到：

$$R_a^s = \frac{L\sin\alpha}{4\tan\alpha} \tag{5-2}$$

在图 5-1(b)中，每层的水平和垂直面曲线都用直线表示，但在增材制造技术的实际成形过程中通常不会这样。图 5-2 和图 5-3 展示了 SLA 和 FDM 成形的两种表面曲线测量的例子。从图 5-2 中可以看出，垂直面轮廓曲线展示了某种周期性特征，最大峰谷偏差发生在相邻层之间。垂直面表面的曲线可以看作是两种类型的形变结果：单层中的垂直曲线的形变和层合并产生的形变。第一种形变的周期较小，它很可能会在表面粗糙度测量的处理中被过滤掉。垂直面表面粗糙度 *Ra* 的计算可看作第二种类型表面形变的平均幅值，其波长比单层层厚的值更大。

水平表面曲线也同样表现出某种周期性特征，如图 5-3 所示。SLA 和其他基于激光的增材制造工艺成形朝上水平表面的主导形变模式的周期，与成形平面的激光扫描间距相关。在 FDM 零件成形中，FDM 设备中填充的宽度(由用户设置的工艺参数)与主导偏差模式的周期高度相关。

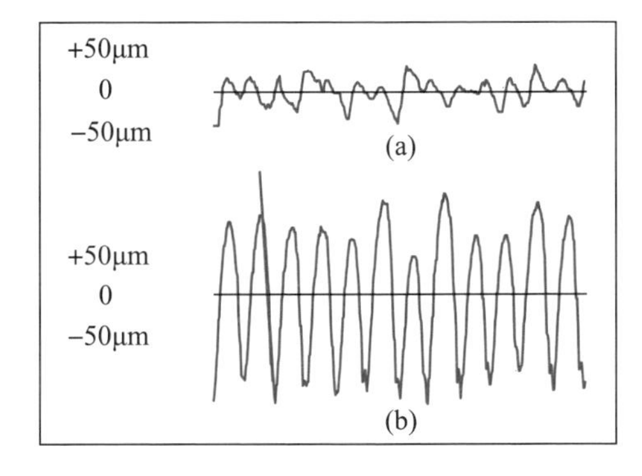

图 5 - 2　**SLA 和 FDM 样品中垂直面的表面曲线**[1]
(a)SLA 样品；(b)FDM 样品。

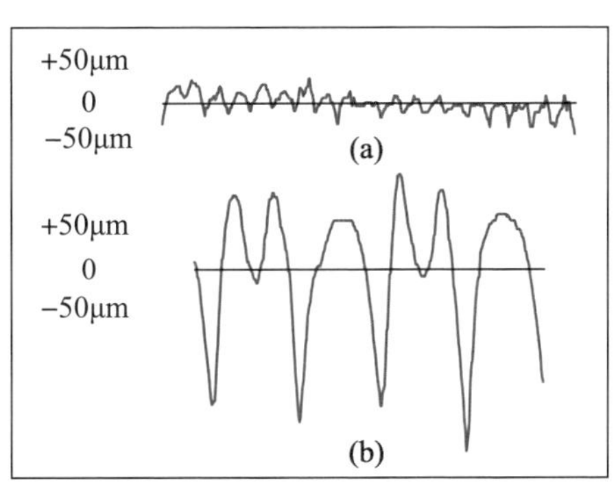

图 5 - 3　**SLA 和 FDM 样品中水平面的表面曲线**[1]
(a)SLA 样品；(b)FDM 样品。

由于垂直成形不准确性和水平成形曲线造成的主导频率的偏差在大多数情况下不小于单层厚度，所以这两种偏差模式对倾斜平面表面粗糙度的影响不能忽略。因此，提出了一种预测增材制造零件中倾斜面表面粗糙度的方法，并结合了上述 3 种影响源的影响：台阶效应、水平偏差模式和垂直偏差模式。图 5 - 4 展示了一种使用面朝上平面的表面粗糙度 R_a^h 表示水平成形曲线的平均偏差，和使用垂直面的表面粗糙度 R_a^v 表示垂直成形曲线偏差的方法。

由于垂直和水平曲线的偏差与平均线不垂直，因此需考虑这两个因素的预测值。因此，水平和垂直方向的偏差模式所贡献的粗糙度可以简化为

$$\begin{aligned}&\left(\int_0^{L\sin\alpha} R_a^v \sin\alpha \,\mathrm{d}x + \int_0^{L\cos\alpha\cdot\cot\alpha} R_a^h \cos\alpha \,\mathrm{d}x\right)/(L/\sin\alpha)\\&= R_a^v \sin^3\alpha + R_a^h \cos^3\alpha\end{aligned} \tag{5-3}$$

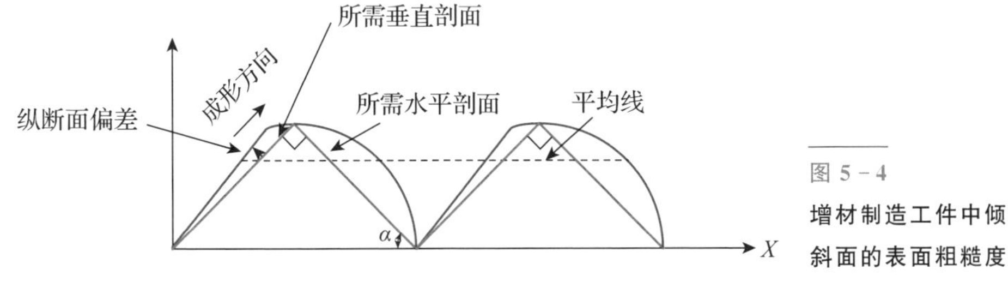

图 5 - 4　**增材制造工件中倾斜面的表面粗糙度**

结合式(5 - 2)和式(5 - 3)，可以得出以下结论：

$$Ra = R_a^h,\quad \alpha = 0°;$$

$$Ra = R_a^v,\ \alpha = 90°;$$

$$Ra = \frac{L\sin\alpha}{4\tan} + R_a^v \sin^3\alpha + R_a^h \cos^3\alpha,\ 0 < \alpha < 90° \tag{5-4}$$

其中，L 是层厚，且 α 是参考表面的法向矢量与成形方向夹角的锐角。R_a^h 和 R_a^v 可以通过实验得到。

式(5-4)的预测与实验结果一致[1]。首先，对 SLS 成形零件的表面缺陷模式的研究也表明，表面缺陷模式主要是由台阶效应引起的。其次，表面缺陷模式涉及粉末的有限尺寸、辊的振动和扫描线的宽度。SLS 样品中这 3 个因素主要对上平面的表面缺陷模式造成影响。第三，表面缺陷模式与层位移有关，在 SLS 样品的垂直平面中可以清楚地看到这一点。

增材制造零件中平面表层的表面粗糙度可以根据式(5-4)估算。通常表面粗糙度参数 R_a^h 和 R_a^v 取决于材料类型、成形风格和增材制造机器中工艺参数的设置。当这些因素保持不变时，可以在实际制造之前估计出增材制造坯件的给定平面表层的可实现表面粗糙度。

5.2.4 工件加工时间

增材制造工件加工时间被定义为从设计提交到原型/工件完成之间的时间。加工一个增材制造工件的时间可以分成 3 个部分：数据准备时间、加工时间和后处理时间。

1. 数据准备时间

所有基于层的增材制造技术的数据准备阶段都是相似的。它涉及文件传输、数据转换、方向选择和模型切片、分层数据排序和合并、工艺参数设置和控制文件生成。由于悬垂成形的工艺需要外部支撑，所以需要额外的时间来设计支撑和对支撑结构切片。这些数据准备任务大部分都可以通过软件辅助完成。由于数据准备的部分时间相对于整个制造周期较小，因此可以将特定的增材制造工艺总数据准备时间视为固定值。

2. 加工时间

对于大多数基于层的增材制造工艺，加工时间可以被看作是实体体积的凝固时间与层成形之间的延迟时间的总和。式(5-5)可用于计算大部分基于层的增材制造工艺(如 SLA 和 SLS)的加工时间。

$$T_f = nt_w + (V_{part}/L)/r_f + (V_{spt}/L)/r_{spt} \tag{5-5}$$

其中，T_f 表示总加工时间；n 表示层数；L 表示层厚；V_{part} 表示产品模型的体积；V_{part}/L 表示需要固化的总截面积；t_w 是层之间的延迟；r_f 是 XY 平面上零件几何形状的凝固率；r_{spt} 是 XY 平面上支撑结构的固化率；V_{spt} 是外部支撑的体积。

诸如 r_f，r_{spt} 和 t_w 之类的变量都与工艺有关。它们可以根据每台增材制造机器中的工艺参数设置进行计算。由于其特殊的过程特性，SLA 过程中的延迟时间影响最大，由多个组件组成，如表 5-4 所示。

表 5-4　3 种增材制造工艺的层与层之间的空闲时间

增材制造工艺	层之间的延迟时间 t_w
SLA	涂层时间，暂停时间，点延迟时间，平台升降时间
SLS/SLM	涂层时间，平台升降时间
FDM	喷嘴升降时间

然而，LOM 加工时间的计算略有不同。LOM 零件的各层是由纸张、塑料中切出薄板或由激光复合加工而成。三维实体零件本质上是由一堆薄板叠加起来的立方体，使得在成形过程中可以保护零件。在制造每层的过程中超出零件边界的多余材料被切成小块或交叉阴影线。因此，层的加工时间由两部分组成：轮廓切割时间和交叉阴影时间。交叉阴影时间可以根据激光扫描速度和网格间距估计。轮廓切割时间的估计要更困难。一种方法是通过模拟切片过程找出轮廓的总长度，然后将总长度除以激光扫描速度以获得总切割时间。另一种方法是粗略地估计轮廓切割时间：将成形零件简化为已知体积和高度的矩形块，轮廓切割时间可用下式计算：

$$T_{scan} = 4n(V_{part}/Z_{max})^{1/2}/v_l \tag{5-6}$$

由于轮廓切割时间远远少于大多数情况下的交叉阴影时间，所以 LOM 零件的制造时间可用下式估计：

$$T_f = nt_w + \frac{2X_{max}Y_{max}}{v_l l_{pitch}}n + T_{scan} \tag{5-7}$$

其中，X_{max}，Y_{max} 和 Z_{max} 代表该零件成形的包络线；v_l 表示激光器的扫描速度；l_{pitch} 表示交叉线间距；n 是层数；V_{part} 是成形零件的体积。

给定成形方向，可以通过将所有成形模型表面投影到 XY 平面上，然后计算投影的并集，找到 X 或 Y 方向上的成形模型长度，即 XY 平面上的模型包络线。

3. 后处理时间

几乎所有增材制造工艺的原型成形都需要进行某种方式的后处理。表 5-5 列出了 4 种增材制造工艺的所有主要后处理步骤。为了简化，后处理任务可以分为 3 个阶段：清理、后期固化和抛光。后处理时间是这 3 个阶段花费时间的总和，它取决于处理使用的工具和工件的几何复杂程度。表 5-6 展示了这 3 个阶段中 4 种增材制造工艺的后处理要求。

表 5-5　4 种增材制造工艺中的后处理任务

增材制造工艺	后处理步骤
SLA	移除液体树脂，移除支撑物（如果存在支撑物），后固化，砂光（可选）
SLS/SLM	去除粉末，聚合物渗透（可选），干燥（可选），砂光（可选）
FDM	如果支撑物存在则移除支撑物，砂光（可选）
LOM	去除多余的材料，砂光（可选）

表 5-6　4 种增材制造工艺中后处理任务的分类

增材制造工艺	SLA	SLS/SLM	FDM	LOM
清理	是	是	取决于几何形状	是
后固化	是	否	否	否
抛光	是	是	是	是

5.2.5　工件加工成本

增材制造产品/原型的加工成本可以由以下部分计算：

• 材料成本 C_{mat}。

• 增材制造设备运行成本。包括零件加工阶段设备的折旧/使用、耗电、维护和其他开销。

• 数据准备阶段的成本。包括数据准备阶段与硬件/软件的使用和人工相关的成本计算。

• 后处理阶段的成本。包括人工成本和开销。

1. 材料成本

增材制造工件成形的材料成本因增材制造工艺而异，其不同之处不仅在于材料的价格不同，还在于工件几何形状和增材制造工艺的不同特性。对于需要外部支撑的工艺，例如SLA和FDM，其材料成本可以分为两部分：工件成形成本和支撑结构成形成本。

$$C_{mat} = P_{m\_p} V_{part} + P_{m\_s} V_{spt} \tag{5-8}$$

其中，P_{m_p}是工件材料的单价；P_{m_s}是支撑物材料的单价；V_{part}，V_{spt}分别是工件和外部支撑的体积。

在SLA工艺中，同样的材料会用于工件和支撑的制造，因此，$P_{m\_p} = P_{m\_s}$。由于成形机理的差异，SLA和FDM零件制造所需的外部支撑体积是不同的。在此之前，已有文献对SLA和FDM支撑结构体积进行评估。

对于有内部支撑的增材制造工艺，如SLS和LOM，材料成本依赖于材料类型、层创建方法和原材料的可重用性。例如，SLS在创建每层时不会消耗超额的材质，在成形工艺中为工件提供支撑的周围粉末可以在下次加工中重复使用。因此，SLS的材料消耗只需考虑零件几何形状的叠加。LOM的耗材情况更加独特。工件周围的多余材料未经过进一步处理不能直接重复使用。因此，LOM零件制造中的材料消耗总量应参考零件几何形状的最大边界和壁厚来计算。式(5-9)和式(5-10)分别用于计算SLS和LOM工件制造中的材料成本：

$$C_{mat}^{sls} = P_{m\_p}^{sls} V_{part} \tag{5-9}$$

$$C_{mat}^{lom} = P_{m\_p}^{lom} (X_{max} + \gamma_{wall})(Y_{max} + \gamma_{wall})(Z_{max} + \gamma_{bt}) \tag{5-10}$$

其中，$P_{m\_p}^{sls}$、$P_{m_p}^{lom}$表示SLS和LOM材料的单位成本；X_{max}、Y_{max}和Z_{max}是工件成形的包络线；γ_{wall}表示壁厚；γ_{bt}是底部支撑层的厚度。

2. 设备运行成本

一个工件的设备运行成本可以根据设备运转率和制造时间来评估。前面已经讨论了不同增材制造工艺加工时间评估的公式。设备运转率反映了增材制造设备的资金成本、功耗、人工成本、维护成本和设备运行阶段的其他开销。假设运营商每小时工资为w_0，运营商的开销为O_{op}，设备的原始成本为O_{mch}，设备运行的开销为O_{mch}，设备的摊销期为T_{mch}，设备运转率可由下式计算。

$$r_f = (1 + o_{op}) w_0 + (1 + o_{mch}) \frac{P_{mch}}{8760 T_{mch}} \tag{5-11}$$

式(5-11)与开动设备后的加工成本计算的公式相似。假设每小时工资 w_0 为 10 \$，运营商开销 O_{op} 为 100%，机器开销 O_{mch} 为 200%，并且 1 台增材制造设备的摊销期 T_{mch} 为 3 年(加工技术中通常使用)，4 台增材制造设备的运转率如表 5.7 中第 3 列所示。一些增材制造服务提供商，特别是那些政府支持的机构，不会向客户收取运营商的工资。在这种情况下，计时工资可能会便宜。表 5-7 中的第 4 列给出了当额外人力成本被忽略时的设备运转率，设备开销为 50%及摊销期为 5 年。

考虑到设备运转率，可以根据估计的制造时间来计算特定零件的运行成本。

$$C_f = r_f T_f \tag{5-12}$$

表 5-7　4 台增材制造设备的运转率

增材制造设备	价格/\$	小时费率Ⅰ \$/h	小时费率Ⅱ \$/h
JSC2000(SCS)	500,000	77	17.12
DTM2000(SLS)	300,000	54	10.27
LOM1015(LOM)	92,600	30	3.17
Concept Modeler(FDM)	55,000	26	1.88

3. 数据准备阶段的成本

数据准备阶段的成本包括所有增材制造过程的两个项目：计算成本和人工成本。这两项都可以根据准备阶段所需的时间进行评估。在式(5-13)中，w_0 是运营商的小时工资，w_{cp} 是计算成本率。所有增材制造工艺的值都假定相同。因此，每个增材制造工艺数据准备阶段的成本差异与准备时间 T_{pre} 成比例。

$$C_{pre} = (w_0 + w_{cp}) T_{pre} \tag{5-13}$$

4. 后处理阶段的成本

后处理阶段的成本与后处理程序的复杂程度、设备成本、用电量和人工成本有关。如前所述，增材制造零件的后处理工作可以分为 3 个任务：清理、后固化和抛光。后处理总时间是 3 项任务花费时间的组合。因此，后处理阶段的成本可以基于每个后处理任务所花费时间和每项任务的小时收费率来评估。由于所涉及的设备不同，3 项任务的小时收费率不同。另一方面，运营商的小时工资可以假定为不变。因此后处理阶段的成本可用下式计算：

$$C_{post} = T_{cleaning}\gamma_1 + T_{post\_cure}\gamma_2 + T_{polishing}\gamma_3 + T_{post}w_0 \tag{5-14}$$

$$T_{post} = T_{cleaning} + T_{post\_cure} + T_{polishing}$$

其中，w_0 是运营商的小时工资，γ_1，γ_2 和 γ_3 分别表示用于清理、后期处理和抛光任务资源的小时收费率。

增材制造工件加工中制造时间和成本的计算，需要确定增材制造设备中工艺参数的设置、设备/材料价格和产品模型的几何信息。所涉及的几何信息包括工件成形的加工包络线、工件的体积、外部支撑结构件的体积、切片层厚度等。上述方程用来评估增材制造坯件中的表面粗糙度以及估计制造时间/成本，这两者对于增材制造工件制造的决策支持系统的实现都是必不可少的。

5.3　扫描策略

大多数调幅机内置的相关可调参数有：粉末流量(仅限 DED)、层高、激光功率、激光扫描模式和激光扫描速度。操作员可以为给定机器确定的其他参数是粉末粒度分布和成形所处的环境。一个重要的参数是扫描模式或扫描策略，即根据给定激光扫描图案及激光在给定层的零件表面上的重复轨迹，提高加工速度和产品质量的一种方法。良好的扫描策略使生成的产品无失真、翘曲、各向异性、不精确性和孔隙[3-4]。它通常包括两种类型：填充扫描和轮廓扫描。填充扫描用于扫描所有区域，轮廓扫描用于扫描边界。典型的例子如图 5-5 所示，其中填充扫描是并行扫描，轮廓扫描是通过在边界处扫描一次来完成的。图 5-5 的第一个图显示了一个方向上的并行扫描，而第二个图显示了交替扫描时方向改变的并行扫描。第一个图中的扫描时间将大于第二个图中的扫描时间。这是因为在第一张图中，激光总是从同一侧开始扫描，这意味着每次扫描后，激光必须回到同一侧，而无需扫描。但情况并非总是如此，在第二幅图中，激光可以进行连续扫描。并行线扫描模式易于编程和实现，是 SLS/SLM 中最常用的扫描模式。这些线可以平行于 X 轴或 Y 轴，或者与这些轴形成一定角度(例如，45°)。扫描一条线会产生收缩应力和各向异性强度。为了使零件在平行线扫描模式下成形，将每一连续层的扫描方向改变 90°以减小各向异性堆积。

收缩应力引起翘曲和变形。如图 5-6 所示，将平面分成若干小岛，然后扫描每个小岛，可以避免这种情况。这就减少了从大面积(整个平面)到小面积(岛屿)的热量积聚问题。每个岛可以用不同的线策略进行扫描，再次减少热分布的不均匀性。扫描的计划是这样的，在扫描一个角落的一个岛后，扫描将恢复到平面遥远角落的另一个岛；这有助于减少不必要的加热，这是翘曲的原因。在一个岛上扫描还需要做一个小的扫描路径，这减少了将熔池线破碎成更小的球的机会。如果扫描路径更大更薄，那么它们会由于瑞利不稳定性(Rayleigh instability)而分裂成几个球。

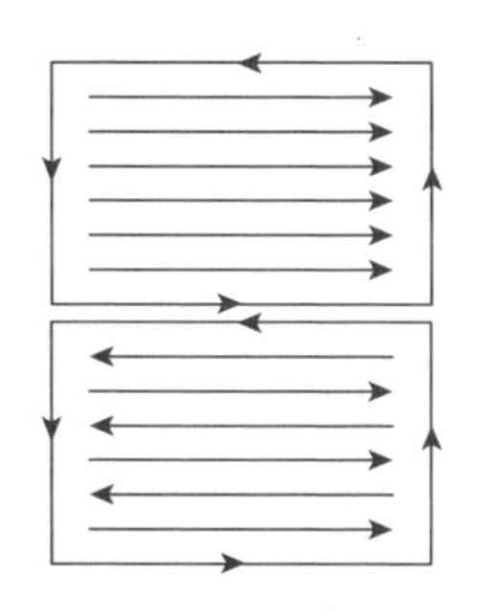

图 5-5　相同和交替方向的平行线扫描模式

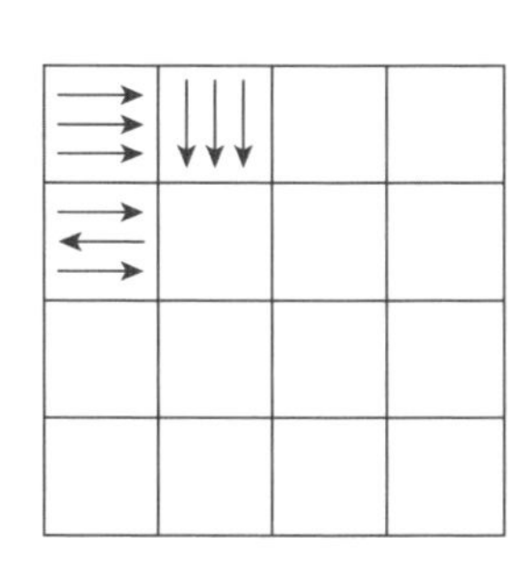

图 5-6　岛屿扫描策略

在平行线扫描模式下，如果必须制作腔或孔，则扫描在腔的边界处停止，在穿过腔后，再次开始扫描。从图 5-7 可以清楚地看出，激光束在没有打开的情况下穿过椭圆形和矩形腔。这意味着扫描器在穿过空腔时浪费了时间。频繁地开关激光器也会降低激光器的寿命。孤岛策略在一定程度上克服了这些缺点，即在空腔周围建立孤岛，在不穿过空腔的情况下扫描孤岛，如图 5-8 所示。

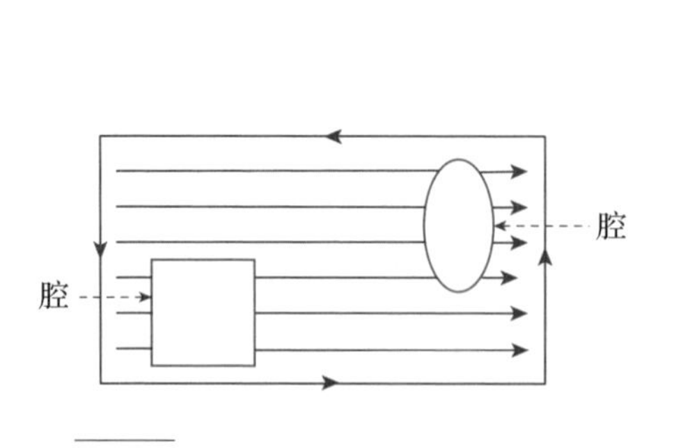

图 5-7　以平行线扫描模式制作腔体

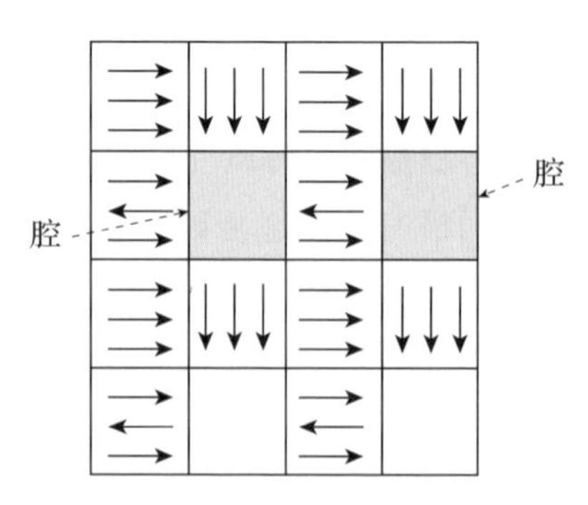

图 5-8　在岛屿扫描策略上制造一个孔

从图5-8中可以清楚地看出，如果空腔具有非直线边界(如圆形或椭圆形空腔)，则需要较小的岛屿来近似空腔的形状。无论是大比例尺还是小比例尺的平行线扫描模式(孤岛策略)都会产生各向异性和应力，这可以分别采用图5-9和图5-10所示的分形扫描路径或螺旋路径来避免。由于激光束必须频繁减速和加速，分形扫描路径策略存在扫描速度慢的缺点。螺旋扫描模式不存在平行线扫描模式的任何缺点，但在均匀填充整个表面方面存在问题[3]。

图5-9　分形扫描路径策略

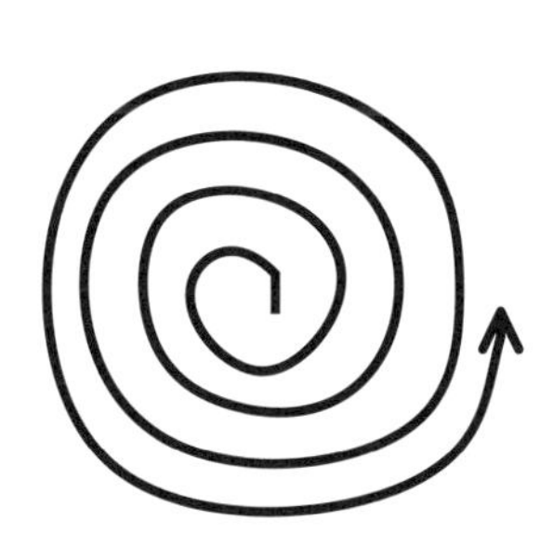

图5-10　螺旋扫描模式

5.4　成形方向优化

5.4.1　成形策略

设备应该使用一种高效率、经济的成形方式加工出具有不同复杂度的部件，这需要正确地选择工件和牺牲支撑结构的成形方向[5]。本节介绍了为提高流程效率而采用的各种方法。图5-11显示了零件的首选和非参考方向。工件的方向选择应能保证成形工件所需的最小层数，这有助于缩短制造时间并保持均匀的热量积聚。在一些SLS/SLM系统中，加热器安装在成形平台的基板下方。如果零件以非参考方向制造，则零件的某些部分会远离加热器，并且加热器很难在整个制造过程中保持均匀的温度[6-7]。

图5-12显示了加工悬垂的首选方向和非参考方向。首选方法是在已经成形的层上形成一个新层，这样新层就不必在粉末堆上形成。如果层是在粉末上成形的，那么传热速率是不同的，这会导致悬垂底部粗糙度增加。因此，为了在非参考方向上实现平滑悬垂，需要优化扫描参数，这会增加制造时间，

并可能降低零件质量。如图 5－12 所示，只需按首选方向定位零件，就可以避免这些问题。对于多个不同角度悬垂的复杂零件，零件的定位可以使问题降到最小，但不能完全解决。在这种情况下，定向与工艺参数的优化相结合可以解决问题[8]。

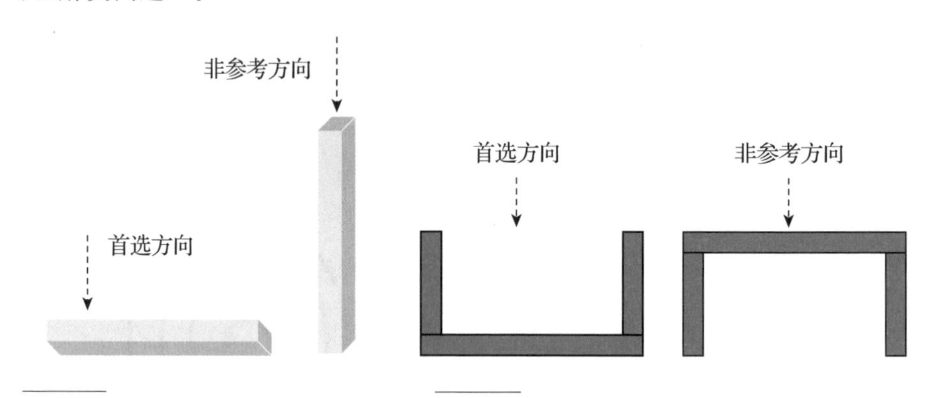

图 5－11　零件的首选和非参考方向　　图 5－12　制作悬垂结构的首选和非参考方向

为了在某些已成形层方向上加工零件，需要支撑结构。支撑结构的作用是防止已构件物倒塌和移位，它也有助于散热。图 5－13 展示了一个支撑结构的示例。在 SLS/SLM 工艺中，粉末通常起支撑作用，但对于一些复杂的情况，如含有 V 形或 U 形的大斜面，则需要支撑结构。支撑结构需要在零件制造完成后移除，因此它们通常是多孔的，与零件的接触面积也很小，从而在拆除结构后需要最小的精加工。加工支架的工艺参数不同于加工主体零件的工艺参数。

在某些情况下，支撑结构（图 5－14）也在基板上形成，以完全支撑零件，从而可以容易地将零件从基板上移除。这种策略有助于保持基底的表面质量，而基底通常需要在每次加工后进行研磨。这也保护了主工件在与基板分离时不受磨损。

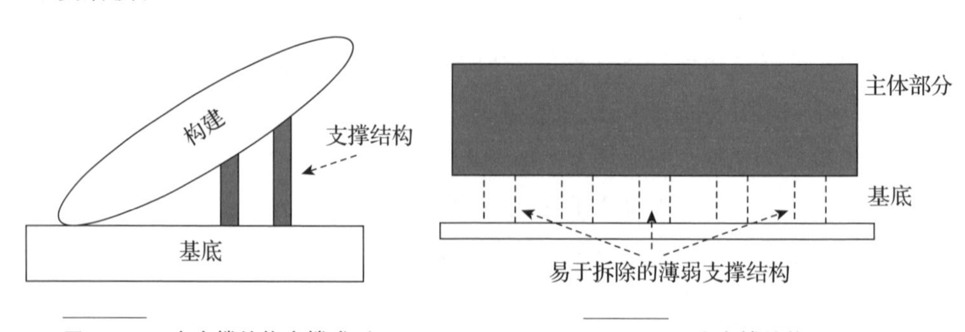

图 5－13　由支撑结构支撑成形　　图 5－14　弱支撑结构

如果试图在 0.5mm 厚度下制作薄壁件，则会面临粉末沉积系统替换的问题。为了成功地制作薄壁件，需要制作一个牺牲结构，它将承受沉积系统的力，并使薄壁件不发生位移或断裂。图 5－15 显示了制作两个薄壁件的辅助支撑结构工艺。为了优化成形空间，该过程提供了垂直构建各种未连接工件的机会。制作一个零件后，无需激光加工即可沉积若干层。这些粉末层将作为下一部分的基底。这样，就可以制造出小而轻的零件。图 5－16 显示了零件的垂直制造。

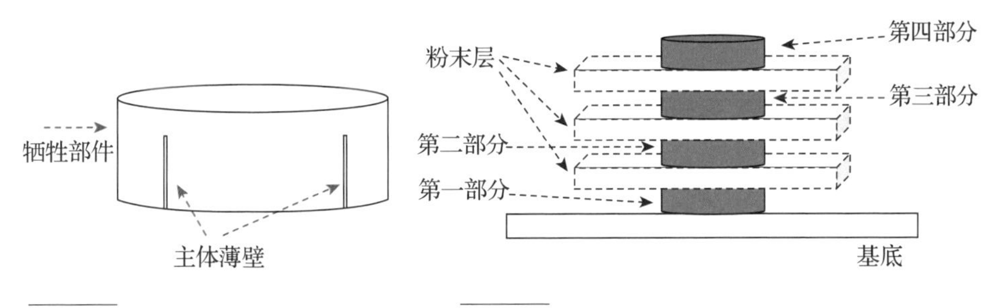

图 5－15　制作薄壁件的辅助结构　　图 5－16　通过垂直制造零件来优化成形空间

表面和核心策略：零件在所有部分不需要相同的力学性能。外表面需要坚硬耐磨，而内芯不需要像外表面一样坚硬，但需要较好的韧性。该要求转换为外层和内层的不同工艺参数设置。外层的工艺参数提供高能量，而内层的工艺参数提供相对较低的能量。它导致外层完全熔化，而内层不完全熔化。采用这一策略既节约了能源，又加快了生产速度。EOS 供应的 DirectSteel 就是按此策略加工的[9]。图 5－17 显示了此策略生成的球体的横截面[3]。

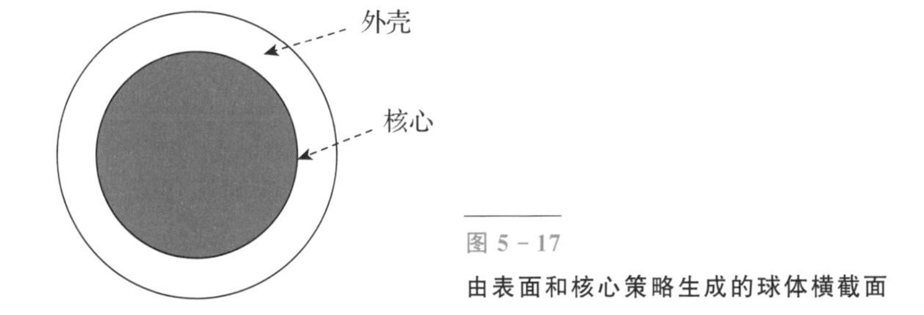

图 5－17
由表面和核心策略生成的球体横截面

确定增材制造工件最优方向的目的是为了将特定增材制造工艺中成形方向对工件的表面粗糙度和几何特征的影响降到最小。每个增材制造工艺成形机理不相似，通过改变其制造方向不同程度地影响加工工件的质量。受工件加工方向影响造成几何不准确的主要根源是台阶效应、悬垂区域下的过度固化效应、由于零件成形不稳定而造成零件变形以及由于移除外部支撑结构(黏附在悬垂区域下侧起支撑作用)而造成表面粗糙度增加。其中，对于所有基于层的增材制造处理的某些根源问题是相同的，例如，台阶效应。而有些则与特定的工艺有关。

通过考虑以上提到的与几何误差的重要方向相关的根源问题，各种算法和软件工具已经开发出来用于确定增材制造工件制造的最合适方向。最优定向算法的提出基于：最小化支撑接触面积；切片的数量和台阶面积与总表面积的比率；SLA 工件制造的期望工件质量、制造时间和外部支撑结构的体积；SLA 中的工件精度和制造时间分别作为主要和次要目标；考虑包括 SLA 成形的表面质量、工件的高度以及工件几何图形视角支撑要求的数学模型。同样基于规则的专家系统被开发出来用于确定 SLA 的最优成形方向。其规则是基于对表面粗糙度、制造时间和支撑结构的考虑而定义的。基于规则的专家系统允许用户考虑特殊功能并增加了方向选择工艺的灵活性。

上述大多数方法都着眼于 SLA 工件制造的最优方向选择，不失一般性，以下章节描述了确定增材制造工件制造的候选方向的一般注意事项，并提供了给定增材制造工件的单一和多标准来搜索最合适成形方向的示例。

5.4.2 增材制造工件成形的候选方向

增材制造工艺中选择零件方向需要考虑以下 4 个因素：

(1)在制造过程中工件稳定以保证工件不可能被倾覆；

(2)悬垂面积，与 SLA 中的过度固化效应以及 SLA 和 FDM 中的外部支撑接触面积有关；

(3)倾斜表面的数量和面积，决定了基于层的增材制造工艺中台阶效应的体积；

(4)工件成形高度，该值是对基于层的增材制造工艺中制造时间的测度。

一些增材制造工艺，例如 LOM 和 SLS，其工件被埋在层压板或粉末中，在成形工艺中为工件提供内部支撑。在这样的工艺中，工件的稳定性和表面的悬垂程度并不是主要关注的问题。总之，在选择合适的方向时需要考虑另外两个因素，即台阶效应和成形高度。

5.4.3 单标准的最优方向[1,10-11]

大多数增材制造工艺中选择工件方向时，台阶效应的体积和工件成形高度是两个主要问题。台阶效应是影响基于层的增材制造工艺表面粗糙度的常见误差源，而工件成形高度在很大程度上决定了许多增材制造工艺中的制造时间。因此，基于单一标准获得最优方向时，通常考虑这两种特征中其中一种的最小化。

1）最小台阶效应的最优方向

给定层厚，增材制造工件的台阶效应可以用参考成形方向上的倾斜面数量或面积来表示。可以证明，以最小的台阶效应搜索最优方向仅限于一组有限的方向集合。

如图5－18所示，台阶体积（与倾斜面相关）与表面面积、表面相对于成形平面的倾斜角度有关。假设平面表面积为 A_i，层厚为 L，平面的法向矢量与成形方向矢量的相交角为 θ，倾斜面表面的台阶体积则可以根据式(5－15)中的单步体积 V_{step} 的总和计算出。

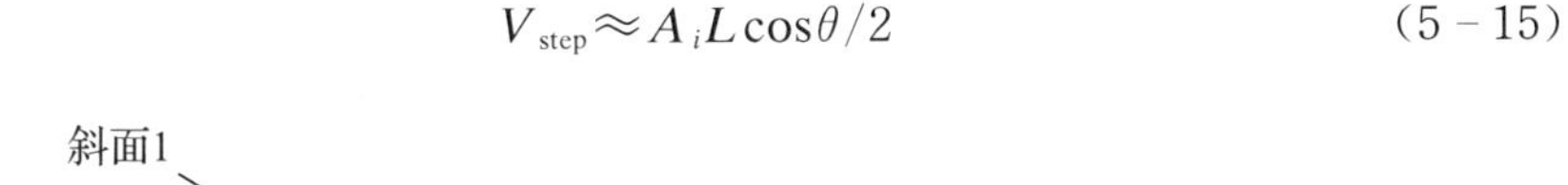

$$V_{\mathrm{step}} \approx A_i L \cos\theta / 2 \tag{5-15}$$

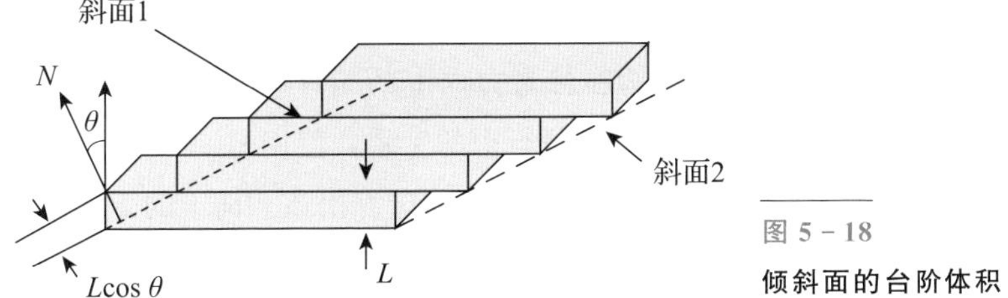

图5－18 倾斜面的台阶体积

使用式(5.15)，计算出的台阶体积可以是正值（当 θ 小于90°时）或负值（当 θ 在90°～180°之间时）。由于关注的是台阶效应的程度，因此使用其绝对值。目前在增材制造工艺中，多面体（由曲面细分界定的工件模型）通常用于3D实体模型的表示。对于多面体，可以按照以下步骤搜索具有最小台阶效应的最优方向：

（1）遍历实体多面体并将每个平面的法向量收集到集合 N 中。当收集每个新法向量时，将其与集合 N 中的法向量进行比较。如果新法向量与已经在 N 中的一个向量平行，则将它丢弃；否则，将它纳入集合 N 中。

（2）计算 N 中每对法向量的叉乘并将结果存储在集合 N 中。

（3）通过计算 N 中两个向量的点积来对比 N 中其他向量的相似性。删除那些在两个集合中是平行的向量，然后将这两个集合合并成一个集合，称为 Ω。

(4)对于 Ω 中的每个向量，如果它不是成员，则计算其逆向量并将其添加到 Ω。

(5)将 Ω 中的每个向量作为成形方向，遍历多面体中的曲面，找到倾斜的曲面并使用式(5-15)计算该方向上的每个倾斜面的台阶体积。然后确定每个方向的台阶体积的总和。

(6)识别并选择具有最小台阶体积的方向作为最优方向。

2) 最小成形高度的最优方向

如果层厚不变，工件的高度与完成工件和所需的层数成正比。在一些增材制造工艺(例如 SLA)中，连续层制造的延迟时间在整个制造时间中占据大部分。该工艺中，识别使成形高度最小化的最优方向可以显著减少制造时间。同时，在某些工艺如 LOM 中，工件成形高度与工艺中材料的消耗量直接相关。因此，LOM 中最小化工件成形高度也将减少材料消耗量，并降低整体制造成本。

搜索最优方向以最小化工件成形高度的过程如下：

(1)构造多面体的凸包。

(2)将凸包上的某一面作为成形基准面。可以计算凸包上的每个顶点到基准面之间的距离，最大值被视为在参考方向上的工件高度。

(3)计算凸包上每对非相邻和非平行边的叉乘，使用每一个这样的向量作为成形方向向量并计算每对边之间的距离，从而计算出该方向上的工件成形高度。

(4)计算不同方向的工件成形高度。最小成形高度的方向作为最优方向。

3) 多标准的优化方向

基于多标准考虑的最优定位更适用于增材制造中与工件方向有关的决策。在多标准考虑中，首先确定并量化影响不准确性和制造时间的因素。根据制造因素的量化和具体的工艺约束，然后开发了多标准优化方向算法。在下文中，提出了用于确定成形工件的合适方向的多标准条件。

5.4.3.1 量化成形不准确性

成形不准确性在这里被定义为受增材制造工件方向影响的形变体积。不同增材制造工艺中成形不准确的根源不完全相同。表 5-8 列出了 4 种增材制造工艺中成形不准确的主要根源。表 5-9 列出了与这 4 种成形不准确性有关的几何特征。根据表 5-8 和表 5-9 中列出的不准确根源，可以通过列出的这 4 种增材制造工艺受工件方向影响造成的成形不准确体积来定量估算。例如，在 SLA 中，成形件不准确根源的体积可以从阶梯体积、悬垂区域中的超大尺寸以及由于在悬垂区域中移除外部支撑所引起的形变程度之和来量化。在 SLS 中，成形不准确的体积可以定义为台阶体积和悬垂区域多出部分的总和（多出部分是指在悬垂部分下累积的额外材料，这是因为在成形工艺中，激光穿透悬垂部分上方一系列层导致悬垂部分下方的光聚合物液体固化）。

表 5－8　增材制造工艺中与工件方向有关的不准确根源

	台阶	Z*－特大型	外支撑移除	表面翘曲
SLA	是	是	是	是
SLS/SLM	是	是	否	是
FDM	是	否	是	是
LOM	是	否	否	否

注：* 表示成形方向。

表 5－9　与不准确根源相关的几何特征

几何特征	不准确根源
倾斜面	台阶效应
悬垂	由于过度固化在 Z 方向上过大
悬垂	去除外部支撑
大型平面	翘曲

从表 5－9 可以看出，倾斜的表面和悬垂表面是影响增材制造工件制造质量的两个最重要的几何特征。下面展示了在估计实体模型中这两个特征量的算法。

1）实体模型中悬垂区域计算

法向量和成形方向向量的内积可用于确定平面表面是否在特定方向悬垂。当内积的符号为负时，表面相对于成形方向悬垂。表面悬垂的程度可以根据表面面积在成形平面上的投影来评估。假设平面面积为 A，其法向量为 $\boldsymbol{N}$，成形方向向量为 $\boldsymbol{\gamma}$，则可用下式估算表面悬垂成形程度：

$$A_{\text{overhang}} = A\left|\boldsymbol{N}\cdot\boldsymbol{\gamma}\right| \tag{5-16}$$

在曲面中，曲面法线从点到点变化。理论上，曲面上的悬垂面积可以通过估算表面上不同点处的法向量与成形方向向量的内积得到，如图 5－19 所示。表面悬垂面积(OHA)的计算涉及二维积分：

$$OHA = \iint_{u,v\in\Psi} |r_u \times r_v| \mathrm{d}u\mathrm{d}v \tag{5-17}$$

其中，Ψ 是坐标系(u，v)的参数空间中的一个子集。Ψ 中的成员满足方程 $N(u, v)\cdot\gamma<0$。

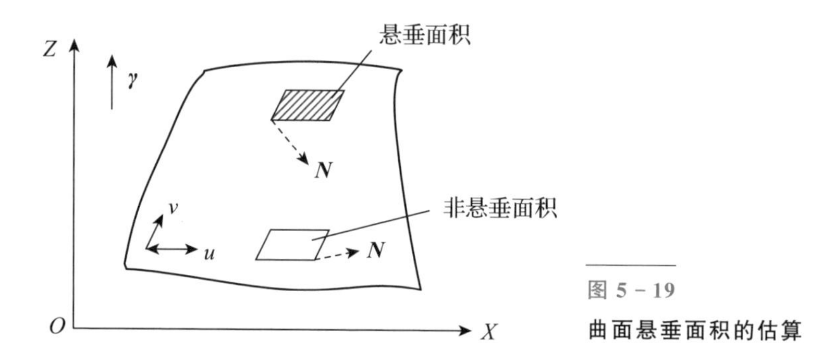

图 5－19
曲面悬垂面积的估算

给定一个解析方程，表面上的子集 Ψ 可以通过解析手段找到，积分可以通过解析得到。更一般的方法是将曲面细分为小平面，然后根据这些小平面的悬垂面积的总和来估计曲面中的悬垂面积。可以利用某些采样形式从细分的小平面搜索悬垂区域。图 5－19 给出了估计曲面悬垂面积的采样方法。

采样方法已用于曲面的逆向工程、表面检查和表面数据拟合。通过使用采样策略，连续的曲面被数字化为一组离散点。直观地说，样本大小与表面逼近精度成正比。已证明，有限采样大小的差异存在下限。HRpmersley 序列是已知的能够实现接近最优低差异的为数不多的序列之一，被用于该算法中的采样策略。

假设曲面的参数空间可由参数(ϕ，φ)单位正方形寻址，其中 ϕ，$\varphi\in[0, 1]$。在参数空间中，二维 HRpmersley 序列相应点表示为

$$\begin{aligned} \phi_i &= i/n \\ \varphi_i &= \sum_{j=0}^{l} b_j 2^{-j-l} \end{aligned} \tag{5-18}$$

其中，$i\in[0, n-1]$，$l=\text{Upper}(\log(i))$，b_j 为数字 i 的第 j 个二进制数字，如果 $n=10$，则 $l=\log_2 9=4$，(ϕ，φ)的正方形寻址的采样点为

$\phi_i = 0/10$，$1/10$，$2/10$，$3/10$，$4/10$，$5/10$，$6/10$，$7/10$，$8/10$，$9/10$；

$\varphi_i = 0/16$，$1/2$，$1/4$，$3/4$，$1/8$，$5/8$，$3/8$，$7/8$，$1/16$，$9/15$。

二维空间中十点 HRpmersley 序列的分布如图 5-20 所示。

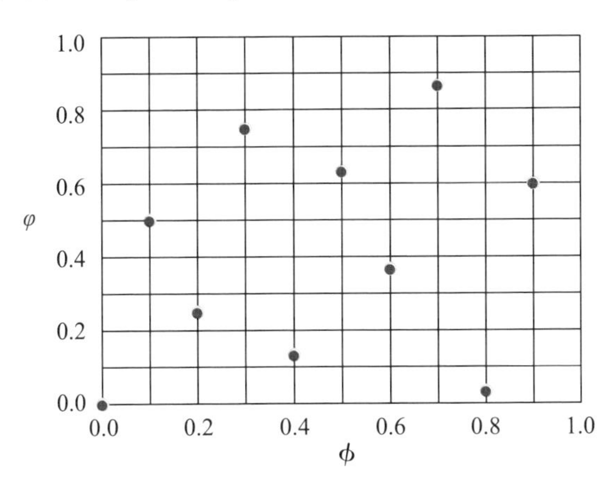

图 5-20　十点 HRpmersley 序列的分布

雕塑表面面积中的悬垂面积 A_i 的估算步骤如下：

(1)初始搜索。取 $n = n_1$。使用式(5-18)计算出的参数集(ϕ_i，φ_i)在表面上采样得到 n_1 个点，并在每个点处找到法线。

(2)计算法向量与成形方向向量的点积。如果点积都不为负，则表面上的悬垂面积被假定为零。如果有负值，请转至步骤(3)。

(3)精确搜索。取 $n = n_2$，通常是 $n_2 \gg n_1$。使用一种新 HRpmersley 序列($n = n_2$)在表面上采样得到 n_2 个点。检查每个点是否位于曲面的区域中(例如，通过使用由 CAD 软件提供的合适函数)，计数位于曲面中的点，记为 n_pt，并得到该点的法向量。

(4)确定成形方向向量与法向量的内积。计数在成形方向上具有负投影法向量的点(记为 neg_pt)。

(5)悬空面积 OHA 使用以下等式估计：

$$OHA = \frac{neg\_pt}{n\_pt} A_i \tag{5-19}$$

在算法中使用两步采样策略来提高计算速度。初始搜索可以使悬垂区域被快速定位，然后接下来搜索中使用较大采样量对悬垂区域进行更精确估计。

2)实体模型中倾斜面积的评估

增材制造工件台阶效应的体积由表面的倾斜角度、表面积和用于成形工件的层厚确定，参见式(5-15)。假设使用固定的层厚度，那么，根据倾斜角度和倾斜表面积确定在特定方向上的台阶效应程度。

5.4.3.2 成形过程中的工件稳定性

成形过程中工件的稳定性对于那些本质上不会提供任何支撑的增材制造工艺很重要，例如 FDM 和 SLA 工艺。

寻找最优方向确保工件稳定性，可以定义惩罚函数 $F(\gamma)$。$F(\gamma)$与成形基凸包 CG 的投影距离 c、特定方向的工件高度 h 成正比，与成形基的面积 A_{base}成反比，见下式：

$$F(\gamma)=c\frac{h}{A_{\text{base}}} \tag{5-20}$$

凸包可以由一组不同的点集中获得，例如从工件表面采样，一个简单的方法是使用上下链算法。

5.4.3.3 工件方向对制造时间的影响

工件方向主要影响制造时间，即生坯工件成形的时间。它对制造时间的其他影响，即制备和后处理时间，相对较小。因此，最优方向算法通常仅考虑最小化制造时间就足够了。对于所有基于层的增材制造过程，制造时间由两部分组成：层之间的延迟时间和每层的材料成形时间，包括有支撑结构层的成形，参见式(5-5)。在层之间的材料成形的时间变化最小的情况下(如具有相似横截面积的截面层，以及基于激光的工艺中高速扫描)，层数可以用作测量在最优方向算法下工件方向对制造时间的影响程度。

5.4.3.4 多标准优化技术

参考图 5-21，让不同可行的工件方向用搜索空间中的点表示，图中轴表示了选择工件方向的最小化标准。坐标系中最低点和最左边的点表示更好的解决方案。换句话说，方向 1、2 和 3 比其他方向好。但是，确定方向 1、2 和 3 中的最优方向则更加困难。

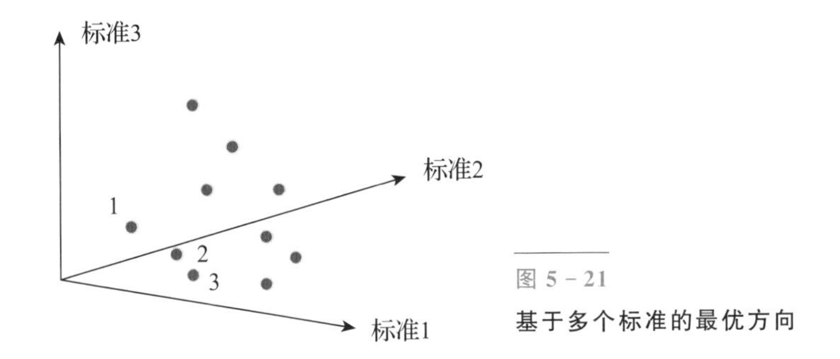

图 5－21
基于多个标准的最优方向

为了处理具有多个标准的优化问题，在实践中经常使用 3 种方法：

(1)通过将各种标准的加权函数相加，将多标准优化问题转换为单个目标优化问题。

(2)使用多种优化技术，例如最小最大法、帕累托分析、目标规划等分析，找到最优解决方案。

(3)选择一个标准作为主优化目标，另一个标准作为次优化目标，等等。

在前面的章节中，已经给出了定义成形的不准确性、制造时间和成形中的工件稳定性等各种测度。悬垂面积和工件倾斜面的表面投影面积，用于评估不同方向过程相关的不准确性。层数被看作是评估对制造时间影响的测度。惩罚函数是从工件稳定性的角度反映了方向的偏好。为了找到一个通用的最优方向，定义测度的组合——制造时间、工件不准确度和工件稳定性——用作目标函数。优化问题表述如下：

$$\mathrm{MIN}\left\{w_s\frac{ht(\gamma)c(\gamma)}{A_{\mathrm{base}}(\gamma)}+w_a\frac{\mathrm{OHA}(\gamma)+\mathrm{INCL\_}A(\gamma)}{A}+w_t\frac{\mathrm{NUM}(\gamma)}{M\_L}\right\} \tag{5-21}$$

式中，$\gamma\in\Psi$，Ψ 为候选方向的集合。

在式(5－21)中，分母 $A_{\mathrm{base}}(\gamma)$，$A$ 和 M_L 分别表示模型的基面积、模型的总表面积和以 γ 方向为工件成形方向的最大层数。通过引入这些分母，目标函数中每项是相对的且无量纲的，使得最大限度地减少权重 w_s，w_a 和 w_t 的偏差，这些权重表明了应用中工件的稳定性、成形精度和制造时间的相对重要性，w_s，w_a 和 w_t 的值可以由用户指定。当用户对工件稳定性、成形精度和制造时间具有相同的偏好时，权重可以设置为相同的。

5.5 CAD 模型的分层切片[1,12]

各种用于基于层的增材制造的CAD模型切片的方法已有提出。利用切片技术将3D实体模型转换为2D分层数据。通常，3D CAD模型首先被细分为STL模型，然后将STL模型发送到增材制造设备中进行切片和数据准备。常用的方法是固定厚度进行切片。在该工艺允许的情况下，也开发了可变厚度或自适应的切片技术。通过使用单一类型的元素——平面三角形，STL文件使得切片和下游的数据准备任务更容易。但是，在使用STL模型作为CAD系统和增材制造设备之间的交互接口时存在某些局限。首先，STL文件本质上是不准确的，因为它使用平面三角形近似CAD模型中的曲面；其次，通过细分CAD实体模型和切片STL模型的序列进行工件制造效率不高。

相反，如果CAD模型直接在CAD系统的环境下切片，则可以消除或至少以某种方式控制上述缺点。通过直接切片CAD模型，输入数据可以更准确。也可以避免与使用STL模型相关的细分误差和数据修复。此外，CAD系统将更多整合增材制造设备。集成的智能CAD/CAM系统使设计人员能够同时控制设计和制造过程，从而使产品开发周期更加高效和具有竞争力。随着增材制造通用分层数据格式的建立，直接切片变得更高效。增材制造的标准或统一切片数据格式已被提出。设计和实现标准分层数据格式包括通用层接口(CLI)、层交换ASCII格式(LEAF)、惠普图形语言(HPGL)的扩展以及某些增材制造机器数据格式。

下面的章节介绍了一种不使用STL格式，直接和自适应地切片用于工件制造CAD模型的方法。这是基于3D实体建模器(Pro/Engineer)和SONY SCSAM系统。

5.5.1 自适应厚度切片和交点高度公差

增材制造中固定厚度切片和工件成形的约束包括：

(1)存在丢失特征的可能性，因为当厚度太厚时，切片轮廓将不保留某些特征的精确特征或确切的开始/结束位置。

(2)在上述情况下，如果厚度太薄而不能表现精细特征，则需要将制造时间显著延长。因此，在固定厚度切片的情况下，需要在改善表面粗糙度和缩短制造时间之间作出一些折中。

(3)处理曲面时，如果使用固定的厚度成形整个工件，则会出现不一致的表面粗糙度。

对于那些允许可变厚度控制的过程，上述约束可以通过自适应切片来克服，可以使用指定的尖点高度公差来保持增材制造工件的期望表面质量或特征。由于精细层厚度仅用于局部几何形状，所以层数将明显小于固定厚度切片的层数，并且相应的制造时间也减少。在期望的表面尖点高度能够提供足够可接受的表面粗糙度情况下，也可以避免昂贵且耗时的后处理(例如，喷砂、CNC 加工或喷涂/涂覆)以去除台阶特征。

表面尖点高度定义为实际成形表面和期望表面之间的最大距离，如图 5－22所示。只要使用块状层来逼近非垂直曲面，就不能完全消除表面尖点高度偏差。但是，通过根据表面曲率或表面法向量的方向改变层厚度，可以将表面尖点高度控制在用户定义的公差内。

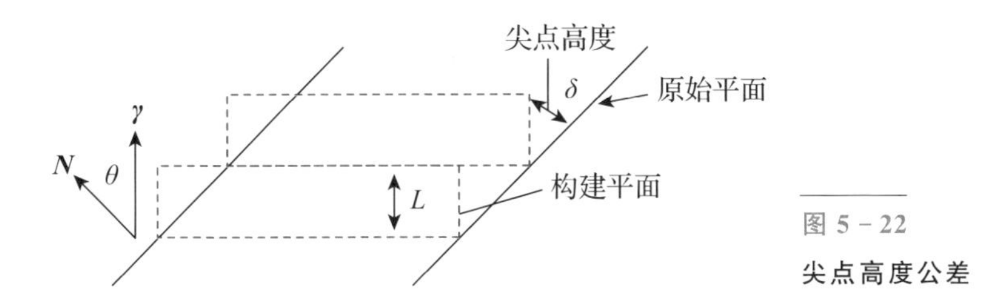

图 5－22
尖点高度公差

给定用户定义的尖点高度公差 δ，如果成形方向向量 $\boldsymbol{\gamma}$ 与表面法向量 $\boldsymbol{N}$ 之间的相交角度为 θ，如下方程则可以找到用于成形相关平面表面的最大层厚：

$$L = \frac{\delta}{\cos\theta} \tag{5-22}$$

当 θ 接近 90°时，最大允许的层厚可能非常大。由于允许的层厚范围为 $[L_{\min}, L_{\max}]$，可以在允许的范围内选择用于参考平面表面的实际层厚进行切片。

5.5.2　基于曲率的最大允许层厚

对于曲面，曲面法向量由点到点变化。为了根据局部几何结构控制层厚，将有必要考虑切向量的变化率或者该点处的表面法曲率。

5.5.3 曲面法曲率

假设 $r(t)$是平面与曲面相交于一点的曲线，则曲率 $r(t)$定义为曲面上沿着曲线 r 的法曲率。一般来说，$r(t)$的导数为

$$r'(t)=\frac{\mathrm{d}r}{\mathrm{d}t}=\frac{(r_u\mathrm{d}u+r_v\mathrm{d}v)}{\mathrm{d}t}=r_uu'+r_vv' \tag{5-23}$$

曲率为

$$k=\frac{\mathrm{d}T}{\mathrm{d}s}$$

其中，单位切线向量为

$$\boldsymbol{T}=\frac{r'(t)}{|r'(t)|}$$

计算曲面法曲率的公式为

$$k=UDU^{\mathrm{T}}/UGU^{\mathrm{T}}=VDV^{\mathrm{T}}/VGV^{\mathrm{T}} \tag{5-24}$$

其中，$\begin{matrix}U=(u' \quad v');\\ V=(u'/v' \quad 1);\end{matrix}$ $G=\begin{vmatrix}r_u\cdot r_u & r_u\cdot r_v\\ r_u\cdot r_v & r_v\cdot r_v\end{vmatrix}$；$D=\begin{vmatrix}N\cdot r_{uu} & N\cdot r_{uv}\\ N\cdot r_{uv} & N\cdot r_{vv}\end{vmatrix}$。

u 和 v 是曲面参数，G 是曲面 $r(u, v)$的第一个基本矩阵，D 是曲面 $r(u, v)$的第二个基本矩阵。

由于向量 $\boldsymbol{r}_u$ 和 $\boldsymbol{r}_v$ 是位于特定曲面的某个点上，所以比率 u'/v'唯一地确定了切平面某个方向上的法曲率。

5.5.4 沿成形方向的表面法曲率

感兴趣的表面法曲率为沿着成形方向的曲率。给定表面上一点，成形方向上的单位向量 $\boldsymbol{\gamma}$ 和该点处的表面法向量 $\boldsymbol{N}$ 唯一地定义了一个平面，称为法平面。该法平面与曲面相交，相交曲线表示为 $r(t)$，如图 5-23 所示。

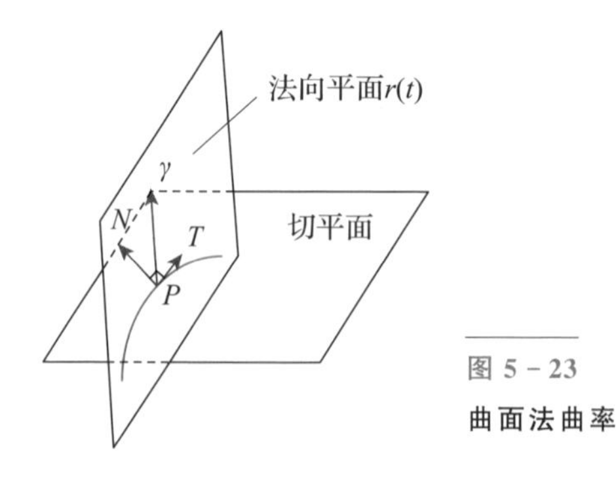

图 5-23
曲面法曲率

给定点 P，沿成形方向的表面法曲率可以如下计算得到：

(1)寻找相交曲线方向上的单位切向量 $\boldsymbol{T}$，并计算点 P 处的单位法向量 $\boldsymbol{N}$。

(2)计算 u'与 v'的比率。通过在切平面上定义一个与向量 $\boldsymbol{T}$ 正交的向量 $\overline{\boldsymbol{PH}}$，如图 5-24 所示。

$$r'(t)=\boldsymbol{r}_u u'+\boldsymbol{r}_v v'=m\boldsymbol{T}$$

$$\Rightarrow(\boldsymbol{r}_u\cdot\overline{\boldsymbol{PH}})u'+(\boldsymbol{r}_v\cdot\overline{\boldsymbol{PH}})v'=m\boldsymbol{T}\cdot\overline{\boldsymbol{PH}}=0$$

$$\Rightarrow\frac{u'}{v'}=-\frac{\boldsymbol{r}_v\cdot\overline{\boldsymbol{PH}}}{\boldsymbol{r}_u\cdot\overline{\boldsymbol{PH}}}$$

(3)根据比值$\frac{u'}{v'}$和 P 点处基本矩阵，用式(5-24)计算沿成形方向的法曲率。

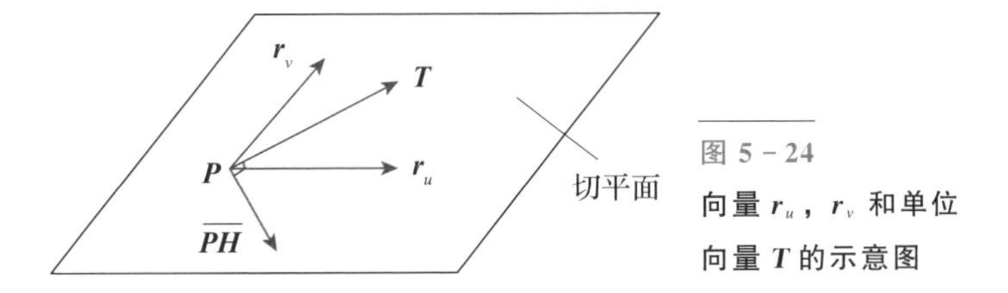

图 5-24
向量 $\boldsymbol{r}_u$，$\boldsymbol{r}_v$ 和单位向量 $\boldsymbol{T}$ 的示意图

5.5.5　计算表面上点的最大层厚度

根据成形方向上的表面法曲率和表面上点 P 处的表面法向量，对于给定的交点高度公差，可以找到最大可允许的层厚。考虑到从底层开始成形，图 5-25所示的不同情况可以由下式推导出：

$$\begin{cases}L=-\rho\cos\theta+\sqrt{\rho^2\cos^2\theta+2\rho\delta+\delta^2} & \text{(a)}\\ L=\rho\cos\theta+\sqrt{\rho^2\cos^2\theta+2\rho\delta+\delta^2} & \text{(b)}\\ L=-\rho\cos\theta-\sqrt{\rho^2\cos^2\theta-2\rho\delta+\delta^2} & \text{(c)}\\ L=\rho\cos\theta-\sqrt{\rho^2\cos^2\theta-2\rho\delta+\delta^2} & \text{(d)}\end{cases}\tag{5-25}$$

式中，ρ 为点 P 处的曲率半径。

5.5.6　参考高度处的最优层厚

前面给出了确定曲面上给定点的最大允许层厚的计算方法。在给定的高度处，将会在该切片包围的截面中有不同的曲线。通过在切片轮廓上的点之间搜索找到参考高度水平处最优层厚是有必要的。

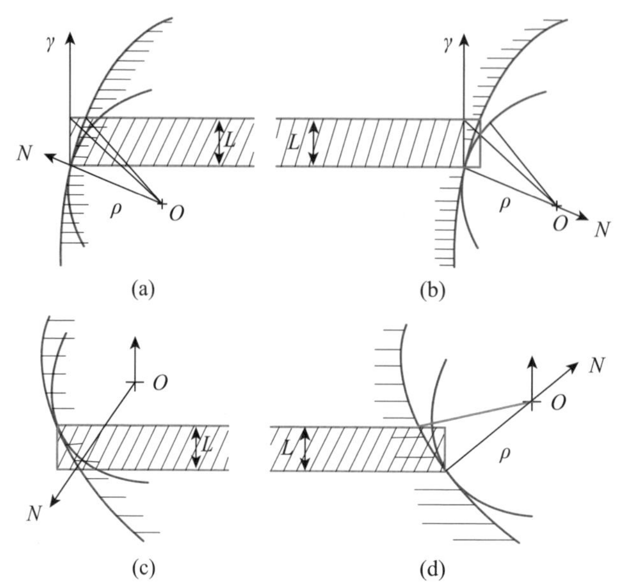

图 5－25
不同几何属性的最大层厚度

5.5.6.1　一维搜索问题

给定表面的参数描述，寻找高度为 Z 处表面的最优层厚问题可以被表述为约束优化问题：

$$\mathrm{Min}\{L(r(u,\ v),\ \delta),\ \text{对于所有}\ r(u,\ v)\gamma = Z\} \tag{5-26}$$

$L(r(u,v),\delta)$表示点 $r(u,v)$处、允许的交点高度容差为 δ 计算得到的层厚。解析法可以用于当存在单个显式表面方程 $r(u,v)$以及方程不复杂时的优化问题的求解，否则，可以采用数学规划技术来搜索最优值。但是当涉及的表面不连续时，或者在横截面中涉及多个表面时，解析和数学规划方法都可能无法找到可行的解决方案。在这种情况下提出了随机搜索方法能够找到最优解。

考虑高度为 Z 处的横截面：假设 B 是横截面内部的一个点，如图 5－26 所示。从点 B 处绘制出一系列线，每条线可能与工件的边界处有多个相交点。如果将点 B 作为平面中的原点，成形二维极坐标系，则可以使用角度 α 描述线向量。通过改变角度 α 来选择不同方向的线向量，和对工件边界上的点进行采样来计算允许范围内的层厚。式(5－26)可以被修改为一维搜索问题：

$$\mathrm{Min}\{L(P_i(\alpha),\ \delta),\ i = 0,\ 1,\ 2,\ \cdots,\ n-1\} \tag{5-27}$$

其中 $0 \leqslant \alpha \leqslant 180$，$n$ 是线向量 $m(\alpha)$ 与工件边界的交点个数，$P_i(i=0, 1, \cdots, n-1)$ 为交点。

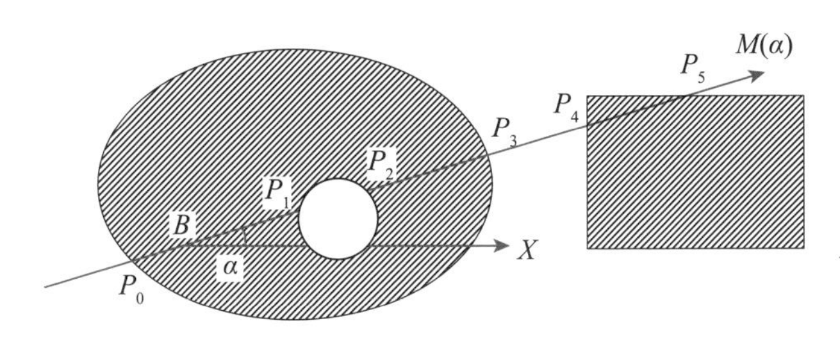

图 5-26
参考高度 Z 处的横截面

5.5.6.2 一维搜索的遗传算法

在20世纪70年代早期提出，遗传算法（GA）以其在“坏函数”优化中的性能和鲁棒性而闻名。“坏函数”是指那些具有不连续、多模态或有噪声域的函数。与传统的搜索方法不同，例如斐波那契法搜索和最速下降法搜索，它们使用导数来寻找局部极值，遗传算法随机更新所选点集并在搜索中逐渐丢弃不利的解。通常，GA比传统的最优搜索方法更有效地找到全局最优。

基本上，遗传算法模仿了自然（基因）选择现象，通过后代改善个体的适应度来找到最优个体。与GA相关的一些关键术语包括：人口指的是所有可能的个体。在GA中，每个个体都被称为基因型。通常随着一代代演变，人口具有固定的规模。所有可能的不同基因型统称为基因库。适应度定义了每种基因型的性能测度。高适应度意味着通过进化与相关基因型的生存机会更大。因此，选择过程中具有较高适应度的种子倾向于作为最优值。遗传算子是为后代繁殖定义的操作，主要的遗传算子包括交叉、倒位和变异。

在GA中，主要任务是找到合适的解决方案。在上述一维优化问题的情况下，这个任务相对简单。如果给出了分辨率的要求，角度参数 α 可以容易地编码成二进制数。假设分辨率在0～180°的范围内为0.5°，那么9位二进制数就足以表示所有可能的解决方案。

适应度函数定义如下：

$$\text{fitness} = \text{MAX\_VALUE} - \text{L}(\alpha) \tag{5-28}$$

其中，$L(\alpha)$ 为不同点 $P_i(\alpha)$ 处所计算出的层厚中的最小值，它们是线向量 $m(\alpha)$ 和边界面之间的交点。MAX _ VALUE是一个给定的大数，目的是使候选种子具有较大的适应度表示更好的解决方案。

在复制过程中使用 3 种操作，即交叉、变异和倒置。为了找到最优值，在每一代中，最好的种子将在随后的繁殖过程中被记录和保存。当适应值较大的成员出现在新一代时，将其动态地修改为最好的种子。当种群中最好的种子在连续五代后没有变化时，搜索过程终止。然后选择最终的最优值作为最优解。相应的层厚可以根据该最优值的适应度定义来计算。

通过遗传算法搜索确定了每层适合的最小层厚度后，将计算出的值（这些值是允许的最小和最大厚度 [L_{min}，L_{max}]，以及最小可能的厚度增量变化 ΔL）与特定增材制造机器的层厚度约束进行比较。

5.5.7 自适应切片算法的实现

上述自适应算法已经在工件成形的实体建模环境（Pro/Engineer）中实现，该实体建模环境使用特别修改版的 SLA 机器（SONYP21 的实体创建系统），SLA 机器的成形层厚不能大于 0.3mm 或小于 0.05mm，层厚必须以 0.01mm 为增量，因此计算出的层厚必须在[0.05mm，0.3mm]的范围内以 0.01mm 增量调整。图 5－27 显示了实现自适应切片算法的流程图，计算机辅助设计（CAD）实体模型的分割和切片如图 5－28 所示。

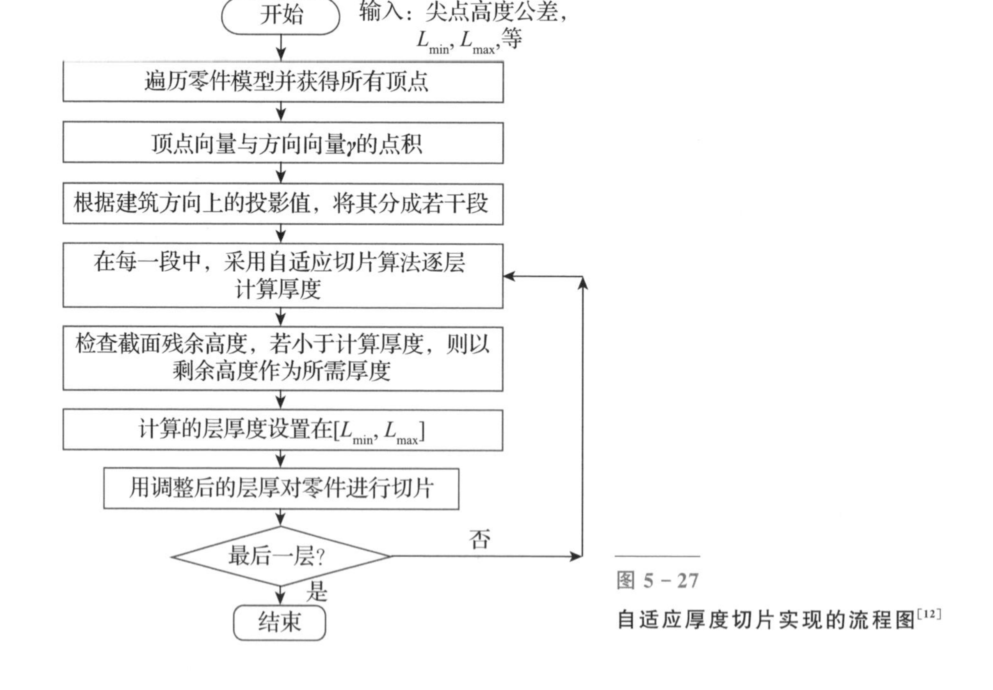

图 5－27 自适应厚度切片实现的流程图[12]

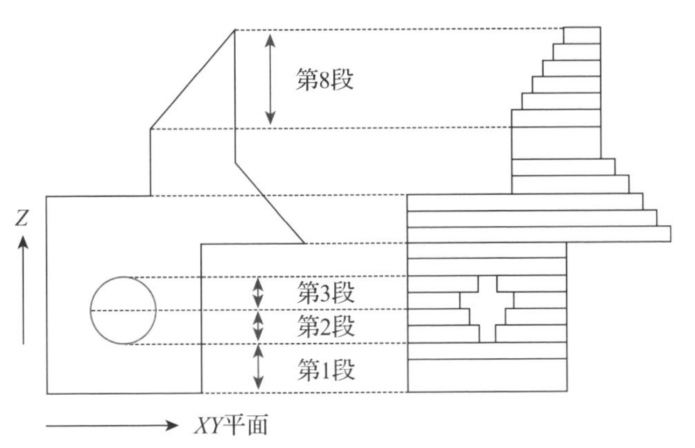

图 5-28 CAD 模型的分割和切片[12]

为了显示自适应切片算法的效果，图 5-29 所示的酒杯已经在 CAD 环境中设计和切片，并且切片的数据随后输出到 SCS 机器。图 5-30 显示了层厚与层数高度的关系曲线。可以看出，该工件基本上分为 4 个部分。从玻璃杯底部开始的第一部分覆盖了第 1 层到第 115 层。第二部分是柱形杆部分。在第二部分使用了大的层厚度——允许的最大值上界为 0.3mm。第三部分涉及圆柱杆和旋转表面底部之间的圆角表面。这部分覆盖第 220 层和第 300 层之间的层。由于圆角表面具有相对较大的法曲率，较薄的层厚已被用于第三部分切片。玻璃杯的最后一部分由两个旋转表面组成。从图 5-30 可以看出，随着 Z 增加，表面逐渐垂直于成形平面。因此，该部分中计算出的层厚随层编号增加到最大值。在计算层厚的过程中，可能需要对每个部分中的最后两层进行特殊调整。如果一部分的剩余高度小于允许的最小值 0.05mm，则必须配合剩余高度调整前面计算出的层厚度，从而确保达到该部分中的所需高度。

图 5-29 用于测试自适应切片的玻璃模型着色视图

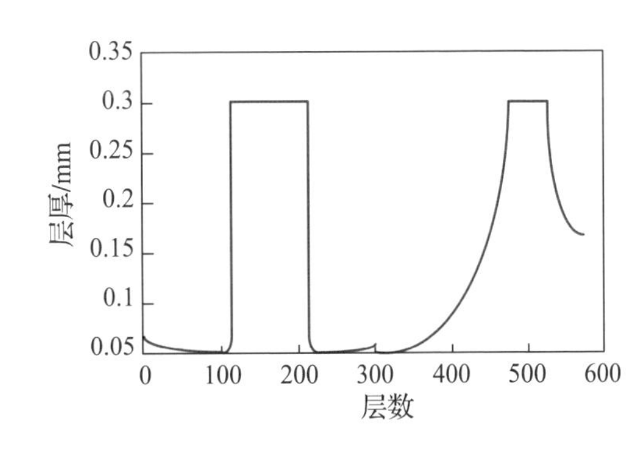

图 5-30 计算的玻璃层厚度

该示例显示了切片算法识别局部几何要求并自动应用较小的层厚在工件中成形更多弯曲的部分。图 5-31 比较了以固定厚度对玻璃杯切片的切片层数和自适应切片算法（其中表面交点高度公差分别设定为 0.05mm 和 0.1mm）。由于需要层数的减少，在成形过程中使用自适应层厚显著减少了工件制造时间，同时表面交点高度保持在公差范围内。

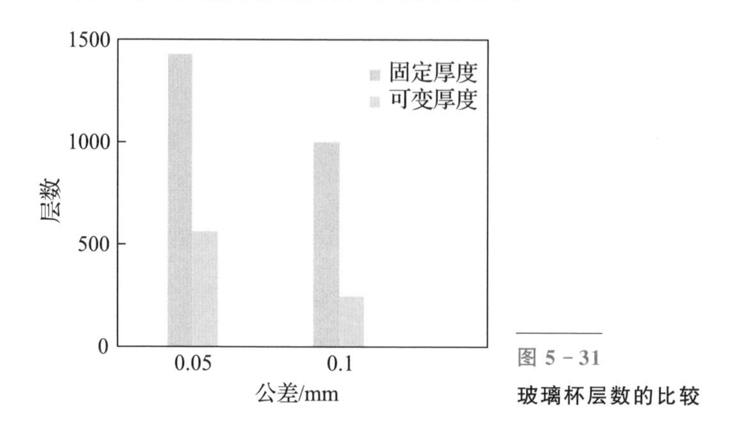

图 5-31 玻璃杯层数的比较

5.5.8 自适应切片的其他方法

以上自适应切片可以减少增材制造部分的阶梯效应和沉积误差，但可能需要更多的计算资源和时间来成形。因此，Mani 等[13]提出了一种基于区域的自适应切片算法，这为用户提供了在物理表面质量和资源消耗之间进行选择的灵活性。它们将薄壳和稀疏/厚实的内部层结合在切片算法中，以更快、更准确地成形增材制造工件，如图 5-32 所示。然而，大多数增材制造进程使用统一的切片技术来匹配物理系统的能力。为了实现这种先进的算法，需要对材料输送或固化系统进行修改。切片平面集的交点可由公式计算出，用于生成轮廓或图层，如图 5-33 所示。闭合的二维轮廓通过以线性方式连续连接这些相交点而生成。因此，轮廓是一条分段线性曲线，如图 5-33(a)所示。

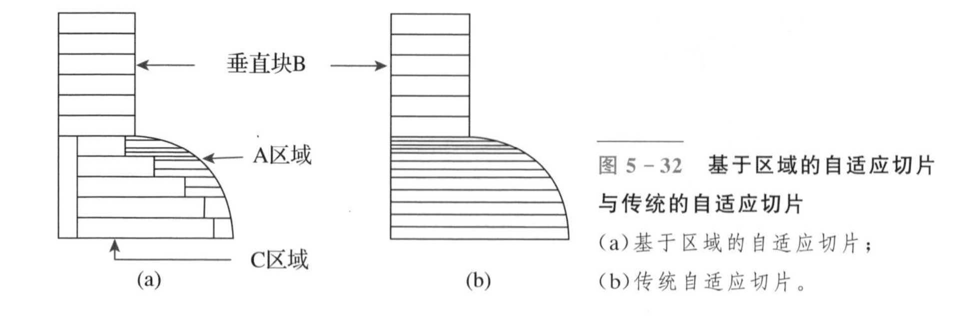

图 5-32 基于区域的自适应切片与传统的自适应切片
(a)基于区域的自适应切片；
(b)传统自适应切片。

所有轮廓曲线都被假定为一条简单的平面闭合曲线，即平面曲线除了起点和终点之外不与自身相交，并且具有相同的(正)方向。

另外，大多数增材制造过程使用数字控制(NC)系统或其导数，其中点集在运动控制期间用作输入。机器运动将由分段线性曲线点之间的线性插值产生。因此，这可能会产生间歇运动，而制造和不均匀材料固化可能会沿着轮廓发生。在直线段之间的过渡处采用干涉算法可以实现均匀运动。或者，可以使用点减少算法来最小化这种过度沉积效应。Khoda 等应用了最大固定双圆弧曲线拟合技术[14]，同时减少点并使用适用于数控控制系统的精确圆弧插补，如图 5-33(b)所示。

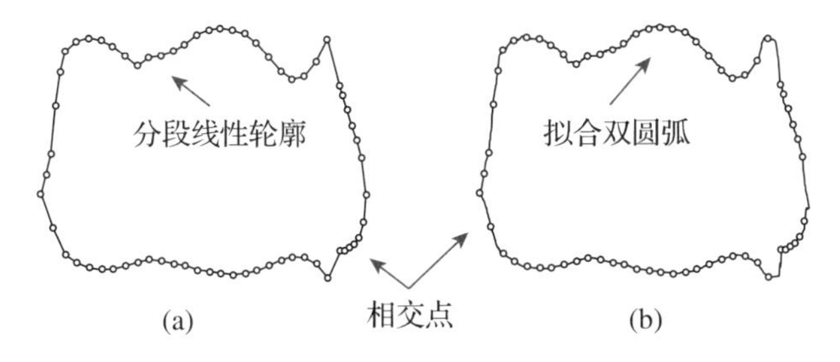

图 5-33　从平面相交点生成的轮廓
(a)分段线性曲线；(b)拟合的双圆弧[14]。

5.6　参数选择和工艺优化

由于增材制造零件的机械完整性取决于工艺参数(通过热历史影响微观结构分布)，因此优化增材制造工艺参数以生成具有最小缺陷的近净形状零件非常重要。优化后的工艺参数可有效地用于过程监测与反馈控制。最佳工艺参数通常是通过大量的实验来确定的，这通常需要很高的实验成本和大量的时间投资。由于涉及许多相互作用的过程参数，因此开发一种全面而通用的增材制造过程优化方法具有很强的挑战性。

激光增材制造工艺的优化要求理解和描述过程控制参数 $\boldsymbol{X}$ 矢量与响应 $\boldsymbol{Y}$ 矢量之间的关系，响应 $\boldsymbol{Y}$ 矢量可以是力学性能，如气孔、疲劳和屈服强度，也可以是过程中变量，如熔池尺寸和沉积高度。激光增材制造工艺优化的重要性有两个方面：①可以利用优化的工艺参数有效地进行热监控、反馈控制的激光增材制造工艺，这将有助于改进和定制具有特定性能的激光增材制造零件；②它有助于在材料科学方面的研究，因为综合知识涉及增材制造过程，包括激光技术、材料科学和凝固，可以积累适合各种金属材料的增材制造处理数据。

尽管激光增材制造技术最近取得了进步，但运行大量实验的费用仍然不菲。由于机器、材料和操作成本高，单次激光增材制造零件密度的实验研究可能花费数万元，且在时间上可能要花费数周。此外，这种类型的试错法可能永远无法揭示过程参数 X 和零件特征 Y 之间的函数关系，因此，可能永远无法估计过程控制参数的最佳组合。

有两种方法/模型被用于解决激光增材制造过程优化问题：①寻求描述激光增材制造底层热物理沉积过程的物理模型；②以识别现有实验数据中特定模式为目标的数据驱动建模方法。对于这两种方法，目标都是确定功能关系：

$$Y = f(X) + \varepsilon \tag{5-29}$$

其中，f 表示过程参数 X 和激光增材制造响应 Y 之间的未知关系，ε 表示与过程相关的随机误差和不确定性。描述 f 的函数形式，即控制激光增材制造过程的基本现象是非常重要的，因为几个激光增材制造过程参数可能影响工件的响应向量，包括但不限于激光功率、激光速度、激光扫描策略等。例如，激光功率和激光速度会影响熔池形状和入射能量，从而影响冷却速度和局部热梯度，最终影响零件的力学性能。

从前面的章节可以看出，尺寸精度、表面粗糙度、制造时间和成本等 AM 选择标准是制造工艺中包含多因素的复杂函数。这些因素包括模型的几何特征、成形方向、工艺中使用的材料、成形机理、成形风格和其他工艺参数。因此，增材制造材料/设备的选择需要具备关于材料属性和设备性能的全面知识。

为了帮助决策过程，必须有效收集和组织不同类型的信息。一般而言，涉及的信息可以分为以下 5 个领域：

(1)增材制造材料数据，包括机械、热学和材料的化学属性、单位成本、外观等；

(2)增材制造机器数据，包括材料类型、成形风格、可控制过程参数、机器性能等；

(3)增材制造应用数据，在材料属性、公差、表面粗糙度等方面提供了典型应用的相关要求；

(4)几何数据，提供诸如工件包络线、工件体积、最小线性尺寸、成形特征类型等信息；

(5)型号规格，包括应用目的、尺寸公差、一般表面粗糙度、材料属性等。

以上 5 个领域定义了增材制造材料/设备选择所需的 5 个最高级别的信息集群。对成形质量的评估、制造时间和成本的计算需要访问这 5 组集群信息。根据有组织的信息和合适的模型，可以对增材制造工件的制造做出适当的决策，如图 5-34 所示。

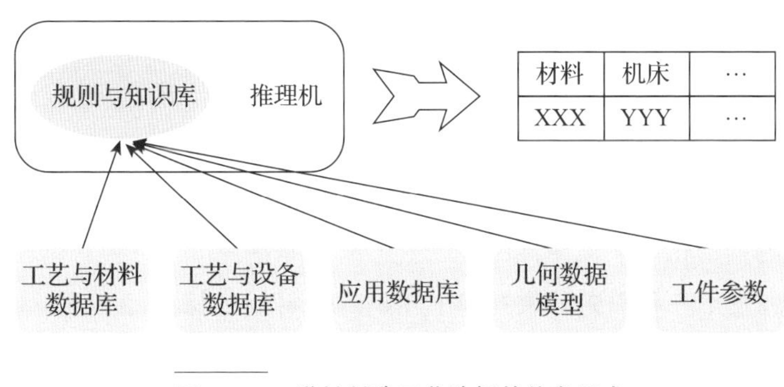

图 5-34　增材制造工艺选择的信息要求

5.6.1　基于知识的增材制造材料/设备选择

很明显，选择合适的增材制造材料/设备是属于知识密集的过程，需要理解能力和不同的增材制造工艺知识。当增材制造专家为产品设计选择一种工艺时，通常首先将设计要求或工件规范抽象并精炼为底层目标。由于增材制造工件所要求的目标在细化为底层任务时可能会发生冲突，因此通常需要元知识或一组规则来指导选择中的决策流程。制造质量、制造时间/成本和工件几何形状之间的相互关联关系以及工艺的非结构化特征，表明采用基于知识的方法来选择合适的增材制造材料/设备具有适用性。

基于知识的系统(KBS)被定义为一种软件系统，它具有关于专业领域的结构化知识和通过使用来自该领域专家的知识解决特定领域内问题的能力。如图 5-35 所示，基于知识的系统通常由数据库、领域知识、控制/监视机制、推理、计算和推理模块、用户界面、数据库界面和报告系统组成。领域知识可以以各种形式表示，例如符号、生产规则、算法、决策树、定理等。

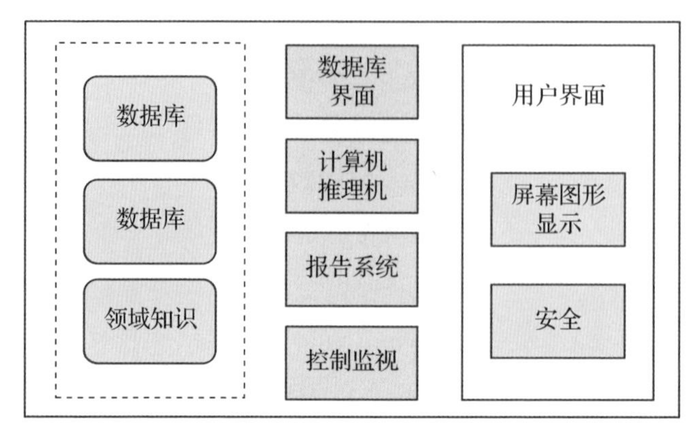

图 5-35
基于知识的系统

对于设计和制造应用，近几十年来已经开发出各种基于智能知识的系统，以解决集成、数据管理、工艺规划、控制和通信等各个层面的问题。这些项目旨在提高自动化水平，并将传统制造工艺智能化。

已经开发了一种面向对象的基于知识的增材制造材料/设备选择器，在给定CAD模型的情况下，该CAD材料/设备选择器根据工件几何形状和应用对尺寸精度、表面粗糙度和机械或热性能的要求来确定合适的增材制造材料和设备。面向对象的数据库用于组织与流程相关的信息，例如设备、材料和应用案例。在基于知识的增材制造材料/设备选择器的体系结构以及已开发的最优方向和直接切片的模块基础上，一套综合的决策支持系统已经投入增材制造工件的运行中。

5.6.2 基于物理过程的工艺优化

由于激光增材制造的逐层叠加特性，在沉积层的不同区域重复经历了复杂的热历史，通常包括在相对较低温度下的熔化和多次再加热循环。激光增材制造过程中如此复杂的循环热行为导致了复杂的相变和微观结构的发展，因此在获得目标最佳力学性能方面存在重大困难。另一方面，使用细聚焦激光形成快速横穿熔池可能导致相当高的凝固速度和熔池不稳定性。在成形过程中，由于凝固过程中遇到的热瞬态，复杂的残余应力往往会锁定在零件上。了解参数—热机械关系有助于优化激光增材制造工艺，从而优化最终力学性能。实际上，激光增材制造过程中的熔池涉及一系列复杂的热力学现象，包括传热、相变、质量加入和流体流动。因此，基于温度、速度和成分分布历史知识开发的物理模型对于深入了解工艺和后续力学性能至关重要。

5.6.2.1 基于白金汉 π 定理(Buckingham's π theorem)的参数选择

在工程、应用数学和物理学中，白金汉 π 定理是量纲分析中的一个关键定理，它是瑞利量纲分析方法的形式化。白金汉 π 定理指出，一个包含 n 个物理变量的方程，可以用 k 个独立的基本物理量表示，它可以用 $p=n-k$ 个无量纲参数表示。由于参数空间的高维性及其相互作用，确定过程参数对激光增材制造过程的影响具有挑战性。换言之，每个工艺参数可能不会单独列出和研究，这是因为其对激光增材制造零件微观结构和力学性能的影响取决于其他工艺参数的值/水平。白金汉 π 定理为减少过程参数空间的维数提供了维数分析中的关键工具，并为确定过程特征所需的最大无量纲参数数目提供了指导。

其主要思想是，如果有一个物理控制方程涉及物理变量的某个数字，比如 n，而 k 是描述这 n 个变量所需的基本维度(时间、位置、密度等)的数量，那么原始表达式就等价于一个方程，包含一组由原始变量构造的 $p=n-k$ 个无量纲参数。白金汉 π 定理提出了可以构造的无量纲参数的个数，但通过白金汉理论生成的无量纲参数并不唯一，这些无量纲参数存在多种选择。在大多数情况下，研究人员选择无量纲参数，这些参数对理解基础过程物理很有用。无量纲参数的可能选择包括熔化效率、沉积效率、工艺效率、激光吸收率、比能等，通常利用热流体无量纲参数，如 Re、Pr 和 Bo，因为这些经典参量可以提供对激光增材制造过程各个方面的物理现象洞察。例如，可以找到熔池的雷诺数，以帮助评估是否存在层流或湍流[15]。

5.6.2.2 基于工艺图(process maps)的参数选择

每当开发一个新的、不同尺寸的激光制造系统时，工程师们就必须进行大量的实验来描述它们的过程。对于如何将从小型系统(例如，配备 500W Nd：YAG 激光器的透镜或其他类似尺寸的激光器)获得的沉积知识应用于类似的大型系统来说，获得基本的理解是很重要的。开发无量纲参数的一种成熟方法是工艺图(process maps)，可用于了解激光增材制造工艺参数及其对零件热历史和微观结构的影响。这是一种常用于无量纲参数同时对优化特别有用的方法[16]，有助于确定与改变扫描速度、零件预热和激光功率相关的挖掘效果的坐标，并根据分析、数值或实验结果进行了推广。在许多情况下，模拟或研究简单的几何结构，例如薄壁结构件，由于使用分析模型，沉积过程通常被忽略。工艺图可用作帮助增材制造用户确定给定材料的初始工艺参数的工具。

Birnbaum 等[17]通过外推法开发了多个不同尺度的工艺图，用于预测大型工艺的零件特征。作者表明，通过简单地使用无量纲参数，即通过改变功率范围内的归一化温度，可以在多个工艺尺寸尺度上应用工艺图。

Birnbaum 等[17]演示了标准化熔池长度(L)是如何随激光移动的标准化距离(X)而变化的，如图 5-36 所示。每条曲线代表了相应熔池温度 T_m 的工艺图。两条曲线之间的垂直间隙表示当熔池温度因不同的增材制造动力学而变化时标准化的熔池长度的变化(例如，当激光到达零件边界时熔池温度可能升高)。水平间隙表示当标准化的熔池温度变化时激光需要经过的距离，该距离也可通过除以横移速度转换为激光行程时间。这些时间可能有助于建立现有增材制造热反馈控制系统的响应时间下限。

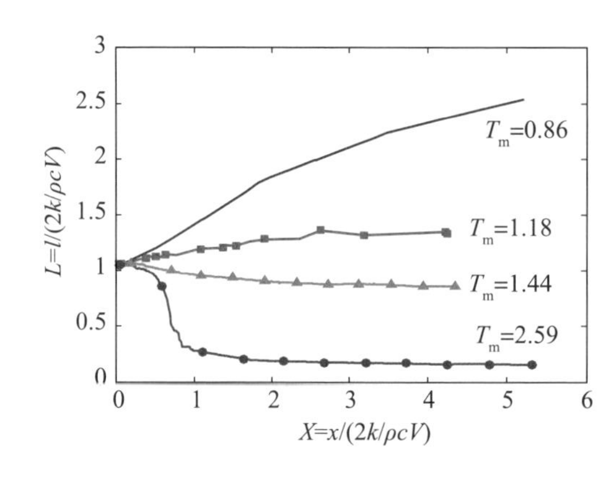

图 5-36 在不同熔池温度 T_m 下，标准化熔池长度(L)随激光移动的标准化距离(X)变化的示意图[17]

1)稳态热工艺图(steady-state thermal maps)

早期的工艺图研究主要集中在预测各种实际工艺参数组合下的稳态熔池尺寸。激光束在粉末熔化的基体上形成一个移动熔池，熔池尺寸已被确定为维持最佳成形条件的关键参数。稳定熔池的形成，热影响区小，凝固前沿不间断，容易导致零件质量均匀。一张典型的稳态热工艺图可以证明熔池长度是如何受基体归一化高度和熔化温度影响的。这些稳态工艺图已用于确定产生所需熔池长度的工艺参数。稳态工艺图的一个优点是易于实现：所有预测值都包含在单个三维或二维图中，工艺工程师可以直接使用。

2)瞬态热工艺图(thermal maps for transient analysis)

热工艺图已开发用于进行瞬态分析，计算动态激光增材制造过程及其对熔池/轨道形态的影响。一个典型的动态激光增材制造过程是所谓的“边界问题”，当接近每一层的边界时，会导致熔池尺寸增加。边界问题的产生主要是由于激光速度降低，能量密度增加，从而在层边界附近准确地沉积材料。此外，为了继续沉积下一层材料，还需要进行速度反转。高效和有效地优化熔池尺寸/形态及其他工艺参数需要全面了解熔池尺寸如何在一系列工艺尺寸尺度上变化，以及各种激光功率或速度。换句话说，瞬态分析可以确定工艺参数的变化如何影响熔池的几何结构，以及冷却速度、热梯度等。

与工艺图相关的方法和结果通常可用于确定如何修改工艺变量以获得理想的熔池尺寸、控制最大残余应力和控制微观结构。然而，每当一个新的激光增材制造系统以不同的规模开发时，工程师必须进行大量的实验来描述其过程。为了通过外推法预测大规模工艺的零件特征，开发了多个不同比例的工艺图[17,20]。虽然所得到的预测结果可以为大规模增材制造过程的最佳工艺参数提供一个可能的范围，但由于模型外推法的误差，预测结果可能不准确。因此，在需要使用大规模沉积工艺的工业应用与实验室条件下小型工艺的工艺开发之间存在着巨大的差距。

工艺图的优势在于，它们提供了一种基本的方法来控制/预测熔池大小、应力和材料特性，方法是以工艺工程师易于使用的形式呈现结果。然而，现有的流程图方法也存在两个主要限制。首先，当前的工艺图适用于有限的零件形状——仅针对薄壁和散装形状开发。换句话说，这些流程图不适用于其他常见形状，更不用说具有复杂几何图形的零件。因此，为了使工艺图在实际的制造应用中有用，需要进一步开发表征各种形状零件的热行为和力学性能的工艺图。其次，工艺图不考虑温度相关的材料特性。目前的工艺图是基于 Rosenthal 对具有移动热源边界的温度的解析解，材料特性理想化为与零件温度无关。在实际应用中，这可能不是一个现实的假设。事实上，当温度保持在一定范围内时，工艺图被用来近似初始的制造工艺。

5.6.3　基于实验设计的优化方法

虽然基于物理的模型对于彻底理解底层激光增材制造过程是必不可少的，但是由于与激光增材制造相关的复杂性，它们的开发非常具有挑战性。一些研究工作通过使用直接模拟工艺参数如何影响最终零件质量的数据驱动方法规避了这一挑战。

有许多方法可以找到创建具有所需性能的增材制造零件的最佳参数。通常，会精心设计实验用于研究各种工艺参数(例如粉末质量、层厚度、激光功率、激光速度和扫描策略)是如何影响零件的特性(例如密度和表面粗糙度)的。在某些情况下，成形小立方体并评估其属性；而在其他情况下，首先使用单轨实验识别过程窗口[22]。在这些实验中，使用一系列的激光功率和速度值在一层粉末上形成单一的轨迹。由于这些实验比成形小柱子简单，因此在缩小最佳参数的设计空间范围方面，它们可以具有更好的成本效益。设计和实验分析领域的原则性技术[23-24]也得到了认可。例如，Delgado 等[25]在研究固定激光功率下的零件质量时，使用了 3 个因素(层厚度、扫描速度和成形方向)和每个因素两个级别的全因子实验设计。感兴趣的输出是尺寸精度、力学性能和表面粗糙度，并使用方差分析(ANOVA)方法了解各种因素对输出的影响。

基于实验设计的方法包括：

(1)选择用于生成数据的实验设计；

(2)选择适合数据的模型。

现有的激光增材制造零件优化研究主要依靠实验和误差程序来确定最佳工艺参数，并实现成品的目标性能。实验的统计设计(DOE)提供了一个系统的框架来利用以前的实验数据，以最低的成本计划未来的实验。实验设计表示要执行的一批或一系列实验，用在指定水平上设置的因子(设计变量)表示。在实验数据基础上，可以从经验的角度了解零件特征与工艺参数之间的简化/近似关系。正确设计的实验和后续的数据建模对于有效的实验分析和过程优化至关重要。

数据驱动方法的一个共同特征是，基于实验数据集，工艺参数和零件特征(例如，力学性能)是经验相关的。换句话说，所开发的方法并不完全依赖于特定过程的领域知识，因此可以应用于其他过程。Kummailil 等[26]采用两级分数因子设计，确定了成形参数对 Ti－6Al－4V 沉积的影响，通过分析实验数据，报道了沉积高度、质量流量和能量密度之间的幂函数关系。同样，采用响应面建模来优化工艺参数，并获得更好的几何精度、成形速度和表面粗糙度[27-28]。综上所述，DOE 的关键局限性在于，实验的结果设计通常针对每个特定的过程进行定制。DOE 方法的现有应用不考虑基础物理知识或类似研究的结果，因此，当使用新材料或新工艺时，必须进行大量的实验来优化工艺。下面我们将回顾 DOE 方法以及已经应用于激光增材制造研究的相应数据模型，以及那些可能应用的数据模型。

5.6.3.1　全因子设计(Factorial Designs)

最基本的实验设计是全因子设计，主要的想法是在每次实验中复制所有可能的因素水平组合。由全因子设计决定的设计点数量是每个因子的级别数的乘积。例如，如果有 2 个因素，每个因素都有 L 个水平，那么每个实验运行都会研究 L^2 个设计点。一般来说，当有 K 因子时，每个因子都有 L 级，设计点的总数为 L^K。最常见的是 2 级和 3 级 K 因子的 2^K(用于评估主要效应和相互作用)和 3^K 设计(用于评估主要效应、二次效应和相互作用)。2^3 全因子设计如图 5－37 所示。

因子的主要影响是通过改变感兴趣因子的水平而导致的响应变量的变化。图 5－38 说明了 2^2 设计的一个示例。两个级别分别用“＋”和“－”表示感兴趣的因素的“高”和“低”级别。因子设计的主要影响被定义为在相关因子的高和低水平上的平均响应值之间的差异。在本例中，因子 M 的主要影响计算如下：

$$M_f = (31+41)/2-(15+25)/2=16$$

一个因子的影响可能取决于其他因子的水平。在这种情况下，这些因素之间存在相互作用。根据前面的例子，因子 M 和 N(即 MN 效应)之间相互作用的大小计算为 $MN=((39-21)-(11-27))/2=17$。

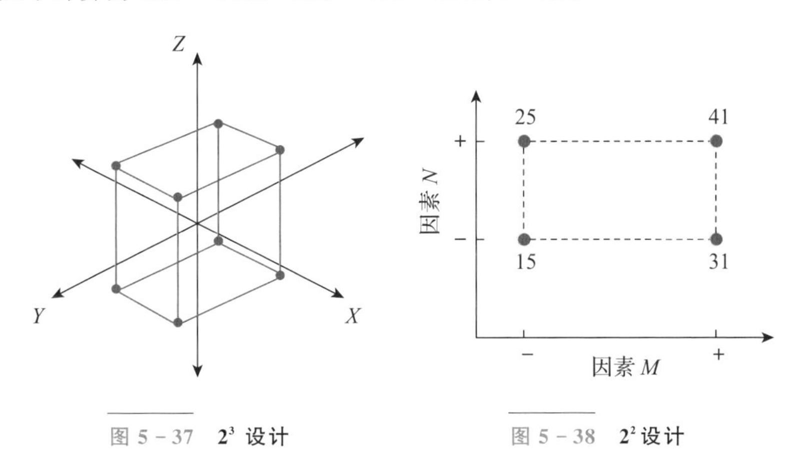

图 5－37　2^3 设计　　图 5－38　2^2 设计

有多种数学方法可以表示阶乘设计。例如，可以开发一个回归型模型来捕捉两个因素的主要影响和相互作用，如下式所示：

$$y = a_0 + a_1x_1 + a_2x_2 + a_{12}x_1x_2 + \varepsilon \tag{5-30}$$

其中，y 代表响应值，a_i代表估计的系数，x_1和 x_2分别代表因子 M 和 N 的标度值（−1 和 +1 分别代表低水平和高水平）。此外，x_1x_2代表各因子之间的相互作用项，ε 是随机误差。模型形成后，可以采用统计方法（如方差分析）分析和确定各因子及相互作用的统计显著性，以及常规的统计检验和解释。

5.6.3.2　田口设计（Taguchi design）

田口设计提供了一个平衡的实验设计，以同样加权的方式列出了各因素的水平。田口设计是一种有效的方法，因为它只需设计几个控制因子就可以提供足够的信息，并且可以作为两级或三级分数因子设计的有力替代方案。田口设计采用 3 个连续步骤：

（1）系统设计，其中包含领域知识；

（2）参数设计，优化过程参数设置；

（3）公差设计，确定和分析最佳参数周围的公差。

田口（参数）设计是在正交阵列的基础上发展起来的。对于一个有 F 因子的系统，每个都有 L 个水平，正交数组是一个 N 乘 k 的矩阵，用 LN 表示，这样每个可能的水平组合在这个矩阵的列上重复相同的次数。

田口设计的具体方法与步骤可参见文献[29]，下面以实例来介绍该方法的具体应用。

例 5-1：选区激光烧结收缩补偿[30]。

收缩是影响选区激光烧结零件精度的主要问题。解决零件收缩问题的一个常见做法是计算或估计各个方向的收缩量，并在数字模型中反方向应用收缩补偿。发现零件收缩率受激光功率、激光速度、开口间距、粉末床温度和扫描长度等工艺参数的影响。要将最佳收缩补偿应用于数字文件，必须确定控制各方向零件收缩的工艺参数，并了解工艺参数与收缩量之间的关系。Raghunath 和 Pandey[30]利用 Taguchi 方法设计了实验，并使用聚合物粉末沿激光扫描方向（即扫描长度）制作了不同长度的 30mm×30mm 横截面长方体。

根据最小和最大能量密度 e = 激光功率/（激光速度×扫描间距），选择工艺参数的范围。能量密度应足够高，以便发生烧结。然而，过高的能量密度可能导致材料性能的退化。Raghunath 和 Pandey 确定了发生烧结的能量密度应至少为 1J/cm^2；当能量密度高于 5.8J/cm^{2}时，聚合物开始降解。因此，能量密度的范围设定为（1～5.8）J/cm^2。激光功率、激光速度和扫描间距的相应范围分别为 24～36W、3000～4500mm/s 和 0.22～0.28mm。此外，还考虑了粉末床温度和扫描长度。每个工艺参数考虑 4 个等级的参数值。为了选择合适的正交阵列，需要计算总自由度。4 级设计使 5 个参数中的每一个都有 3 个自由度。加上总平均值的一个自由度，总自由度为 3×5+1=16。因此，使用了 4 列 16 行的 L_{16B} 正交数组，如表 5－10 所示。

表 5－10　L_{16B} 正交数组

编号	激光功率	扫描速度	扫描间距	粉末床温度	扫描长度
1	1	1	1	1	1
2	1	2	2	2	2
3	1	3	3	3	3
4	1	4	4	4	4
5	2	1	2	3	4
6	2	2	1	4	3
7	2	3	4	1	2
8	2	4	3	2	1
9	3	1	3	4	2
10	3	2	4	3	1
11	3	3	1	2	4
12	3	4	2	1	3
13	4	1	4	2	3
14	4	2	3	1	4
15	4	3	2	4	1
16	4	4	1	3	2

采用方差分析（ANOVA）方法对各方向的收缩数据进行分析，以确定对收缩总方差有显著贡献的参数。如果一个因素显著影响工艺响应（即本例中的收缩），则相应的 F 值将较大。例如，表 5－11 给出了 X 方向零件收缩的方差分析，表明扫描长度和激光功率对零件收缩的影响最大。对 Y 方向和 Z 方向的收缩进行了类似的分析。据报道，激光功率和激光速度对 Y 方向收缩有显著影响，而零件床层温度、激光速度和舱口间距对 Z 方向收缩更为显著。

建立了线性经验模型，描述了工艺参数与零件收缩率的关系，并估算了

各方向的收缩补偿。只有使用方差分析确定的重要工艺参数才能用于建立经验模型。例如，所开发的 X 方向收缩补偿模型是

$$S_X = 1.611691 - 0.01615P - 0.009647V$$

其中，P、V 分别为激光功率和扫描速度，常数项和系数为通过实验得出的经验值。Y 方向和 Z 方向也开发了类似的经验收缩模型。所开发的模型可以预测任何工艺参数组合的收缩率，从而扩展数字文件以获得最佳精度。

表 5-11　X 方向收缩的方差分析

因子	自由度	平方和（SS）	均方值(MS)	F 统计量
激光功率	3	26.39	8.80	2.51
扫描速度	3	18.51	6.17	1.74
扫描间距	3	2.29	0.76	0.21
粉末床温度	3	10.80	3.60	1.01
扫描长度	3	91.61	30.54	8.60
误差	6	31.60	3.55	—
总计	15	149.59	—	—

5.6.4　基于机器学习的参数优化

早期的大部分工作是使用激光功率相对较低的 50～100W 系统完成的，因此，激光功率和速度所跨越的设计空间并不是很大，通过实验优化是一个可行的选择。然而，随着具有更高激光功率(400W 或更大)的设备变得越来越普遍，仅仅通过实验来确定最佳参数可能会非常昂贵。此外，随着 SLM 设备种类的增多，使用不同的束流尺寸、扫描参数和粉末粒度分布扩大了设计空间，因此为每台设备确定不同材料的最佳参数变得更具挑战性。

另一类用于增材制造过程优化的方法是机器学习，它旨在“训练”基于大型训练数据集的黑盒模型。这些算法包括但不限于支持向量机、神经网络、贝叶斯网络及其扩展。由于训练数据集较大，人工智能算法通常能够提供参数—特征关系的精确估计。例如，Lu 等[31]采用最小二乘支持向量机(LS-SVM)方法，研究了零件的力学性能与激光功率、横向速度、透镜内送粉量等工艺参数之间的关系。通过对装配式薄壁件的实验验证，提出了用 LS-SVM

方法对大样本零件进行模型训练时的沉积高度进行精确预测的方法。Casalino 和 Ludovico[32] 利用前馈神经网络（FFNN）模拟激光烧结过程，Wang 等[33] 也成功地应用了人工智能方法，并采用贝叶斯概率网络描述激光弯曲过程。

控制层高度的增材制造过程优化也可以使用高级/智能计算方法，如可变智能蜂算法（MSBA）和模糊干扰系统（FIS），以及无监督机器学习方法，如自组织图（SOM）[34]。尽管有这些成功的研究，人工智能方法的应用在增材制造的文献中还是相当罕见的。这是因为成功应用人工智能方法的关键是可以用来估计过程模型的大量训练数据，这通常会导致极高的实验成本。此外，由于增材制造实验数据的专有性，数据集往往很难获得。

为了在识别高密度增材制造工件参数的背景下解决这些问题，Kamath[35] 设计了一种结合实验和计算机模拟的迭代方法。面向 Concept Laser（CL）M2 系统，具有相对窄的光束，具有 D4 的 SiM = 52 μm，最大功率为 400W（D4α 是光束直径，对于一个完美的高斯光束，是高斯的标准偏差的 4 倍），机器的功率范围为 100～400W。图 5－39 展示了提出的迭代方法，它结合了计算机模拟和实验，使用了数据挖掘和统计推断的技术。它将模拟和实验结合起来以减少确定最佳工艺参数的时间和计算成本的迭代次数。

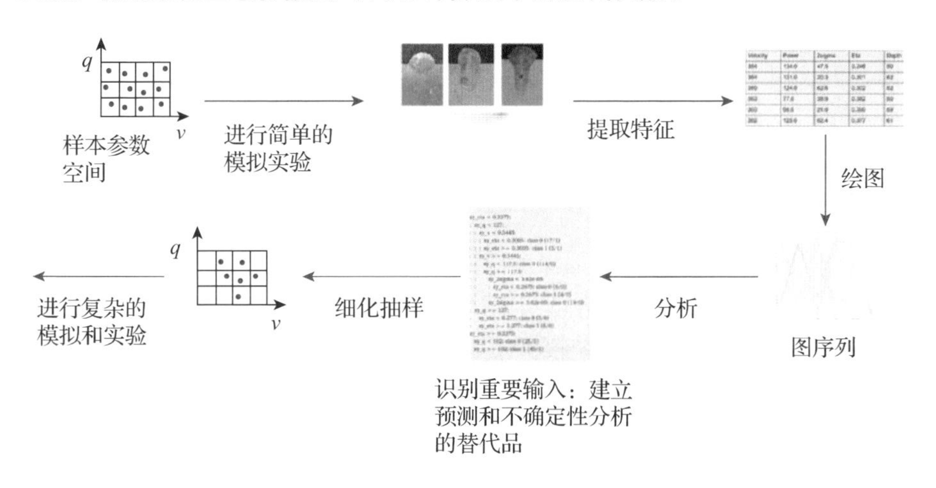

图 5－39　使用数据挖掘和统计推断示意图[35]

从密集采样的参数设计空间开始，运行简单且相对便宜的模拟和实验，以逐步缩小参数空间。在样本点进行实验和/或模拟，提取感兴趣的特征（如熔池尺寸或零件致密度），并分析样本点与感兴趣特征相关的数据。该分析可包括使用散点图或平行坐标图、识别重要参数的特征选择、建立预测的替代模型和不确定性分析来发现对参数的微小变化不太敏感的区域。然后，在这些采样点执行更复杂的模拟和实验，并迭代，直到获得所需的结果。

Kamath[35]选择高斯过程(GP)模型[36]作为机器学习模型，因为它们不仅提供了预测，而且还提供了预测的不确定性。这是很有意义的，因为在成形AM零件时存在许多不确定性来源。高斯过程是随机变量的集合，任意有限个随机变量具有联合高斯分布[36]可以看作多元高斯分布向无限维的扩展。由于 n 个样本的训练数据可以看作从 n 个变量的高斯分布中抽取的单点样本，因此它们可以与高斯过程相结合。

为了评估这一点，作者使用随机分层抽样生成的 462 个 Eagar Tsai 样本和使用最佳候选算法生成的 100 个 Eagar Tsai 样本作为两个训练数据集，并使用 GP 在功率速度设计空间上预测 40×40 网格上数据点的深度，使用固定值 $D4_{\sigma}=52\,\mu m$ 和吸收率 0.4。结果如图 5-40 所示，同时还将表示不确定度的标准差和由 60 μm≤深度≤120 μm 的点组成的可行区域包括在预测中。

从图 5-40 可看出：

(1)不论用来建立模型的样本点数是多少，预测都是连续的。尽管预测值不同，但仅用 100 个点的可行域与用 462 个点的可行域接近。这表明，GP 模型给出了一个精确的可行区域，即使样本点的数量较少。

(2)462 个样本在高速下的预测不确定度较高，这是由于外推，因为采样点的最大速度为 2250mm/s，而测试点网格上的最大速度为 2500mm/s。

(3)出于同样的原因，底部深度图的右上方有 3 个可行的测试点，其深度大于 60 μm，标准偏差接近 16。

这表明 GP 预测在训练数据之外的区域可能很差，而高不确定性表明不应该相信这些预测结果。然而，当用较少的训练样本建立模型时，这种现象是看不到的。因此可以认为，样本点之间的距离越大，插值函数的平滑度越大，使得高功率和高速度下的熔池深度保持在 60 μm 的截止阈值以下。最后，在低速和高功率下，预测存在较大的不确定性，这是由于该区域的外推以及深度值的迅速变化。然而，使用 100 点的不确定度小于使用 462 点的不确定度。

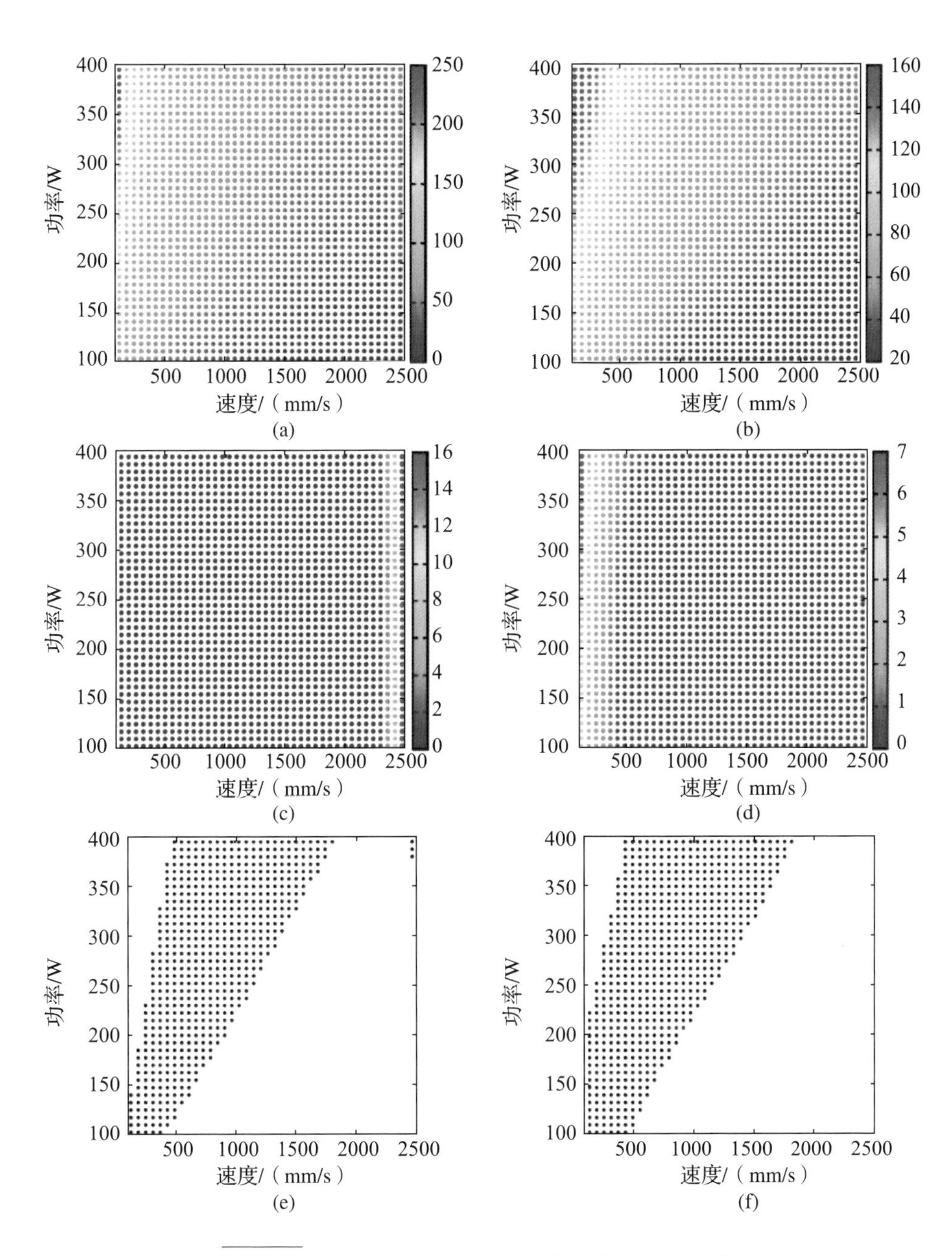

图 5－40　**使用 Eagar-Tsai 模型对样本进行 GP 预测**[35]

（a）对 462 个随机分层样本进行深度预测；（b）对 100 个最佳候选样本进行深度预测；（c）462 个随机分层样本深度预测的标准差；（d）100 个最佳候选样本深度预测的标准差；（e）462 个随机分层样本可行区域内的采样点；（f）100 个最佳候选样本可行区域内的采样点。

参考文献

[1] LV L，FUH J，WONG Y S，et al. Laser - induced materials and processes for rapid prototyping[M]. Berlin：Springer，2001.

[2] GIBSON I，ROSEN D W，STUCKER B. Guidelines for process selection[M]. Berlin：Springer，2010.

[3] MASOOD S H. Introduction to advances in additive manufacturing and tooling[J]. 2014，10：1 - 2.

[4] ARISOY Y M，CRIALES L E，ÖZEL T，et al. Influence of scan strategy and process parameters on microstructure and its optimization in additively manufactured nickel alloy 625 via laser powder bed fusion [J]. The International Journal of Advanced Manufacturing Technology，2017，90(5)：1393 - 1417.

[5] BOURELL D，STUCKER B，MAJEWSKI C，et al. Effect of section thickness and build orientation on tensile properties and material characteristics of laser sintered nylon - 12 parts[J]. Rapid Prototyping Journal，2011，17(3)：176 - 180.

[6] CAULFIELD B，MCHUGH P E，LOHFELD S. Dependence of mechanical properties of polyamide components on build parameters in the SLS process[J]. Journal of Materials Processing Technology，2007，182(1 - 3)：477 - 488.

[7] JHABVALA J，BOILLAT E，ANDRÉ C，et al. An innovative method to build support structures with a pulsed laser in the selective laser melting process [J]. The International Journal of Advanced Manufacturing Technology，2012，59(1 - 4)：137 - 142.

[8] CRIALES L E，ARISOY Y M，LANE B，et al. Predictive modeling and optimization of multi-track processing for laser powder bed fusion of nickel alloy 625[J]. Additive Manufacturing，2017，13：14 - 36.

[9] KUMAR S. Sliding wear behavior of dedicated iron-based SLS materials [J]. The International Journal of Advanced Manufacturing Technology，

2009，43(3)：337 - 347.

[10] XU F，WONG Y S，LOH H T. Toward generic models for comparative evaluation and process selection in rapid prototyping and manufacturing[J]. Journal of Manufacturing Systems，2001，19(5)：283 - 296.

[11] XU F，LOH H T，WONG Y S. Considerations and selection of optimal orientation for different rapid prototyping systems[J]. Rapid Prototyping Journal，1999，5(2)：54 - 60.

[12] XU F，WONG Y S，LOH H T，et al. Optimal orientation with variable slicing in stereolithography[J]. Rapid Prototyping Journal，1997，3(3)：76 - 88.

[13] MANI K，KULKARNI P，DUTTA D. Region-based adaptive slicing [J]. Computer-Aided Design，1999，31(5)：317 - 333.

[14] KHODA A K M B，KOC B. Functionally heterogeneous porous scaffold design for tissue engineering[J]. Computer-Aided Design，2013，45(11)：1276 - 1293.

[15] KAHLEN F J，KAR A. Tensile strengths for laser-fabricated parts and similarity parameters for rapid manufacturing[J]. J. Manuf. Sci. Eng.，2001，123(1)：38 - 44.

[16] VASINONTA A，BEUTH J L，GRIFFITH M L. A process map for consistent build conditions in the solid freeform fabrication of thin-walled structures[J]. J. Manuf. Sci. Eng.，2001，123(4)：615 - 622.

[17] BIRNBAUM A，AGGARANGSI P，BEUTH J. Process Scaling and Transient Melt Pool Size Control in Laser-Based Additive Manufacturing Processes[C]. Austin，TX：International Solid Freeform Fabrication Symposium，2003.

[18] AGGARANGSI P，BEUTH J L，GILL D D. Transient changes in melt pool size in laser additive manufacturing processes[C]. US：International Solid Freeform Fabrication Symposium，2004.

[19] VASINONTA A，BEUTH J L，GRIFFITH M. Process maps for predicting residual stress and melt pool size in the laser-based fabrication of thin-walled

structures[J]. 2007，129(1)：101 - 109.

[20] SHAMSAEI N，YADOLLAHI A，BIAN L，et al. An overview of Direct Laser Deposition for additive manufacturing; Part II：Mechanical behavior，process parameter optimization and control[J]. Additive Manufacturing，2015，8：12 - 35.

[21] CRIALES L E，ARISOY Y M，ÖZEL T. Sensitivity analysis of material and process parameters in finite element modeling of selective laser melting of Inconel 625 [J]. The International Journal of Advanced Manufacturing Technology，2016，86 (9 - 12)：2653 - 2666.

[22] SHAMSAEI N，YADOLLAHI A，BIAN L，et al. An overview of Direct Laser Deposition for additive manufacturing; Part I：Transport phenomena，modeling and diagnostics [J]. Additive Manufacturing，2015，8：36 - 62.

[23] MYERS R H，MONTGOMERY D C，ANDERSON-COOK C M. Response surface methodology：process and product optimization using designed experiments[M]. Hoboken,NJ：John Wiley & Sons，2009：705.

[24] BIAN L，SHAMSAEI N. Laser-based Additive Manufacturing of Metal Parts：Modeling，Optimization，and Control of Mechanical Properties[M]. Boca Raton：CRC Press，2017.

[25] DELGADO J，SERENÓ L，CIURANA J，et al. Methodology for analyzing the depth of sintering in the building platform：Innovative Developments in Virtual & Physical Prototyping-international Conference on Advanced Research & Rapid Prototyping[C]. Boca Raton：CRC Press，2012.

[26] KUMMAILIL J. Process models for laser engineered net shaping[D]. Worcester：Worcester Polytechnic Institute，2004.

[27] ZHOU J G，HERSCOVICI D，CHEN C C. Parametric process optimization to improve the accuracy of rapid prototyped stereolithography parts [J]. International Journal of Machine Tools and Manufacture，2000，40 (3)：363 - 379.

[28] LYNN-CHARNEY C, ROSEN D W. Usage of accuracy models in stereolithography process planning[J]. Rapid Prototyping Journal, 2000, 77 - 87.

[29] MONTGOMERY D C. Design and analysis of experiments[M]. Hoboken, New Jersey John wiley & sons, 2017.

[30] RAGHUNATH N, PANDEY P M. Improving accuracy through shrinkage modelling by using Taguchi method in selective laser sintering[J]. International journal of machine tools and manufacture, 2007, 47(6): 985 - 995.

[31] LU Z L, LI D C, LU B H, et al. The prediction of the building precision in the Laser Engineered Net Shaping process using advanced networks[J]. Optics and Lasers in Engineering, 2010, 48(5): 519 - 525.

[32] CASALINO G, LUDOVICO A D. Parameter selection by an artificial neural network for a laser bending process[J]. Proceedings of the Institution of Mechanical Engineers, Part B: Journal of Engineering Manufacture, 2002, 216(11): 1517 - 1520.

[33] WANG L, FELICELLI S D, CRAIG J E. Experimental and numerical study of the LENS rapid fabrication process[J]. Journal of Manufacturing Science and Engineering, 2009, 131(4).

[34] FATHI A, MOZAFFARI A. Vector optimization of laser solid freeform fabrication system using a hierarchical mutable smart bee-fuzzy inference system and hybrid NSGA-II/self-organizing map[J]. Journal of Intelligent Manufacturing, 2014, 25(4): 775 - 795.

[35] KAMATH C. Data mining and statistical inference in selective laser melting[J]. The International Journal of Advanced Manufacturing Technology, 2016, 86: 1659 - 1677.

[36] WILLIAMS C K I, RASMUSSEN C E. Gaussian processes for machine learning[M]. Cambridge, MA: MIT press, 2006.

第 6 章 状态监测的信号分析基础

6.1 PBF AM 过程的状态监测

6.1.1 PBF AM 监测原理

AM 状态监测是指在 AM 制造过程中对成形状态和缺陷进行及时监测与判断的技术方法。它主要通过测量与 AM 加工状态相关的某一种或者几种参量，或测量某种物理现象，根据其变化与 AM 成形缺陷的某种映射关系，确定出成形缺陷及控制策略。以 PBF 为例，熔化过程中发生复杂的物理化学过程，包括吸收、加热、熔化、蒸发、反冲压力、等离子体形成、马朗戈尼对流（Marangoni 对流）等，这些现象错综复杂的相互作用中会产生红外线辐射、可见光辐射、紫外光辐射、声信号及电子信号等（图 6-1）[1-2]。过程的稳定性会受材料类型、几何形状、粉仓状态等这些预定参数和激光扫描参数、扫描路径、粉末分布等这些可控参数影响，继而引起信号的稳定性变化难以控制。好的过程监控可以将过程状态差异最小化，提高稳定性。有效的监测技术将成为 PBF 技术进一步提高并广泛应用的重要支撑，已有一些文献从不同角度，如测量、缺陷监测、监测与控制等进行了综述[1]。

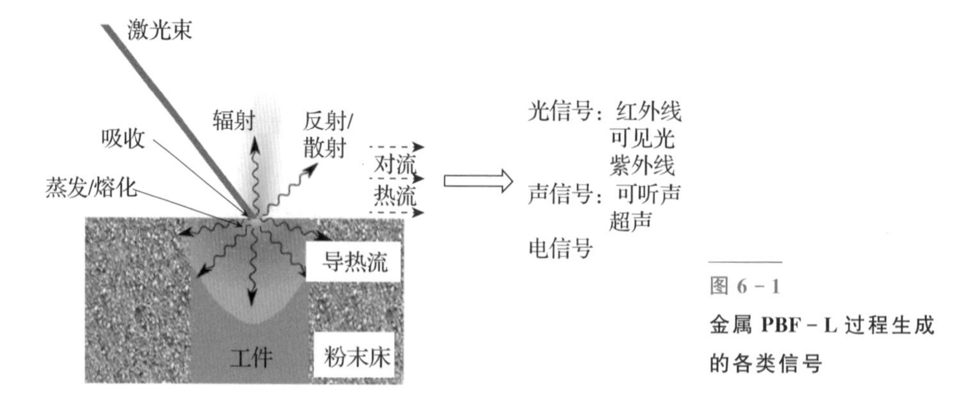

图 6-1
金属 PBF-L 过程生成的各类信号

6.1.2　工艺过程实时监控系统组成

AM 状态监测系统从监测策略上可分为离线监测系统和在线监测系统。离线监测就是在成形前后或成形间歇时测量 AM 状态，评估其完成当前成形工作的能力，并依据监测结果做出相应的调整。离线监测要求停机检测，不满足自动化成形的要求，因此在线监测系统应用更为广泛[3-6]。在线监测也称为原位监测，就是在成形过程中实时监测 AM 运行状态，一方面它能够为研究人员提供记录工艺过程的途径，辅助研究工艺机理和优化工艺参数；另一方面它能够对工艺过程进行实时监控和数据分析，既可为缺陷的在线诊断、探测和实时修复奠定基础，也可为工艺过程优化提供关键数据。因此，AM 在线监测技术，尤其是针对金属增材制造工艺的在线监测技术，近年来已经成为一个研究热点。

目前绝大多数的 AM 设备还处在开环控制或局部闭环控制状态，要真正实现成形过程的最优闭环控制，对成形过程实时监控是极其重要的。成形过程实时监控系统是由监测系统和机床数控系统互联组成的实时闭环控制系统，其组成原理如图 6-2 所示。AM 状态监控系统主要由 AM 工艺、信号获取、特征分析、缺陷分析和机床数控系统模块组成，其基本流程如图 6-2 所示。

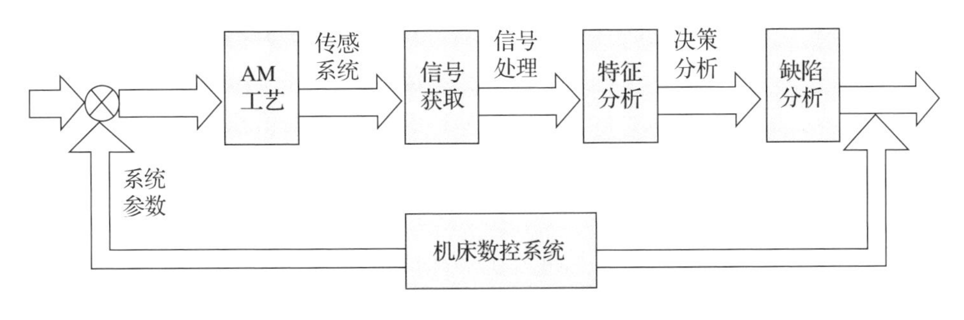

图 6-2　AM 工艺过程实时监控系统组成框图

监测系统的信号检测模块在合理选择传感器并正确安装的前提下，将传感信号进行预处理操作，然后将模拟信号送入数据采集装置，转换为便于计算机处理的数字信号；特征分析模块实现特征的提取与选择，通过信号处理及特征提取技术对传感器信号进行处理，提取信号特征，再采用特征选择算法选择对 AM 成形敏感的特征向量，形成 AM 状态监测特征集；状态识别模块主要通过决策技术建立信号特征和成形缺陷之间的映射关系，实现对 AM

缺陷的分类或预测。

过程输出，如测量信号所反映的，在本质上通常是随机的。因此，通常需要进一步分析信号，以提取有关过程状态的相关信息。本章及第7章将集中讨论在识别PBF AM过程中可能出现的缺陷监测的信号和图像处理方法。在第9章中，我们将讨论用于监测激光过程的主要传感器及其测量原理。

6.1.3 信号处理与分析

状态监测方案的实施通常包括3个步骤(图6-3)：

(1)采样(数字化)输入信号以产生模式空间。

(2)特征提取，通常涉及将信号从模式空间转换到特征空间，从中可以获得有用的信息。

(3)特征空间的分类，以识别单个信号源(类)。

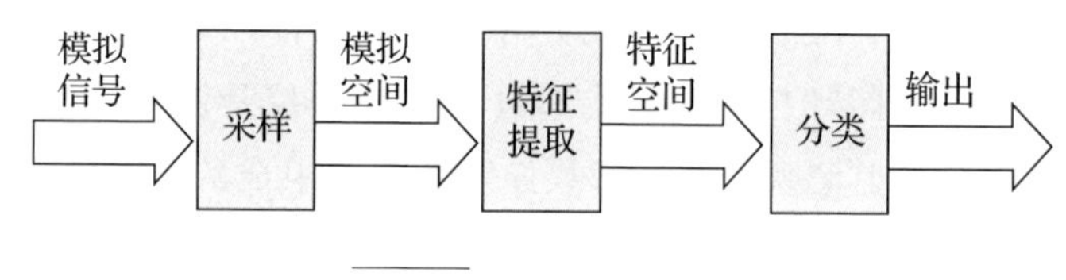

图6-3 基本监测方案

监测信号尽管有些可以直接提供一些对诊断有用的信息，但往往十分有限。一般反映设备状态的特征参数，都是经过信号处理与分析从监测信号中提取出来的。不同的信号分析方法，提取的特征参数也不相同，但目的都是相同的：去除或削弱信号中的干扰信息，从不同侧面在信号中提取反映设备状态的特征参数。

信号处理的任务是认识客观世界中存在的信号的本质特征，从不同的角度去认识、分析信号有助于了解信号的本质特征，主要的方法有时域、频域、时频域以及基于模型的分析方法。信号最初是以时间(空间)的形式来表达的。例如信号的时域分析法，就是直接对监测信号(时间历程函数)进行各种运算和处理的过程，提取的是反映设备状态的各种时域特征参数。

除了时间以外，频率是一种表示信号特征最重要的方式。信号的频域分析法就是对监测信号先转换为频域函数，再进行各种运算与处理的过程，提取的是反映设备状态的各种频域特征参数。频率的表示方法是建立在傅里叶分析(Fourier analysis)基础之上的[7-9]，由于傅里叶分析是一种全局的变换，要么完全在时间域，要么完全在频率域，因此无法表述信号的时频局部性质，而时频局部性质恰好是非平稳信号最基本和最关键的性质。为了分析和处理非平稳信号，在傅里叶分析理论基础上，本章将分别论述一系列新的信号分析理论：短时傅里叶变换(short time Fourier transform)、Gabor 变换、小波变换等[10-14]。

6.2 信号的时域分析

6.2.1 信号的定义和分类

信号是表征客观事物状态或行为信息的载体。信号具有能量，它描述了物理量的变化过程，在数学上可表示为一个或几个独立变量的函数，也可以取为随时间或空间变化的图形。一个信号既可以是模拟的，也可以是数字的。如果它是连续时间和连续值，那么它就是一个模拟信号；如果它是离散时间和离散值，那么它就是一种数字信号。

信号也可以分为周期性的或非周期性的。周期性信号经过一定时间重复本身，而非周期性信号则不会重复。模拟和数字信号既可以是周期性的也可以是非周期性的。增材制造状态监测信号既包含周期信号，也包含非周期信号，信号周期特性的变化可以用来表征设备和成形状态的变化。

区别周期信号和非周期信号的方法：

(1)周期信号的频谱是离散的，准周期信号的频谱是连续的。

(2)因周期信号可以用一组整数倍频率的三角函数表示，所以在频域里是离散的频率点。准周期信号做 Fourier 变换的时候，n 趋向于无穷，所以在频谱上就变成连续的[7-8]。

按信号的能量特征可分为功率谱密度(功率信号)和能量谱密度(能量信号)。当信号 $x(t)$ 在 $(-\infty, +\infty)$内满足下式(即平方可积)时：

$$\int_{-\infty}^{\infty} x^2(t)\mathrm{d}t < \infty \tag{6-1}$$

则该信号的能量是有限的，称为能量(有限)信号。

若信号 $x(t)$在$(-\infty, +\infty)$内$\int_{-\infty}^{\infty} x^2(t)\mathrm{d}t \to \infty$，而在有限区间$(t_1, t_2)$内

的平均功率是有限的，即 $\frac{1}{t_2-t_1}\int_{t_1}^{t_2}x^2(t)\mathrm{d}t<\infty$，则信号称为功率信号。增材制造状态监测信号一般为功率信号。

也可以按照信号的持续范围来划分。时域有限信号是在有限时间区间内有定义，而在区间外恒等于0，例如矩形脉冲、三角脉冲、余弦脉冲等。而周期信号、指数衰减信号、随机过程等，则称为时域无限信号。频域有限信号是指信号经过傅里叶变换，在频域内占据一定带宽，在带宽外恒等于0。例如，正弦信号、sinc(t)函数、带限白噪声等为时域无限、频域有限信号。δ 函数、白噪声、理想采样信号等，则为频域无限信号。时域有限信号的频谱，在频率轴上可以延伸至无限远；而一个在频域上具有有限带宽的信号，必然在时间轴上延伸至无限远处。一个信号不能够在时域和频域上都是有限的。

信号的各种不同分类，目的在于描述不同特征，很多时候概念是重叠的。其他一些信号常见分类参见图6-4。

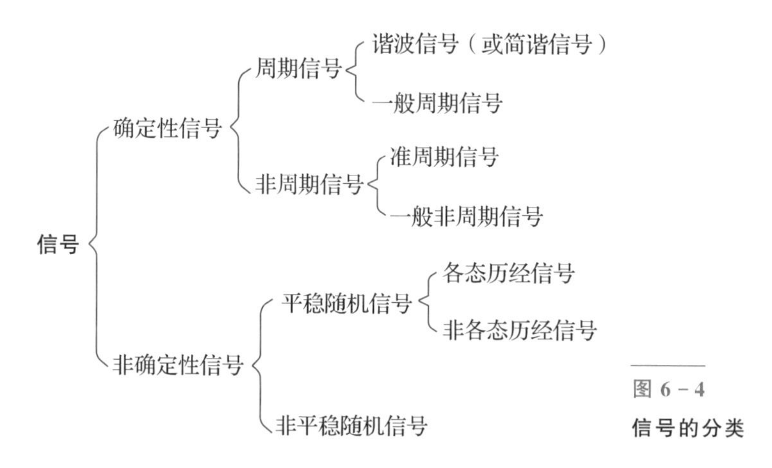

图6-4
信号的分类

6.2.2 常用的时域特征

广泛用作状态监测与故障诊断的时域特征参数有两类：状态信号的特征参数和信号的数学模型参数。时域特征参数很多，典型的有信号的幅值及其统计量，在这里我们只介绍一些时域和频域的常用参数。数学模型参数则是对信号建立模型后的参数描述，如时间序列的系数、残差等。

通常认为设备的正常运行过程是随机过程，一般都具有平稳、正态、各态历经性质。所谓平稳是指随机过程的集合统计特征参数不随时间而改变，所谓正态是指随机过程中每一随机变量都按正态分布，所谓各态历经是指随机过程的集合统计特征参数与任一样本函数(一次长时间的监测记录)的时间统计特征参数相同。因此，设备运行过程的集合统计特征参数可以根据通过监测手段得到的一个样本函数(设备的一个状态信号)计算出来。这样不仅节省了大量计算时间，而且也极大地减少了监测工作量。当然，在实际应用中样本的长度总是有限的，所以根据有限长的状态信号计算出来的统计特征参数值都是估计值，不是真值，有一定误差。

根据监测的有限长状态信号计算诊断参数，一般都以计算机为工具。因此，下面介绍的计算式都是以一个(或几个)有限长状态信号的离散数据(时间序列)为依据。

时域特征值是衡量信号特征的重要指标，时域特征值通常分为有量纲参数与无量纲参数。所谓“量纲”，简单地理解就是“单位”。有量纲的参数就是有单位的，比如平均值，一段温度信号(单位为℃)的平均值依旧是℃；无量纲的参数没有单位，无量纲量常写作两个有量纲量之积或之比，但其最终的纲量互相消除后会得出无量纲量，比如，应变是量度形变的量，定义为长度差与原先长度之比。有量纲的特征值往往具有直观的物理含义，是最为常用的特征指标。有量纲特征值主要包括最大值、最小值、峰峰值、均值、方差、标准差、均方值、均方根值(RMS)、均方误差(MSE)、均方根误差(RMSE)、方根幅值等。

若状态特征信号的一个时间序列为 x_1，x_2，…，x_N，则在时域中常用的特征参数及其估计值的计算式如下：

(1)均值：$\mu_x = \dfrac{1}{N}\sum_{i=1}^{N} x_i$，均值是信号的平均，是一阶矩。

(2)方差：$\sigma_x^2 = \dfrac{1}{N}\sum_{i=1}^{N}(x_i - \mu_x)^2$。

标准差：σ_x 方差的正平方根值叫作标准差或均方根差。

方差是每个样本值与全体样本值的平均数之差的平方值的平均数，代表了信号能量的动态分量(均值的平方是静态分量)，反应数据间的离散程度，也就是变量离其期望值的距离，是二阶中心距。

(3)均方值(平均功率)：$\psi_x^2 = \dfrac{1}{N}\sum_{i=1}^{N} x_i^2$。

均方根值：x_{rms} 均方值的正平方根叫作均方根值。从物理含义上讲，均方值代表信号的能量，期望的平方代表信号的直流分量，而方差代表信号的交流分量。

均方根(RMS)又叫有效值，将所有值平方求和，求其均值，再开平方，就得到均方根值。或者说均方根值等于均方值的算术平方根，其物理含义可以这样理解：让交流电与直流电分别通过同一电阻，若两者在相同的时间内所消耗的电能相等(或产生的焦耳热相同)，那么该直流电的数值就叫作交流电的有效值。

(4)峰值：$x_{max} = E\{\max|x_i|\}$。

其中，$\max|x_i|$为时间序列各等分段中绝对值最大的数据。

(5)偏度：$\alpha_x = \frac{1}{N}\sum_{i=1}^{N}(x_i - \mu_x)^3$。

(6)峭度：$\beta_x = \frac{1}{N}\sum_{i=1}^{N}(x_i - \mu_x)^4$。

均值是信号的静态(稳定)分量，是信号取值的分布中心；方差、标准差反映信号取值对分布中心的分散程度，标准差是信号动态分量的度量；均方值反映信号的能量。设备运行正常时，状态稳定，信号的动态分量小，方差小，均方值也小，设备发生故障时这些值都增大。峰值反映瞬时冲击的幅值，常用作速度、加速度度量，位移的度量常不用峰值，而用峰峰值(波动信号的波峰到波谷间距离的平均值)。

偏度反映数据 x_1，x_2，…，x_N 的分布对理想中心的偏离程度。设备正常运行时监测数据应是正态分布，分布中心为理想值 μ_0，如图 6－5(a)所示。若监测数据的均值为 μ，且有

$$\frac{1}{N}\sum_{i=1}^{N}(x_i - \mu)^3 = 0 \tag{6-2}$$

即数据 x_i 对均值 μ 的偏差值三次方的平均值等于 0，则 $\mu = \mu_0$，数据的分布是正常的，没有偏度；若有

$$\frac{1}{N}\sum_{i=1}^{N}(x_i - \mu)^3 > 0 \tag{6-3}$$

则 $\mu > \mu_0$ 数据的分布不正常，偏向右侧，如图 6－5(b)所示；若有

$$\frac{1}{N}\sum_{i=1}^{N}(x_i - \mu)^3 < 0 \tag{6-4}$$

则 $\mu < \mu_0$，数据的分布也不正常，偏向左侧，如图 6－5(c)所示。不论偏向哪侧都是设备异常的征兆，绝对值越大，异常的程度越严重。

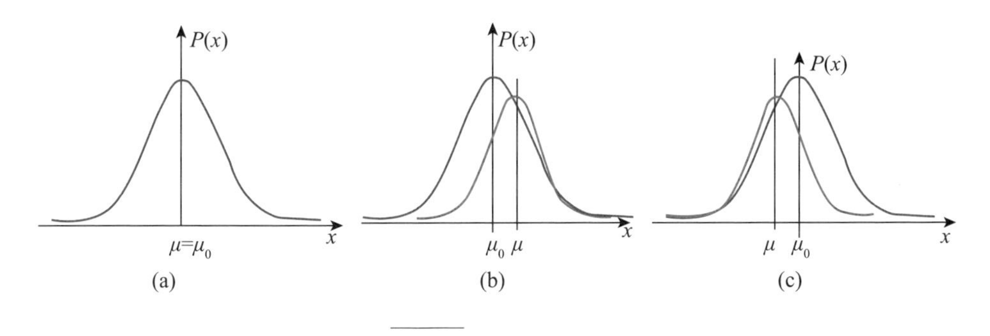

图 6-5　偏度的意义

(a)标准状态；(b)正偏度；(c)负偏度。

峭度反映数据分布曲线的凸峰状况。如图 6-6 所示，峭度值大意味着数据的分布对均值的分散大，远离均值的数据概率大，凸峰低平，称负峭度；反之，则分散小，接近均值的数据概率大，凸峰陡峭，称正峭度。随着故障的发生与发展，峭度取值会逐渐增大。这个参数对大幅值特别敏感，这对探测信号中是否含有脉冲成分特别有效。

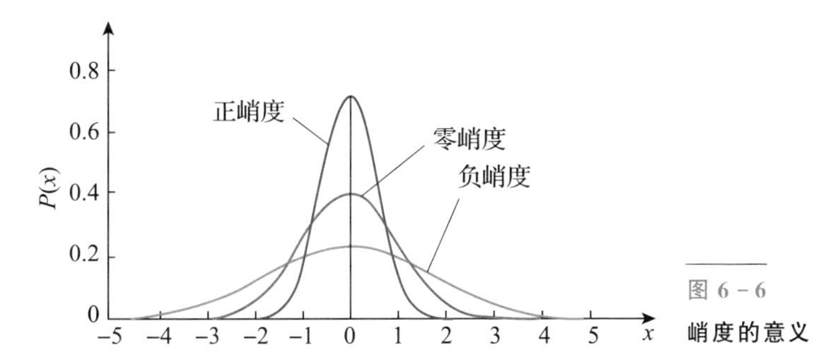

图 6-6　峭度的意义

因为信号的均值是信号的稳定部分，一般对诊断不起作用，所以在计算诊断参数时常从原始数据中扣除均值，只用信号的动态部分参与运算。

上述特征参数虽随设备状态的变化而变化，但也随工作条件、测量条件的改变而改变(如载荷、转速、仪器灵敏度等)，所以稳定性差。为此，引入了无量纲特征参数，常用的无量纲特征参数及其估计值的计算式如下：

(1)波形系数：$k=\dfrac{x_{\mathrm{rms}}}{|\bar{x}|}$。

(2)峰值系数：$C=\dfrac{x_{\max}}{x_{\mathrm{rms}}}$。

(3)脉冲系数：$I=\dfrac{x_{\max}}{|\bar{x}|}$。

其中，$|\bar{x}|$ 为绝对平均幅值，$|\bar{x}| = \frac{1}{N}\sum_{i=1}^{N}|x_i|$。

(4)裕度系数：$L = \frac{x_{\max}}{x_r}$。

其中，x_r 为方根幅值，$x_r = \left(\frac{1}{N}\sum_{i=1}^{N}\sqrt{|x_i|}\right)^2$。

(5)偏度系数：$S_v = \frac{\alpha_x}{\sigma_x^3}$。

(6)峭度系数：$k_v = \frac{\beta_x}{\sigma_x^4}$。

6.2.3 相关分析

相关函数是描述信号 $x(s)$，$y(t)$(这两个信号可以是随机的，也可以是确定的)在任意两个不同时刻 s，t 的取值之间的相关程度。

1. 自相关函数

自相关函数用来描述信号相隔一定时间间隔两取值之间的线性依赖关系。函数值(相关值)越大，信号的关联程度越强，反之则弱。自相关函数定义为

$$R_x(n) = E[x_t x_{t+n}] \tag{6-5}$$

它的离散型计算公式为

$$R_x(n) = \frac{1}{N-n}\sum_{i=1}^{N-n} x_i x_{i+n} \tag{6-6}$$

式中：n 称为延时数，它的值为 0，1，2，…，m，且 $m \ll N$。

随机信号的自相关函数当 $n = 0$ 时，函数值(相关值)最大，相关性最好，完全线性相关；当 n 增大时，函数值迅速减小，相关性迅速减弱；周期信号的自相关函数是同频率的周期函数。

2. 互相关函数

自相关是互相关的一种特殊情况。互相关函数是描述随机信号 $x(t)$，$y(t)$在任意两个不同时刻 i，$i+n$ 的取值之间的依赖关系，其定义为

$$R_{xy}(n) = \frac{1}{N-n}\sum_{i=1}^{N-n} x_i y_{i+n} \tag{6-7}$$

在图像处理中，自相关和互相关函数的定义如下：设原函数是 $f(t)$，则自相关函数定义为 $R(u)=f(t)f*(-t)$，其中 * 表示卷积；设两个函数分别是 $f(t)$ 和 $g(t)$，则互相关函数定义为 $R(u)=f(t)g*(-t)$，它反映的是两个函数在不同的相对位置上互相匹配的程度。

两个相关函数都是对相关性即相似性的度量。自相关就是函数和函数本身的相关性，当函数中有周期性分量的时候，自相关函数的极大值能够很好地体现这种周期性。互相关就是两个函数之间的相似性，当两个函数都具有相同周期分量的时候，它的极大值同样能体现这种周期性的分量。

相关运算从线性空间的角度看其实是内积运算，而两个向量的内积在线性空间中表示一个向量向另一个向量的投影，表示两个向量的相似程度，所以相关运算就体现了这种相似程度。

应用举例：考虑到应力波可以用于推断或直接测量材料的性能和缺陷，Gaja 和 Liou[15] 观察到直接附着在成形板上的声发射换能器收集的高能量声音信号与包括裂纹和孔隙度在内的缺陷形成之间的良好关联。声音监控还可以检测到制造过程可能具有的特征，例如定向能量沉积期间的粉末撞击，熔池附近/内部的激光产生的超声波以及机器的振动和噪声。高能量声音信号的持续时间相对较短，可以与正常声学监测特征区分，以监测来自 DED 成形的裂纹。

Koester 等[16] 给出了此方法的一个示例(图 6-7)。其中，声学度量可用

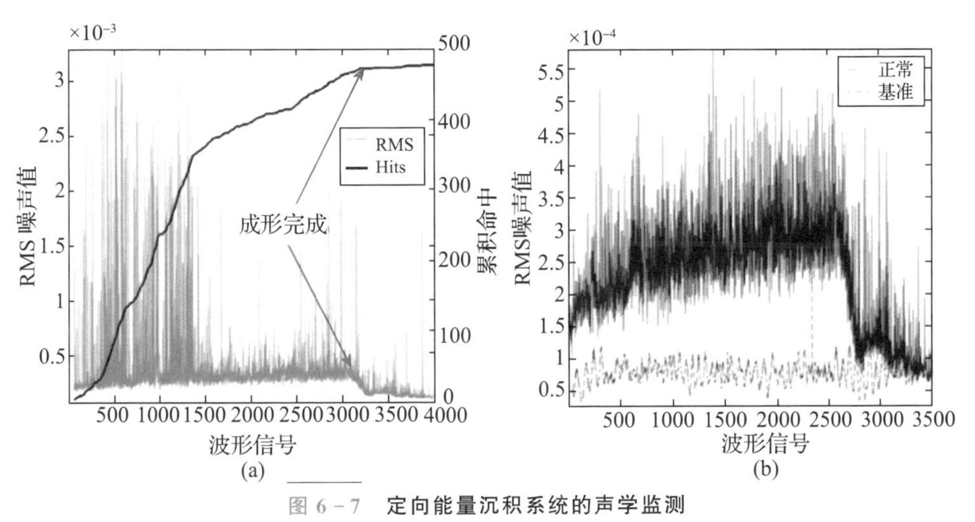

图 6-7　定向能量沉积系统的声学监测

(a)跟踪与缺陷相关的高振幅事件引起的材料损坏的特征；

(b)通过测量 RMS 噪声水平并与已知的“良好”水平进行比较[16]。

作表征 Ti－6Al－4V 定向能量沉积的损伤和过程状态的指标。噪声水平的均方根(RMS)在成形过程中变化很大，并且在成形完成后噪声水平急剧下降，如图 6－7(a)所示；还描绘了可以用作缺陷密度特征的高振幅事件(包括裂纹和孔隙度)的总数。接触声发射传感器安装在底板上，并在沉积期间记录了在不同构造条件下的噪声水平(RMS)，包括正常(100%激光功率，100%粉末进料)、低激光功率(78%激光功率)、低粉末原料(50%粉末原料)和仅粉末(无激光功率)。

6.3 信号的频域分析

6.3.1 频域信号与时域信号的关系

时域统计特征指标只能反映设备的总体运转状态是否正常，因而在设备状态监测系统中用于故障监测、趋势预报。要识别机械运动状态，知道缺陷的部位和类型，就需要更精确的分析，把反映缺陷部位和类型的相关信号从传感器测得的合成信号中分离出来。频谱是信号在频域上的重要特征，它反映了信号的频率成分以及分布情况。

6.3.2 周期信号的频谱

有正弦信号 $x(t)$，

$$x(t)=A\sin(\omega t+\theta)=A\sin(2\pi ft+\theta) \tag{6-8}$$

如果信号的周期为 T，则周期 T 与频率 f 和角频率 ω 之间的关系为

$$f=\frac{1}{T}=\frac{\omega}{2\pi} \tag{6-9}$$

根据傅里叶级数理论，满足狄利克雷(Dirichlet)条件的周期信号可以表示为若干正弦函数的叠加(三角函数展开式)。

狄里赫利条件：

(1)函数在任意有限区间内连续，或只有有限个第一类间断点(当 t 从左或右走向于该间断点时，函数存在有限的左极限或右极限)；

(2)在一个周期内，函数存在有限个极大值或极小值。

$$x(t) = a_0 + \sum_{n=1}^{\infty}(a_n\cos n\omega_0 t + b_n \sin n\omega_0 t)$$
$$= a_0 + \sum_{i=1}^{\infty} A_n \cos(n\omega_0 t + \varphi_n) \quad (6-10)$$

$$\begin{cases} a_0 = \frac{1}{T}\int_{-\frac{T}{2}}^{\frac{T}{2}} x(t)\mathrm{d}t \\ a_n = \frac{1}{T}\int_{-\frac{T}{2}}^{\frac{T}{2}} x(t)\cos(n\omega_0 t)\mathrm{d}t \quad (n=1,2,3,\cdots) \\ b_n = \frac{1}{T}\int_{-\frac{T}{2}}^{\frac{T}{2}} x(t)\sin(n\omega_0 t)\mathrm{d}t \quad (n=1,2,3,\cdots) \end{cases} \quad (6-11)$$

$$\begin{cases} A_n = \sqrt{a_n{}^2 + b_n{}^2} \\ \varphi_n = -\arctan(\frac{b_n}{a_n}) \end{cases}, \quad n=1,\ 2,\ 3,\ \cdots \quad (6-12)$$

在状态监测的信号中，常数分量是直流分量，代表某个变动缓慢的物理因素，如某个间隙。基频和它的 n 次谐波在状态监测领域都有明确的物理意义。傅里叶级数也可以写成复指数函数的形式。根据欧拉公式：

$$\mathrm{e}^{\pm \mathrm{j}\omega t} = \cos\omega t \pm \mathrm{j}\sin\omega t \quad (6-13)$$

$$\cos\omega t = \frac{1}{2}(\mathrm{e}^{-\mathrm{j}\omega t} + \mathrm{e}^{\mathrm{j}\omega t}) \quad (6-14)$$

$$\sin\omega t = \frac{\mathrm{j}}{2}(\mathrm{e}^{-\mathrm{j}\omega t} - \mathrm{e}^{\mathrm{j}\omega t}) \quad (6-15)$$

$$x(t) = \sum_{n=-\infty}^{\infty} C_n \mathrm{e}^{\mathrm{j}n\omega_0 t} \quad (n=1, \pm 1, \pm 2, \cdots) \quad (6-16)$$

$$C_n = \frac{1}{T}\int_{-\frac{T}{2}}^{\frac{T}{2}} x(t)\mathrm{e}^{-\mathrm{j}n\omega_0 t}\mathrm{d}t \quad (6-17)$$

周期信号的频谱具有下列 3 个特征：

1）离散性

周期信号的频谱是离散谱。

2）谐波性

周期信号的谱线仅出现在基频及各次谐波频率处。

3）收敛性

周期信号的幅值谱中各频率分量的幅值随着频率的升高而减小，频率越高，幅值越小。

6.3.3 非周期信号的频谱

工程应用中的信号一般都是包含有周期成分的非周期信号。当周期信号的周期趋向于无穷大时，原来的周期信号便可当作非周期信号来处理。此时，信号的相邻谱线间隔趋向于无穷小，谱线变得越来越密集，最终成为一条连续的频谱。各频率分量的幅值尽管也相应地趋向于无穷小，但这些分量间仍保持着一定的比例关系。

对于非周期信号，需要用傅里叶变换来求其频谱。非周期函数 $x(t)$存在傅里叶变换的充分条件是 $x(t)$在区间$(-\infty, +\infty)$上绝对可积，即

$$\int_{-\infty}^{\infty} |x(t)| \mathrm{d}t < \infty \tag{6-18}$$

信号 $x(t)$的傅里叶变换 $X(\omega)$定义为

$$X(\omega)\int_{-\infty}^{\infty} x(t)\mathrm{e}^{-\mathrm{j}\omega t}\mathrm{d}t \tag{6-19}$$

对应的傅里叶逆变换为

$$x(t) = \frac{1}{2\pi}\int_{-\infty}^{\infty} X(\omega)\mathrm{e}^{\mathrm{j}\omega t}\mathrm{d}\omega \tag{6-20}$$

$$x(f) = \int_{-\infty}^{\infty} x(t)\mathrm{e}^{-\mathrm{j}2\pi ft}\mathrm{d}t \tag{6-21}$$

$$x(t) = \int_{-\infty}^{\infty} X(f)\mathrm{e}^{\mathrm{j}2\pi ft}\mathrm{d}f \tag{6-22}$$

一个非周期函数可分解成频率 f 连续变化的谐波的叠加，式中 $X(f)\mathrm{d}f$ 是谐波 $\mathrm{e}^{\mathrm{j}2\pi ft}$ 的系数，决定着信号的振幅和相位。由于不同的频率 f，$X(f)\mathrm{d}f$ 项中的 $\mathrm{d}f$ 是相同的，而只有 $X(f)$才反映不同谐波分量的振幅与相位的变化情况，因此，称 $X(f)$为 $x(t)$的连续频谱。由于 $X(f)$一般为实变量 f 的复函数，故可写为

$$X(f) = |X(f)|\mathrm{e}^{\mathrm{j}\varphi(f)} \tag{6-23}$$

式中的 $|X(f)|$ 称为非周期信号的幅值谱，$\varphi(f)$ 称为相位谱。

需要注意的是，尽管非周期信号的幅值谱 $|X(f)|$ 与周期信号的幅值谱 $|C_n|$ 在名称上相同，但 $|X(f)|$ 是连续的，而 $|C_n|$ 是离散的。

此外，两者在量纲上也不一样。$|C_n|$ 与信号幅值量纲一致，而 $|X(f)|$ 的量纲与信号量纲不一致。$x(t)$ 与 $X(f)\mathrm{d}f$ 的量纲一致，$X(f)$ 是单位频宽上的幅值。因此，严格地说，$|X(f)|$ 是频谱密度函数。

傅里叶变换建立了信号时域与频域之间的关系，频率是信号的物理本质之一。式(6－19)定义的傅里叶变换本质上是一个积分计算，体现为连续化特征，同时在实际应用中信号都是通过离散化采样得到的。为了通过离散化来采样信息以及有效地利用计算机实现傅里叶变换的计算，需要对傅里叶变换对实现高效、高精度的离散化。为此，需要采用离散傅里叶变换(DFT)。

给定一组正交基：$\boldsymbol{\Phi}_k=\left\{1,\ \mathrm{e}^{\frac{2k\pi}{N}},\ \mathrm{e}^{\frac{2k\cdot 2\pi}{N}},\ \cdots,\ \mathrm{e}^{\frac{2k\cdot(N-1)\pi}{N}}\right\}$，$k=0$，1，2，…，$N-1$。直接验证向量满足内积关系：$\langle\boldsymbol{\Phi}_k,\ \boldsymbol{\Phi}_l\rangle=N\delta_{k,l}\boldsymbol{I}_N$，其中 $\boldsymbol{I}_N$ 为 N 阶单位矩阵，

$$\delta_{k,l}=\begin{cases}1, & k=l\\ 0, & k\neq l\end{cases}\tag{6-24}$$

$$ck=\sum_{n=0}^{N-1}x_nW_N^{nk}\tag{6-25}$$

其中，$k=0$，1，2，…，$N-1$；$W_N=\mathrm{e}^{-\mathrm{j}(2\pi/N)}$

$$X_l=\frac{1}{N\pi}\sum_{k=0}^{N-1}c_k\int_{-\pi}^{\pi}\mathrm{e}^{\mathrm{j}(k-l)x}\mathrm{d}x=\frac{2\pi}{N}\sum_{n=0}^{N-1}x_nW_N^{nl}\tag{6-26}$$

除开常数 2π 外，式(6－26)即为通常意义的离散傅里叶变换(DFT)，其中输入 x_n 与输出 X_l 分别为信号的离散时域与频域信息。

特别地，如果采用其他的正交基，利用最小二乘逼近则得到各种不同意义的离散正交变换，例如，离散余弦变换(DCT，一共 4 种)、离散正弦变换(DST，一共 4 种)、离散 Hartley 变换(DHT)以及离散 Walsh 变换(含离散 Hadmard 变换)等，有兴趣的读者可以参见其他相关文献[7]。

在 Matlab 工具包中，频谱用到的函数主要是 fft 和 fftshift。直接做 fft 的结果，信号的前半部分对应频率[0，$f_s/2$]，后半部分对应[$-f_s/2$，0]，参见频谱结果图 6－8(b)。为了将零频点移到频谱中间，需要使用 fftshift 函数，

结果参见频谱结果图 6-8(c)。通常我们关心的都是正频率区间的结果，有两种截取方法，一种是在 fftshift 的结果中截后半段，另一种是在 fft 的结果中截前半段，其结果是一样的。后一种方法更简洁，具体参见频谱结果图 6-8(d)、图 6-8(e)。

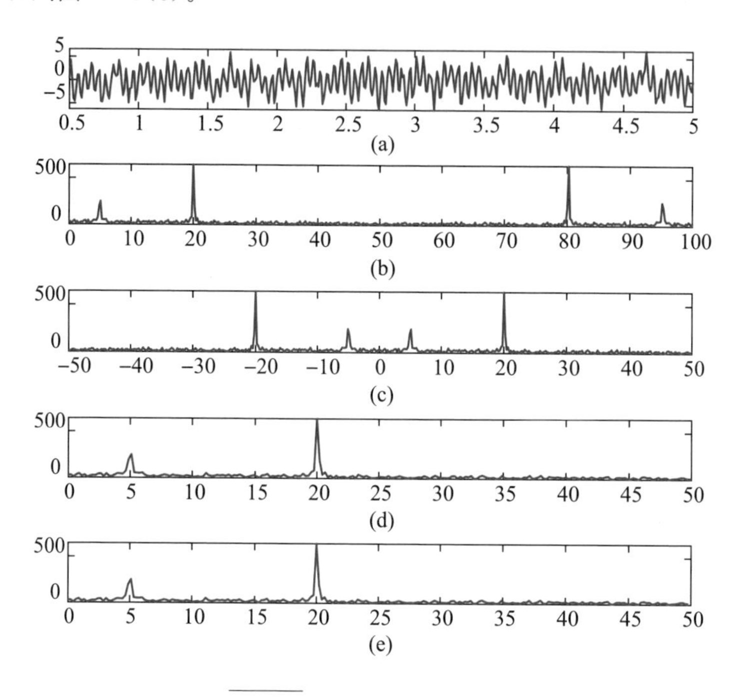

图 6-8 信号的傅里叶变换

(a)原始信号；(b)傅里叶变换；(c)平移后的傅里叶变换；
(d)平移后的傅里叶变换的正频带；(e)截断后的傅里叶变换。

6.4 随机信号的频谱

6.4.1 随机信号的频谱特征

随机信号的幅度、相位均随时间做无规律的、未知的、随机的变化。这次测出的是这种波形，下次测出的可能会是另外一种波形。随机信号不能用确定的时间函数来表达，只能通过其随时间或其幅度取值的统计特征来表达。这些统计特征值有：

(1)数学期望值，描述随机信号的平均值。

(2)方差值，描述随机信号幅度变化的强度。

(3)概率密度函数，描述信号振幅数值的概率。

(4)相关函数，描述随机信号的每两个具有一定时间间隔的幅度值之间的联系程度的数值，它是时间间隔的一个函数。

(5)功率谱密度，描述随机信号在平均意义上的功率谱特性。

以上这些统计特征是描述随机信号的主要数字特征。研究随机信号的数学方法是随机过程理论。

1. 自功率谱密度

功率谱是功率谱密度函数的简称，它定义为单位频带内的信号功率，单位是 Hz。针对功率有限信号(能量有限信号用能量谱密度)，功率谱所表现的是单位频带内信号功率随频率的变换情况，即信号功率在频域的分布状况。

功率信号 $x(t)$的平均功率可用均方值来表示，即

$$\psi_x^2 = \lim_{T\to\infty}\frac{1}{T}\int_{-\frac{T}{2}}^{\frac{T}{2}} x^2(t)\mathrm{d}t \tag{6-27}$$

$$\lim_{T\to\infty}\frac{1}{T}\int_{-\infty}^{\infty} x^2(t)\mathrm{d}t = \lim_{T\to\infty}\frac{1}{2\pi T}\int_{-\infty}^{\infty}|X(\omega)|^2\mathrm{d}\omega = \frac{1}{2\pi T}\int_{-\infty}^{\infty}\lim_{T\to\infty}\frac{|X(\omega)|^2}{T}\mathrm{d}\omega \tag{6-28}$$

令 $S_x(\omega)=\lim\limits_{T\to\infty}\dfrac{|X(\omega)|^2}{T}$，则平均功率 $\psi_x^2 = \dfrac{1}{2\pi}\displaystyle\int_{-\infty}^{\infty}S_x(\omega)\mathrm{d}\omega$。

$S_x(\omega)$具有单位频率的平均功率量纲，故称为功率谱密度函数，描述信号的平均功率相对于频率的分布情况。

根据维纳—辛钦(Wiener-Khintchine)公式，平稳随机过程的功率谱密度 $S_x(\omega)$与自相关函数 $R_x(\tau)$是一对傅里叶变换，即

$$R_x(\tau) = \frac{1}{2\pi}\int_{-\infty}^{\infty}S_x(\omega)\mathrm{e}^{\mathrm{j}\omega\tau}\mathrm{d}\omega \tag{6-29}$$

$$S_x(\omega) = \int_{-\infty}^{\infty}R_x(\tau)\mathrm{e}^{-\mathrm{j}\omega\tau}\mathrm{d}\tau \tag{6-30}$$

通过自相关函数的傅里叶变换就可以得到功率谱密度函数。

功率谱常用于功率信号(区别于能量信号)的表述与分析，其曲线(即功率谱曲线)一般横坐标为频率，纵坐标为功率。周期性连续信号 $x(t)$的频谱可表示为离散的非周期序列 X_n，它的幅度频谱的平方 $|X_n|^2$ 所排成的序列，就被称为该周期信号的“功率谱”。由于功率没有负值，所以功率谱曲线上

的纵坐标也没有负数值，功率谱曲线所覆盖的面积在数值上等于信号的总功率(能量)。

功率谱有两种求法：

(1)傅里叶变换的平方/区间长度；

(2)自相关函数的傅里叶变换。

这两种方法分别叫作直接法和相关函数法。

图6-9中就是用直接法求解的，其结果理论上直接法和相关函数法相同。

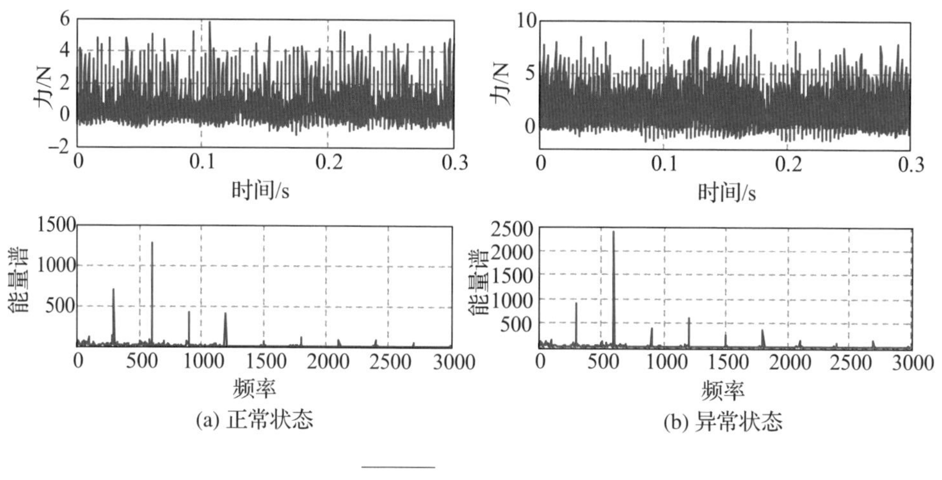

图6-9　信号的频谱

2. 互功率谱密度

两个随机信号 $x(t)$ 和 $y(t)$ 之间的互谱密度函数 $S_{xy}(\omega)$ 与互相关函数 $R_{xy}(\tau)$ 构成一对傅里叶变换，即

$$S_{xy}(\omega) = \int_{-\infty}^{\infty} R_{xy}(\tau) e^{-j\omega\tau} dt \tag{6-31}$$

$$R_{xy}(\tau) = \frac{1}{2\pi}\int_{-\infty}^{\infty} S_{xy}(\omega) e^{j\omega\tau} d\omega \tag{6-32}$$

单边互谱密度函数为

$$G_{xy}(\omega) = 2\int_{-\infty}^{\infty} R_{xy}(\tau) e^{-j\omega\tau} dt \qquad (0 < \omega < \infty) \tag{6-33}$$

因为互相关函数为非偶函数，所以互谱函数是一个复数。

$$G_{xy}(\omega) = C_{xy}(\omega) - jQ_{xy}(\omega) = |G_{xy}(\omega)| e^{-j\theta_{xy}(\omega)} \tag{6-34}$$

在实际应用中，常用谱密度的幅值和相位来表示，即

$$|G_{xy}(\omega)| = \sqrt{C_{xy}^{2}(\omega) + Q_{xy}^{2}(\omega)} \tag{6-35}$$

$$\theta_{xy}(\omega) = \arctan\frac{Q_{xy}(\omega)}{C_{xy}(\omega)} \tag{6-36}$$

3. 相干函数和频率响应函数

利用互谱密度函数可以定义相干函数 $\gamma_{xy}(\omega)$ 及系统的频率响应函数 $H(\omega)$，即

$$\gamma_{xy}^{2}(\omega) = \frac{|G_{xy}(\omega)|^{2}}{C_{x}(\omega)G_{y}(\omega)} \tag{6-37}$$

$$H(\omega) = \frac{G_{xy}(\omega)}{G_{x}(\omega)} \tag{6-38}$$

相干函数(coherence function)又称凝聚函数，它是在频域内描述两个信号因果关系的一种无因次比例系数，是用来说明两个信号在频域内是否相关的一个判别指标。

它把两个测点信号之间的互谱与各自的自谱联系起来，用来确定输出信号 $y(t)$ 中有哪些频率成分、多大程度上来自输入信号 $x(t)$，可以了解到输入与输出信号之间的影响程度，这在故障原因的识别方面是很有用的。

6.4.2　采样、频混和采样定理

数字信号处理时，首先要将一个模拟信号转换为一个数字信号。信号的采样是由模/数转换电路来实施的。

如果以 $x(t)$ 代表原始的连续时间信号，$x_i(t)$ 代表采样后获得的离散信号，则采样信号 $x_i(t)$ 可以看成是原始信号 $x(t)$ 与周期脉冲序列 $\delta_0(t)$ 的乘积。

脉冲序列 $\delta_0(t)$ 是一系列周期为 T 的脉冲函数：

$$\delta_0(t) = \sum_{n=-\infty}^{\infty}\delta(t - nT) \tag{6-39}$$

时域采样的数学表达式为

$$x(t)\cdot\delta_{(}t) = x(t)\cdot\sum_{n=-\infty}^{\infty}\delta(t - nT)$$

$$= \int_{-\infty}^{\infty} x(t)\delta(t - nT)\mathrm{d}t = x(nT)(n = 0, \pm 1, \pm 2, \cdots) \quad (6-40)$$

对一个一定长度的模拟信号，若对它的采样间隔小，亦即采样率高，则采样的数据量大，要求计算机具有较大内存及较长的处理时间。

若采样率过低，即采样间隔大，则系列的离散时间序列不能真正反映原始信号的波形特征，在频域处理时会出现频率混淆的现象，又称混叠（aliasing）（见图 6-10）。

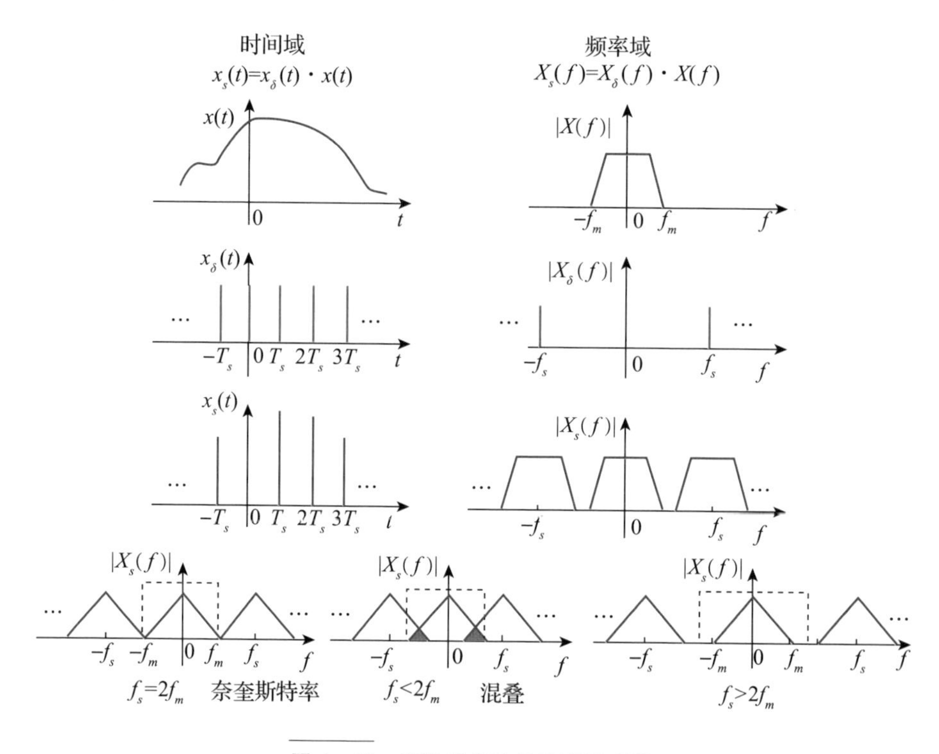

图 6-10 连续时间信号的离散采样

采样后得到间隔为 T 的等距脉冲序列，这个序列的包络线应与原始信号一致。即采样后的信号应能恢复原信号，不发生失真。这主要取决于采样间隔 T。

设 $x(t)$ 所包含的各信号成分中最高频率为 $f_{\max}$，当采样频率低于 $2f_{\max}$ 时，采样得到的离散信号频率不等于原信号频率。因此，对数字信号处理来说，当一个信号包含多个频率成分时，为避免混叠产生，要求采样频率 f_s 必须高于信号频率成分中最高频率 $f_{\max}$ 的 2 倍，即

$$f_s \geqslant 2f_{\max} \tag{6-41}$$

这就是采样定理，也称香农(Shannon)采样定理。

在给定的采样频率 f_s 条件下，信号中能被分辨的最高频率称为奈奎斯特(Nyquist)频率：

$$f_{\mathrm{Nyq}} = \frac{f_s}{2} \tag{6-42}$$

对于工程信号来说，一旦根据其分析的频带确定对它的最低采样频率 f_s 之后，为获得足够的频率分辨率，便必须要增加数据点数 N，由此使计算机的计算量急剧增加。为解决这一问题，通常有不同的途径加以选择，如频率细化(Zoom)技术、Z 变换及现代谱分析等方法。

对于周期信号，做整周期截取是获得正确频谱的先决条件。

对信号做离散傅里叶变换的结果是将用窗函数截取的时域信号做周期性延拓。如果实施整周期截取，则截取的整周期信号经延拓之后仍为周期信号，没有产生任何畸变。但若不是整周期截取，被截取的信号经延拓之后将在原先连续的波形上产生间断点，从而造成波形畸变，不能再复现原来的信号，而对应的频谱亦将发生畸变。

6.4.3　频域特征参数

时域特征参数一般只能给出设备(或成形过程)正常与否的信息，很少给出故障(缺陷)部位等重要信息。另外，时域监测信号中常含有许多干扰信息，特别是在早期故障时，有用信息常常被干扰信息掩盖。而在频域，因为设备各零部件的故障特征信息和干扰信息都有各自的特定频率，在谱图上占有不同的位置，所以在频域就容易避开干扰影响，只要根据零部件故障的特定频率就可以在谱图上找到不同零部件的故障信息。因此，频域特征参数在状态监测领域得到了广泛应用。

监测信号在频域中的频谱总是指自功率谱密度函数(一般称功率谱)，它反映信号的频率结构，即信号的平均功率在频域按频率的分布密度。它的大小可由 N 个监测数据的幅频谱初步估计为

$$S_X(f) = \frac{1}{N}|X(f)|^2 \tag{6-43}$$

式中：$f=\frac{0}{T},\ \frac{1}{T},\ \frac{2}{T},\ldots,\ \frac{N-1}{T}$，$T$ 为样本记录长度。

功率谱蕴含了很多有用的信息，在设备发生故障时，功率谱的变化也十分显著，所以它是故障诊断在频域中的重要依据，应用非常广泛。

用完整功率谱图判断设备的状态，虽然全面，但工作量大，也不便应用，常用的是它的以下几个特征参数。

1)峰值频率及其幅值

谱图上谱峰的频率及其高度是最简单的特征参数，也是最常用的诊断参数，应用很普遍。许多故障都有各自特定的频率，观察谱图上有无对应的谱峰，分析谱峰的消长状况，就能对这些故障的有无和程度作出明确的判断。

2)频率窗平均高度

在谱图上对状态变化反映最灵敏的频段设置窗口，以窗口内幅值的平均高度作诊断参数，这比前者稳定可靠，实际应用较多。

此外，类似信号在时域的统计特征参数，在频域也有信号的统计特征参数：功率谱的谱重心、频域方差和均方频率等。

设信号的功率谱如图 6－11 所示，则可得：

3)谱重心：$F_C = \dfrac{\sum f_i S(f_i)}{\sum S(f_i)}$

4)均方频率：$\mathrm{MSF} = \dfrac{\sum f_i^2 S(f_i)}{\sum S(f_i)}$

5)频域方差：$V_f = \dfrac{\sum (f_i - F_C)^2 S(f_i)}{\sum S(f_i)}$

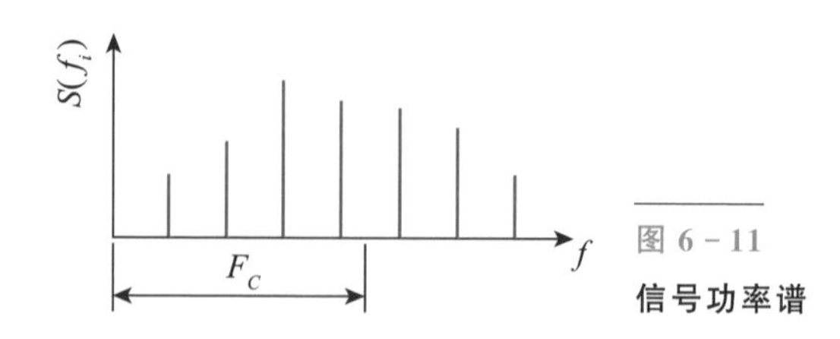

图 6－11 信号功率谱

F_C、MSF 是描述功率谱主频带位置的参数(即功率集中的位置)，较小的值表示功率谱能量主要在低频段，反之则在高频段；V_f 是描述频谱能量分散程度的参数。这些参数各具有一定的诊断能力，可以根据不同的监测目的选用。

应用举例：Koester 等[16]通过声发射信号的频谱特征对定向能量沉积过程进行原位监测。

首先，声发射信号通过带通滤波从 100～2000 kHz。带通滤波器被设计为在通带区域内目标幅度的 1%以内(从未经滤波的数据保留)，阻带内幅度为 0.01%(或降低约 60 dB)。滤波器的频率响应与数字卷积滤波器引入的相位延迟一起示于图 6-12(a)。在时域信号中对相位滞后进行了补偿，原始波形和滤波后的波形与频谱之间的比较如图 6-12(b)所示。来自每个条件和 5 个基线测试(黑色)的示例光谱如图 6-12(c)所示。

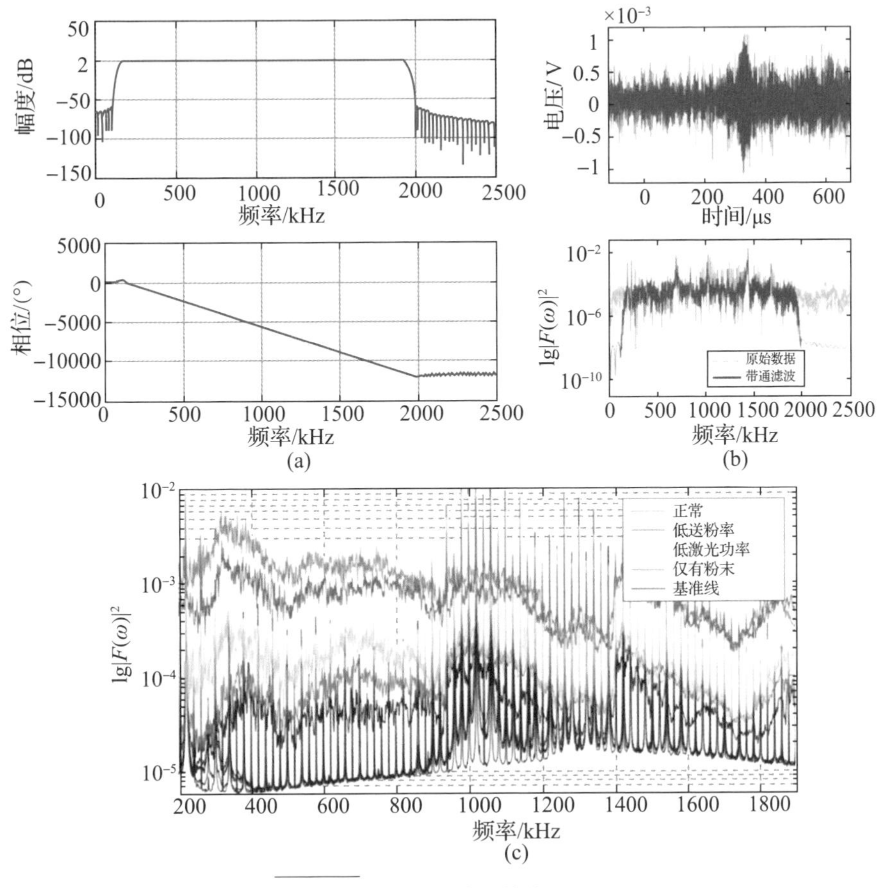

图 6-12　对原始波形的信号处理

(a)带通滤波器和信号调制单元增益；(b)滤波和未滤波的波形与频谱；(c)在对从传感器 4 采集的原始信号(成形表面)进行滤波和功率谱平均后，来自每个成形状态的频率特性[16]。

然后，根据图 6－12(c)所示的平均功率谱中的观察结果，将数据分为低频段和高频段。选取约 840 kHz 作为截止频率用于检查成形状态之间“低”和“高”的频率变化，这是由于在该频率处，4 种状态(仅有粉末、低激光功率、低送粉率、正常)有明显的区分(图 6－12(c))。对于每个成形条件，将成形中的平均功率谱分为低频带和高频带，并在各个频带上计算质心位置和幅度。然后，针对所有使用的 4 个传感器(在成形板下方和成形表面上有 3 个)在每个板上的所有成形中绘制这些值及其相应的条件编号。每个成形条件的数据处理示例如图 6－13 所示。所有成形条件均使用相同的过程来检查质心位置和高低频段的幅度。

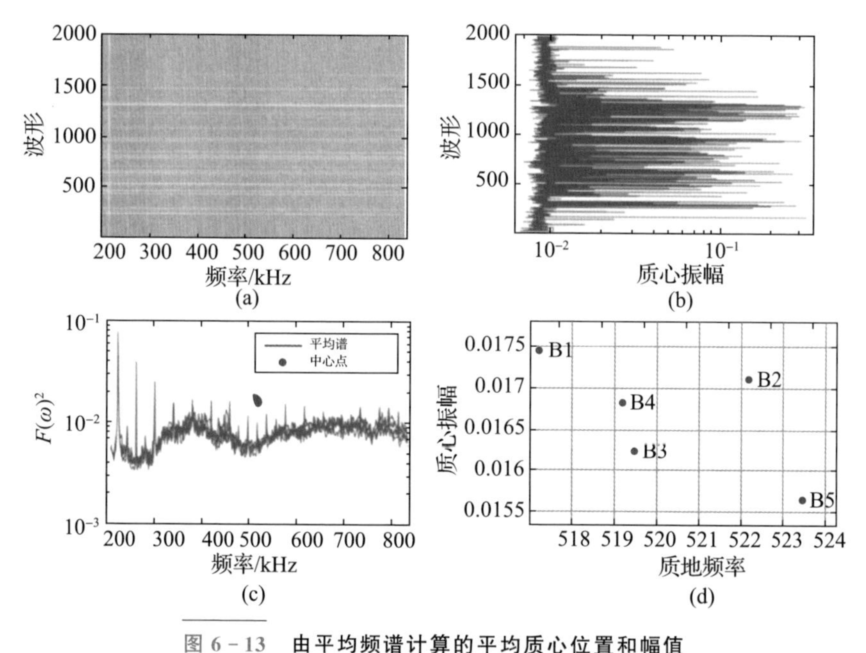

图 6－13　由平均频谱计算的平均质心位置和幅值

(a)成形期间的频率波形；(b)波形质心振幅和高振幅事件；(c)图(a)中功率谱平均值的质心计算；(d)特定成形条件和传感器的质心计算的散射点。

6.5　倒频谱分析（二次频谱分析）

6.5.1　倒频谱的含义

时域信号 $x(t)$ 在频域中的功率谱 $S_x(f)$ 为

$$S_x(f)=\frac{1}{N}\left|X(f)\right|^2 \tag{6-44}$$

它显示了时域信号 $x(t)$的频率结构(不同频率周期分量的强度)，是解决工程实际问题的重要工具。然而，有时频域中的功率谱也很复杂，不便分析，基于时域频域的转换效果将功率谱看作时间历程信号，再进行一次傅里叶变换必能取得相同的效果，有利于功率谱“频率结构”(周期分量)的分析。这样，就发展了倒频谱分析技术。

倒频谱分析技术主要有两种：功率倒频谱和复倒频谱，功率倒频谱应用最广泛。

6.5.2　功率倒频谱

信号 $x(t)$的功率倒频谱可以简单定义为功率谱的对数值的功率谱。

$$C_a(q)=\left|F[\log S_x(f)]\right|^2 \tag{6-45}$$

取对数可以使频域中两函数(两信号)的相乘关系(在时域两信号为卷积关系)转换为简单的加法关系，有利于信号的分离与识别。取对数还可缩小频谱图上幅值的差距，提升微小信号的幅值，这对发现缺陷形成初期的微弱信息特别有利。

工程中常用功率倒频谱的正平方根值，称为幅值倒频谱，简称倒频谱。

$$C_a(q)=\left|F[\log S_x(f)]\right| \tag{6-46}$$

倒频谱是自变量 q 的函数，自变量 q 称为倒频率(相对频谱函数的自变量“频率”而言)，它与自相关函数 $R_x(t)$的自变量 t 有相同的量纲——时间，一般以毫秒计。q 值大者称为高倒频率，表示谱图上的快速波动分量；q 值小者称为低倒频率，表示谱图上的缓慢波动分量。

由于 $\lg S_x(f)$是实偶函数，根据傅里叶变换的对偶性也可用傅里叶逆变换定义倒频谱。

$$C_a(q)=F^{-1}[\log S_x(f)] \tag{6-47}$$

倒频谱是频域函数的傅里叶逆变换，与相关函数不同之处只差对数加权。对功率谱函数取对数的目的，是使变换后的信号能量格外集中，卷积成分可解，同时有利于对原信号的识别。

6.5.3　复倒频谱

上面介绍的倒频谱都是实倒频谱，没有相位信息，过程不可逆。需要在倒频域中去除干扰后重建原函数时，就只能利用复倒频谱技术。

信号 $x(t)$的复倒频谱定义为复频谱对数的傅里叶逆变换，即

$$\begin{aligned} C(q) &= F^{-1}[\log X(f)] \\ &= F^{-1}[\log(|X(f)|e^{j\Phi(f)})] \\ &= F^{-1}[\log|X(f)| + j\Phi(f)] \\ &= F^{-1}[\log|X(f)|] + jF^{-1}[\Phi(f)] \end{aligned} \tag{6-48}$$

由上可知，复倒频谱与前面的功率倒频谱不同，它不丢失信号的相位信息，所以获得复倒频谱的过程是可逆的。因此若时域信号中含有干扰成分，从它的复倒频谱中除去干扰成分的复倒频成分，然后通过还原处理，就可得到没有干扰的时域信号。

6.5.4 应用

1. 显示功率谱的周期成分

复杂的功率谱图很难直接区分出其中的周期分量，对它再做一次谱分析(对原信号进行倒频谱分析)则功率谱中的各周期分量都转变为倒频域中的离散线谱，它的高度反映周期分量的大小，它的横坐标反映周期成分的频率。功率谱图上的各周期成分在倒频谱图上一目了然，很容易区分出来。

2. 分离输出信号中传输系统对输入信号的影响

例如在工程中监测设备运行的振动状况时，传感器接收的往往不是振源信息本身 $x(t)$，而是经传输系统 $h(t)$到测点的输出信号 $y(t)$，对于线性系统三者关系：

$$y(t) = x(t) * h(t) = \int_{-\infty}^{\infty} x(\tau)h(t-\tau)\mathrm{d}\tau \tag{6-49}$$

在时域上信号经过卷积后一般是一个比较复杂的波形，难以区分源信号与系统的响应。为此，需要对上式作傅里叶变换，在频域上进行分析。

$$S_y(f) = S_x(f)S_h(f) \tag{6-50}$$

两边取对数可得：

$$\log S_y(f) = \log S_x(f) + \log S_h(f) \tag{6-51}$$

对上式再进一步作傅里叶逆变换，可得到倒频谱：

$$F^{-1}\{\log S_y(f)\} = F^{-1}\{\log S_x(f)\} + F^{-1}\{\log S_h(f)\} \qquad (6-52)$$

$$C_y(q) = C_x(q) + C_h(q) \qquad (6-53)$$

上式在倒频域上由两部分组成，y_1 表示系统特性 $h(t)$ 的谱特征，而 y_2 表示源信号 $x(t)$的谱特征，它们各自在倒频谱图上占有不同的倒频率位置，可以提供清晰的分析结果(图 6 - 14)。

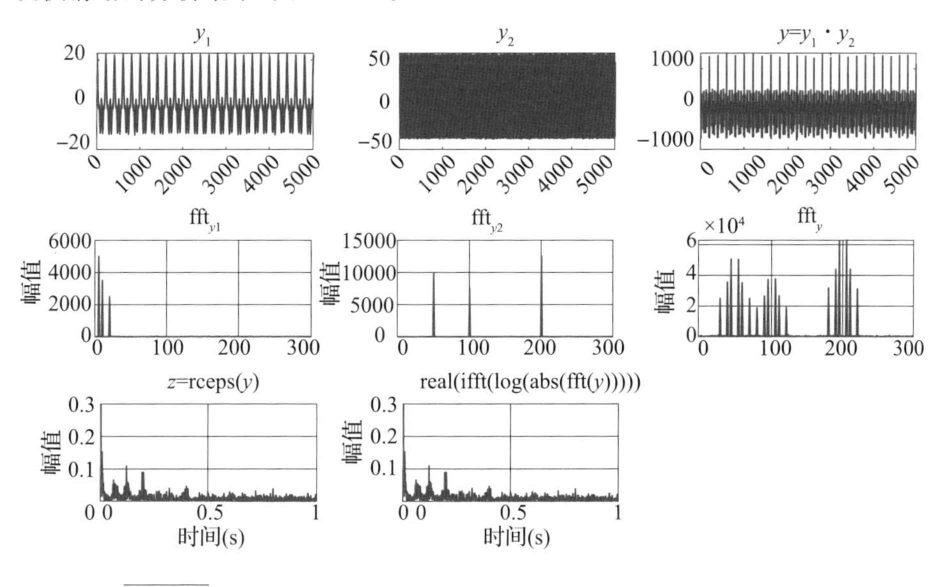

图 6 - 14　倒频谱分析结果(y_1 表示 h；y_2 表示 x 的谱特征；$y=h*x$)

上图红圈处可以看到 3 个峰值，分别是 0.05s、0.1s 和 0.2s。其对应的频率分别为 20Hz、10Hz 和 5Hz，正是调制信号的低频分量。显然，根据传感器测得的状态信号，利用时域的波形图或频域的谱图都很难把振源信号和传输系统的影响分开。该低频分量在图 fft _ y 中以边频带的形式出现，无法看出其对应频率值，而在倒频谱中能轻易展现。因为在频域中传输系统的特性变化较振源信号的变化缓慢很多，所以在倒频谱中前者处于左边低倒频段，后者处于右边高倒频段，各自占有不同的位置。这正是倒频谱的意义所在。

6.6　短时傅里叶变换

6.6.1　加窗的傅里叶变换

尽管傅里叶变换及其离散形式 DFT 已经成为信号处理尤其是时频分析中

最常用的工具，但是，傅里叶变换存在信号的时域与频域信息不能同时局部化的问题。

信号 $f(t)$的傅里叶变换是：

$$\hat{f}(\omega) = \int f(t)\mathrm{e}^{-\mathrm{j}\omega t}\mathrm{d}t \tag{6-54}$$

它将信号在时域中的时间函数 $f(t)$变换为频域中的频率函数(信号的频谱)$\hat{f}(\omega)$。

从定义式(6-54)我们看到，对于任一给定频率，根据傅里叶变换不能看出该频率发生的时间与信号的周期(如果有的话)，即傅里叶变换在频率上不能局部化。同时，在傅里叶变换将信号从时域上变换到频域上时，实质上是将信息 $f(t)\mathrm{e}^{-\mathrm{j}\omega t}$ 在整个时间轴上的叠加，其中 $\mathrm{e}^{-\mathrm{j}\omega t}$ 起到频限的作用，因此，傅里叶变换不能够观察信号在某一时间段内的频域信息。

根据频谱变化识别设备状态在状态监测领域占有非常重要的地位，应用很广泛。但是，傅里叶变换反映的是信号的整体特性，不能识别信号的局部特征，所以只适合平稳信号的分析，有一定局限性。实际上，大多数信号是非平稳的，我们还需要能分析信号局部特征的技术，即时频分析技术。请注意，在本节及随后的描述中，我们沿用时频分析的习惯，用连续时间函数 $f(t)$来表示随机信号 $x(t)$，在表达意义上是一样的。

而另一方面，在信号处理尤其是非平稳信号处理过程中，如声发射、切削力、地震信号等，人们经常需要对信号的局部频率以及该频率发生的时间段有所了解。由于标准傅里叶变换只在频域有局部分析的能力，而在时域内不存在局部分析的能力，故 D. Gabor 于 1946 年引入短时傅里叶变换(Short-Time Fourier Transform)。短时傅里叶变换的基本思想是：把信号划分成许多小的时间间隔，用傅里叶变换分析每个时间间隔，以便确定该时间间隔存在的频率。图 6-15、图 6-16 为短时傅里叶变换对信号分析示意图。

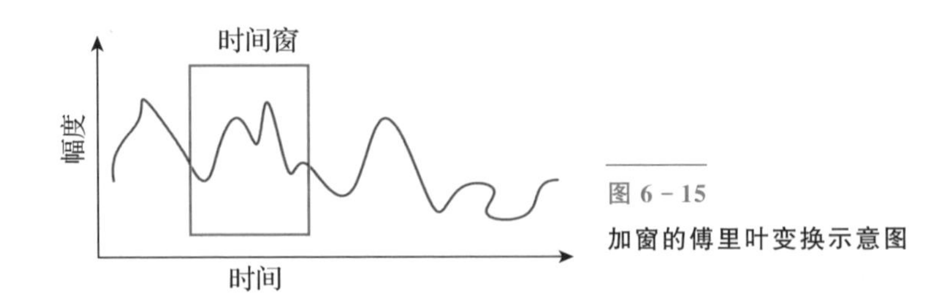

图 6-15
加窗的傅里叶变换示意图

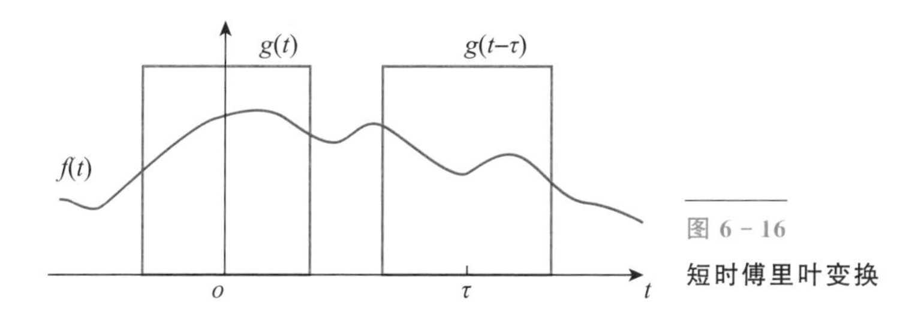

图 6 - 16 短时傅里叶变换

假设对信号 $f(t)$ 在时间 $t=\tau$ 附近内的频率感兴趣，显然一个最简洁的方法是仅取式(6 - 54)定义的傅里叶变换在某个时间段 I_τ 内的值，即定义

$$\hat{f}(\omega,\tau)=\frac{1}{|I_\tau|}\int_{I_\tau} f(t)\mathrm{e}^{-\mathrm{j}\omega t}\mathrm{d}t \tag{6-55}$$

其中 $|I_\tau|$ 表示区域 I_τ 的长度。如果定义方波函数 $g_\tau(t)$ 为

$$g_\tau(t)=\begin{cases}\dfrac{1}{|I_\tau|}, & t\in I_\tau\\ 0, & \text{其他}\end{cases} \tag{6-56}$$

则式(6 - 55)又可以表示为

$$\hat{f}(\omega,\tau)=\int_{\mathbf{R}} f(t)g_\tau(t)\mathrm{e}^{-\mathrm{j}\omega t}\mathrm{d}t \tag{6-57}$$

其中 **R** 表示整个实轴。从式(6 - 54)、式(6 - 56)与式(6 - 57)很容易看到，为了分析信号 $f(t)$ 在时刻 τ 的局部频域信息，式(6 - 57)实质上是对函数 $f(t)$ 加上窗口函数 $g_\tau(t)$。显然，窗口的长度 $|I_\tau|$ 越小，则越能够反映出信号的局部频域信息。图 6 - 17(a)为对于参数取 $\tau(\tau=1)$，窗口函数 $g_\tau(t)$ 的图形。

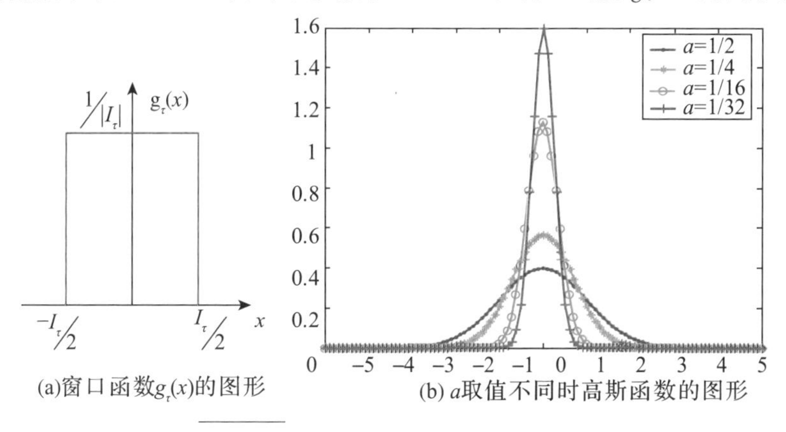

图 6 - 17　窗口函数与高斯函数的图形

(a)窗口函数 $g_\tau(x)$ 的图形；(b)a 取值不同时高斯函数的图形。

容易得到下面的简单性质：

$$\int_{\mathbf{R}} g_{\tau}(t)\mathrm{d}t = 1;\lim_{\tau \to 0} g_{\tau}(t) = \infty,\ t \in I_{\tau} \tag{6-58}$$

将函数 $g_{\tau}(t)$ 与著名的"δ 函数"及其性质

$$\delta(t) = \begin{cases} 0,\ t \neq 0 \\ \infty,\ t = 0 \end{cases} \tag{6-59}$$

以及

$$\int_{\mathbf{R}} \delta(t)\mathrm{d}t = 1 \tag{6-60}$$

比较不难发现，"δ 函数" $\delta(t)$ 实际上可以视为函数 $g_{\tau}(t)$ 的极限函数。从另外一个角度来看，窗口函数可以看作对于原信号在区域上的加权，而利用方波函数 $g_{\tau}(t)$ 作为窗口函数时存在的一个明显缺陷就是在区域 I_{τ} 上平均使用权值，不符合权值应该重点位于时刻 τ 且距离该时刻越远权值越小的特点，也就是不符合权函数主值位于时刻 τ，在该时刻的两端函数图像迅速衰减的特点。

6.6.2 短时傅里叶变换及其性质

由于信号被窗函数分割成时间段（段内信号认为是平稳的）后，才逐段进行傅里叶变换，所以得到的是时间与频率的二元函数，反映的是窗口内信号的局部特征（局部频谱），因此适合非平稳信号的分析，是典型的时频分析技术。但是，由于窗口（时间段）的大小是固定的，不能满足信号中不同频率成分的需要（低频成分需要宽的时窗，高频成分需要窄的时窗），所以用于非平稳信号分析还不能得到令人满意的效果。

在满足上述特性并保持函数的光滑性质的前提下，Gabor 提出了利用具有无穷次可微的高斯函数

$$g_a(t) = \frac{1}{2\sqrt{\pi a}} \mathrm{e}^{-\frac{t^2}{4a}},\ a > 0 \tag{6-61}$$

作为窗口函数。图 6-17(b) 给出了取几种不同的值时高斯函数的图像，显然高斯函数具有窗口函数所需要的性质。

Gabor 变换是一种特殊的短时傅里叶变换，而一般的短时傅里叶变换按照下列方式来定义。

定义 6.1　信号 $f(t)$的短时傅里叶变换(STFT) $Gf(\omega,\tau)$定义为

$$Gf(\omega,\tau)=\int_{\mathbf{R}}f(t)g(t-\tau)\mathrm{e}^{-\mathrm{j}\omega t}\mathrm{d}t=\int_{\mathbf{R}}f(t)g^{*}_{\omega,\tau}(t)\mathrm{d}t \tag{6-62}$$

其中 $g^{*}_{\omega,\tau}(t)=g(t-\tau)\mathrm{e}^{-\mathrm{j}\omega t}$称为积分核，如图 6-16 所示。式中 $g^{*}_{\omega,t}(t)$称为窗函数，τ 是平移参数，它的变动改变了窗函数在时轴上的位置，可以使其遍历整个时域。相应的能量密度 $|\mathrm{STFT}(f(t))|^2$ 称为谱图，它广泛应用于时频分析，并应用于状态监测领域[8]。

为了保证信号 $f(t)$的短时傅里叶变换(STFT) $Gf(\omega,\tau)$以及逆变换有意义，一个充分必要条件为

$$\omega\hat{g}(\omega),\ tg(t)\in L^2(\mathbf{R}) \tag{6-63}$$

另外，由于 $g(t)$可以看成是对函数 $f(t)\mathrm{e}^{-\mathrm{j}\omega t}$加权，因此，人们经常要求：

(1) 当 $g(t)\in L^1(\mathbf{R})$时

$$\int_{\mathbf{R}}g(t)\mathrm{d}t=A>0,\ g(x)\geqslant 0 \tag{6-64}$$

(2) 当 $g(x)\in L^2(\mathbf{R})$时

$$\int_{\mathbf{R}}g^2(x)\mathrm{d}x=1 \tag{6-65}$$

以及

$$\int_{\mathbf{R}}\hat{g}^2(\omega)\mathrm{d}\omega=1 \tag{6-66}$$

$g(t-\tau)$作为对于 $f(t)\mathrm{e}^{-\mathrm{j}\omega t}$的加权，其贡献应该主要集中在 $t=\tau$ 附近。最常见的要求是：$g(t-\tau)$在 $t=\tau$ 附近迅速衰减，使得窗口外的信息几乎可以忽略，而 $g(t-\tau)$起到时限作用，$\mathrm{e}^{-\mathrm{j}\omega t}$起到频限作用。当“时间窗”在 t 轴上移动时，信号 $f(t)$“逐渐”进入分析状态，其短时傅里叶变换 $Gf(\omega,\tau)$反映了 $f(t)$在时刻 $t=\tau$、频率 ω 附近“信号成分”的相对含量。根据前面的分析，写出两种常见的窗口函数如下。

1) B 样条

$$N_1(t)=\begin{cases}1,& t\in[0,1]\\0,&\text{其他}\end{cases} \tag{6-67}$$

对于自然数 m，递推定义

$$N_m(t) = \int_0^1 N_{m-1}(t-\tau)\mathrm{d}\tau, (m \geqslant 2) \tag{6-68}$$

显然，$N_m(t)$是存在 $m-1$ 阶导函数且仅在有限区间$[0, m]$上非零(称之为紧支集)的函数。

2)高斯(Gaussian)函数

$$g_a(t) = \frac{1}{2\sqrt{\pi a}}\mathrm{e}^{-\frac{t^2}{4a}}, \quad a>0 \tag{6-69}$$

下面讨论高斯窗函数的性质。

定理 6.1 对于高斯函数 $g_a(t)$以及可积函数 $f \in L^1(\mathbf{R})$，$g_a(t)>0$ 且对于任意 $a>0$ 均是无穷次可微的，并且

$$\int_{\mathbf{R}} g_a(t)\mathrm{d}t = 1, \lim_{a\to 0^+}\int_{\mathbf{R}} f(t-\tau)g_a(\tau)\mathrm{d}\tau = f(t) \tag{6-70}$$

对于 f 的所有连续点 t 成立。

式(6－70)称为高斯函数的卷积性质。将式(6－70)与 δ 函数 $\delta(t)$的卷积性质

$$\int_{\mathbf{R}} f(t-\tau)\delta(\tau)\mathrm{d}\tau = f(t) \tag{6-71}$$

进行比较，不难发现，无穷次可微高斯函数 $g_a(x)$可以作为函数 $\delta(t)$的高度近似，即在连续函数的集合 C 上，有 $g_a \to \delta$，$a \to 0^+$。

6.6.3 STFT 的时频分辨率

前面讨论了短时傅里叶变换的概念、性质以及窗口函数的取法。下面利用短时傅里叶变换的特性通过设计时域与频率窗口来分析信号的局部性质。

设时域窗口的中心与半径分别为 t^* 与 Δ_g，而频率窗口的中心与半径分别为 ω^* 与 $\Delta_{\hat{g}}$，显然，t^* 与 ω^* 应该分别为其“重心”，即其值满足下式：

$$\begin{cases} t^* = \dfrac{1}{\|g\|_2^2}\displaystyle\int_{\mathbf{R}} t\,|g(t)|^2\mathrm{d}t \\ \omega^* = \dfrac{1}{\|\hat{g}\|_2^2}\displaystyle\int_{\mathbf{R}} \omega\,|\hat{g}(\omega)|^2\mathrm{d}\omega \end{cases} \tag{6-72}$$

利用统计学原理，窗口半径 Δ_g 与 $\Delta_{\hat{g}}$ 应该设计为其“标准差”，表示有效半径，其值满足下式：

$$
\begin{cases}
\Delta_g = \dfrac{1}{\|g\|_2}\left[\int\limits_{\mathbf{R}}(t-t^*)^2\ |g(t)|^2 \mathrm{d}t\right]^{\frac{1}{2}} \\
\Delta_{\hat{g}} = \dfrac{1}{\|\hat{g}\|_2}\left[\int\limits_{\mathbf{R}}(\omega-\omega^*)^2\ |\hat{g}(\omega)|^2 \mathrm{d}\omega\right]
\end{cases}
\tag{6-73}
$$

为了对信号在(时间，频率)=$(a,\ \omega_0)$附近的信息进行分析，时间—频率窗口的形式设计为$[t^*+a-\Delta_g,\ t^*+a+\Delta_g]\times[\omega^*+\omega_0-\Delta_{\hat{g}},\ \omega^*+\omega_0+\Delta_{\hat{g}}]$。直接推得时间窗口与频率窗口的宽度分别为 $2\Delta_g$ 与 $2\Delta_{\hat{g}}$。显然，上述时间与频率窗口的宽度仅与窗口函数相关，而与待分析的时间、频率位置以及窗口中心无关，此时窗口的面积为 $4\Delta_g\Delta_{\hat{g}}$。图 6-18(c)给出了随着$(a,\ \omega_0)$平移所得到的一系列时间—频率窗口。

从图 6-18 可以看出，图 6-18(a)在时间域，而图 6-18(b)在频率域，但我们缺乏有关时—频关系的信息。图 6-18(c)是图 6-18(a)中信号的谱图。功率谱分布在时间轴上，谱图中可以检测到谱能量的变化。

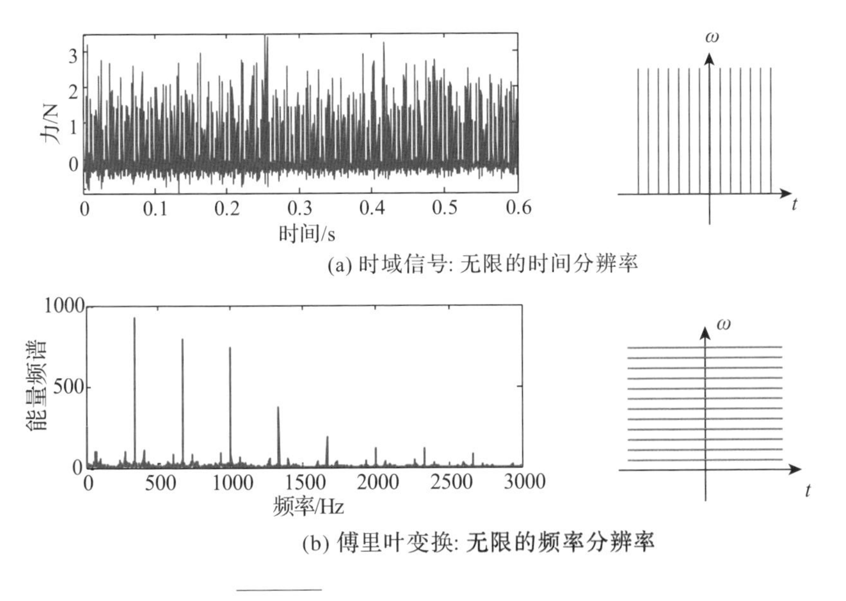

(a) 时域信号: 无限的时间分辨率

(b) 傅里叶变换: 无限的频率分辨率

图 6-18　信号的时域—频域分辨率

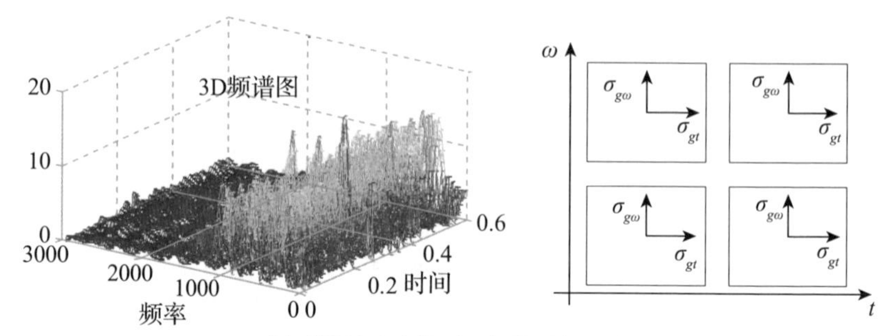

(c) 短时傅里叶变换: 恒定的时间—频率分辨率

图 6-18　信号的时域—频域分辨率(续)

从图 6-18(c)可直接看出，时间—频率窗口的宽度对于所观察的所有频率的谱具有不变特性，这一点不适应于非平稳信号的高频与低频部分的特性分析。事实上，对于高频信息，信号变化剧烈，时间周期相对变小，时间窗口应该变窄一些；而对于低频信息，信号变化平稳，时间周期相对较大，时间窗口应相应设计得宽一些。也许有人会问：为了实现高精度的时间—频率局部化，是否可以选择某个窗口函数 $g(t)$ 使得时间—频率窗具有充分小的面积。下面的"测不准原理"说明，对于任意窗口函数，其窗口面积不小于 2 个平方单位，即有如下定理。

定理 6.2[12]　对于任意满足式(6-63)的窗口函数 $g(t)\in L^2(\mathbf{R})$，其窗口面积满足

$$4\Delta_g\Delta_{\hat{g}}\geqslant 2 \tag{6-74}$$

当且仅当 $g(t)=ce^{iat}g_a(t-b)$，$g_a(x)$为前面定义的高斯函数，以及当$c=0$，$b\in\mathbf{R}$ 时，式(6-74)中的等号成立。

证明：不失一般性，可以假设 $t^*=\omega^*=0$，于是

$$\Delta_g^2\Delta_{\hat{g}}^2=\frac{\int_{\mathbf{R}}t^2\,|g(t)|^2\mathrm{d}t\int_{\mathbf{R}}\omega^2\,|\hat{g}(\omega)|^2\mathrm{d}\omega}{\|g\|_2^2\;\|\hat{g}\|_2^2} \tag{6-75}$$

由于$(\hat{g}')=\mathrm{i}\omega\hat{g}$ 以及 Parseval 等式 $\|\hat{f}\|_2=\sqrt{2\pi}\,\|f\|_2$，故得到

$$\int_{\mathbf{R}}\omega^2\,|\hat{g}(\omega)|^2\mathrm{d}\omega=\int_{\mathbf{R}}|(\hat{g}')(\omega)|^2\mathrm{d}\omega=2\pi\int_{\mathbf{R}}|g'(t)|^2\mathrm{d}t \tag{6-76}$$

将上式以及

$$\int_{\mathbf{R}} |\hat{g}(\omega)|^2 \mathrm{d}\omega = 2\pi\int_{\mathbf{R}} |g(t)|^2 \mathrm{d}t \tag{6-77}$$

代入式(6-75)中，直接得到

$$\Delta_g^2 \Delta_{\hat{g}}^2 = \frac{\int_{\mathbf{R}} t^2 |g(t)|^2 \mathrm{d}x \int_{\mathbf{R}} |g'(t)|^2 \mathrm{d}t}{\| g \|_2^4} \tag{6-78}$$

另一方面，由于 $t|g(t)| \in L^2(\mathbf{R})$，$g'(x) \in L^2(\mathbf{R})$，因而有 $tg(t)g'(t) \in L^1(\mathbf{R})$，即 $t\frac{\mathrm{d}}{\mathrm{d}t}g^2(t) \in L^1(\mathbf{R})$，因此

$$\frac{\mathrm{d}}{\mathrm{d}x}[tg^2(t)] = g^2(t) + t\frac{\mathrm{d}}{\mathrm{d}t}g^2(t) \in L(\mathbf{R}) \tag{6-79}$$

从上式可以推得：当 $t \to \pm\infty$ 时，$tg^2(t)$ 均存在极限，设 $\lim\limits_{t \to -\infty}[tg^2(t)] = C_1$，$\lim\limits_{t \to +\infty}[tg^2(t)] = C_2$，如果 $C_1 \neq 0$，则

$$g^2(t) \approx \frac{C_1}{t},\ (t \to -\infty) \tag{6-80}$$

这与 $g^2(t) \in L^1(\mathbf{R})$ 矛盾，因此必有 $C_1 = 0$，类似可以推得 $C_2 = 0$，即 $\lim\limits_{|t| \to \infty}[tg^2(t)] = 0$。利用该式以及分步积分公式直接得到

$$\int_{\mathbf{R}} tg(t)g'(t)\mathrm{d}t = -\frac{1}{2}\int_{\mathbf{R}} g^2(t)\mathrm{d}t \tag{6-81}$$

将式(6-81)代入 Schwarz-Cauchy 不等式，得到

$$\frac{1}{4}\left[\int_{\mathbf{R}} g^2(t)\mathrm{d}t\right]^2 = \left[\int_{\mathbf{R}} tg(t)g'(t)\mathrm{d}t\right]^2 \leqslant \int_{\mathbf{R}} |t|^2 |gt)|^2 \mathrm{d}t \int_{\mathbf{R}} |g't)|^2 \mathrm{d}t \tag{6-82}$$

再将上式代入式(6-74)，得到 $4\Delta_g^2\Delta_{\hat{g}}^2 \geqslant 1$，或者等价地得到 $4\Delta_g\Delta_{\hat{g}} \geqslant 2$。定理 6.2 得到证明。

上式说明信号的分析在频域和时域不能同时达到高分辨率。分析窗口宽，时间分辨率差，频率分辨率好；分析窗口窄，时间分辨率好，频率分辨率差。

时域分析和常规的傅里叶变换可以看作 STFT 分析的两种极端情况：

$g(t)$无限短：$g(t)=\delta(t)$，则STFT变为时间信号，具有无限时间分辨率，但没有频率信息，如图6.18(a)右侧所示。

$g(t)$无限长：$g(t)=1$，则STFT变为FT，具有无限的频率分辨率，但没有时间信息，如图6.18(b)右侧所示。

因此有必要引入新的具有理想时间—频率窗口特性的新型窗口函数。时频窗口具有可调的性质，要求在高频部分具有较好的时间分辨率特性，而在低频部分具有较好的频率分辨率特性。

6.7 小波分析

6.7.1 概述

高斯窗函数是短时傅里叶变换同时追求时间分辨率与频率分辨率时的最优窗函数。具有高斯窗函数的短时傅里叶变换就是Gabor变换。与短时傅里叶变换一样，Gabor变换也是单一分辨率的。短时傅里叶变换使用一个固定的窗函数，不能兼顾频率与时间分辨率的需求。

小波函数根据需要自适应地调整时间与频率分辨率，具有多分辨分析(multiresolution analysis)的特点，克服了短时傅里叶变换分析非平稳信号单一分辨率的困难。小波变换是一种时间—尺度分析方法，而且在时间、尺度(频率)两域都具有表征信号局部特征的能力，在低频部分具有较高的频率分辨率和较低的时间分辨率，在高频部分具有较高的时间分辨率和较低的频率分辨率，很适合于探测正常信号中夹带的瞬间反常现象并展示其成分。因此，小波变换常被称为信号分析的“显微镜”。

6.7.2 连续小波变换

6.7.2.1 定义

前面讨论的短时傅里叶变换(STFT)其窗口函数$\varphi_a(t,\omega)=\varphi_a(t-a)e^{-j\omega t}$通过函数时间轴的平移与频率限制得到，由此得到的时频分析窗口具有固定的大小。对于非平稳信号而言，需要时频窗口具有可调的性质，即要求在高频部分具有较好的时间分辨率特性，而在低频部分具有较好的频率分辨率特性。

为此特引入窗口函数 $\psi_{a,b}(t)=\frac{1}{\sqrt{|a|}}\psi\left(\frac{t-b}{a}\right)$，并定义变换[8,12]：

$$W_{\psi}f(a,b)=\frac{1}{\sqrt{|a|}}\int_{-\infty}^{+\infty}f(t)\psi^{*}\left(\frac{t-b}{a}\right)\mathrm{d}t \tag{6-83}$$

其中，$a\in\mathbf{R}$ 且 $a\neq0$。式(6 - 83)定义了连续小波变换，a 为尺度因子，表示与频率相关的伸缩，b 为时间平移因子。

信号的小波变换，它把短时傅里叶变换的固定窗函数换成窗口可调的小波函数“$\psi_{a,b}(t)$”，避免了短时傅里叶变换的缺点，满足了分析非平稳信号的需要，是信号处理的重大突破。

小波函数 $\psi_{a,b}(t)$ 具有下列性质：

$$\int_{\mathbf{R}}\psi_{a,b}(t)\mathrm{d}t=0 \tag{6-84}$$

$$\int_{\mathbf{R}}\psi_{a,b}^{2}(t)\mathrm{d}t=1 \tag{6-85}$$

上述特性表明，小波是“小”“波”：在零附近振荡(零均值的波)，并迅速变消失(有限的小能量)。图 6 - 19 显示了哈尔(Haar)、莫利特(Morlet)和多贝西(Daubechies)小波函数。

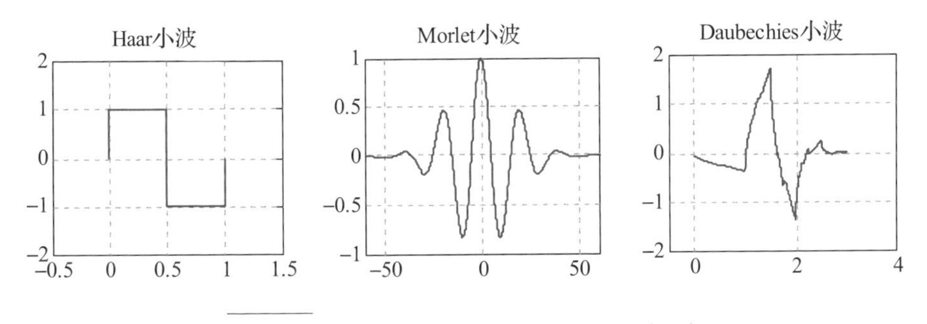

图 6 - 19　**Haar、Morlet 和 Daubechies 小波函数**

很显然，并非所有函数都能保证式(6 - 83)中表示的变换对于所有 $f\in L^2(\mathbf{R})$ 均有意义；另外，在实际应用尤其是信号处理以及图像处理的应用中，变换只是一种简化问题、处理问题的有效手段，最终目的需要回到原问题的求解，因此，还要保证连续小波变换存在逆变换。同时，作为窗口函数，为了保证时间窗口与频率窗口具有快速衰减特性，经常要求函数 $\psi(t)$ 具有如下性质：

$$\psi(t)\leqslant C\ (1+|t|)^{-1-\varepsilon} \tag{6-86}$$

$$\hat{\psi}(\omega)\leqslant C\ (1+|\omega|)^{-1-\varepsilon} \tag{6-87}$$

其中，C 为与 t，ω 无关的常数，$\varepsilon>0$。

6.7.2.2 连续小波变换的计算

从式(6-83)可以得出，连续小波变换计算分以下5个步骤进行[14]。

(1)选定一个小波，并与处在分析时段部分的信号相比较。

(2)计算该时刻的连续小波变换系数 C。如图6-20所示，C 表示了该小波与处在分析时段内的信号波形的相似程度。C 愈大，表示两者的波形相似程度愈高。小波变换系数依赖于所选择的小波，因此，为了检测某些特定波形的信号，应该选择波形相近的小波进行分析。

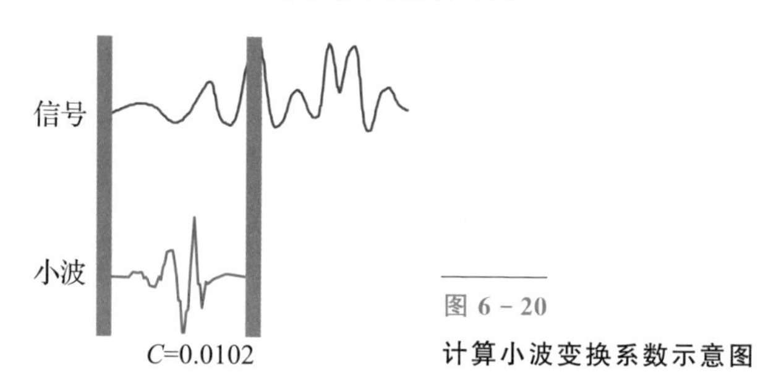

图6-20 计算小波变换系数示意图

(3)如图6-21所示，调整参数 b，调整信号的分析时间段，向右平移小波，重复步骤(1)～(2)，直到分析时段已经覆盖了信号的整个支撑区间。

(4)调整参数 a，尺度伸缩，重复步骤(1)～(3)。

(5)重复步骤(1)～(4)，计算完所有尺度的连续小波变换系数，如图6-22所示。

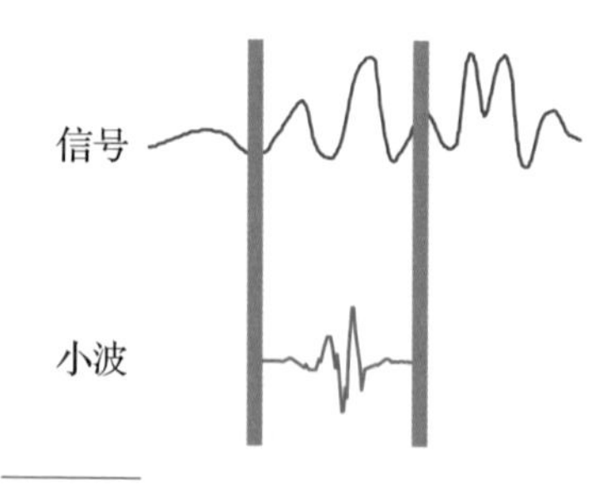

图6-21 不同分析时段下的信号小波变换系数计算

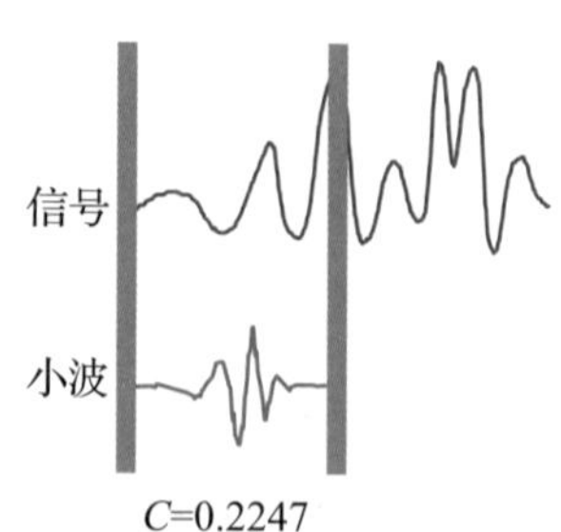

图6-22 不同尺度下的小波变换系数计算

由小波变换的定义式(6－83)，有

$$
\begin{aligned}
W_f(a,b) &= \langle f(t), \psi_{a,b}(t) \rangle = \int_{-\infty}^{+\infty} f(t) \psi_{a,b}^*(t) \mathrm{d}t \\
&= \int_{-\infty}^{+\infty} f(t) \frac{1}{\sqrt{a}} \psi^* \left(\frac{t-b}{a} \right) \mathrm{d}t \quad (a > 0, f \in L^2(R))
\end{aligned}
\tag{6-88}
$$

其中，$\psi_{a,b}(t) = \frac{1}{\sqrt{a}} \psi\left(\frac{t-b}{a}\right)$

设 $f(t) = f(k\Delta t)$，$t \in (k, k+1)$，则有

$$
\begin{aligned}
W_f(a,b) &= \sum_k \int_k^{k+1} f(t) \left| a \right|^{-1/2} \psi^* \left(\frac{t-b}{a} \right) \mathrm{d}t \\
&= \sum_k \int_k^{k+1} f(k) \left| a \right|^{-1/2} \psi^* \left(\frac{t-b}{a} \right) \mathrm{d}t \\
&= \left| a \right|^{-1/2} \sum_k f(k) \left[\int_{-\infty}^{k+1} \psi^* \left(\frac{t-b}{a} \right) \mathrm{d}t - \int_{-\infty}^{k} \psi^* \left(\frac{t-b}{a} \right) \mathrm{d}t \right]
\end{aligned}
\tag{6-89}
$$

式(6－89)可以通过以上 5 步来实现，也可以用快速卷积运算来完成。卷积运算既可以在时域完成，也可以通过 FFT 来完成。在 Matlab 小波变换工具箱中，连续小波变换就是按照式(6－89)进行的。

6.7.3　小波基函数

小波基函数决定了小波变换的效率和效果。小波基函数可以灵活选择，并且可以根据所面对的问题构造基函数。小波函数由小波母函数生成，母函数必须是正负交替的衰减振荡波形，符合这一条件的函数很多。下面列举了几个常用的连续小波基函数。

1. Haar(哈尔)函数

最早发现、也最简单的是 Haar(哈尔)函数。它的表达式为

$$
\psi(t) = \begin{cases} 1 & 0 \leqslant t < 1/2 \\ -1 & 1/2 \leqslant t < 1 \\ 0 & \text{其他} \end{cases}
\tag{6-90}
$$

由它生成的函数族称为哈尔(Haar)小波函数(见图 6－23)，参数取二进形式离

散值的哈尔小波函数称为哈尔二进小波，表达式为

$$\psi_{j,k}(t)=2^{-j/2}\psi(2^{-j}t-k)=\begin{cases}2^{-j/2} & k/2^{-j}\leqslant t<(2k+1)/2^{-j+1}\\ -2^{-j/2} & (2k+1)/2^{-j+1}\leqslant t<(k+1)/2^{-j}\\ 0 & \text{其他}\end{cases}\tag{6-91}$$

式中：j，$k=0$，1，2，…

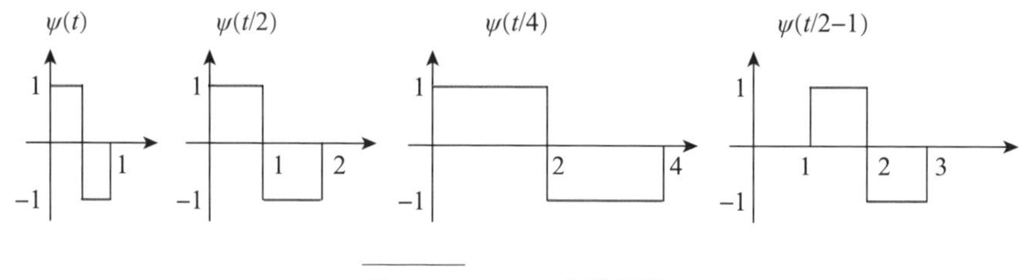

图 6－23 **Haar 小波函数**

式中 2^{-j} 称尺度参数，它的变动使小波拉伸或缩短形成不同尺度“级”（不同频率段）的小波，尺度参数 2^{-j} 大，小波宽度窄，振荡激烈，属高频段小波；反之，属低频段小波。用不同“级”的小波函数进行变换，就可获得信号中不同频率段的时域信息。式中 k 称平移参数，它的变动使小波沿时轴平移，形成不同“位”的小波函数，用不同“位”的小波函数进行变换，就可获得信号 $x(t)$ 在不同时间段的局部频谱。对于 t 的平移，Haar 小波是正交的。对于一维 Haar 小波可以看成是完成了差分运算，即给出与观测结果的平均值不相等的部分的差。显然，Haar 小波不是连续可微函数。

根据图 6－23 可以看出，不同“级”的小波持续时间是不相同的，所以用不同“级”的小波进行变换，在时轴上的分析长度（窗口宽度）能自动作相应的调节，当尺度参数较大作高频段分析时，分析长度窄；当尺度参数较小作低频段分析时，分析长度宽，这样的变化完全适合对信号中不同频率成分进行分析的需要，即在分析信号的细节时，需要较高的分析频率和较窄的分析长度；在分析信号的概貌时，需要较低的分析频率和较宽的分析长度。正由于小波变换满足了人们对分析长度和分析频率的需要，所以被称为分析信号的数学显微镜，是分析非平稳信号的有效工具。

若二进小波具有正交特性，即

$$\int \psi_{j,k}(t)\psi_{l,m}(t)\mathrm{d}t = \begin{cases} 1 & j = l, k = m \\ 0 & \text{其他} \end{cases} \tag{6-92}$$

则称为二进正交小波。由于二进正交小波具有显著的优点，所以在小波变换领域占有很重要的地位。

Haar 二进小波具有正交特性，是正交小波。

2. Mexico 草帽小波

Mexico 草帽小波是高斯函数的二阶导数，即

$$\psi(t) = \frac{2}{\sqrt{3}}\pi^{-1/4}(1 - t^2)\mathrm{e}^{-t^2/2} \tag{6-93}$$

系数$\frac{2}{\sqrt{3}}\pi^{-1/4}$主要是保证 $\psi(t)$的归一化，即 $\|\psi\|^2 = 1$。这个小波使用的是高斯平滑函数的二阶导数，由于波形与墨西哥草帽(Mexican Hat)抛面轮廓线相似而得名，如图 6-24 所示。它在视觉信息处理和边缘检测方面获得了较多的应用，因而也称作 Marr 小波。

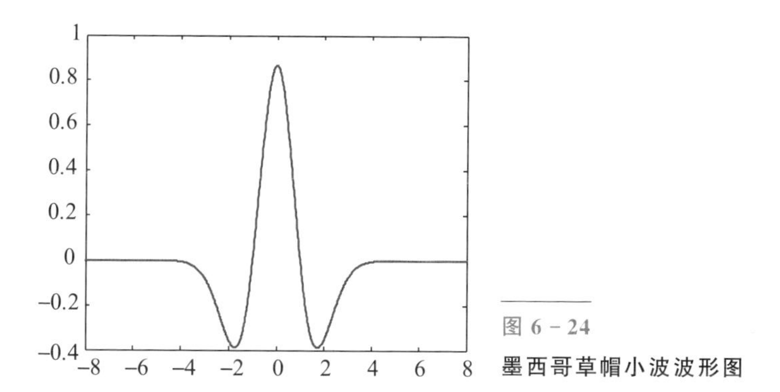

图 6-24
墨西哥草帽小波波形图

由高斯函数的 m 阶导数可以给出一簇小波

$$\psi_m = C_m(-1)^m \frac{\mathrm{d}^2}{\mathrm{d}t^m}(\mathrm{e}^{-t^2/2}) \tag{6-94}$$

式(6-94)中的常数是为了保证 $\|\psi_m\|^2 = 1$。虽然 Mexico 草帽小波相当于式(6-94)中 $m = 2$ 的情形，但由于是各向同性的，因而不能检测信号的不同方向。

用 Gauss 函数的差(difference of Gaussians，DOG)形成的 DOG 小波是 Mexico 草帽小波的良好近似，为

$$\psi(t)=\mathrm{e}^{-t^2/2}-\frac{1}{2}\mathrm{e}^{-t^2/8} \tag{6-95}$$

3. 复高斯小波

复高斯小波由复高斯函数的 n 阶导数构成，定义如下：

$$\psi(t)=C_n\,\frac{\mathrm{d}^n}{\mathrm{d}x}(\mathrm{e}^{-\mathrm{j}t}\mathrm{e}^{t^2}) \tag{6-96}$$

常数 C_n 用来保持小波函数的能量归一化特性。

4. Morlet 实小波

Morlet 实小波定义为

$$\psi(t)=\pi^{-1/4}\cos(5t)\mathrm{e}^{-t^2/2} \tag{6-97}$$

它是一个具有高斯包络的单频率正弦函数。该小波不是紧支撑的，理论上讲 t 可取 $-\infty \sim +\infty$，但 $\psi(t)$ 及其傅里叶变换 $\Psi(\Omega)$ 在时域和频域都具有很好的集中，如图 6-25 所示。

Morlet 实小波不是正交的，也不是双正交的，可用于连续小波变换。但该小波是对称的，是应用较为广泛的一种小波。

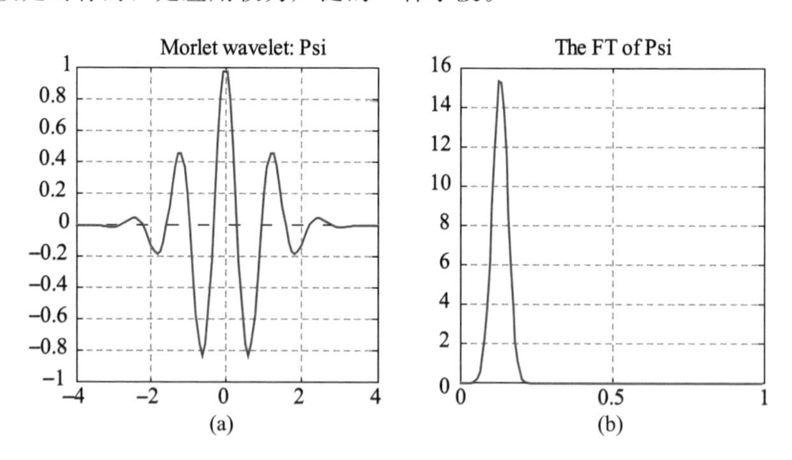

图 6-25 Morlet 实小波

(a)时域波形；(b)频谱。

5. Morlet 复值小波

Morlet 小波是最常用到的复值小波，其定义为式(6-98)，波形如图 6-26 所示。

$$\psi_0(t)=(\pi f_B)^{1/2}\mathrm{e}^{\mathrm{j}2\pi f_C t}\mathrm{e}^{-t^2/f_B} \tag{6-98}$$

式(6－98)的傅里叶变换为

$$\psi_0(f)=\mathrm{e}^{-\frac{(f-f_0)^2}{f_B}} \tag{6-99}$$

其中，f_B为带宽，f_0为中心频率。

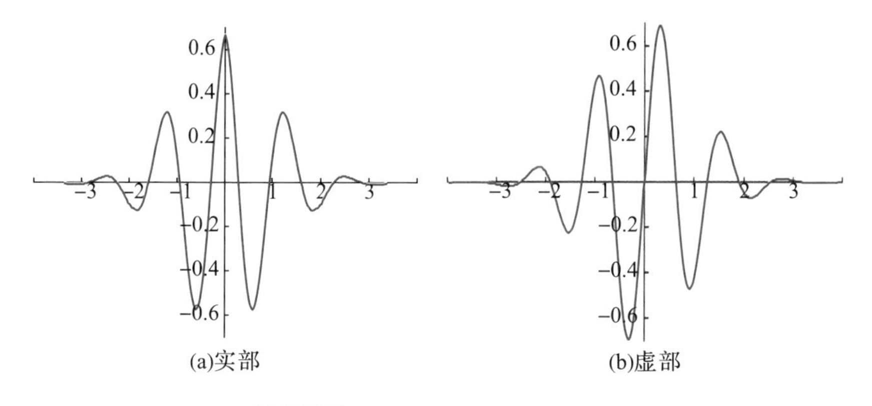

图 6－26　**Morlet 复值小波的波形图**

6. 正交小波

目前提出的正交小波大致可分为 4 种，即 Daubechies 小波、对称小波、Coiflets 小波和 Meyer 小波。这些正交小波和前面所讨论的“经典小波”不同，它们一般不能由一个简洁的表达式给出 $\psi(t)$，而是通过一个叫作“尺度函数”(scalling function)的 $\varphi(t)$的加权组合来产生的。尺度函数是小波变换的又一个重要概念。由下一节的讨论可知，小波函数 $\psi(t)$、尺度函数 $\varphi(t)$同时和一个低通滤波器 $H_0(z)$及高通滤波器 $H_1(z)$相关联，$H_0(z)$和 $H_1(z)$可构成一个两通道的分析滤波器组。这些内容构成了小波变换的多分辨率分析的理论基础。因此，在讨论正交小波时，同时涉及尺度函数 $\varphi(t)$、分析滤波器组 $H_0(z)$、$H_1(z)$及综合滤波器组 $G_0(z)$、$G_1(z)$。

7. 连续小波基函数的选择

小波基函数选择可从以下 3 个方面考虑。

1)复值与实值小波的选择

复值小波作分析不仅可以得到幅度信息，也可以得到相位信息，所以复值小波适合于分析计算信号的正常特性；而实值小波最好用来作峰值或者不连续性的检测。

2)连续小波的有效支撑区域的选择

连续小波基函数都在有效支撑区域之外快速衰减。有效支撑区域越长，频率分辨率越好；有效支撑区域越短，时间分辨率越好。

3)小波形状的选择

如果进行时频分析，则要选择光滑的连续小波，因为时域越光滑的基函数，在频域的局部化特性越好。如果进行信号检测，则应尽量选择与信号波形相近似的小波。

8. 小波分析尺度的选择

实际的信号都是有限带宽的，而某一尺度下的小波相当于带通滤波器，此带通滤波器在频域必须与所分析的信号存在重叠。在工程中，我们近似地将小波频谱中能量最多的频率值作为小波的中心频率，选择合适的尺度使中心频率始终在被分析的信号带宽之内。图 6-27 表示了小波在具有 2 阶消失矩(消失矩在下一节定义)的 Daubechies 小波(DB4)和频率为 0.714 29 的正弦信号在时域波形上的近似估计。

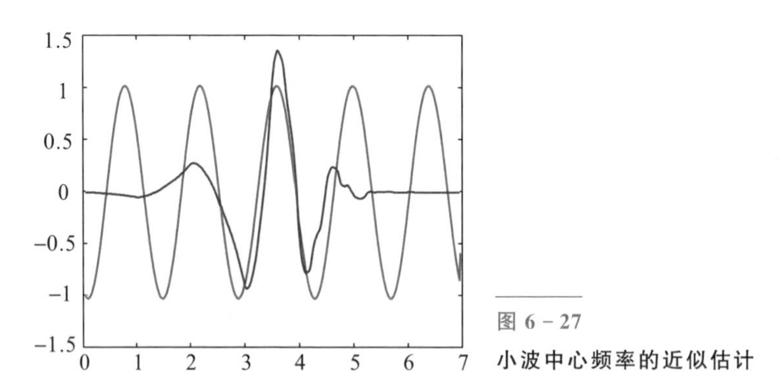

图 6-27
小波中心频率的近似估计

式(6-89)的 $W_f(a, b)$的二次方 $|W_f(a, b)|^2$称为小波功率谱，而平均小波功率谱 $W_f(a)$定义为

$$W_f(a) = \frac{\int_{b_0}^{b_1} |W_\psi f(a,b)|^2 \mathrm{d}b}{b_1 - b_0} \tag{6-100}$$

其中，b_0是尺度为 a 时 b 的起始位置；b_1是尺度为 a 时 b 的结束位置。

图6-28是典型的加工监测信号的多尺度小波分析。对于给定分解级数，随着尺度的增加，信号的波动幅度降低，对应于信号的低频分析；与之相反，在小尺度，则对应于高频分析。该信号的采样频率为6000Hz。图6-29是在不同尺度下对应的频率划分。

需要指出的是，小波分析各尺度对应的是伪频率(Pseudo-frequency)，并不是真正的频率成分，其分辨率也与傅里叶分析(如功率谱)相差较大。

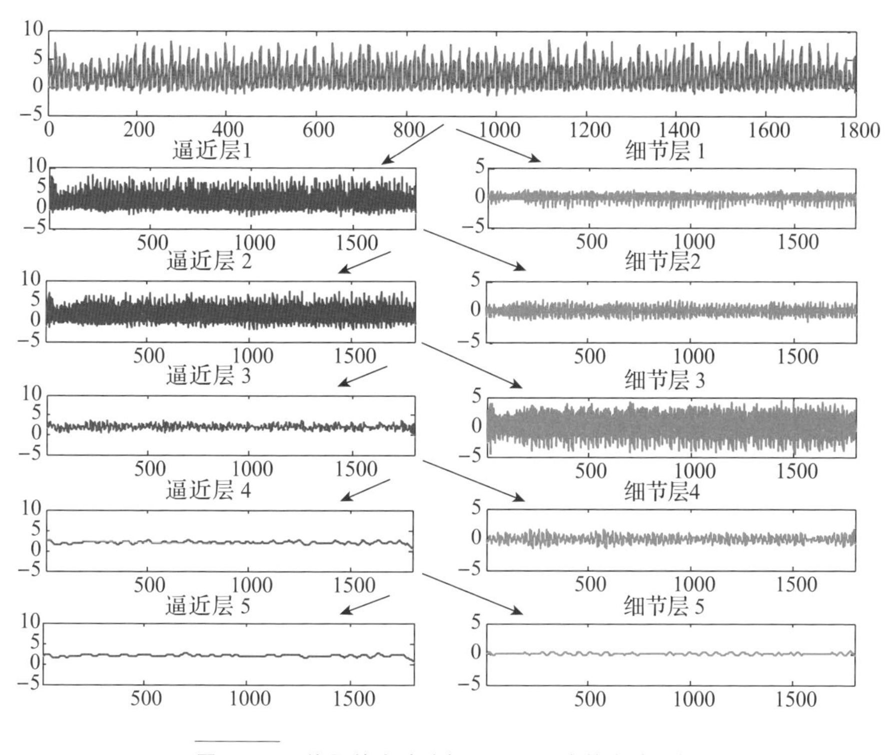

图6-28　信号的小波分解：不同尺度的小波分解

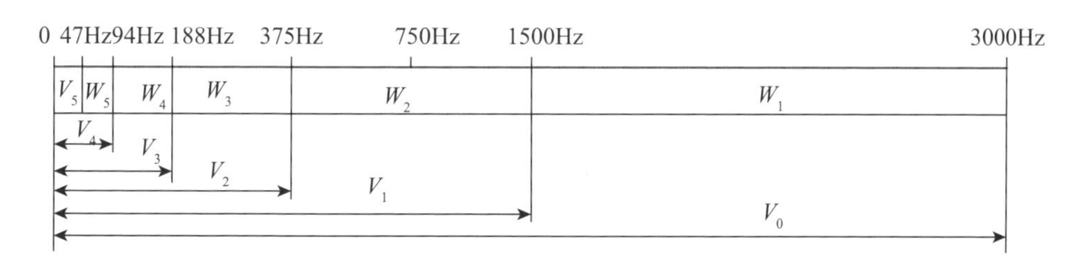

图6-29　信号的小波分解：各尺度对应的频率范围

6.7.4 连续小波变换的性质

式(6－83)定义的变换与 STFT 相比较而言，除开时间轴上的平移外，还多了频率轴上的伸缩。下面我们将看到，正是由于同时引入时间平移与频率伸缩才能保证能够建立起具有时间、频率同时局部化的窗口函数。为了研究小波的时频局部化性质，首先讨论如下一个基本性质。

引理 6.1 对于函数 $f(t)$的傅里叶变换 $\hat{f}(\omega)$而言，满足：

$$\hat{f}(\cdot - b) = e^{-jb\omega}\hat{f}(\omega); \quad \left[\hat{f}\left(\frac{\cdot}{a}\right)\right](\omega) = |a|\hat{f}(a\omega) \tag{6-101}$$

现在讨论由式(6－83)定义的窗口函数的时频局部化性质。从时域角度来看，当 $\psi_{a,b}(t)$作为窗口函数时，其中心 t_0 与窗口宽 $\sigma_{\psi_{a,b}}$ 分别为[12]

$$\begin{cases} \sigma_{\psi_{a,b}} = \dfrac{1}{\|\psi_{a,b}\|_2}\left[\displaystyle\int_{\mathbf{R}}(t-t_0)^2|\psi_{a,b}(t)|^2\mathrm{d}t\right]^{\frac{1}{2}} \\ t_0 = \dfrac{1}{\|\psi_{a,b}\|_2^2}\displaystyle\int_{\mathbf{R}} t|\psi_{a,b}(t)|^2\mathrm{d}t \end{cases} \tag{6-102}$$

式(6－83)可以表示成卷积 $f*\psi\left(\dfrac{\cdot - b}{a}\right)$的形式。而从频率的角度来看，利用 Parseval 等式，又有 $W_\psi f(a,b) = \dfrac{1}{2\pi}\displaystyle\int_{-\infty}^{+\infty}\hat{f}(\omega)\hat{\psi}_{a,b}(\omega)\mathrm{d}\omega$，因此利用 $\hat{\psi}(a,b) = |a|^{\frac{1}{2}}e^{-jb\omega}\hat{\psi}(a\omega)$，得到频率窗口的中心 ω_0 与宽度 $\sigma_{\hat{\psi}_{a,b}}$ 分别为

$$\begin{cases} \omega_0 = \dfrac{1}{\|\hat{\psi}_{a,b}\|_2^2}\displaystyle\int_{\mathbf{R}}\omega|\hat{\psi}_{a,b}(\omega)|^2\mathrm{d}\omega \\ \sigma_{\hat{\psi}_{a,b}} = \dfrac{1}{\|\hat{\psi}_{a,b}\|_2}\left[\displaystyle\int_{\mathbf{R}}(\omega-\omega_0)^2|\hat{\psi}_{a,b}(\omega)|^2\mathrm{d}\omega\right]^{\frac{1}{2}} \end{cases} \tag{6-103}$$

记 $a=1$，$b=0$，此时 $\psi_{a,b}(t)=\psi(t)$，而相应的时、频窗口参数分别记为 t_0^*，σ_ψ 以及 ω_0^*，$\sigma_{\hat{\psi}}$。于是，可以建立下列等式：

$$\begin{cases} t_0 = at_0^* + b; \quad \sigma_{\psi_{a,b}} = a\sigma_\psi \\ \omega_0 = \dfrac{\omega_0^*}{a}; \quad \sigma_{\hat{\psi}_{a,b}} = \dfrac{\sigma_{\hat{\psi}}}{a} \end{cases} \tag{6-104}$$

下面讨论式(6－104)的证明。由于两个等式的证明相似，因此，为节省篇幅，只证明式(6－104)中第一行的等式。事实上，直接计算有

$$t_0=\frac{\int_{\mathbf{R}} t\left|\frac{1}{\sqrt{a}}\psi\left(\frac{t-b}{a}\right)\right|^2\mathrm{d}t}{\int_{\mathbf{R}}\left|\frac{1}{\sqrt{a}}\psi\left(\frac{t-b}{a}\right)\right|^2\mathrm{d}t}=\frac{\int_{\mathbf{R}}(at+b)\left|\psi(t)\right|^2\mathrm{d}t}{\int_{\mathbf{R}}\left|\psi(t)\right|^2\mathrm{d}t}=at_0^*+b \tag{6-105}$$

类似得到 $\sigma_{\psi_{a,b}}=a\sigma_{\psi}$。

由式(6－104)建立时—频窗口满足：

$$\begin{aligned}&[t_0-\sigma_{\psi_{a,b}},\ t_0+\sigma_{\psi_{a,b}}]\times[\omega_0-\sigma_{\psi_{a,b}},\ \omega_0+\sigma_{\psi_{a,b}}]\\&=[at_0^*+b-a\sigma_{\psi},\ at_0^*+b+a\sigma_{\psi}]\times\left[\frac{\omega_0-\sigma\hat{\psi}}{a},\ \frac{\omega_0+\sigma\hat{\psi}}{a}\right]\end{aligned} \tag{6-106}$$

此时，窗口的时间宽度为 $2a\delta_{\psi}$，频率宽度为 $2\delta_{\hat{\psi}}/a$，因此其面积为 $4\sigma_{\psi}\times\sigma_{\hat{\psi}}$，与 a 和 b 的选取无关。

窗口的特点：当需要检测高频分量时，减少 a 的值，此时时间窗口自动变窄，而频率窗口自动变宽，此时为一个时宽窄而频宽大的高频窗；而在检测低频分量时，增加 a 值，时间窗口自动变宽，频率窗口自动变窄，此时为一个时宽大而频宽窄的低频窗。

小波也是线性变换，因此也受海森伯不确定性原理的约束。图 6－30(a)

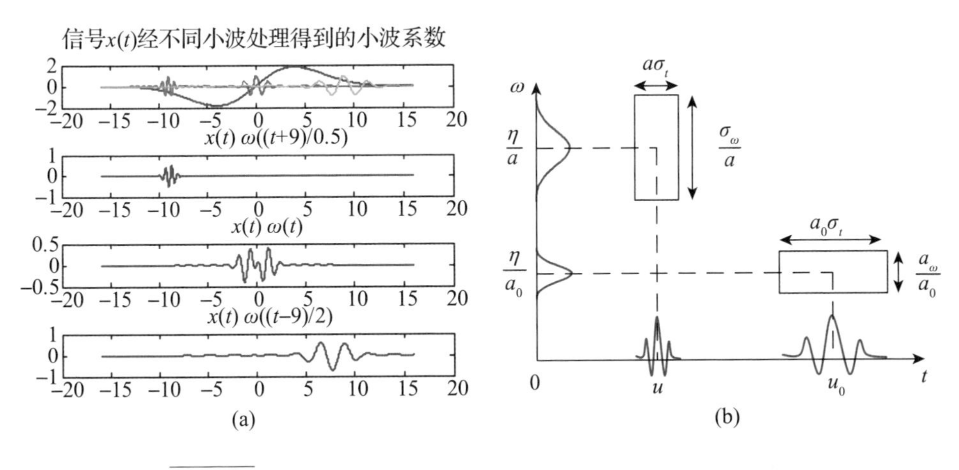

图 6－30　**Morlet 小波分析信号 $f(t)$ 和小波分析的时频分辨率**

展示了用 Morlet 小波对信号 $f(t)$ 的分析。从图中可以看出，小波的位置是 $b=-9, 0, 9$。从上到下，我们分析了标度 $a=0.5, 1, 2$ 增大的信号，得到了减小的频率分析，并且这些频率都局限在各自的 b 处。

小波分析的时频分辨率如图 6-30(b)所示。信号定位在具有时间宽度 Δ_t：$[u_0-1/2a_0\sigma_t, u_0+1/2a_0\sigma_t]$ 和频率宽度 Δ_ω：$[u_0-1/2a_0\sigma_t, u_0+1/2a_0\sigma_t]$ 的区域。

海森堡盒子的面积仍然为

$$\Delta_t\Delta_\omega=(a\sigma_t)\times(\sigma_\omega/a)=\sigma_t\sigma_\omega \tag{6-107}$$

小尺度 a：CWT 分析时间间隔很近的特征。

大尺度 a：CWT 分析频率间隔很近的特征。

与时频分辨率恒定的 STFT 相比，小波变换的时频分辨率取决于信号的频率。在高频时，小波的时间分辨率较高，但频率分辨率较低；而在低频时，小波的频率分辨率较高，时间分辨率较低。这种时频分析的自适应能力增强了小波变换在状态监测与故障诊断领域的重要地位。

根据 6.7.1 节以及前面的讨论，作为窗口函数，$\psi(x)$ 应该具有快速衰减性质，称之为“小”，同时其振幅为正负相间的震荡形式，称之为“波”，特别地，将式(6-83)所定义的变换称为小波变换，而相应的函数 $\psi(t)$ 称为小波函数。

下面从系统响应的角度讨论小波变换的物理意义。

设输入信号为 $f(t)$，而系统的单位冲激响应设为 $h_a(t)=\frac{1}{\sqrt{|a|}}h\left(-\frac{t}{a}\right)$，于是系统的输出满足：

$$f(\cdot)*h_a(\cdot)=\frac{1}{\sqrt{|a|}}\int_{\mathbf{R}}f(t)\psi\left(\frac{t-b}{a}\right)\mathrm{d}x=W_\psi f(a,b) \tag{6-108}$$

式(6-108)表明，信号 $f(t)$ 的连续小波变换等价于信号 $f(t)$ 通过一单位冲激响应为 $h_a(t)=\frac{1}{\sqrt{|a|}}h\left(-\frac{t}{a}\right)$ 的系统输出，另外，从引理 6.1 知道：

$$H_a(\omega)=\hat{h}_a(\omega)=\sqrt{|a|}\,\hat{\psi}(-a\omega) \tag{6-109}$$

因此，也可以将 $f(t)$ 的连续小波变换视为传递函数为 $H_a(\omega)$ 的系统的输出。

另外，通过前面的窗口函数的时频特性分析可知，$\psi(t)$本质上是一个带通系统，而随着伸缩因子 a 的改变，$\psi_{a,b}(t)$对应着一系列带宽和中心频率各异的带通系统。根据式(6-108)可以总结出小波变换的下列物理特性[8,14]：

(1)信号 $f(t)$的连续小波变换是一系列带通滤波器对 $f(t)$滤波后的输出，$W\psi(t)f(a, b)$中的参数 a 反映了带通滤波器的带宽和中心频率，参数 b 反映了滤波后输出的时间参数。

(2)设 Q 为滤波器的中心频率与带宽之比，即为品质因数，则伸缩因子 a 的变化形成的带通滤波器都是恒 Q 滤波器。

(3)当伸缩因子 a 变化时，带通滤波器的带宽和中心频率也变化。当 a 较小时，中心频率较大，带宽变宽；当 a 变大时，中心频率变小，带宽变窄。小波变换的这一特性对于信号 $f(t)$的局部特性分析具有重要应用价值。例如，对于信号变化缓慢的地方，主要为低频成分，频率范围比较窄，此时小波变换的带通滤波器相当于 a 较大的情况；反之，信号发生突变的地方，主要为高频成分，频率范围比较宽，小波的带通滤波器相当于 a 较小的情形。总之，当伸缩因子从小到大变化时，滤波的范围从高频到低频变化，因此，小波变换具有变焦特性。

(4)线性变换。小波变换是线性变换，具有叠加性。

(5)时移特性。如果 $f(t)\rightarrow W_f(a, b)$，那么 $f(t-t_0)\rightarrow W_f(a, b-t_0)$。

(6)尺度转换。如果 $f(t)\rightarrow W_f(a, b)$，那么 $f\left(\frac{t}{\lambda}\right)\rightarrow\sqrt{\lambda}W_f\left(\frac{a}{\lambda}, b\right)$。

(7)重建核(reproduction kernel)与重建核方程。重建核说明了小波变换的冗余性。即在(a, b)半平面内各点小波变换的值是相关的。点(a_0, b_0)处的小波变换值可以由(a, b)半平面内各点小波变换的值来表示。

$$W_f(a_0,b_0)=\int_0^{+\infty}\frac{\mathrm{d}a}{a^2}\int_{-\infty}^{+\infty}W_f(a_0,b_0)K_\psi(a_0,b_0,a_0,b_0)\mathrm{d}\tau \tag{6-110}$$

在式(6-110)中，

$$K_\psi(a_0,b_0,a_0,b_0)=\frac{1}{c_\psi}\int\psi_{a,b}(x)\psi^*_{a_0,b_0}(t)\mathrm{d}t=\frac{1}{c_\psi}\langle\psi_{a,b}(t),\psi_{a_0,b_0}(t)\rangle \tag{6-111}$$

K_ψ 是$\psi_{a,b}(t)$与 $\psi_{a_0,b_0}(t)$的内积，反映了两者的相关程度，称为重建核；

式(6-110)称为重建核方程。当 $a=a_0$，$b=b_0$时，K_ψ有最大值。当(a,b)偏离了(a_0,b_0)时，K_ψ的值快速衰减，两者的相关区域就愈小。如果 $K_\psi=\delta(a-a_0,b-b_0)$，此时$(a,b)$平面内的小波变换值是互不相关的，小波变换所含的信息才没有冗余，这就要求不同尺度及不同平移的小波互相正交。不过，当(a,b)是连续变量时很难达到这样的要求。

(8)小波谱图交叉项的性质。小波变换具有线性性质，不存在交叉项。但是由小波变换引申出来的能量分布函数$|W_{f(a,b)}|^2$在多信号情况下具有交叉项。

设
$$f(t)=f_1(t)+f_2(t)$$
则
$$|W_{f(a,b)}|^2=|W_{f_1(a,b)}|^2+|W_{f_2(a,b)}|^2+2|W_{f_1(a,b)}|\cdot|W_{f_2(a,b)}|\cdot\cos(\theta_1-\theta_2) \tag{6-112}$$

小波变换的交叉项只出现在 W_{f_1}，W_{f_2}同时不为零的(a,b)处。这一点跟经典的时频分析——维格纳分布(Wigner-distribution)不同。两个信号在时频平面内不重叠，但是由两个信号线性组合而成的信号显然存在交叉项。图6-31为两个信号的小波谱图，可见小波谱图在多信号的情况下没有交叉项的困扰。

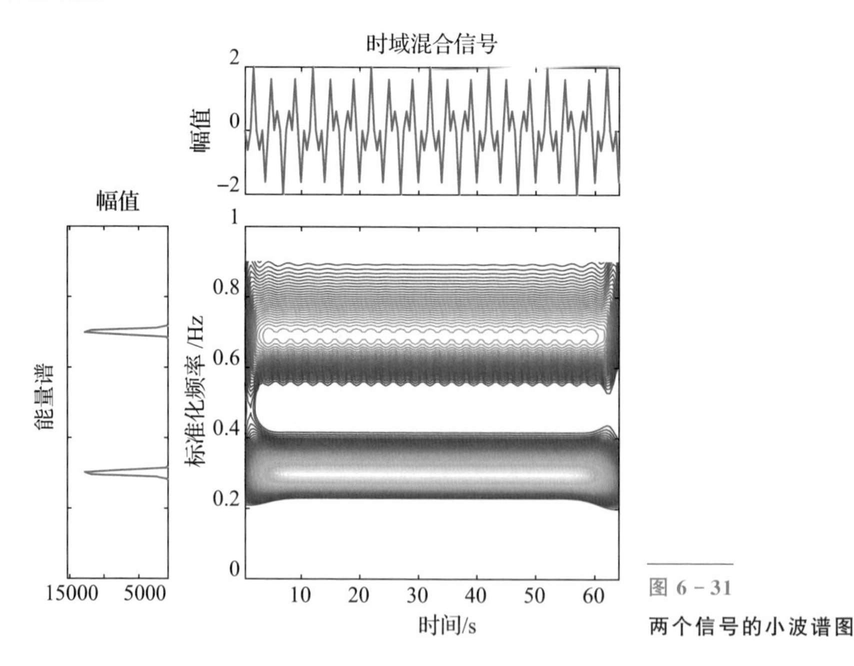

图6-31 两个信号的小波谱图

例 6.1　设小波函数 $\psi(t)$ 为 Mexico 草帽小波：

$$\psi(t)=\frac{2\pi^{-1/4}}{\sqrt{3}}(1-t^2)\mathrm{e}^{-t^2/2} \tag{6-113}$$

它是高斯概率密度函数的二阶导函数。容易验证，式(6-113)定义的函数对于任意 $f(t)\in L^2(\mathbf{R})$，式(6-83)均有意义。直接计算得到系统的传递函数满足：

$$H_a(\omega)=\sqrt{|a|}\hat{\psi}(-a\omega)=\sqrt{|a|^5}\frac{2\pi^{-1/4}}{\sqrt{3}}\omega^2\mathrm{e}^{-a^2\omega^2/2} \tag{6-114}$$

不难看出，$H_a(\omega)$ 是一个典型的带通滤波器，其中心频率 $\omega_0=\frac{\sqrt{2}}{a}$；带宽 $B=\frac{\sigma_{\hat{\psi}}}{a}$；品质因数 $Q=\frac{B}{\omega_0}=\frac{\sigma\hat{\psi}}{\sqrt{2}}$。

另外，不难比较出连续小波变换与短时傅里叶变换存在如下区别。

(1)从频率角度来看，小波函数 $\psi_{a,b}(t)$ 与短时傅里叶变换中的基函数 $g(t-\tau)\mathrm{e}^{-\mathrm{j}\omega t}$ 同为带通滤波器组，但是，小波变换对应的带宽是可调的，而短时傅里叶变换对应的带宽是恒定的。因此，小波变换将信号分解为对数坐标中具有相同频宽的函数集合，而短时傅里叶变换将信号分解为线性坐标中具有相同频宽的函数集合。

(2)从时频分辨率的角度看，短时傅里叶变换中当窗口函数给定后，其时间分辨率和频率分辨率在信号的整个时频段为恒定常数，且相空间中的时频窗口是固定不变的。而小波变换可以较好地解决时间分辨率同频率分辨率的矛盾，在信号低频段取高的频率分辨率和低的时间分辨率，而在信号高频段采样则取低的频率分辨率和高的时间分辨率。在相空间中，小波变换对应的时频窗口的面积固定不变，但是，时窗和频窗相对改变。其具体做法是在高频时使用短时窗和宽频窗，而在低频时则使用宽时窗和短频窗。这一点正是人们所说的小波变换之自适应分辨分析特性，符合人类对分析非平稳信号特性的要求。因此，小波也经常被人们称为“数学显微镜”。

(3)从基函数的角度看，短时傅里叶变换具有正交特性，基函数由连续三角正交基 $\{\mathrm{e}^{\mathrm{j}\omega t}\}$ 构成，由此带来的结果是：在处理非平稳信号时，由于频率成分比较丰富，故利用短时傅里叶变换展开时其系数的能量必然包含很宽的范围；而小波变换则不一定要求其正交特性，基函数也可以取非三角函数，因此，在更宽松的条件下可以取到合适的小波，使得按照小波变换展开时其系数的能量比较集中，这一点对于图像与数据的压缩是相当重要的性质。

6.7.5 小波函数的容许条件与正则性

前面根据小波变换的定义讨论了小波变换的物理特性，比较了小波与短时傅里叶变换的区别。现在需要解决的问题是，研究函数 $\psi(t)$ 使得式(6-83)有意义的条件，以及如何找到满足式(6-83)的“小波”函数等，从而建立起小波的理论框架。

由于“小波”表现在函数图形上应该为主要存在于一小段区域内的“波形”，因此要求满足：

$$\int_{\mathbf{R}} \psi(t)\mathrm{d}t = 0 \tag{6-115}$$

条件式(6-115)又可以等价地表示为下列“容许条件”：

$$C_{\psi} = \int_{\mathbf{R}} \frac{|\hat{\psi}(\omega)|^2}{|\omega|}\mathrm{d}\omega < \infty \tag{6-116}$$

满足条件式(6-115)或式(6-116)的函数称为“基”小波函数或母小波函数。

除开上面的式(6-115)外，小波一般要求具有下面的性质：函数 $\psi(t)$ 具有紧支集(撑)(compact support)特性，即在某个有限区间外，函数值为零，同时函数一般具有速降特性，以便获得空间局部化。按照 Grossmann-Morlet 的处理方式[12]，除式(6-115)要求满足外，还要求对于某个自然数 N，函数 $\psi(t)$ 存在 N 阶“消失矩”，即

$$\int_{-\infty}^{+\infty} t^k \psi(t)\mathrm{d}t = 0;\quad k = 0,1,2,\cdots,N-1 \tag{6-117}$$

随着 N 增加，小波函数 $\psi(t)$ 振荡一般会表现得越来越剧烈。

消失矩性质也可以通过函数 $\psi(t)$ 的傅里叶变换性质来表达。事实上，式(6-117)的等价表示为

$$\left.\frac{\mathrm{d}^k\hat{\psi}(\omega)}{\mathrm{d}\omega^k}\right|_{\omega=0} = 0;\quad k = 0,\ 1,\ 2,\ \cdots,\ N-1 \tag{6-118}$$

另外，在信号处理过程中，由于信号的频率通常为正，因此，“容许条件”经常限制为

$$\int_0^{+\infty}\frac{|\hat{\psi}(\omega)|^2}{|\omega|}\mathrm{d}\omega=\int_{-\infty}^{0}\frac{|\hat{\psi}(-\omega)|^2}{|\omega|}\mathrm{d}\omega=\frac{1}{2}C_{\psi}\tag{6-119}$$

式(6－119)很容易满足。事实上，取 $\psi(t)$为实函数，则有

$$\hat{\psi}(-\omega)=\int_{-\infty}^{+\infty}\psi(t)\mathrm{e}^{\mathrm{j}\omega t}\mathrm{d}t=\overline{\int_{-\infty}^{+\infty}\overline{\psi}(t)\mathrm{e}^{-\mathrm{j}\omega t}\mathrm{d}t}=\overline{\hat{\psi}(\omega)}\tag{6-120}$$

即推得式(6－119)成立。

6.7.6　离散小波变换

连续小波变化(CWT)对于非平稳信号的探索性分析非常有用，但它的计算非常慢。实际应用中，需要提出一种离散化的、类似于快速傅里叶变换的快速分解方法，方便于实际应用。小波变换离散化过程中存在的主要问题是信号的小波基重构。离散小波变换(DWT)对可用于变换过程的基的类型提出了一些附加要求。连续小波变化是高度冗余的，这种冗余是因为 CWT 在所有尺度上分析信号，而平移也需要无限多的分析小波。适当的尺度和平移采样以及用于分解的小波数目的减少产生了一种速度更快的算法，即离散小波变换(DWT)。离散小波变换生成的第一步是小波基的离散化。回顾式(6－83)，小波函数表示为

$$\psi_{a,b}(t)=\frac{1}{\sqrt{|a|}}\psi\left(\frac{t-b}{a}\right)\tag{6-121}$$

为了创建式(6－121)的离散化表示，需要对尺度和平移进行采样：

$$\psi_{j,k}(t)=\frac{1}{\sqrt{a_0{}^j}}\psi\left(\frac{t-kb_0a_0{}^j}{a_0{}^j}\right)\tag{6-122}$$

其中 j 和 k 是整数，a_0是固定的扩张步长，b_0是平移因子；在这种情况下，t 给出定义小波的时间步长。从式(6－122)可以清楚地看出，b_0是尺度参数 a_0 的函数。由于 CWT 中包含的数据存在大量冗余，DWT 同时利用了尺度和时间数据的采样，从而产生了一个速度更快的算法。尺度和时间是以二次方(2^1，2^2，…)抽样的，此时 a_0 为 2(二元)，b_0 为 1。这样，缩放和平移都是二

元的。在大多数文献中，这通常被称为二进制抽样。

使用尺度和时间的二进制采样意味着只有特殊类型的基可以用于重构信号。为此，Daubechies[18]提出了离散小波变换的一个等效容许条件为

$$A\|f\|^2 \leqslant \sum |\langle f, \psi_{j,k}\rangle|^2 \leqslant B\|f\|^2 \tag{6-123}$$

式(6-123)定义了一个具有边界 A 和 B 的框架(frame)，并描述重建的精度。式(6-123)在重建的精度和基函数的约束之间产生了一个折中：随着 a 和 b 的接近，重建变得更精确，并进一步约束基的选择。对于离散情况($a=b$)，小波系数的行为类似于正交基。在这种情况下，要进行重建，小波基也必须是正交的。

离散小波变换的实际应用是通过构造滤波器组来实现的。分解是通过使用高通和低通滤波器对信号进行滤波来实现的，这种滤波技术被称为多分辨率分析(MRA)，因为信号被分解成不同分辨率的离散频带(时间/频率分辨率问题)。

离散小波变换引入了尺度函数$\phi(t)$，提供了滤波器组的低通滤波器部分。尺度函数$\phi(t)$不像小波函数那样严格定义，因为它不需要满足可容许性，也不需要快速衰减。然而，它必须满足正则性条件[12,18]。因此，对于尺度函数和小波函数，具有以下性质：

$$\langle \phi_{j,k}(t), \phi_{l,m}(t)\rangle = \int \phi_{j,k}(t), \phi^*_{l,m}(t)\mathrm{d}t = \begin{cases} 1, & j=l\text{ 且 }k=m \\ 0, & j\neq l\text{ 且 }k\neq m \end{cases} \tag{6-124}$$

$$\langle \psi_{j,k}(t), \psi_{l,m}(t)\rangle = \int \psi_{j,k}(t), \psi^*_{l,m}(t)\mathrm{d}t = \begin{cases} 1, & j=l\text{ 且 }k=m \\ 0, & j\neq l\text{ 且 }k\neq m \end{cases} \tag{6-125}$$

小波和尺度函数以二进的方式进行采样和转换，如式(6-122)所示。相应地，小波和尺度函数现在可以表示为

$$\phi_{j,k}(t) = \frac{1}{\sqrt{a_0{}^j}}\phi(2^{-j}t-k) \tag{6-126}$$

$$\psi_{j,k}(t) = \frac{1}{\sqrt{a_0{}^j}}\psi(2^{-j}t-k) \tag{6-127}$$

让我们将通过低通和高通滤波产生的小波系数定义为 c_n 和 d_n，其中 n 表示分解的级别。信号通过尺度滤波器和小波滤波器，得到第一组分解系数 c_1 和 d_1，它们分别是低频和高频。第二次迭代过滤 c_1 到 c_2 和 d_2，第三次过滤 c_2

到 c_3 和 d_3 等，直到达到适当的分解水平即到 n 级。使用式(6-126)和式(6-127)并取内积，小波系数定义为

$$c_j = \frac{1}{\sqrt{a_0^2}} \sum_n \langle \phi_{j,k}(t), \phi_{j-1,n}(t) \rangle c_{j-1} \tag{6-128}$$

$$d_j = \frac{1}{\sqrt{a_0^2}} \sum_n \langle \psi_{j,k}(t), \psi_{j-1,n}(t) \rangle d_{j-1} \tag{6-129}$$

利用式(6-128)和式(6-129)，可以得到信号的重构：

$$f(t) = \sum \frac{1}{\sqrt{a_0^2}} c_M \ \phi(2^{-M}t - k) + \sum_{i=1}^{M} \sum = \frac{1}{\sqrt{a_0^2}} d_i \ \phi(2^{-i}t - k) \tag{6-130}$$

式(6-130)是离散小波级数分解，能够实现重构原始信号。式中 c_M，d_i 是信号 $f(t)$ 关于 $\psi_{j,k}(t)$ 的离散小波变换 $WT_f(j, k)$ 的取值，是各小波分量的权值(小波系数)，反映各小波分量的大小。

特别地，该多分辨率过程可以几何地表示图 6-32，相应的解析表示为

$$\begin{aligned} f(t) &= c_1\psi_1 + a_1 \ \phi_1 = c_1\psi_1 + c_2\psi_2 + a_2 \ \phi_2 \\ &= c_1\psi_1 + c_2\psi_2 + c_3\psi_3 + a_3 \ \phi_3 \\ &= c_1\psi_1 + c_2\psi_2 + c_3\psi_3 + \cdots + c_n\psi_n + a_n \ \phi_n \end{aligned} \tag{6-131}$$

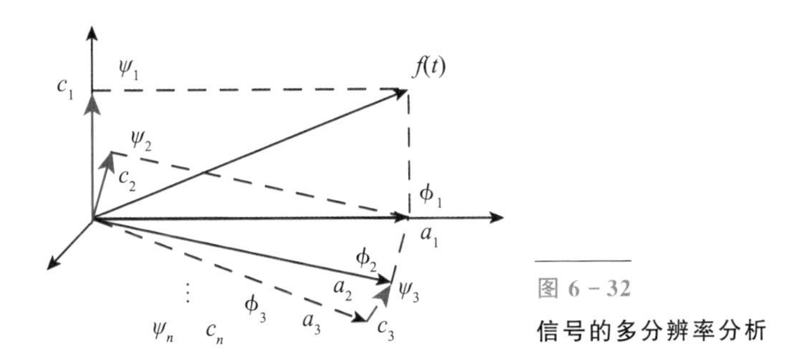

图 6-32
信号的多分辨率分析

根据小波分解式可以看出同“尺度”不同“位置”的小波分量系数反映了信号局部频段在不同时间段的相对大小，所以小波分解能实现频域的局部分析；在分解式中同“位置”的各“尺度”小波系数反映了局部时间段信号的频谱，即各频率成分的相对大小，所以小波分解也能实现时域的局部分析(图 6-33)。式(6-128)～式(6-130)是分解和重建的本质，其结果比傅里叶变换更有效。

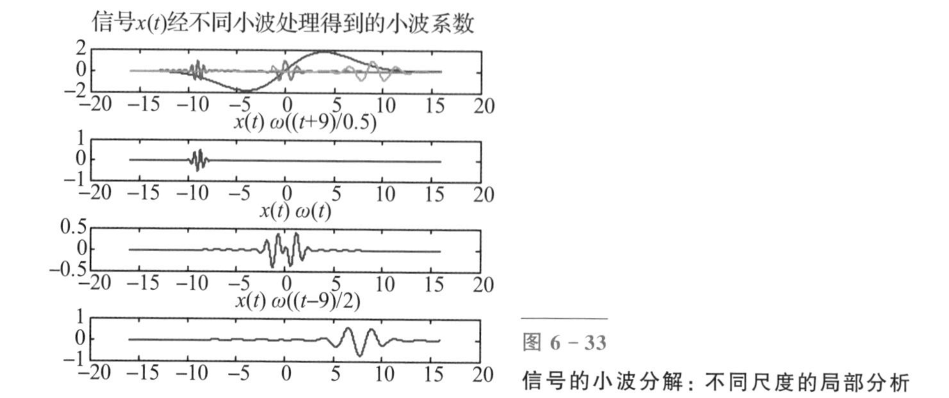

图 6-33
信号的小波分解：不同尺度的局部分析

这里简要概述了 DWT 所需的数学知识，对于希望进一步研究这一领域的读者，可以参考文献[12-14，18]，它们提供详细的研究和证明。

在具体实现中，DWT 中常用 Mallat 算法[19]，通过正交或双正交镜像滤波器组实现其分解和重构。通过二尺度方程将尺度函数、小波函数与滤波器联系起来，用以构造滤波器组[20]，再用它们实现 DWT(图 6-34)。Mallat 算法中，DWT 滤波器组有如下性质：

时域关系：

$$\phi(t) = \sqrt{2}\sum_{k} h_0(k)\,\phi(2t-k) \tag{6-132}$$

$$\psi(t) = \sqrt{2}\sum_{k} h_1(k)\,\phi(2t-k) \tag{6-133}$$

$$h_1(k) = (-1)^k h_0(1-k) \tag{6-134}$$

频域关系：

$H_0(\omega)\big|_{\omega=0} = \sum\limits_{k=-\infty}^{\infty} h_0(k) = \sqrt{2}$，对应于低通滤波器；

$H_1(\omega)\big|_{\omega=0} = \sum\limits_{k=-\infty}^{\infty} h_1(k) = 0$，对应于高通滤波器。

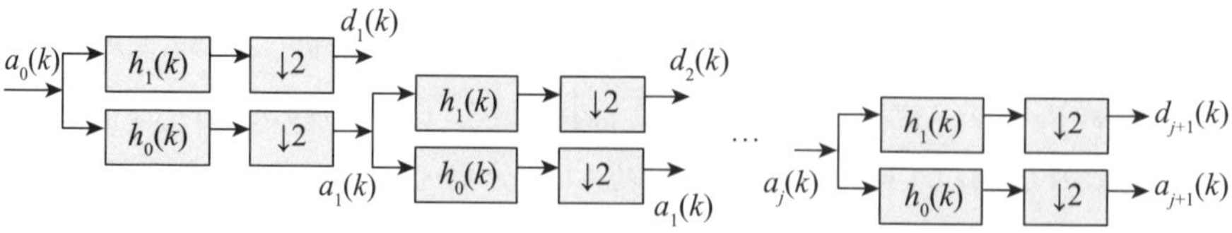

$a_0(k)$ → $h_1(k)$ → ↓2 → $d_1(k)$；$h_0(k)$ → ↓2 → $a_1(k)$ → $h_1(k)$ → ↓2 → $d_2(k)$；$h_0(k)$ → ↓2 → $a_1(k)$ … $a_j(k)$ → $h_1(k)$ → ↓2 → $d_{j+1}(k)$；$h_0(k)$ → ↓2 → $a_{j+1}(k)$

图 6-34　离散小波变换 Mallat 算法的滤波器组表示

不同的滤波器 $h(k)$ 与尺度方程 $\phi(t)$ 构造，导出不同的小波分解方法，如 Haar、Morlet 和 Daubechies 小波分析[20]。

Daubechies 小波系列是目前应用最广泛的小波之一。它是由著名的小波分析学者 I. Daubechies 构造的小波函数[18]，一般简写成 db$N$，N 是小波的阶数。db$N$ 没有明确的表达式(除了 $N=1$ 外，$N=1$ 时即为 Haar 小波)。db$N$ 小波具有较好的正则性。小波函数 $\Psi(t)$ 和尺度函数 $\varphi(t)$ 中的支撑区为 $2N-1$，$\Psi(t)$ 的消失矩为 N。db$N$ 小波的特点是随着阶次(序列 N)的增大消失矩阶数越大，其中消失矩越高光滑性就越好，频域的局部化能力就越强，频带的划分效果越好，但是会使时域紧支撑性减弱，同时计算量大大增加，实时性变差。另外，除 $N=1$ 外，db$N$ 小波不具有对称性(即非线性相位)，即在对信号进行分析和重构时会产生一定的相位失真(图 6-35)。

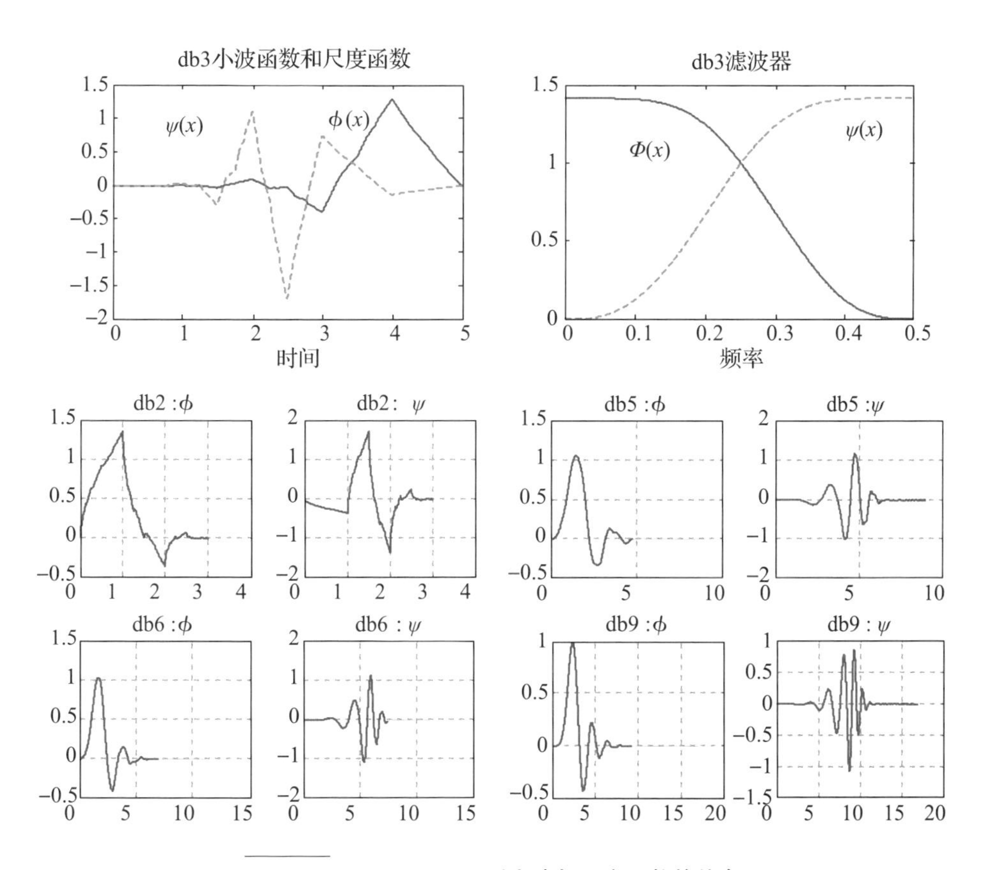

图 6-35　Daubechies 系列小波与尺度函数的特点

6.7.7 小波包分解

由于不再分析信号的细节(对应高频)部分，如图 6-36 所示，DWT 可能导致在高频下丢失有用的信息。为了更高的频率分析，我们需要加倍的采样率，但是这需要更多的数据和计算。小波包分解[21]是高频小波分解的推广，可以很好地解决这个问题。在小波包分解中，每个细节系数向量也被分解成两部分，在近似系数上使用与 DWT 相同的方法。这里提供了高频分析，它是一种更精细的信号分析方法，提高了信号的时域分辨率。

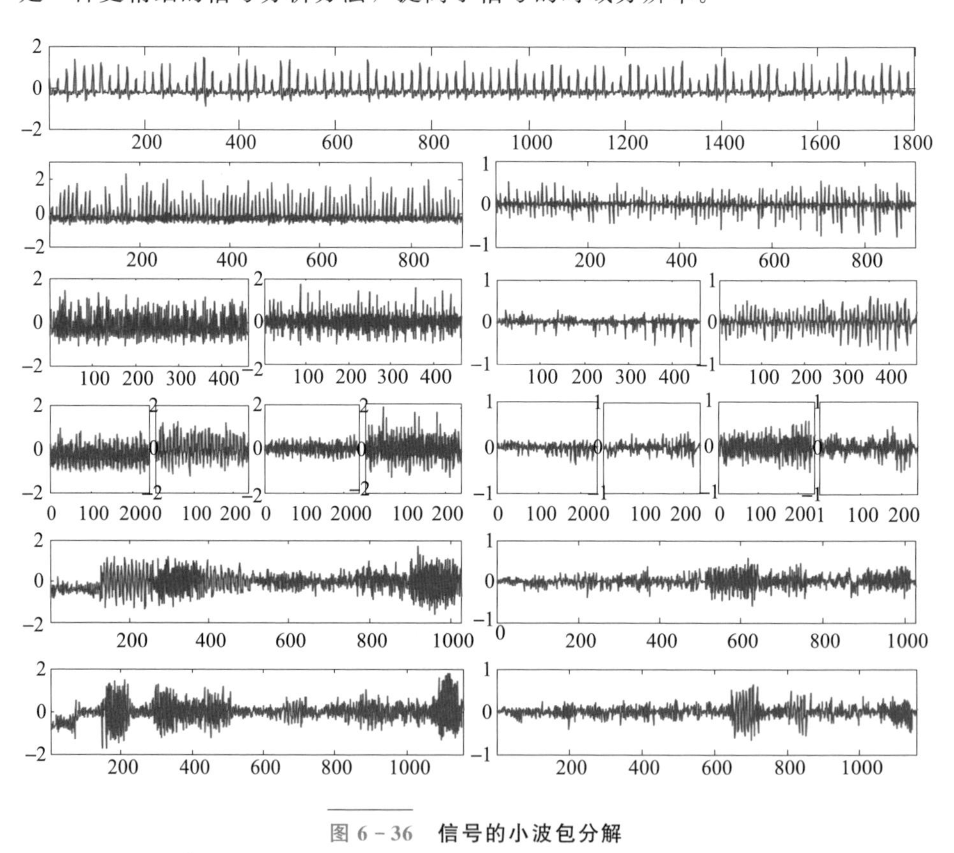

图 6-36 信号的小波包分解

基本上，在 WPD 中，对于 j 和 k 的固定值，$W_{j,n,k}$ 大致分析信号在$2^j \cdot k$ 位置附近、2^j 刻度处和振荡参数 n 处的波动。WPD 通过用缩放和转换的小波包函数逼近信号来工作：

$$W_{j,n,k} = 2^{-j/2} W_n(2^{-j/2} t - k) \tag{6-135}$$

表征每个小波包 $W_{j,n,k}$ 的符号反映了尺度 2^j 和位置 2^jk，其中 $W_0(t)=\phi(t)$，$W_1(t)=\psi(t)$ 分别为尺度函数和母小波。

信号的 $f(t)$ 小波包分解系数可从积分中得到：

$$d_j^k=\int W_{j,n,k}(t)f(t)\mathrm{d}t \tag{6-136}$$

需要强调的是，式(6-135)允许选择小波包函数的许多可能组合，以便最佳地表征信号。已经制定了若干标准来选择这些目的的最佳依据(Wickerhauser 和 Coifman，1992 年)[21]。

6.7.8 小波分析的应用

小波分析技术在时域和频域均具有局部分析功能，所以适合任何信号(平稳或非平稳)的分析，应用很广泛。在状态监测与故障诊断领域利用小波变换排除噪声干扰，检测突变信息已成为监测设备故障的一种重要的新技术。

1. 信号突变点检测

设备出现故障通常使输出信号发生突变，只要选择合适的母小波就可使信号突变点的小波变换出现极值。因此，通过对极值点的识别，就可检测出设备发生的故障。图 6-37 是阶跃函数式和脉冲函数式两类突变信号用高斯函数的一阶、二阶导数 $\psi^{(1)}(t)$、$\psi^{(2)}(t)$作小波变换的结果。

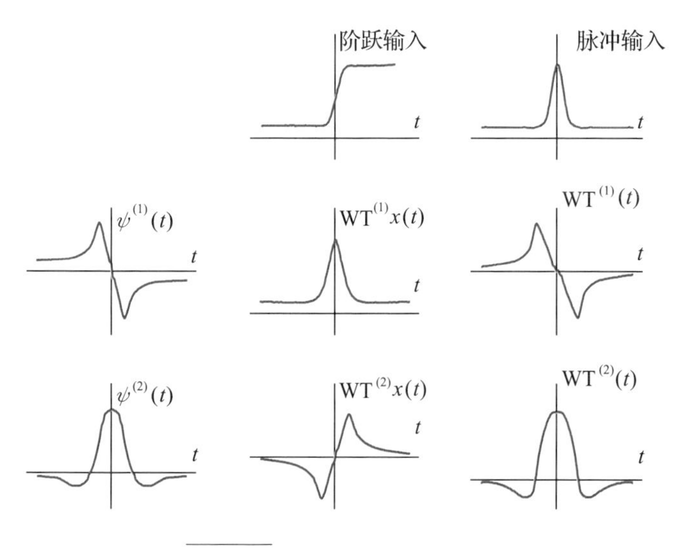

图 6-37　突变信号的小波变换

由图 6－37 可见，我们只要对阶跃突变信号选择母小波 $\psi^{(1)}(t)$，对脉冲突变信号选择母小波 $\psi^{(2)}(t)$，并选用适合的 j 值，根据小波变换的极值点就可检测出突变点的位置。

2. 去噪

小波变换是有力的除噪工具，这是因为不同级的小波变换其实质就是把信号分解为不同频段的分量。因此，只要把反映噪声频率的那些级别的小波变换去掉，再把剩余的结合起来作反变换就能得到消除了噪声干扰的原信号。噪声的滤除方法通常有软阈值法和硬阈值法[22]，如图 6－38 所示。同样，当信号中含有不同频率的多种成分时，用小波变换也可把用于检测目的需要的频率成分提取出来。

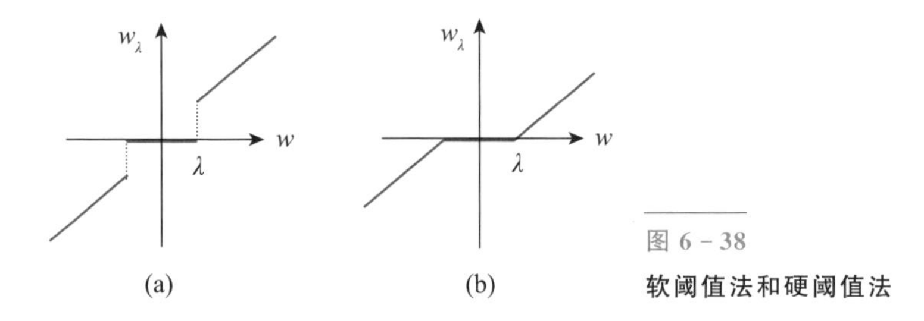

图 6－38 软阈值法和硬阈值法

如图 6－39 所示，加工过程的信号 $f(t_i)$ 的噪声 ε_i 很大，可以将小波变换的系数通过图 6－38 中阈值 λ 重构后将噪声滤除：

$$\text{原始信号：} Y_i = f(t_i) + \varepsilon_i \tag{6-137}$$

$$\text{重构信号：} \hat{f}(t) = W^{-1}\hat{d} \tag{6-138}$$

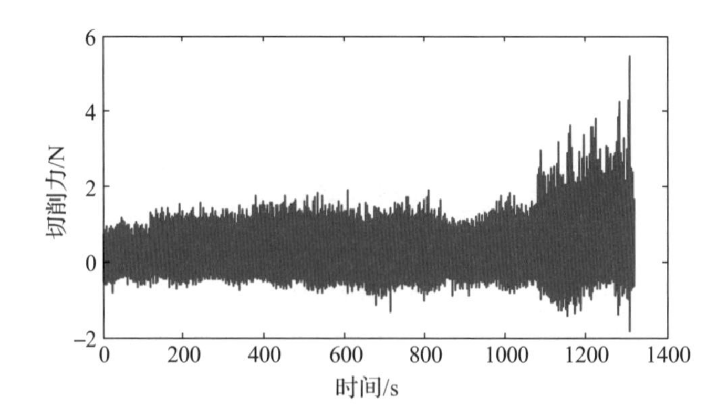

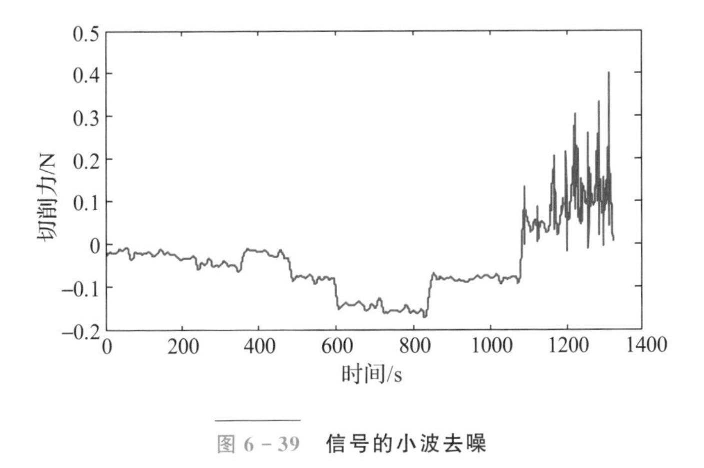

图6-39 信号的小波去噪

参考文献

[1] SPEARS T G，GOLD S A. In-process sensing in selective laser melting（SLM）additive manufacturing[J]. Integrating Materials & Manufacturing Innovation，2016，5(1)：683.

[2] KHAIRALLAH S A，ANDERSON A T，RUBENCHIK A，et al. Laser powder-bed fusion additive manufacturing：Physics of complex melt flow and formation mechanisms of pores，spatter，and denudation zones[J]. Acta Materialia，2016，108：36-45.

[3] GRASSO M，COLOSIMO B M. Process defects and in situ monitoring methods in metal powder bed fusion：a review[J]. Measurement Science and Technology，2016，28(4)：1-25.

[4] MANI M，LANE B ，DONMEZ A，et al. Measurement science needs for real-time control of additive manufacturing powder bed fusion processes[D]. Washington DC：National Institute of Standards and Technology，2015.

[5] EVERTON S K，HIRSCH M，STRAVROULAKIS P，et al. Review of in-situ process monitoring and in-situ metrology for metal additive manufacturing[J]. Materials & design，2016，95(4)：431-445.

[6] TAPIA G，ELWANY A. A review on process monitoring and control in

metal-based additive manufacturing [J]. Journal of Manufacturing Science & Engineering, 2014, 136(6): 060801.
[7] ALAN V O. ALAN S W. Signal and system[M]. New Jersey: Prentice-Hall, 1996.
[8] 胡广书. 现代信号处理教程[M]. 北京：清华大学出版社，2004.
[9] BENDAT, JULIUS S. Random data analysis and measurement procedures [J]. US: Wiley, 2010.
[10] 卢文祥，杜润生. 机械工程测试·信息·信号分析(第2版)[M]. 武汉：华中理工大学出版社，1999.
[11] MANOLAKIS D G, INGLE V K, KOGON S M. Statistical and adaptive signal processing[M]. New York: McGraw-Hill Education, 2000.
[12] MALLAT S G. A Wavelet tour of signal processing[M]. Pittsburgh: Academic Press, 1998.
[13] 张贤达. 现代信号处理[M]. 北京：清华大学出版社，2002.
[14] 杨福生. 小波分析的工程应用[M]. 北京：清华大学出版社，1999.
[15] GAJA H, LIOU F. Defects monitoring of laser metal deposition using acoustic emission sensor[J]. The International Journal of Advanced Manufacturing Technology, 2017, 90(1-4): 561-574.
[16] KOESTER L W, TAHERI H, BIGELOW T A, et al. In-situ acoustic signature monitoring in additive manufacturing processes: Review of Progress in Quantitative Nondestructive Evaluation[C]. New York: AIP, 2018.
[17] VINAY K. INGLE, JOHN G. Proakis, Digital Signal Processing Using Matlab : A Problem Solving Companion(4th Edition)[M]. Boston: Cengage Learning, 2017.
[18] RANDALL R. B., A history of cepstrum analysis and its application to mechanical problems[J]. Mechanical Systems and Signal Processing, 2017, 97: 3-19.
[19] DAUBECHIES I. Orthonormal bases of compactly supported wavelets [J]. Communications on Pure & Applied Mathematic, 1988, 41(2):

906－966.

[20] MALLAT S G. A theory for multiresolution signal decomposition: the wavelet representation[J]. IEEE Transactions on Pattern Analysis & Machine Intelligence, 1989, 11(4): 674－693.

[21] VETTERLI M, HERLEY C. Wavelets and filter banks: theory and design[J]. IEEE Transactions on Signal Processing, 1992, 40(9): 2207－2232.

[22] COIFMAN R R, WICKERHAUSER M V. Entropy-based algorithms for best basis selection[J]. IEEE Transactions on Information Theory, 1992, 38(2): 713－718.

[23] DONOHO D L, De-noising by soft thresholding[J]. IEEE Transactions on Information Theory, 1993, 43: 933－936.

第7章 数字图像处理

7.1 缺陷监测的机器视觉系统

数字图像处理是机器视觉技术的一种工具，用于从实物图像中提取有用的信息。它有助于以非侵入性(non-invasive)的方式从获取的图像中作出判断，只需最少的人为干预。数字图像是场景的二维表示，场景中对象的亮度在每个图片元素或像素中指定。因此，数字图像是一个矩阵，数字图像处理是应用于该图像或图像矩阵的算法集合，以提取捕获场景的有用信息。

机器视觉系统由图像传感器、图像处理算法和模式识别工具组成。机器视觉系统在制造业中广泛应用于工业制成品的无损检测，例如在制造过程中，采用机器视觉系统对刀具状态监测[1]、金属注射成形件监测[2-4]、连铸表面缺陷监测[5-6]、金属板成形件过程检测[7-8]、轧制过程监控[9]、缝焊跟踪[10-11]等。基于机器视觉系统的方法在金属增材制造监控中最近也有大量的研究[12-14]。

典型的机器视觉系统由图7-1所示的结构组成。根据图像采集的过程，该结构将自下而上读取，类似一个金字塔形。最底层的适宜性和质量对于整个视觉检测任务链至关重要。采集的图像数据中包含的信息量和质量完全取决于图像采集，在这一步骤中未获得的信息在后续的图像处理中很难恢复甚至完全不能恢复。许多在实践中失败的视觉检测系统并没有遵守这个简单的规则。光源发出的光与被测物体相互作用，通过成像光学器件，最后到达传感器，在那里转换成电信号。这个电信号(通常是一个电压或电流)是离散化的，并具有有限的幅值，它可以保存为数字图像并由计算机进行处理。除了与视觉检测相关的信息外，原始数据通常还包含干扰和不相关的成分，如噪声、背景等。随后的图像恢复过程试图保留相关信息，并对不相关的信号分量进行滤除。获得改进后的图像数据，将其分为有意义的区域分割或进行处理，以提取与监测任务相关的特征(参数)。最后，可以根据这些压缩的信息做出决定：根据视觉检测任务，这些决定可以是检测(例如，缺陷)、分类(例如，不同对象)或解释(例如，过程参数推断)。然后可以根据该决定采取后续操作，并根据该决定进行控制与调整，例如丢弃或保留测试对象，或者有选择地更改成形系统参数。

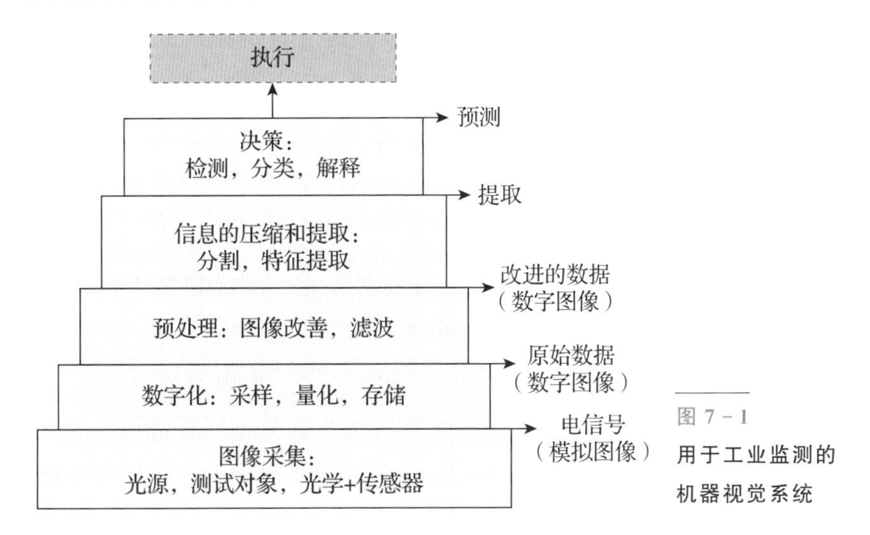

图 7-1
用于工业监测的机器视觉系统

尽管学者们对制造系统实时过程监控进行了大量研究，但很少有工作直接通过对粉末床增材制造(PBF)系统监测，为在线质量监控、评估和控制提供直接支持[12,15]。在成形质量监测研究中进行的大多数工作集中在参数对缺陷形成的影响上。在金属粉末 PBF 中进行实时过程监控的工作也主要在检测对工艺连续性或质量至关重要的工艺缺陷或系统异常状态，而不是直接确定零件质量的零件缺陷(例如气孔)。

一些学者讨论了声学和 CT 扫描在自动原位缺陷检测中的应用能力和研究计划[16]，但 CT 扫描似乎仅适用于离线检测。与成形过程异常或缺陷相关的其他方面也已用于原位过程监控，例如检测铺粉机或机器的异常振动，以检测铺粉机与零件高度的碰撞[17-18]，以及将阻抗应用于检测缺陷[19]。同时，熔池不规则性对缺陷形成或缺陷区域具有不同热性质的影响，在金属粉末床熔融的过程监测和热稳定性方面已进行了大量研究。由于热监控已证明对缺陷监测有效，并且它还主要使用(2D)热成像和一些其他图像获取与处理方法，因此第 9 章将单独讨论该主题。

在几何缺陷检测子系统中，一旦检测到真实的对象，就应将对象与目标层(基于 CAD 模型或已知目标参数)进行比较，这可以通过比较点对点边界或比较已完成零件的综合参数来实现。为了执行综合参数比较，应从检测到的对象中提取感兴趣的参数。综合参数包括形状参数(例如圆度和角度值)、尺寸(例如直径)以及位置参数(例如绝对 x，y 位置)或相对位置参数(例如两个圆心之间的距离)。提取的综合参数应与目标层的综合参数进行比较。

用于视觉监测的高速摄像机图像能够显示每个成形层的表面特性以及粉末熔融的质量，可以分析 AM 零件的分层可视数据，以提供有关缺陷和零件质量的可靠信息。但是，目前使用高速摄像机图像在金属 AM(特别是粉末床 AM)中进行实时监测的工作较少。Craeghs 等[20]使用视觉相机在 PBF 中建立粉末床沉积监测系统，他们检测到铺粉异常及刮刀磨损或损坏，并将其视为可能导致零件缺陷的工艺故障。Kleszczynski 等[21]使用安装在机器外部的 2900 万像素的视觉相机，研究了电子束熔化输入能量等因素对边缘突起形成的影响。在另一项后续工作中[22-23]，他们使用成像系统从沉积的粉末层中以分辨率为 24 μm/像素捕获图像，并使用恒定值阈值检测零件中的凸起区域，但并没有对图像进行进一步的分析来检测零件的质量。

Aminzadeh 和 Kurfess[25]利用计算机视觉和贝叶斯推理，开发了一种在线监测系统，用于监控激光粉末床熔合工艺每一层中熔合和缺陷形成的质量。提出了一种高分辨率机器视觉的框架，允许从每一层捕获现场(在成形过程中)图像，从而可视化详细的层缺陷和孔隙率。他们使用了一个 900 万像素的摄像头，安装在垂直于成形平台的成形室内部，以 7 μm/像素的分辨率，获取了粉末和熔融区域之间具有足够对比度的图像[25]。作者设计了图像处理算法，用于检测成形的几何误差和孔洞，并创建了来自具有不同零件质量的 AM 零件的每一层的相机图像数据库。该数据集用于基于训练的分类中，以检测融合或缺陷质量较低的图层或图层的子区域。最后，根据从成形的图像中提取特征，经过学习和训练的贝叶斯分类器对表征缺陷的成形层或区域质量进行分类。监测系统几何截面的检测误差达到 80 μm，小于激光扫描直径。图7-2示出了用于零件缺陷和几何误差的原位检测系统的流程图。

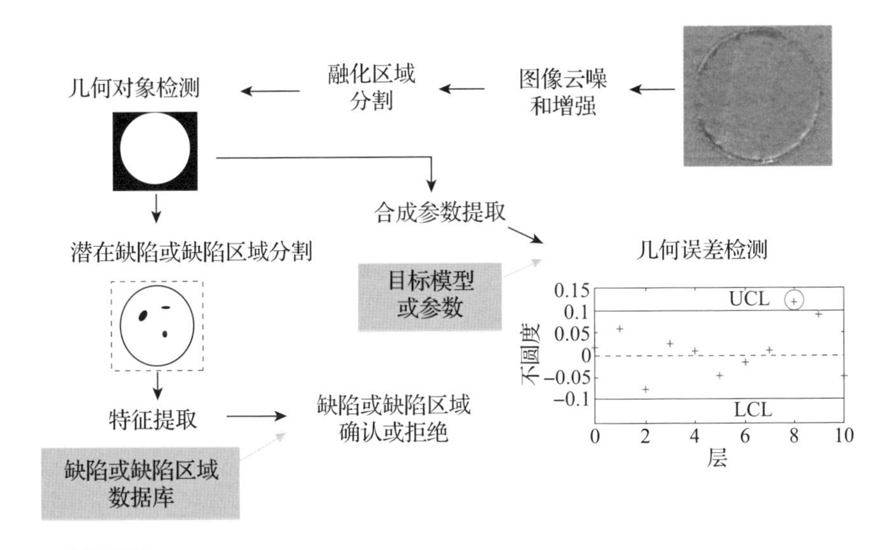

图7-2 用于检测缺陷和几何错误的在线自动视觉检查系统的流程图[24-25]

7.2 数字图像的获取与表示

7.2.1 监测对象的图像获取

光源发出的光照亮测试(监测)目标。由于与被试物的相互作用，被照射的光会被部分吸收、改变、反射和散射。当使用视觉监测时，一般只能检测那些可以光学获取的对象属性。通过使用光学观测仪器(例如照相机)接收测试对象发出的部分光，可以获取包含测试对象信息的数据(图7-3)。在信息技术方面，光源发出的光可视为载波信号，通过将测试对象置于其路径中进行调制与处理。因此，调制光包含有关测试对象的信息，这种信息的调制与处理可以基于不同物理现象与检测目的。因此光信息可以根据需要以不同的方式对测试对象的信息进行编码。获取的光信息受被监测物体的空间形状和有效光学材料性能的影响而不同，因此需要通过评估观察到的光来获得关于被监测物体的形状和光学性质的信息。

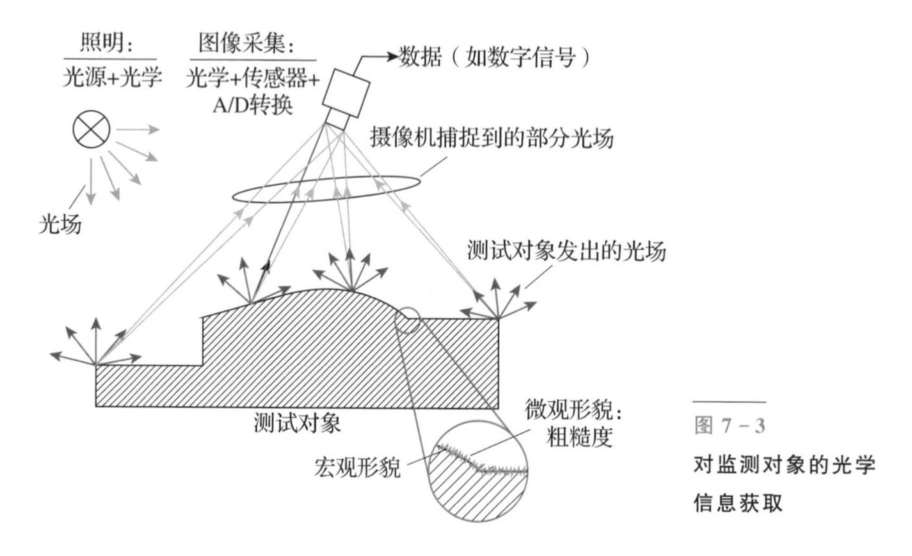

图 7-3
对监测对象的光学信息获取

为了实现自动视觉检测，需要将每个实验对象的感兴趣点成像到传感器上的单个点，这个任务是由成像光学器件解决。这意味着，来自实验对象点 G 的每束发散光束(一束光线)应通过成像光学转换为聚焦在传感器上单点 B 的会聚光束(图 7-4)。如果成像光学产生这样的点对点对应关系，则称为锐角成像[26]。在图像平面中，聚集的光束形成被观察对象空间的图像。数码相机使用放置在图像平面中的二维传感器，传感器上的辐照光被转换成二维数字信号，表示被观察物体的图像。

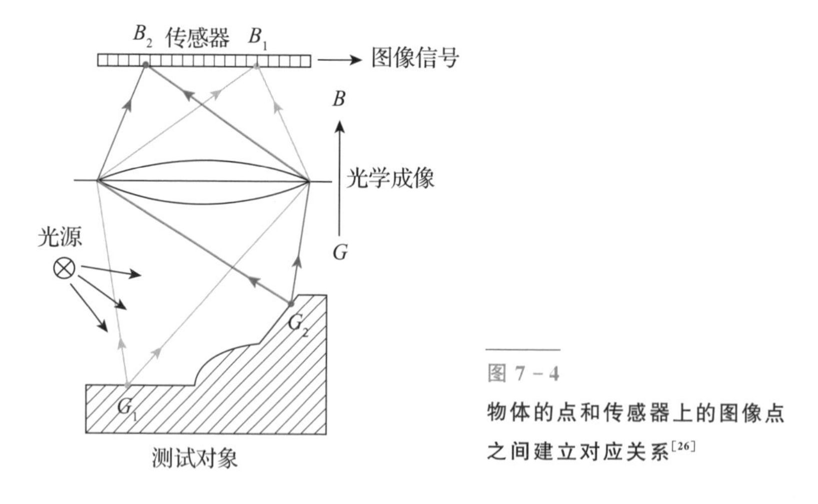

图 7-4
物体的点和传感器上的图像点之间建立对应关系[26]

用于视觉监测的最常用的两种传感器是电荷耦合器件(charge-coupled device，CCD) 传感器和互补金属氧化物半导体 CMOS (complementary metal oxide semiconductor，CMOS）相机。其工作原理是将入射光的强度转换成电荷或数字值，随后根据不同的应用对得到的数据进行处理。它们基本是按照以下标准区分的：

(1)线阵或矩阵传感器中光敏元件(像素)的几何排列。

(2)CCD 和 CMOS 传感器的操作模式和制造技术。

7.2.2 CCD 传感器[27]

CCD 传感器发展于 20 世纪 70 年代，并迅速取代了摄像管，随后在机器视觉与工业图像采集中得到广泛应用。CCD 传感器通常由布置为矩阵型的光敏光电二极管或者布置为一行的线传感器组成。由于数码相机通常没有机械孔径，所以光电二极管不断暴露在光线下。为了获得可用的图像，曝光时间必须同时具有设定的开始和结束时刻，因此需要一些机制来限制曝光时间。曝光时间从同时去除所有像素的光电二极管中的电荷开始。在光电二极管的间隙设置垂直移位寄存器或传输寄存器，如图 7－5 所示。在曝光时间结束时，表示图像信息的所有电荷同时从所有像素的光电二极管移动到传输寄存器。由于传输寄存器通常由薄金属箔保护而不受入射光的影响，因此不会产生更多的电荷。在传输寄存器中，电荷可以按像素方式移动，因而称该类型传感器为电荷耦合器件。电荷从垂直传输寄存器中逐行地移动到水平传输寄存器中，并逐个像素地读出它们。这样，由传感器捕获的图像信息被识别为各个像素的电荷序列。

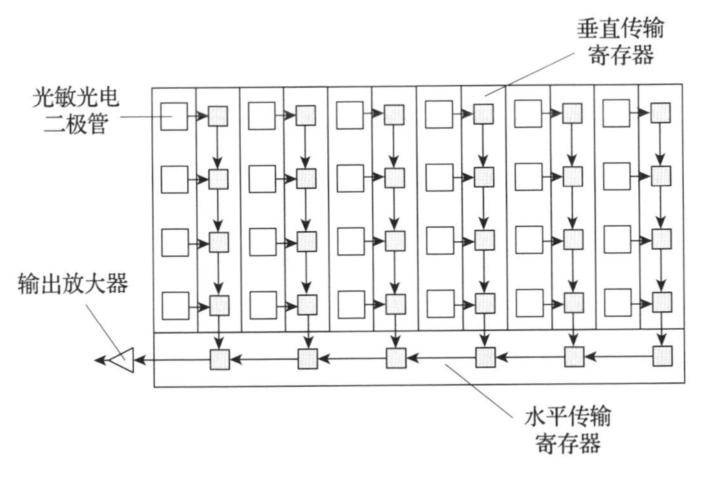

图 7－5
行间 CCD 传感器的结构

在水平传输寄存器的输出端，被称为输出放大器的电荷放大器将各个像素的电荷包转换为数字化的电压。对于信号的模拟—数字转换，经常使用相关双采样(CDS)技术。读取黑色值，然后读取信号的白色值，通过减去模数转换器(ADC)中的两个值从而输出与亮度成比例的值。这种方法的优点是可以抑制输出放大器的工作电压产生的低频噪声。由于电荷的集成和传输发生在不同的区域，因此可以在输出前一个电荷的同时曝光下一个图像。这种现象被称为重叠模式，与前一张图像完全输出后才开始曝光相比，它可以用来更快地捕捉连续图像，如图 7-6 所示。除了行间传输架构之外，还有其他类型的架构，如全帧传感器和帧传输传感器。这些架构没有垂直传输寄存器，因此它们更为敏感。但是，如果没有机械快门，这种传感器只能捕捉静态物体。因此，它们很少用于工业图像处理。

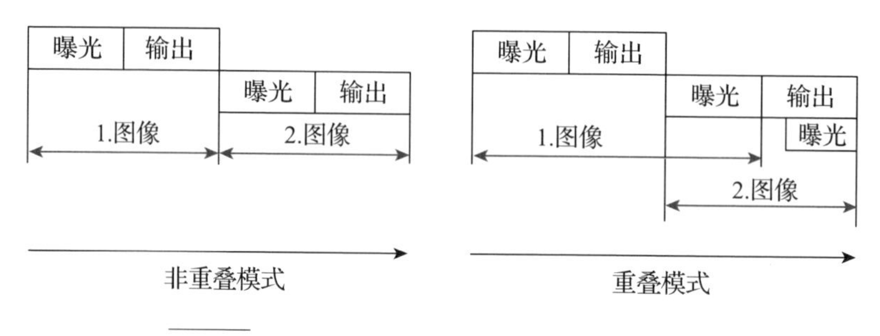

图 7-6　非重叠模式和重叠模式下的传感器运行

前文所述通常是假定整个图像是一次输出的，这个过程被称为逐行扫描。还有另一个被广泛使用的过程：隔行扫描。该过程是从使用图像场的模拟电视技术中借鉴的。这种方法的其中一个缺点是由于场的单独曝光而使图像速率大大降低，其另一个缺点是在移动场景会发生失真现象。因此，隔行相机目前很少用于机器视觉。移动传感器的电荷并将其读出的速度受物理限制，因此这也限制了图像速率，即每秒图像的数量。读出信道的典型频率值通常是 40～60MHz，即每秒 40～60 万像素。为了实现更高的图像速率，特别是对于具有更高分辨率的传感器，已经开发出具有多个输出的结构，即所谓的抽头。这些多抽头传感器的各个输出放大器用于并行读出一部分传感器像素的电荷。因此，带有 4 个抽头的传感器可以比仅有 1 个输出的传感器快 4 倍的速度。图 7-7 所示的传感器有 4 个抽头。传感器左上角四分之一像素的电荷被传输到左上角的输出放大器；右上角四分之一像素的电荷被传输到右上角的放大器。多抽头传感器制造商面临的挑战是平衡单个通道的模数转换器，以确保在图像的 4 个部分之间均匀的灰度值。高性能工业相机可以达到这种平衡。

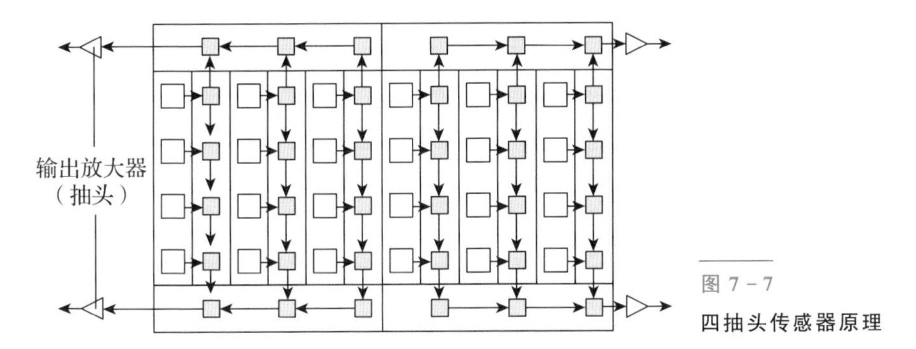

图 7－7
四抽头传感器原理

7.2.3　CMOS 传感器

CMOS 和 CCD 传感器之间的主要区别在于 CCD 传感器(除了多抽头传感器)对于整个传感器只有一个电荷放大器，而 CMOS 传感器每个像素都有自己的电荷放大器。这些放大器将曝光过程中产生的电荷直接转换成像素中的电压。由于这种转换，CMOS 传感器也被称为有源像素传感器。每个像素的亮度信息作为电压读出，而不是 CCD 传感器的电荷。用于读出各个像素电压的电路如图 7－8 所示。从垂直控制中切换一个行中像素的选择晶体管，从而选择图像行进行读出。每个有源选择晶体管将其像素的电压放在相应的列线上，然后水平控制器将一列接一列地行切换到传感器的输出放大器，最后依次读出像素的电压。每个像素都有自己的电荷放大器，用于将所有收集的电荷转换为电压。这些电荷放大器在放大和偏移方面彼此不同，因此具有相同电荷的各个像素的输出电压也频繁变化。这些差异叠加在获取的图像上作为平稳噪声，这被称为固定模式噪声，是 CMOS 传感器的典型特征。而在 CCD 传感器已经提到的相关双采样，可以减少固定模式噪声。但是，这必须针对每个像素完成，因此电路的范围会以牺牲光敏区域为代价。根据上述规则，这就导致 CMOS 传感器具有低灵敏度。除了相关双采样之外，各个像素的电路还可以用其他功能扩展。CMOS 传感器通常只有一个数字接口，这容许下游组件直接评估输出数据。其他典型功能包括曝光时间的集成控制，读出的部分也被称为感兴趣区域(ROI)，就像图像中的搜索区域一样。如果传感器还包含预处理或颜色转换功能，则称为片上系统（SOC）。近年来，具有全局快门的 CMOS 传感器已经得到使用，其具有高的光灵敏度，并且具有足够的图像均匀性，可用于工业图像处理的大多数领域。

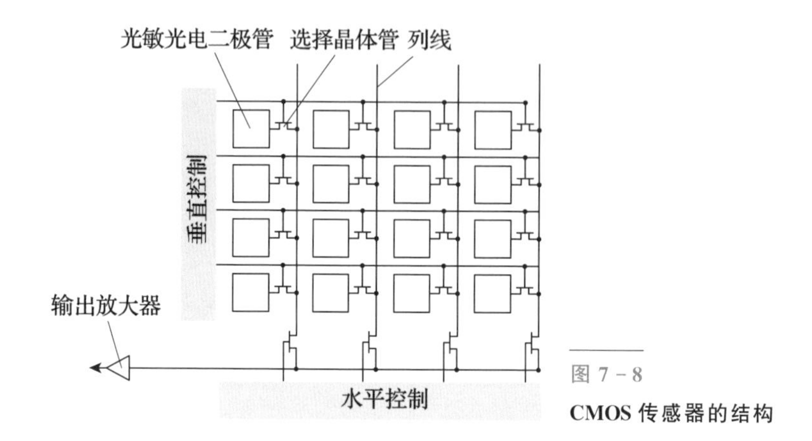

图 7-8
CMOS 传感器的结构

7.2.4 数字图像的表示

一幅图像可定义为一个二维函数 $f(x, y)$，其中 x 和 y 是空间（平面）坐标，而任何一对空间坐标 (x, y) 处的幅值 f 称为图像在该点处的强度或灰度。当 x、y 和灰度值 f 是有限的离散数值时，我们称该图像为数字图像。数字图像处理是指借助计算机来处理数字图像。注意，数字图像是由有限数量的元素组成的，每个元素都有一个特定的位置和幅值。这些元素称为图画元素、图像元素或像素。像素是广泛用于表示数字图像元素的术语。将一幅图像转换为数字形式要求对坐标和灰度进行数字化。将坐标值数字化称为采样，将灰度数字化称为量化。采样和量化得到的是一个实数矩阵。假设对一幅图像 $f(x, y)$ 采样后得到一个 M 行、N 列的图像。我们称这幅图像的大小是 $M \times N$，坐标是离散值。一幅数字图像可以表示成一个矩阵，如下所示：

$$f(x, y)=\begin{bmatrix} f(0, 0) & f(0, 1) & \cdots & f(0, N-1) \\ f(1, 0) & f(1, 1) & \cdots & f(1, N-1) \\ \vdots & \vdots & \vdots & \vdots \\ f(M-1, 0) & f(M-1, 1) & \cdots & f(M-1, N-1) \end{bmatrix} \tag{7-1}$$

该式的两边以等效的方式定量地表达了一幅数字图像。右边是个实数矩阵，该矩阵中的每个元素称为像素。注意，图像处理工具箱中表示数组所使用的坐标约定与前段叙述不同，其坐标原点在(1，1)，图 7-9 说明了二者坐标约定的不同，图(a)是大多数书籍所使用的坐标约定，图(b)是图像工具处理箱所使用的坐标约定。

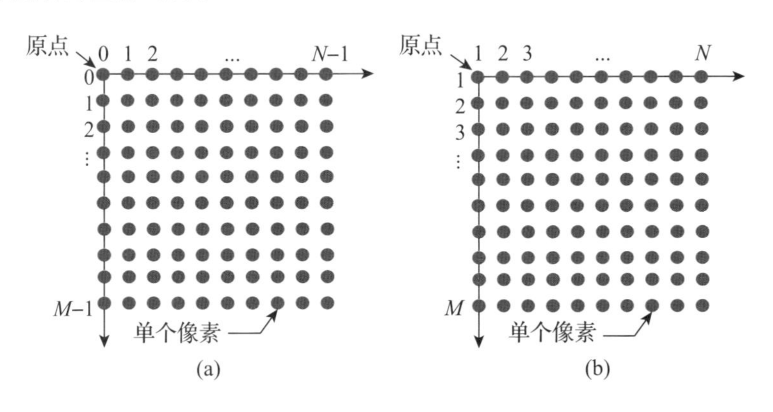

图 7-9　**图像像素点的坐标约定**

(a)常用的坐标约定；(b)Matlab 图像工具处理箱使用的坐标约定。

7.3　图像灰度变换与空间域滤波[28-31]

空间域指图像平面本身，这类图像处理方法直接以图像中的像素操作为基础。空间域处理主要分为灰度变换和空间滤波两类。灰度变换在图像的单个像素上操作，主要以对比度和阈值处理为目的。空间滤波是图像空间域变化一类常用的方法，其涉及改善性能的操作，如通过图像中每一个像素的领域处理来锐化图像。

7.3.1　灰度变换

空间域技术直接在图像像素上操作，通常，空间域在计算上更有效，且在执行上需要较少的处理资源。空间域处理可由下式表示：

$$g(x, y) = T[f(x, y)] \tag{7-2}$$

其中，$f(x, y)$是输入图像，$g(x, y)$是处理后的图像，T 是在点(x, y)的

邻域上定义的关于 f 的算子。灰度变换多用来对图像进行增强，即对图像进行加工使其结果对于特定的应用比原始图像更适合的一种处理。下面介绍几种常见的灰度变换函数。令 r 和 s 分别代表处理前后的像素值。

图像反转：如图 7－10 所示，可以得到灰度级范围为[0，$L-1$]的一幅图像的反转图像，使用这种方式反转一幅图像的灰度级，可得到等效的照片底片。这种类型的处理特别适用于增强嵌入在一幅图像的暗区域中的白色或灰色细节。反转图像由下式给出：

$$s = L - 1 - r \tag{7-3}$$

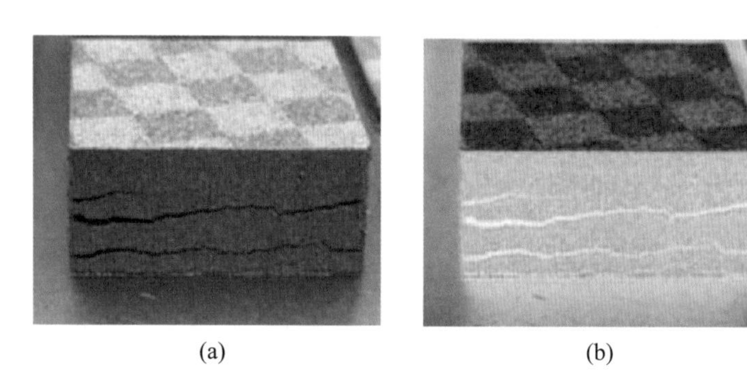

(a)　　(b)

图 7－10　**图像反转**

(a)原始图像；(b)反转图像。

对数变换：通用形式为

$$s = c\log(1 + r) \tag{7-4}$$

其中，c 是一个常值。图 7－11 中对数曲线的形状表明，该变换将输入中范围较窄的低灰度值映射为输出中较宽范围的灰度值，相反地，对高的输入灰度值

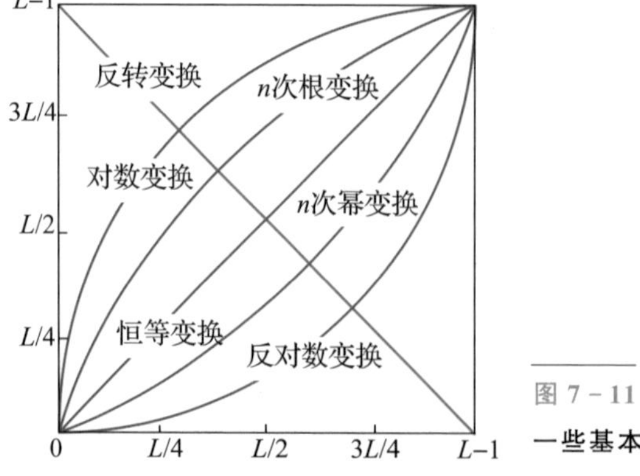

图 7－11

一些基本的灰度变换函数

也是如此。我们使用这种类型的变换来扩展图像中的暗像素的值，同时压缩更高灰度级的值。反对数变换的作用与此相反。图 7 - 12 是图像经对比度拉伸变换增强的图像。

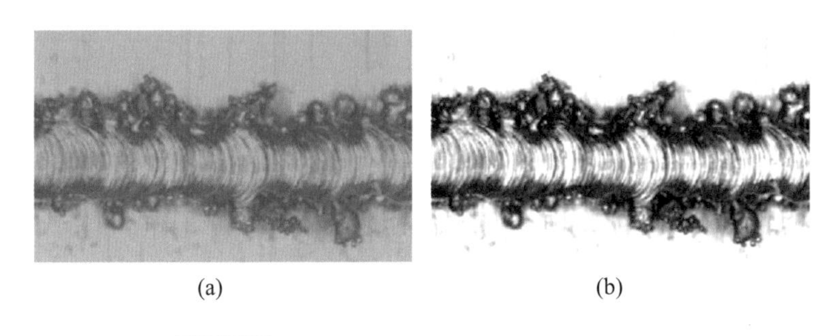

图 7 - 12　**图像及其对比度拉升后增强的图像**

(a)原始图像；(b)对比度拉升后增强的图像。

幂律(伽马)变换：基本形式为

$$s = cr^{\gamma} \tag{7-5}$$

其中，c 和 γ 为正常数。对于不同的 γ 值，s 与 r 的关系曲线如图 7 - 13 所示。与对数情况类似，部分 γ 值的幂律曲线将较窄范围的暗色输入值映射为较宽范围的输出值，相反地，对于输入高灰度值时也成立。然而，与对数函数不同的是，随着 γ 值的变化，将简单地得到一簇可能的变换曲线。从图 7 - 13 中可以看出 $\gamma>1$ 的值和 $\gamma<1$ 的值所生成的曲线效果完全相反，当 $c=\gamma=1$ 时简化成了恒等变换。

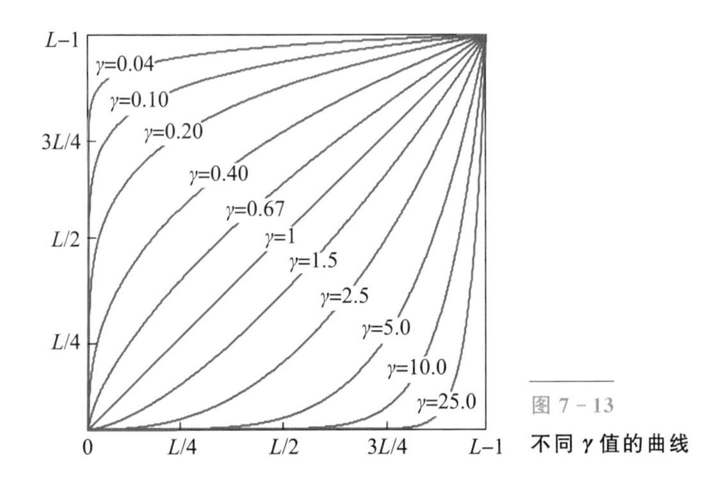

图 7 - 13

不同 γ 值的曲线

直方图均衡：直方图是多种空间域处理的基础，在诸如增强、压缩、分割、描述等方面的图像处理中起着重要作用。假设某个瞬间灰度级是归一化到范围[0，1]内的连续量，并令 $p_r(r)$代表一幅给定图像中灰度级的概率密度函数(PDF)，其中下标用于区分输入图像和输出图像的概率密度函数。假设对输入灰度级进行下列变换，得到输出灰度级

$$s = T(r) = \int_0^r p_r(w)\mathrm{d}w \tag{7-6}$$

式中，w 是积分虚变量。可以看出，输出灰度级的概率密度函数是均匀的，即

$$p_s(s) = \begin{cases} 1, & 0 \leqslant s \leqslant 1 \\ 0, & \text{其他} \end{cases} \tag{7-7}$$

换句话说，前面的变换生成一幅图像，该图像的灰度级是等可能的，并覆盖整个范围[0，1]。灰度级均衡的最终结果是一幅扩展了动态范围的图像，它具有较高的对比度。当灰度级为离散值时，令 $p_r(r_j)$，$j=0，1，2，\cdots，L-1$ 表示一幅与给定图像的灰度级相关联的直方图，我们利用前面介绍的直方图均衡技术，采用求和的方式，其均衡变换为

$$s_k = T(r_k) = \sum_{j=0}^{k} p_r(r_j) = \sum_{j=0}^{k} \frac{n_j}{n} \tag{7-8}$$

图 7-14(a)为花粉的电子显微图像，已放大了近 700 倍。这幅图像最突出的特点是较暗，且动态范围较低。这些特点在图(b)所示的直方图中很明显，

图 7-14
直方图均衡化
(a)花粉的电子显微图像；
(b)直方图；
(c)直方图均衡化结果；
(d)直方图均衡化后的直方图。

其中图像较暗的性质直接导致直方图偏向于灰度级的暗端，其较低的动态范围是很明显的。图(c)是图像直方图均衡后的结果，在平均灰度及对比度方面的改进是非常明显的。图(d)是均衡后的直方图，其灰度级得到显著扩展。

7.3.2　空间滤波

空间滤波方法是一类直接的滤波方法，它在处理图像时直接对图像灰度作运算，由如下步骤组成：①选取中心点(x, y)；②仅对预先定义的关于点(x, y)的邻域内的像素执行操作；③令运算结果为该点处的响应；④对图像中的每一点重复该处理。中心点移动的过程会产生新的邻域，每个邻域对应输入图像上的一个像素。该种处理即为空间滤波，其分为线性空间滤波和非线性空间滤波。

执行空间滤波前，必须理解两个相近的概念：一个是相关，另一个是卷积。使用相关或卷积执行空间滤波是优先选择的方法。相关是滤波器模板滑过图像并计算每个位置乘积之和的处理；卷积的机理相似，但是滤波器首先要旋转 180°。一个大小为 $m \times n$ 的滤波器，在图像顶部和底部至少填充 $m-1$ 行 0，在左侧和右侧填充 $n-1$ 列 0。图 7-15 显示了二维滤波器与二维离散单位冲激的相关和卷积操作。假设 $m=n=3$，则如图(b)所示，用两行 0 填充图像的顶部和底部，用两列 0 填充图像的左侧和右侧。图(c)显示了执行相关操作的滤波器模板的初始位置，图(d)显示了所有相关操作的结果。图(e)显示了裁剪后的响应结果，注意，最后结果旋转了 180°。对于卷积，与前面一样，我们预先旋转模板，然后使用刚才描述的方法对乘积做滑动求和操作。图(g)和(h)显示了卷积的结果。

以公式形式总结一下前面的讨论。一个大小为 $m \times n$ 的滤波器 $w(x, y)$ 与一幅图像 $f(x, y)$ 做相关操作，可表示为

$$w(x,y) \star f(x,y) = \sum_{s=-a}^{a} \sum_{t=-b}^{b} w(s,t) f(x+s, y+t) \tag{7-9}$$

这一等式对所有位移变量 x 和 y 求值，以便 w 的所有元素访问 f 的每个像素。类似地，$w(x, y)$和 $f(x, y)$的卷积表示为

$$w(x,y) * f(x,y) = \sum_{s=-a}^{a} \sum_{t=-b}^{b} w(s,t) f(x-s, y-t) \tag{7-10}$$

其中，符号“$*$”表示两个函数的卷积，等式右边的减号表示翻转 f(即旋转 180°)。与相关一样，该式也对所有位移变量 x 和 y 求值，因此，w 的每一个元素访问 f 的每一个像素。

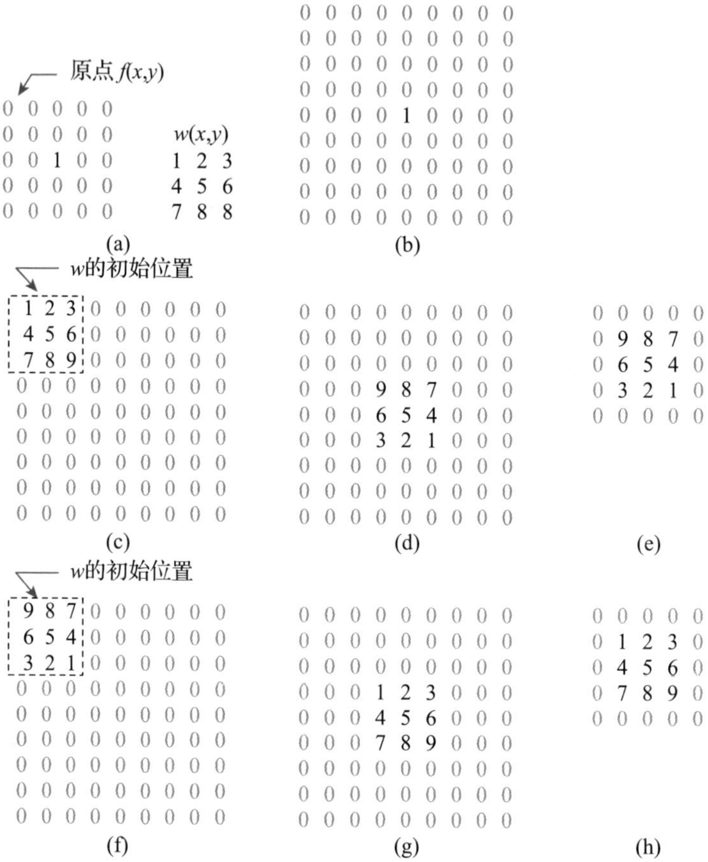

原点 $f(x,y)$

```
0 0 0 0 0
0 0 0 0 0
0 0 1 0 0
0 0 0 0 0
0 0 0 0 0
```

$w(x,y)$

```
1 2 3
4 5 6
7 8 8
```

(a)

```
0 0 0 0 0 0 0 0 0
0 0 0 0 0 0 0 0 0
0 0 0 0 0 0 0 0 0
0 0 0 0 0 0 0 0 0
0 0 0 0 1 0 0 0 0
0 0 0 0 0 0 0 0 0
0 0 0 0 0 0 0 0 0
0 0 0 0 0 0 0 0 0
0 0 0 0 0 0 0 0 0
```

(b)

w的初始位置

```
1 2 3 0 0 0 0 0 0
4 5 6 0 0 0 0 0 0
7 8 9 0 0 0 0 0 0
0 0 0 0 0 0 0 0 0
0 0 0 0 0 0 0 0 0
0 0 0 0 0 0 0 0 0
0 0 0 0 0 0 0 0 0
0 0 0 0 0 0 0 0 0
0 0 0 0 0 0 0 0 0
```

(c)

```
0 0 0 0 0 0 0 0 0
0 0 0 0 0 0 0 0 0
0 0 0 0 0 0 0 0 0
0 0 0 9 8 7 0 0 0
0 0 0 6 5 4 0 0 0
0 0 0 3 2 1 0 0 0
0 0 0 0 0 0 0 0 0
0 0 0 0 0 0 0 0 0
0 0 0 0 0 0 0 0 0
```

(d)

```
0 0 0 0 0
0 9 8 7 0
0 6 5 4 0
0 3 2 1 0
0 0 0 0 0
```

(e)

w的初始位置

```
9 8 7 0 0 0 0 0 0
6 5 4 0 0 0 0 0 0
3 2 1 0 0 0 0 0 0
0 0 0 0 0 0 0 0 0
0 0 0 0 0 0 0 0 0
0 0 0 0 0 0 0 0 0
0 0 0 0 0 0 0 0 0
0 0 0 0 0 0 0 0 0
0 0 0 0 0 0 0 0 0
```

(f)

```
0 0 0 0 0 0 0 0 0
0 0 0 0 0 0 0 0 0
0 0 0 0 0 0 0 0 0
0 0 0 1 2 3 0 0 0
0 0 0 4 5 6 0 0 0
0 0 0 7 8 9 0 0 0
0 0 0 0 0 0 0 0 0
0 0 0 0 0 0 0 0 0
0 0 0 0 0 0 0 0 0
```

(g)

```
0 0 0 0 0
0 1 2 3 0
0 4 5 6 0
0 7 8 9 0
0 0 0 0 0
```

(h)

图 7-15　二维滤波器与二维离散单位冲激的相关和卷积操作

(a)原点 $f(x, y)$和 $w(x, y)$；(b)填充后的 f；(c)w 的初始位置；
(d)全部相关结果；(e)裁剪后的相关结果；(f)w 的初始位置；
(g)全部卷积结果；(h)裁剪后的卷积结果。

7.3.3　平滑空间滤波器

平滑空间滤波器用于模糊处理和降低噪声。模糊处理经常用于预处理任务中，例如在目标提取之前去除图像中的一些琐碎细节，以及桥接直线或曲线的缝隙。通过线性滤波和非线性滤波模糊处理，可以降低噪声。常用的平滑空间滤波器有平滑空间线性滤波器和统计排序滤波器。

均值滤波器是一种最常用的平滑线性空间滤波器。它使用滤波器模板确定的邻域内像素的平均灰度值代替图像中每个像素的值，这种处理的结果降低了图像灰度的“尖锐”变化。由于典型的随机噪声由灰度级的急剧变化组成，因此，均值滤波处理可以降低噪声。图7－16给出了两个3×3均值滤波器，左边模板是标准像素平均值，右边是加权像素平均值，模板前的分数为归一化常数。一幅$M\times N$的图像经过一个大小为$m\times n$（m和n为奇数）的加权均值滤波器滤波的过程可由下式给出：

$$g(x,y)=\frac{\sum_{s=-a}^{a}\sum_{t=-b}^{b}w(s,t)f(x+s,y+t)}{\sum_{s=-a}^{a}\sum_{t=-b}^{b}w(s,t)} \tag{7-11}$$

它可以理解为一幅完全滤波的图像是通过对每个像素点$f(x,y)$执行式（7－11）得到的。其中上式中的分母部分为模板的各系数之和，且为常数。

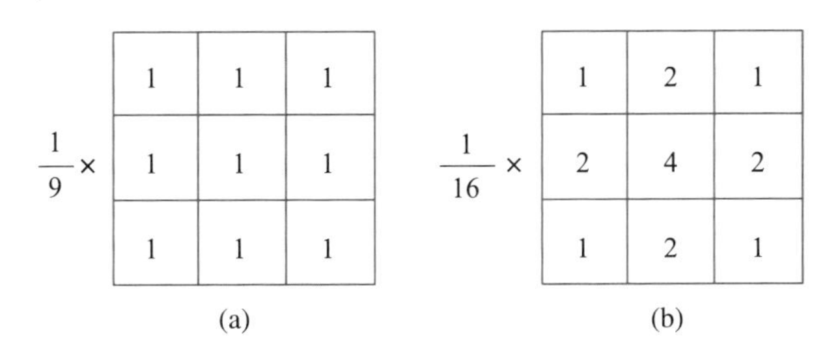

图7－16　**两个3×3均值滤波器模板**

（a）标准像素平均值；（b）加权像素平均值。

均值处理的一个重要应用是为了对感兴趣的物体得到一个粗略的描述而模糊一幅图像，这样，那些较小物体的灰度就与背景混合在一起了，较大物体变得像“斑点”而易于检测。图7－17（a）所示是哈勃望远镜拍摄的一幅图像，图7－17（b）显示了应用均值滤波器对该图像处理后的结果。可以看到，图像中的一部分或者融入背景中，或者其亮度明显降低了。图7－17（c）是对图7－17（b）阈值后的结果，与原图像比较，可以突出图像中最大、最亮的斑点部分。

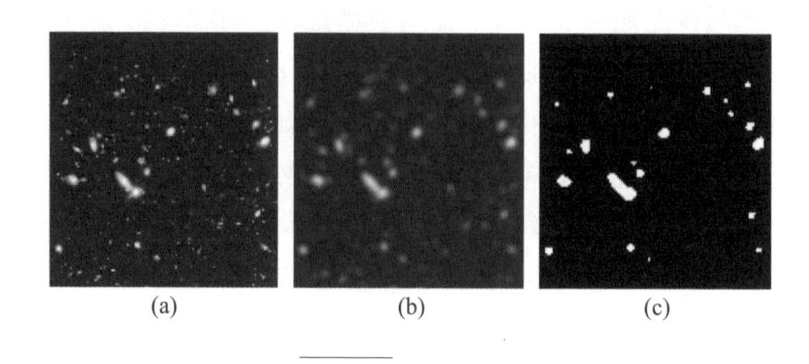

图 7-17　**均值滤波**

(a)哈勃望远镜拍摄的一幅图像；(b)均值滤波器处理后的结果；
(c)对(b)阈值化后的结果。

统计排序滤波器是一种非线性空间滤波器，这种滤波器的响应以滤波器包围的图像区域中所包含的像素的排序为基础，然后使用统计排序结果决定的值代替中心像素的值。这一类中最知名的滤波器是中值滤波器，它是将像素邻域内灰度的中值代替该像素的值。中值滤波器对处理脉冲噪声非常有效，该种噪声也称为椒盐噪声。在图像处理中，尽管中值滤波器是使用得最广泛的统计排序滤波器，但并不意味着它是唯一的。中值象征一系列像素值排序后的第 50%个值，但根据基本统计学可知，排序也适用于其他不同的情况。例如，可以取第 100%个值，即所谓的最大值滤波器，这种滤波器在搜寻一幅图像中的最亮点时非常有用。图 7-18(a)为工业电路板在自动检测期间所拍摄的 X 射线图像。图 7-18(b)是被椒盐噪声污染的同一幅图像。图 7-18(c)是用中值滤波器处理后的图像，实现了很好的降噪效果。

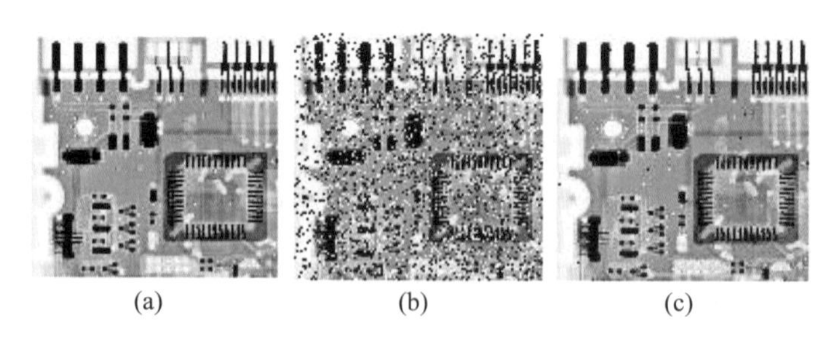

图 7-18　**中值滤波**

(a)工业电路板的 X 射线图像；(b)被椒盐噪声污染的同一幅图像；
(c)中值滤波器处理后的图像。

7.3.4 锐化空间滤波器

锐化空间滤波器常见的是基于一阶和二阶微分的滤波器。其主要目的是突出灰度过渡的部分，微分算子的响应强度与图像在用算子操作这一点的突变程度成正比，这样，图像微分增强边缘和其他突变(如噪声)，而削弱灰度变化缓慢的区域。

使用一阶微分对(非线性)图像锐化——梯度：图像处理中的一阶微分是用梯度幅值来实现的。对于函数 $f(x, y)$，f 在坐标(x, y)处的梯度定义为二维列向量

$$\nabla f \equiv \text{grad}(f) \equiv \begin{bmatrix} g_x \\ g_y \end{bmatrix} = \begin{bmatrix} \dfrac{\partial f}{\partial x} \\ \dfrac{\partial f}{\partial y} \end{bmatrix} \tag{7-12}$$

该向量具有重要的几何特性，即它指出了在位置(x, y)处 f 的最大变化率的方向。

向量∇f 的幅度值(长度)表示为 $M(x, y)$，即

$$M(x, y) = \text{mag}(\nabla f) = \sqrt{g_x^2 + g_y^2} \tag{7-13}$$

它是梯度向量方向变化率在(x, y)处的值。注意，$M(x, y)$是与原图像大小相同的图像，它是当 x 和 y 允许在 f 中的所有像素位置变换时产生的。在实践中，该图像通常称为梯度图像。

我们对前面的公式定义一个离散近似，由此形成合适的滤波模板，即常见的 Sobel 算子。以最小的 3×3 模板为例，使用图 7-19(a)中的符号表示 3×3区域内图像点的灰度，令中心点 z_5 表示任意位置(x, y)处的 $f(x, y)$；z_1表示 $f(x-1, y-1)$等以此类推，因此以 z_5 为中心的一个 3×3 邻域对 g_x 和 g_y 的近似如下式所示：

$$g_x = \frac{\partial f}{\partial x} = (z_7 + 2z_8 + z_9) - (z_1 + 2z_2 + z_3) \tag{7-14}$$

$$g_y = \frac{\partial f}{\partial y} = (z_3 + 2z_6 + z_9) - (z_1 + 2z_4 + z_7) \tag{7-15}$$

这两个公式可使用图 7-19(b)和(c)中的模板来实现。使用图 7-19(b)中的模板实现的 3×3 图像区域的第三行和第一行的差近似了 x 方向的偏微分，另一个模板中的第三列和第一列的差近似了 y 方向的偏微分。

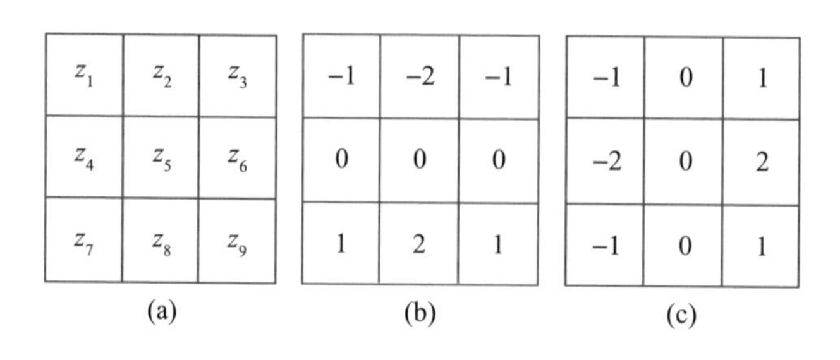

图 7－19 **Sobel 微分算子**

(a)3×3 模板；(b)公式(7－14)实现模板；(c)公式(7－15)实现模板。

使用二阶微分对图像锐化——拉普拉斯算子：拉普拉斯算子是一种各向同性滤波器，这种滤波器的响应与滤波器作用的图像突变方向无关，即具有旋转不变的特性。一个二维图像函数 $f(x, y)$的拉普拉斯算子定义为

$$\nabla^2 f = \frac{\partial^2 f}{\partial x^2} + \frac{\partial^2 f}{\partial y^2} \tag{7-16}$$

因为任意阶微分都是线性操作，所以拉普拉斯变换也是一个线性算子。下面以离散形式描述公式(7－16)。在 x 和 y 方向上分别有：

$$\frac{\partial^2 f}{\partial x^2} = f(x+1, y) + f(x-1, y) - 2f(x, y) \tag{7-17}$$

$$\frac{\partial^2 f}{\partial y^2} = f(x, y+1) + f(x, y-1) - 2f(x, y) \tag{7-18}$$

综上所述，两个变量的离散拉普拉斯算子是：

$$\nabla^2 f = f(x+1, y) + f(x-1, y) + f(x, y+1) + f(x, y-1) - 4(x, y) \tag{7-19}$$

上式可以用图 7－20 所示的滤波器模板来实现，该图给出了以 90°为增量进行旋转的一个各向同性结果。在对角线方向进行稍微的变化，可以得到以 45°为增量的另一个新的模板，如图 7－20(b)所示。

0	1	0
1	−4	1
0	1	0

(a)

1	1	1
1	−8	1
1	1	1

(b)

图 7－20

两种常见的拉普拉斯算子

(a)以 90°为增量进行旋转的滤波器模板；(b)以 45°为增量进行旋转的滤波器模板。

由于拉普拉斯是一种微分算子，因此其应用强调的是图像中灰度的突变，并不强调灰度级缓慢变化的区域。将原图像和拉普拉斯图像叠加在一起的简单方法，可以复原背景特性并保持拉普拉斯锐化处理的效果。使用拉普拉斯对图像增强的基本方法可以表示为下式：

$$g(x,\ y)=f(x,\ y)+c[\nabla^2 f(x,\ y)] \tag{7-20}$$

其中，$f(x,\ y)$和 $g(x,\ y)$分别是输入图像和锐化后的图像。

拉普拉斯滤波器通常应用于解决图像增强问题。图 7－21(a)显示了一幅月球北极的略微模糊的图像。图 7－21(b)显示了使用中心系数为－4 的拉普拉斯滤波器增强后的图像。图 7－21(c)显示了使用中心系数为－8 的拉普拉斯滤波器增强后的图像。可以看出，图 7－21(c)可以显示出更多的细节。

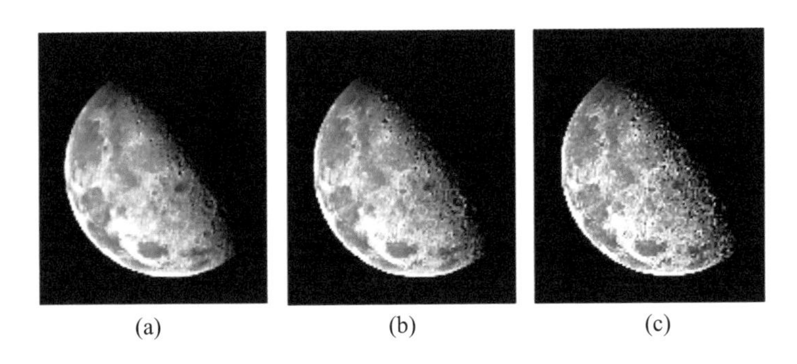

(a)　(b)　(c)

图 7－21　**拉普拉斯滤波器进行图像增强**

(a)月球北极的略微模糊的图像；(b)使用中心系数为－4 的拉普拉斯滤波器增强后的图像；(c)使用中心系数为－8 的拉普拉斯滤波器增强后的图像。

7.4　图像频率域滤波[32-33]

上述讨论的所有图像处理方法都是直接在图像像素上进行操作的，即直接工作在空间域。在有些情况下，通过变换输入图像来表达图像处理任务，在变换(图像中通常指频率)域执行指定的任务，之后再用反变换返回到空间域会更好。下面提出表示为 $T(u,\ v)$的二维线性变换，其通用形式可表达为

$$T(u,v)=\sum_{x=0}^{M-1}\sum_{y=0}^{N-1}f(x,y)r(x,y,u,v) \tag{7-21}$$

其中，$f(x,\ y)$是输入图像，$r(x,\ y,\ u,\ v)$为正变换核。上式对 $u=0,\ 1,$

2，…，$M-1$ 和 $v=0$，1，2，…，$N-1$ 进行计算，x 和 y 为空间变量，M 和 N 是 f 的行和列，u 和 v 称为变换变量。$T(u, v)$称为 $f(x, y)$的正变换。给定 $T(u, v)$的反变换还原 $f(x, y)$：

$$f(x,y) = \sum_{u=0}^{M-1}\sum_{v=0}^{N-1} T(u,v)s(x,y,u,v) \tag{7-22}$$

其中，$x=0$，1，2，…，$M-1$，$y=0$，1，2，…，$N-1$，$s(x, y, u, v)$称为反变换核。图 7－22 显示了在线性变换域执行图像处理的基本步骤。首先输入图像，然后用预先定义的操作修改该变换，最后图像由计算修改后的反变换得到。这样，我们可以看出，该过程是从空间域到变换域，然后返回到空间域(注：图像处理中的变换域通常指频率域)。

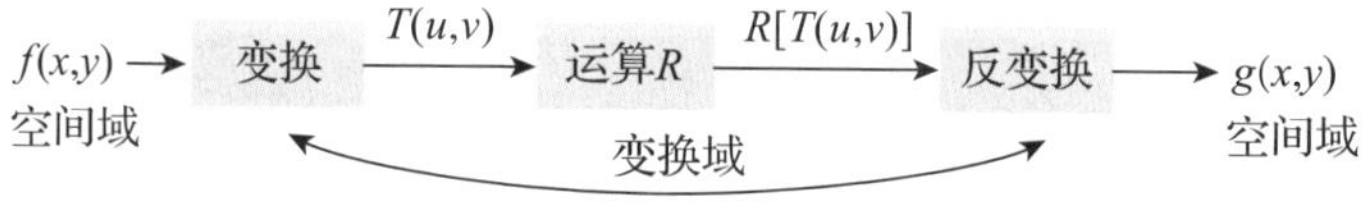

$f(x,y)$ → 变换 —$T(u,v)$→ 运算R —$R[T(u,v)]$→ 反变换 → $g(x,y)$
空间域　　变换域　　空间域

图 7－22　图像线性变换域操作

7.4.1　二维离散傅里叶变换及其反变换

令 $f(x, y)$表示一幅大小为 $M \times N$ 像素的数字图像，其中 $x=0$，1，2，…，$M-1$，$y-0$，1，2，…，$N-1$。由 $F(u, v)$表示的 $f(x, y)$的二维离散傅里叶变换(DFT)由下式给出：

$$F(u,v) = \sum_{x=0}^{M-1}\sum_{y=0}^{N-1} f(x,y)\mathrm{e}^{-\mathrm{j}2\pi(ux/M+vy/N)} \tag{7-23}$$

其中，$u=0$，1，2，…，$M-1$，$v=0$，1，2，…，$N-1$，(x, y)表示空间变量，(u, v)表示频率域变量。相反，给出 $F(u, v)$，我们可以使用傅里叶反变换(IDFT)得到 $f(x, y)$：

$$f(x,y) = \frac{1}{MN}\sum_{u=0}^{M-1}\sum_{v=0}^{N-1} F(u,v)\mathrm{e}^{\mathrm{j}2\pi(ux/M+vy/N)} \tag{7-24}$$

其中，$x=0$，1，2，…，$M-1$，$y=0$，1，2，…，$N-1$。上面两个式子构成了二维离散傅里叶变换对。

直观地分析一个变换的主要方法是计算它的频谱(即 $F(u, v)$的幅度，它是一个实函数)，并将其显示为一幅图像。令 $R(u, v)$和 $I(u, v)$分别表

示 $F(u, v)$的实部和虚部，则傅里叶谱定义为

$$|F(u, v)| = [R^2(u, v) + I^2(u, v)]^{1/2} \tag{7-25}$$

变换的相角定义为

$$\phi(u, v) = \arctan\left[\frac{I(u, v)}{R(u, v)}\right] \tag{7-26}$$

这两个函数可在极坐标形式下表示复函数 $F(u, v)$：

$$F(u, v) = |F(u, v)| e^{-j\phi(u, v)} \tag{7-27}$$

功率谱定义为幅值的平方：

$$P(u, v) = |F(u, v)|^2 = R^2(u, v) + I^2(u, v) \tag{7-28}$$

与谱相比，相角在可视分析中并不常见，因为相角并不直观。然而，相角在信息量方面非常重要。谱的成分决定了通过组合形成一幅图像的正弦的幅度。相位携带着不同正弦关于其原点的位移的信息。因此，在谱是一个其分量决定图像灰度的数组时，相应的相角就是一个角度的数组，它携带目标位于图像中什么位置的信息。图 7-23(a)是一幅二值图像，图 7-23(b)是其傅里叶谱，图 7-23(c)是居中的谱，图 7-23(d)是用对数变换后的谱，图 7-23(e)是相角图像。

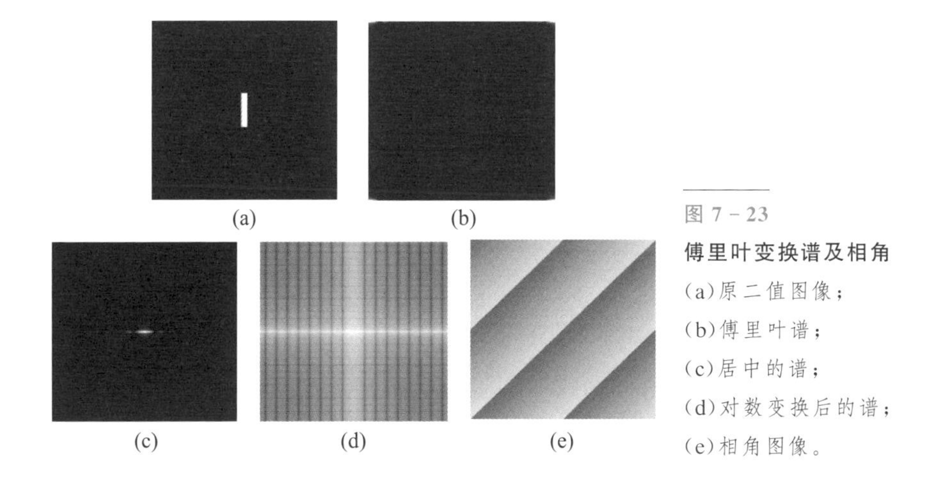

图 7-23
傅里叶变换谱及相角
(a)原二值图像；
(b)傅里叶谱；
(c)居中的谱；
(d)对数变换后的谱；
(e)相角图像。

7.4.2 频率域滤波

空间域和频率域中的线性滤波的基础都是卷积定理，卷积定理可写为

$$f(x, y) * h(x, y) \Leftrightarrow H(u, v)F(u, v) \tag{7-29}$$

式中，双箭头两边的表达式组成一个傅里叶变换对。换句话说，两个空间函数的卷积可以通过计算这两个函数的傅里叶变换的乘积的反变换得到。函数 $H(u, v)$称为滤波器传递函数，频率域滤波的思想是选择一个滤波器传递函数，该函数按指定的方式修改 $F(u, v)$。而空间滤波由滤波器模板 $h(x, y)$卷积一幅图像 $f(x, y)$组成。函数相对位移，直到一个函数全部滑过另一个函数为止。根据卷积定理，在频率域中让 $F(u, v)$乘以空间滤波器的傅里叶变换 $H(u, v)$，可得到相同的结果。但在处理离散变量时，因为 F 和 H 是周期的，这表明在离散频率域中执行的卷积也是周期的。保证空间和循环卷积给出相同结果的唯一方法是，使用适当的零补充。综上所述，将频率域滤波步骤总结如下：

(1)给定一幅大小为 $M \times N$ 的输入图像 $f(x, y)$，对其添加必要数量的 0(零补充)，形成大小为 $P \times Q$ 的填充后的图像 $f_p(x, y)$，并用$(-1)^{x+y}$乘以 $f_p(x, y)$移到其变换的中心。

(2)计算步骤(1)中图像的 DFT，得到 $F(u, v)$。

(3)生成一个实的、对称的滤波函数 $H(u, v)$，其大小为 $P \times Q$。用阵列相乘形成乘积 $G(u, v) = H(u, v)F(u, v)$。

(4)得到处理后的图像：$g_p(x, y) = \{\mathrm{real}[\mathrm{IDFT}[G(u, v)]]\}(-1)^{x+y}$，其中，为忽略由于计算不准确导致的寄生复分量，选择了实部，下标 p 指出处理的是填充后的阵列。

(5)通过从 $g_p(x, y)$的左上限提取 $M \times N$ 区域，得到最终处理结果 $g(x, y)$。

7.4.3 低通频率域滤波器

1. 理想低通滤波器(ILPE)

该滤波器具有如下传递函数：

$$H(u, v) = \begin{cases} 1, & D(u, v) \leqslant D_0 \\ 0, & D(u, v) > D_0 \end{cases} \tag{7-30}$$

式中，D_0 为正数，$D(u, v)$为点(u, v)到滤波器中心的距离。满足 $D(u, v) = D_0$ 的点的轨迹为一个圆。若滤波器 $H(u, v)$乘以一幅图像的傅里叶变换，可以看到一个理想滤波器会切断(乘以 0)该圆以外的所有 $F(u, v)$分量，而保留圆上和圆内的所有分量不变(乘以 1)。

2. 巴特沃斯低通滤波器(BLPF)

该滤波器在距滤波器中心 D_0 处具有截止频率，其传递函数为

$$H(u, v)=\frac{1}{1+[D(u, v)/D_0]^{2n}} \tag{7-31}$$

与 ILPF 不同的是，BLPF 的传递函数在 D_0 点并没有一个尖锐的不连续值。

3. 高斯低通滤波器

该滤波器传递函数为

$$H(u, v)=\mathrm{e}^{-D^2(u,v)/2D_0^2} \tag{7-32}$$

当 $D(u, v)=D_0$ 时，该滤波器降到其最大值的 60.7%。

表 7-1 总结了上述低通滤波器的传递函数。

表 7-1　低通滤波器

理想	巴特沃斯	高斯
$H(u, v)=\begin{cases}1, & D(u, v)\leqslant D_0\\ 0, & D(u, v)>D_0\end{cases}$	$H(u, v)=\dfrac{1}{1+[D(u, v)/D_0]^{2n}}$	$H(u, v)=\mathrm{e}^{-D^2(u,v)/2D_0^2}$

注：D_0 是截止频率，n 是巴特沃斯滤波器的阶，表 7-2 同。

图 7-24 显示了频率域低通滤波器的一个实例。图(a)为测试图像，图(b)是以图像形式显示的高斯低通滤波器，图(c)是原图的谱，图(d)是滤波后的图像，可以看到其明显变得模糊了。

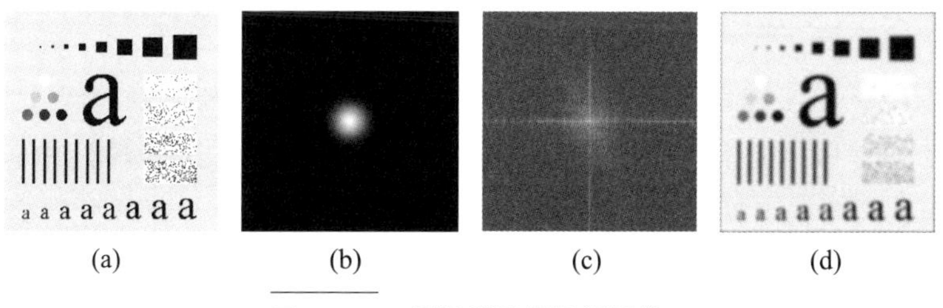

(a)　(b)　(c)　(d)

图 7-24　低通滤波器平滑图像

(a)测试图像；(b)以图像形式显示的高斯低通滤波器；(c)原图的谱；(d)滤波后的图像。

7.4.4 高通频率域滤波器

就像低通滤波器模糊一幅图像那样，高通滤波这一相反的过程则会锐化图像，方法是衰减傅里叶变换的低频部分而保持高频部分相对不变。下面给出几种高通滤波方法。

若给定低通滤波器的传递函数 $H_{LP}(u, v)$，则相应高通滤波器的传递函数为

$$H_{HP}(u, v) = 1 - H_{LP}(u, v) \tag{7-33}$$

表 7-2 显示了对应于表 7-1 中低通滤波器的高通滤波器的传输函数。

表 7-2 高通滤波器

理想	巴特沃斯	高斯
$H(u, v)=\begin{cases}0, & D(u, v) \leqslant D_0 \\ 1, & D(u, v) > D_0\end{cases}$	$H(u, v)=\dfrac{1}{1+[D_0/D(u, v)]^{2n}}$	$H(u, v)=1-\mathrm{e}^{-D^2(u,v)/2D_0^2}$

图 7-25 显示了频率域高通滤波器的一个实例。图(a)是原始图像，图(b)是高斯高通滤波后的图像，图像中的边缘和其他灰度急剧转变得到了增强。

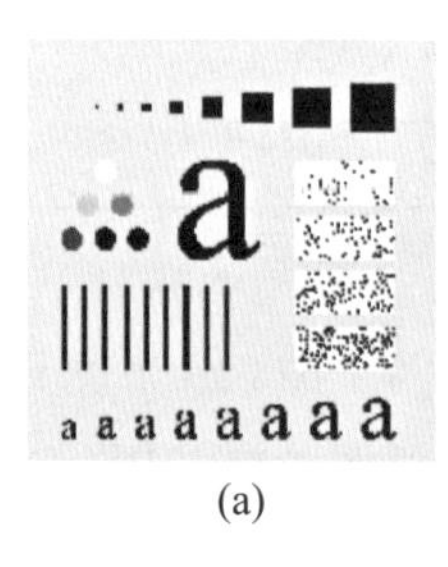

(a)

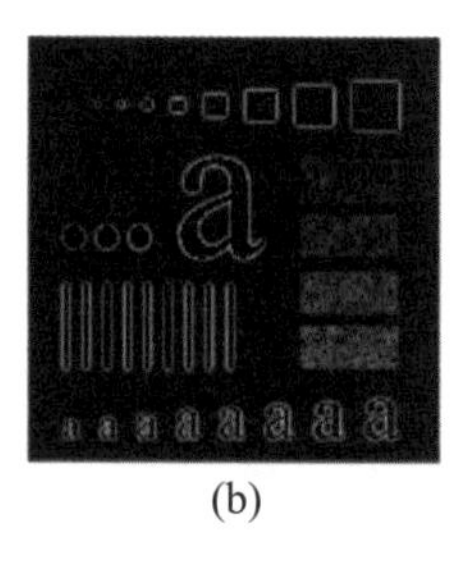

(b)

图 7-25

高通滤波器锐化图像

(a)原始图像；

(b)高斯高通滤波后的图像。

7.4.5 小波变换[31-32]

当对数字图像进行多分辨率观察和处理时，离散小波变换(DWT)是首选的数学工具。除了具有高效、高度直观的描述框架以及多分辨率图像存储之外，DWT 还有利于深入了解图像的空间域和频率域特性，而傅里叶变换仅显示图像的频率特性。图像二维离散小波变换公式定义如下：

$$W_{\varphi}(j_0, m, n) = \frac{1}{\sqrt{MN}} \sum_{x=0}^{M-1} \sum_{y=0}^{N-1} f(x, y) \varphi_{j_0, m, n}(x, y) \tag{7-34}$$

$$W_{\psi}^{i}(j,m,n)=\frac{1}{\sqrt{MN}}\sum_{x=0}^{M-1}\sum_{y=0}^{N-1}f(x,y)\psi_{j_0,m,n}^{i}(x,y),i=\{H,V,D\}$$

(7－35)

j_0 是一个任意尺度的开始，$W_{\varphi}(j_0, m, n)$系数定义 $f(x, y)$在尺度 j_0 处的近似。$W_{\psi}^{i}(j, m, n)$系数表示 $f(x, y)$在尺度 $j \geqslant j_0$ 处的细节，其中 $W_{\psi}^{H}(j, m, n)$、$W_{\psi}^{V}(j, m, n)$和 $W_{\psi}^{D}(j, m, n)$分别表示图像在水平、垂直和对角线方向的细节。

二维小波变换有如下一些性质。

性质 1：可分离性、尺度可变性和平移性。核可用 3 个可分的二维小波来表示：

$$\psi^{H}(x, y)=\psi(x)\varphi(y) \tag{7-36}$$

$$\psi^{V}(x, y)=\varphi(x)\psi(y) \tag{7-37}$$

$$\psi^{D}(x, y)=\psi(x)\psi(y) \tag{7-38}$$

其中，$\psi^{H}(x, y)$，$\psi^{V}(x, y)$和 $\psi^{D}(x, y)$分别称为水平、垂直和对角小波，并且一个二维可分的尺度函数是

$$\varphi(x, y)=\varphi(x)\varphi(y) \tag{7-39}$$

每个二维函数是两个一维实平方可积的尺度和小波函数的乘积：

$$\varphi_{j,k}(x)=2^{j/2}\varphi(2^{j}x-k) \tag{7-40}$$

$$\psi_{j,k}(x)=2^{j/2}\psi(2^{j}x-k) \tag{7-41}$$

平移参数 k 决定了这些一维函数沿 x 轴的位置，尺度 j 决定了它们的宽度，而 $2^{j/2}$ 控制它们的高度和振幅。注意，联合展开函数是母小波 $\psi(x)=\psi_{0,0}(x)$和尺度函数 $\varphi(x)=\varphi_{0,0}(x)$的二进制缩放和整数平移。

性质 2：多分辨率的一致性。上面介绍的一维尺度函数满足多分辨率分析的如下要求：

① $\varphi_{j,k}$ 与其整数平移正交。

② 在低尺度或低分辨率下（即较小的 j）可表示为一系列 $\varphi_{j,k}$ 的展开的一组函数，包含在可以以更高尺度表示的那些函数中。

③唯一可以以任意尺度表示的函数是 $f(x)=0$。

④当 $j \to \infty$时，可用任何精度来表示任何函数。

当这些条件满足时，就存在一个伴随小波 $\psi_{j,k}$ 及其整数平移和二进制尺度，其变化范围是在邻接尺度上可表示的任意两组函数 $\varphi_{j,k}$ 之间的差。

性质 3：正交性。展开函数对于一组一维可测的、平方可积函数形成一个正交基或双正交基，即对于每一个可描述函数必须有唯一一组展开系数。

快速小波变换：上面的性质的一个重要结果是 $\varphi(x)$ 和 $\psi(x)$ 可以用它们自身的移位加权和(二尺度差分关系)来表达。这样，经过序列展开：

$$\varphi(x) = \sum_n h_\varphi(n)\sqrt{2}\varphi(2x - n) \tag{7-42}$$

$$\psi(x) = \sum_n h_\psi(n)\sqrt{2}\varphi(2x - n) \tag{7-43}$$

其中，h_φ 和 h_ψ 的展开系数分别称为尺度和小波向量。它们是快速小波变换(FWT)滤波器的系数，FWT 的迭代计算方法如图 7-26 所示。图中，输出 $W_\varphi(j, m, n)$ 是尺度 j 处的滤波器系数，输出 $\{W_\psi^i(j, m, n), i = \mathrm{H}, \mathrm{V}, \mathrm{D}\}$ 分别是水平、垂直和对角线细节系数。图中涉及了 3 个变换域变量，分别为尺度 j、水平平移 n 和垂直平移 m。图 7-27 是图 7-26 反向处理的综合滤波器组[32-33]。

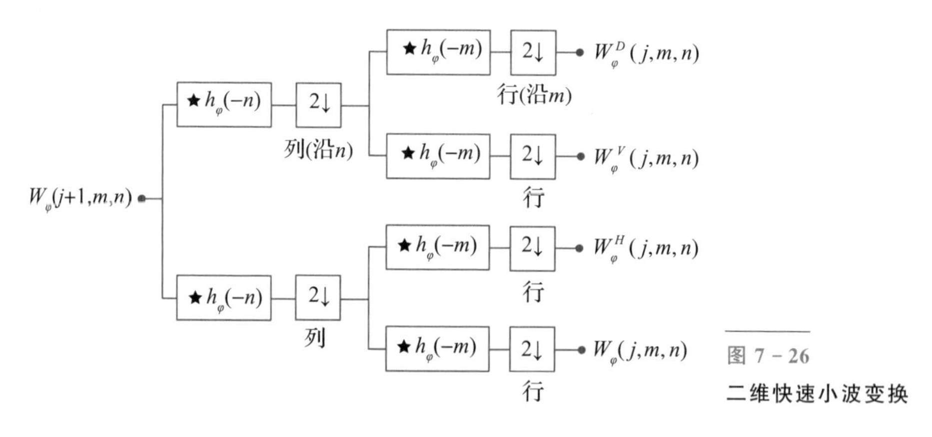

图 7-26 二维快速小波变换

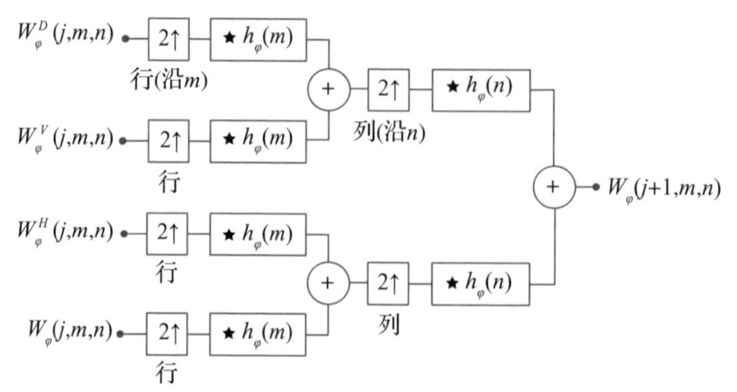

图 7-27 反向综合滤波器组

就像傅里叶域那样，基于小波的图像处理的基本方法是：

(1)计算一幅图像的二维小波变换。

(2)修改变换系数。

(3)计算反变换。

图像中小波变换的应用[31,33]：

(1)图像的方向性和边缘检测。图 7－28(a)是测试图像；图 7－28(b)是单尺度小波变换的水平、垂直、对角线的方向性；图 7－28(c)是将低频部分的系数置为 0；图 7－28(d)是利用图 7－28(c)的系数进行反变换得到的边缘信息。

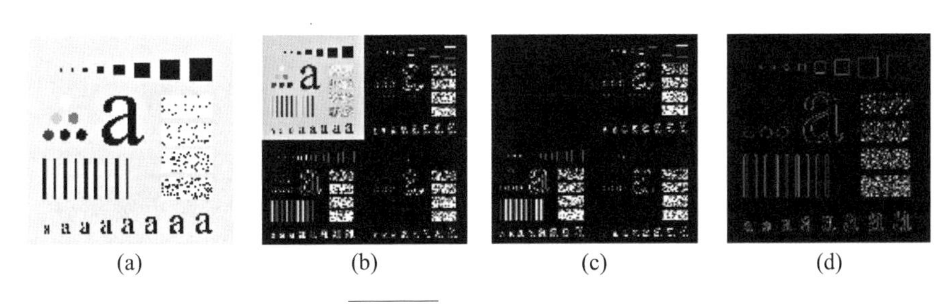

图 7－28　图像边缘检测

(a)测试图像；(b)单尺度小波变换的水平、垂直、对角线的方向性；(c)低频部分的系数置为 0；(d)用(c)的系数进行反变换得到的边缘信息。

(2)基于小波的图像平滑或模糊。再次考虑图 7－29(a)所示的测试图像。图像的四阶 symlets 小波变换示于图 7－29(b)中。图 7－29(c)是将原图像的小波变换的第一级细节系数设为 0 而得到的。图 7－29(d)是将图像的小波变换的第二级细节系数设为 0 而得到的。图 7－29(e)是将图像的小波变换的第三级细节系数设为 0 而得到的。图 7－29(f)则是将所有细节系数全部置为 0。显然，图 7－29(c)～(f)图像逐渐变得模糊了。

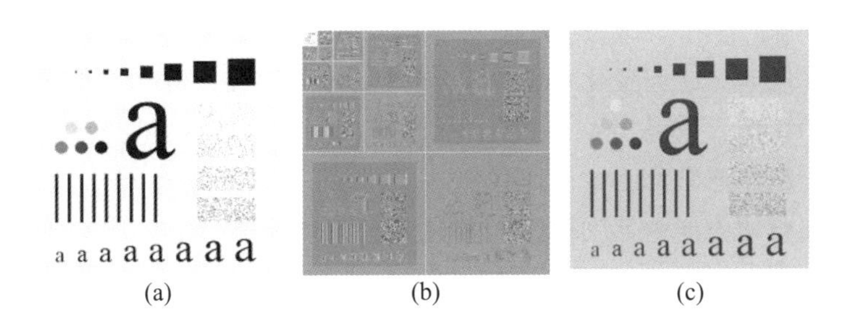

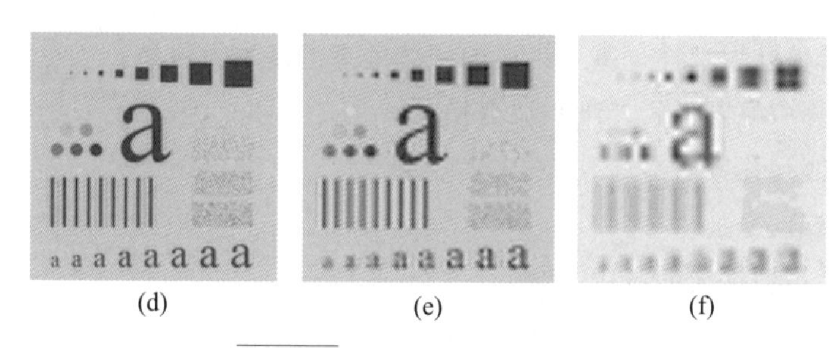

图 7-29 基于小波的图像平滑

(a)测试图像；(b)四阶 symlets 小波变换；(c)第一级细节系数设为 0；(d)第二级细节系数设为 0；(e)第三级细节系数设为 0；(f)所有细节系数全部置为 0。

7.5 图像边缘检测和分割[31,34]

7.5.1 边缘检测

图像的边缘是指图像局部区域亮度变化显著的部分，即在边缘部分，像素值出现"跳跃"或者较大的变化。如果在此边缘部分求取一阶导数，就会看到极值的出现，基于这个原理，就可以一阶导数(或联合二阶导数)进行边缘检测。为了在一幅图像 f 的(x, y)位置处寻找边缘的强度和方向，通常选择计算该位置的梯度。梯度定义为二维列向量：

$$\nabla f \equiv \text{grad}(f) \equiv \begin{bmatrix} g_x \\ g_y \end{bmatrix} = \begin{bmatrix} \dfrac{\partial f}{\partial x} \\ \dfrac{\partial f}{\partial y} \end{bmatrix} \tag{7-44}$$

该向量具有重要的几何特性，即它指出了在位置(x, y)处 f 的最大变化率的方向。

向量∇f 的幅度值(长度)表示为 $M(x, y)$，即

$$M(x, y) = \text{mag}(\nabla f) = \sqrt{g_x^2 + g_y^2} \tag{7-45}$$

它是梯度向量方向变化率在(x, y)处的值。注意，$M(x, y)$是与原图像大小相同的图像，它是当 x 和 y 允许在 f 中的所有像素位置变换时产生的。在实践中，该图像通常称为梯度图像。

梯度向量的方向由下列对于 x 轴度量的角度给出：

$$\alpha(x, y) = \arctan\left[\frac{g_y}{g_x}\right] \tag{7-46}$$

如在梯度图像中的情况那样，$\alpha(x, y)$也是与由 g_y 除以g_x 的阵列创建的尺寸相同的图像。任意点(x, y)处的一个边缘的方向与该点处梯度向量的方向 $\alpha(x, y)$正交。

图 7－30 显示了包含一段直的边缘线段放大的一部分。所显示的每个方块对应于一个像素，我们的兴趣是得到一个方框强调的点处边缘的强度和方向。灰色像素的值为 0，白色像素的值为 1。为了计算 x 方向和 y 方向的梯度，该方法使用一个以一点为中心的 3×3 邻域。简单地从底部一行的像素中减去顶部一行邻域中的像素，得到 x 方向的偏导数。类似地，从右边的像素中减去左列的像素得到 y 方向的偏导数。接下来，用这些差值作为偏导数的估计，在这一点处有 $\partial f/\partial x = -2$ 和 $\partial f/\partial y = +2$。从而有

$$\nabla f = \begin{bmatrix} g_x \\ g_y \end{bmatrix} = \begin{bmatrix} \dfrac{\partial f}{\partial x} \\ \dfrac{\partial f}{\partial y} \end{bmatrix} = \begin{bmatrix} -2 \\ +2 \end{bmatrix} \tag{7-47}$$

由此，我们可以得到这一点处的 $M(x, y) = 2\sqrt{2}$。类似地，相同点处梯度向量的方向 $\alpha(x, y) = \arctan(g_y/g_x) = -45°$，它与相对于 x 轴的正方向度量的135°相同。图 7－30(b)显示了该梯度方向及其方向角。图 7－30(c)说明该点的边缘与该点的梯度方向正交。

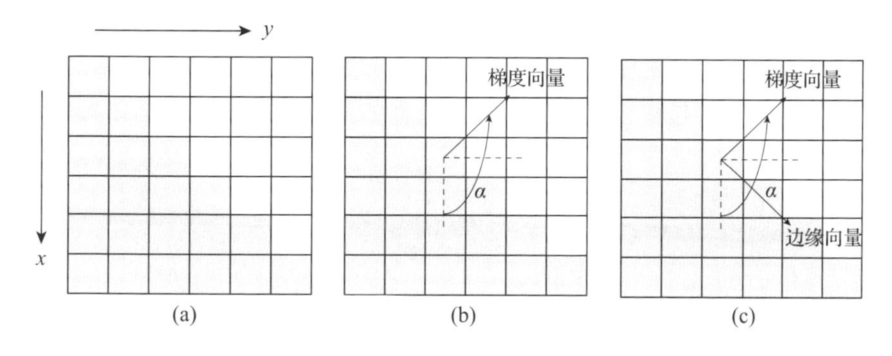

图 7－30　用梯度确定某个点处的边缘强度和方向

(a)一段直的边缘线段；(b)梯度方向及其方向角；(c)点的边缘与点的梯度方向正交。

Sobel 边缘检测：我们对前面的公式定义一个离散近似，由此形成合适的滤波模板，即常见的 Sobel 算子。以最小的 3×3 模板为例，使用图 7－31(a)中的符号表示 3×3 区域内图像点的灰度，令中心点 z_5 表示任意位置(x, y)

处的 $f(x, y)$；z_1表示 $f(x-1, y-1)$等以此类推，因此以 z_5 为中心的一个 3×3 邻域对 g_x 和 g_y 的近似如下式所示：

$$g_x = \frac{\partial f}{\partial x} = (z_7 + 2z_8 + z_9) - (z_1 + 2z_2 + z_3) \tag{7-48}$$

$$g_y = \frac{\partial f}{\partial y} = (z_3 + 2z_6 + z_9) - (z_1 + 2z_4 + z_7) \tag{7-49}$$

这两个公式可使用图 7-31(b)和(c)中的模板来实现。使用图 7-31(b)中的模板实现的 3×3 图像区域的第三行和第一行的差近似了 x 方向的偏微分，另一个模板中的第三列和第一列的差近似了 y 方向的偏微分。

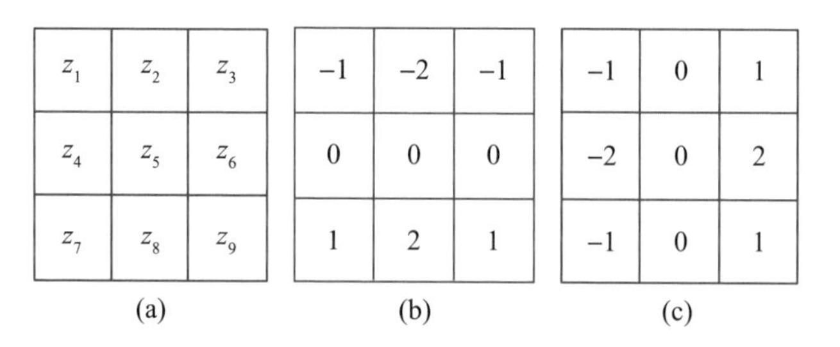

图 7-31　Sobel 微分算子

(a)3×3 模板；(b)公式 (7-48)实现模板；(c)公式(7-49)实现模板。

Marr-Hildreth 边缘检测器：Sobel 算子属于较小的算子。Marr 和 Hildreth 证明了：①灰度变化与图像尺寸无关，因此它们的检测要求使用不同尺寸的算子；②灰度的突然变化会在一阶导数中引起波峰或波谷，或在二阶导数中等效地引起零交叉。满足这些条件的最令人满意的是高斯拉普拉斯算子：

$$\nabla^2 G(x, y) = \left[\frac{x^2 + y^2 - 2\sigma^2}{\sigma^4}\right] e^{-\frac{x^2+y^2}{2\sigma^2}} \tag{7-50}$$

该表达式称为高斯拉普拉斯(LoG)。Marr-Hildreth 算法由 LoG 滤波器与一幅输入图像 $f(x, y)$卷积组成，即

$$g(x, y) = [\nabla^2 G(x, y)] * f(x, y) \tag{7-51}$$

然后寻找 $g(x, y)$的零交叉来确定 $f(x, y)$中边缘的位置。因为这些都是线性操作，故上式也可以写为

$$g(x, y) = \nabla^2[G(x, y) * f(x, y)] \tag{7-52}$$

它指出我们可以先使用一个高斯滤波器平滑图像，然后计算该结果的拉普拉斯。

Canny 边缘检测器。Canny 方法基于 3 个基本目标：①低错误率。所有边缘都应被找到，并且没有伪响应。也就是检测到的边缘必须尽可能是真实的边缘。②边缘点应被很好地定位。已定位边缘必须尽可能接近真实边缘。也就是由检测器标记为边缘的点和真实边缘的中心之间的距离应该最小。③单一的边缘点响应。对于真实的边缘点，检测器仅应返回一个点。也就是真实边缘周围的局部最大数应该是最小的。这意味着在仅存一个单一边缘点的位置，检测器不应指出多个边缘像素。具体方法描述如下：

令 $f(x, y)$表示输入图像，$G(x, y)$表示高斯函数：

$$G(x, y) = e^{\frac{x^2 + y^2}{2\sigma^2}} \tag{7-53}$$

我们用 G 和 f 的卷积形成一幅平滑后的图像 $f_s(x, y)$：

$$f_s(x, y) = G(x, y) * f(x, y) \tag{7-54}$$

像梯度算子那样，这一操作源自计算梯度幅值和方向：

$$M(x, y) = \sqrt{g_x^2 + g_y^2} \tag{7-55}$$

$$\alpha(x, y) = \arctan\left[\frac{g_y}{g_x}\right] \tag{7-56}$$

其中，$g_x = \partial f/\partial x$，$g_y = \partial f/\partial y$。因为它是使用梯度产生的，典型地，$M(x, y)$在局部最大值周围通常包含更宽的范围。下一步是细化这些边缘，一种方法是使用非最大抑制。这可通过几种方式来做，但该方法的本质是指定边缘法线的许多离散方向(梯度向量)。例如，在一个 3×3 区域内，对于一个通过该区域中心点的边缘，我们可以定义 4 个方向：水平、垂直、+45°和 -45°。因为我们必须把所有可能的边缘方向量化为 4 个方向，故必须定义一个方向范围，在该范围内，我们考虑一个水平方向的边缘。我们由边缘法线的方向来确定边缘方向，边缘法线方向可以直接使用上式从图像数据得到。如图7-32(a)所示，如果边缘法线方向的范围是从 -22.5°到 +22.5°，或者是从 -157.5°到157.5°，则我们称该边缘为水平边缘。图 7-32(b)显示了 4 个方向的角度范围。

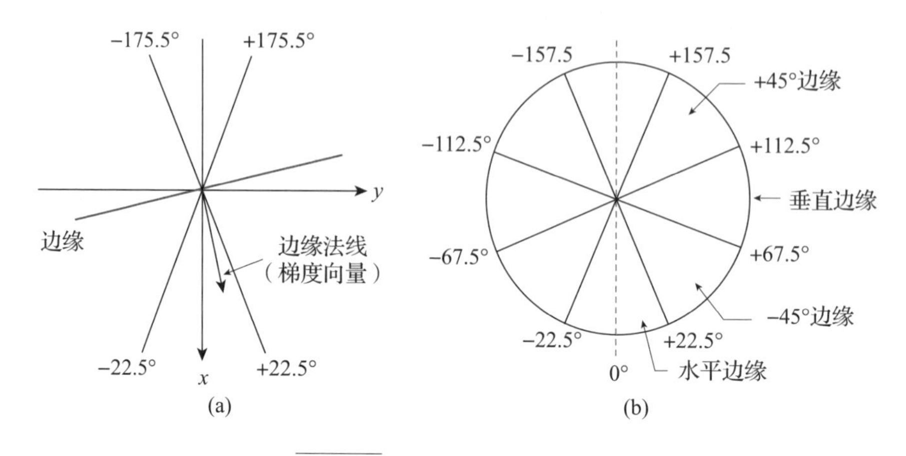

图 7-32　边缘法线方向和范围

(a)水平边缘；(b)4 个方向的角度范围。

令 d_1，d_2，d_3 和 d_4 表示刚才讨论的 3×3 区域的 4 个基本边缘方向：水平、−45°、垂直、+45°。对于在 $\alpha(x, y)$中以每一点(x, y)为中心的 3×3 区域，我们给出如下非最大抑制方案：

(1)寻找最接近 $\alpha(x, y)$的方向 d_k。

(2)如果 $M(x, y)$的值至少小于沿 d_k 的两个邻居之一，则令 $g_N(x, y)=0$(抑制)；否则，令 $g_N(x, y)=M(x, y)$，这里 $g_N(x, y)$是非最大抑制后的图像，其仅包含细化后的边缘，等于抑制了非最大边缘点 $M(x, y)$。

(3)最后对 $g_N(x, y)$使用滞后阈值处理，以便减少伪边缘点。

总结一下，Canny 边缘检测算法是由下列步骤组成的：

(1)用一个高斯滤波器平滑输入图像。

(2)计算梯度幅值和角度方向。

(3)对梯度幅值图像应用非最大抑制。

(4)用双阈值处理和连接分析来检测并连接边缘。

最后我们用一个实例来比较上述 3 种常见边缘检测算法的差异。图 7-33(a)是源测试图像，测试的目标是检测建筑物边缘轮廓。图 7-33(b)～(d)依次是 Sobel、LoG 以及 Canny 边缘检测算子处理的结果。可以看出，Canny 结果远好于前两种结果，其结果很清晰地检测出入口的左边缘、屋顶通风栅等细节，并产生了最清晰的图。

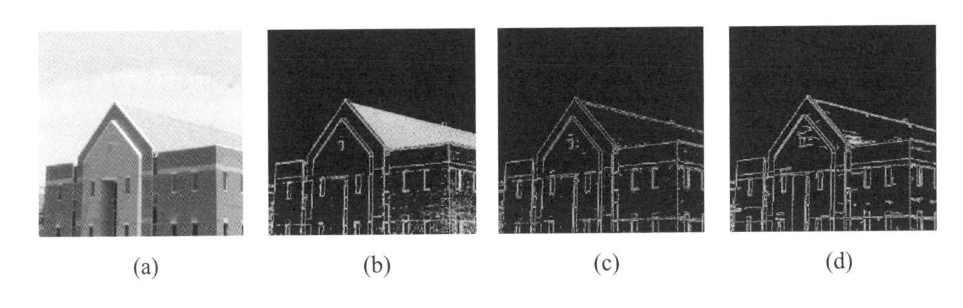

(a)　(b)　(c)　(d)

图 7-33　**3 种常见边缘检测算子的结果对比**

(a)测试图像；(b)Sobel 边缘检测算子处理结果；(c)LoG 边缘检测算子处理结果；(d)Canny 边缘检测算子处理结果。

7.5.2　基于区域的图像分割

分割将图像细分成构成它的子区域或物体。细分的程度取决于要解决的问题。也就是说，在应用中，当感兴趣的物体或区域已经被检测出来时，就停止分割。图像分割基于灰度值的两个基本性质：不连续性和相似性。下面介绍几种常见的基于图像区域的分割算法。

区域生长：区域生长是根据预先定义的生长准则将像素或子区域组合为更大区域的过程。基本方法是从一组"种子"点开始，将与种子预先定义的性质相似的那些邻域像素添加到每个种子上来形成这些生长区域。相似性准则的选择不仅取决于所面临的问题，还取决于现有的图像数据类型。区域生长的另一个问题是终止规则的表示法。当不再有像素满足加入某个区域的准则时，区域生长就会停止。像灰度值、纹理和彩色准则本质上都是局部的，都没有考虑区域生长的"历史"。增强区域生长算法能力的其他准则利用了候选像素和已加入生长区域的像素间大小、相似性等概念(如候选像素灰度和生长区域的平均灰度的比较)，以及正在生长的区域的形状。

令 $f(x, y)$表示一个输入图像阵列，$S(x, y)$表示一个种子阵列。阵列中种子点位置为 1，其他位置处为 0；Q 表示在每个位置(x, y)处所用的属性。假设阵列 f 和S 的尺寸相同，基于 8 连接的一个基本区域生长算法说明如下：

(1)在 $S(x, y)$中寻找所有连通分量，并把每个连通分量腐蚀为一个像素；把找到的所有这种像素标记为 1，把 S 中的所有其他像素标记为 0。

(2)在坐标对(x, y)处形成图像 f_Q：如果输入图像在该坐标处满足给定

的属性 Q，则令 $f_Q(x, y)=1$，否则令 $f_Q(x, y)=0$。

(3)把 f_Q 中为 8 连通种子点的所有 1 值点，添加到 S 中的每个种子点，令这样形成的图像为 g。

(4)用不同的区域标记(如 1，2，3，…)标出 g 中的每个连通分量。这就是由区域生长得到的分割图像。

图 7－34(a)是焊接(水平暗区域)的一幅 X 射线图像，该图像包含几条裂缝和空隙(明亮区域)。区域生长的目标是分割相对有焊接缺陷的区域。第一步是指定初始种子点，该焊接图片缺陷区域某些像素有最大可能数值(255)，因此选取图 7－34(a)中最大值像素点作为初始种子点，如图 7－34(b)所示。图 7－34(c)显示通过了阈值测试的所有像素(白色)的二值图像。图 7－34(d)是图 7－34(c)中所有像素经种子点 8 连接性分析后的结果。

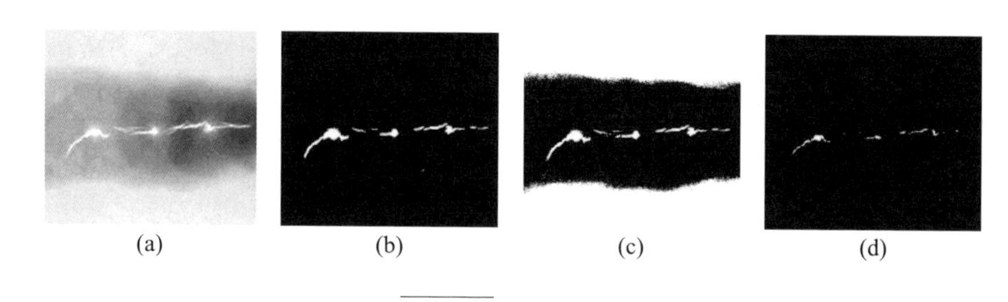

图 7－34　区域生长

(a)焊接(水平暗区域)的一幅 X 射线图像；(b)选取图，(a)中最大值像素点作为初始种子点；(c)通过阈值测试的所有像素(白色)的二值图像；(d)图(c)中所有像素经种子点 8 连接性分析后的结果。

区域分裂与聚合：上节讨论的过程是从一组种子点来生长区域。另一种可供选择的方法是首先将一幅图像细分为一组任意的不相交区域，然后聚合和/或分裂这些区域。算法具体描述如下：

令 R 表示整幅图像区域，并选择一个属性 Q。对 R 进行分割的一种方法是依次将它细分为越来越小的四象限区域，以便对于任何区域 R_i 有$Q(R_i)=$ TRUE。我们从整个区域开始，如果 $Q(R)=$ FALSE，那么将该图像分割为 4 个象限区域；如果对于每个象限区域 Q 为 FALSE，则将该象限区域再次细分为 4 个子象限区域，以此类推。这种特殊的分裂技术有一个方便的表示方法，即用所谓的四叉树形式表示，即每个节点都正好有 4 个后代，如图 7－35 所示(对应一个四叉树的节点的图像有时称为四分区域或四分图像)。注意，树根对应于整幅图像，而每个节点对应于该节点的 4 个细分子节点。在这种情况下，仅 R_4 被进一步再细分。如果只使用分裂，那么最后的区域通常包含具有相同性质的邻接区域。这种缺陷可以通过允许聚合和分裂得到补救。只有在 $Q(R_j \cup R_k)=\text{TRUE}$ 时，两个邻接区域 R_j 和 R_k 才能聚合。

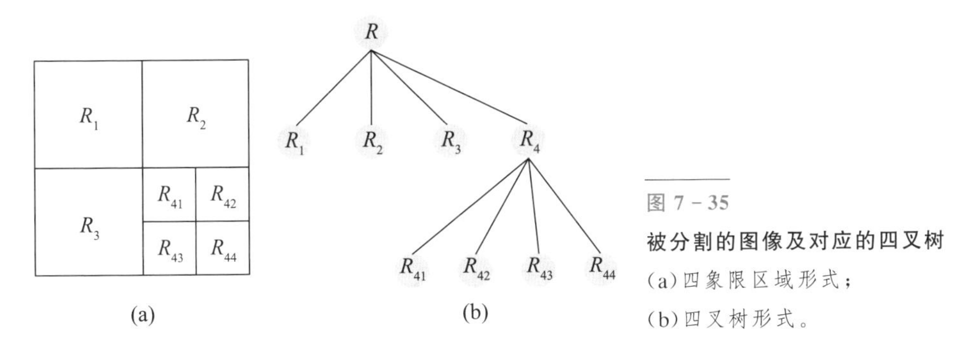

图 7－35
被分割的图像及对应的四叉树
(a)四象限区域形式；
(b)四叉树形式。

前述讨论可以小结为如下过程：

(1)对满足 $Q(R_i)=\text{FALSE}$ 的任何区域 R_i 分裂为 4 个不相交的象限区域。

(2)当不可能进一步分裂时，对满足条件 $Q(R_j \cup R_k)=\text{TRUE}$ 的任意两个邻接区域 R_j 和 R_k 进行聚合。

(3)当无法进一步聚合时，停止操作。

前述的基本原理可能有多种变化。例如，在步骤(2)中，如果两个邻接的区域 R_j 和 R_k 各自都满足属性，则我们允许聚合，这两个区域会得到有意义的简化，这将导致简单得多的算法，因为属性的测试被限制在各个四分区域。图 7－36 是使用分裂和聚合算法进行的图像分割结果，图 7－36(b)～(f)是使用不同分裂和聚合算法进行处理的图像分割结果。

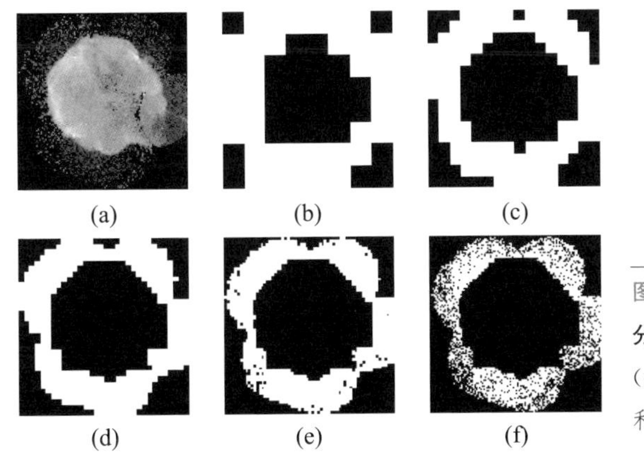

图 7－36
分裂和聚合算法的图像分割
(a)原始图像；(b)～(f)不同分裂和聚合算法处理的图像分割结果。

7.6 图像压缩[31,34]

图像压缩是一种减少描绘一幅图像所需数据量的技术和科学，它是数字图像处理领域中最有用和商业上最成功的技术之一。

7.6.1 图像冗余

数据压缩是指减少表示给定信息量所需数据量的处理。数字图像中以二位灰度值阵列表示一幅图像所需的比特数，即数据量，其包含3种数据冗余：编码冗余、空间和时间冗余以及不相关信息，去除这些冗余信息是解决问题的关键。

编码冗余：假设在区间[0，$L-1$]内的一个离散随机变量 r_k 用来表示一幅$M\times N$ 的图像的灰度，并且每个 r_k 发生的概率为$p_r(r_k)$，则

$$p_r(r_k)=\frac{n_k}{MN},\ k=0,1,2,\cdots,L-1 \tag{7-57}$$

其中，L 为灰度级数，n_k 是第k 级灰度在图像中出现的次数。如果用于表示每个 r_k 值的比特数为$l(r_k)$，则表示每个像素所需的平均比特数为

$$L_{\text{avg}}=\sum_{k=0}^{L-1}l(r_k)p_r(r_k) \tag{7-58}$$

也就是说，给各个灰度级分配的码字的平均长度，可通过对用于表示每个灰度的比特数与该灰度出现的概率的乘积求和来得到。表示大小为 $M\times N$ 的图像所需的比特数为MNL_{avg}。如果用自然的 m 比特固定长度的码来表示灰度，那么式(7-58)的右侧将减少为 m 比特。也就是说，当使用 m 来代替$l(r_k)$时，$L_{\text{avg}}=m$。常数 m 可以提到和式之外，只剩下 $p_r(r_k)$在区间 $0\leqslant k\leqslant L-1$ 内的和，当然该和为1。当用自然二进码表示一幅图像的灰度时，编码冗余几乎总是存在的。其原因是大多数图像都是由规则的、在某种程度上具有可预测形态(形状)与反差的物体组成的，并且这些图像被采样，所以，描述的物体远大于图像元素。因此，无法使上式最小，从而产生编码冗余。

空间冗余与时间冗余：在多数图像中，像素是空间(在 x 和 y 方向)和时间相关的(当该图像是视频序列的一部分时)。因为多数像素灰度可根据相邻

像素灰度进行合理预测，所以单个像素携带的信息较少。在这种意义上，一个像素可由其相邻像素推断出来，那么它的视觉贡献的大多数就是冗余的。为减少空间与时间相关的像素涉及的冗余，二维灰度阵列必须变换为更有效但通常不可见的表示。例如，形成长度或相邻像素之间的差异可供利用，这种类型的变换称为映射。如果原始二维灰度阵列的像素可以根据变换后的数据集合无误地重建，则称这个映射是可逆的，否则为不可逆的。

不相关的信息：与编码和像素间冗余不同，心理视觉冗余是与真实的或可量化的视觉信息相关联的。消除这种冗余是值得的，因为对于通常的视觉来说，信息本身并不是本质的。因为心理视觉冗余数据的消除所引起的量化信息损失很小，由于它是一个不可逆的操作，因此量化会导致数据的有损压缩。

针对上述问题，先提出一个图像压缩模型，该模型是由两个不同的功能部分组成的：一个编码器和一个解码器。编码器执行压缩操作，解码器执行解压缩的互补操作。图像 $f(x, y)$ 被输入编码器中，这个编码器创建该输入的压缩表示。当压缩后的表示送入其互补的解码器中时，就会产生重建的输出图像 $\hat{f}(x, y)$。图7-37为一个通用图像压缩系统的功能方框图。

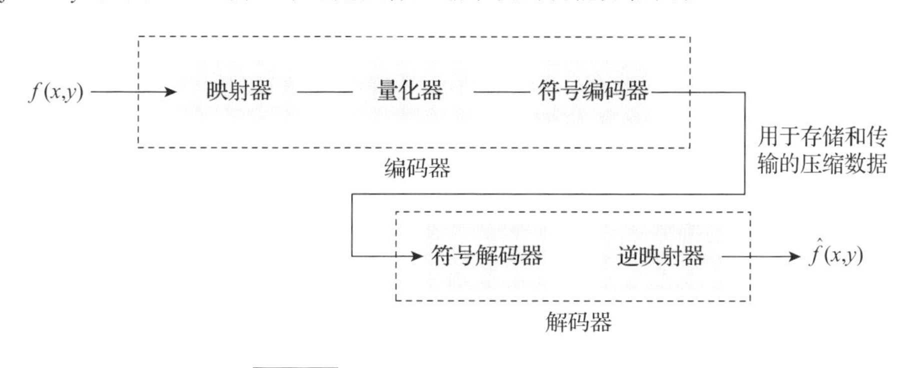

图7-37　通用图像压缩系统功能方框图

7.6.2　JPEG压缩

下面介绍一类流行的压缩标准，它们是以修改图像的变换为基础的。在变换编码中，一种常用的变换是离散余弦变换(discrete cosine transform, DCT)，它是可分离的变换，其变换核为余弦函数。DCT除了具有一般的正交变换性质外，它的变换阵的基向量能很好地描述人类语音信号和图像信号的相关特征。因此，在对语音信号、图像信号的变换中，DCT变换被认为是一种准最佳变换。

图像二维离散余弦变换公式定义如下：

$$T(u,v)=\sum_{x=0}^{M-1}\sum_{y=0}^{N-1}f(x,y)\alpha(u)\alpha(v)\cos\left[\frac{(2x+1)u\pi}{2M}\right]\cos\left[\frac{(2y+1)v\pi}{2N}\right] \tag{7-59}$$

其中，$f(x, y)$是大小为 $M\times N$ 的数字图像，$u=0, 1, 2, \cdots, M-1$，$v=0, 1, 2, \cdots, N-1$。

$$\alpha(u)=\begin{cases}\sqrt{1/M}, & u=0\\ \sqrt{2/M}, & u=1, 2, \cdots, M-1\end{cases} \tag{7-60}$$

$\alpha(v)$与此类似。用于将一幅图像映射成一组变换系数，然后对这些系数进行量化和编码。对大多数自然图像来说，多数系数具有较小的数值，并且可以粗糙地量化(或完全抛弃)而对图像造成的失真较小。

使用最为普遍且全面的连续色调静态帧压缩标准是 JPEG 标准。在基于离散预先变换且适用于多数压缩应用 JPEG 基本编码标准中，它是基本离散余弦变换的，输入和输出图像被限制为 8bit，而量化后的 DCT 系数值被限制为 11bit。如图 7-38 中的简化框图所示，压缩本身分为 4 步执行：8×8 子图像抽取、DCT 计算、量化和变长编码分配。

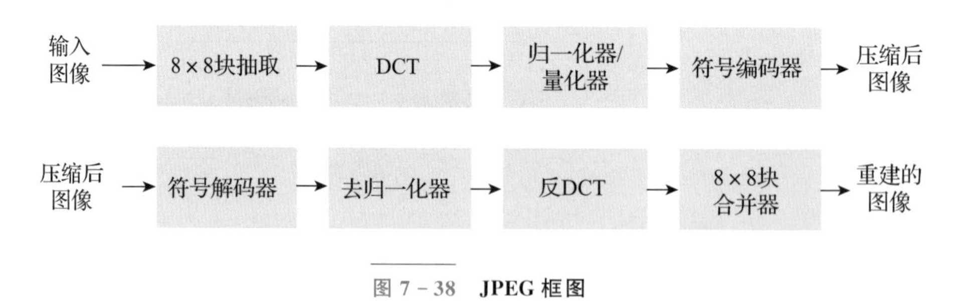

图 7-38 JPEG 框图

JPEG 压缩过程的第一步是把输入图像细分成不相重叠的 8×8 像素块。随后按从左到右、从上到下的顺序处理这些像素块。处理过每个 8×8 块或子图像后，其 64 个像素都通过减去 2^{m-1} 做量级移动，其中 2^m 是图像中的灰度级数，并且计算它的二维离散余弦变换。然后，得到的系数根据下式同时去归一化并量化：

$$\hat{T}(u, v) = \text{round}\left[\frac{T(u, v)}{Z(u, v)}\right] \tag{7-61}$$

式中，$\hat{T}(u, v)(u, v=0, 1, \cdots, 7)$是去归一化并量化后的系数，$T(u, v)$是图像$f(x, y)$的8×8块的DCT，$Z(u, v)$是类似于图7-39(a)的变换归一化数组。通过标定$Z(u, v)$，可以得到各种压缩比和重建的图像质量。量化每一块的DCT系数后，$\hat{T}(u, v)$的元素根据图7-39(b)中的ZigZag模式重新排列。因为得到的一维(量化系数的)重排数组性质上依照空间频率增加来安排，所以图7-39(a)中的符号编码器设计可以充分利用重排序导致的长零行程的优点。特别地，非零AC系数(即除了$u=v=0$的所有$\hat{T}(u, v)$)使用一个定义系数值和前面零的个数的变长编码来进行编码。DC系数(即$\hat{T}(0, 0)$)是相对于前一幅子图像的DC系数的差值编码。默认的AC和DC霍夫曼编码表由该标准提供，但用户可以自由构造自定义表及归一化数组，它们实际上可能更适合于被压缩图像的特征。

16	11	10	16	24	40	51	61
12	12	14	19	26	58	60	55
14	13	16	24	40	57	69	56
14	17	22	29	51	87	80	62
18	22	37	56	68	109	103	77
24	35	55	64	81	104	113	92
49	64	78	87	103	121	120	101
72	92	95	98	112	100	103	99

(a)

0	1	5	6	14	15	27	28
2	4	7	13	16	26	29	42
3	8	12	17	25	30	41	43
9	11	18	24	31	40	44	53
10	19	23	32	39	45	52	54
20	22	33	38	46	51	55	60
21	34	37	47	50	56	59	61
35	36	48	49	57	58	62	63

(b)

图 7-39　**JPEG归一化数组及ZigZag系数排列顺序**

(a)变换归一化数组；(b)ZigZag模式。

图7-40(b)和(c)显示了图中单色图像(图7-40(a))的两个JPEG编码图像和随后解码图像的近似。第一个结果提供了18:1的压缩率，该结果是直接应用图(图7-39(a))中的归一化数组得到的。第二个结果是用4乘以归一化数组产生的，它对原始图像的压缩比是42:1。

图7-40(a)中原始图像与图7-40(b)和图7-40(c)中重建图像的差分别显示在图7-40(d)和图7-40(e)中。相应的均方根误差分别是2.4个灰度级

和 4.4 个灰度级。这些误差对图片质量的影响在图 7－40(g)和图 7－40(h)中的放大图像中最为明显。这些图像分别显示了图 7－40(b)和图 7－40(c)的放大部分，因此可更好地评估重建图像间的细微差别(图 7－40(f)显示了放大后的原始图像)。注意两幅图像放大的近似图像出现了块效应。

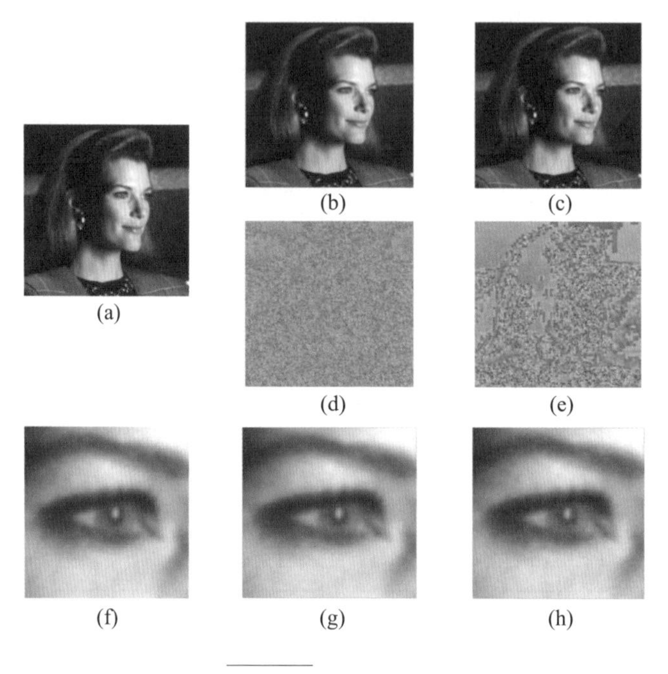

图 7－40　**JPEG 压缩**

(a)原始图像；(b)用图 7－39(a)中的归一化数组 JPEG 编码和解码图像的近似；(c)用 4 乘以图 7－39(a)中的归一化数组 JPEG 编码和解码图像的近似；(d)原始图像(a)与重建图像(c)的差；(e)原始图像(a)与重建图像(d)的差；(f)放大后的原始图像；(g)图(b)的放大部分；(h)图(c)的放大部分。

7.6.3　JPEG 2000 压缩

像前一节最初的 JPEG 版本一样，JPEG 2000 基于如下概念，即解除了图像中像素相关性的变换系数可以比原始像素本身更为有效地编码。如果变换的基函数(在 JPEG 情形下是小波)把大部分重要的视觉信息打包到较少的系数中，那么剩下的系数可以粗糙地量化或将其截尾为 0，这样做对图像失真的影响很小。

图 7－41 显示了一个简化后的 JPEG 2000 编码系统。如在原始的 JPEG

标准中那样，编码处理的第一步是通过减去 2^{m-1} 来移动图像像素的灰度级，其中 2^m 是图像中灰度级的数量。然后可计算图像的行和列的一维离散小波变换。最初的分解结果产生了 4 个子带，分别为图像与两个方向的低通和高通小波滤波器卷积后产生的小波系数，即图像的低分辨率近似(LL)以及图像的水平(HL)、垂直(LH)和对角线频率特征(HH)。

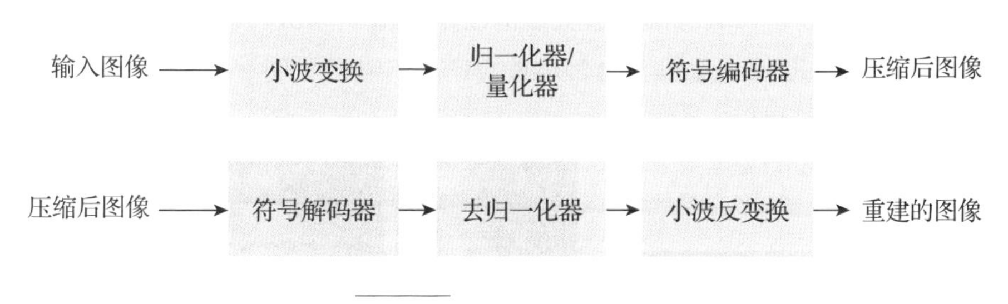

图 7-41　**JPEG 2000 框图**

重复分解步骤 N_L 次，并将后续迭代限制到先前分解的近似系数，可产生一个 N_L 尺度的小波变换。相邻尺度空间上通过 2 的幂来关联，且最低尺度只包含明确定义的原始图像的近似。图 7-42 中标准的符号表示是在 $N_L=2$ 时总结出来的，而 N_L 尺度变换包括 $3N_L+1$ 个子带，它们的系数表示为 α_b，其中 $b=N_L\text{LL}$，$N_L\text{HL}$，…，1HL，1LH，1HH。该标准并未指定被计算的尺度数。

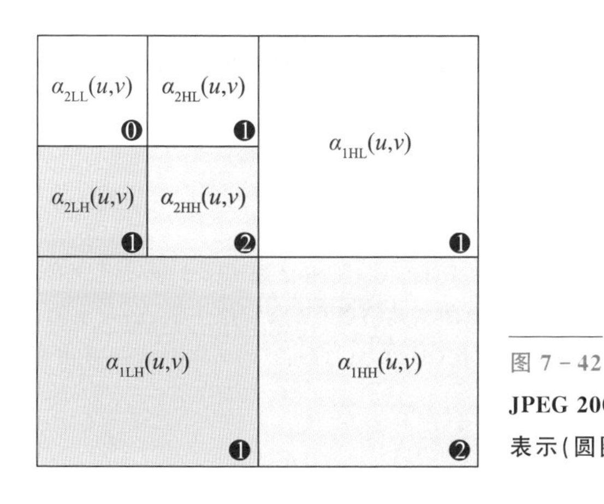

图 7-42
JPEG 2000 两尺度小波变换系数表示(圆圈中)和分析增益

计算了 N_L 尺度小波变换后，变换系数的总数等于原始图像中的样本数，但重要的视频信息集中在很少的几个系数中。基于小波的 JPEG 2000 系统和基于 DCT 的 JPEG 系统间的主要不同是后者省略了子图像处理步骤。因为小波变换具有计算高效性和局部特性(即它们的基函数限制在持续时间内)，因此不需要将图像细分为块。如在图 7 - 43 中看到的那样，去掉细分步骤消除了高压缩比下基于 DCT 的近似的块效应。图 7 - 43(c)～(h)显示了图 7 - 43(a)中单色图像的两个 JPEG 2000 的近似。其中图 7 - 43(c)是一幅压缩比为 42:1 的演示图像编码的重建图像；图 7 - 43(d)是由压缩比为 88:1 的编码生成。图 7 - 43(e)和图 7 - 43(f)是原图像 7 - 43(a)与图 7 - 43(b)、(c)重建后的图像差。图 7 - 43(b)是图 7 - 43(a)眼部放大后的图像，图 7 - 43(g)和图 7 - 43(h)是其对应的压缩后的图像，可以看出，块效应已经不是那么明显了。

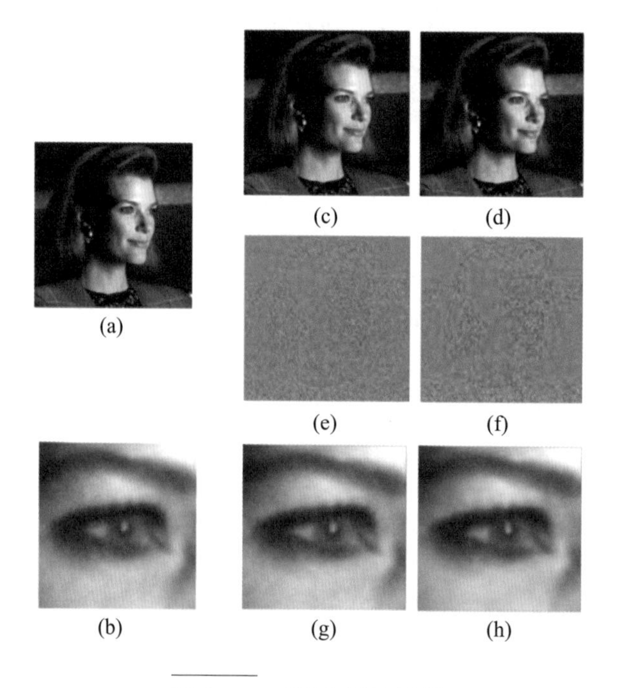

图 7 - 43 **JPEG 2000 压缩**

(a)原始图像；(b)图(a)眼部放大后的图像；(c)压缩比为 42∶1 编码生成的重建图像；(d)压缩比为 88∶1 编码生成的重建图像；(e)原始图像(a)与重建图像(c)的差；(f)原始图像(a)与重建图像(d)的差；(g)图(c)眼部放大后的图像；(h)图(d)眼部放大后的图像。

7.7 图像编码与描述

上一节中讨论的方法将一幅图像分割成多个区域后，分割后的像素经常以一种合适于计算机进一步处理的形式来表示和描述。基本上，表示一个区域涉及两种选择：①根据其外部特征(边界)来表示区域；②根据其内部特征(如包含该区域的像素)来表示区域。然而，选择表示方案仅是使得数据适用于计算机的一部分。下一个任务是在选择了表示方案的基础上描述区域。

7.7.1 编码

上节讨论的分割技术通常会以像素的形式沿一个区域包含的边界或像素来产生原始数据。标准做法是使用某种方案将分割后的数据精简为便于描绘子计算的表示。下面，我们将讨论各种表示方法。

链码：链码通过一个指定长度和方向的直线段的连接序列来表示一条边界。通常，这种表示基于这些线段的 4 连接或 8 连接。每条线段的方向使用一种数字编号方案编码，如图 7－44(a)是 4 方向链码的方向数，图 7－44(b)是 8 方向链码的方向数。以这种方向性数字序列表示的编码称为弗雷曼链码。

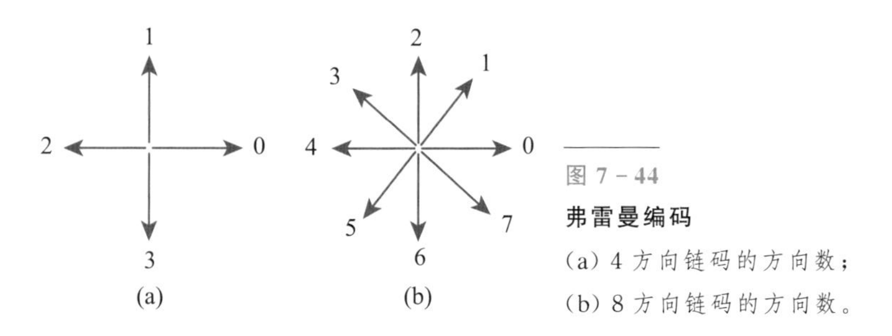

图 7－44
弗雷曼编码
(a) 4 方向链码的方向数；
(b) 8 方向链码的方向数。

边界的链码取决于起点。然而，链码可以通过将起点处理为方向数的循环序列和重新定义起点的方法进行归一化，以便产生的数字序列为一个最小数值整数。也可以关于旋转归一化(对于上图中的链码，增量分别为 90°和 45°)，方法是使用链码的一次差分来代替链码本身。这一差分可以通过计算链码分开的两个相邻元素的方向变化数目获得。例如，4 方向链码 10103322 的一阶差分(逆时针)为 3133030。如果将链码处理为一个循环序列，则差分的第一个元素可以使用链码的最后一个元素和第一个元素间的转换加以计算，对于前面的代码，结果是 33133030。图 7－45 为弗雷曼编码及其某些变化。其中图 7－45(a)是带噪图像，图 7－45(b)是均值滤波后的图像，图 7－45(c)是阈值处理后的图像，图 7－45(d)是二值图像的边界，图 7－45(e)是子取样后的边界，图 7－45(f)是连接图 7－45(e)中的点后的边界。

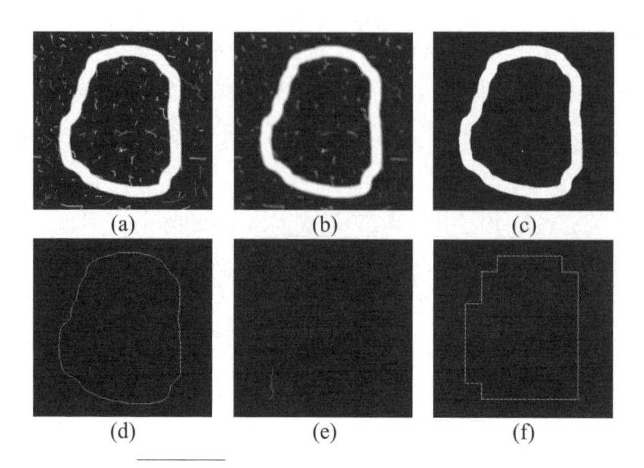

图 7-45　弗雷曼编码及其某些变化

(a)带噪图像；(b)均值滤波后的图像；(c)阈值处理后的图像；
(d)二值图像的边界；(e)子取样后的边界；(f)连接(e)中的点后的边界。

最小周长多边形的多边形近似：一条数字边界能用一个多边形以任意精度近似。对于一条闭合边界，当多边形的定点数目与边界点数目相同，且每个顶点与边界点一致时，这种近似会变得很精确。多边形近似的目的是，使用尽可能少的边数来得到给定边界的基本形状。通常这个问题可以转化为迭代搜索问题，其中最有力的一种技术就是最小周长多边形(MPP)近似。

产生计算 MPP 的算法的一种直观方法是使用图 7-46(b)中的一组连接单元来包围图 7-46(a)中的一条边界。将该边界想象为一个橡皮圈，当允许橡皮圈收缩时，橡皮圈会受到由这些单元定义的边界区域的内墙和外墙的约束。最终收缩会产生一个最小周长的多边形，它使用单元条闭合了该区域，如图 7-46(c)所示。单元的大小决定了多边形近似的精度，我们的目的是给出寻找这些 MPP 顶点的过程。

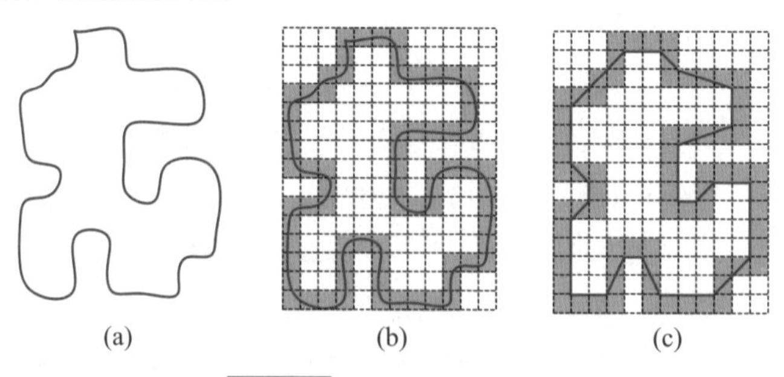

图 7-46　最小周长多边形

(a)原始边界；(b)包围边界的一组连接单元；(c)最小周长的多边形。

刚才讨论的单元方法将由原始边界包围的物体的形状，缩减为图7-46(b)中由内墙组成的区域。图7-47(a)将这一形状显示为暗灰色，其边界由4连接直线段组成。假设按顺时针方向追踪这条边界，追踪时遇到的每个转向不是一个凸顶点就是一个凹顶点，其中顶点的角是4连接边界的内顶点。凸顶点和凹顶点在图7-47(b)中分别显示为白点和黑点。注意，这些顶点都是单元的内墙的顶点，且内壁中的每个顶点在外墙都有一个相应的镜像的顶点，它位于顶点对角的位置。图7-47(c)显示了所有凹顶点的镜像顶点，图中叠加了图7-46(c)中的MPP。可以看到，MPP的顶点不是与内墙中的凸顶点(白点)一致就是与外墙中的凸顶点的镜像顶点(黑点)一致，因此，只有内墙的凸顶点和外墙的凹顶点才能成为MPP的顶点，算法只需要关注这些顶点即可。

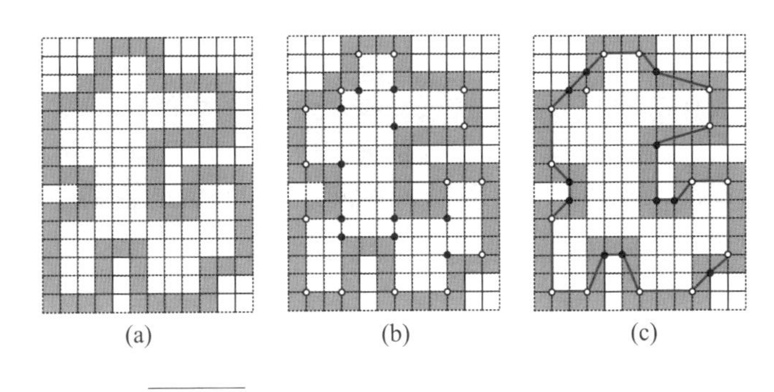

图7-47　**最小周长多边形及其内外墙拐角**

(a)内墙和外墙区域；(b)内墙的凸顶点和凹顶点；(c)MPP的顶点。

MPP算法说明：前一段描述的围成一条数字边界的单元集合称为单元组合体。假设所考虑的边界本身不相交，这将产生简单连接的单元组合体。基于这些假设，并令 W(白)和 B(黑)分别表示凸顶点和镜像凹顶点，最后将观察表述如下：

(1)由简单连接的单元组合体为界的MPP是非自相交的。

(2)MPP的每个凸顶点都是一个 W 顶点，但并非边界的每个 W 顶点都是MPP的一个顶点。

(3)MPP的每个镜像凹顶点都是一个 B 顶点，但并非边界的每个 B 顶点都是MPP的一个顶点。

(4)所有的 B 顶点要么在MPP上，要么在MPP外；所有的 W 顶点要么在MPP上，要么在MPP内。

(5)单元组合体中包含的顶点序列的最左上角顶点，总是 MPP 的一个 W 顶点。

图 7-48(a)是一幅大小为 256×256 的枫叶的二值图像，图 7-48(b)是其 4 连接边界。图 7-48(c)～(f)中的序列图像显示了该边界使用大小分别为 2、4、8、16 的方形单元组合的 MPP 表示。随着方形单元大小的增加，枫叶的边细节在逐渐消失。

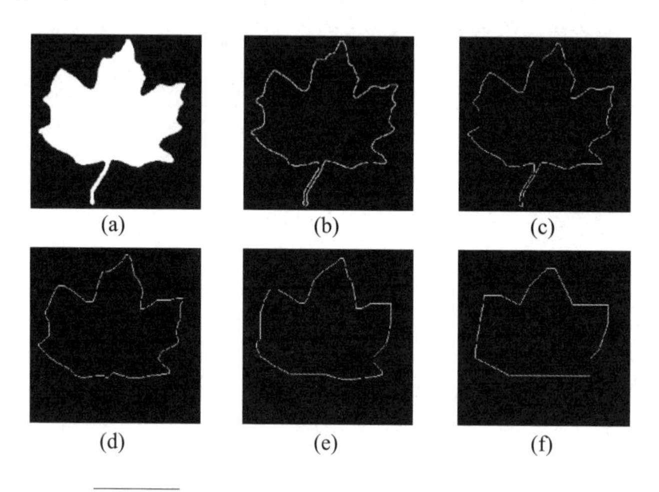

图 7-48 不同方形单元组合体下的 MPP 表示

(a)枫叶的二值图像；(b)4 连接边界；(c)方形单元大小为 2 的 MPP 表示；(d)方形单元大小为 4 的 MPP 表示；(e)方形单元大小为 8 的 MPP 表示；(f)方形单元大小为 16 的 MPP 表示。

标记：标记是边界的一维函数表示，最简单的方法是作为角度的函数画出从一个内点到边界的距离，如图 7-49 所示。该方法所生成的标记是平移不变的，但却依赖于旋转和缩放。通过寻找一种选取相同起始点来生成标记图的方法可实现关于旋转的归一化。另一种方法是选取特征轴上距离质心最远的点，这种方法计算量更大，但是更稳定，因为本征轴的方向是使用所有轮廓点确定的。基于关于两个轴缩放一致且以等间隔取样的假设，形态大小的变化会导致相应标记图的幅值变化。对此进行归一化的一种方法是对所有函数进行缩放，以便它们具有相同的值域。或者将每个样本除以标记图的方差，使用方差会产生一个可变缩放因子，该因子与尺寸变化成反比。总之，无论使用何种方法，基本思想都是消除对尺寸的依赖性，同时保持波形的基本形状。

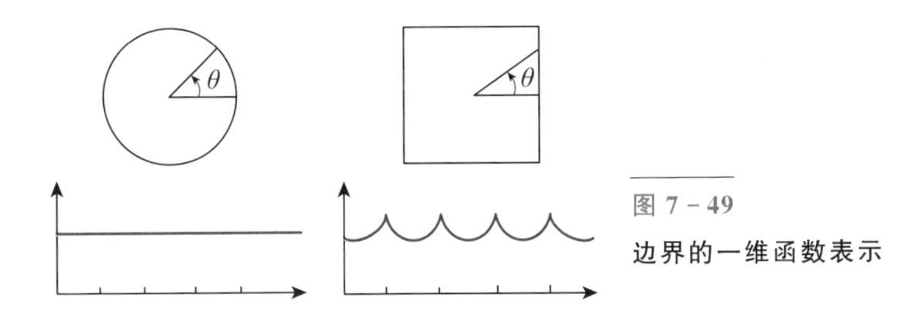

图 7－49
边界的一维函数表示

图 7－50(a)和(b)显示了包含不规则方形和三角形的两幅图像。图 7－50(c)和(d)中相应的角度标记图以 1°增量在 0°～360°的范围内变化。标记图中突出的峰值的数量可以区分两个物体形状。

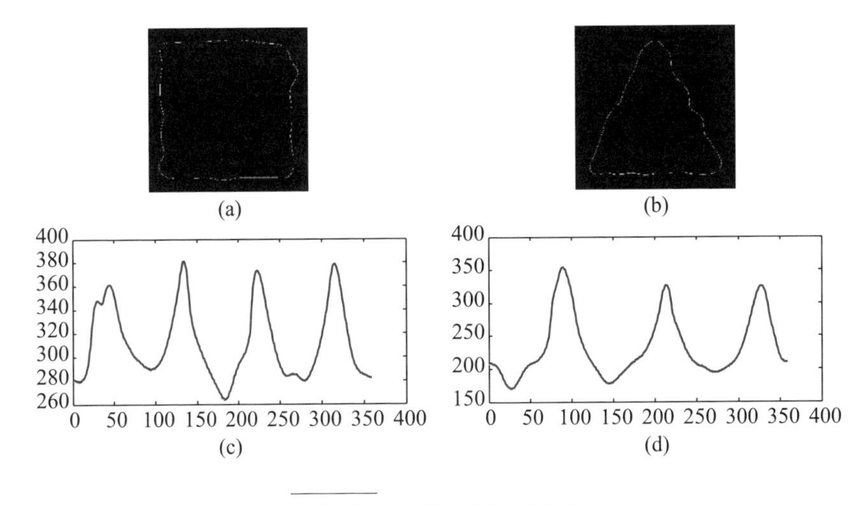

图 7－50　边界一维函数标记

(a)包含不规则方形的图像；(b)包含不规则三角形的图像；

(c)图(c)中相应的角度标记图；(d)图(d)中相应的角度标记图。

骨骼：表示一个平面区域的结构形状的一种重要方法是将它简化为图形。这种简化可以通过一种细化算法得到该区域的骨骼来实现。一个区域的骨骼可以使用中轴变换(MAT)来定义。边界 b 的区域 R 的 MAT 如下：对 R 中的每个点 p，我们寻找 b 中的最近邻点。若 p 有多个这样的邻点，则认为 p 属于 R 的中轴(骨骼)。

7.7.2　边界描述子

本节介绍几种描述区域边界的方法，很多这样的描述子也适用于区域。

形状数：链码的边界的一次差分取决于起始点。一条基于四方向编码的边界的形状数，定义为最小量级的一次差分。形状数的阶 n 定义为其表示的数字个数。图 7-51 显示了阶为 4、6、8 的所有形状，以及它们的链码表示、一次差分和相应的形状数。一次差分是通过将链码作为循环序列来计算得到的。

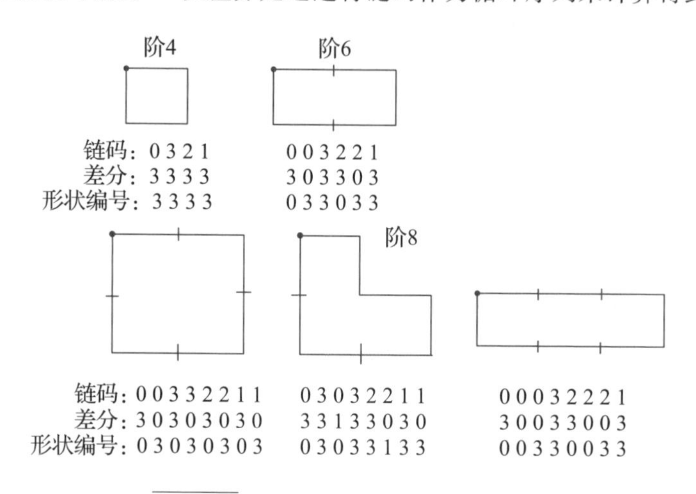

图 7-51　**阶为 4、6、8 的形状数表示**

对于一个期望的形状的阶，只需找到阶为 n 的矩形，该矩形的偏心率最接近基本矩形，并使用这个新矩形来建立网格尺寸。例如，对于图 7-52 而言，其边界指定阶数为 18。第一步找到基本矩形，其中链码方向与基本矩形的网格对齐。最后得到链码，并使用该链码的一次差分来计算形状数。

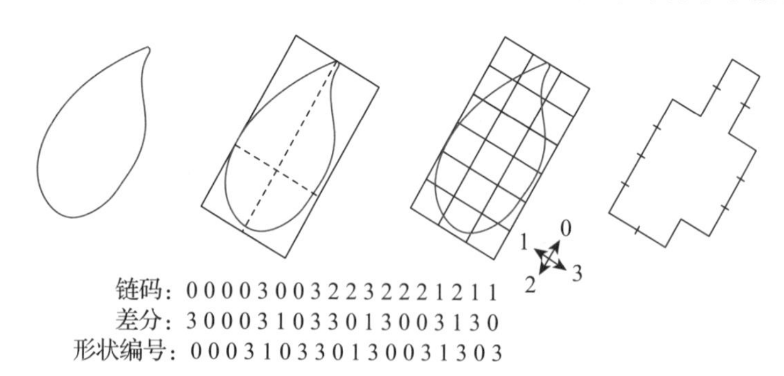

图 7-52　**形状数的计算**

傅里叶描述子：图 7-53 显示了 xy 平面内的一个 K 点数字边界。从任意点 (x_0, y_0) 开始，以逆时针方向在该边界上行进时，会遇到坐标对 (x_0, y_0)，

(x_1, y_1)，(x_2, y_2)，…，(x_{K-1}, y_{K-1})。这些坐标可以表示为 $x(k) = x_k$ 和 $y(k) = y_k$ 的形式。使用这种表示法，边界本身可以表示为坐标序列 $s(k) = [x(k), y(k)]$，$k = 0, 1, 2, \cdots, K-1$。

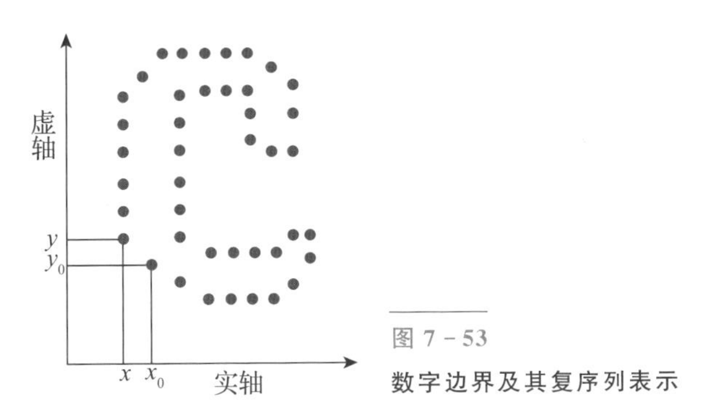

图 7-53
数字边界及其复序列表示

此外，每个坐标对可当作一个复数来处理，即 $s(k) = x(k) + \mathrm{j}y(k)$，序列 $s(k)$的离散傅里叶变换(DFT)可写成

$$a(u) = \sum_{k=0}^{K-1} s(k) \mathrm{e}^{-\mathrm{j}2\pi uk/K}, \ u = 0,1,2,\cdots,K-1 \tag{7-62}$$

复系数 $a(u)$被称为边界的傅里叶描述子。这些系数的傅里叶变换可以重建 $s(k)$，但假设在计算反变换时，不使用所有的傅里叶系数，而只是用前 P 个系数，其可以决定总体形状，而高频细节部分的丢失会随着 P 的减少而增加。例如，图 7-54(a)显示了一幅二值图像，图 7-54(b)为其原始边界的提取，总共有 1090 个傅里叶描述子，图 7-54(c)和图 7-54(d)分别用 546 个和 8 个傅里叶描述子重建得到的边界。

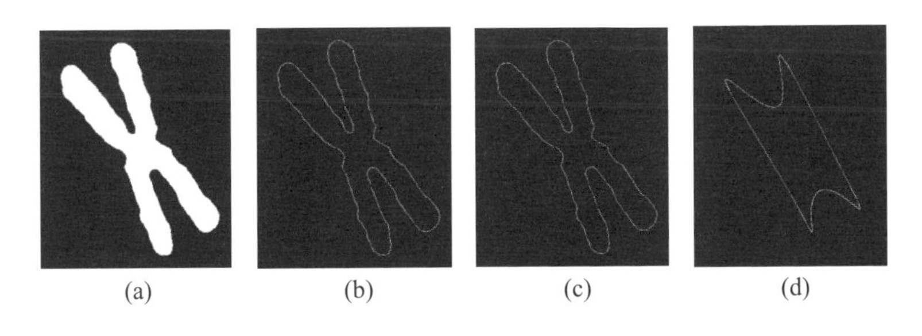

图 7-54　不同数量傅里叶描述子重建

(a)二值图像；(b)原始边界的提取；(c)用 546 个傅里叶描述子重建得到的边界；(d)用 8 个傅里叶描述子重建得到的边界。

统计矩：一维边界表示的形状可通过使用统计矩（如均值、方差和高阶矩）来定量描述。图7-55(a)显示了一条数字边界线段，图7-55(b)显示了一条以任意变量 r 的一维函数 $g(r)$ 描绘的线段。获得该函数的方法如下：先将该线段的两个端点连接起来，然后旋转该直线线段，直至其为水平线段。此时所有点的坐标也旋转相同角度。描述 $g(r)$ 形状的一种方法是将它归一化为单位面积，并把它当作直方图来处理。换言之，$g(r_i)$ 现在作为值 r_i 出现的概率来处理。此时，r 为一个随机变量，故矩为

$$u_n = \sum_{i=0}^{K-1} (r_i - m)^n g(r_i) \tag{7-63}$$

式中，$m = \sum_{i=0}^{K-1} r_i g(r_i)$ 是均值，K 是边界上的点数，$u_n(r)$ 与 g 的形状有关。例如，二阶矩 u_2 是曲线关于 r 的均值的扩展程度的测度，而三阶矩是曲线关于均值的对称性的测度。与其他方法相比，矩方法的优点使矩的实现非常简单，且携带了边界形状的“物理”解释。

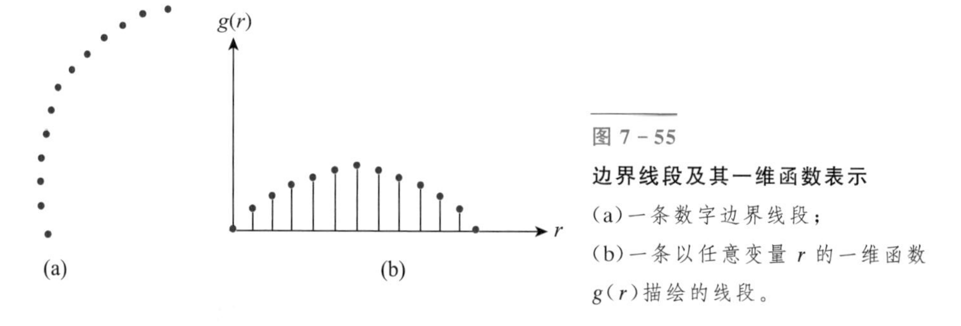

图7-55
边界线段及其一维函数表示
(a)一条数字边界线段；
(b)一条以任意变量 r 的一维函数 $g(r)$ 描绘的线段。

7.7.3 区域描述子

描述区域的一种重要方法是量化该区域的纹理内容。该种描述子提供了诸如平滑度、粗糙度和规律性等特性的度量。图像处理中用于描述区域纹理的3种主要方法是统计方法、结构方法和频谱方法。统计方法生成诸如平滑、粗糙等纹理特征；结构方法处理图像像元的排列，如基于规则间距平行线的纹理描述；频谱方法基于傅里叶频谱特性，主要用于检测图像中的全局周期性。

统计方法：纹理分析的一种常用方法是基于灰度直方图的统计特性。这

种测度中的一类是基于灰度值的统计矩。如上节讨论的那样，关于均值的第 n 阶矩由下式给出：

$$u_n = \sum_{i=0}^{L-1} (z_i - m)^n p(z_i) \tag{7-64}$$

式中，z_i 是表示灰度的一个随机变量。$p(z)$是一个区域中灰度级的直方图，L 是可能的灰度级数，而 $m = \sum_{i=0}^{L-1} z_i g(z_i)$ 是平均灰度。表 7-3 列出基于统计矩、一致性和熵的一些常用描述子。

表 7-3　基于灰度直方图的纹理描述子

矩	表达式	纹理的测度
均值	$m = \sum_{i=0}^{L-1} z_i g(z_i)$	平均灰度测度
标准差	$\sigma = \sqrt{u_2} = \sqrt{\sigma^2}$	平均对比度测度
平滑度	$R = 1 - 1/(1 + \sigma^2)$	区域中灰度的相对平滑度测度
三阶矩	$u_3 = \sum_{i=0}^{L-1} (z_i - m)^3 p(z_i)$	直方图斜度的测度
一致性	$U = \sum_{i=0}^{L-1} p^2(z_i)$	一致性测度，当所有灰度值相等时，该测度最大
熵	$e = -\sum_{i=0}^{L-1} p(z_i) \log_2 p(z_i)$	随机性测度

结构方法：假如我们有一个形如 $S \to aS$ 的规则，该规则表明字符 S 可被重写为 aS。如果 a 表示一个圆(见图 7-56(a))，并且“向右侧添加圆”的含义是分配形如 $aaa\cdots$的一个字符串，那么规则 $S \to aS$ 将生成如图 7-56(b)所示的纹理单元。

假设接着向该方案中添加一些新的规则：$S \to bA$，$A \to cA$，$A \to c$，$S \to a$，其中 b 表示“下方添加一个圆”，c 表示“向左侧添加一个圆”。现在生成一个形如 $aaabccbaa$ 的字符串，它对应于一个圆的 3×3 矩阵。使用相同的方法可以生成更大的纹理模式，如图 7-56(c)所示。前述讨论的基本思想是一个简单的“纹理基元”可借助一些规则用于形成更复杂的纹理模式，这些规则限制基元可能排列的数量。

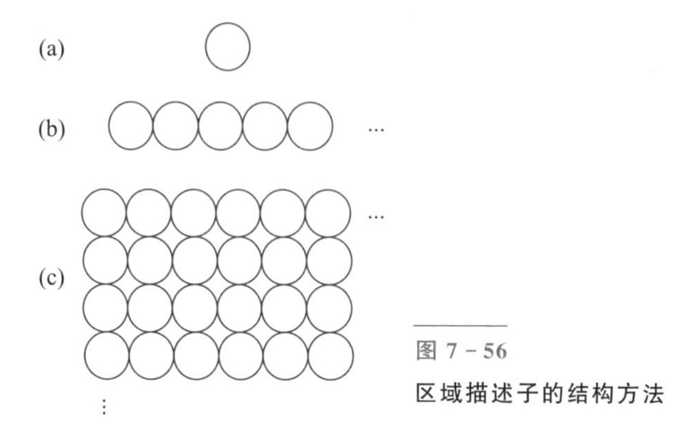

图 7－56
区域描述子的结构方法

频谱方法：傅里叶频谱非常适合描述图像中的二维周期或近似二维周期模式的方向性。这些全局纹理模式在频谱中作为高能脉冲集中区域很容易区分。傅里叶频谱有 3 个很有用的特征：①频谱中突出的尖峰给出纹理模式的主要方向；②频率平面中尖峰的位置给出模式的基本空间周期；③采用滤波方法消除任何周期分量而留下非周期性图像元素，然后采用统计技术来描述。频谱特征的检测和描述通常可以使用极坐标表达来简化：得到一个函数 $S(r, \theta)$，其中 S 是频谱函数，r 和 θ 是该坐标系中的变量。对于每个方向 θ，$S(r, \theta)$可以视为一个一维函数 $S_\theta(r)$。类似地，对于每个频率 r，$S_r(\theta)$也是一个一维函数。对于固定值 θ 分析 $S_\theta(r)$，可以得到沿着自原点的半径方向上的频谱特征；而对定值 r 分析 $S_r(\theta)$，可以得到以原点为圆心的一个圆上的频谱特性。

对这些函数进行积分，可得到一个更为整体的描述：

$$S(r) = \sum_{\theta=0}^{\pi} S_\theta(r) \tag{7-65}$$

$$S(\theta) = \sum_{r=0}^{R_0} S_r(\theta) \tag{7-66}$$

式中，R_0 是以原点为圆心的圆的半径。以上两式结果为每对坐标(r, θ)构成了一对值$[S(r), S(\theta)]$。通过改变这些坐标，可以生成两个一维函数 $S(r)$和 $S(\theta)$，从而为整幅图像的纹理构成一种频谱—能量描述。图 7－57(a)显示了随机分布的火柴图像，图 7－57(b)显示了按周期排列后的火柴图像。图 7－57(c)和(d)是图 7－57(a)的 $S(r)$和 $S(\theta)$曲线，类似地，图 7－57(e)和(f)是图 7-57(b)的 $S(r)$和 $S(\theta)$。随机排列火柴的 $S(r)$曲线表明没有较强的周期分量(即与原点处的尖峰(直流分量)相比，频谱中没有其他占支配地位的尖峰)。相反，有序排列火柴在 $r=15$ 附近显示了一个较强的尖峰，而在 $r=25$ 附近显示了一个较小的尖峰，它们分别对应于图 7－57(b)亮区域(火柴)和暗区域(背景)的水平重复周期。类似地，图 7－57(d)所示的 $S(\theta)$ 曲线反映了傅里叶频谱能量脉冲的随机特性。相比之下，图 7－57(f)所示图形在 0°、90°和 180°的区域显示了很强的能量分布。

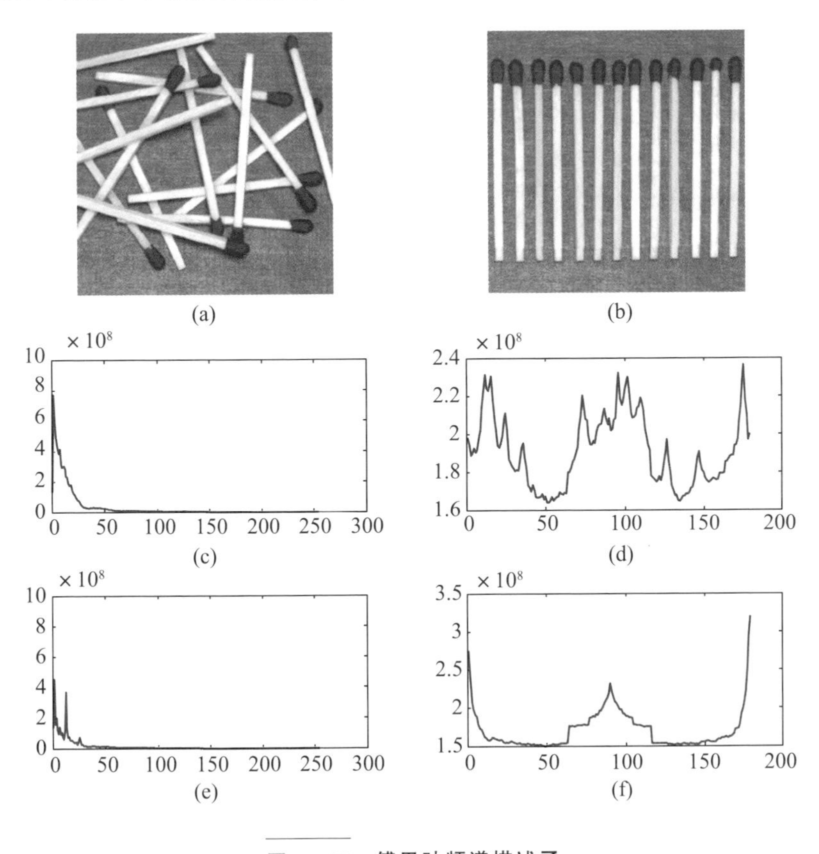

图 7－57　**傅里叶频谱描述子**

(a)随机分布的火柴图像；(b)按周期排列后的火柴图像；(c)图(a)的 $S(r)$ 曲线；(d)图(a)的 $S(\theta)$ 曲线；(e)图(b)的 $S(r)$ 曲线；(f)图(b)的 $S(\theta)$ 曲线。

不变矩：大小为 $M\times N$ 的数字图像 $f(x, y)$ 的二维 $(p+q)$ 阶矩定义为

$$m_{pq}=\sum_{x=0}^{M-1}\sum_{y=0}^{N-1}x^{p}y^{q}f(x,y) \tag{7-67}$$

式中，$p=0, 1, 2, \cdots$ 和 $q=0, 1, 2, \cdots$ 是整数。相应的 $(p+q)$ 阶中心矩定义为

$$u_{pq}=\sum_{x=0}^{M-1}\sum_{y=0}^{N-1}(x-\bar{x})^p(y-\bar{y})^q f(x,y) \tag{7-68}$$

式中，$p=0$，1，2，…；$q=0$，1，2，…；$\bar{x}=m_{10}/m_{00}$；$\bar{y}=m_{01}/m_{00}$。$(p+q)$阶的归一化中心矩定义为

$$\eta_{pq}=\frac{u_{pq}}{u_{pq}^{\gamma}} \tag{7-69}$$

式中，$\gamma=\frac{p+q}{2}+1$，$p+q=2$，3，…。对于平移、缩放、镜像和旋转都不敏感的 7 个二维不变矩集合，可由这些公式推导出来，列于表 7-4 中。

表 7-4　不变矩的集合

矩阶	表达式
1	$\phi_1=\eta_{20}+\eta_{02}$
2	$\phi_2=(\eta_{20}-\eta_{02})^2+4\eta_{11}$
3	$\phi_3=(\eta_{30}-3\eta_{12})^2+(3\eta_{21}-\eta_{03})^2$
4	$\phi_4=(\eta_{30}+\eta_{12})^2+(\eta_{21}+\eta_{03})^2$
5	$\phi_5=(\eta_{30}-3\eta_{12})(\eta_{30}+\eta_{12})[(\eta_{30}+\eta_{12})^2-3(\eta_{21}+\eta_{03})^2]$ $+(3\eta_{21}-\eta_{03})(\eta_{21}+\eta_{03})[3(\eta_{30}+\eta_{12})^2-(\eta_{21}+\eta_{03})^2]$
6	$\phi_6=(\eta_{20}-\eta_{02})[(\eta_{30}+\eta_{12})^2-(\eta_{21}+\eta_{03})^2]+4\eta_{11}(\eta_{30}+\eta_{12})(\eta_{21}+\eta_{03})$
7	$\phi_7=(3\eta_{21}-\eta_{03})(\eta_{30}+\eta_{12})[(\eta_{30}+\eta_{12})^2-3(\eta_{21}+\eta_{03})^2]$ $+(3\eta_{21}-\eta_{30})(\eta_{21}+\eta_{03})[3(\eta_{30}+\eta_{12})^2-(\eta_{21}+\eta_{03})^2]$

参考文献

[1] KURADA S，BRADLEY C. A review of machine vision sensors for tool condition monitoring [J]. Computers in Industry，1997，34(1)：55-72.

[2] LIUS，UMEIC，ACHARI A. Defects pattern recognition for flip-chip solder joint quality inspection with laser ultrasound and Interferometer [J]. IEEE Transactions on Electronics Packaging Manufacturing，2004，27(1)：59-66.

[3] CHO T H，CONNERS R W. A neural network approach to machine vision systems for automated industrial inspection：jcnn-91-seattle International Joint Conference on Neural Networks[C]. Piscataway：IEEE，1991.

[4] 王耀南，陈铁健，贺振东，等. 智能制造装备视觉检测控制方法综述[J]. 控制理论与应用，2015，32(3)：273－286.

[5] KUMAR A. Computer-Vision-Based Fabric Defect Detection：A Survey[J]. IEEE Transactions on Industrial Electronics，2008，55(1)：348－363.

[6] BHANDARKAR S M，FAUST T D，TANG M. CATALOG：a system for detection and rendering of internal log defects using computer tomography [J]. Machine Vision & Applications，1999，11(4)：171－190.

[7] BHANDARKAR S M，LUO X，DANIELS R，et al. Detection of cracks in computer tomography images of logs[J]. Pattern Recognition Letters，2005，26(14)：2282－2294.

[8] SIVABALAN K N，GHANADURAI D D. Detection of defects in digital texture images using segmentation [J]. International Journal of Engineering Science & Technology，2010，2(10)：5187－5191.

[9] MARTINS L A O，PÁDUA F L C，ALMEIDA P E M. Automatic detection of surface defects on rolled steel using Computer Vision and Artificial Neural Networks：Conference of the IEEE Industrial Electronics Society[C]. Piscataway：IEEE，2010.

[10] KARIMI M H，Asemani D. Surface defect detection in tiling Industries using digital image processing methods：Analysis and evaluation[J]. ISA Transactions，2014，53(3)：834－844.

[11] RAMESH S M，GOMATHY B，SUNDARARAJAN T V P. Detection of Defects on Steel Surface for using Image Segmentation Techniques [J]. International Journal of Signal Processing，Image Processing and Pattern Recognition，2014，7(5)：323－332.

[12] KLESZCZYNSKI S，ZUR JACOBSMÜHLEN J，SEHRT J T，et al. Error detection in laser beam melting systems by high resolution imaging：23rd Annual International Solid Freeform Fabrication Symposium-An Additive Manufacturing Conference[C]. Austin：SFF，2012.

[13] BARUA S，LIOU F，NEWKIRK J，et al. Vision-based defect detection in laser metal deposition process[J]. Rapid Prototyping Journal，2013，20 (1)：77－85.

[14] CLIJSTERS S，CRAEGHS T，BULS S，et al. In situ quality control

of the selective laser melting process using a high-speed, real-time melt pool monitoring system [J]. The International Journal of Advanced Manufacturing Technology, 2014, 75(5): 1089 - 1101.

[15] CRAEGHS T, CLIJSTERS S, YASA E, et al. Online quality control of selective laser melting: Proceedings of the 20th Solid Freeform Fabrication (SFF) symposium[C]. Austin , Texas: SFF, 2011.

[16] SANTOSPIRITO S P, LOPATKA R, CERNIGLIA D, et al. Defect detection in laser powder deposition components by laser thermography and laser ultrasonic inspections: Frontiers in Ultrafast Optics: Biomedical, Scientific, and Industrial Applications XIII [C]. Baltimore: International Society for Optics and Photonics, 2013.

[17] REINARZ B, WITT G. Process monitoring in the laser beam melting process-Reduction of process breakdowns and defective parts: Proceedings of Materials Science & Technology [C]. Duisburg: University of Duisburg, 2012.

[18] KLESZCZYNSKI S, ZUR JACOBSMÜHLEN J, REINARZ B, et al. Improving process stability of laser beam melting systems [C]. Berlin: Fraunhofer Direct Digital Manufacturing Conference, 2014.

[19] SCHWERDTFEGER J, SINGER R F, KÜRNER C. In situ flaw detection by IR-imaging during electron beam melting [J]. Rapid Prototyping Journal, 2012, 18(4): 259 - 263.

[20] CRAEGHS T, CLIJSTERS S, YASA E, et al. Determination of geometrical factors in Layerwise Laser Melting using optical process monitoring[J]. Optics and Lasers in Engineering, 2011, 49(12): 1440 - 1446.

[21] KLESZCZYNSKI S, ZUR JACOBSMÜHLEN J, SEHRT J T, et al. Error detection in laser beam melting systems by high resolution imaging: Proceedings of the twenty third annual international solid freeform fabrication symposium[C]. Austin: SFF, 2012.

[22] ZUR JACOBSMÜHLEN J, KLESZCZYNSKI S, WITT G, et al. Detection of elevated regions in surface images from laser beam melting processes: IECON 2015-41st Annual Conference of the IEEE Industrial Electronics Society[C]. Piscataway: IEEE, 2015.

[23] ZUR JACOBSMÜHLEN J, KLESZCZYNSKI S, WITT G, et al. Compound quality assessment in laser beam melting processes using layer images: 2017 IEEE International Instrumentation and Measurement Technology Conference (I2MTC)[C]. Piscataway: IEEE, 2017.

[24] AMINZADEH M. A machine vision system for in-situ quality inspection in metal powder-bed additive manufacturing [D]. Atlanta: Georgia Institute of Technology, 2016.

[25] AMINZADEH M, KURFESS T R. Online quality inspection using Bayesian classification in powder-bed additive manufacturing from high-resolution visual camera images [J]. Journal of Intelligent Manufacturing, 2019, 30 (6): 2505 - 2523.

[26] BEYERER J, LEÓN F P, FRESE C. Machine vision: Automated visual inspection: Theory, practice and applications[M]. Berlin: Springer, 2015.

[27] Sensors in manufacturing[M]. Weinheim: Wiley-VCH, 2001.

[28] VAN DER HEIJDEN F. Image based measurement systems: object recognition and parameter estimation[M]. Ho boken, New Jersey: Wiley, 1994.

[29] SZELISKI R. Computer vision: algorithms and applications[M]. Berlin: Springer Science & Business Media, 2010.

[30] DAVIES E R. Machine vision: theory, algorithms, practicalities [M]. Amsterdam: Elsevier, 2004.

[31] GONZALES R C, WOODS R E. 数字图像处理[M]. 阮秋琦, 阮宇智, 译. 2版. 北京: 电子工业出版社, 2005.

[32] MALLAT S G. A wavelet tour of signal processing[M]. Amsterdam: Elsevier, 1999.

[33] Maltab 数字图像处理学习: https://blog. csdn. net/u011017694/article/details/114399884.

[34] NIXON M, AGUADO A. Feature extraction and image processing for computer vision[M]. Pittsburgh, PA: Academic Press, 2019.

第8章 状态监测与模式识别

8.1 状态监测概述

状态监测的根本任务是根据状态信息识别待检测目标的状态。识别的方法很多，一般可以分为经验分析法、机理分析方法、数据驱动的方法，以及数据与机理融合的方法。基于机理的分析方法主要是通过构建数学模型描述设备的故障或缺陷机理，在前面第2～4章内容中已作了介绍。融合的方法是指失效机理分析与数据驱动模型相结合的方法，虽然能够充分利用两种方法的优势，但模型建立复杂，目前研究较少，本书将在第10章介绍一些具体应用的例子。本章主要介绍数据驱动的智能建模与分析方法。

8.1.1 经验分析法

经验分析法是使用最简单、比较粗略的分析方法，它的关键是先要建立判别标准。只要直接把特征参数的实际值与建立的标准进行对比，根据差异就能立即识别设备的状态，甚至识别缺陷的部位[1]。例如根据振动信号的异常幅值，识别粉末床不平以及刮刀的磨损。

建立判别标准，即制订设备在各种状态下特征参数的标准(参考量)，一般可分为以下3类。

1)绝对判别标准

绝对判别标准来自监测对象的大量统计资料和理论分析，并由企业、行业或国家颁布。这类标准客观、全面、可靠性大。但是，在使用时要注意标准的适用范围和监测方法，要结合实际情况给以修正。

2)相对判别标准

根据单个对象(设备)的初期监测数据，建立正常状态下特征参数的标准。

应用较广泛，但只适用于建立标准的单台设备。

3)类比判别标准

根据多个同规格设备在相同工作条件下大多数的监测数据，建立正常状态下特征参数的标准。由于无法肯定标准量反映的都是设备的正常状态，所以采用时要十分谨慎。

以上的 3 种经验分析方法在企业中有较多的应用，分析结果可作为有价值的参考，但准确率不高，易形成错误判断，需要人工确认。

8.1.2　概率统计法

通常机械设备状态监测领域的监测信号是随机信号，用概率密度函数描述，服从统计规律。以统计规律为基础的识别方法比较科学，可靠性大，但要求具有一定的先决条件，计算量也大。从某种意义上讲，概率统计法也是一种经验分析方法。

根据统计规律识别设备状态的方法很多，但从几何意义看可归纳为后验概率判别准则和距离判别准则两大类。将描述设备状态的 N 个诊断参数视为实 N 维状态空间(特征空间)中的一个点(或一个 N 维向量)，与某种状态特征参数值聚集中心对应的点叫参考点；与待检设备实际监测值对应的点叫待检点，待检点距哪一个参考点近，设备就属于哪一种状态，这叫概率统计法的距离判别准则。根据各种状态特征参数值的分布状况，将状态空间分成与设备各种状态对应的、互不相交的几个区域(状态域或称特征域)，待检点落在哪一区域内，设备就属于哪一种状态，这叫概率统计法的区域判别准则。若设备只区分为正常、异常两类状态，特征参数只有一个时(单参数两类判别)，状态空间是一条直线，状态域的边界是一个点(分界点)，状态域是直线上由分界点分割的两线段；特征参数有两个时，状态空间是一个平面，状态域边界是直线或曲线，状态域是由直线或曲线分割的两平面区域。

上述两种判别准则也可表示为函数形式，称判别函数，它是以诊断参数为自变量的多元函数[2]。距离判别准则是以待检点与参考点的距离计算式为判别函数，待检点应属于判别函数值最小的状态。后验概率判别准则是以待检点从属状态域的可能性计算式为判别函数(有的也称似然判别)[3]，待检点应属于从属可能性最高的区域。

1. 后验概率判别准则

建立后验概率判别准则需要完善的先决条件，计算也比较麻烦。现以最简单的情况为例，说明在给定条件下后验概率的判别方法。

例 8-1 假定以粉末床的振动幅值 x 来判别设备状态是否正常。显然，这是单参数两类判别，需要确定特征域(振动)的阈值 x_0。

当 $x>x_0$，判为异常；

当 $x<x_0$，判为正常。

确定 x_0 的步骤和方法如下：

①根据积累的资料统计分析设备在正常状态下 D_1 粉末床振动幅值 x 的分布概率密度函数(x 的条件概率密度函数)$p(x/D_1)$；再统计分析机床在异常状态下 D_2 粉末床的振动幅值 x 的分布概率密度函数 $p(x/D_2)$，如图 8-1 所示。

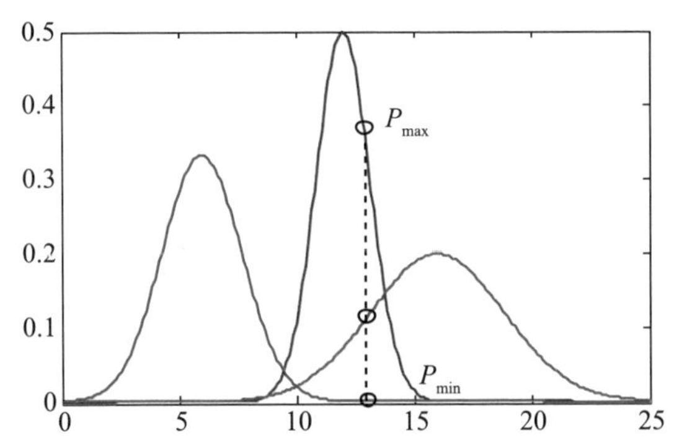

图 8-1
振动幅值的分布概率密度

②统计分析使用中的机械设备处于正常状态的概率 $P(D_1)$和处于异常状态的概率 $P(D_2)$，称此为状态的先验概率。显然 $P(D_1)+P(D_2)=1$。在没有机械设备的监测数据时，先验概率就可作为估计设备状态的依据。当 $P(D_1)>P(D_2)$时，判别机械设备的状态属于 D_1(或 D_2)在绝大多数情况下也是对的，但若已有监测数据时，就不应局限于原有认识只考虑先验概率了，应该根据监测数据提供的信息对先验概率进行修正。因此还应进行以下分析。

③已有待检设备监测数据为 x 的条件下，计算状态为 D_1 的概率$P(D_1/x)$和状态为 D_2 的概率 $P(D_2/x)$，称此为后验概率。

根据 Bayes(贝叶斯)公式，后验概率为[3]

$$P(D_1/x) = \frac{p(x/D_1)P(D_1)}{\sum_{i=1}^{2} p(x/D_i)P(D_i)} \quad (8-1)$$

$$P(D_2/x) = \frac{p(x/D_2)P(D_2)}{\sum_{i=1}^{2} p(x/D_i)P(D_i)} \quad (8-2)$$

④确定阈值 x_0。

为使误判概率最小，判别函数 $g_i(x)$应为

$$g_i(x) = P(D_i/x) \quad i = 1, 2 \quad (8-3)$$

当 $g_1(x) > g_2(x)$时，判为正常；

当 $g_1(x) < g_2(x)$时，判为异常。

根据 $g_1(x) = g_2(x)$，可以算出状态域的分界点 x_0，于是判别函数也可写成：

$$g(x) = x - x_0 \quad (8-4)$$

当 $g(x) > 0$ 时，判为异常；

当 $g(x) < 0$ 时，判为正常。

上面的例子是单参数两类判别根据 Bayes 公式建立状态域的过程，判别的目标是使误判的概率最小，判别函数是状态的后验概率。对于多参数多类判别根据 Bayes 公式建立状态域的过程也与此相似。若机械设备有 N 类状态，用 $D_i(i = 1, 2, \cdots, N)$表示；特征参数有 k 种，用 $x_j(j = 1, 2, \cdots, k)$表示；设备状态的条件分布概率密度函数为 $P(x_1, x_2, x_3, \cdots, x_k/D_i)$；设备状态的先验概率为 $P(D_i)$，则根据 Bayes 公式可以计算出状态的后验概率为

$$P(D_i/x_1, x_2, x_3, \cdots, x_k) \quad (8-5)$$

于是得判别函数为

$$g_i(x_1, x_2, x_3, \cdots, x_k) = P(D_i/x_1, x_2, x_3, \cdots, x_k) \quad (8-6)$$

机械设备的状态应归属于判别函数值为最大的状态域。

两相邻状态域的边界应满足的方程为

$$g_l(x_1, x_2, x_3, \cdots, x_k) = g_m(x_1, x_2, x_3, \cdots, x_k) \quad (8-7)$$

式中，g_l，g_m 为两相邻状态域的判别函数。

显然，根据 Bayes 公式解决多参数多类判别问题，需要的先验知识多，

计算也十分麻烦，因此需要简化，办法之一是用似然函数[3]。

似然函数为

$$L_i = \prod_{j=1}^{k} P(x_j/D_i) \tag{8-8}$$

只要掌握了统计资料 $P(x_j/D_i)$，我们就可算出似然函数 L_l 的值，把它作为后验概率 $P(D_i/x_1,\ x_2,\ x_3,\ \cdots,\ x_k)$的近似值，然后根据上面的办法建立状态域，诊断设备的运行状态。

在实际工作中由于连乘运算很不方便，所以常将它转换为

$$L'_i = \sum_{j=1}^{k} 10[\lg P(x_j/D_i) + 1] \tag{8-9}$$

这样做既保持了若 $L_l > L_m$ 则 $L'_l > L'_m$ 的特性，不影响比较 L_l 的大小，而且运算十分简单，只要做一些加减法就可以了。

例 8-2 用状态信号的功率谱识别机床的运行状态是常用的方法。由于一般情况下异常状态的功率谱很难得到，所以只能以机床运行初期的监测数据为依据，建立正常状态的功率谱特征域，一旦待检点超出这个区域就将装置判为异常[4-5]。建立这个特征域的过程如下：

第一步 建立正常状态的标准功率谱。

①采样 L 次，并根据 L 个样本记录确定出 L 个功率谱(图 8-2 为其中之一)。

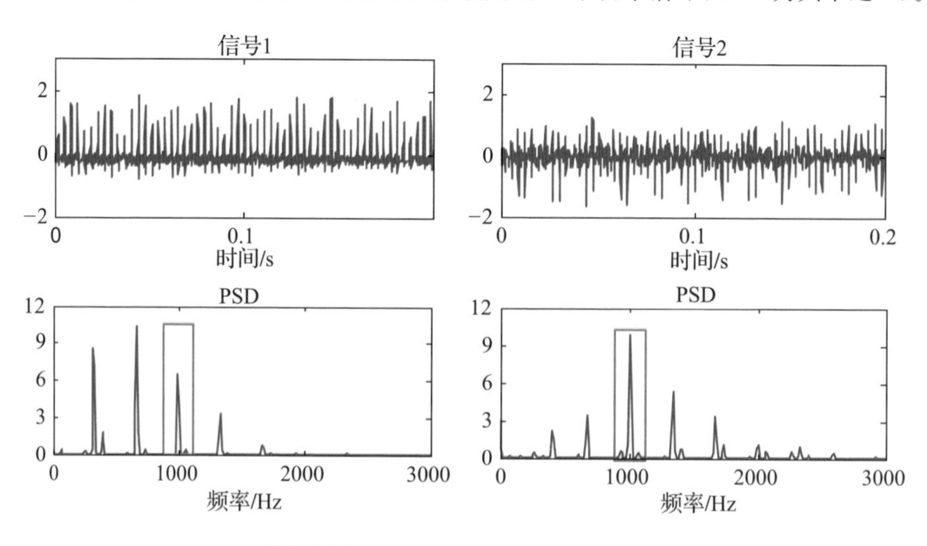

图 8-2 用 N 维向量表示功率谱密度

②将各功率谱等分为 N 个频段，计算各频段的中心频率和平均功率，用 $S_i(K)$表示第 i 个样本第K 频段的平均功率。

③根据 L 个样本计算第K 频段平均功率的均值和方差。

$$\overline{S}(K) = \frac{1}{L}\sum_{i=1}^{L} S_i(K) \tag{8-10}$$

$$\sigma^2(K) = \frac{1}{L}\sum_{i=1}^{L}\left[S_i(K) - \overline{S}(K)\right]^2 \tag{8-11}$$

第二步 确定正常状态下功率谱的特征域。

确定各频段平均功率的极限值。

若平均功率的分布密度曲线为正态曲线，置信度取 99.73%，则各频段平均功率的极限值取为

$$\overline{S}(K) \pm 3\sigma^2(K) \qquad K = 1, 2, \cdots, N \tag{8-12}$$

待检设备监测信号的功率谱任一频段的平均功率若超出上述极限值，则认为装置处在不正常的运行状态。

当然，在实际工作中还可以采用主成分分析法，提取主特征量，使由 N 个频段表示的功率谱简化为P 个频段($P \ll N$)表示的功率谱。

2. 距离判别准则

由上可知，建立区域判别准则实际上都是很困难的，这不仅是因为先验知识不清楚，而且计算也复杂。因此，较实用的是距离判别准则，它的优点是计算简单，物理概念明确，缺点是没有考虑各种状态出现的概率，也没有考虑错判造成的损失。

参考点的建立有许多途径，参考点与待检点距离也有许多计算方法，所以距离判别准则也有很多种，最简单也最直接的是欧几里得距离，它是待检点与参考点坐标差的平方和。

设参考点 $X_0 = [x_{01}, x_{02}, \cdots, x_{0n}]^{\mathrm{T}}$，待检点 $X = [x_1, x_2, \cdots, x_n]^{\mathrm{T}}$，则欧几里得距离为

$$D = \sum_{i=1}^{n}(x_i - x_{0i})^2 = (X - X_0)^{\mathrm{T}}(X - X_0) \tag{8-13}$$

若用欧几里得距离准则判别例 1 的设备状态，我们只需根据两种状态特征

参数的统计平均值确定两个参考点的位置，判别待检点的归属就容易多了。为了避免特征参数值量纲的影响，在计算距离前应先对特征参数进行归一化处理。

若在计算距离前根据各特征参数在识别中的“贡献”大小做加权处理，则可获得更好的效果。

常见的距离函数如表 8-1 所示，其中，欧几里得距离属于最简单的一类几何距离判别函数，而 Mahalanobis 距离是根据统计的特征分布情况由欧几里得距离扩展而来的。另外，一些信息距离函数是基于对特征的信息度量而来，如 Kullback 距离等，常见的如表 8-1 所示。

表 8-1　距离判别函数一览表[2]

类型	名称	距离函数	说明
几何距离判别函数	欧几里得距离	$D_E^2(\varphi_T, \varphi_R)=(\varphi_T-\varphi_R)^{\mathrm{T}}(\varphi_T-\varphi_R)$	
	残差偏移距离	$D_a^2(\varphi_T, \varphi_R)=(\varphi_T-\varphi_R)^{\mathrm{T}} r_T(\varphi_T-\varphi_R)$	r_T：$\{x_t\}_T$ 的协方差矩阵
	Mahalanobis 距离	$D_{Mh}^2(\varphi_T, \varphi_R)=(\varphi_T-\varphi_R)^{\mathrm{T}} C_R^{-1}(\varphi_T-\varphi_R)$ $=\frac{N}{\sigma_R^2}(\varphi_T-\varphi_R)^{\mathrm{T}} r_R(\varphi_T-\varphi_R)$	C_R：G_R 的协方差矩阵；r_R：$\{x_t\}_R$ 的协方差矩阵
	Mann 距离	$D_{Mn}^2(\varphi_R, \varphi_T)=\frac{N}{\sigma_T^2}(\varphi_R-\varphi_T)^{\mathrm{T}} r_T(\varphi_R-\varphi_T)$	r_T：G_T 的协方差矩阵
信息距离判别函数	Kullback 距离	$D_K^2(p_T, p_R)=\frac{1}{2}\ln\frac{\lvert C_R\rvert}{\lvert C_T\rvert}+\frac{1}{2}D_{Mh}^2(\varphi_T-\varphi_R)$ $+\frac{1}{2}tr[C_r(C_R^{-1}-C_T^{-1})]$ $=\frac{1}{2}\ln\frac{\sigma_R^2}{\sigma_T^2}+\frac{n\sigma_T^2}{2\sigma_R^2}+\frac{1}{2}D_{Mh}^2(\varphi_T-\varphi_R)-\frac{n}{2}$	$p_T(\varphi)$，$p_R(\varphi)$：G_T，G_R 的概率密度函数；C_T，C_R：G_T，G_R 的协方差矩阵简化公式(取 $r_T=r_R$)
	J-散度	$D_J^2(p_T, p_R)=D_K^2(p_T, p_R)+D_K^2(p_R, p_T)$ $=\frac{n}{2}(\frac{\sigma_T^2}{\sigma_R^2}+\frac{\sigma_R^2}{\sigma_T^2})+\frac{1}{2}[D_{Mh}^2(\varphi_T, \varphi_R)$ $+D_{Mn}^2(\varphi_R-\varphi_T)]-n$	$p_T(\varphi)$，$p_R(\varphi)$：G_T，G_R 的概率密度函数；C_T，C_R：G_T，G_R 协方差矩阵简化公式(取 $r_T=r_R$)
	Itakura 距离	$D_I^2(p_{RT}, p_T)=\frac{\sigma_{RT}^2}{\sigma_T^2}-1$	$p_{RT}(x)$，$p_T(x)$：$\{x_t\}_{RT}$，$\{x_t\}_T$ 的概率密度函数
	Kullback-Leibler 距离	$D_{KL}^2(p_{RT}, p_R)=\ln\frac{\sigma_R^2}{\sigma_T^2}+\frac{\sigma_{RT}^2}{\sigma_R^2}-1$	$p_{RT}(x)$同上，$p_R(x)$：$\{x_t\}_R$ 的概率密度函数
	Bhattachar-yya 距离	$D_B^2(p_R, p_T)=\frac{1}{2}\ln\frac{\lvert R_R R_T\rvert}{2\sqrt{\lvert R_R\rvert\lvert R_T\rvert}}$	$p_R(x)$，$p_T(x)$：R_R，R_T 的概率密度函数和协方差矩阵

8.1.3　基于人工智能的方法

基于人工智能的状态监测方法主要依赖于模式识别和机器学习算法。模式识别和机器学习研究方法及内容严格定义有所不同，但在应用时并无不同，本书不作区分。模式识别是一种根据目标特征，对事物或现象进行描述、辨认、分类和学习的算法，适用于特征明显且易于提取，先验信息充足，需要人为管控的过程，一般包括以下步骤：

(1)数据预处理：由实际监测得到的数据往往具有较强的随机性，或多或少包含着由环境和监测产生的各类噪声。这些噪声增加了模型的不确定性，提高了问题的复杂度。为加快模型收敛，预先降噪处理往往是十分必要的。另外，模式识别算法往往是在数据为特定分布的前提下进行的。当样本数据不符合前提条件时，很难保证模型的预测效果，甚至不能保证模型成立。通常需要对数据预处理，根据先验知识，将样本空间映射到一个便于模型处理空间。

(2)特征提取与选择：特征提取和选择的效果是相同的，都是试图将样本数据转化为易于模式识别的特征，但两者的基本思想是不同的。特征提取采用了组合映射的方法，将原空间的特征或样本数据通过转换函数映射到新的特征空间。而特征选择是从原特征集中挑选出一个特征子集，没有更改原特征空间。特征的好坏直接决定着整个模型的识别能力，具体实施细节将在本章给出。

(3)分类器设计：根据提取到的特征，对样本所属类别做出判断。

近年来，随着计算能力的提高，机器学习方兴未艾。与模式识别不同，机器学习可以直接基于已知样本进行训练，构建问题模型，主动提炼出用于分析和预测的内在规律，特别适用于样本庞大、问题复杂、难以人工介入的情况。可以认为，模式识别的重点在于提取一组能够区分各个模式的特征，而机器学习的难点在于选择一个合适的构建当前模型的算法。根据学习方式，可将机器学习分为以下 5 类[6]：

①监督学习：适用于训练集同时给出训练数据和目标的情况。其中，训练目标即算法的期望输出，可以理解为设计者人为给定的监督信息。监督学习的本质在于拟合一个函数，尽可能逼近从数据到目标的映射关系。当标注数据充分时，监督学习是最简单、直接、高效的机器学习算法，经常用于解

决回归与分类问题。

②无监督学习：适用于训练集没有人工标注的情况，如聚类。无监督学习的目标相较于监督学习更为模糊，只有一个定性的预期方向。为定量指出模型训练方向，一般需要事先给定判别函数或者评估函数来评估模型的好坏。由于数据分布多种多样，现实问题难以准确建模，评估函数选择的合适与否经常决定着无监督学习结果好坏。

③半监督学习：这是一种介于监督学习与无监督学习之间的方法，适用于标注成本较大或不能大规模标注，给出的标注样本不足以使网络收敛的情况。现在研究者普遍认为，无标签数据虽然不能给出模型优化方向，但可以给出数据的分布。难点在于如何让模型根据监督数据的信息学习到未标注数据的知识。需要注意的是，半监督学习通常是在某些假设成立的前提下进行的，比如标注样本和未标注样本同分布，当假设不成立时，半监督学习的效果很难得到保障。

④迁移学习：现有的开源环境已十分成熟，其中的数据集和模型非常具有借鉴价值。当问题目标和数据与已有模型比较接近时，可以在原有模型基础上训练，降低训练时长。当存在与训练样本集类似的数据集，也可以用外部数据集预训练，避免陷入局部最优解。

⑤强化学习：用训练完成后的模型预测实际环境中的样本，并根据实际环境情况实时修正模型。

8.2 基于模式识别的状态监测框架

状态监测可以被视作一个非常典型的模式识别问题。对任意模式识别问题，可以根据样本的 d 维特征向量 $y=(y_1, y_2, \cdots, y_d)$的差异，将其分配给 c 个类别 ω_1，ω_2，…，ω_c 中的一个。假设特征在各个类别中以特定的条件概率密度函数分布，如果样本 x 属于类 ω_i，那么 x 可被视作一个从类条件概率密度 $p(y \mid \omega_i)$分布中随机抽取出的观察值。因此，从概率的角度来讲，模式识别本质上属于一种最大似然估计问题。具体地，状态监测希望根据提取到的信号特征 ω_i，寻找其最可能对应的状态 y。状态估计有点类似于贝叶斯推理，不仅要用到先验知识，而且需要适配当前状态，因此属于一个动态估

计问题。如果

$$P(\omega_i \mid y) > P(\omega_j \mid y),\ j \neq i \tag{8-14}$$

则认为样本 y 属于类 ω_i。

因此，状态监测的目标是去寻找：

$$\text{状态监测：}\quad \underset{i}{\operatorname{argmax}}\, p(w_i \mid y) \tag{8-15}$$

或者，表示成物理形式：

$$\text{状态监测：}\quad \underset{\text{tool state } i}{\operatorname{argmax}}\, p(\text{tool state} \mid \text{signal features}) \tag{8-16}$$

在状态监测中，常用的状态估计方法主要包括贝叶斯决策、神经网络、聚类和隐马尔可夫模型。

模式识别根据观测信息，在数学和技术层面进行样本分类。状态监测经常利用的信息包括图像中像素的灰度、波形的频域能量，以及小波分析中各分量占比。状态监测系统的实现可分为 3 部分，如图 8-3 所示。

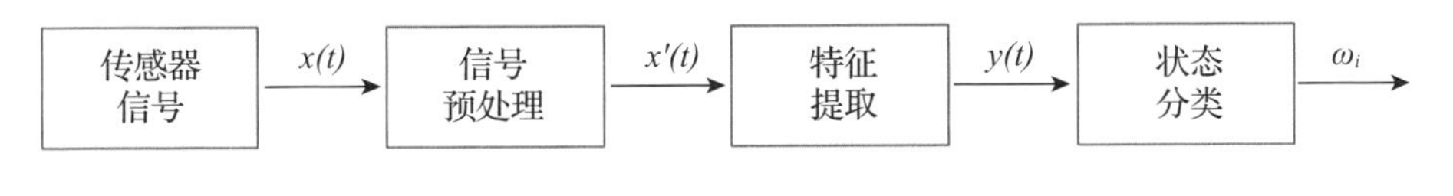

图 8-3　状态监测系统数据流

(1)信号预处理。该环节希望根据已有的与数据相关的先验知识，对信号进行预先处理，降低特征提取过程的计算量，便于提取到更有价值的特征。如可以利用归一化预处理调整传感器信号 $x(t)$的分布，避免信号之间差异对特征提取的影响；又如可以利用中值滤波器、窗函数滤波器滤除信号中的噪声，降低噪声对预测的干扰。

(2)特征提取。特征是对感兴趣状态的定量描述，通常表示成特征向量的形式 $y=[y_1, \cdots, y_n]^{\mathrm{T}}$，其中，$y_1$，$y_2$，…，$y_n$代表着不同的特征值。由于特征的度量形式不同，特征可以是离散的数值，也可以是连续值。但其必须能够充分反映被研究状态的特性，并尽可能表现不同状态之间的差异。特征提取环节希望将与模式分类相关的信息从 $x(t)$中提取出来，并表示成特征向量 $y(t)$的形式。相比于输入向量，特征向量维度更低，可以大幅降低模式分类的难度和计算量，也更适合模式分类。

(3)状态分类。状态(或类)本质上是一组具有某些共通特性的模式，换句话说，同属一类的特征向量会自然地聚类为一个集合。由于类的不确定性，从同属一类的多个样本中提取出的特征不尽相同。可以对应到 n 维特征空间中的不同特征点，而类则对应着这些特征点的聚类，又被称作状态分布。由于模式识别的目的就是对这些特征进行分类，我们希望属于不同类的样本是非空且可分的。假设该样本集对应了 K 类，可以表示为如下的数学形式：

$$\omega_k \neq \varnothing, \quad k=1, \cdots, K; \tag{8-17}$$

且

$$\omega_k \cap \omega_l = \varnothing, \quad k \neq l \in \{1, \cdots, K\} \tag{8-18}$$

分类器是一系列用于状态判别的输入输出函数 $g_i(x, \Lambda_j)$，$i=1, \cdots, K$，Λ 是分类器参数集。分类器根据输入向量 $\boldsymbol{x}$ 输出分类结果，依照的分类规则如下：

$$x \in \text{Class } i \text{ 如果 } g_i(x, \Lambda_i) = \max_{j \in K} g_i(x, \Lambda_j) \tag{8-19}$$

根据分类标准不同，可将用于模式识别的分类器分为不同种，如贝叶斯分类器、似然分类器和距离分类器。

根据提取到的特征向量，分类器最终确定当前状态。分类模型基于不同的分类准则(如距离、似然和贝叶斯)，将特征向量 $\boldsymbol{y}$ 分配给 K 个类别 ω_1，ω_2，⋯，ω_K 中的一个。

8.3 信号预处理

在当今大数据时代，样本集的数据量往往是极为庞大的，直接将传感器信号送入模型往往会导致模型计算量急剧增大，并且难以收敛。而且实际环境中的信号经常是复杂多变的，不利于模型的统一处理。一般来讲，信号首先需要送入信号预处理环节，转换为期望分布(归一化处理)，降低特征提取的计算难度，在接下来的章节会着重探讨此问题。预处理环节一般需要完成以下 3 个任务。

(1)信号去噪。如果我们有与噪声相关的先验知识，如已知噪声所处频带，就可以采用合适的滤波器滤除这些噪声。比如，如果已知信号中包含由环境引入的噪声，该噪声的频率远高于(或低于)有效信号的频率，那么就可以采用低通(或高通)滤波器滤除噪声。在复杂的问题中，噪声的特征频率会随着时间的推移不断变化，此时可以考虑采用自适应滤波器。声发射信号特征频率由于处在非常高频段，较少受环境噪声影响。

对于微弱的信号，以及与成形过程相关的噪声，需要更先进的噪声去除方法。在激光成形过程中，像振动这种幅值较小的信号很容易被噪声污染，因此预处理去噪是十分必要的。以独立元分析（independent component analysis，ICA）为例[3]，它认为采集到的信号是振动信号和噪声信号的瞬时叠加，因此去噪过程等价于分离噪声源和力信号源，又被称作盲源分离（BSS）。盲源分离的优势在于不需要假设源的分布模型，克服了传统方法中仅适用于高斯噪声的局限性。

（2）标准化。随着加工状态的改变，特征的分布范围会动态变化，比如降低扫描速度就会导致能量密度的大幅提高。某些特征即便不能很好地反映状态变化情况，但由于其本身数值较大，却能在判别函数中比其他特征更具有影响力，这就会导致判别函数的判别能力下降。正则化预处理可以将特征映射到相似的分布空间，避免特征本身数值差异带来的影响。

标准化的方式可分为两种：一种是根据信号的均值和方差标准化，另一种是根据信号的幅值标准化。第一种方法会根据下面的公式，将信号的均值置零，并将标准差置1[5]。

$$x'_i = \frac{x_i - \mu_i}{\sigma_i} \tag{8-20}$$

其中，x_i 表示原始信号的第 i 个数据点，x'_i 表示经标准化后的值，μ_i 表示整个信号的均值，σ_i 表示整个信号的标准差。

后一种标准化方式简单地将所有数据点除以一个相同的值，将所有值限制在［-1，1］范围内：

$$x = \frac{x}{\sqrt{\sum_{i=1}^{d} (x_i)^2}} \tag{8-21}$$

如果信号幅值差异明显，可以考虑对整个信号对数变换，降低信号的动态变化范围。

如果可能，尽可能在标准化前对信号预处理，剔除信号中的奇异值。当输入信号不高于三维时，通过人为观测就可以消除奇异值的影响。但当信号高于三维，无法通过绘图表示信号分布时，情况就较为复杂。一般会假设数据服从高斯或者近似高斯分布，通过 Mahalanobis 距离[3]来度量各数据点与整体的差异。最简单的方法是根据训练集样本点的所属类别，分别设定Mahalanobis距离阈值，将超过阈值的点视为奇异点。其中，训练集中属于类ω_j的样本X的Mahalanobis距离公式为[3]

$$M_j = (x - \mu_j)^{\mathrm{T}} \sum_j^{-1} (x - \mu_j) \tag{8-22}$$

其中，μ_j表示类ω_j的均值，$\sum_j$表示类ω_j的方差。

(3)数据压缩。在开发任何实时监控系统时，首要考虑的是响应速度，因为它决定了可以采取控制决策的时间。响应速度反过来取决于计算效率，为了提高计算效率，可以通过消除传递系统信息最少的特征分量来减小数据的大小或维数，这个分析阶段被称为数据简化或特征选择。数据缩减用于减少数据的初始大小，以使后续计算更快，同时信息损失最小。前面讨论的傅里叶变换将原始数据呈现在一个便于物理解释的域中。然而，它不一定是与数据简化相关的最佳变换。最佳变换是将数据转换为一个域，在该域中，消除某些成分以减小数据大小将会产生最小的错误率。具体研究见8.4节。

8.4 特征提取与选择

经过上述预处理环节，信号中的一些干扰信息被滤除，特征提取过程也更容易执行。下文所要讲述的特征选择和特征提取环节本质上都属于降维过程，都是为了找到少量的关键特征。这些特征应该能够准确描述所有模式，也可以区分不同模式之间的差异，并且这种特征表示应具有普适性，效果不应该随着数据集的改变而变差。原始信号到特征的这一降维过程有助于降低整个模型的复杂度，进而降低训练所需的计算量、计算时长和存储消耗，也便于决策机做出准确稳定的判断，避免过拟合现象出现[3]。当然，在模式识别中，一味追求高信息压缩比的做法仍然有待商榷。过少的特征可能无法表征当前检测信号，丢失用于模式识别的关键信息，致使决策机无法获得足够的信息以支撑其做出准确的决策。因此，正确的做法是在确保判别能力足够的前提下，尽可能减少特征数量。特征提取通常是一个数学变换过程，常见的方法有线性变换、主成分分析和线性判别分析，将在下一节详细讨论。

特征提取的任务是去提取优秀的特征并增强特征对状态类别的判断能力。以小波分析提取声音特征为例，通过 n 个层次的分解，可以获得 2^n 个小波包系数，可将各包节点的平均能量作为特征。通过不同的特征提取方式，可获得一个对熔化过程状态较为全面的描述，常用的统计特征如均值、标准差、偏度、峰度和动态成分。

此外，参数向量的维度通常非常庞大，其中包含了大量冗余或与状态无关的信息，这会极大提高决策计算量和系统复杂度。为了降低计算开销，通过性能指标移除一部分特征，降低预算开销是十分必要的，这一环节通常被称为特征选择。一般地，我们选用类间距离作为特征的选择指标，并据此对特征进行排序。一般认为类间距离越大，特征的判别能力越强。其中，Fisher 线性判别分析(FDA)是一种常见的用于降低计算量、提高预测鲁棒性的算法。对多维特征向量采用主成分分析法降低向量的维数，是另一种常见的有效方法。

1. 特征提取

虽然 PCA 和 LDA 应用非常广泛，但并不适用于所有情况。在一些问题中，信号在时域上可能没有表现出明显的形态特征，此时可以转而观察信号在频域上的分布，对于具有特征频带的平稳随机信号，采用基于 Fourier 的快速离散 Fourier 变换就更为合理。对于非平稳随机信号，特征频率会随时间变化，Fourier 变换的稳定性假设不再成立，此时可以采用基于时频空间的小波变换提取信号特征。该方法可以通过对小波的伸缩平移，获取检测信号在不同时间段频率的分布规律。根据上述方法获得的信息分别是频谱分布和时频分布，为从中获得关键信息，通常还需要进行阈值处理，丢弃其中的小幅值信息，筛选出拥有较大幅值的点作为特征点。这主要基于以下假设：在信息处理领域，一般认为幅值较低的组分不是信号的主要成分，对信号模式的表现能力有限，保留的意义不大。

需要补充的是，某些文章考虑到特征提取算法在某种意义上降低了特征维度，因而将其视为特征选择的一种特殊情况。为区别于下面将要阐述的特征选择技术(基于包装器(wrapper)的特征选择)，特征提取由于过滤掉了不相关的特征，又被称为基于滤波器(filter)的特征选择算法。

2. 特征选择

特征选择算法是一个从 m 个特征中选择出 d 个最具有判别力的特征的过

程。一般来讲，特征池是由前述的特征提取算法得出的，特征选择只是在此基础上进行进一步的筛选。它所要解决的主要问题是：在特征池中，选择哪一组特征能够提供最佳的判别信息。按照是否线性可分，特征可分为线性可分特征、非线性可分特征和高度线性相关特征，如图 8-4 所示。

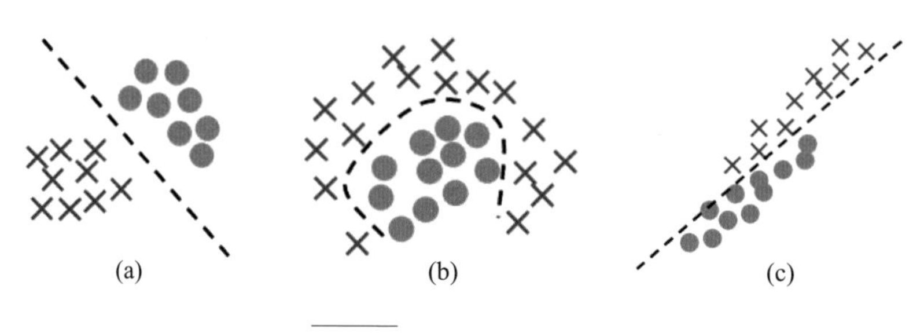

图 8-4 不同特性的特征

(a) 线性可分；(b) 非线性可分；(c) 高度线性相关。

为有效评估不同组特征的判别性能优劣，一般会事先确定一个判别函数。最直接的一种判别方法就是比较由该组特征训练出的分类器的性能，即致力于寻找一个特性子集，在此基础上训练可以得到具有最佳泛化性能的分类器，如图 8-5 所示。当然，需要注意的是，由该判别方法选择出的特征子集是与该分类器对应的。如果分类器发生改变，最佳特征子集也有可能会随之改变。例如，采用神经网络和决策树作为分类器，得到的特征子集就会有差异。即便只是调整神经网络本身的结构，也有可能影响到特征的选择。因此，特征选择是围绕着特定的分类器进行选择的，因具体问题而不同。

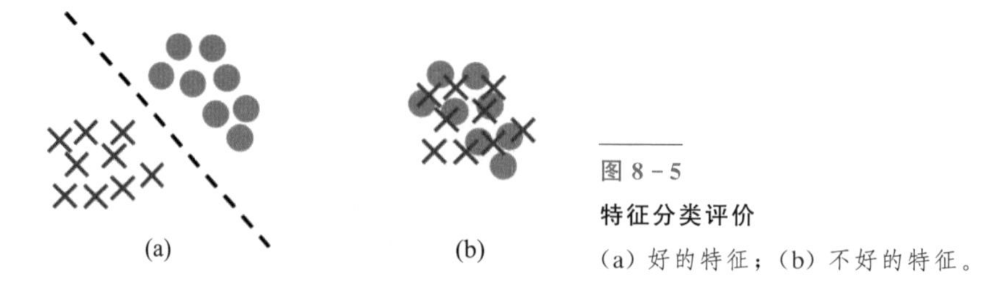

图 8-5 特征分类评价

(a) 好的特征；(b) 不好的特征。

当特征集合规模较小或者数据量较少时，遍历搜索是一种不错的选择，在不会消耗过多资源的前提下，可以获得最佳特征子集。当问题较为复杂时，就需要尽量避免遍历搜索，转而去采用一些效率更高的选择算法，常见的如深度优先搜索、广度优先搜索、分支限界搜索和爬山搜索，以及顺序向前和向后搜索(也称为爬山搜索)。并且不同问题的特征性质差异明显，而这些搜索算法都有各自的适用范围，需要根据实际问题的特征具体确定。

8.5 状态分类的模式识别方法

通过上述环节提取得到的特征最终将汇入分类器。分类器根据给定的信号特征不断地迭代，学习这些信号特征与监测状态的映射关系，最后，我们可以得到一组信号特征与状态之间的概率模型。当模型训练完成时，在接下来的测试环节中，从未知状态提取出的特征会被送入分类器，根据分类器的输出确定其所属类别。

8.5.1 贝叶斯分类[3]

贝叶斯统计通过训练样本获取每个类别的特征分布，并认为由训练样本获得的特征分布代表了特征的真实分布。根据测试集样本的特征值和每个类别的特征概率分布函数，计算样本属于每个类的概率。注意，样本属于每个类别的概率都需计算一次。贝叶斯统计还认为样本特征更有可能属于条件概率较大的类别，即默认最大似然法则成立。根据计算出的概率，将测试集样本分配给概率最高的类别。

假定每个类别的先验概率密度函数为 $p(\omega_i)$，$p(\omega_1|x)$和 $p(\omega_2|x)$分别表示特征 x 属于类 ω_1 和类 ω_2 的条件概率密度函数，分类标准可以描述为

$$\text{如果 } p(\omega_1|x) > p(\omega_2|x)\text{，那么 } x\in\omega_1\text{，} \tag{8-23}$$

$$\text{如果 } p(\omega_2|x) > p(\omega_1|x)\text{，那么 } x\in\omega_2 \tag{8-24}$$

贝叶斯定律可以依据概率密度函数重定义条件概率。根据条件密度函数 $p(x|\omega_1)$和 $p(x|\omega_2)$可以推导出新的分类标准，表示为

$$p(\omega_i|x)=\frac{p(x|\omega_i)p(\omega_i)}{p(x)} \tag{8-25}$$

因为所有类别的分母是相同的，数值大小对贝叶斯决策没有影响，所以可以直接去掉，简化为

$$\text{如果 } p(\omega_1)p(x|\omega_1) \geqslant p(\omega_2)p(x|\omega_2)\text{，那么 } x\in\omega_1 \tag{8-26}$$

$$\text{如果 } p(\omega_1)p(\bar{x}|\omega_1) < p(\omega_2)p(\bar{x}|\omega_2)\text{，那么 } x\in\omega_2 \tag{8-27}$$

图 8-6 阐述了基于最大似然概率的决策制定，两条蓝色曲线分别代表两个类别的条件概率密度函数，红色曲线代表特征 x 的概率密度函数。在黑色虚线左方，符合式(8-26)的情况，认为 x 属于 ω_1；在黑色虚线右方，符合式(8-27)的情况，认为 x 属于 ω_2。

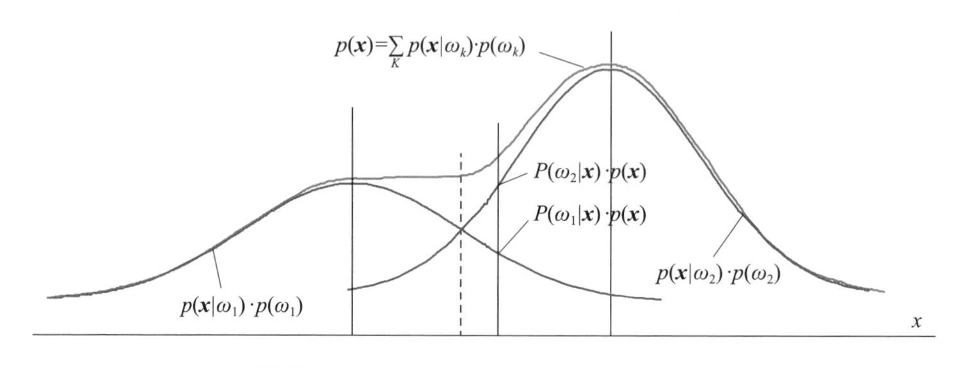

图 8-6　基于类 $\boldsymbol{\omega}_1$ 和 $\boldsymbol{\omega}_2$ 的 $\boldsymbol{P}(x|\boldsymbol{\omega}_i)\ \boldsymbol{P}(\boldsymbol{\omega}_i)$

该准则可以推广到包含多个类别和多维特征空间的情形。当决策任务包含 k 个类别时，通过贝叶斯分类选择类别 ω_i 的准则可推广为

$$p(x|\omega_i)p(\omega_k)=\underset{k=1,k}{\mathrm{Max}}\{p(x|\omega_k)p(\omega_k)\} \tag{8-28}$$

其中，$p(x|\omega_i)$表示类别 i 的特征概率密度函数。

8.5.2　Fisher 线性判别

线性判别分析(LDA)的目标是将一组原始测试数据线性映射到低维向量空间中，从而最大化给定的类判别度量[3]。该技术试图最大化一组特征的类间协方差 S_b，最小化类内协方差 S_w。最常用的度量函数是类间散度与类内散度之比，可以表示为

$$\mathrm{tr}\left\{\frac{S_b}{S_w}\right\} \tag{8-29}$$

LDA 变换可以被截断，仅选取线性映射后的 n 个类间与类内协方差之比最大的特征值，舍弃低阶 LDA 分量，降低变换后的特征向量维数。

Fisher 线性判别分析（FDA）是一种常见的线性判别分析方法，致力于寻找一组映射，使得样本点的类间差异最大，类内差异最小。在本节中，我们将采用该方法进行特征选择。

假设样本集 D 包含 n 个 d 维特征的样本$\{X_1, X_2, \cdots, X_n\}$，且可分为 K 个类别。其中有 n_1 个样本属于类 C_1，称为数据子集 D_1，有 n_2 个样本属于类 C_2，称为数据子集 D_2。

在第 i 类中，d 维空间样本 X 的均值向量$\boldsymbol{\mu}_i$ 和协方差矩阵$\boldsymbol{S}_i$ 计算如下：

$$\boldsymbol{\mu}_i = \frac{1}{n_i}\sum_{x \in D_i} x \tag{8-30}$$

$$\boldsymbol{S}_i = \sum_{x \in D_i}(x - \mu_i)(x - \mu_i)^{\mathrm{T}}, i = 1,2,\cdots,K \tag{8-31}$$

类内协方差矩阵 $\boldsymbol{S}_w$ 计算如下：

$$\boldsymbol{S}_w = \sum_{i=1}^{K} S_i = \sum_{i=1}^{K}\sum_{x \in D_i}(x - \mu_i)(x - \mu_i)^{\mathrm{T}} \tag{8-32}$$

整体均值 μ 定义为

$$\mu = \frac{1}{n}\sum_{x} x = \frac{1}{n}\sum_{j=1}^{K} n_i \mu_i \tag{8-33}$$

类间协方差矩阵 $\boldsymbol{S}_B$ 定义为

$$\boldsymbol{S}_B = \sum_{i=1}^{K} n_i(\mu_i - \mu)(\mu_i - \mu)^{\mathrm{T}} \tag{8-34}$$

其中，$x = (x_1, x_2, \cdots, x_d)$代表 n 维样本空间 $\mathbf{R}^n$ 中的 d 维训练集的输入样本。$y = (y_1, y_2, \cdots, y_d)$表示输入样本 x 在低维空间 $\mathbf{R}^m$ 的特征表示，可以通过式(8－35)的线性正交映射获得：

$$y_i = w_i^{\mathrm{T}} x_i, \ i = 1, 2, \cdots, m \tag{8-35}$$

或表示为

$$y = W^{\mathrm{T}} x \tag{8-36}$$

特征 y 第 i 维对应的均值μ'_i 和协方差矩阵$\boldsymbol{S}'_i$ 定义为

$$\mu'_i = \frac{1}{n_i}\sum_{y \in D_i} y \tag{8-37}$$

$$\boldsymbol{S}'_i = \sum_{y \in D_i}(y - \mu'_i)(x - \mu'_i)^{\mathrm{T}}, i = 1,2,\cdots,K \tag{8-38}$$

类内协方差矩阵 $\boldsymbol{S}'_w$ 定义为

$$\boldsymbol{S}'_w = \sum_{i=1}^{K} S'_i = \sum_{i=1}^{K} \sum_{y \in D_i} (y - \mu'_i)(y - \mu'_i)^{\mathrm{T}} \tag{8-39}$$

整体均值 μ' 定义为

$$\mu' = \frac{1}{n} \sum_{y} y = \frac{1}{n} \sum_{j=1}^{K} n_i \mu'_i \tag{8-40}$$

类间协方差矩阵 $\boldsymbol{S}'_B$ 定义为

$$\boldsymbol{S}'_B = \sum_{i=1}^{K} n_i (\mu'_i - \mu')(\mu'_i - \mu')^{\mathrm{T}} \tag{8-41}$$

或可表示为

$$\boldsymbol{S}'_w = \boldsymbol{W}^{\mathrm{T}} \boldsymbol{S}_w W \tag{8-42}$$

$$\boldsymbol{S}'_B = \boldsymbol{W}^{\mathrm{T}} \boldsymbol{S}_B W \tag{8-43}$$

Fisher 线性判别分析会寻找一个线性映射 $\boldsymbol{W}^T \mathrm{x}$，最小化下面的判别函数：

$$\mathrm{J}(\mathrm{W}) = \frac{|\boldsymbol{S}'_B|}{|\boldsymbol{S}'_w|} = \frac{\boldsymbol{W}^{\mathrm{T}} \boldsymbol{S}_B W}{\boldsymbol{W}^{\mathrm{T}} \boldsymbol{S}_w W} \tag{8-44}$$

由式(8－44)可知，权值 W 第 i 列的最优解对应着广义特征向量矩阵 $\boldsymbol{S}_W^{-1} \boldsymbol{S}_B$ 第 i 大的特征值的广义特征向量。当样本聚集在各类中心周围，而属于不同类的样本分离明显时，如下的类间距离与类内距离之比数值较大。

$$R = \frac{\text{Inter}-\text{class distance}}{\text{Intra}-\text{class distance}} = \frac{|\boldsymbol{S}_b|}{|\boldsymbol{S}_w|} \tag{8-45}$$

在这种情况下，很容易推断出 $|\boldsymbol{S}_w|$ 正比于 $S_1 + S_2$，而 $|\boldsymbol{S}_b|$ 正比于 $(\mu_1 - \mu_2)^2$。因此可将 Fisher 判别比（FDR）表示为

$$\mathrm{FDR} = \frac{|\mu_1 - \mu_2|^2}{s_1 + s_2} \tag{8-46}$$

推广到多类别问题，可将 FDR 改为如下的平均形式：

$$\mathrm{FDR}(m) = \sum_{i=1}^{K} \sum_{j \neq i}^{K} \frac{|\mu_i^m - \mu_j^m|^2}{s_i^m + s_j^m} \tag{8-47}$$

其中，下标 i、j 分别代表类别 C_i 和 C_j，m 代表特征索引。式(8－47)倾向于强调类之间的差异大小，为直观反映特征的优劣，我们将这个公式修改为

$$\mathrm{FDR}(m)=\frac{\sum_{i=1}^{K}\sum_{j=1}^{K}|\mu_i^m-\mu_j^m|^2}{\sum_{i=1}^{k}s_i^m} \tag{8-48}$$

其中，FDR(m)反映了特征 m 对所有类别的整体描述得分。为比较所有特征的优劣，需要依次求解所有特征的 FDR 指标。将特征根据该指标降序排列，选择前 l 个 FDR 值最大的特征作为最佳特征。由于 FDR 不依赖于数据的统计分布，因此鲁棒性较高。

还有一种由 Fukunaga 提出的 K－L 散度[3]标准被广泛应用，在许多方面与 FDR 类似。但是 K－L 散度通常会对所选特征的分布和协方差矩阵有所限制。当特征的分布为高斯分布，且协方差矩阵相同时，K－L 散度与 FDR 的效果是相同的。

8.5.3　主成分分析

特征提取主要用于将观测到的输入向量 $\boldsymbol{x}\in\mathbf{R}^n$ 映射为更适合分类决策的特征向量 $\boldsymbol{x}\in\mathbf{R}^m$。把多个参数转变为少数几个正交参数(主成分)，而不丢失主要信息的多元统计分析方法叫主成分分析法。直接使用多个特征参数(多维特征向量)诊断故障，由于维数多且各参数(特征向量的分量)又不一定相互独立，不仅计算量大，而且效果也不好。因此，对多维特征向量采用主成分分析法降低向量的维数，减少诊断工作的困难，是一件很重要的工作。主成分分析(PCA)凭借其出色的对高维数据、高度相关数据的处理能力和噪声抑制能力，广泛应用于过程监控环节。实验结果表明，PCA 降维有助于分类器的训练，并降低分类误差。

主成分分析是在最大方差理论、最小错误理论和坐标轴相关度理论成立的前提下进行的。主成分分析认为信号本身具有较大的方差，而噪声有较小的方差，为提高信噪比，应尽可能剔除掉方差较小的大方向[7]。它的基本思想是通过线性变换，依次寻找满足下列条件的直线 L：①在所有方向中，样本点在 L 所处的方向上应具有最大的方差；②所有样本点距离该直线的平方误差最小。直观地讲，直线 L 应能充分代表所有样本点的趋势，如图 8－7 所示。

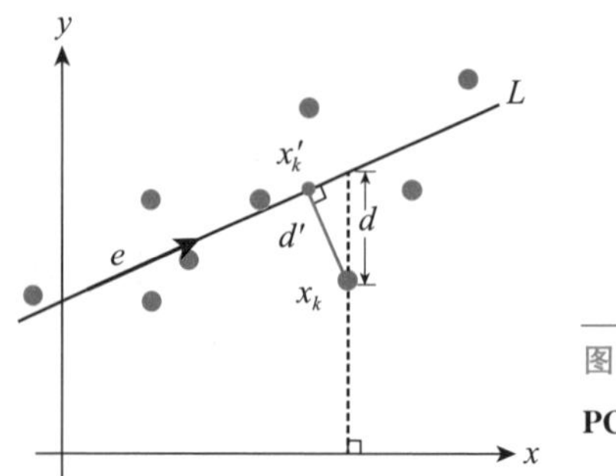

图 8-7
PCA 直线选择示意图[7]

因此投影出的第一个主成分分量方差最大。第一个方向的主成分 w_1 可以表示为

$$w_1 = \operatorname{argmax}\ \{\boldsymbol{E}\ (w^{\mathrm{T}} x)^2\},\quad \| w \| = 1 \tag{8-49}$$

对任意随机样本 x，w_1 与原数据具有相同的维度数 m。

为确保 PCA 选择出方向的独立性，每次选择的方向应与已选方向垂直。因此，当前 $k-1$ 个主成分方向被确定后，第 k 个组分描述的应是未被前 $k-1$ 个主成分囊括的成分，可以表示为

$$w_k = \operatorname{argmax}\ \boldsymbol{E}\left\{\left[w^{\mathrm{T}}\left(x - \sum_{i=1}^{k} w_i w_i^{\mathrm{T}} x\right)^2\right]\right\},\ \| w \| = 1 \tag{8-50}$$

主成分一般根据 $s_i = w_i^{\mathrm{T}} x$ 得出，其中 w_i 对应了协方差矩阵 $\boldsymbol{C}$ 的 n 个最大的特征值。在实验中，主成分 w_i 的选择可以简化为样本协方差矩阵 $\boldsymbol{E}\{xx^{\mathrm{T}}\} = \boldsymbol{C}$ 的计算，可以看出 PCA 本质上是一种坐标轴变换，寻找一组整体方差最大的分量 S_1，S_2，…，S_n，并按照对整个样本集的贡献大小排列。

PCA 方法也可用于特征选择，但由于上述 PCA 的特征降维是将特征转换到另一个新的低维特征空间，本质上仍属于特征提取，而非特征选择。在 PCA 变换过程中，会丢失原特征空间的物理含义，这也限制了其在一些物理模型中的应用。在本研究中，采用基于原始特征的 PCA 的特征选择，然后基于 Jolliffe[8] 的方法对特征排序。从协方差矩阵中最小的特征值对应的特征向量开始，剔除该向量中系数最大的特征，然后依次处理其余特征向量，丢弃系数最大的其余特征，直到所有特征排序完成。

主成分分析最常用的方法是 K-L 变换，也称主分量分析法，这种方法的要点是首先进行坐标变换，将原特征参数(原坐标量)转变为相互独立的新特征参数(新坐标量)，然后舍去其中的次要分量，就可得到由留下的主要分

量组成的低维特征向量，用它取代原向量就实现了降低向量维数的目的。以最简单的二维向量为例，假定设备状态特征向量的两个分量是ϕ_1和ϕ_2，它们的每一组值显然都可在平面坐标系中用一个点(状态点)表示。若设备运行时特征参数的k组观测值经零均值化处理后如图 8-8 所示，则可将坐标轴绕原点旋转到状态点散布最宽方向(图示粗线位置)，使状态点的新坐标量互相独立。于是得状态点的新坐标(新特征参数)为

$$\begin{cases} d_1 = a_{11}\phi_1 + a_{12}\phi_2 \\ d_2 = a_{21}\phi_1 + a_{22}\phi_2 \end{cases} \tag{8-51}$$

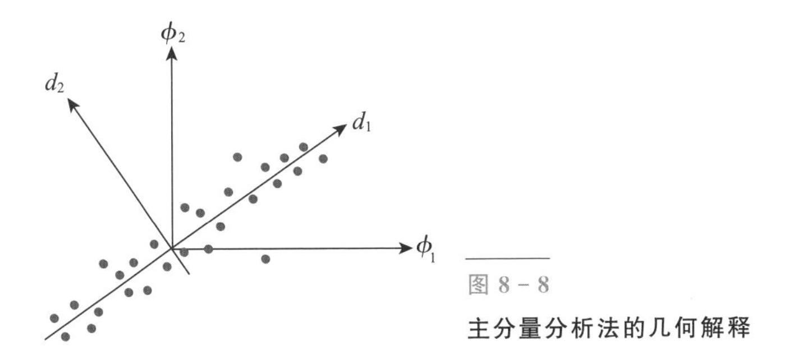

图 8-8
主分量分析法的几何解释

由图 8-8 可见，新坐标d_1和d_2不仅互相独立，而且d_1的变化范围大(方差大)，d_2的变化范围很小(方差很小)，所以各状态点的位置基本上取决于d_1，而与d_2的关系甚小。也就是说，由ϕ_1和ϕ_2两个参数描述的状态基本上可用d_1一个参数描述，d_1具有ϕ_1和ϕ_2两个分量的主要信息。因此称d_1为主要特征参数，用它代替ϕ_1和ϕ_2进行故障诊断当然是简便可行的方法。

主分量分析法有变换坐标和降低维数两个步骤。

1)变换坐标

变换坐标的目的是将原来相关的分量转变成互相独立的分量。对于上例，若将分量的计算式写成矩阵形式：

$$\begin{bmatrix} d_1 \\ d_2 \end{bmatrix} = \begin{bmatrix} a_{11} & a_{12} \\ a_{21} & a_{22} \end{bmatrix} \begin{bmatrix} \phi_1 \\ \phi_2 \end{bmatrix} \tag{8-52}$$

或

$$\boldsymbol{D}_{2\times 1} = \boldsymbol{A}_{2\times 2}\,\boldsymbol{\phi}_{2\times 1} \tag{8-53}$$

显然，在这个阶段的主要任务就是解决a_{11}，a_{12}，a_{21}，a_{22}的大小问题，在矩

阵理论中这叫求变换矩阵 $\boldsymbol{A}$，使矩阵$\boldsymbol{\phi}$ 线性变换为分量相互独立的矩阵 $\boldsymbol{D}$。下面仍以上面的二维向量为例，说明求变换矩阵 $\boldsymbol{A}$ 的方法。

对式(8-53)两边求转置得

$$\boldsymbol{D}^{\mathrm{T}}=\boldsymbol{\phi}^{\mathrm{T}}A^{\mathrm{T}} \tag{8-54}$$

式(8-54)与式(8-53)相乘得

$$\boldsymbol{D}\boldsymbol{D}^{\mathrm{T}}=\boldsymbol{A}\boldsymbol{\phi}\boldsymbol{\phi}^{\mathrm{T}}\boldsymbol{A}^{\mathrm{T}} \tag{8-55}$$

两边取数学期望得

$$\mathrm{E}[\boldsymbol{D}\boldsymbol{D}^{\mathrm{T}}]=\boldsymbol{A}\mathrm{E}[\boldsymbol{\phi}\boldsymbol{\phi}^{\mathrm{T}}]\boldsymbol{A}^{\mathrm{T}} \tag{8-56}$$

其中：

$$\boldsymbol{A}^{\mathrm{T}}\mathrm{E}[\boldsymbol{\phi}\boldsymbol{\phi}^{\mathrm{T}}]=\mathrm{E}\left[\begin{bmatrix}\phi_1\\ \phi_2\end{bmatrix}[\phi_1\ \phi_2]\right]=\mathrm{E}\begin{bmatrix}\phi_1^2 & \phi_1\ \phi_2\\ \phi_2\ \phi_1 & \phi_2^2\end{bmatrix}$$

$$=\begin{bmatrix}\dfrac{1}{K}\sum\limits_{i=1}^{K}\phi_{1i}^2 & \dfrac{1}{K}\sum\limits_{i=1}^{K}\phi_{1i}\ \phi_{2i}\\ \dfrac{1}{K}\sum\limits_{i=1}^{K}\phi_{2i}\ \phi_{1i} & \dfrac{1}{K}\sum\limits_{i=1}^{K}\phi_{2i}^2\end{bmatrix}=\begin{bmatrix}R(\phi_1) & R(\phi_1\ \phi_2)\\ R(\phi_2\ \phi_1) & R(\phi_2)\end{bmatrix}=\boldsymbol{R}(\phi) \tag{8-57}$$

这是一个二级实对称矩阵，主对角线上的元素是ϕ_1 和ϕ_2 的自相关值(也是ϕ_1 和ϕ_2 的方差，因均值为零)，主对角线两边的元素是ϕ_1 和ϕ_2 的互相关值。同样：

$$\mathrm{E}[\boldsymbol{D}\quad\boldsymbol{D}^{\mathrm{T}}]=\begin{bmatrix}R(d_1) & R(d_2d_1)\\ R(d_1d_2) & R(d_2)\end{bmatrix}=\begin{bmatrix}R(d_1) & 0\\ 0 & R(d_2)\end{bmatrix}=\boldsymbol{R}(D) \tag{8-58}$$

这是一个二级实对角矩阵，主对角线上的元素是 d_1 和 d_2 的自相关值(也是 d_1 和 d_2 的方差，因均值为零)，主对角线两边的元素是 d_1 和 d_2 的互相关值，因 d_1 和 d_2 互相独立，故都应为零。于是式(8-53)可写成：

$$\boldsymbol{R}(D)=\boldsymbol{A}\boldsymbol{R}(\phi)\boldsymbol{A}^{\mathrm{T}} \tag{8-59}$$

式(8-59)的意义是：将二级实对称矩阵 $\boldsymbol{R}(\phi)$进行正交变换，使它成为对角矩阵 $\boldsymbol{R}(D)$。根据矩阵理论可知：

对角矩阵 $\boldsymbol{R}(D)$对角线上的元素应是 $\boldsymbol{R}(\phi)$的两个正实特征根 λ_1 和 λ_2；

$\boldsymbol{A}$ 应为二级正交矩阵。

因此，求变换矩阵 $\boldsymbol{A}$ 的方法如下：

(1)根据 ϕ_1 和 ϕ_2 的观测数据求矩阵 $\boldsymbol{R}(\phi)$；

(2)解 $\boldsymbol{R}(\phi)$ 的特征方程 $[\boldsymbol{R}(\phi)-\lambda \boldsymbol{I}]=0$，得特征根 λ_1 和 λ_2(按大小顺序排列)；

(3)求变换矩阵 $\boldsymbol{A}$。

因为

$$\boldsymbol{R}(D)=\boldsymbol{A}\boldsymbol{R}(\phi)\boldsymbol{A}^{\mathrm{T}} \tag{8-60}$$

$$\boldsymbol{A}^{\mathrm{T}}=\boldsymbol{A}^{-1}(\boldsymbol{A}\text{ 为正交矩阵}) \tag{8-61}$$

故得

$$\boldsymbol{R}(D)\boldsymbol{A}=\boldsymbol{A}\boldsymbol{R}(\phi) \tag{8-62}$$

$$\begin{bmatrix}\lambda_1 & 0\\ 0 & \lambda_2\end{bmatrix}\begin{bmatrix}a_{11} & a_{12}\\ a_{21} & a_{22}\end{bmatrix}=\begin{bmatrix}a_{11} & a_{12}\\ a_{21} & a_{22}\end{bmatrix}\begin{bmatrix}\boldsymbol{R}(\phi_1) & \boldsymbol{R}(\phi_1\ \phi_2)\\ \boldsymbol{R}(\phi_2\ \phi_1) & \boldsymbol{R}(\phi_2)\end{bmatrix} \tag{8-63}$$

即

$$\begin{cases}\lambda_1\begin{bmatrix}a_{11} & a_{12}\end{bmatrix}=\begin{bmatrix}a_{11} & a_{12}\end{bmatrix}\begin{bmatrix}\boldsymbol{R}(\phi_1) & \boldsymbol{R}(\phi_1\ \phi_2)\\ \boldsymbol{R}(\phi_2\ \phi_1) & \boldsymbol{R}(\phi_2)\end{bmatrix}\\ \lambda_2\begin{bmatrix}a_{21} & a_{22}\end{bmatrix}=\begin{bmatrix}a_{21} & a_{22}\end{bmatrix}\begin{bmatrix}\boldsymbol{R}(\phi_1) & \boldsymbol{R}(\phi_1\ \phi_2)\\ \boldsymbol{R}(\phi_2\ \phi_1) & \boldsymbol{R}(\phi_2)\end{bmatrix}\end{cases} \tag{8-64}$$

将 λ_1 和 λ_2 值代入上式即可求得相应的行向量，用它们就可组成所求的变换矩阵：

$$\boldsymbol{A}=\begin{bmatrix}a_{11} & a_{12}\\ a_{21} & a_{22}\end{bmatrix} \tag{8-65}$$

2)对新特征向量进行降维处理

由前可知 $\boldsymbol{R}(\phi)$ 特征根是新分量的方差。方差小的分量是次要分量，对设备状态的变化反应不灵敏，可以考虑舍去。因此，在这个阶段的主要任务是建立区分主次分量的标准。

根据理论分析，若有 n 个特征值 λ_i，将它们按大小排列，在一般情况下只要选取前 m 个使得下式成立：

$$\frac{\sum_{i=1}^{m}\lambda_i}{\sum_{j=1}^{n}\lambda_j} > 90\% \tag{8-66}$$

则与 λ_1，λ_2，…，λ_m 相对应的分量 d_1，d_2，…，d_m 就能反映 n 个旧分量 ϕ_1，ϕ_2，…，ϕ_n 的主要特征。这 m 个新分量称为主要分量，其余的称为次要分量，由主要分量组成的新向量就可以取代旧的特征向量，作为状态判断的依据。

8.5.4 核主成分分析

传统 PCA 由于假定数据是线性的，通过线性映射实现特征降维，在某些复杂的非线性加工过程中表现会非常糟糕，这严重限制了该方法的有效性。为解决非线性问题，近年来一种新型非线性 PCA 技术被广泛应用，被称作核主成分分析(KPCA)[9]。KPCA 的基本思想是首先通过非线性映射将输入空间映射到特征空间，然后在特征空间中计算 PCs。Christianini 和 Shawe - Taylor 已证明[10]，任意给定非线性映射，只要可以表示成点乘的形式，都可以由 KPCA 完美重现。

核 PCA 依赖于“核技巧”：假设我们的算法只依赖数据点积。考虑对转换后的所有样本使用相同的算法：

$$x \rightarrow \Phi(x) \in F \tag{8-67}$$

其中 F 表示向量空间。

在操作 F 中，算法只依赖于点积 $\Phi(x_i)\cdot\Phi(x_j)$。假设对于所有的 x_i，$x_j \in \mathbf{R}^d$，都存在这样一个核函数 $k(x_i, x_j)$：

$$k(x_i, x_j) = \Phi(x_i)\cdot\Phi(x_j) \tag{8-68}$$

$\tilde{\boldsymbol{C}}$的特征向量位于映射数据 $\Phi(x_i)$的范围内，如果 $\boldsymbol{e}$ 是 F 中对应着特征值 λ 的一个特征向量，那么

$$\tilde{\boldsymbol{C}}\tilde{\boldsymbol{e}} = \frac{1}{m}\sum_{i}\Phi(x_i)\cdot(\Phi(x_i)\cdot\tilde{\boldsymbol{e}}) = \lambda\tilde{\boldsymbol{e}} \tag{8-69}$$

因此，特征值方程可以用 m 个方程代替。

$$\Phi(x_i)(\widetilde{\boldsymbol{C}} \cdot \widetilde{\boldsymbol{e}}) = \lambda\Phi(x_i) \cdot \widetilde{\boldsymbol{e}},\ i = 1,\ 2,\ \cdots,\ m \tag{8-70}$$

在这一步中，$\boldsymbol{e}$ 作为 $\widetilde{\boldsymbol{C}}$ 的特征向量的要求已经完全表示在映射数据的点积中，因此可以表示为核矩阵 $k_{ij} = k(x_i,\ x_j)$ 的形式，然后将结果 $\widetilde{\boldsymbol{e}} = \sum_{i=1}^{m} \alpha_i \Phi(x_i)$ 扩展到特征向量方程中：

$$\frac{1}{m}\boldsymbol{K\alpha} = \lambda\boldsymbol{\alpha} \tag{8-71}$$

核 PCA 将此思想用于在向量空间 F 中执行 PCA。由于映射可以在一个维度远大于 d 的空间中执行，在实际执行过程中，有效的映射数量可以超过 d。可以看出，核 PCA 与传统 PCA 的区别在于，传统的 PCA 的目标是降低数据维度，而核 PCA 更接近于特征提取。

核 PCA 的核心思想如图 8－9 所示。图 8－9(a)显示了一个由两个属性 $x = (x_1;\ x_2)$构成的二维输入空间。其中，正例($y = +1$)位于圆形区域的内部，反例($y = -1$)位于圆形区域的外部。很明显，线性分类器并不能将数据正确地分为两类。为解决这类非线性问题，我们可以使用一些非线性特征重新表示这组数据，即将输入向量 x 映射为一个新的特征向量 $F(x)$。为便于解释，现将由 $x = (x_1;\ x_2)$表示的输入数据映射为由以下 3 个特征表示的特征：

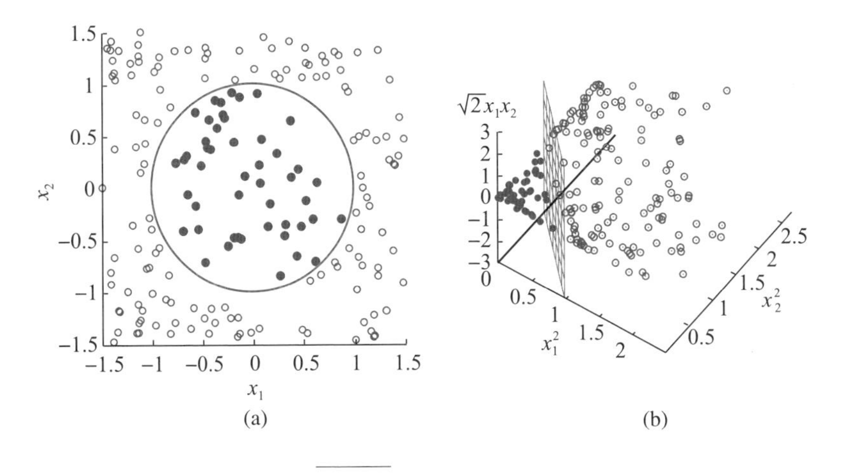

图 8－9　非线性映射

注：图(a)显示了一个二维样本集，其中圆圈中的正例由黑色圆表示，圆圈外的反例由白色圆表示；样本集映射到三维空间后如图(b)所示，是线性可分的。

$$f_1 = x_1^2,\ f_2 = x_2^2,\ f_3 = \sqrt{2}x_1 x_2 \tag{8-72}$$

图 8-9(b)展示了这组新的由以上 3 个特征定义的特征分布，可以看到，当数据从原始输入空间映射到这组特征空间，变得线性可分了。实际上，绝大多数线性不可分问题都可以通过非线性映射解决。即便数据在原始的低维空间并不线性可分，只要我们找到的特征维度足够高，与数据足够匹配，都可以将其转化为一个线性分类问题。

与其他非线性方法相比，KPCA 的优势在于：

(1)计算简便，与标准 PCA 一样只需要进行代数运算，而不涉及非线性优化问题[9]；

(2)因为 KPCA 只要求该特征值问题是有解的，没有其他额外的限制，加之使用者可以根据问题的不同选择适合的核，所以 KPCA 在非线性问题中应用广泛；

(3)此外，在模型建立之前，KPCA 并不要求明确指定所需提取的特征数量。从上述分析可知，KPCA 在非线性系统的特征提取和分类方面表现优于传统的线性 PCA。

8.5.5 支持向量机

支持向量机(SVM)是一种用于数据分析并进行模式分类的有监督学习方法[3,6]。要求给出的训练样本都是被标识的，即已知每个样本各自所属的类别，并且不同类别的样本可以被一组超平面线性分割开。由于可以将样本分隔开的超平面有很多，为保证所选择出的超平面是最合适的，对测试集仍具有鲁棒性，SVM 将在满足条件的超平面中选择出类间距离最大的那组超平面，即与最近的样本点距离最远的超平面。

给出一组标签为 y_1，y_2，…，y_m 的训练样本 x_1，x_2，…，x_m，我们希望找到一组可以将数据分成两类的超平面 $w \cdot x + b$，应满足如下条件：

$$\begin{gathered} w \cdot x_i + b \geqslant 1 - \xi_i,\ y_i = 1 \\ w \cdot x_i + b \leqslant \xi_i - 1,\ y_i = -1 \\ \xi_i \geqslant 0 \end{gathered} \tag{8-73}$$

在没有错误分类的前提下($\xi_i = 0$)，我们的目标是去寻找类间距离最大的

分割超平面。经分析可知，该问题等价于在上述限制条件下最大化目标 $\frac{2}{|w|}$。为简化问题求解，一般采用构建拉格朗日对偶方程的方法。原问题进而转化为一个易于处理的二次规划问题，可以表示为如下形式：

$$\min \sum_i \alpha_i - \frac{1}{2}\sum_{i,j}\alpha_i\alpha_j y_i y_j x_i \cdot x_j \tag{8-74}$$

$$\text{s.t.} \sum_i \alpha_i y_i = 0, \alpha_i \geqslant 0 \tag{8-75}$$

其中 α_i 对应着样本 x_i 的拉格朗日乘子。对于每个训练样本，拉格朗日乘数 α_i 是不同的。其中只有拉格朗日乘数不为零的训练样本才能够决定超平面的位置，被称为支持向量。其余的拉格朗日乘子为零的样本由于不影响超平面的位置，可以直接从训练集中删除。在训练集很大的情况下，相比于其他需要巨大计算量的算法，SVM 的计算量几乎没有增长，因此不会受到大数据的限制。

通过上述分析可知，SVM 可以构建线性可分的超平面，但无法处理非线性分类问题。为克服线性局限性，一般需要首先将采样点从原 n 维空间经非线性映射 ϕ: $\mathbf{R}^n \to N$ 映射到高维特征空间中，将低维的非线性分类问题转化为高维线性分类问题，然后在这个 N 维特征空间中寻找线性分割超平面。这个 N 维特征空间中的线性超平面等价于原 n 维空间中的非线性分割面。

由于在训练过程中，数据仅以点积的形式出现，在映射后的空间中，数据也会以点积 $\phi(x_i) \cdot \phi(x_j)$ 的形式出现。如果 N 的维数非常大，点乘的计算量将会急剧提高。为降低计算量，可以引入核函数

$$K(x_i, x_j) = \phi(x_i) \cdot \phi(x_j) \tag{8-76}$$

这样，在优化问题中，我们只需要将所有的 $x_i \cdot x_j$ 替换为 $K(x_i \cdot x_j)$，而不需要准确得知 ϕ 的代数形式。常见的核函数包括 $K(x, y) = (x \cdot y + 1)^p$ 和高斯径向基核(RBF)函数 $K(x, y) = \mathrm{e}^{|x-y|^2/2\sigma^2}$。

在 w 和 b 确定之后，我们将根据线性分类器 $w \cdot x_t + b$ 或者非线性分类器 $w \cdot \phi(x_t) + b$ 确定测试集向量 x_t 究竟属于哪个类别。由于 w 是由 $\overline{w} = \sum_i \alpha_i y_i x_i$ 计算得到的，$w \cdot \phi(x_t) + b$ 可以被改写为

$$w \cdot \phi(x_t) + b \equiv \sum_i \alpha_i y_i \phi(x_i) \cdot \phi(x_t) + b \equiv \sum_i \alpha_i y_i K(x_i, x_t) + b \tag{8-77}$$

因为数据只会以点积的形式出现，我们仍然只需要计算核函数，而不用真正在高维空间中运算。

8.5.6 人工神经网络

上述算法主要用于处理模式分类问题。从函数的角度来讲，分类问题的关键在于逼近一个可以将各类别样本区分开的函数，或者说是寻找一个将输入模式正确映射到所属类别的函数。但在许多问题中，系统的输出需要逼近离散或者连续的数值，而非固定类别编码值中的某一个。此类问题常被称作系统辨识或者函数回归[6]。

人工神经网络是一种应用广泛、设计简单的学习算法，简称神经网络，经常用于处理函数逼近问题。神经网络是一种受人脑神经组织结构特性启发而建成的非线性动力学网状系统，有类似人脑处理信息的某些功能。不同于模拟人脑功能的专家系统，神经网络是人工智能的另一个重要分支，应用范围很广，在状态监测领域有广阔的应用前景。

1. 神经网络的基本单元

1)人工神经元模型

人工神经元简称神经元，又称节点或处理单元，是网络的基本单元，其主要功能是处理信息。它模拟生物神经元的结构特性，是一个多输入单输出的非线性器件，可以用硬件实现，也可以用软件实现。图 8-10 是一个典型的人工神经元结构示意图，图中：

x_1，x_2，…，x_n 是神经元 j 的输入，来自其他 n 个神经元的输出或来自外界；

y_j 是神经元 j 的输出，输出到外界或作另外一些神经元的输入；

w_{j1}，w_{j2}，…，w_{jn} 是输入端连接权重，表示神经元间的连接强度，(耦合程度)可以为正(兴奋)也可以为负(抑制)；

θ_j 是神经元 j 的阈值，或称偏置，用作神经元激活状态的判别值；

s_j 是神经元 j 的激活水平，即神经元 j 的求和输出；

$f(\cdot)$是神经元的转移函数或称激活函数，表示激励与响应间的关系，通常是非线性函数，其作用是将可能的无限域输入变换为指定的有限域输出。

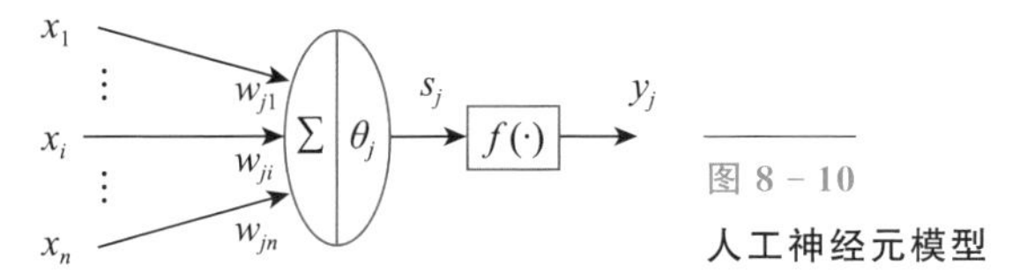

图 8－10
人工神经元模型

表 8－2 列出了几种常用的神经元激活函数。

表 8－2　神经元激活函数

类型	表达式	图像
阶跃型	$f(s)=\begin{cases}1 & s>0\\0 & s<0\end{cases}$	$f(s)$, 1, 0, s
符号型	$f(s)=\begin{cases}1 & s>0\\-1 & s<0\end{cases}$	$f(s)$, 1, 0, −1, s
Sigmoid 型	$f(s)=\dfrac{1}{1+e^{-s}}$	$f(s)$, 1, 0.5, 0, s

2)神经元处理信息过程

神经元处理信息的过程由两部分组成。

(1)从输入端接受激励。

根据输入量和相应的权重计算总输入，并与阈值比较，求出神经元的激活水平。

$$s_j=\sum_{i=1}^{n}w_{ji}x_i-\theta_j \tag{8-78}$$

若 $s_j>0$，神经元被激活，处于兴奋状态；

若 $s_j<0$，神经元处于抑制状态。

(2) 将激励转换为响应(输出)。

$$y_j=f(s_j) \tag{8-79}$$

若令 $\boldsymbol{X}=[-1,\ x_1,\ x_2,\ \cdots,\ x_n]^{\mathrm{T}}$，$\boldsymbol{W}_j=[\theta_j,\ w_{j1},\ w_{j2},\ \cdots,\ w_{jn}]$，则

$$y_j = f(\boldsymbol{W}_j\boldsymbol{X}) = f\left[\sum_{i=0}^{n} w_{ji}x_i\right] \tag{8-80}$$

这一过程与生物神经元的工作方式非常相似。

2. 神经网络的拓扑结构

神经网络由排列成层的神经元组成，接受外界输入信号的层称输入层，输入层的神经元不处理数据，只起传输数据作用；向外输出结果的层称输出层，在这两层之间的称中间层(或称隐含层)。也有些网络没有中间层，输入层和输出层的神经元是直接连接起来的。

网络功能如下：每个神经元接收前层神经元的输出信号，并为每个信号赋予一个单独的权重，这个权重也是神经网络需要学习的；将所有的输入加权求和，送入一个带阈值的传递函数，并通过激活函数将输出值缩放到一个固定的范围；神经元的输出会被广播到与之相连的后一层所有神经元。因此，信号从整个神经网络的首层输入，依次经过各中间层前向传播，最后由输出层输出结果。

根据神经元的连接方式，网络分为两类。

1)不含反馈的前向网络

如图 8-11 (a)所示，网络中每个神经元只接受前一层神经元的输出；输入信息顺次经过各层处理后，由输出层输出。这种网络结构简单，输入和输出是静态非线性的映射关系，通过多层复合映射，可以得到复杂的非线性处理能力。

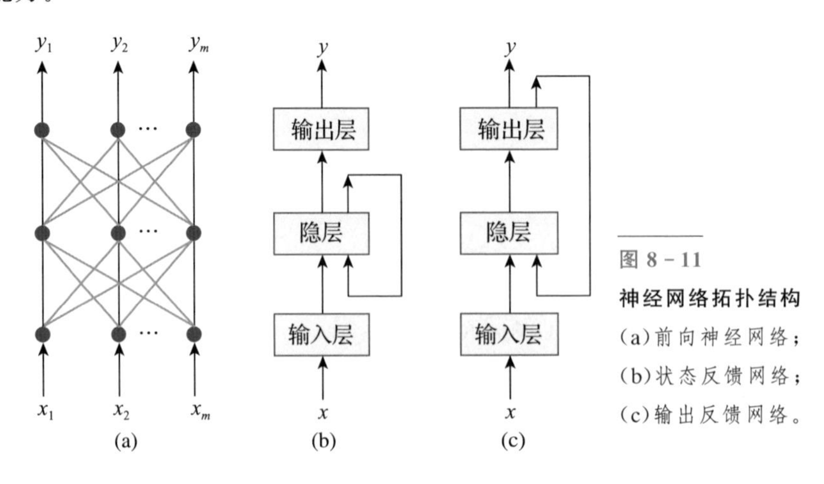

图 8-11
神经网络拓扑结构
(a)前向神经网络；
(b)状态反馈网络；
(c)输出反馈网络。

2)反馈网络

如图 8－11(b)、(c)所示，网络中有的神经元输出要返回到同层或前面层神经元的输入端，这种网络由于存在反馈，所以具有相当丰富的动态性能。

3. 神经网络的训练与学习

任何一个神经网络要实现某种功能，必须先对它进行训练，使它学会所要完成的任务，把学得的知识记忆(存储)在网络的权重 w_j 中(一般传递函数是不变的)。

所谓训练学习就是对网络输入一组用于训练的事例(训练样本集)，通过对连接权重的修改，使网络输出符合要求的过程。显然神经网络的性能受样本集的影响很大，如果样本的数量太少，网络只能实现记忆这些事例的作用，不可能形成举一反三的能力。

最常用的训练方式是有指导的学习，这种训练学习方法不仅需要用于训练的输入数据，还需要与之对应的输出期望值。训练时将输入数据输入网络，根据网络输出的实际值与期望值的误差，按规定算法修正各神经元间的连接权重，直到误差符合规定要求为止。

4. 神经网络特点

由上可知神经网络具有以下特点。

1)并行处理

神经网络是并行结构。同一层内的神经元同时并行处理数据，所以具有高速处理能力，能满足实时、在线的要求。

2)容错性

神经网络通过学习获得的知识，存储在网络的大量神经元及它们的连接中，所以即使部分神经元损坏停止工作，或出现差错，也不影响网络的记忆处理能力，系统的输出不受影响；系统对不完全或局部有错的数据和图形也能进行学习和处理。

3)自适应性

网络的连接强度(权重)可以改变，网络的可塑性很强。所以通过训练与学习，网络能实现规定的功能，适应各种外部环境，具有很高的自适应能力。

神经网络监测系统用来识别设备的故障类型，只要用不同类型的训练样本集对网络训练之后，网络就能对输入的新监测信息迅速给出设备故障类型的判断。神经网络是一种有监督学习模型，必须依据一个有标签的训练集进行实例训练。也就是说，所提供的数据集应该由一系列输入实例和已知的正确标识组成，用于展示神经网络的期望映射。许多著名的神经网络都可以用于状态监测与故障诊断，其中应用最广泛的是多层感知器网络（multilayer perception，MLP），因采用误差反向传播神经网络，又称 BP 网络。在训练过程中，网络连接权值一般通过误差回传算法（BP）不断迭代并修正，学习到的知识也存储在相应的连接权值中。其他研究广泛的神经网络结构还有径向基函数（radial basis function，RBF）、自组织映射（SOM）和自适应共振理论（ART）。

8.5.7 MLP 神经网络

1. 误差回传(BP)网络结构

BP 网络是实现多层前向传递的网络，理论上可以以任意精度拟合任何连续非线性映射，这都要归功于其应用了误差回传 BP 算法进行训练。因此，了解 BP 算法对于 MLP 神经网络的理解是十分必要的。

图 8－12 是一个 MLP 网络模型，它由输入层、输出层和一个隐含层组成（可有若干个）。一般说同层节点间没有连接，前后层节点间是充分连接，也就是说前一层每一个节点的输出都与后一层每一个节点的输入连接。输入层节点的数目等于设备状态诊断向量的维数，输出层的节点数等于故障类别数。隐含层一般不超过两层，每层的节点数一般靠经验确定，或用同一组训练样本对不同隐含层节点数的网络进行训练，合理的节点数应使系统的输出误差最小。

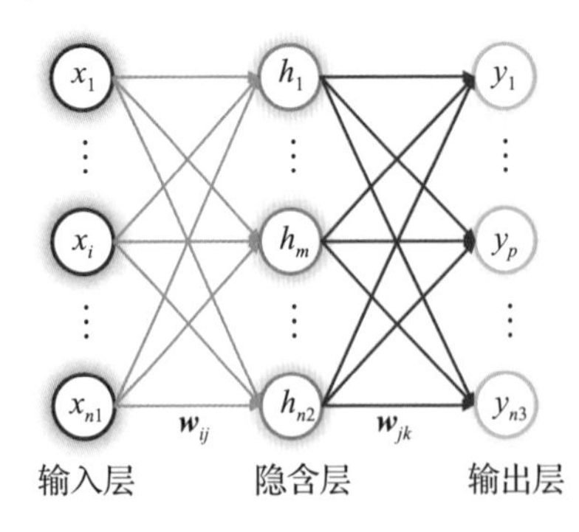

图 8－12

MLP 神经网络

注：信号（特征）作为输入送入首层，途经隐含层，前向传播至输出层。神经元间每个连接都存在一个单独的权值。

虽然相关研究已经表明，只要拥有足够多的神经元，单隐含层的神经网络就可以任意精度逼近任何连续函数，即可以解决任何模式识别问题，没有必要引入深层网络。但在理论上，神经网络对层数并没有特殊限制，使用者可以根据数据量大小和模型复杂度决定隐含层和单元数目。并且，考虑到模型容量和实际预测性能等问题，现有的神经网络更倾向于增加网络的深度，即提高网络隐含层数量，而非拓宽隐含层宽度(提高隐含层神经元数量)。

2. BP 算法

BP 算法又称误差反向传播训练算法，是一种有指导的训练学习方法，训练学习过程由两部分组成。

1)前向计算

输入用于训练的数据，计算网络的实际输出，若得不到期望的输出值，则将误差进行反向计算。

2)反向计算(误差反向传播计算)

将误差沿原路反向传播，计算各节点间连接权重的修正值。

用修正后的值重复以上的运算，直到误差符合要求为止。以图 8－12 为例，说明具体的计算过程如下。

前向计算：

(1)输入层(第一层)：

节点 i 的输入值　x_i

节点 i 的输出值　$y_i = x_i$

(2)隐含层(第二层)：

节点 m 的输入值　$x_m = \sum_{i=1}^{n_1} w_{mi} y_i$

节点 m 的激活水平　$s_m = \left(\sum_{i=1}^{n_1} w_{mi} y_i\right) - \theta_m$

节点 m 的输出值　$y_m = f_m(s_m)$

(3)输出层(第三层)：

节点 p 的输入值　$x_p = \sum_{m=1}^{n_2} w_{pm} y_m$

节点 p 的激活水平　$s_p = \left(\sum_{m=1}^{n_2} w_{pm} y_m\right) - \theta_p$

节点 p 的输出值　$y_p = f_p(s_p)$

反向计算：

设节点 p 的输出期望值为 T_p，则 p 点的输出误差为 $T_P - y_p$。

网络输出层全部节点输出误差的平方和取为

$$E = \frac{1}{2}\sum_{p=1}^{n_3}(T_p - y_P)^2 \tag{8-81}$$

为了使其值最小，应用优化技术中最速梯度下降法，可以得到第二层节点 m 对第三层输出节点 p 的连接权重修正量应为

$$\Delta w_{pm} = -\eta \frac{\partial E}{\partial w_{pm}} \tag{8-82}$$

式中，η 是一个事先确定的常数，通常 $0<\eta<1$，用于调整学习速率，其值越大网络训练速率越快，但有可能造成振荡。

因为

$$\frac{\partial E}{\partial w_{pm}} = \frac{\partial E}{\partial s_p} \cdot \frac{\partial s_p}{\partial w_{pm}} = y_m \frac{\partial E}{\partial s_p} \tag{8-83}$$

令

$$\delta_p = -\frac{\partial E}{\partial s_p} = -\frac{\partial E}{\partial y_p} \cdot \frac{\partial y_p}{\partial s_p} = (T_P - y_p) f'_p(s_p) \tag{8-84}$$

并称 δ_p 为输出层 p 节点的误差信号，于是得

$$\Delta w_{pm} = \eta \delta_p y_m$$

同理可以得到第一层 i 节点对第二层 m 节点的连接权重修正量为

$$\Delta w_{mi} = -\eta \frac{\partial E}{\partial w_{mi}} \tag{8-85}$$

因为

$$\frac{\partial E}{\partial w_{mi}} = \frac{\partial E}{\partial s_m} \cdot \frac{\partial s_m}{\partial w_{mi}} = y_i \frac{\partial E}{\partial s_m} \tag{8-86}$$

令

$$\delta_m = -\frac{\partial E}{\partial s_m} = \sum_{p=1}^{n_3}\left(-\frac{\partial E}{\partial s_p} \cdot \frac{\partial s_p}{\partial s_m}\right)$$

$$= \sum_{p=1}^{n_3}\left(-\frac{\partial E}{\partial s_p}\cdot\frac{\partial s_p}{\partial y_m}\cdot\frac{\partial y_m}{\partial s_m}\right)$$

$$= f'_m(s_m)\sum_{p=1}^{n_3}\left[\delta_p\frac{\partial}{\partial y_m}\left(\sum_{m=1}^{n_2}w_{pm}y_m-\theta_p\right)\right]$$

$$= f'_m(s_m)\sum_{p=1}^{n_3}\delta_p w_{pm} \quad (8-87)$$

并称 δ_m 为第二层 m 节点的误差信号，于是得

$$\Delta w_{mi} = \eta\delta_m y_i \quad (8-88)$$

由上式可以看出第二层(第一层对第二层)权重修正量的计算式与第三层权重修正量的计算式是类似的，只是第二层神经元的误差信号 δ_m 是由第三层(输出层)神经元误差信号经连接权重反向传播计算出来的。

在实际训练学习过程中，最好采用批处理学习方法，每次取一批样本，先分别求得对应每个样本的权重修正量，然后取它们的平均值修正各节点的权重。这个方法避免了单个训练样本存在噪声或样本间存在矛盾带来的消极影响，所以训练速度较快。但这种方法需要时间长，难以满足实时学习要求。

3. MLP 网络应用分析

有关研究表明具有两个隐层的 BP 网络能够实现任意复杂形状的故障分类边界，所以在状态监测与故障诊断领域应用极为广泛。但是 MLP 网络要求训练样本集必须覆盖所有可能的输入区域，这是难以实现的，而且对于新的输入数据，网络的输出是否正确，也缺少有力的依据，往往使用户难以接受，因此 MLP 网络的实际应用要受到一定的限制。

激光直接金属沉积是一种先进的增材制造技术，适用于高成本产品的维护、修理和大修，可最大程度地减少工件变形，减少热影响区并提供优良的表面质量。铝合金零件的修复和涂层越来越引起人们的特别关注，由于其出色的可塑性、耐腐蚀性、导电性和强度重量比，广泛用于汽车、军事和航空航天领域。激光直接金属沉积工艺中的一个关键问题与沉积金属走线横截面的几何参数有关，应对其进行控制以满足零件规格。在这项研究工作中，Caiazzo 和 Caggiano[11] 开发了具有 9 个隐层节点的 MLP 神经网络(ANN)，以查找输入激光直接金属沉积工艺参数(激光功率 P、扫描速度 v 和粉末进料速率 m)之间的相关性，以及直接金属沉积产生的沉积轨迹的输出几何参数

（宽度、深度和高度）。通过实验活动获得的结果按照两阶段程序用于训练ANN，第一阶段用于估计适当的过程参数，第二阶段用于验证目的。结果报告在图8－13中，该图表明尽管有一些小偏差，但神经网络评估准确性通常很高，可以成功验证在ANN过程参数估计中获得的结果。

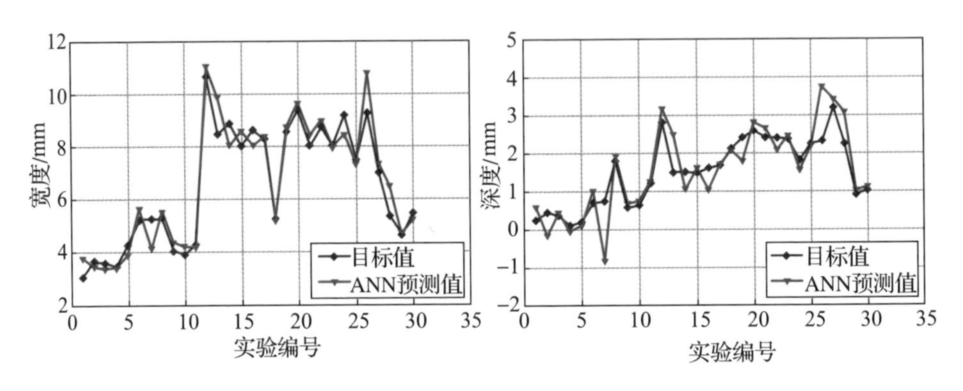

图8－13　每个$P=30$实验条件的实验平均值和ANN估计值沉积宽度和沉积深度[11]

8.5.8　径向基网络

径向基网络（RBF）与MLP网络功能基本相同，都可以根据样本数据通过学习逼近目标函数。RBF是一个三层神经网络，分别是输入层、隐含层和输出层，如图8－14所示。其中，从输入层到隐含层的映射是非线性的，而隐含层到输出层的映射是线性的。需要注意的是，BP网络的层数可以根据问题复杂度适当调整，但理论上RBF的层数是固定的，只能通过调整隐含层宽度来提高模型复杂度，这也限制了RBF网络在复杂问题中的应用。

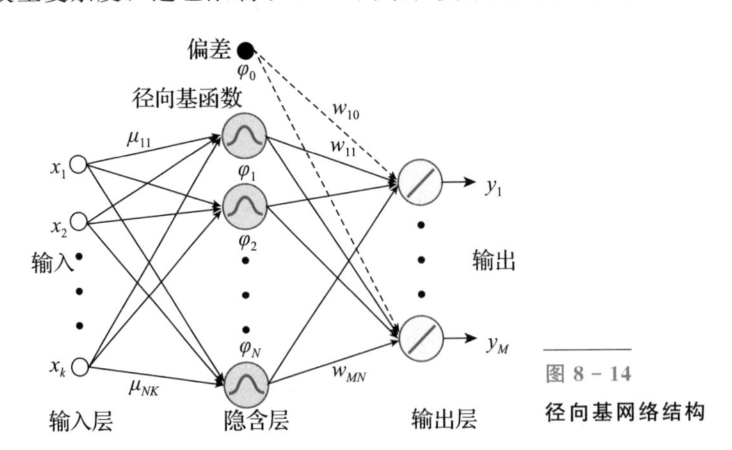

图8－14　径向基网络结构

RBF 的精髓在于引入了径向基函数，将函数逼近问题转化成一个多变量插值问题。径向基函数是一个取值仅依赖与原点距离的函数，一般可选用高斯函数，即

$$\varphi(\|x-\mu_i\|)=\exp\left(-\frac{\|x-\mu_i\|^2}{2\sigma_i^2}\right)$$

其中，μ_i 为函数的中心，σ_i 为函数的分布宽度，控制径向基函数的收敛半径。

例如，当我们需要构建一个由输入 x 到 y 的映射函数，可以选择用多个径向基曲线逼近的方法，如图 8－15 所示。每个径向基函数都代表一个 RBF 网络中的隐含层节点。径向基函数的中心和离散程度分别对应着节点的均值和方差，幅值对应着隐含层节点与输出之间的连接权重。极限的情况下，当径向基函数方差足够小，数量足够多，就可以以任意精度逼近任何连续函数。因此，RBF 网络也可以以任意精度逼近连续函数。

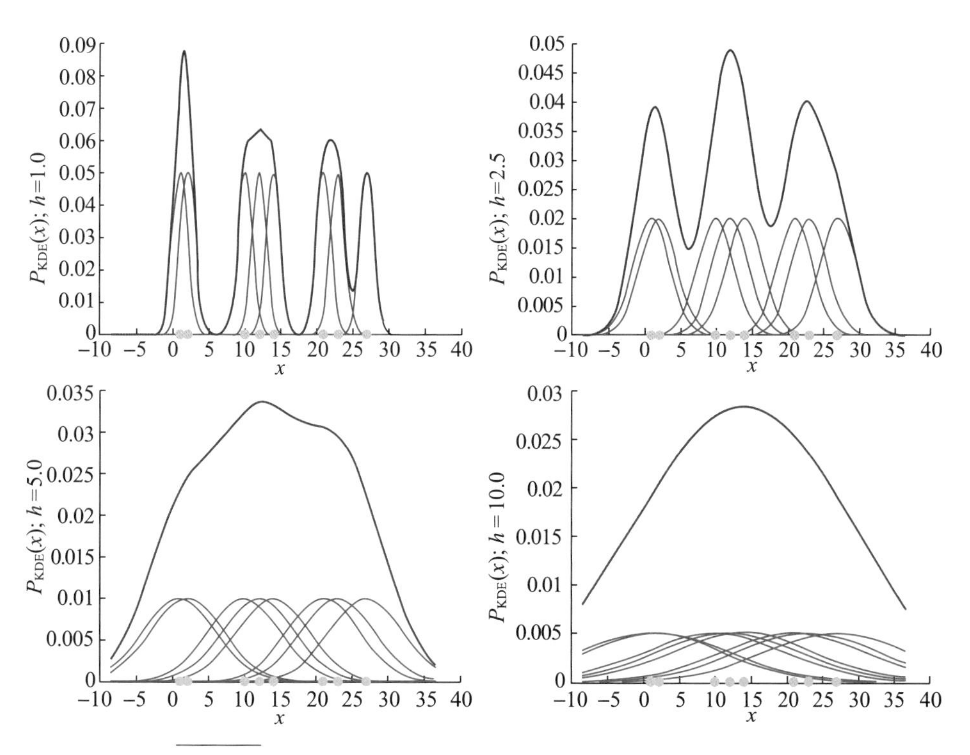

图 8－15　**采用叠加多个径向基函数的方式逼近二维连续函数**

RBF 隐含层的每个单元都是一个高维径向基函数，简称为基。RBF 希望通过隐含层将数据由低维度的输入空间映射到由基构成的高维度隐含层空间，

将在低维度中的线性不可分问题转化为在高维度中的线性可分问题。再通过输出层对隐含层单元加权求和，得到目标输出，可表示为

$$y_j = \sum_{i=1}^{h} w_{ij} \exp\left(-\frac{\|x-\mu_i\|^2}{2\sigma_i^2}\right), \ j = 1,2,\cdots,n \tag{8-89}$$

RBF 网络除了中间层数固定，与 BP 网络还有以下几点区别：

(1)RBF 是局部逼近网络。RBF 的隐含层采用径向基函数作为激活函数，输入与中心点越远，激活值越小。而输出层是线性函数，保证了隐含层激活值与输出正相关。因此，RBF 网络只会处理中心点周围的样本点，属于局部逼近网络。而 BP 网络隐含层激活函数多选用如 sigmoid、tanh、ReLU 的全局连续函数，所有点都会对输出产生影响，因此属于全局逼近网络。在此基础上，Poggio 和 Girosi[12] 证明了 RBF 网络是连续函数的最佳逼近，而 BP 网络不是。

(2)RBF 训练速度更快。RBF 网络隐含层节点只负责处理中心点附近的数据，距离较远的数据输出接近于零，神经元不会响应。因此，采用稀疏求解算法可以大大提高模型的训练效率。

(3)RBF 的隐含层需要调整的参数不是权重，而是径向基函数的中心和宽度，因此在训练方式上与 BP 网络有所差别，较为常见的训练方式一般分为以下 3 种：

①自组织中心选取。首先采用无监督学习，根据样本点自动聚类，将聚类中心作为径向基函数的中心点；根据聚类的分布范围确定径向基函数的方差。隐含层的映射函数确定后，再通过监督学习确定输出层的连接权值。

②人为选取聚类中心。当数据聚类分布明显时，可以人为确定样本分布的中心和方差，再通过求解线性方程组的方式确定权值。

③有监督学习。将径向基函数的中心和方差也作为训练参数，采用与 BP 相似的误差回传算法，逐步寻找符合预期的参数。

8.5.9 K- 最近邻方法

K - 最近邻(KNN)方法是一种表现直观且历史悠久的非监督训练聚类算法。在训练过程中，未标记的训练集样本根据其间的相似性进行聚类。在测试过程中，新的测试样本 x 将基于训练样本 $\Omega = \{(x_1, y_1), \cdots, (x_n, y_n)\}$的

聚类结果，以及如下式所示最近邻原则进行分类：

$$f(x)=y_N(x,\ \Omega)\ \text{where}\ N(x,\ \Omega)=\arg\min_i^n \|x-x_i\| \tag{8-90}$$

最近邻原则倾向于为测试点分配与周围训练样本(最近邻)相同的标签。但由于在实际应用中，问题关注的特征是不同的，因此需要选择与特征匹配的距离函数或相似度度量函数。在式(8-90)中，我们采用的是最简单的欧几里得距离相似度度量函数。

KNN 分类器是最近邻原则的一种推广。对于给定的未标记样本 $X_u \in R_D$，需要在训练数据集中找到 K 个与之距离“最近”的被标记样例(K 最近邻)，即在特征空间中与其距离最短的 K 个样例，并认为 X_u 属于这 K 个样本中出现频率最高的标签。常用的距离度量包括欧几里得距离和马哈拉诺比距离。

在下面的示例中，假设需要将样本分成 3 类，训练集是一个具有 N 个样本的数据集，其中 N_i的标识为 ω_i，我们的目标是判断测试集样本 X_u 的类别。如图 8-16 所示，我们采用欧几里得距离度量，设定最近邻参考样本数量 $K=5$。因为在离样本 X_u 最近的 5 个样本中，4 个属于 ω_1，1 个属于 ω_3，所以按照服从多数的原则，X_u 被认为属于标识 ω_1。

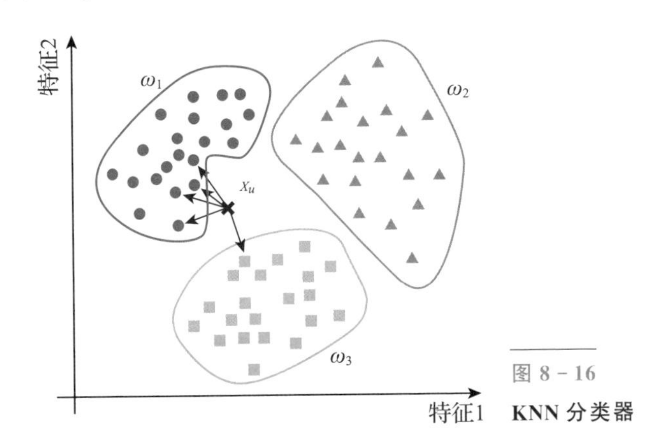

图 8-16 **KNN 分类器**

应该指出，KNN 算法中最近参考点数 K 的选择需要基于样本总量 N 和样本分布。当 K 值较小时，算法的鲁棒性低，不能够代表该区域的分布情况，很容易受到噪声的干扰，如图 8-17 所示。当 K 值较大时，相关区域变大，不能代表该点的实际情况，很容易受到较远点的干扰，如图 8-18 所示。

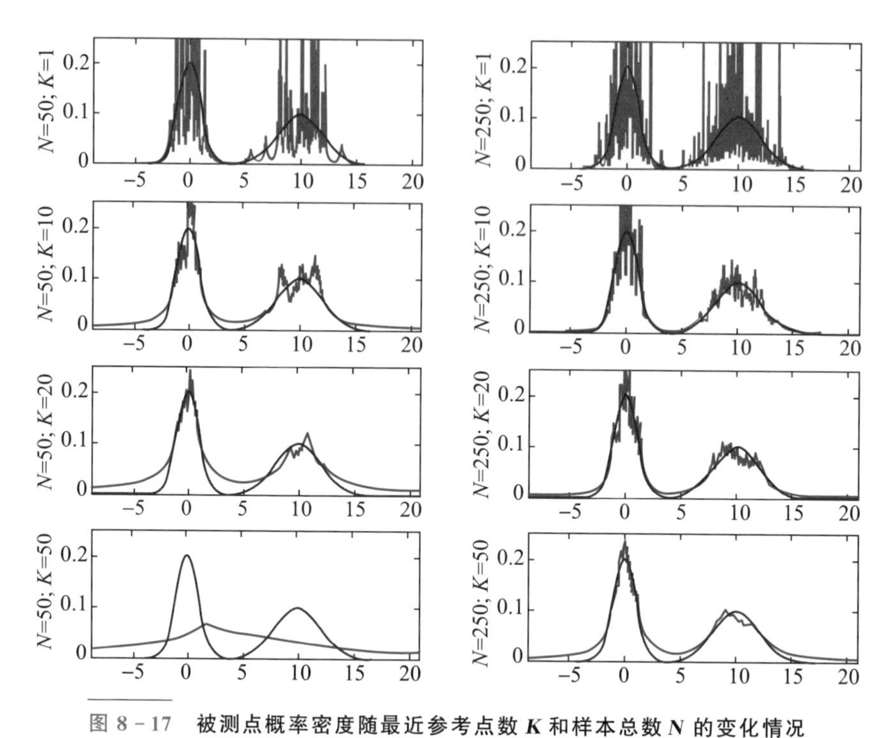

图 8-17 被测点概率密度随最近参考点数 K 和样本总数 N 的变化情况

注：K 值过小会影响分类准确度。其中，样本分布的概率密度函数为 $P(x)=0.5N(0,1)+0.5N(10,4)$。

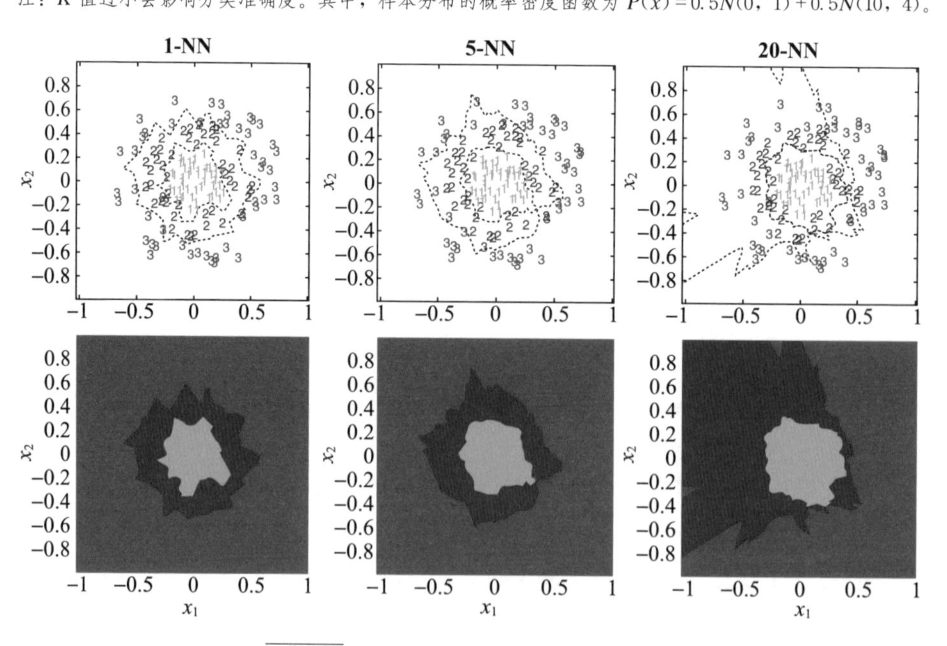

图 8-18 预测结果随着 K 值增大发生变化

注：当 K 值过大时，参考区域过大，不能反映样本点周围局部区域的特性。

KNN 的优势主要在于实施简单，并且结果与(最优)贝叶斯分类器十分相近。如果能设法以适当的速率增加 K，基于最近邻原则的误分类率可以收敛到与 Bayes 相同的水平。最近邻方法的缺点在于它并没有为问题本身构建模型，自始至终都依赖于保留下来的训练集。每次要遍历训练样本集，直接导致算法的执行效率很低。因此，KNN 是一种不需训练建模，但执行耗时的算法。为解决这一问题，KNN 的现行改进版本一般会按照一定准则压缩训练集，降低决策时需要遍历的样本数量。

例 8-3　以一个二维空间中多模态非线性的三分类问题为例，分布如图 8-19(a)所示。在该实验中，设定 KNN 参考点数 $K=5$，采用欧几里得距离。从图 8-19(a)中随机采样，得到样本集，如图 8-19(b)所示。根据样本集，由 KNN 算法分类得到的区域标识如图 8-20 所示。

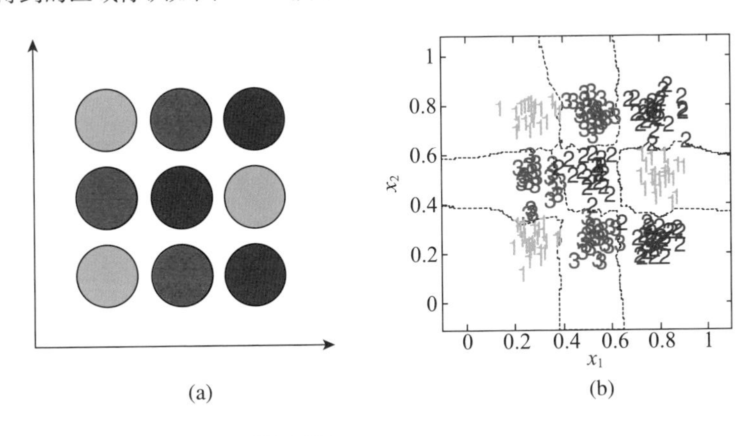

图 8-19　实例样本分布图

(a)样本实际分布；(b)样本集分布。

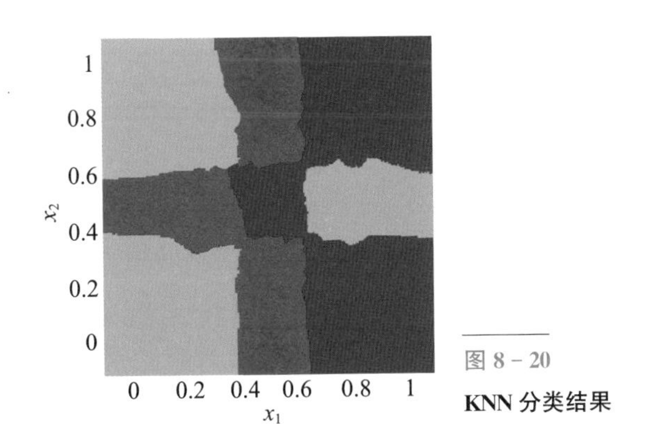

图 8-20　KNN 分类结果

8.5.10 K-均值方法

K-means 是与 KNN 类似的一种无监督训练聚类算法。在模型训练前，需要根据先验人工给出聚类数目 K。K-means 会根据类内具有较高相似度、类间具有较大差异的原则，将所有样本点聚类为 K 个类别。

在算法开始时，从样本中随机选择 K 个点作为聚类中心。当然，如果对样本分布了解明确，可以人为定义初始中心，加快训练。依次遍历所有样本，计算样本点与 K 个聚类中心的距离，将样本划归到距离最短的聚类中心所属类别。然后，依次求解各聚类的均值，作为下一轮的聚类中心。此时，我们完成了首轮迭代，并给出了所有样本的聚类标记和聚类中心。反复迭代，直到各样本的聚类标识不再发生变化或者已经收敛，如图 8-21 所示。K-means 的算法流程如下：

(1)随机选取 K 个中心点，代表 K 个类别；

(2)计算 N 个样本点和 K 个中心点之间的欧几里得距离；

(3)将每个样本点划分到欧几里得距离小的中心点类别中；

(4)计算每个类别样本点的均值，将 K 个均值作为新的中心点；

(5)重复(2)～(4)；

(6)得到收敛后的 K 个中心点。

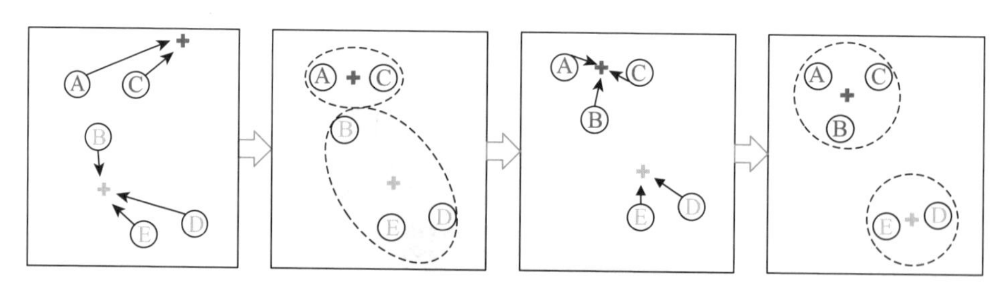

图 8-21 **K-means 聚类过程**

注：A、B、C、D、E 代表数据集中的 5 个数据，“+”字代表聚类中心。

可以看出 K-means 是一种易于理解、流程简单的聚类算法。由于通常使用欧几里得距离作为相似度度量函数，整体的计算量较低。但还存在以下缺点：

(1)K-means 需要人工选取聚类数目，而且聚类结果对初始值的选择比较敏感。但在高维空间中，数据的分布规律是很难把握的，难以直接得到类别数目和大致位置，通常需要借助其他算法来初始化 K-means。

(2)对奇异值敏感。K-means 需要给出所有样本的聚类标识，因此所有样本都会影响到聚类中心。当噪声明显，或者奇异值与其他数据差异明显时，K-means 的聚类结果就有可能存在偏差。

(3)K-means 要求聚类样本呈现近似超球体的分布，不能识别其余分布。

在这项研究中，作者提出了一种使用 K-means 聚类分析来自动检测和定位 SLM 缺陷区域。在这项研究中，K-means 方法不是直接用于原始图像，而是应用于 $T^2(X, Y)$的空间分布。将预定的 K 个质心随机地放置在$M \times N$的图像空间中，然后根据 $T^2(X, Y)$值之间的欧几里得距离，将图像像素与最近的质心相关联，通过迭代重复这个过程，直到质心稳定在图像空间中的固定位置。

图 8-22 显示出圆柱形状的激光扫描在越来越多的帧下，迭代的 K-means 方法聚类的结果，尽管在 SLM 过程中它们逐渐分离，但总是存在两个簇(图中的黑色和灰色区域)。在随时间演化的图像中，缺少与时间变化相关的稳定的特征。

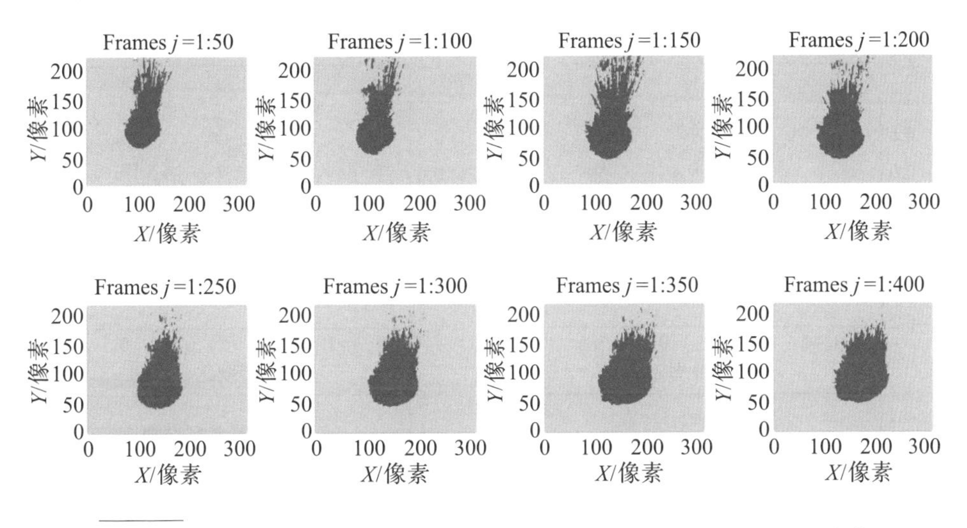

图 8-22　圆柱形在越来越多的帧下迭代的 $T^2(X, Y)$统计量的 K-means 聚类

注：黑色：背景；灰色：正常熔化[13]。

8.5.11　分类器在标准数据集上的表现

随着近年来传感器技术的发展，大数据的获取难度逐渐降低。加之硬件计算能力的提高和显卡的出现，许多预测算法的执行和应用逐渐变得可行，其强大的灵活性和预测性能令人咋舌。在众多的分类器中，究竟选取何种算法处理当下问题，成为算法设计的关键。

上述分类器的分类原则不同，适合解决的问题也不尽相同，在结果上也存在差异。因此，在本节中，我们通过一个公共样本集比较本章中各算法的优劣，简要阐述上述分类方法的差异。其中，没有提到的核 PCA 和 LDA 可以在参考文献[14]和[15]中找到。图 8-23 显示了各分类器在 Ripley 训练集上的分类性能。

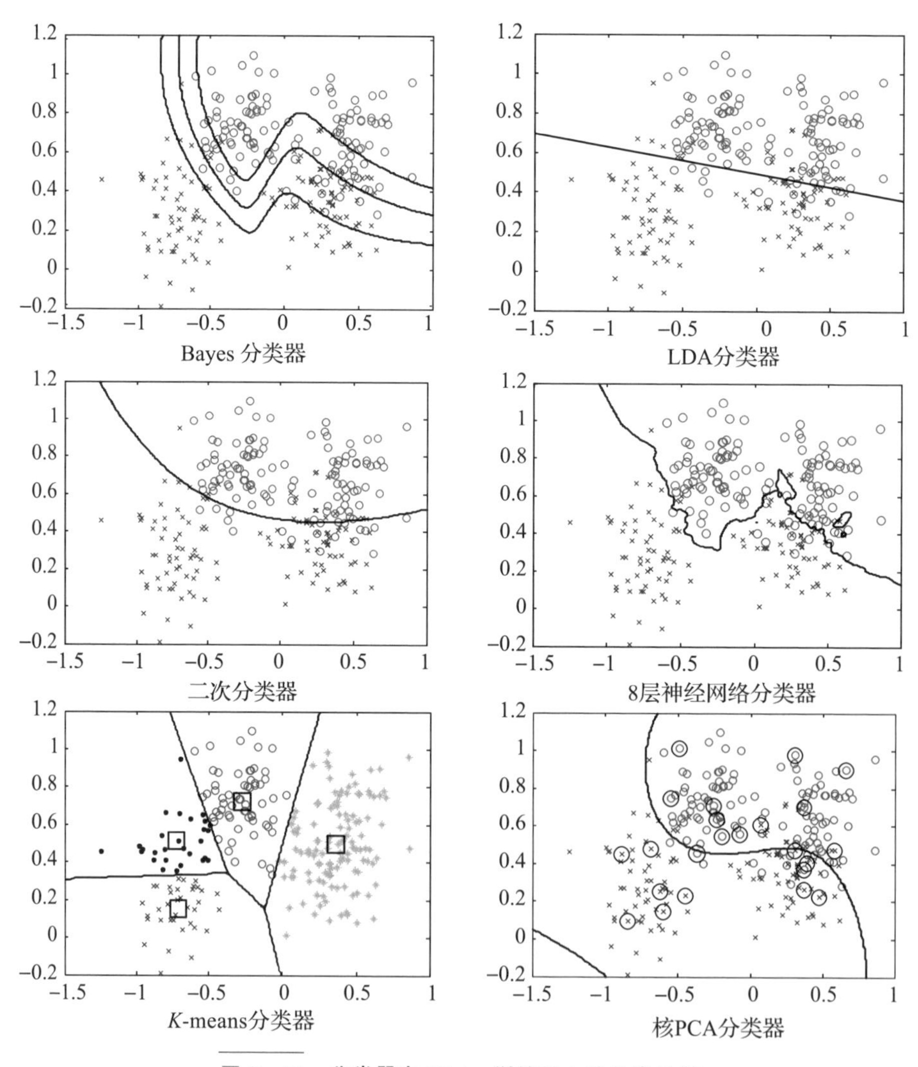

图 8-23　分类器在 Ripley 训练集上的分类性能

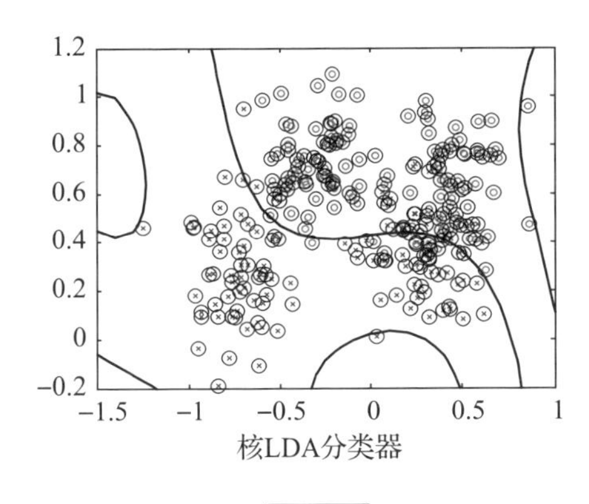

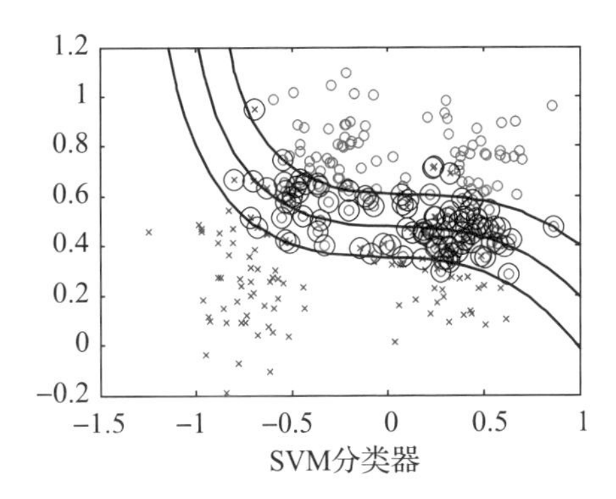

图 8-23　分类器在 Ripley 训练集上的分类性能(续)

基于高斯分布的 Bayes 决策将每个类都视为一个高斯分布，根据样本的分布确定高斯分布的中心和方差，结果的好坏取决于样本的真实分布与高斯分布的接近程度。当样本是高斯分布且可分时，Bayes 判别器无疑是最为高效的解决方案。

KNN 默认测试点与周围区域拥有相同的类别，根据近邻的样本点类别确定被测点分类。当在样本空间中类区域分割明显时，效果优于其他分类器。由于该方法一般采用少数服从多数的原则，一部分噪声点可以被忽略，但在边界噪声较大的区域分类错误较为明显。并且，当样本数据量过大时，遍历所有样本点耗时较长，一般需要引入其他算法降低数据量。

MLP 是一种监督学习非线性分类器，会根据训练集确定分类超平面，用于测试集的分类。该分类方法是在训练集和测试集分布状况相同的前提下进行的。如果测试集包含的信息与训练集指示的信息存在偏差，预测结果就会受到影响。另外，MLP 的模型复杂度和训练时长是需要人为控制的。如果模型过于复杂或者训练时间过长，就有可能出现过拟合现象，影响模型的泛化能力。

RBF 的核心是径向基函数，一般为高斯函数，即以高斯分布为单位观测整个样本集。与基于高斯分布的 Bayes 方法相比，该方法可以将类分为几个高斯分布叠加的形式，因此适用范围更广泛，灵活性更高。缺点在于该种分类预测是不基于先验知识的，只是一个单纯的统计模型，因此受到样本整体的影响较大。另外，RBF 与 MLP 相同，都容易出现过拟合的情况。

例 8-4　分类算法在激光增材制造状态监测中的应用。

Jafari-Marandi 等[16]提出了一个基于误差驱动 SOM(self-organizing errordriven neural networks，SOEDNN)的监测模型，该模型考虑了孔隙率的空间分布和特征，以在基于激光的 DED(LENS)成形过程中监视和控制零件的力学性能。在 SOEDNN 的过程中，对 SOM 进行了独立和依赖属性的训练。在实验条件下，独立的属性是热特征、零件上熔池的位置和温度，而相关的属性是孔隙的存在和大小。在决策过程中采用了两个变量(一个表示孔隙度的二进制变量和一个表示孔隙大小的数字)，这两个变量对创建智能决策规则产生影响。在对 SOM 进行训练之后，训练集中的所有熔池都将分别赋予成员变量，此时，使用 MLP 查找训练集的独立属性与成员变量在 SOM 上的位置之间的关系。验证过程会随机初始化 100 个 2～4 层的神经网络结构，并且将选择在预测验证集位置方面表现更好的网络。

表 8-3 列出了 50 个随机实验的结果，以研究 SOEDNN、KNN 和 MLP 的监测性能。在此表中，Acc 和 SD 分别代表为测试集计算的准确性和标准偏差，表中加下划线的数字表示同一指标下(列)所取得的最佳值。由于 KNN 是在整个数据集(包括测试集)下进行调整的，因此，表中显示的 KNN 在准确性方面显示了其最佳性能。

表 8-3　SOEDNN、KNN 和 MLP 的性能比较[16]

类型	[Continuous]						[RGY,10,20]					
	Average MC	SD MC	Best MC	Average Acc	SD Acc	Best Acc	Average MC	SD MC	Best MC	Average Acc	SD Acc	Best Acc
KNN	2.7e+7	1.3e+7	2.0e+6	0.9703	0.0096	0.9904	41.83	12.37	11.92	0.9698	0.0087	0.9904
MLP	5.6e+6	5.4e+6	0.5	0.9847	0.0064	0.9968	14.56	11.04	0.5	0.9844	0.0078	0.9968
SOEDNN Acc	8.9e+6	7.0e+6	87.39	0.9826	0.0046	0.9936	18.43	7.11	5.5	0.9825	0.0045	0.9936
SOEDNN Cost	56.03	36.67	8	0.8018	0.1290	0.9485	13.39	4.46	4	0.9677	0.0113	0.9871
类型	[Y,R,G,5,25]						[G,Y,R,20,25]					
	Average Cost	SD Cost	Best Cost	Average Acc	SD Acc	Best Acc	Average Cost	SD Cost	Best Cost	Average Acc	SD Acc	Best Acc
KNN	20.77	8.80	0.5548	0.9694	0.0107	0.9968	42.06	14.45	10.5	0.9701	0.0093	0.9904
MLP	6.68	4.53	0	0.9831	0.0066	1	16.79	10.36	0.5	0.9828	0.0075	0.9968
SOEDNN Acc	2.27	2.06	0	0.9952	0.0021	1	4.48	3.60	0	0.9960	0.0021	1
SOEDNN Cost	1.97	0.80	0	0.9882	0.0048	1	3.11	1.40	0.5	0.9816	0.0082	0.9967

8.6 深度学习

8.6.1 深度学习简介

由于近年来传感器和网络技术的飞速发展，工业系统中的实时监控系统日趋成熟，实时全方位采集加工过程数据成为现实。随着硬件计算速度的提高以及显卡的加入，监控算法有能力处理海量数据，并迅速做出正确决策。

深度学习由于具有强大的并行运算能力，可以独自实现特征提取、特征抽象和模型学习3种功能，其自适应、自学习和非线性映射能力优势明显，得以广泛应用[17]。加之良好的容错性和联想记忆功能，在整个过程不需要过多的人工干预，在模式识别、函数逼近等领域得到了广泛应用，为解决状态监测问题提供了一条新的思路。

深度学习相较于传统算法具有明显的深度优势。数据传入输入层后，一般先经由浅层网络提取精炼所需特征，从原始输入空间映射到一个易于被处理的特征空间，然后才送入全连接层进行决策，极大减轻全连接层的决策压力。相比之下，现有算法一般只会对原始数据做少量人工处理，如特征压缩，并不足以降低特征的复杂度。正是由于决策层需要独自应对时域、频域和能量域信息，完成整个监测任务，其复杂度才成为了整个算法的瓶颈。

在处理多源异构数据问题时，深度学习相较于传统算法的优势更加明显。相较于单一类型数据，多源异构数据间样本空间差异巨大。在融合过程中，不可避免需要将不同的样本空间映射到同一特征空间。但像向量和图像这种有维数跨越的数据，映射函数会十分复杂，现有算法并不足以解决此类融合问题。相比于传统机器学习只能学习任务模型，深度学习的特征学习、特征抽象能力与生俱来。通过合理设计网络结构，深度学习可以拟合出特征空间映射关系，使跨维度数据融合成为可能。更值得称道的是，深度学习会使得整个处理流程变得更加简洁。

在深度学习的整个发展过程中，DBN、DBM、AE和CNN构成了早期的基础模型。后续的众多研究则是在此基础上提出或改进的新的学习模型。深度学习的网络结构因网络的层数、权重共享性以及边的特点不同而有所不同，表8-4对每个深度学习算法的网络结构、训练算法以及解决问题或存在问题给出了简要总结。其中，绝大多数深度学习算法体现为空间维度上的深层结构，且属于前向反馈神经网络；而以循环神经网络(RNN)为代表的LSTM和GRU等深度学习算法，通过引入定向循环，具有时间维度上的深层结构，从而可以处理那些输入之间有前后关联的问题。根据对标注数据的依赖程度，深度学习算法中DBN、AE及其派生分支体现为以无监督学习或半监督学习为主；CNN、RNN及其派生分支则以有监督学习为主。

由于深度学习模型存在各自的优点与缺点，本节对其典型网络进行了对比分析，如表 8-4 所示。

表 8-4　深层网络及其算法

深度模型	年份	网络结构	相关训练算法	模型特点及解决问题	存在问题	文献
DBN 深度置信网络	2006	多层，有/无向边全连接	贪心逐层训练算法；BP	RBM 的堆叠；以无监督学习到的参数作为有监督学习的初始值，从而解决了 BP 的问题	可视层只能接收二值数值；优化困难	[18]
DBM 深度玻尔兹曼机	2006	多层，无向边全连接	BP	BM 的特殊形式；自下而上生成结构；减少传播造成的误差	效率低	[19]
DAE 深度自动编码器	2006	多层	贪心逐层训练算法；BP	无监督逐层贪心训练算法完成对隐含层的预训练；并通过 BP 微调，显著降低了性能指数	隐藏层数量和神经元的数量增多导致梯度稀释	[20]
SAE 稀疏自动编码器	2007	3 层/多层	梯度下降算法；BP	降维，学习稀疏的特征表达	同上	[21]
CNN 卷积神经网络	1998	多层，无向边局部连接共享权值	梯度下降算法；BP	包含卷积层和子采样层；可以接受 2D 结构的输入；具有较强的畸变鲁棒性；广泛应用于图像识别	要求较高计算能力的资源	[22-23]
RNN 循环神经网络	1996	多层	BPTT；梯度下降算法	多层的时间维度上的深层结构；能够处理序列数据	梯度消失或梯度爆炸	[24]
LSTM 长短期记忆	1997	多层	BPTT；梯度下降算法	通过为每一个神经元引入 gate 和存储单元，能够解决 RNN 所面临的梯度消失或爆炸问题；由于具有记忆功能，能够处理较为复杂的序列数据	训练复杂度较高，解码	[25]
GAN 生成对抗网络	2014	多层，无向边局部连接，共享权值	BP；Dropout	由不同网络组成，成对出现，协同工作。一个网络负责生成内容，另一个负责对内容进行评价，多以前馈网络和卷积网络的结合为主	训练较难；训练过程不稳定	[26]

8.6.2　稀疏自动编码器（SAE）

稀疏自编码结构分层训练并依次堆积构成深度网络，网络的最后一层加入 Softmax 分类器，经过少量有标签数据的微调训练，得到具有特征学习能力和预测分类能力的深度网络结构。

自动编码器（autoencoder，AE）是一个 3 层的神经网络，由编码（encoder）和解码（decoder）两个网络构成，结构如图 8-24 所示。AE 的输入数据和输出目标相同，将输入层到隐含层的变换过程称为编码，将隐含层到输出层的变换过程称为解码。编码网络属于降维过程，将高维原始数据变换为低维空间的编码矢量；解码网络属于重构部分，可看作是编码网络的逆过程，将低维空间的编码矢量重构回原来的输入数据。隐含层的数据能够反映高维数据集的本质规律，是整个自编码网络的核心。因此，自编码网络也是一种非线性降维过程。

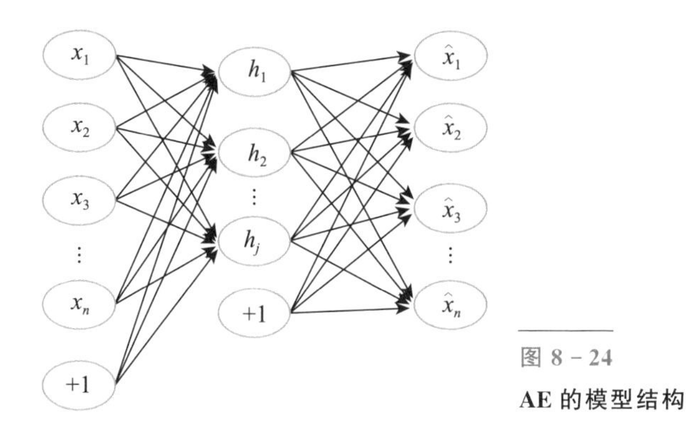

图 8-24
AE 的模型结构

假设一个无标签的观测样本集 $S=\{x_i\}_{i=1}^{n}$，则编码和解码过程可分别表示为式(8-91)和式(8-92)：

$$h=f_{\theta}(x)=s_f(\boldsymbol{W}x+\boldsymbol{b}) \tag{8-91}$$

$$\hat{x}=g_{\theta}{}'(h)=s_g(\boldsymbol{W}'h+\boldsymbol{b}') \tag{8-92}$$

式中，h 和 $\hat{x}$ 分别为编码矢量和解码矢量；f_{θ} 和 $g_{\theta}{}'$ 分别为编码函数和解码函数；$\boldsymbol{W}$ 为输入层与隐含层之间的权值矩阵；$\boldsymbol{W}'$ 为隐含层与输出层之间的权值矩阵；$\boldsymbol{b}$ 为隐含层的偏置向量；$\boldsymbol{b}'$ 为输出层的偏置向量；θ 为编码函数的参数集合，且 $\theta=\{\boldsymbol{W},\boldsymbol{b}\}$；$\theta'$ 为解码函数的参数集合，且 $\theta'=\{\boldsymbol{W}',\boldsymbol{b}'\}$；$s_f$ 和 s_g 为网络的激活函数，通常取为 sigmoid 函数。

预训练 AE 的过程实质上是利用样本集 S 对参数 θ 进行训练的过程。通过 x 与 $\hat{x}$ 的重构误差函数 $L(x,\hat{x})$ 来刻画这种接近程度，$L(x,\hat{x})$ 定义为

$$L(x,\hat{x}) = \sum_{i=1}^{n}[x_i\ln(\hat{x}) + (1 - x_i)\ln(1 - \hat{x})] \tag{8-93}$$

基于重构误差函数，通过最小化代价函数 $J_1(\theta_{AE})$ 便可以得到该层的参数 θ_{AE}，$J_1(\theta_{AE})$ 定义为

$$J_1(\theta_{AE}) = \frac{1}{n}\sum_{x\in S}L[x,g_{\theta}'(f_{\theta}(x))] \tag{8-94}$$

然而，如果直接对代价函数作极小化，只是保留了 x 的信息，并不足以使 AE 获得一种有效的特征表示，因为稀疏的表示往往比其他的表示有效，我们可以对代价函数进行稀疏性约束，即稀疏自编码(sparse autoencoder，SAE)。为了防止参数过拟合，网络结构的代价函数加入权重衰减项(weight decay)，更好地表征监测信号的特征向量，其损失函数如式(8-95)所示：

$$J_2(\theta_{\mathrm{SAE}}) = \frac{1}{2n}\sum_{i=1}^{n}\|x_i - \hat{x}_i\|^2 + \lambda_1(\|W\|_F^2 + \|W'\|_F^2) + \lambda_2\sum_{j=1}^{m}KL(\rho\|\hat{\rho}_j) \tag{8-95}$$

式中，λ_1 为权重衰减项系数；λ_2 为控制稀疏性惩罚项的权重系数；ρ 为稀疏性系数；$\hat{\rho}_j$ 表示输入为 x_i 时隐含层上第 j 个神经元在训练集 S 上的平均激活度。$KL(\rho\|\hat{\rho}_j)$ 的表达式如下式所示：

$$KL(\rho\|\hat{\rho}_j) = \rho\log\frac{\rho}{\hat{\rho}_j} + (1-\rho)\log\frac{1-\rho}{1-\hat{\rho}_j} \tag{8-96}$$

1. 堆栈稀疏自编码网络

稀疏自编码器是一个 3 层的神经网络结构，对复杂函数的表示能力有限，对复杂分类问题其泛化能力受到一定的制约。深层模型恰恰可以克服浅层模型的这一弱点，因此我们将浅层网络依次叠加构成深度网络结构，即堆栈稀疏自编码网络，如图 8-25 所示。深度神经网络在训练上的难度可以通过“逐层初始化”(layer-wise pre-training)来有效克服，主要思路是每次只训练网络中的一层，即我们首先训练一个只含一个隐含层的网络，仅当这层网络训练结束之后才开始训练一个有两个隐含层的网络，以此类推。“逐层初始化”的步骤就是让模型处于一个较为接近全局最优的位置，从而获得更好的效果。

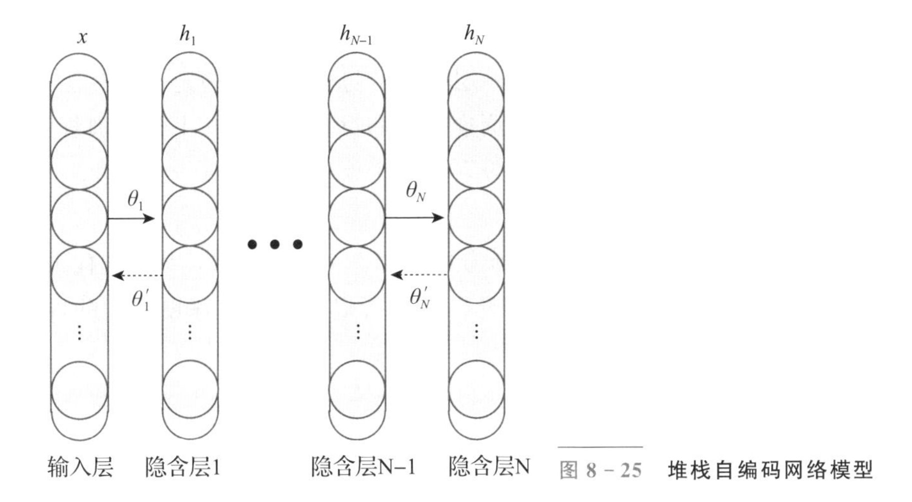

图 8-25 堆栈自编码网络模型

2. Softmax 分类器

堆栈自编码网络只是一个深度神经网络结构，具有特征学习能力，并不能对不同类型信号进行分类，因此我们需要在深度神经网络结构的最后一层加入一层具有分类预测能力的网络结构，常用的有 Softmax 分类器。

Softmax 回归可以解决两种以上的分类，该模型是 logistic 回归模型在分类问题上的推广。假设训练集为 $\{(x_i, y_i);\ i=1, 2, \cdots, n\}$，$y \in \{1, 2, \cdots, k\}$，也就是对给定的输入 x，用假设函数估算出每一个类别 j 出现的概率 $p(y=j \mid x)$。假设函数如式(8-97)所示：

$$h_\theta(x_i) = \begin{bmatrix} p(y_i = 1 \mid x_i;\theta) \\ p(y_i = 2 \mid x_i;\theta) \\ \vdots \\ p(y_i = k \mid x_i;\theta) \end{bmatrix} = \frac{1}{\sum_{j=1}^{k} e^{\theta_j^{\mathrm{T}} x_i}} \begin{bmatrix} e^{\theta_1^{\mathrm{T}} x_i} \\ e^{\theta_2^{\mathrm{T}} x_i} \\ \vdots \\ e^{\theta_k^{\mathrm{T}} x_i} \end{bmatrix} \tag{8-97}$$

Softmax 回归模型的代价函数如式(8-98)所示：

$$J_3(\theta) = -\frac{1}{m}\left[\sum_{i=1}^{m}\sum_{j=1}^{k} 1\{y_i = j\} \lg \frac{e^{\theta_j^{\mathrm{T}} x_i}}{\sum_{l=1}^{k} e^{\theta_l^{\mathrm{T}} x_i}}\right] \tag{8-98}$$

式中，$1\{\cdot\}$ 是一个指示性函数，即当大括号中的值为真时，该函数的结果就为 1，否则其结果就为 0。

3. 微调多层自编码算法

在非监督预训练阶段，训练每一层参数的过程中，会固定其他各层参数保持不变。所以，为了提高网络预测准确率和泛化能力，在上述预训练过程结束之后，通过反向传播算法有监督训练整个模型，同时进一步优化调整各层参数，这个过程称为“微调”。

微调训练将堆栈自编码网络的所有层作为一个整体模型，每次迭代训练，模型的所有参数均会优化调整。因此，微调可以提高整个深度网络的性能，优化了特征表示及状态预测能力。

8.6.3 深度置信神经网络

1. 基本 DBN 模型与算法

深度置信网络(DBN)于 2006 年由 Hinton 首次提出[18]，该方法能使用其主导的层次生成模型来进行特征提取。与其他基于深度学习的方法相比，DBN 的另一个功能是它可以防止训练数据集过度拟合。DBN 能够表达大量变异函数，发现多个特征的潜在正则性，并且比基于浅层学习的算法具有更强的泛化能力。DBN 由多个堆叠的 RBM 层组成，通过 RBM 模型学习一个神经网络层的权重。将一个 RBM 模型隐藏层的神经元作为下一个 RBM 的输入数据。每个 RBM 都由前一个 RBM 的隐藏层作为其输入数据进行训练。这种结构提供了更精确的特征提取。DBN 是连接这些训练好的 RBM 层的结果。DBN 算法具有逐层贪婪的训练结构，是一种快速有效的算法。

DBN 学习算法由受限玻尔兹曼机器(RBMs)堆叠组成。RBM 是一个对称耦合的随机二进制网络，可见单元的集合 $v \in [0,1]$，隐藏单元的集合 $h \in [0,1]$以及限制单元之间的连接支配 RBMs。DBN 的层次结构包含单个可见层和 L 个隐含层 h^1，…，h^l，…，h^L。

DBN 结构有效地利用了未标记的数据，解释了概率生成模型并缓解了过拟合问题。无论是大量还是少量的训练数据，已发现基于 RBM 的预训练在形成 DBN 中叠加。联合配置的能量函数通过连接权重和二进制 RBM 级别中可见和隐藏单元的偏差来确定概率分布，定义为

$$E(\boldsymbol{v},\boldsymbol{h}) = -\sum_{\substack{i=1\\ i\in \text{visible}}}^{n} a_i v_i - \sum_{\substack{j=1\\ j\in \text{hidden}}}^{m} b_j h_j - \sum_{i=1}^{n}\sum_{j=1}^{m} v_i h_j w_{ij} \tag{8-99}$$

式中，w_{ij}为可见单元i和隐藏单元j的对称交互项，a_i和b_j分别表示可见单元和隐藏单元的偏差项。变量集$\theta=(\boldsymbol{w},\boldsymbol{a},\boldsymbol{b})$是确定RBM模型的参数，RBM训练的目标是找到代表训练样本的最优值θ^*。

可见和隐藏单元的联合条件概率分布定义为

$$p(\boldsymbol{v},\boldsymbol{h})=\frac{\mathrm{e}^{-E(\boldsymbol{v},\boldsymbol{h})}}{Z} \tag{8-100}$$

式中，

$$Z=\sum_{\boldsymbol{v},\boldsymbol{h}}\mathrm{e}^{-E(\boldsymbol{v},\boldsymbol{h})} \tag{8-101}$$

作为归一化因子或配分函数，通过对所有可能的可见和隐藏矢量对求和来得到。

网络分配给可见矢量v的概率是通过对所有可能的隐藏矢量求和来给出的：

$$p(\boldsymbol{v})=\frac{\sum_{\boldsymbol{h}}\mathrm{e}^{-E(\boldsymbol{v},\boldsymbol{h})}}{Z} \tag{8-102}$$

可以通过调整权重和偏差来提高网络分配给训练图像的概率，以降低该图像的能量并提高其他图像的能量，尤其是那些能量较低的图像，从而对配分函数有较大的贡献。

求取可见向量的对数概率分布的导数为

$$\frac{\partial\log p(\boldsymbol{v})}{\partial w_{ij}}=\langle v_ih_j\rangle_{\text{data}}-\langle v_ih_j\rangle_{\text{model}} \tag{8-103}$$

其中尖括号用于表示由下标指定的分布下的期望值。这引出了一个非常简单的学习规则，用于在训练数据的对数概率中执行随机最陡上升：

$$\Delta w_{ij}=\varepsilon(\langle v_ih_j\rangle_{\text{data}}-\langle v_ih_j\rangle_{\text{model}}) \tag{8-104}$$

式中，ε是一个学习速率。

由于RBM中的隐藏单元之间没有直接的联系，因此很容易得到一个$\langle v_ih_j\rangle_{\text{data}}$的无偏样本。

给定随机选择的训练图像v，每个隐藏单元j的二进制状态h_j，概率设置为1。

$$p(h_j=1\mid\boldsymbol{v})=g\left(b_j+\sum_i v_iw_{ij}\right) \tag{8-105}$$

其中，$g(x)=1/(1+\exp(-x))$是逻辑 s 形函数。

因为在 RBM 中可见单元之间没有直接联系，所以获取可见单元状态的无偏样本也非常容易，给定一个隐藏向量：

$$p(v_i = 1|\boldsymbol{h}) = g(a_i + \sum_j h_j w_{ij}) \tag{8-106}$$

然而，得到一个无偏样本$\langle v_i h_j \rangle_{\text{model}}$要困难得多。它可以通过从可见单元的任何随机状态开始，并在很长时间内执行交替的吉布斯采样来完成。交替吉布斯采样的单次迭代可以表示为：先根据式(8－105)并行更新所有隐藏单元，然后根据式(8－106)并行更新所有可见单元。

Hinton[27]提出了一种更快的学习过程。首先将可视单元的状态设置为训练向量。然后使用式(8－106)并行计算隐藏单元的二进制状态。一旦为隐藏单元选择了二进制状态，则通过将每个 v_i 设置为 1，并用式(8－107)给出概率来产生“重建”。然后给出权重的变化为

$$\Delta w_{ij} = \varepsilon(\langle \boldsymbol{v}_i \boldsymbol{h}_j \rangle_{\text{data}} - \langle \boldsymbol{v}_i \boldsymbol{h}_j \rangle_{\text{recon}}) \tag{8-107}$$

该学习规则还存在一个简化版本，仅通过单个单元的状态计算偏差，而非两两乘积。

这种学习虽然只是粗略地接近训练数据的对数概率梯度，但效果很好。学习规则更接近于另一个称为对比散度[27]的目标函数的梯度，这是两个 Kullback-Liebler 分歧散度之间的差异，但是它事实上并没有跟随任何功能的梯度，已经被 Sutskever 和 Tieleman 证明。但足以在许多重要应用中取得成功。如果在学习规则中第二项的统计数据收集之前使用更多的交替吉布斯采样步骤，RBMs 通常会学习更好的模型，这将被称为负数统计。CDn 将用于表示使用 n 个完整的吉布斯交替采样步骤进行学习。

然后根据以下等式更新模型参数 $\theta=(\boldsymbol{w}, \boldsymbol{a}, \boldsymbol{b})$：

$$w_{ij} = \eta w_{ij} + \varepsilon(\langle v_i h_j \rangle_{\text{data}} - \langle v_i h_j \rangle_{\text{recon}}) \tag{8-108}$$

$$a_i = a_i + \varepsilon(\langle v_i \rangle_{\text{data}} - \langle v_i \rangle_{\text{model}}) \tag{8-109}$$

$$b_j = b_j + \varepsilon(\langle h_j \rangle_{\text{data}} - \langle h_j \rangle_{\text{model}}) \tag{8-110}$$

基于多 RBMs 的深度表示，在 RBMs 的分类算法中，使用顶部的 Softmax 层来指定正确的类。图 8－26 显示了 DBN 的结构，用于在缺陷诊断中使用来自 SLM 处理的可见声信号单元进行分类识别。

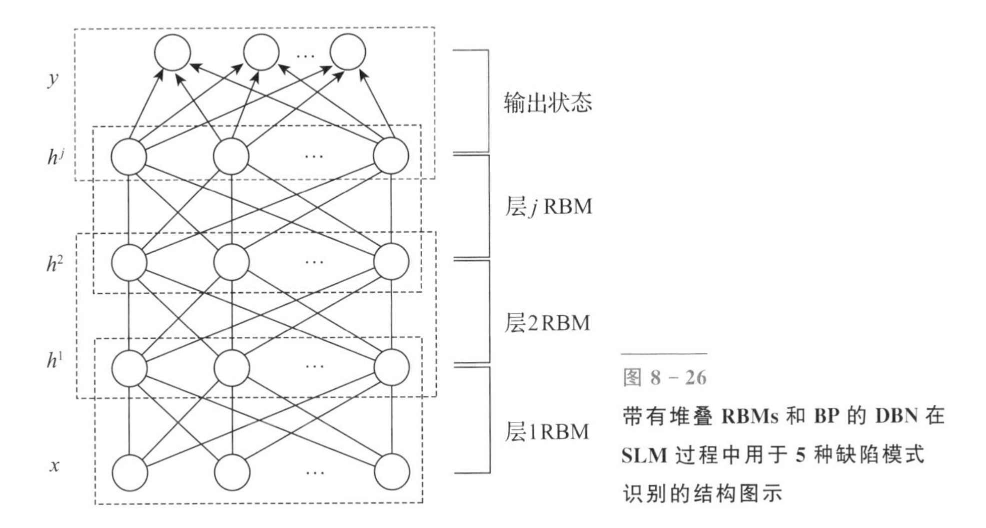

图 8-26
带有堆叠 RBMs 和 BP 的 DBN 在 SLM 过程中用于 5 种缺陷模式识别的结构图示

深度神经网络架构的框图，具有 3 个隐藏层和 1 个输出层。输入层处输入随机变量的矢量表示为 x；将与第 i 个隐藏层的节点相关联的变量记为 h^i，$i=1$，2，3；输出变量表示为 y。在预训练的每个阶段，一次计算一个与一个隐藏层相关联的隐藏层的权重，一次只计算相邻的两个隐藏层权重。对于包含 3 个隐藏层的框图网络，预训练包括 3 个无监督学习阶段。隐藏单元的预训练完成后，通过监督学习算法对与输出节点关联的权重进行预训练，采用监督学习算法对输出层权重预训练。在最后的微调过程中，所有的参数都是通过监督学习规则来估计的，比如反向传播方案，使用的是在预训练时获得的初值。

2. 高斯可见单元

对于自然图像的小块或用于表示语音的 Mel-Cepstrum 系数等数据，逻辑单元的表示效果非常差。一种解决方案是用具有独立高斯噪声的线性单元代替二进制可见单元，能量函数然后变为

$$E(\boldsymbol{v},\boldsymbol{h}) = -\sum_{\substack{i=1\\ i\in \text{visible}}}^{n} \frac{(v_i - a_i)^2}{2\sigma_i^2} - \sum_{\substack{j=1\\ j\in \text{hidden}}}^{m} b_j h_j - \sum_{i=1}^{n}\sum_{j=1}^{m} \frac{v_i}{\sigma_i} h_j w_{ij} \quad (8-111)$$

其中，σ_i 是可见单位 i 的高斯噪声的标准偏差。

上式求解需要得知每个可见单元的噪声方差，但使用 CD1 很难做到这一点。在许多应用中，首先将数据的每个分量归一化为零均值和单位方差，然后使用无噪声重构并将方差设置为 1，这种方法要容易得多。然后，高斯可见

单元的重构值等于其二进制隐藏单元自上而下的输入加上其偏差。

学习速率需要比使用二进制可见单位时小一到两个数量级，文献中报告的一些失败例子可能是由于使用的学习速率过高。需要较小的学习速率，是因为在重构中没有构件大小的上限，并且如果一个构件变得非常大，那么它所产生的权重就会得到非常大的学习信号。对于二进制隐藏和可见单元，每个训练案例的学习信号必须在 -1～1，因此二进制网络更加稳定。

8.6.4 卷积神经网络

CNN 是一种用卷积核提取特征的神经网络，特别适用于二维图像的分类预测任务。LeNet 首次将卷积网络这一理论应用到 MNIST 手写数据集数字识别任务，极大地提高了图像识别任务的准确度[29]。随后，InceptionNet，VGGNet 和 ResNet 等网络纷纷出现，将 CNN 用于处理更复杂的任务，在多个模式识别大赛中斩获头彩。至此，CNN 成为深度网络中使用最为广泛、相关理论最为成熟的一种架构。

相比于全连接神经网络通过全连接层的堆叠实现非线性函数映射，CNN 采用了卷积层 + 池化层的形式提取二维特征，再将提取到的特征送入三层全连接层进行分类决策。以 LeNet 为例，如图 8 - 27 所示，通过两层卷积层降低数据维度，实现特征提取。

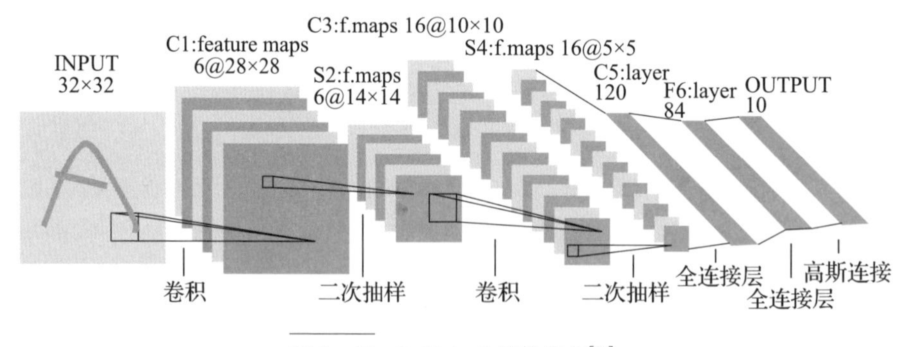

图 8 - 27 **LeNet - 5 网络架构**[29]

卷积层本质上实现的是一组卷积核与图像之间的二维卷积，可以表示为

$$C(s,t) = \sum_{m=0}^{M_{r-1}} \sum_{n=0}^{M_{c-1}} A(m,n)\boldsymbol{B}(s-m,t-n) \tag{8-112}$$

其中，A 表示卷积核；$\boldsymbol{B}$ 表示图像矩阵；s，t 分别表示输出矩阵元素的

列位置和行位置；m，n 分别表示卷积核元素的列位置和行位置。

在卷积过程中，卷积核会依次掠过图像的所有位置，每次与感受野中图像像素点点乘。我们可以认为卷积核代表着一种图像处理函数，并且只作用于当前位置的附近区域。比如，当卷积核恰好为高斯核时，这时的卷积就在完成模糊去噪的功能。当然，CNN 中的卷积核不是固定不变的，而是需要通过误差回传学习的一组变量。CNN 会根据训练集不断迭代修正卷积核，最终得到一组可以提取到期望特征的卷积核。二维卷积示意图如图 8－28 所示。

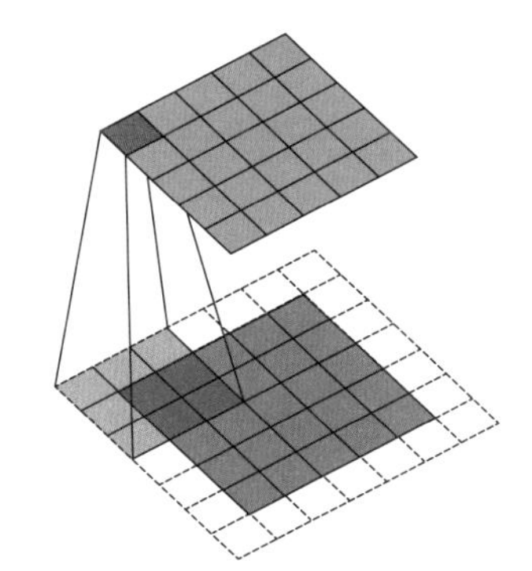

图 8－28
3×3 卷积核以单位步长卷积 5×5 图像[30]

卷积网络非常适用于处理图像数据，这得益于其局部连接(局部感受野)、权值共享和平移不变性的性质。

(1)局部连接：卷积核每次只与局部图像点乘，因此输出矩阵中的每个点也只与对应区域有关，这样的好处在于可以极大地降低计算量。以 LeNet 首层为例，若改用全连接层，所需的加乘运算量为 $32 \times 32 \times 28 \times 28 = 802816$ 次，而 LeNet 首个卷积层仅需要 5×5(卷积核大小)$\times 6$(卷积核数量)$\times 28 \times 28 = 117600$ 次。同等条件下，仅占全连接层计算量的 15%。当输入图像变成彩色图像，并拥有更高分辨率时，卷积层的计算优势将会更加明显。而且通过快速卷积算法可以降低卷积的实际计算量，非常适合显卡的并行运算机制，因此实际的运行速度要快得多。

(2)权值共享：卷积核虽然每次只与局部区域点乘，但反复多次，卷积层可以提取到整个图像所有位置的特征。在多次矩阵运算中，使用的卷积核是相同的，即每个卷积层所含的卷积核数量是固定的。在遍历过程中，卷积核的权值是共享的，极大地降低了需要学习的模型参数数量。仍以 LeNet 的首层为例，若采用全连接形式，需要学习的权值数量为 $32 \times 32 \times 28 \times 28 + 1 = 802817$ 个，但若采用卷积形式，只需要学习 5×5(卷积核大小)$\times 6$(卷积核数量)+1=151个权值。学习参数的减少降低了所需数据量的规模，或者说缓和了参数过拟合现象。

(3)平移不变性：如果认为每个卷积核是为了检测该区域是否有对应的特征，那么卷积层的实际作用相当于在所有位置为该特征的存在可能性打分。直观来讲，卷积天然的平移不变性与图像的几何特征十分匹配。以熔池图像为例，相机的位置和角度不同直接导致熔池区域在图像上所处位置的差异，但其位置的差异与是否为异常区域并没有显著关联。此时，卷积核的平移不变性就可以保证提取到的特征不受位置和角度影响，因此能得到普适性更高的结果。

8.6.5 循环神经网络

普通的神经网络不具备处理时序数据的能力，即本次输入与下次输入之间无直接联系，同次输入之间也无次序关联。为解决这一问题，RNN应运而生，这主要得益于其可以提取时序特征。RNN的示意图如图8-29所示。可以看出，RNN与普通神经网络的区别在于，普通神经网络仅根据当前信号做出判断，而RNN网络在接收当前输入 x_t 的同时，还会参考上个时间段的状态 s_{t-1}。并在输出本次预测结果 o_t 的同时，根据当前输入 x_t 和历史状态 s_{t-1}产生一个新的细胞状态 s_t。这就使得每个时间段的决策都可以参考之前的信号，并能将对后期有用的信息保留下来。注意，RNN处理每个时刻数据的网络都是复用的，即权值共享的，这与CNN在某种意义上十分相似。只不过CNN适用于提取不同位置的图像空间特征，而RNN适用于提取不同时刻的时序特征。相比于直接采用全连接网络，也降低了所需数据集体量，减少了学习参数数量和计算量，不容易过拟合。

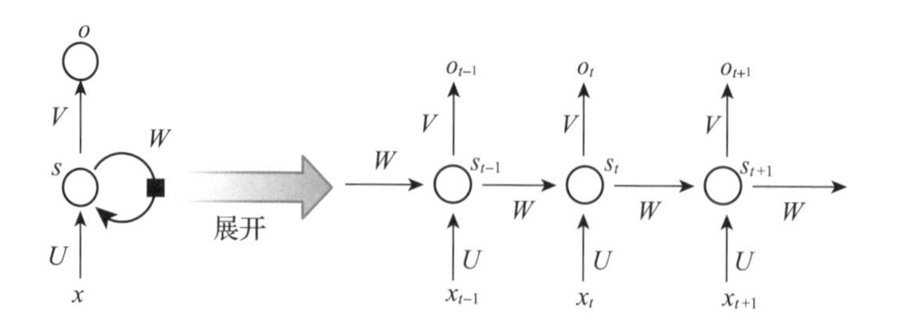

图8-29 循环神经网络示意图[31]

注：左为折叠示意图，右为展开示意图。

综上所述，RNN 网络层本质上是由一个 RNN 单元多次复用构成的。根据 RNN 使用的单元结构不同，又可以分为许多类别。其中，最早被提出也是最为流行的单元当属 GRU 和 LSTM。

1. 长短期记忆神经网络 LSTM

LSTM 最早由 Hochreiter S 等提出[32]，主要用于解决 RNN 没有长时有效记忆的问题(遗忘)，基本单元如图 8-30 所示。相比于其他 RNN 单元，LSTM 单元采用了两条状态传输线。其中，细胞状态 h 与普通 RNN 单元的功能基本类似，都是用于传递短期时序信息。为使网络可以处理长时段数据，LSTM 又引入了细胞状态 c。Hochreiter S 等认为，RNN 之所以没有长期记忆，主要是因为状态传送通道 h 上的信息很容易被修改，不容易长时间保留。而且，以 GRU 为首的 RNN 网络输出 o_t 和状态 h_t 是相同值，需要权衡输出的准确性和保留信息的有效性，这在多输入—多输出 RNN 中常常造成严重后果。细胞状态 c 则可以有效缓解上述问题。

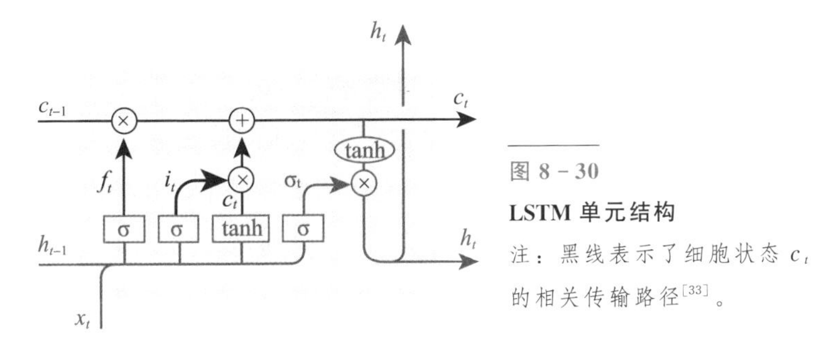

图 8-30
LSTM 单元结构
注：黑线表示了细胞状态 c_t 的相关传输路径[33]。

从图 8-30 中可以直观看到，h_t 的传输通道在一个时刻只经过遗忘和更新两个环节。上一时刻的细胞状态 c_{t-1} 会根据遗忘门数值 f_t 进行一次选择遗忘，丢弃掉无用信息。然后根据输入门 i_t 和当前信息 h_{t-1}，x_t 更新 c_t。相比于 h_t 每次都要重新通过对 h_{t-1} 和 x_t 计算得到，c_t 无疑更不容易被改变，也更容易记住长期信息。

LSTM 的完整工作流程可参考文献[34]，更详细的信息可参考 Hochreiter S 等撰写的论文[32]。

2. 门控循环单元(GRU)

GRU 是由 Cho 等[34]提出的一种 LSTM 的变体。虽然晚于 LSTM 出现，但由于其结构较为简单，被广泛应用。GRU 的结构如图 8-31 所示。

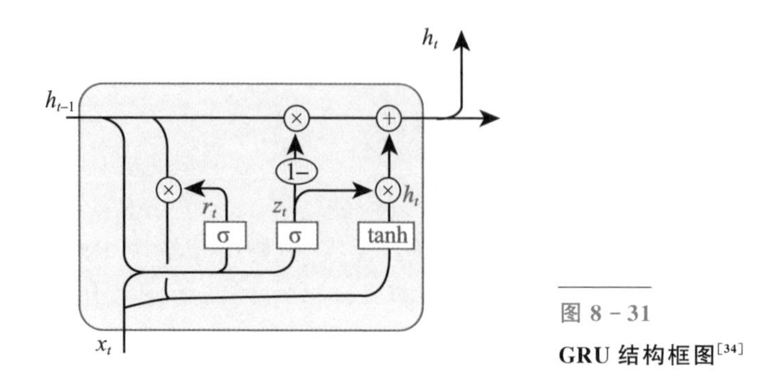

图 8-31
GRU 结构框图[34]

GRU 是 LSTM 的一种简化形式，将原有的 3 个门简化为 2 个门——更新门 z_t 和重置门 r_t，并省去了细胞状态 c_t。重置门 r_t 用于决定 h_t 中有多少信息是需要被遗忘的，而更新门 z_t 用于决定 x_t 中哪些信息是有用的，以什么比例传递到当前隐藏状态 h_t。与 LSTM 相同，GRU 单元每次都会依据 h_{t-1} 和 x_t 设定 z_t 和 r_t 的门值，输出判断结果 h_t，并将该结果送入下一个时刻的 GRU 单元。在许多情况下，GRU 与 LSTM 有同样出色的结果。GRU 有更少的参数，因此相对容易训练且过拟合问题要轻一点。

选择一个适合用于状态监测的网络需要因具体问题而异。虽然文献[35]在大量数据集上比较了 RNN 的所有流行变体的实际效果，并指出不同单元的结果并没有显著差异。但当不能充分计算时（一般都是如此），RNN 结构的选择仍然具有指导意义。一般认为，GRU 及其变体计算较为简单，所需数据量小，但只拥有短期记忆；相反，LSTM 的计算较为复杂，所需数据量较大，更容易记住长期信息。因此，当数据集较小或者无法承受大数据计算压力，信息时序间隔较短或可通过降采样缩短时序间隔时，GRU 更有优势。反之，LSTM 更具优势。

根据数据特点选择合适的网络结构也是十分重要的。许多数据集有次序关联，但没有明显的时序关系，没有规定必须只按一个方向传递。若需要提取逆序特征，可以采用双向 RNN，示意图如图 8-32 所示。此外，双向 RNN 在某种意义上可以缓解记忆时长过短的问题。

受到深度网络的启发，为能提取到更复杂、更具有实际意义的时序特征，实际网络结构多会采用多层 RNN 堆叠的形式或再堆叠全连接网络。图 8-33 给出了双向多层 RNN 示意图，每层提取到的时序特征会送入下个 RNN 层。

相比于单层 RNN 网络，多层网络的容积更大，提取出的特征信息更为丰富。

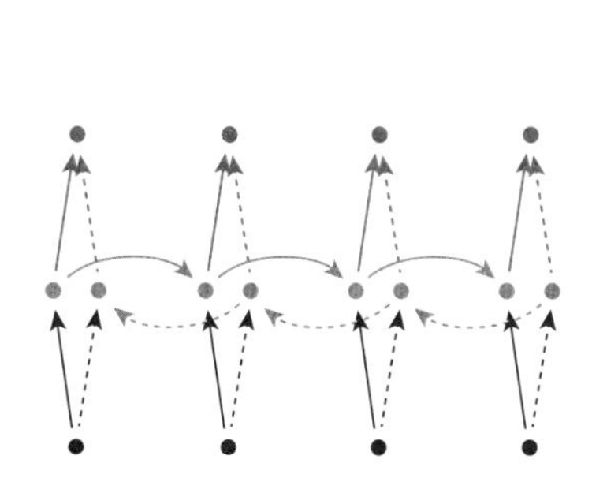

图 8-32　双向 RNN 示意图[36]

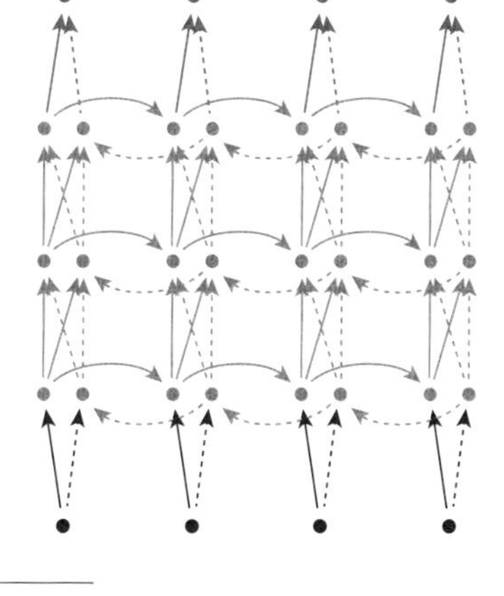

图 8-33　双向多层 RNN 结构示意图[36]

也有一些网络仅在前几层采用时序架构，用于提取时序特征。将提取到的时序特征送入全连接网络，进一步提取特征或做出决策。一般来讲，前层 RNN 已经提取出数据的时序信息，后层网络只需要在这些时序特征的基础上进行判断，显然全连接网络更胜任这一工作。相比于直接用全连接网络，这种形式网络的整体维度更低，所需计算量更少。

需要注意的是，在状态监测领域一般都会用到 RNN 的数据压缩能力。因此，常见的用于状态监测的 RNN 都是多输入—单输出结构，即仅将最后一个时刻的 o_t 作为输出。可以理解为所有 $t \neq n$ 的单元都不具备输出功能，仅用于将对预测有帮助的信息更新到 h_t 和 c_t 中。而 $t = n$ 时刻的单元汇总了所有时刻的有效信息，并将其映射为特征或直接做出决策。

参考文献

[1] 温熙森. 模式识别与状态监控[M]. 北京：科学出版社，1997.

[2] 杨叔子. 时间序列分析的工程应用[M]. 武汉：华中理工大学出版社，1991.

[3] DUDA R O，HART P E，Storck D G. Pattern classification[M]. Oxford：Taylor & Francis Group，2000.

[4] MALLAT S G. A wavelet tour of signal processing[M]. Pittsburgh：

Academic Press, 1998.

[5] BENDAT J S, PIERSOL A G. Random data: analysis and measurement procedures[J]. Hoboken, New Jersey: Wiley, 2010.

[6] HAYKIN S O. Neural networks and learning machines[M]. Upper Saddle River, New Jersey: Prentice-Hall, 2009.

[7] 李春春. 主成分分析(PCA)原理详解[Z/OL]. (2015-03-04)[2019-12-22]. https://blog.csdn.net/zhongkelee/article/details/44064401.

[8] JOLLIFFE I T, HAIR J F, ANDERSON R E. Multivariate data analysis with readings[J]. Journal of the Royal Statal Society: Series A (Stats in Society), 1988, 151(3): 558.

[9] SCHÜLKOPF B, MIKA S, SMOLA A J, et al. Kernel PCA pattern reconstruction via approximate[J]. Perspectives in Neural Computing, 1998, 98: 147-152.

[10] CRISTIANINI N, SHAWE-TAYLOR J. An introduction to support vector machines and other kernel-based learning methods: preface [M]. Cambridge: Cambridge University Press, 2000.

[11] CAGGIANO A, CAIAZZO F, TETI R. Digital factory approach for flexible and efficient manufacturing systems in the aerospace industry [J]. Procedia Cirp, 2015, 37(1): 122-127.

[12] GIROSI F, POGGIO T. Networks and the best approximation property[J]. Biological Cybernetics, 1990, 63(3): 169-176.

[13] GRASSO M, LAGUZZA V, SEMERARO Q, et al. In-process monitoring of selective laser melting: spatial detection of defects via image data analysis [J]. Journal of manufacturing science and engineering: Transactions of the ASME, 2016, 139(5): 051001.

[14] CHATFIELD C. Introduction to multivariate analysis[M]. Berlin: Springer, 1980.

[15] ANDREW R. Webb. Introduction to statistical pattern recognition [M]. Pittsburgh: Academic Press, 2003.

[16] JAFARI-MARANDI R, Khanzadeh M, Tian W, et al. From in-situ monitoring toward high-throughput process control: cost-driven

decision-making framework for laser-based additive manufacturing[J]. Journal of Manufacturing Systems, 2019, 51: 29 - 41.

[17] GOODFELLOW I, BENGIO Y, COURVILLE A. Deep learning [M]. Cambridge: The MIT Press, 2016.

[18] HINTON G E, SALAKHUTDINOV R R. Reducing the dimensionality of data with neural networks[J]. Science, 2006, 313(5786): 504 - 507.

[19] SALAKHUTDINOV R, HINTON G E . Deep boltzmann machines [J]. Journal of Machine Learning Research, 2009, 5(2): 1997 - 2006.

[20] HINTON G E, OSINDERO S, TEH Y W. A fast learning algorithm for deep belief nets[J]. Neural Computation, 2006, 18(7): 1527 - 1554.

[21] RANZATO M A, BOUREAU Y L, LECUN Y. Sparse feature learning for deep belief networks[J]. Advances in neural information processing systems, 2007, 20: 1185 - 1192.

[22] LECUN Y, BOTTOU L, BENGIO Y, et al. Gradient-based learning applied to document recognition[J]. Proceedings of the IEEE, 1998, 86(11): 2278 - 2324.

[23] KRIZHEVSKY A, SUTSKEVER I, HINTON G E. ImageNet classification with deep convolutional neural networks[J]. Communications of the ACM, 2017, 6(60): 84 - 90.

[24] HIHI S E, HC-J M Q, BENGIO Y. Hierarchical recurrent neural networks for long-term dependencies [J]. Advances in Neural Information Processing Systems, 1996, 8: 493 - 499.

[25] HOCHREITER S, SCHMIDHUBER J. Long short-term memory[J]. Neural Computation, 1997, 9(8): 1735 - 1780.

[26] GOODFELLOW I, POUGETABADIE J, MIRZA M , et al. Generative adversarial nets[J]. Advances in Neural Information Processing Systems, 2014, 2672 - 2680.

[27] HINTON G E. Training products of experts by minimizing contrastive divergence[J]. Neural Computation, 2002, 14(8): 1771 - 1800.

[28] SUTSKEVER I, TIELEMAN T. On the convergence properties of contrastive divergence[J]. Journal of Machine Learning Research, 2010, 9(4): 789 - 795.

[29] LECUN Y, BOTTOU L, BENGIO Y, et al. Gradient-based learning applied to document recognition[J]. Proceedings of the IEEE, 1998, 86(11): 2278 - 2324.

[30] 王小新. 一文了解各种卷积结构原理及优劣[Z/OL]. (2017 - 07 - 09) [2019 - 12 - 23]. http: //www. sohu. com/a/160696860 _ 610300

[31] BRITZ D. Recurrent neural networks tutorial part 1[M/OL]. (2015 - 09 - 17). http: //www. wildml. com/2015/09/recurrent-neural-networks-tutorial-part-1-introduction-to-rnns/.

[32] HOCHREITER S, SCHMIDHUBER J . Long short-term memory[J]. Neural Computation, 1997, 9(8): 1735 - 1780.

[33] 理解 LSTM(Long Short-Term Memory, LSTM) 网络[Z/OL]. (2017 - 04 - 27)[2019 - 12 - 23]. https: //www. cnblogs. com/wangduo/p/6773601. html

[34] CHO K, MERRIENBOER B V, BAHDANAU D, et al. On the properties of neural machine translation: Encoder-decoder approaches[C]. Doha, Qatar: Eighth Workshop on Syntax, Semantics and Structure in Statistical Translation (SSST - 8), 2014,.

[35] GREFF K, SRIVASTAVA R K, JAN K, et al. LSTM: A Search Space Odyssey[J]. IEEE Transactions on Neural Networks & Learning Systems, 2016, 28(10): 2222 - 2232.

[36] 谢小小. 深度学习笔记七: 循环神经网络 RNN(基本理论)[Z/OL]. [2019 -12 - 23]. https: //blog. csdn. net/xierhacker/article/details/73384760.

第9章 在线测量与监控方法

9.1 引言

增材制造的深入应用正受到零件质量问题的严峻挑战，例如成形件常具有尺寸和形状误差、球化、孔洞、层化、翘曲等不良特征。增材制造中的成形零件质量由几何、力学性能和物理性能定义。对于确定的材料，零件成形质量问题主要归因于工艺参数设置，这通常是通过试错法选择的。这种方法耗时、不准确且成本高。因此，建立AM工艺参数和成形零件特征之间的相关性，以确保理想的零件质量，并促进AM技术的应用，在目前显得尤为重要。一旦建立了相关关系，就可以对AM过程参数进行过程内传感和实时控制，以最小化AM成形过程中的变化，确保产生的产品质量和生产效率。

根据美国国家标准与技术研究所(NIST)主办的一个关于金属基AM测量科学需求的路线图研讨会，AM闭环控制系统被认为是一项重要的技术和挑战[1-2]，因为：

(1)过程监测对设备性能了解至关重要；

(2)确保零件符合规范；

(3)鉴定和认证成形零件质量和AM工艺的能力。

本章的核心思想是建立和识别成形参数、成形特征和产品质量之间的相关性，并利这些关系来提供监控系统解决方案。我们将工艺参数分为可控制的(即可连续修改的)，例如激光功率和扫描速度，或是预先定义的(即在每次成形开始时设置的)材料属性，例如粉末大小和分布。

过程特征显著影响最终产品质量。过程特征是粉末加热、熔化和凝固过程在成形过程中发生的动态特征。它们被分为可观察的(即可以观察或测量的)，如熔池形状和温度，或衍生的(即通过分析建模或模拟确定的)，如熔池深度和残余应力。成形零部件的质量分为几何质量、机械质量和物理质量。识别过程参数、过程特征和产品质量之间的相关性应有助于开发过程中传感和实时控制 AM 工艺参数，以表征和控制 PBF 成形过程。

9.2 成形过程测量

原位过程控制的缺乏使激光增材制造工艺离工业化应用要求还有较大差距[3-5]，本章回顾了在对 MAM 进行原位过程监测领域内进行的研究。有关已测试的不同类型传感器的概述见图 9-1，常用的有基于光学和声学的传感器。在光学类别中有几个子类别，即捕捉可见光和热波长、干涉测量、层析成像和显微术的摄像头。9.4 节将讨论所有不同的传感器。

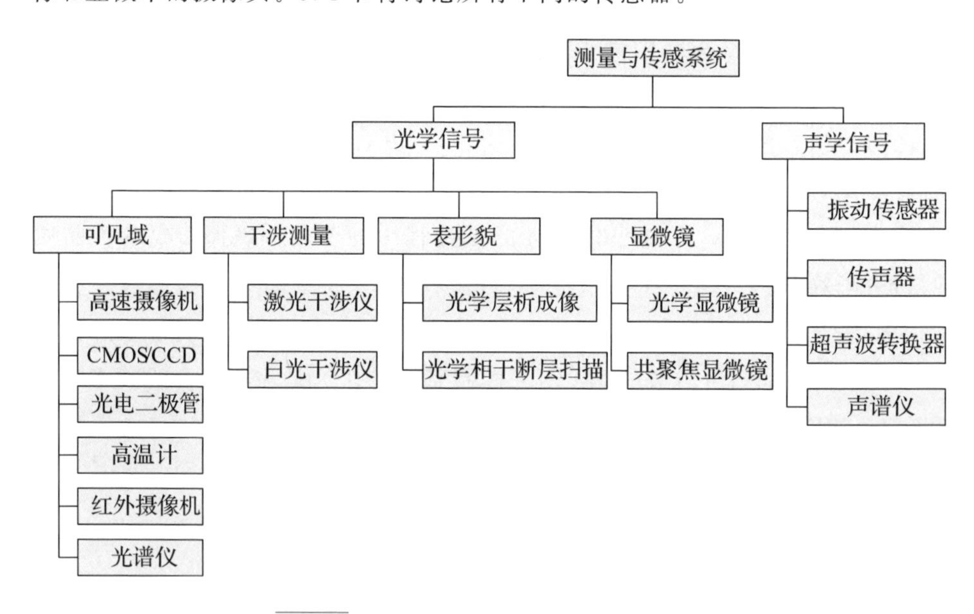

图 9-1 激光增材制造原位过程监测方法

本章只研究非接触监测和测量方法。接触粉床会影响到金属粉末在平台上的铺粉精度，因此，通常不考虑机械接触式测量。自适应控制系统和数据处理都超出了本节讨论的范围，将在其他章节讨论。在某些情况下，如果一些研究在传感器系统中集成了数据处理和自适应控制，将对数据处理和自适应控制进行简要的讨论，为后面的工作打下基础。

如前所述，PBF工艺产生的零件质量变化很大，取决于许多相关的影响因素，如粉末特性、工艺参数、几何形状和其他环境条件。为了澄清这些关系，研究人员使用了多种测量技术。本节重点介绍文献中描述的用于识别关键工艺参数、工艺特征和产品质量之间的相关性的前工艺、中工艺和后工艺测量。

9.2.1　成形前测量

预处理测量通常不直接适用于现场反馈控制，但是可被用于定义适当的系统输入参数，或用于前馈控制模型的补充。它们对于建立输入工艺参数与工艺和零件特性之间的关系也是至关重要的。这些测量值通常与材料特性(密度、热导率等)和系统的固有特性(激光功率、粉末吸收率等)有关。Berumen等[6]基于文献综述，列出了显著影响熔池特征的附加材料相关性质：表面张力、黏度、润湿性、热毛细效应、蒸发和氧化。

美国国家标准与技术研究所的研究人员总结了金属粉末的表征方法，特别是那些测量和描述粉末大小和分布的方法[1]。NIST的另一项研究测量了粉末的粒度分布、颗粒形态、化学性质和密度，并比较了样品与样品之间的一致性和回收旧金属粉末的可变性[7]。虽然这些工作详尽地描述了粉末表征技术，但他们没有研究这些特性变化与最终工艺特征或最终零件质量之间的关系。

9.2.2　成形过程测量

过程监测的主要研究重点是确定热影响区的几何形状和温度分布。红外热成像和高温测量是两种发展良好的非侵入式表面温度测量技术。此外，Mani等综述了一些关于在成形过程中对尺寸精度、误差和缺陷进行过程监控的工作，另外还研究讨论了应变应力的过程测量[1]。

表9-1总结了过程测量方面的研究成果。

表9-1　过程测量研究[1]

过程测量的目的	测量设置
表面温度测量	红外热成像和高温计，发射率参考值
将过程特征的偏差与输入参数相关联	双色高温计

（续）

过程测量的目的	测量设置
确定熔池区温度分布的温度和时间历程	双色高温计同轴测量系统
确定熔池大小和温度	光电二极管与 CMOS
使用温度图检测热应力引起的变形和悬垂引起的过热区域	由平面光电二极管和高速 CMOS 相机组成的同轴近红外(780～950nm)温度测量系统
监测束粉相互作用，量化束焦点尺寸，并检测孔隙率	红外热成像系统
在高扫描速度下引入高分辨率成像用附加光源监测熔池动力学	同轴光学系统
测量熔池大小以及熔池的温度分布	近红外(780～1080nm)热成像(60Hz 帧频)
通过激光轨迹跟踪热量的运动	基于热成像的系统
应变测量	安装在搭建平台上的表面变形测量应变计
几何测量	视觉系统

9.2.3 成形后测量

后处理测量通常侧重于零件质量，主要基于尺寸精度、表面粗糙度、孔隙率、力学性能、残余应力和疲劳等属性。表 9-2 总结了适用于零件质量的尺寸精度相关研究，表 9-3 总结了表面质量的相关研究[1]。

表 9-2 尺寸精度研究[1]

目的	变量	仪器	相关性
低成本粉末 SLM 的评价	层厚 激光扫描速度	3D 扫描仪	精加工前测量尺寸比设计尺寸大 2%～4%，精加工后尺寸大 1.5%，公差不均匀，z 向变化，无收缩
研究抬起的成形边缘	激光功率、速度、扫描策略、边缘高度	接触表面轮廓仪，光学显微镜	无法消除堆积的边缘，但适当的工艺参数和扫描策略可以提高板形
工艺参数对尺寸精度的影响	激光功率、速度、扫描策略、层厚	轮廓仪 坐标测量仪	尺寸误差和控制可以是特定的几何外形
成形所需激光能量分析	零件几何、切片厚度和成形方向	数学分析	SLS 过程的激光能量消耗及其与几何结构的关系

（续）

目的	变量	仪器	相关性
PBF制备金属零件的设计	激光功率、速度、扫描策略、层厚	坐标测量仪	工艺参数和激光扫描单元的精度是提高尺寸精度的关键
SLM中薄壁几何变形与偏差的研究	尺寸和位置	坐标测量仪	位置和尺寸的偏差分别为0.002～0.202mm
工艺参数对零件质量的影响	激光功率、速度和扫描策略	X射线能谱仪、SEM、能谱仪、表面轮廓仪、硬度计	在尺寸误差和表面粗糙度方面，成形方向对零件质量有显著影响
悬垂表面质量优化	斜角、扫描速度、激光功率	摄像机、坐标测量仪	更好地控制零件定位和能量输入将提高悬垂表面质量

表9-3 表面质量研究[1]

目的	变量	仪器	相关性
低成本粉末SLM的评价	表面粗糙度	三维扫描仪、扫描电镜、JOEL JSM5200、EDX分析仪	厚层中的大颗粒增加了表面粗糙度，侧面底部比顶部光滑
薄壁件SLM脉冲成形研究	脉冲形状、粗糙度、宽度、等离子体羽流程度	轮廓仪、数码卡尺、数码摄像机	脉冲成形可以减少飞溅，改善表面粗糙度，减小熔池宽度
研究失败的成形	层厚、扫描速度、方向、能量密度、零件密度和粗糙度	扫描电镜	存在一个窄小的加工区域，可以产生100%的零件密度和最佳的表面质量
研究升高的成形边缘	激光功率、速度、扫描策略、边缘高度	接触表面轮廓仪、光学显微镜	边缘高度在10～160 μm，不可能消除已形成的边缘，但适当的工艺参数和扫描策略可以提高平整度
粒度分布对表面质量和性能的影响	粉末粒度大小、层厚	机械测试	优化的粉末颗粒通常会改善力学性能
工艺参数对零件质量的影响	扫描速度、层厚、成形方向	X射线光谱仪、SEM、能量色散X射线光谱仪、表面轮廓仪、万能实验机、硬度计	力学性能和表面粗糙度对成形方向和层厚的敏感性

9.3 适用传感器

9.3.1 光学传感器

本节介绍可见光和热范围内的不同光学传感器，多数研究集中于该类传感器，其中一些已经商业应用。

1. 高速相机

1)机械结构

Craeghs 等[8-9]使用高速 CMOS 相机和平面光电二极管进行熔池监测。光电二极管和摄像机采用同轴安装，使它们捕获的光线与激光器的路径相同，见图 9-2。高速 CMOS 摄像机只能输出 8 位灰度值图像，该灰度值与温度有关，可建立材料熔融温度与灰度值之间的关系。相机和光电二极管的敏感波长范围在 400～900nm。由于该传感器系统可以观察到多个光源，需要正确选择观察波长带宽。在该研究中，Yb: YAG 光纤激光器的激光束波长为 1064nm，因此选择波长的上边界为 950nm。下边界需要高于 700nm，因为可见光(例如来自处理室中的照明)不需要采集。光电二极管可以捕获比相机更大的熔体区域。

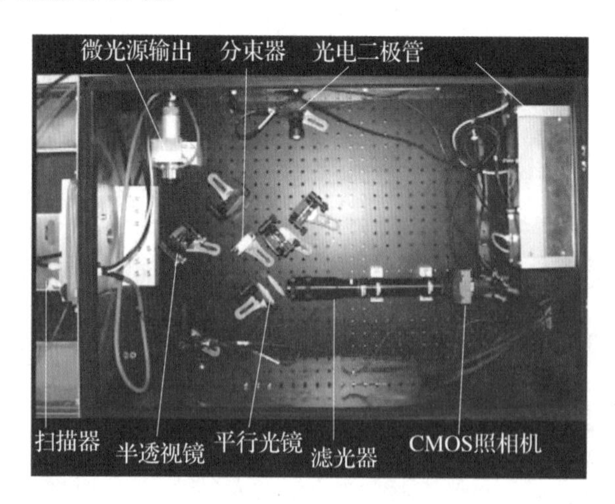

图 9-2 监测系统实验装置示意图[8]

2)数据处理

熔池图像采用相机处理为二值图像：具有较高灰度值的像素值设为 1，较低灰度值设为0。基于阈值的图像将熔池特性作为熔池长度，宽度和面积采用粒子分析算法求出。

3)自适应控制系统

研究中采用的SLM设备是由比利时K. U. Leuven大学Craeghs教授团队开发的[8]，系统采用开放式。由于研究人员可以访问控制系统，因此他们集成了PI控制器(比例—积分控制器)。光电二极管对从熔池中逸出的飞溅物或火花敏感，飞溅物和火花在光电二极管信号中产生高频噪声。因此，控制器的带宽不应太高。

2. 带CCD或CMOS图像传感器的数码相机

1)机械结构和图像处理技术

数码相机广泛用于SLM过程中的现场监控。通常用于重新铺粉前后粉末床的检测，还可用于检查熔池。数码相机中最常用的图像传感器是CMOS(互补金属氧化物半导体)和CCD(电荷耦合器)。CCD和CMOS图像传感器之间的主要区别为CCD内光点(像素)是无源的，而在CMOS内是有源的[10]。CMOS传感器中的光点都有自己的放大器，因此可以进行本地处理。CCD传感器中的光点先捕获信息，然后将信息以阵列的形式移动到放大器，当所有信息存储在光点中时，完成信息处理，而CMOS一次处理一个光点信息。感光点用于捕获信息并转换为光强度和颜色。CMOS传感器捕获的场景有可能产生弯曲现象，称为滚动快门伪影，在决定使用哪个图像传感器时，应考虑这一点。

Craeghs等[9]利用数码相机检测铺粉刀片的磨损和局部损坏。如图9-3所示，目标视场是成形平台，因此为了最小化图像中的透视误差，相机的光轴必须尽可能接近成形平台的中心线。使用了3个光源，可以从3个方向照亮成形平台：前灯(垂直于铺粉运动)、侧灯(平行于铺粉运动)和顶灯(垂直于成形平台)。这些不同的方向用来检测不同的问题，因为有些缺陷只能通过从某个方向的照明才能看到。没有指定数码相机具有哪种图像传感器(CCD或CMOS)，但指定了来源于3个不同角度的主动照明，以便在粉末床中形成清晰缺陷监测图像。

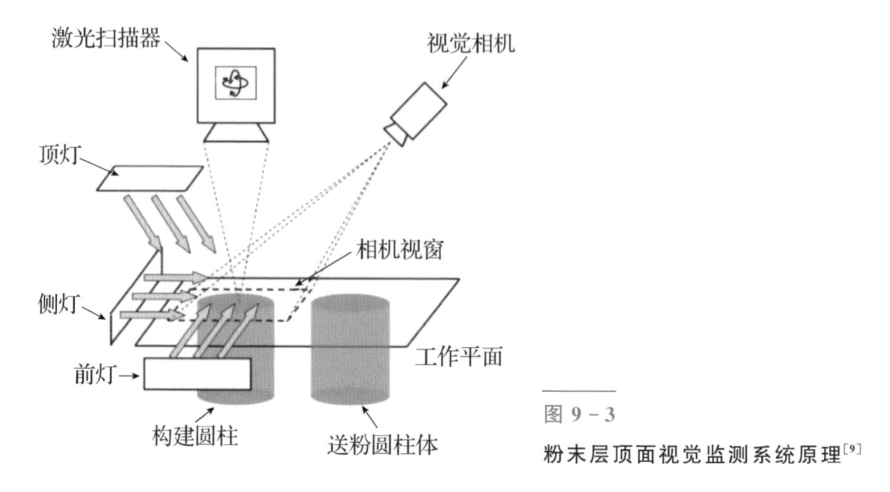

图 9-3 粉末层顶面视觉监测系统原理[9]

通过这种方法，研究人员试图根据具有差异的不连续性识别粉末床中不同的缺陷，即铺粉刀片的磨损和铺粉刀片的局部损坏。由于铺粉刀片水平移动，可以通过在粉末床中找到由不同光源阴影产生的水平线识别铺粉装置磨损或局部损坏。如图 9-4 和图 9-5 所示，其中图(a)显示粉末床。

图 9-4(b)和图 9-5(b)显示了其 y 轴上的灰度值。x 轴为粉末床图像顶部到粉末床图像底部的距离(以像素为单位)。图(a)中白色垂线是线轮廓，沿该轮廓确定平均灰度值。图(b)中的上限控制是基于不同因素确定的，例如相机设置(曝光时间)、照明(光源类型或发光度)和粉末床材料。这些控制限制可以基于经验设置。图 9-5(a)中的 5 条水平线由图(b)中与控制限制相交的 5 个峰表示。

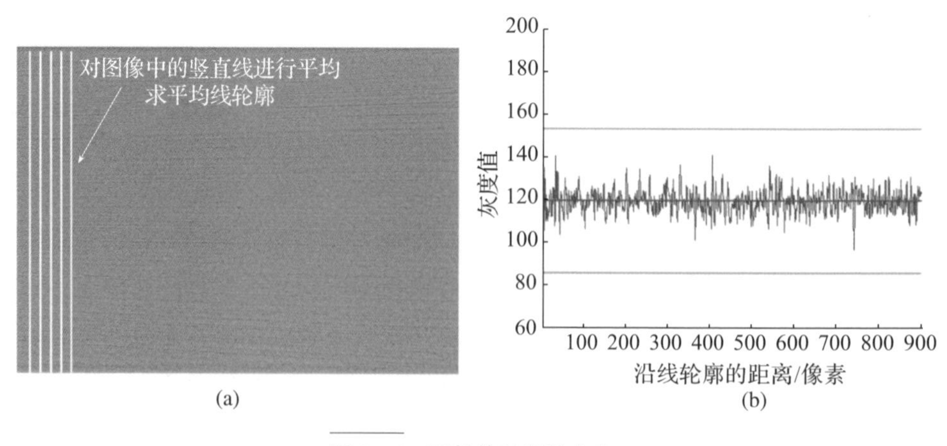

图 9-4 理想的沉积粉末床

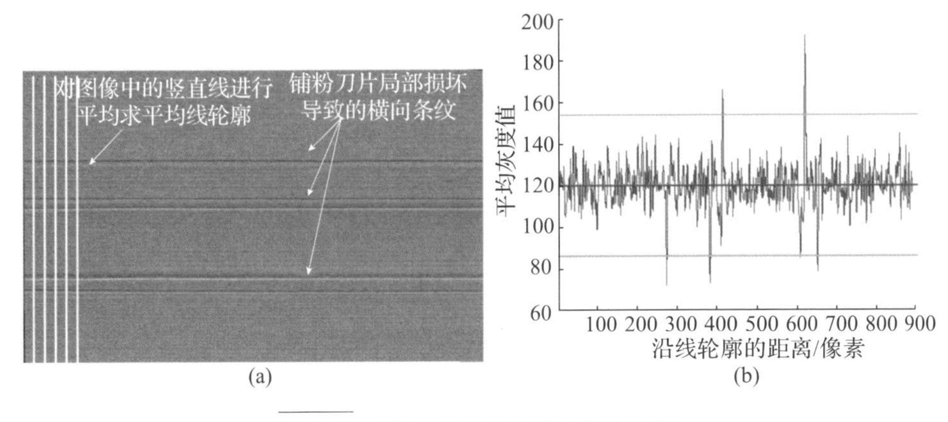

(a)　　(b)

图 9-5　磨损刀片形成的粉末沉积床[9]

该检测系统可用于识别铺粉装置磨损或局部损坏。粉末床的不均匀分布导致加工过程存在不稳定性，因为在某区域中可能存在过多或过少的粉末。由于激光功率和激光速度等输入参数是基于均匀厚度设定的，在粉末过少的区域，可能导致金属粉末燃烧，在粉末过多的区域，则可能导致金属粉末未完全熔化。

Kleszczynski 等[11-12]和 ZurJacobsmühlen 等[13-14]利用数码相机和主动照明检测粉末床中的不连续性，见图 9-6。模块化管结构使柔性定位的高度、位置和距门的距离都可调。齿轮头允许相机和相机镜头的三轴旋转使其与成形平台对齐。基于当前的检测方案，3 个光源独立使用。相邻熔缝之间的对比度通过从右侧照明(熔道角度从 45°到 135°)和从前部照明(角度分别从 0 到 45°和从 135°到 180°)来增强。反射器在工作平面上启用漫反射照明，使用平行照明来高亮显示提升的区域。

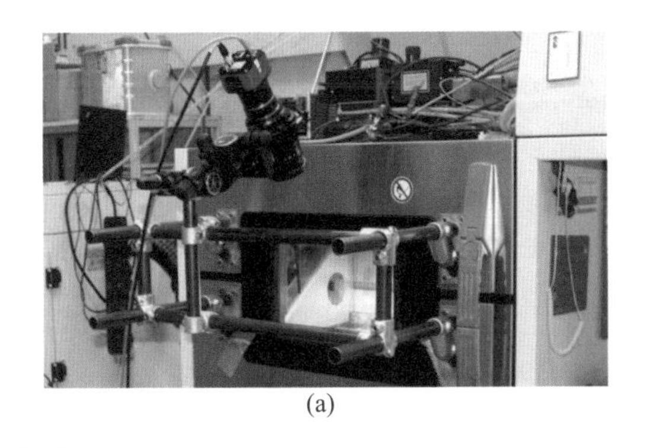

(a)

图 9-6　用于表面检查和检测高出区域的主动照明[13]

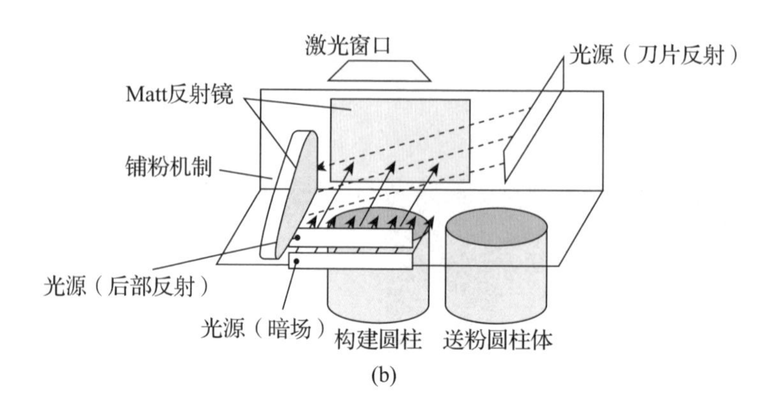

图 9-6　用于表面检查和检测高区域的主动照明[13]（续）
（a）摄像机设置；（b）照明设置。

两项研究中照明方向几乎相同。与 Craeghs 的研究不同，在 Kleszczynski 的研究中使用了亚光反射器（matt reflector）。根据 Kleszczynski 等的说法[11]，“将光源放置在靠近工作表面并与相机相对的漫射照明可以产生最佳的表面图像质量”。这是因为镜面状金属焊缝结构会导致镜面反射，使 CCD 传感器饱和，亚光反射器有助于在粉末床上使照明分布均匀。有源照明可以通过光谱窄灯或激光进行设置[15]，可以通过激光金属沉积工具钢，采用绿色激光或光纤耦合红外激光二极管在 CO_2 激光熔融期间“通过 UV 发光二极管”进行排列。

例如，Liu[16] 使用绿色激光作为主动照明光源监控激光热线熔覆工艺，Craeghs 等[9] 使用相机和主动照明检测铺粉机的磨损或局部损坏，Kleszczynski 等[11-14] 使用相机和主动照明来检测超高缺陷，超高架区域可能与铺粉机构发生碰撞。研究人员使用外置 2900 万像素的单色 CCD 相机，分辨率范围为 20～30 μm/像素，视场范围大约为 150mm×110mm。假设图像中多数像素代表粉末，如果图像中也包含部分设备，需要对图像进行裁剪，以便只显示粉末床。粉末床图像表示为 $P_z \in \mathbf{Z}^{M \times N}$。图像强度标识为 $I_z(x,y)$，其中 $(x,\ y) \in P_z$。第一步需要计算粉末的强度平均值：

$$\overline{I}_z = \frac{1}{MN} \sum_{x,y \in P_z} I_z(x,y)$$

第二步确定检测异常值的阈值，定义为

$$T_Z = 3\sigma$$

该公式中，σ 是所有像素强度的标准偏差，因子 3 通过实验确定。计算每一层 T_Z，将检测结果作为二元掩模图像：

$$D_Z(x,\ Y) = \begin{Bmatrix} 0,\ I_Z(X,Y) \leqslant T_Z \\ 1,\ T_Z \leqslant I_Z(X,Y) \end{Bmatrix}$$

从检测掩模 D_z 中提取每层图像内每个 x 位置的高架区域 $A_z(x)$，如下所示：

$$A_Z(x) = A_{\text{pixel}} \sum_{0 \leqslant y < M} D_Z(x,y)$$

该公式中，A_{pixel}是以 mm^2 为单位的一个像素区域。

图 9－7 所示为计算结果。根据加速度计测量结果确定每 x 位临界升高区域的阈值。每个 x 位置临界升高区域的阈值是 $A_{\text{critical}} = 0.1\ mm^2$。

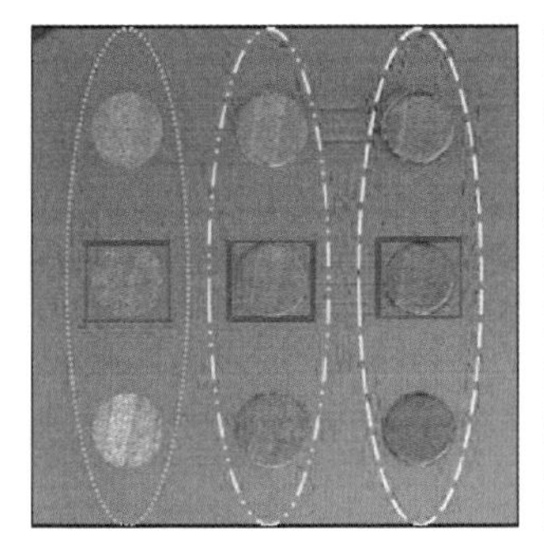
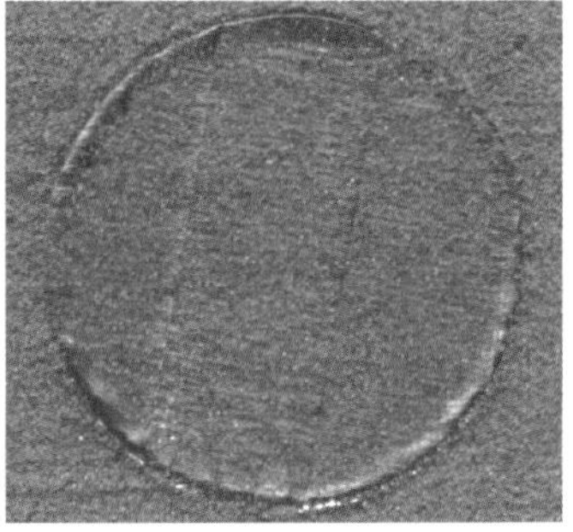

图 9－7　超高区域分析示例[11]

采用连通成分分析方法区分单个零件加工中的不同部分，优点是可以比较在网格中采用不同参数加工不同部件的工艺稳定性，缺点是该方法不能区分零件和支撑结构。

x/z 图中超高区域的可视化表明，在有悬垂结构的地方高架区域面积较大，见图 9－8。x/z 图是通过整合所有高架区域而创建的，在 x_i 位置：

$$A(x,y) = \sum_y D_z(x,y)$$

在图 9－8(a)所示图像中，可以看到具有悬垂角度的零件几何图形 ($2.06mm < z < 2.16mm$)。图 9－8(b)显示了 x/z 图，在高层中增加悬垂结构的极角(相对于垂直方向测量)，$z > 8.5mm$。大多数立面都位于零件的边界而不是内部，临界高程仅出现在右边缘和大极角处。这些观测值由图 9-8(c)中 z 上方的高程图支持，图 9-8(c)显示了 $z=2.0$mm(黄色圆圈)处的初始起伏，并在 $z>8.2$mm 时逐渐增加。对于 $z>9.6$mm，某些层会突出，显示为 $A_z(x)$超过某些 x 位置的临界值(红色三角形)。

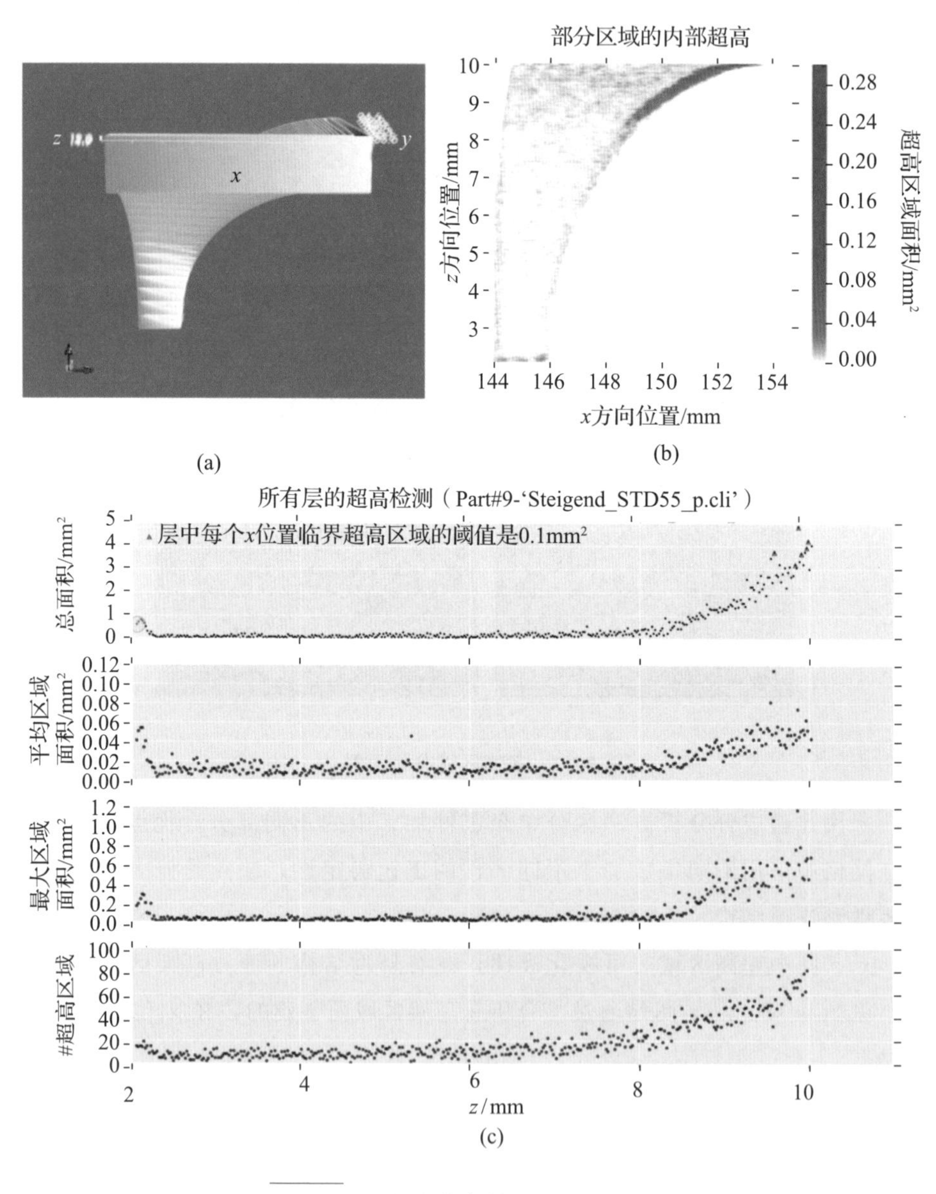

图 9-8　x/z 图中高架区悬垂几何分析

(a) 通过分析右侧零件边界，可以识别出升高区域 $A(x, z)$的 z；(b) x/z 图、起始 z 位置以及升高的悬垂角；(c) 高程统计显示高程的累积是为了增加 z 位置[14]。

2)其他图像处理技术

在之前的研究中，主动照明主要用于提高粉末床表面轮廓的清晰度，该技术被称为“来自阴影的形状”[17]。首先，从捕获的灰度图像计算 x 方向和 y 方向的梯度。其次，通过对梯度进行积分导出高度图。该技术较为简单，只需要基本的图像处理知识。使用这种技术可以实现的分辨率尚不清楚，但预计不会太高。

Weckenmann 等[17]描述的另一种技术称为“焦点深度”，其中物镜和工件之间的距离是变化的。目前，针对该技术的研究成果较少。

另一种已知的计量技术是工业摄影测量[18]。物体的形状、大小和位置是通过在二维图像上进行测量并进行跨域融合来确定的，可以归类为被动三角测量原理，即通过光学三角测量从两个或多个不同位置拍摄的图像计算目标点的三维坐标[17]。工业摄影测量系统的分辨率很大程度上取决于所选摄像机的空间分辨率。据 Bösemann[18]介绍，一些工业摄影测量系统使用带有 210.5 百万像素色彩传感器的尼康 D3x 可直接将图像无线传输到计算机。一些特殊的摄影测量相机，比如 AICON 的 MoveInspect HF 具有用于快速数据处理的内置处理器，用于恶劣工业环境和自适应照明的保护外壳。

数字条纹投影是一种用于测量表面形貌的技术。Zhang 等[19]开发的条纹投影系统可以测量多个粉末床特征，包括：

- 粉末层平整度；
- 表面纹理；
- 融合区域的平均下降高度；
- 特征长度在表面上的尺寸；
- 飞溅落点和尺寸。

条纹投影系统由相机和投影仪组成。投影仪产生结构光图案，正如物体表面上一系列正弦变化的强度图案，相机通过不同视角捕捉这些图案。Zhang 等[19]的系统采用分辨率为 4160×2091 的相机，视场约为 28mm×15mm，横向分辨率为 6.8μm/像素。使用安装在成形腔外的定制投影镜头，投影镜头产生约 45mm×28mm 的投影图像，虽然相对构造表面为 250mm×250mm 的 EOSINT M 290 较小，但是，小图像是产生 0.35mm /周期密集条纹并获得所需高度分辨率的前提。

激光沿着铺粉方向来回扫描，而不重新扫描正方形的轮廓，如图 9-9(a)

所示。使用交替扫描策略，意味着扫描方向在两个相邻层之间垂直。用平均0.52mm/周期有效波长测量的粉末表面和条纹图的示例如图9-9(b)所示，该表面的高度图如图9-9(c)所示。虽然存在少量的数据丢失(分别代表低强度和饱和像素的黑白点)，但高度图提供了关于融合过程的丰富信息。由于凝固作用，熔合表面的平均高度低于未熔合表面，可以计算熔融和未熔合表面之间的平均高度差，结果比较理想。该技术可以以非常高的分辨率进行测量，但是视场有限并且条纹投影方法复杂。

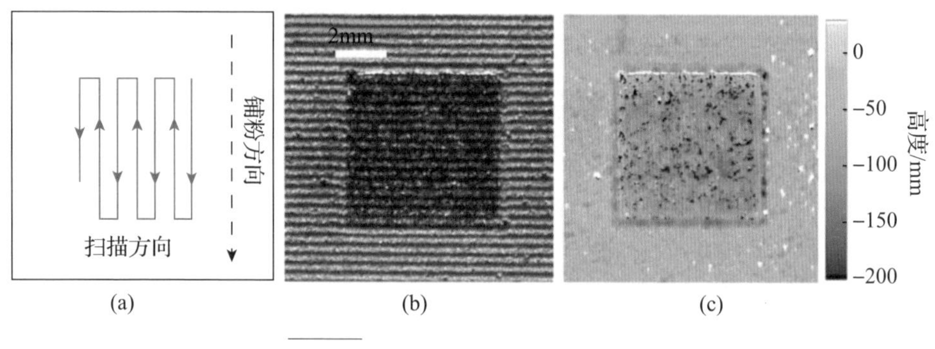

图9-9 激光扫描路径及测量结果

(a)激光扫描路径和重涂方向示意图；(b)第18层熔融粉末表面变形条纹图照片；(c)表面形貌的相应条纹投影测量。(c)图中的黑点和白点分别是由阴影和相机饱和引起的数据丢失[19]。

当使用不同的激光功率时，黑点的百分比是不同的。图9-10为激光功率为350W、290W和230W的3根方柱从左至右熔合后的高度图，其他工艺参数(扫描速度960m m/s、填充距离0.09mm和粉末层厚度40μm)相同。从图9-10可以看出，随着激光功率的减小，数据丢失量增加。众所周知，较高的激光功率通常会产生更光滑的表面，而较低的激光功率会产生粗糙和多孔的表面。

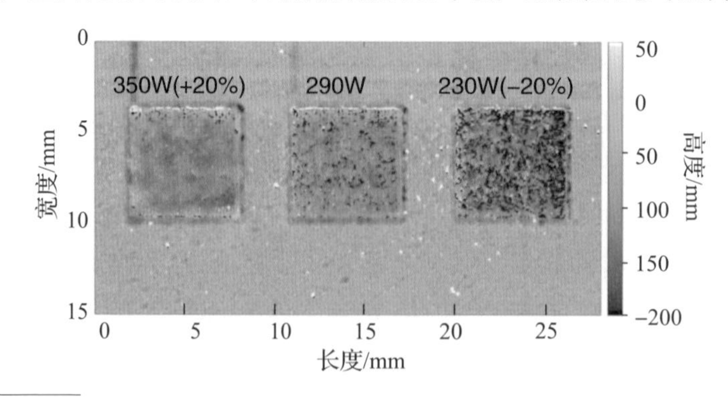

图9-10 第18层激光熔融(底部)后拍摄的粉床表面(顶部)和高度图[19]

上述讨论的不同图像处理技术需要融合图像数据以获得尺寸信息。与更复杂的条纹投影技术相比，“来自阴影的形状(shape from shading)”的图像处理更有优势。这些技术之间的差异主要表现为复杂性、计算要求、准确性、分辨率和速度。

3. 光电二极管

光电二极管通常用于 SLM 过程中的熔池监测[3-5,8,15,20]。光电二极管安装方式分为两种：拉格朗日参考系和欧拉参考系[3]。此外，摄像机、高温计等其他传感器也可以采用这两种方式。

拉格朗日参考系是沿着与激光相同的光路的移动参考系，又称为轴上或同轴参考系。通过与激光器共用同一光路，监测器与激光器的焦点共同入射到熔池和热影响区(HAZ)。由于光路相同，拉格朗日参考系无法监测温度变化历程(如冷却速率)。一旦粉末熔化，检流计扫描仪将移动并熔化粉末床上另一部分的粉末。

欧拉参考系是离轴参考系，因为它不遵循激光的光路，因此，光电二极管可以监视零件表面上的固定区域，能够记录该区域的热历程，熔化和冷却过程均可监测。

光电二极管将光转换为电流或电压，可用于不同的波长范围[15]。光电二极管通常用于测量熔池的尺寸、形状和光强度，可反映粉末床吸收的能量信息。熔池长度可反映材料冷却速率，进一步用于预测残余应力[3]。通常，硅光电二极管用于紫外和可见波长，铟镓砷(InGaAs)光电二极管用于可见光和红外波长[15]。

4. 高温计

高温计可以根据检测系统的光谱带数量分为单频段、双频段或多频段系统，没有可靠的证据表明多波长高温计比单色高温计更精确[15]。高温计进行非接触式温度测量，Grasso 等在最新研究中讨论了高温计的设置，包括两个 InGaAs 光电二极管，温度范围为 1200～2900K，透射光谱中心波长为 1260nm，带宽为 100nm，测量区域直径为 560 μm[5]。如前所述，高温计可以采用同轴(拉格朗日)或离轴(欧拉)方法。

高温计可用于测量熔池面积的温度。此外，高温计可用于监测每层在 SLM 期间的温度变化，并观察由激光束—材料相互作用产生的喷射飞溅[5]。

5. 红外摄像机

Craeghs 等采用的光电二极管[21] 对 400～900nm 范围内的波长敏感。图 9 - 11显示了电磁波谱，由图可知光电二极管仅检测可见光。根据 Craeghs 等的研究，普朗克定律表明金属熔点处的辐射能量在 1500K 左右，在 1000nm 附近的近红外区域最高。因此，为了检测中波和长波红外辐射，需要采用红外摄像机。

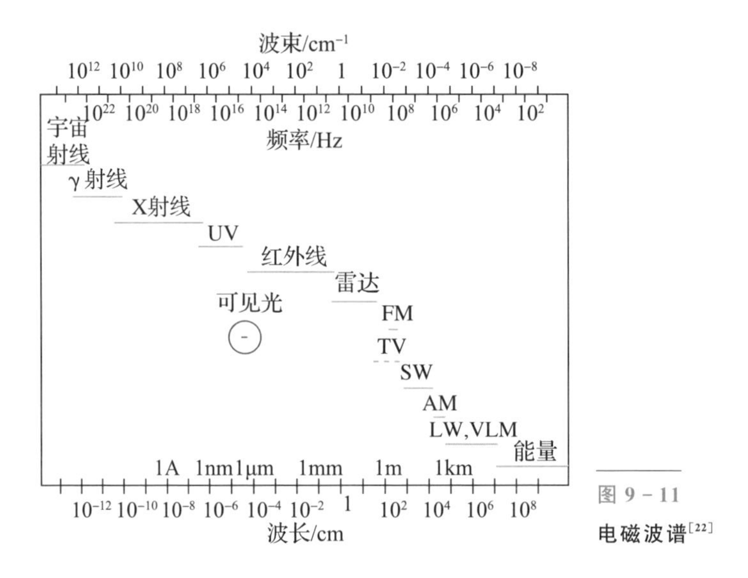

图 9 - 11

电磁波谱[22]

红外摄像机是非接触式热测量传感器，可用于替代高温计。红外摄像机具有更高的捕获率并且比高温计更准确[4]。Purtonen[15] 等将红外摄像机分为两类，即带冷却或非冷却探测器的红外摄像机。在非制冷探测器中，两种类型分别是铁电探测器和微测辐射热计。最常见的类型是氧化钒（VO_x）微测辐射热计，与铁电探测器相比，它具有相对较高的空间分辨率和灵敏度。

6. 光谱仪

光谱通常用于监测电离和激发金属蒸汽形成的等离子体羽流[16]。光谱中可包含等离子体羽流化学成分、电子温度和电子密度等信息。Liu 等在激光热线熔覆工艺上开展了研究，虽然不是针对 SLM 工艺，但预计了光谱仪也可用于监测 SLM 工艺的等离子体羽流特性。光谱已用于传统的激光熔融以监测等离子体羽流[23-24]，即使需要克服光谱仪到实际激光—粉末相互作用的距离以及等离子体羽流等难题。图 9 - 12 所示为 Liu 等[25] 用于激光热线熔覆工艺的光谱监测实验。图中显示了激光功率 $P=2.5\mathrm{kW}$ 和 $3\mathrm{kW}$ 时的电流分布和等离子体强度分布。随着激光功率的增加，电流的波动变得更加明显，而等离子体羽流的强度沿扫描方向均匀分布。

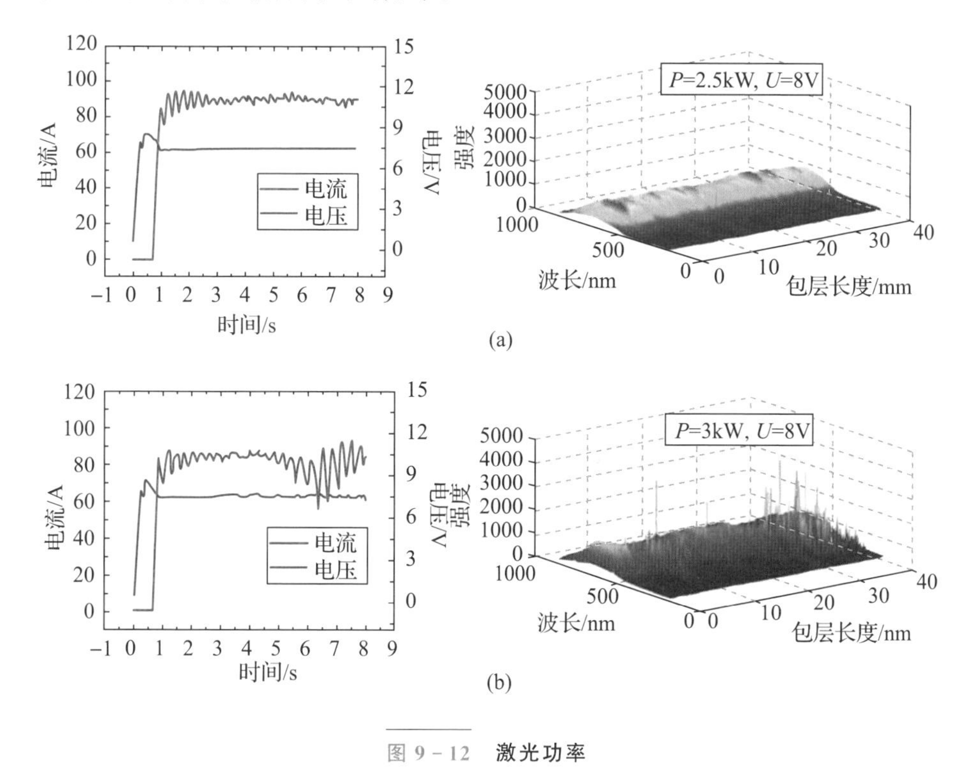

图 9-12　激光功率

(a) $P=2.5\mathrm{kW}$ 时记录的等离子体发射光谱；(b) $P=3\mathrm{kW}$ 时记录的等离子体发射光谱[25]。

Liu 等证明了等离子体电子温度是反映包层过程动态变化和包层结果变化的可靠指标。采用玻耳兹曼图计算电子温度 T_e[25]：

$$\ln\left(\frac{l_{mn}\lambda_{mn}}{A_{mn}g_m}\right)=\ln\left(\frac{Nhc}{Z}\right)-\frac{E_{mn}}{KT_e}$$

式中：l_{mn} 为发射线相对强度，λ_{mn} 为波长，A_{mn} 为转移概率，g_m 为统计权重，N 为元素密度，h 为普朗克常数，c 为光速，Z 为分区函数，E_{mn} 为上层能量，K 为玻耳兹曼常数。

9.3.2　干涉仪

激光干涉测量法和白光干涉测量法均为光学探测技术，可归类为用于检测表面的光学轮廓仪。显微镜也是一种光学轮廓仪，将在下文中讨论。光学轮廓仪通常用于研究工程表面的表面损伤、侵蚀和磨损[26]，可以在高达10 μm/ s的速度下实现高度范围1nm～5000 μm，分辨率为0.1，轮廓区域达100mm×100mm 的检测。

图9－13为典型干涉仪的工作原理。光源向分束器投射光束，分束器将一个光束投向参考镜(上镜)并且投向目标，可移动镜引导另一个光束。当两个光束被反射到分束器时产生干涉图案，如图9－13右侧图像所示。干涉图案的偏差即为表面高度。

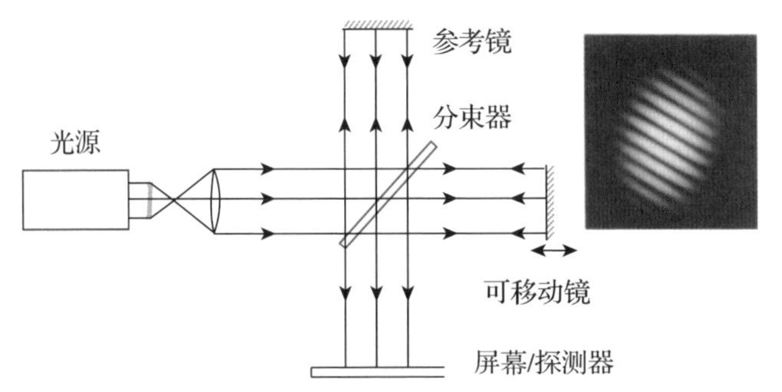

图9－13 典型干涉仪的工作原理[22]

干涉测量法具有一定的局限性。Miyoshi[26]指出，如果表面粗糙度大于1.5mm，干涉条纹无法分辨。此外，环境条件决定了干涉仪的精度。激光束的工作波长取决于其通过空气的折射率。空气的折射率取决于空气温度、相对湿度和气压[27]。在尺寸测量中，ISO 1—2016 几何产品国际标准规定所有尺寸测量温度为20℃。若参考温度不同，则需要进行校正，相对湿度和气压也有相同规定，但SLM过程中不是恒温、恒湿及恒压的环境。

平台水平的温度通常预热至80℃，而加工室顶部温度约为40℃。此外，在加工室内每分钟供应100L氩气。因此，SLM过程中加工环境非常紊乱，Wyant[28]提出了一种减少空气湍流影响的技术，称为动态单次干涉测量法，对振动不敏感，并且通过多次测量减少空气湍流的影响。

该方法用于测量(非球面)光学表面，因此尚不清楚动态单次干涉测量法是否也适用于SLM过程。尽管存在诸多困难，Neef等[29]在EOS M 250 SLM中集成了低相干干涉仪(LCI)，扫描器的工作距离为520mm。这些单元的控制通过SCANLAB RTC5 PCI控制器板实现，除了处理波长为1070nm的标准反射镜涂层外，扫描器的偏转镜还具有880nm的传感器波长的附加涂层。

分束器将传感器光耦合到处理激光器的轴上，如图 9-14 所示。

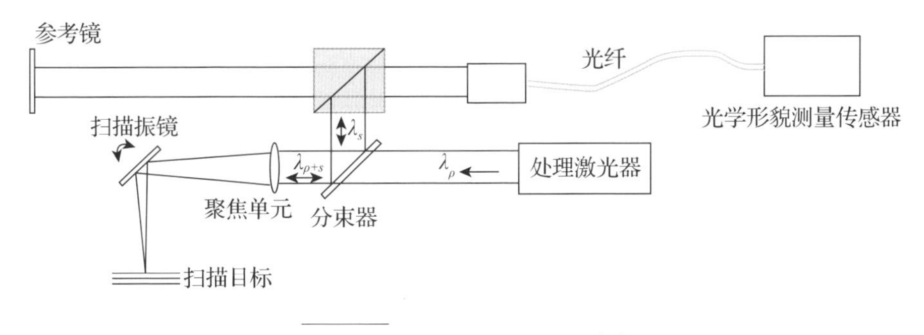

图 9-14　同轴低相干干涉仪[29]

Neef 等使用激光光路对表面形貌进行采样，由于捕获的区域仅为 3mm×3mm，采样过程顺利完成。采用 LCI 传感器进行粉末床检测、核心区域检测和轮廓区域检测，部分实验结果如图 9-15 所示。

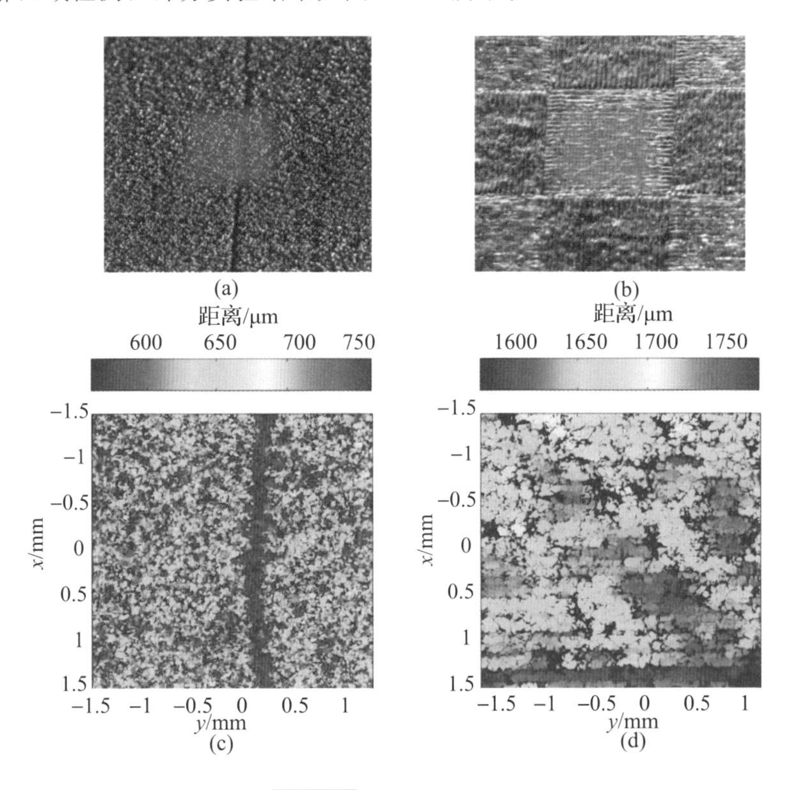

图 9-15　部分实验结果

(a)粉末床表面积；(b)SLM 结构；(c)粉末床的扫描轮廓；(d)SLM 结构的扫描轮廓[29]。

图 9-15(a)显示了粉末床中存在的缺陷，深度约为 50 μm，如图 9-15(c)所示。扫描曲线还可以显示 20～40 μm 的单个粉末颗粒。图 9-15(d)给出了高度差为 50 μm 的熔道。LCI 传感器的分辨率理论上足以测量粉末床或部件中不连续性的小缺陷。然而，LCI 传感器的准确性以及环境条件对其影响尚无明确结论，仅提到 LCI 传感器不能与激光器同时使用，意味着使用此传感器进行现场质量监控将大幅提高生产周期。

Neef 等基于 Precitec IDM(过程中深度计)提出了 LCI 传感器[30-32]。IDM 传感器是基于低相干干涉测量法，常在传统的激光熔融中测量小孔的深度。因此，IDM 传感器必须与激光光学系统同轴对准，并在激光器产生小孔的同时测量小孔深度。目前尚不清楚 IDM 传感器可以与激光器同时使用而 LCI 传感器不能与激光器同时使用的原因，但可以预测 LCI 传感器有可能在进一步开发后测量 SLM 过程中的小孔深度。

9.3.3 层析成像

光学层析成像技术由 MTU Aero Engines 在德国开发，现在属于 EOS GmbH[33]。EOS 目前正在以 EOSTATE Exposure[34]的名义商业化光学层析成像技术。该技术采用 500 万像素热稳定 sCMOS 相机捕获熔池产生的热辐射，热辐射光谱在 380～780nm 的可见波长内。红外滤光片用于消除 1064nm 处的反射激光。500 万像素摄像头的视野范围为 250mm×250 mm，几何分辨率约为每像素 0.1mm[35]。在照相机系统中，光学元件的选择使得照相机的视野与平台的尺寸相对应(图 9-16)。

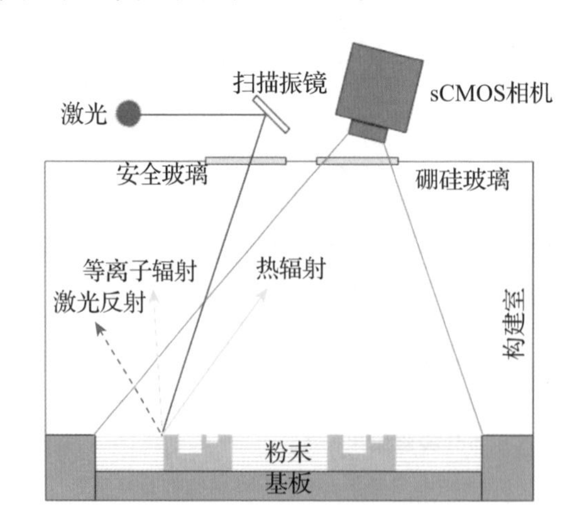

图 9-16
sCMOS 相机和图 SLM 光学层析成像的工作原理[35]

熔池强度和形状通常在激光曝光期间由光电二极管捕获，OT 相机在曝光期间需要一个长时间曝光图像[33]，进而捕获熔化和凝固过程，检测热点或冷点，如图 9-17 所示。

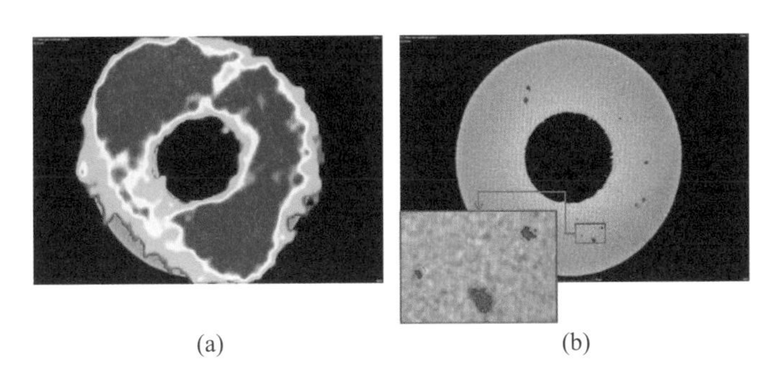

(a)　　(b)

图 9-17　**OT 捕获单层冷热区域显示图像**

(a)所示的"热点"OT 指征；(b)融合缺陷的 CT 数据(红色)[35]。

光学层析成像的另一个优点是可以采集成形过程的所有图像，并将其输入用于 X 射线层析成像的 3D 渲染算法中。这样做可以得到具有独特的半透明三维表示的整个成形件和每一次成形的部分(这也是这项监测技术的主要原因)。如图 9-18(a)～(c)所示，可能出现未熔合缺陷的区域在尺寸和位置上变得清晰可见，可以创建三维可视化模型进而识别冷、热区域位置。

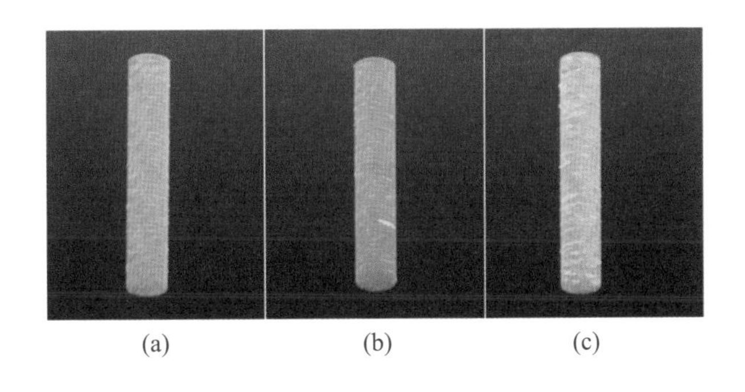

(a)　　(b)　　(c)

图 9-18　**OT 图像堆叠形成的可视化 3D 图**[33]

9.3.4　显微镜

如上所述，显微镜属于光学分析仪，通过光学探测表面获取信息。显微镜有多种类型，包括共聚焦显微镜、扫描隧道显微镜、原子力显微镜和扫描电子显微镜。由于显微镜需要靠近检查表面[19]，而粉末床上的铺粉机需要不断移动，所以无法实现 SLM 过程中的检测。因此，基于显微镜的检测方法没有进一步开展研究。

9.3.5 声学传感器

声学传感器通常用于传统的熔融工艺中，用于获取在空气或结构中传播的声信号，见图 9-19。空气传播的信号主要由钥匙孔中逸出的汽化金属与环境空气置换产生[24]，这些频率通常位于 20Hz～20kHz 的可听范围内。结构传播的信号主要为熔融内部的热裂、冷裂、扫描镜或铺粉器。

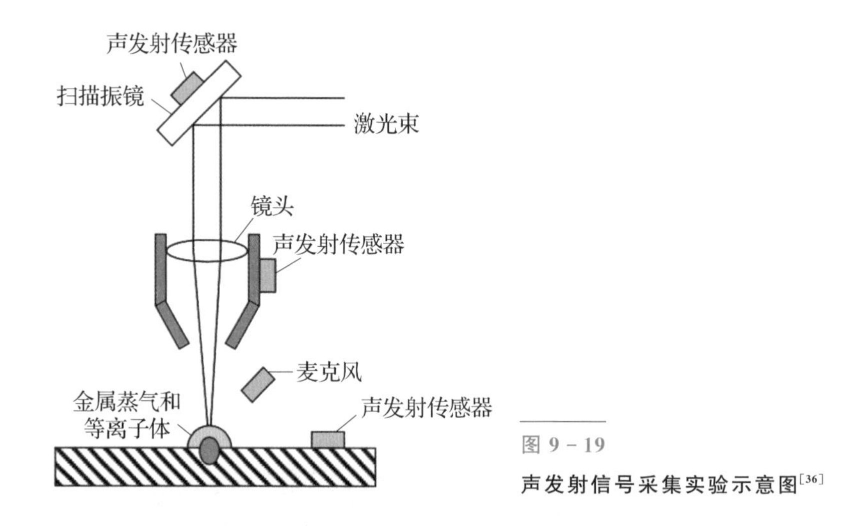

图 9-19
声发射信号采集实验示意图[36]

本节将介绍几种可以捕获空气和结构声发射信号的传感器。

1. 加速度传感器

Kleszczynski 等[12-15]采用加速度传感器检测铺粉振动，并将在铺粉机构上采集的振动信号与在粉末床图像中检索的信息相关联，设定了粉末床图像中振动强度和超高区域(super-elevated region)的阈值。当振动和测量的超高区域太大并超过其阈值时，超高区域判定为存在问题。EOS GmbH 拥有用于测量铺粉机构振动的加速度测量系统的专利。图 9-20 显示了测量加速度与从 1.120mm 层图像分析获得的升高区域(elevated region)之间的比较。从支撑结构到实体部分的过渡发生在 1.000mm 层。图 9-20(a)和(c)都显示随着激光功率的增加，粉末床局部区域升高的趋势越来越大。

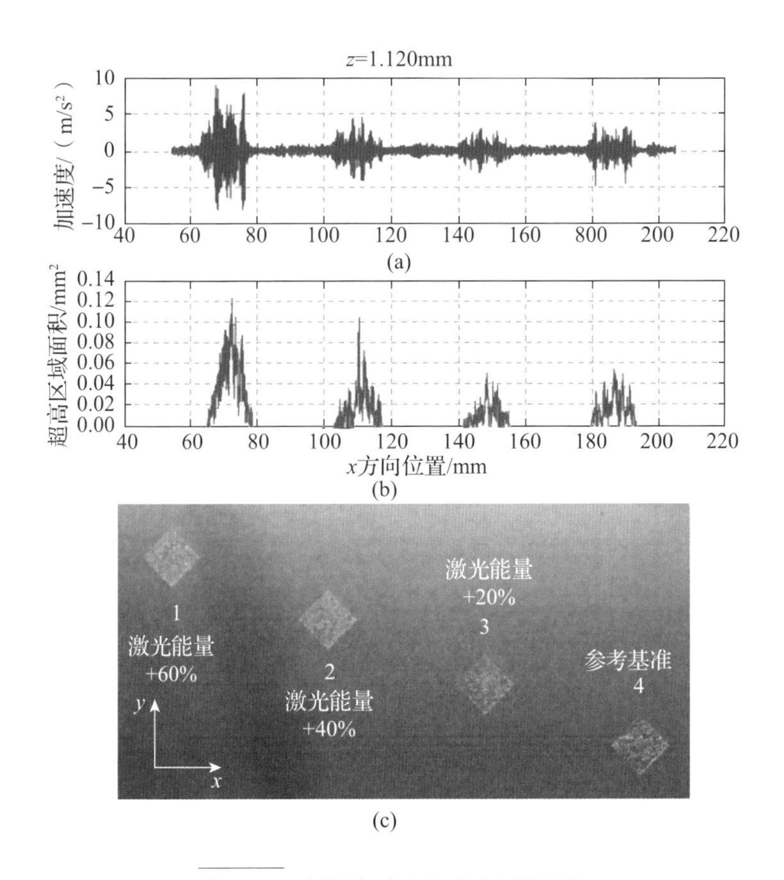

图 9-20 测量加速度与升高区域面积

(a)在 $z=1.120\text{mm}$ 的 x 轴上绘制的测量加速度；

(b)基于图像处理累积的高架区域；(c)$z=1.120\text{mm}$ 处的层图像[12]。

图 9-20(c)提供了 4 个部分，第 4 部分采用优化的参数获得特定的层厚、粉末材料和零件形状，第 3 部分激光功率增加了 20%，第 2 部分激光功率增加了 40%，第 1 部分激光功率增加了 60%，图 9-20(a)和(b)中的信号幅值也随着激光功率的增加而增加。由于功率密度太高而发生球化，观察到更多/更大的升高区域。在图 9-20(a)中，由于铺粉机构和部件之间的接触增加，第 1 部分的加速度最大，对应于图 9-20(b)中增加的高程区域。

通过将图像中的高程检测与加速度计获得的振动信息相结合，提出了一种精确检测铺粉机构与零件之间接触的方法，该信息可用于检测增加接触和增加高度区域的趋势。如果在铺粉机构和部件发生碰撞之前检测到这些趋势，则可以警告操作员采取措施防止碰撞发生。

2. 传声器

为了进行过程质量监测，传声器已经用于传统的激光熔融工艺中。但是，将传声器用于 SLM 中的报告尚没有发现，传声器用于 SLM 面临的主要问题是加工室底部和顶部之间存在一定的温度梯度。此外，为了防止熔融过程中的氧化，100L/min 的氩气流形成湍流而不是层流。

根据 Gu 和 Duley 的研究，通过与小孔固有频率一致的频率调制激光束强度激发光学和声学共振[37]。共振将增加过程不稳定性，因此是需要避免的。在传统加工中采用强制振动方法，即加工频率与固有频率一致则产生不稳定的共振现象。

根据 Farson、Sang 和 Ali 的解释，光功率和声发射对应于粉末床中吸收的激光功率和小孔的形成[38]，吸收激光功率的偏差会影响在光信号中可以观察到的羽流温度，也将影响熔融金属的蒸发速率和环境空气的位移，这可以在声信号中观察到。

3. 超声波换能器

Rieder、Dillhöfer、Spies、Bamberg 和 Hess 描述了使用超声换能器监测层积聚、界面耦合、局部材料特性以及由残余应力引起的孔隙和扭曲[39]。该实验在 EOSINT M 280 SLM 中进行，实验设置如下：

- 带宽范围为 400kHz～30MHz；
- 采样率每秒 250MB；
- 14 位分辨率；
- 超声波传感器安装在平台下方。

采用触发采样模式，在加工过程中获取长达 8h 的数据[39]。根据 Rieder 等的研究，每秒扫描记录多达 1000 个数据，因此需要存储并进一步处理几千兆字节的数据。结果表明，通过平台对 SLM 过程进行超声波在线监测对于具有非复杂几何形状的零件是可行的。

4. 声谱仪

Smith 等描述了获取空间声信号信息的方法，介绍了空间分辨声学光谱（SRAS）的检测方法。该方法使用表面声波（SAW）将材料探测到几十微米或 100 微米的深度[40]。图 9－21 给出了 SRAS 示意图。Smith 指出脉冲激光穿过铬光栅并被成像到样品表面，其中吸收的脉冲产生声波，光栅上的线间距决定了表面声波的波长。

波的特征频率 f 由 $f=v/\lambda$ 定义，其中，v 为扫描区中材料的SAW速度，λ 为声波波长[40]。

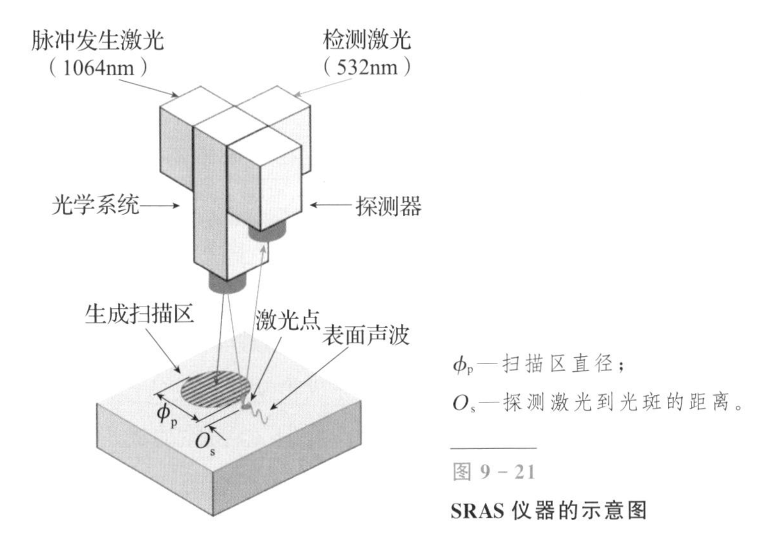

ϕ_p—扫描区直径；
O_s—探测激光到光斑的距离。

图9-21
SRAS仪器的示意图

Smith等指出采用具有不同声波信号的多个速度图像可以确定颗粒的方向。SRAS在深度方向的灵敏度可以通过改变投影光栅的行间距进行调节，实现一次检查单个或多个层。

目前，SRAS通常采用2kHz的激光重复率，包括数据采集死区时间和扫描，每秒可以产生大约1000个点。

目前，SRAS在零件生产之后采用离线方式进行检测。测试表面通过研磨和抛光产生良好的镜面反射。由于需要镜面反射，SRAS无法检查粗糙表面。SLM样品的粗糙度 Ra 约为10μm，现有传感器无法检测。由于针对粗糙的表面检测波无法传播到检测点，该检查方法目前不可能用于原位计量。

9.4 成形缺陷的在线监控特征

9.4.1 成形缺陷的分类

控制增材制造过程的成形缺陷的主要方法可以分为两种，以下分别介绍。

第一种方法是使用分析模型，预测制造过程成形参数值。然而，目前尚缺少增材制造过程的数学与统计模型及算法，以通过精确预测成形参数避免缺陷，提高零件质量，生产完美的产品。所述成形参数是用以说明工艺规程，比如材料、环境温度、几何结构、所需成形速度以及扫描模式等。至今，所有开展的研究都是基于模拟和基于物理的有限元分析，这样既复杂又会带来较高的计算负担。很有必要通过高效的分析和能够处理大数据的数据驱动模型进行实时的成形过程控制。

分析模型局限于烧结过程工艺的复杂性，在多数影响参数和工艺参数中，由于温度升高使得粉末材料特性改变，而又缺少对成形过程粉末之间物理与化学反应的理解。这次问题的存在促使着学者们考虑采用下述第二种方法。

第二种方法是在线监测与控制。这种方法的显著优点可简要地归纳如下：

(1)这种方法可在无需成形烧结现象的完整物理学模型的情况下实现。

(2)应用这种方法可以精确地避免/消除成形缺陷。

目前存在大量文献报道了不同类型的需要避免/消除的成形缺陷，以在操作过程中通过调节影响参数提高最终零件的质量。然而，仍缺少对缺陷类型有效和系统的分类，这显著影响所生产零件的质量及其影响参数；而且仍缺少这些缺陷和影响参数之间的联系。另外，当前研究未聚焦于可监测与控制的最重要参数，以避免这些缺陷。文献中报道了一些主要参数的分组。

本书将成形缺陷分为 4 种大类的 13 种类型。这些大类包括：

(1)几何与尺寸；

(2)表面质量(光洁度)；

(3)微结构；

(4)弱力学性能。

从在线监测的视角，制造完美零件需要两个必要步骤。首先，需要在线监测成形过程特征(含缺陷与成形参数)，以发现产生的缺陷和/或评估可能导致缺陷的成形条件。然后，需要控制影响参数，以避免/消除这些缺陷。按照本书所提出的 5 组制造特征可以辨识出所有这些缺陷和成形条件。特征分类呈伞形结构，是基于以下 3 个标准建立的。

(1)须涵盖成形过程中产生的所有缺陷。

(2)须考虑到大多数缺陷的重要影响参数的评估。

(3)须可通过现有的监测方法实现监测，和通过成形过程参数实现控制。

如果可监测和控制该组特征，应可加工出无缺陷零件。

1)粉末的均匀沉积

如前文所述，一致的粉末沉积、每个沉积粉末层的平滑、均匀的铺粉对于表面质量非常重要。

2)打印层的热特性

温度特征，如均匀的温度分布、不同区域的热累积等，是达到最佳的均质微结构显著代表(excellent proxy)，微结构会直接影响力学性能。

3)单个打印层中与表面质量相关的缺陷

包括诸如裂纹、空洞等的大量缺陷。值得注意的是，其中一些缺陷需要在每一定数量打印层后就进行检查，比如孔隙。

4)不合适的零件几何误差和尺寸误差

这是关于可重复性的最重要的种类。如前文所述，诸如收缩的缺陷会导致一些几何误差和尺寸误差。

5)层间结合差

层间结合在形成力学性能上起着关键的作用，主要受能量密度、穿透深度和层厚影响。

已有研究发现，仅仅通过一小组可控的参数就可以处理成形缺陷/特征。后续将对这些参数进行导出、分类和解释。还应注意，用当前的仪器可以监测所有这些领域的参数，并且已有文献中存在大量的方法可用于监测这些缺陷/特征中的一部分。最为推荐的用以监测成形缺陷或评估打印条件的方法如表 9-4 所示。

表 9-4　用于成形过程在线监测的推荐方法/传感器

序号	成形特点	推荐方法
1	粉末的均匀沉积	沉积较好的粉末的图像处理(CCD 相机)
2	打印层的热特性	打印层规格的热成像(IR 相机和光电二极管)
3	单个打印层中与表面质量相关的缺陷	超声技术或图像处理，用于检测层层打印的表面质量
4	不合适的零件几何误差和尺寸误差	图像处理(CMOS 相机)和检查尺寸精度(位移传感器)
5	层间结合较差	检查层厚(位移传感器或超声技术)和熔池深度(IR 相机)

9.4.2 基于工艺参数的在线监控

增材制造中会有各种各样的缺陷、特征和参数影响成形件微观结构及其质量，这些缺陷、特征和参数可以通过在线监测与工艺参数优化值来进行控制。因此，使用一些技术来监控工艺参数以及可能需要的特征，以避免缺陷是至关重要的。为了进一步建立一套完善的有效监控策略程序，工艺参数可分为3类，如图9-22所示[3]。图中，第一类是“预处理参数”，应在开始加工之前设置。这一类别分为两个子类别。第一个子类别由“预定义参数”组成，在制造过程之前必须选择或设置这些参数，其中每一个都要选择一个最佳值或最佳状态。值得注意的是，这些参数对于任何粉末床熔融增材制造工艺都是恒定的，而与所制造零件无关。因此，供应商不需要监视或控制它们。这类产品主要包括粉末规格和机器规格。

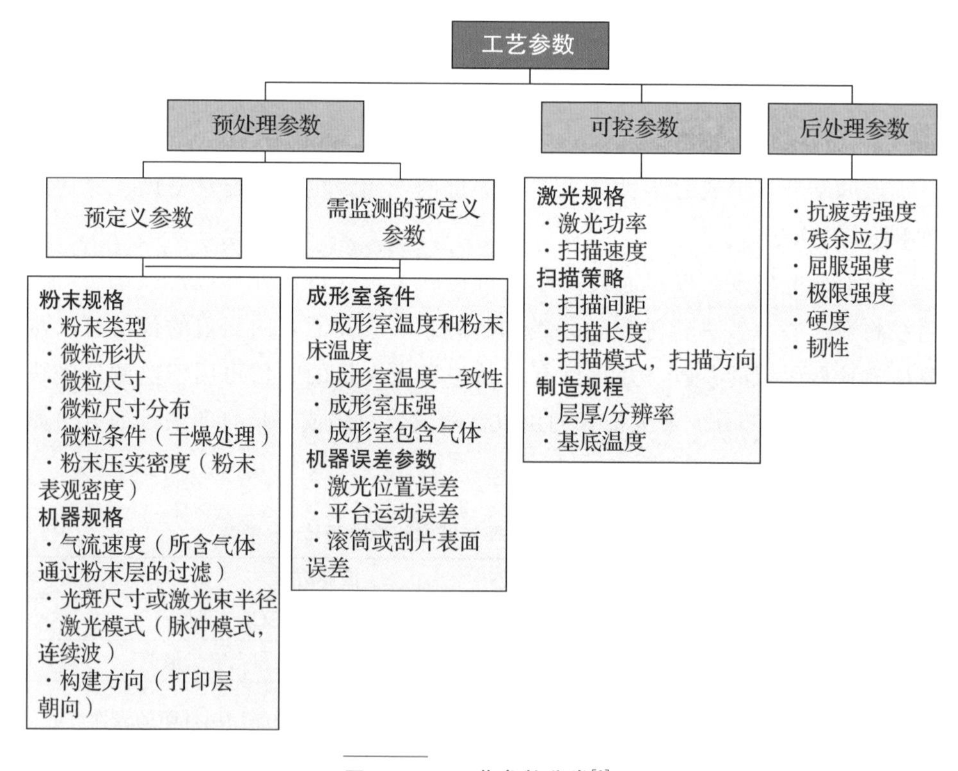

图9-22 工艺参数分类[3]

“预处理参数”类的第二个子类别为“需监测的预定义参数”，包括成形室条件以及机器误差参数。这些参数也必须在开始制造过程之前设定，但它们可以在加工过程中更改；但是，在加工过程更改这些参数是不合适的，也需要在监控过程中保持不变。需要注意的重要方面是，与第一组参数不同，该子类别参数可能具有基于所选材料的不同最佳值或状态。综上所述，它们需要在线监控以保持固定，在这个过程中不需要进行控制和更改。

第二类参数是粉末床熔融增材制造过程在线监测的最重要参数，被称为“可控参数”，包括工艺参数(激光规格和扫描策略)和制造规程。这些参数需要在线监测和基于以下几方面进行更改：

(1)控制器从传感器接收的反馈，以使用基准信息(benchmarks information)调整上述工艺参数；

(2)制造策略，如激光扫描模式图案；

(3)所选的制造偏好参数，如制造时间、所需力学性能、密度等。

需要注意的是，目前所有这些参数在制造过程中都是预先定义的和不变的，但是制造人员可以根据上述项目分配正确的值或选择合适的工艺参数状态。监测和控制这些参数有两个主要原因。第一个原因是尽可能避免许多缺陷，并使得最终的用户零件为最佳状态。在这种情况下，需要实时地将激光功率或激光扫描速度等工艺参数调整到最佳值。需要注意的是，所有这些参数都可以很容易地由机器测量和控制。第二个原因是尽可能在检测后消除缺陷。实际上，很多缺陷的造成就是由于制造过程的不精确性，比如加工过程的误差、随机铺粉、无法预测和选择最合适的工艺参数等，原因是没有能够用于工艺过程完全预测的可靠分析模型。

最后一类是“后处理参数”，这些参数在加工过程中无法监控。诸如屈服强度、极限强度等表示制造零件力学性能的参数，受微观结构缺陷和晶粒结构的影响。例如，微裂纹可导致应力集中，从而降低制件在疲劳条件下的使用寿命。通过控制影响微观组织的参数，可以改善材料的力学性能。在工艺过程的最后，这些参数显示了制造过程的质量和在线监控方法的成功率。

表 9-5 展示了受上述分类参数影响的 SLS 过程工艺缺陷或工艺特征[3]。如表所示，只有 4 个参数需要监测并保持不变(表 9-5 中的第二类)，10 个参数需要监测和控制(表 9-5 中的第三类)。建议在 SLS 过程的在线监控中使用这些参数。

表 9-5 用于 SLS 过程在线监测的参数分类[3]

序号	工艺参数	影响对象
第一类：预定义参数		
1	微粒形状	表面污染，粉末团的流动性(平顺铺粉)，粉末堆积密度和松装密度，空隙度、流动性
2	微粒尺寸	粉末团的流动性，球化情况、粉末堆积密度和粉末松装密度，材料强度，氧化情况，层厚
3	微粒尺寸分布	粉末堆积密度和粉末松装密度
4	条件/干燥处理	球化情况，异质性，空隙度，氧化情况
5	粉末表观密度	空隙度/密度
6	气流(速率和方向)	尺寸公差，层间结合
7	成形方向(打印层朝向)	尺寸误差，各向异性，空隙度，力学性能
8	光斑直径和光束半径	尺寸误差，表面粗糙度，空隙度(穿透深度)，能量密度，能量吸收
9	激光模式	空隙度(密度)，球化情况(润湿角)
10	激光脉冲长度/脉冲率	表面粗糙度、层间结合
第二类：需要监测的预定义参数		
11	成形室温度和粉末床温度	收缩率，异质性，表面变形，吸收率
12	气流速率	尺寸误差，空隙度，力学性能，层间结合
13	成形室包含气体	球化情况，氧化情况
14	气体穿透粉末层的穿透率	表面氧化情况
第三类：需要监控的参数		
15	激光功率	收缩率，球化情况(能量密度)，翘曲变形，打印层扭曲，空隙度，熔池尺寸和形貌，激光穿透深度
16	扫描速度	收缩率，表面粗糙度，球化情况(能量密度、润湿情况)，打印层扭曲，空隙度，熔池尺寸和形貌，断裂/微裂纹/孔洞
17	激光定位误差	几何误差
18	扫描间距	收缩率，表面粗糙度，能量密度，异质性，空隙度，熔池尺寸和形貌，尺寸误差(波度)、表面变形(热累积)

（续）

序号	工艺参数	影响对象
19	扫描长度	收缩率，翘曲变形，断裂/微裂纹/孔洞
20	扫描模式，扫描方向	表面粗糙度，空隙度/密度，异质性，各向同性度
21	平台运动误差	几何误差
22	层厚/分辨率	台阶效应，收缩率，能量密度，空隙度/密度，层间结合/激光穿透深度，成形速度
23	滚筒边缘或表面	表面凹坑，粉末堆积/分布
24	底板温度	球化情况，扭曲和翘曲变形，润湿，熔池形状

图9-23所示的流程图展示了基于上述参数的在线监测、在线认证和制造过程逐层控制[3]。本程序中，在开始制造新打印层之前，首先检查预处理参

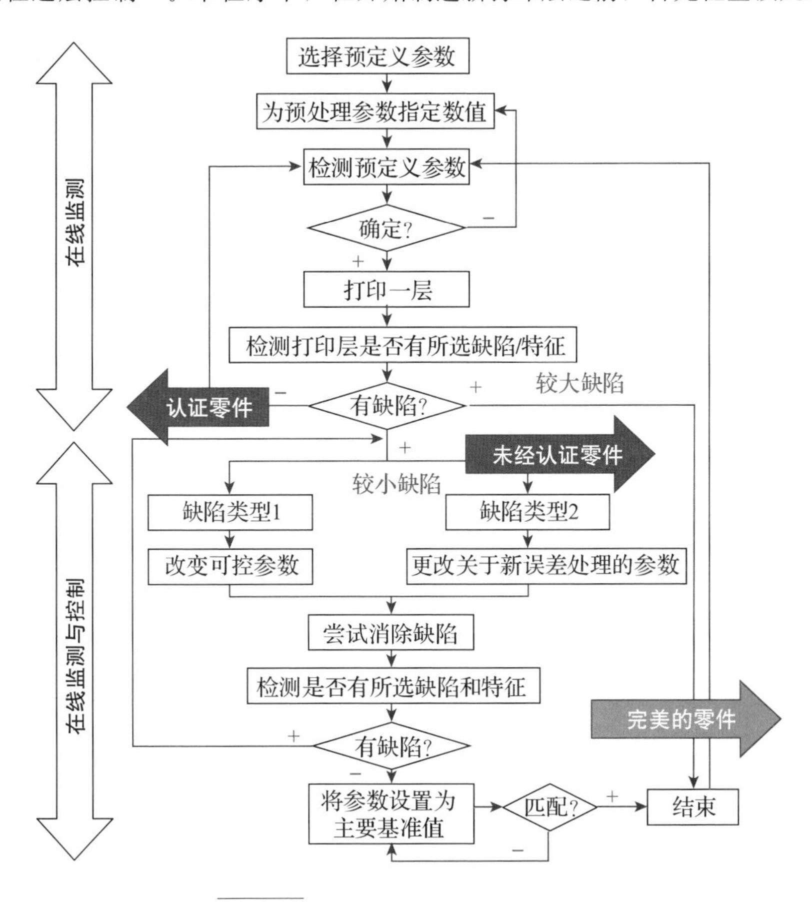

图9-23 SLS工艺的通用监控流程[3]

数，以防止其优化的预分配值发生任何偏差。下一步，对正在制造的零件进行监测，以确定可能存在的缺陷。在此阶段，如果未检测到任何缺陷，将对零件进行认证，并继续制造过程。否则，对于未经认证的部件，有两种可能性：要么由于出现较大缺陷而放弃该过程，要么在误差处理策略下继续制造。在后一种情况下，可识别出两种不同类型的缺陷："缺陷类型 1"，缺陷较小或较不严重，可通过改变激光功率等工艺参数来消除；"缺陷类型 2"，不能仅通过改变工艺参数来消除。此时，有必要暂停当前操作方法并操作单独的误差处理策略。这是因为有些缺陷在尺寸上更大或者更严重，仅仅通过改变工艺参数难以消除。在消除这类缺陷后，开始制造新打印层之前，将可控参数重新设置为主要基准值。通过这一流程，最终可生产出完美的零件。

9.4.3 基于特征的在线过程控制

在 MAM 工艺中，进行监测的其他方式是通过监测缺陷的一些特征，而不是直接监测缺陷本身。特征定义为一些制造特性或一些参数的组合，并可用于调整可控参数以避免缺陷。可将特征分为两类，第一类称为"制造特征"，可通过可控参数明显影响制造特性，因此可用以调节可控参数。应当注意，这些制造特征涉及熔融现象和熔池特性。从而，该类制造特征适用于 SLM 工艺中。第二类特征可称为"累计特征"，包括按照预定基准设置的可控参数。SLM 和 SLS 工艺中都可使用这类参数。本书将熔池特性、Marangoni 对流和激光扫描特征集也作为监测用特征。第 9.4.2 节详细描述了这些特征和它们的影响参数的关系。

1. SLM 工艺的制造特征

熔池形貌和包括熔池深度在内的熔池尺寸对扫描轨迹和运行间孔隙度与最终的密度、球化、热影响区(HAZ)之间的联系有较强的影响。在热影响区，因为缺少热传导，熔池的尺寸会扩展，因此表面质量会显著降低。如已有文献所述，生成支撑结构可加强相关区域，且改善热传导性以得到更好的表面质量。有助于改善熔池形貌的参数包括扫描速度、激光功率、光斑大小、粉末类型、重叠率和激光扫描数。

熔池温度、凝固速率、温度梯度和扫描速度之间彼此密切相关，并且显著地影响凝固微结构、同质性和颗粒结构类型(细胞状或树枝状)。控制方程是：

$$\frac{G}{R}=\frac{T_p}{ux_1}$$

其中，T_p是熔池温度，u 是扫描速度，x_1是热源和熔池末端的距离，G 是温度梯度，R 是凝固速率。

此外，熔池温度变化会影响熔池深度，图 9-24 所示为二者的影响关系。凝固速率影响孔隙度、收缩、球化和熔池几何形状。

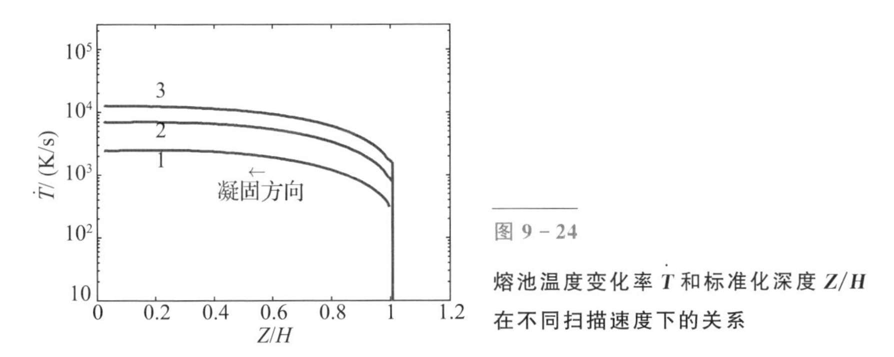

图 9-24　熔池温度变化率 $\dot{T}$ 和标准化深度 Z/H 在不同扫描速度下的关系

Marangoni 对流：改变表面张力的温度系数(由于溶质氧的变化)，在熔池中心和边缘之间产生较大的热梯度(由于采用激光高斯分布)，导致表面张力梯度，这种张力梯度触发熔池中的流体流动，引起温度梯度的变化，这种现象称为 Marangoni 对流。它改变了熔体的穿透性，产生了深而窄的轨迹(导致内部流动孔隙)，改变了层间的结合、熔池的深度/宽度比，以及熔池的形态(熔池的横截面)。球化、驼峰、改变表面形态、凝固组织和翘曲是其他影响因素。

2. SLS 与 SLM 工艺的累积特征

重叠率和能量密度(能量输入)可以描述为累计特征。重叠率影响表面粗糙度、孔隙度和熔体穿透；而能量密度可影响球化、异质性/同质均匀性、密度(孔隙度)、熔池大小和熔池形貌、润湿角和凝固性。

9.5　系统表征与缺陷过程监控

通过前述章节描述可知，针对 SLM 过程质量监控所采用的传感器已经开展了大量研究。这些传感器可以用于监控并测量各种工艺参数，通过过程监控和测量，可以有效提升 SLM 工艺能力。

其中的一些参数是预定义的，例如粉末颗粒的激光频率和填充密度；另一些参数可以控制，如激光扫描速度和粉末床的层厚度。然而，零件加工后的力学性能和尺寸精度往往无法确定，SLM 表示为具有未知输出的黑箱，如图 9 - 25 所示。

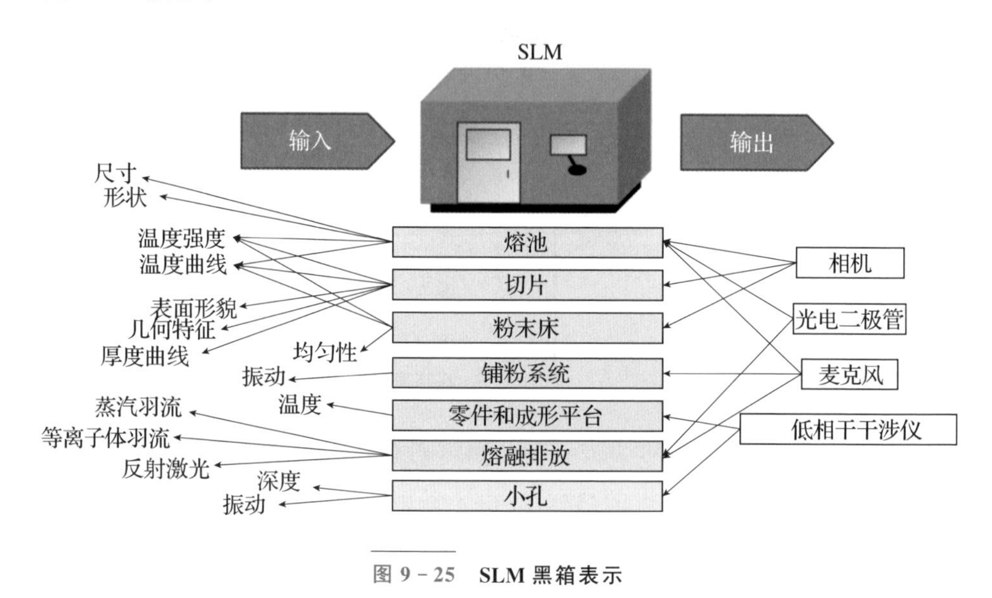

图 9 - 25　**SLM 黑箱表示**

图 9 - 25 定义了涵盖所有流程的 7 个类别，分别如下[5]：

- 熔池；
- 切片；
- 粉末床(暴露前和铺粉后)；
- 铺粉系统；
- 零件和成形平台；
- 熔融排放；
- 小孔。

在这些类别中，存在可以测量的参数和特征，如熔池尺寸和形状，然后采用不同的传感器监测这些参数。

熔池的大小和形状的一致性可以反映 SLM 过程的一致性，熔池尺寸的增加可能表明该区域的粉末太少。在这种情况下，过高的功率密度将导致更多的熔融粉末，形成更大的熔池。通过检测熔池的尺寸和形状偏差可以获得工艺信息，但不是单一特定故障模式，而是一系列可能故障模式。将形状和尺寸信息与熔池强度信息相结合，可以缩小失效模式范围。如果熔池的形状发生变化，但熔池的强度保持不变，则粉末中可能存在污染。

切片可以提供正在打印产品的几何和尺寸精度信息，采用图像处理技术(如边缘检测)可以测量曝光图层中的零件尺寸。

铺粉后的粉末应同质且均匀地铺展在前一层上，Kleszczynski 等的研究中使用相机和加速度计检测伸出粉末床的超高区域[12-15]。如前所述，加速度计测量由铺粉机构振动而产生的加速度信号。Craeghs 等采用图像检测粉末床中的干扰[8-9,21]。

平台需要具有规定的平面度。假设平台不是完全平坦的而是倾斜的，粉末扩散质量将受影响，并进一步影响 SLM 工艺和零件质量。Neef 等描述的低相干干涉测量(LCI)传感器可以确保平台的平面度，并确认平台没有倾斜安装[29]。

熔融过程产生的排放是激光—粉末(工具—材料)界面的二次加工特征，这些信息与激光束和粉末之间的实际相互作用直接相关。一些研究人员发现光发射对应于吸收的激光功率[23,35]。

通过小孔检测可获得激光—材料之间的相互作用，Precitec IDM 传感器可以在传统激光熔融中测量曝光期间的小孔深度。小孔机制非常复杂，已经开展了大量研究模拟小孔机制[24,41-42]。此外，某些小孔特性可以通过声发射信号进行监测[37,43]。小孔的穿透深度可以反映产品机械载荷和机械应力的信息。

在下一节中，SLM 过程由闭环控制系统呈现。传感器测量的不同工艺特征最终反馈到输入参数中，传统的加工系统采用相同的方式，如 Archenti 所开展的研究[44]。

9.5.1　SLM 加工系统表示模型

图 9-26 是基于控制理论建立的 SLM 加工系统表示模型[45]。使用该模型将 SLM 加工系统描述为闭环系统，有助于理解加工系统的动态过程。熔融过程由之前已经讨论的工艺参数、粉末床分布和粉末床材料决定，见图 9-26。

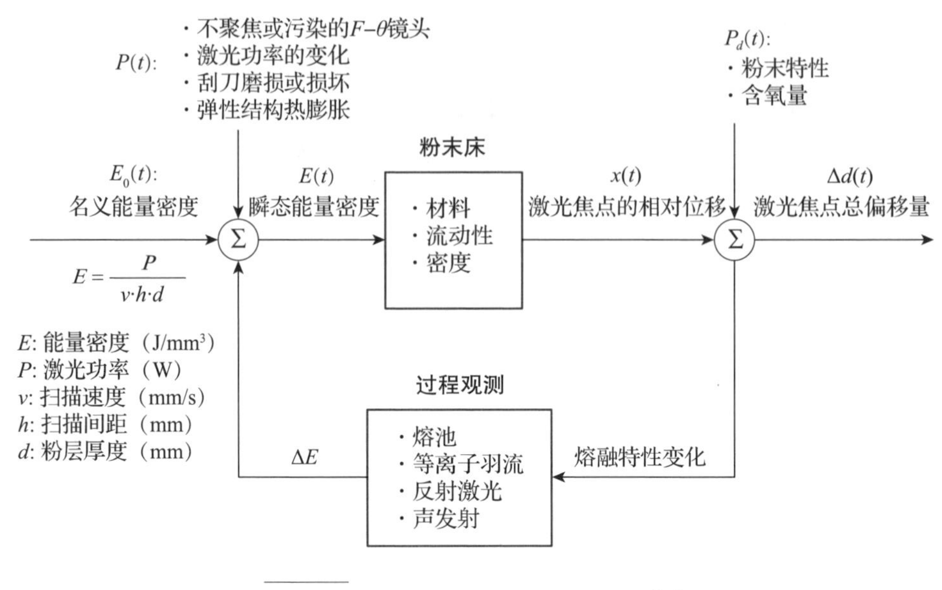

图 9 - 26　SLM 加工闭环系统表示模型[45]

闭环模型描述了激光与熔融过程之间的相互作用。$x(t)$为激光焦点和粉末床之间的相对位移，$\Delta d(t)$为激光焦点的相对位移的总偏差。在图 9 - 26 中，$E_0(t)$表示以 J/mm^3 为单位的标称体积能量输入。体积能量输入由下式定义[40,46]：

$$E = \frac{P}{v \cdot h \cdot d}$$

其中，P 是激光功率，v 是以 mm/s 为单位的扫描速度，h 是以 mm 为单位的扫描距离，d 是以 mm 为单位的层厚度，这些参数作为扫描策略的一部分。

标称体积能量输入受未聚焦、$F-\theta$ 透镜损坏或不清洁、激光功率输出变化、铺粉机磨损或损坏、设备弹性结构(ES)热膨胀等干扰的影响。

失焦激光将影响熔融特性，而这些特性又提供有关体积能量输入的信息。例如，因失焦产生的低能量激光将导致更小的熔池、更少的等离子体羽流并且可能不产生声发射信号。失焦的激光也会产生过高的体积能量输入，从而导致更大的熔池、更多的等离子体羽流和小孔形成导致的声发射信号。熔融特性反映的信息可用于控制标称体积能量输入。

图 9 - 27 展示了激光熔融与信号产生的过程与机理。

入射激光
激光吸收
辐射发射
反射/散射
对流
热流
熔融/蒸汽热
传导热流
零件
粉末床

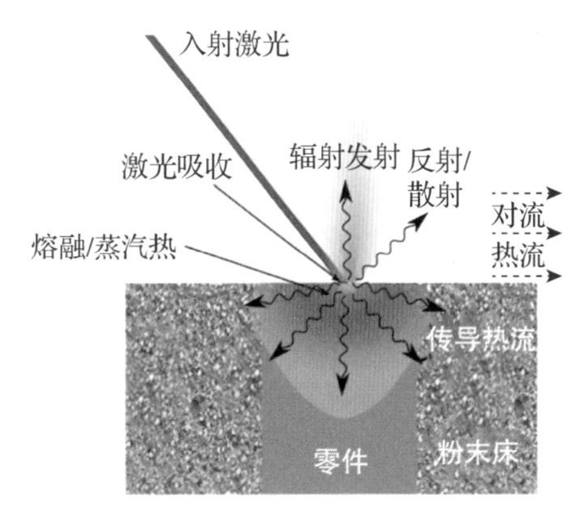

图 9－27
SLM 过程中熔池工艺信息说明[47]

图中表明重要的是辐射发射(等离子体羽流)、激光的反射/散射和传导热流，这些过程参数可以反映过程质量信息。

9.5.2　铺粉子系统的表示模型

理解 SLM 成形系统的动态行为是提升系统鲁棒性的重要前提，而本节主要关注铺粉机构与零件之间的碰撞，图 9－28 给出了铺粉开环系统的表示模型[45]。

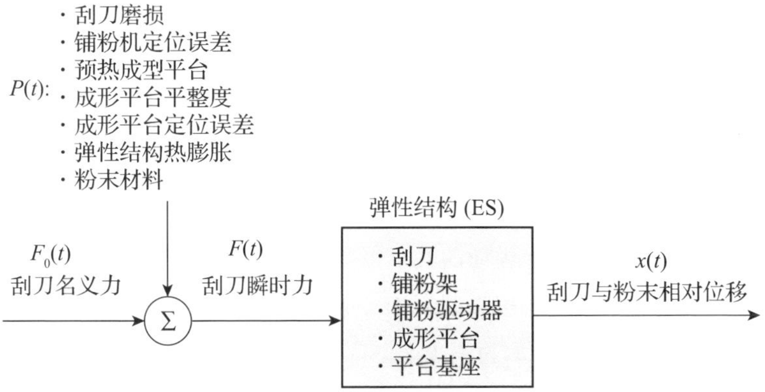

P(t):
· 刮刀磨损
· 铺粉机定位误差
· 预热成型平台
· 成形平台平整度
· 成形平台定位误差
· 弹性结构热膨胀
· 粉末材料
F0(t)
刮刀名义力
Σ
F(t)
刮刀瞬时力
弹性结构 (ES)
· 刮刀
· 铺粉架
· 铺粉驱动器
· 成形平台
· 平台基座
x(t)
刮刀与粉末相对位移

图 9－28　**铺粉开环系统表示模型[45]**

在图 9－28 中，$F_0(t)$表示用于分配粉末的标称铺粉力，受扰动 $P(t)$的影响，例如：

- 粉层刮刀磨损；
- 粉层重量；
- 粉层定位和运动误差；

- 预热平台；
- 平台平整度；
- 平台定位和运动误差；
- 热膨胀(铺粉器、部件、平台等)；
- 粉末材料。

变量 $\boldsymbol{x}(t)$为铺粉刮刀和粉末床之间的相对位移，该相对位移将导致铺粉参数层厚度的变化。体积能量输入由层厚以及其他参数确定，因此层厚需要正确设置，较大的层厚将导致过低的体积能量输入。对于太薄的层，情况恰恰相反。

图 9－29 给出了可能发生的重力变形，图中的铺粉机构为 EOSINT M 270。虽然不同的设备具有不同的铺粉机构，但所有设备都存在重力干扰的问题。

图 9－29
可能的铺粉重力、定位或运动误差[48]

铺粉过程如图 9－30 所示。目前起点是使用“刮板”铺粉机，也可以使用“软挤压”或“滚筒”铺粉机[3]。所有铺粉机类型都有其自身的优势和劣势，但“刮板”类型最容易与正在生产的部件发生碰撞。其他两种类型要么更灵活(“软挤压”)，要么具有不易产生碰撞的几何形状(“滚动”)。不同的刚度、质量和几何形状将导致不同类型的铺粉机具有不同的振动行为。

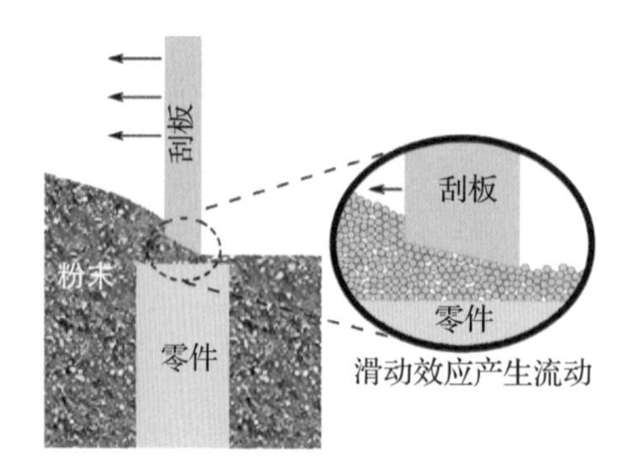

图 9－30
铺粉过程可视化[47]

9.6 SLM 监控研究实例

Kruth 等演示了一种能够监视 SLM 过程以调节激光功率并改善悬垂结构问题的系统[49]。用 CMOS 相机和光电二极管两种类型的传感器同轴地进行过程图像获取。通过建立 CMOS 相机获取的熔池大小与光电二极管积分信号之间的相关性，该系统能够根据热导率变化的区域(例如悬垂结构)调整激光输出功率。但是，对于熔池动力学的成像要求，该系统无法满足用于高分辨率图像的附加照明源的要求。

9.6.1 光学设置

为了对熔池动力学空间和时间高分辨率成像，需要以高扫描速度对高分辨率图像进行附加照明。内部实验表明，通过一定数量的照明功率横向组装相机和照明源，粉末开始烧结。另外，固定相机可以成像的区域非常有限。因此，过程监控系统应设计成具有同轴的组装结构。

9.6.2 基本结构

过程监控系统的基本结构如图 9-31(a)所示。加工的激光束通过二向色镜偏转到扫描仪，扫描仪根据从 CAD 模型获取的几何信息使光束偏转。最后，通过 $F-\theta$ 物镜将光束聚焦到加工平面上。加工区域通过照明激光束照明，照明光束通过分束器偏转并通过二向色镜透射，根据加工的激光束实现定位和聚焦。来自处理区域的图像信息通过 $F-\theta$ 物镜、扫描头、二向色镜和分光镜向后传输到整个系统。

组装必须设计成避免重影，并使图像信息聚焦在高速相机芯片上。分束器、二向色镜和单个光学元件仅需针对一个波长进行设计，而扫描仪和 $F-\theta$ 物镜则必须针对两种波长(照明和加工)进行设计。

9.6.3 系统要求

光学系统的放大倍数是基本要求，并且由相机的成像尺寸与加工平面中的像点之比来定义。由于该系统在具有集成多光束概念的 SLM 原型中的应用，需要在相机芯片上成像两个不同的激光光斑直径。此外，该原型产品还包括一个 1kW 的光盘激光源。因此，可以在具有大的经验背景中监视各种参数。根据两个激光点直径分别为 0.2mm 和 1.05mm 以及对整个熔池和熔化前沿进行详细成像的要求，图像点尺寸在 0.2mm×0.2mm 和5mm×5mm 之间变化(参见图 9-31(b))。相机的成像区域是由像素尺寸乘以所需分辨率得出的。相机的像素大小为 14 μm，两个所需的分辨率为 128×128 像素和 256×256 像素，成像区域大小分别为 1.79mm×1.79mm 和3.58mm×3.58mm。因此，光学系统必须覆盖 0.35～18 的放大倍率范围。不使用变焦镜头，而通过模块化的光学镜筒系统实现大范围的放大倍率，该系统可以快速、精确地更换镜头。

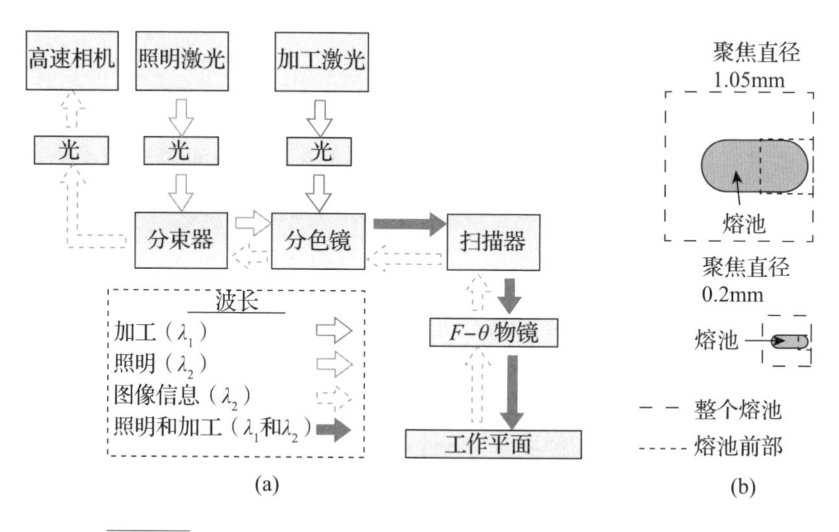

图 9-31　过程监控系统的基本结构和不同成像尺寸的图示[50]

9.6.4　光学系统设计

为了在整个放大倍率范围内确保良好的成像质量，使用了 3 种不同的光学概念：①中继物镜的原理；②望远物镜；③简单的单镜头系统。中继物镜是显微镜校准，将两个具有正焦距的透镜组合在一起。由此，第二透镜被放置在第一透镜焦点之后的短距离内。中继物镜用于高倍率。对于 1.2～3.5 的放大倍率，使用远摄物镜，它由具有正焦距的镜头和具有负焦距的镜头组成，后者位于前者的焦点之前。简单的单镜头系统用于最低的放大倍率，标准是成像质量、总长度、相机平面与最后一个镜头之间的距离以及调整的灵敏度。

旁轴设计方法用于比较有关给定标准的不同镜片组合。基于这种旁轴设计，选择了几种镜头组合，同时考虑到镜头总数的最小化、时间的减少以及不同放大倍率之间的变化。

基于第一个平台设计，整个成像光路在光线跟踪软件 ZEMAX 中建模(图 9-32)。从目标(加工)平面开始，对 3 个不同的目标位置进行了建模。一个处于中心位置，产生一束垂直的射线，而另外两个位置与中心位置之间的距离大约为 70mm 和 100mm。第一次相互作用是在具有保护玻璃的仓内发生，该玻璃用于保持在成形过程中所必需的惰性气氛。下一个目标是 $F-\theta$ 物镜，由于没有针对两个波长和所需焦距进行色彩校正的物镜模型，因此只能由两个旁轴透镜近似代替。被扫描仪镜反射的成像射线分别由二色晶石和分束器透射，此时实际的成像光学系统开始工作。图 9-32 中的镜头组合是远摄物镜布置，它将来自物平面的光线聚焦到像平面上。

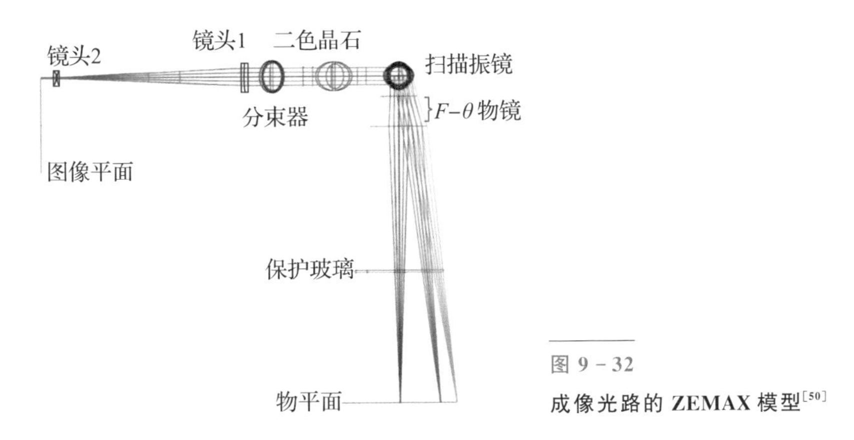

图 9-32
成像光路的 ZEMAX 模型[50]

9.6.5 系统监测分析

为了分析和优化光学系统点图，使用了快速傅里叶变换(FFT)调制传递函数(MTF)。图 9-33 例示了放大倍数为 3.5，物体尺寸为 1.5mm×1.5mm 的示意图。因此，所选的摄像机分辨率为 256×256 像素。根据图 9-32，该图表示 3 个不同的对象位置(从顶部到底部的中心位置和链接位置分别为大约 70mm 和 100mm)。物体的大小由 3 个视场点描述，1 个中心点和 2 个距离为 0.75mm 的视场点。为了分析成像质量，在斑点图中显示了艾里斑直径(Airy-diameter)，并在 MTF 图中显示了衍射极限。

中心物体位置的点图显示了在艾里斑内部具有质心中心的散射图形，所有的光线都集中在一个圆圈中。对于左侧场点和右侧场点，质心会稍微移到边界。由于离轴位置，散射图显示出彗形像差。对于连接位置，中心场点也可以观察到彗发现象，同时离中心更近的左侧场点显示的彗差小于右侧场点。但是，在所有点图中，没有光线位于艾里斑之外。因此，模型的成像性能受衍射限制，而不受光学系统像差的限制。

对于所有位置和场点，MFT 图均未显示出衍射极限的显著差异。其他放大倍率和物体大小显示出相似的结果。然而，只有在将 $F-\theta$ 目标模型应用于仿真后才能得出明确的结论。

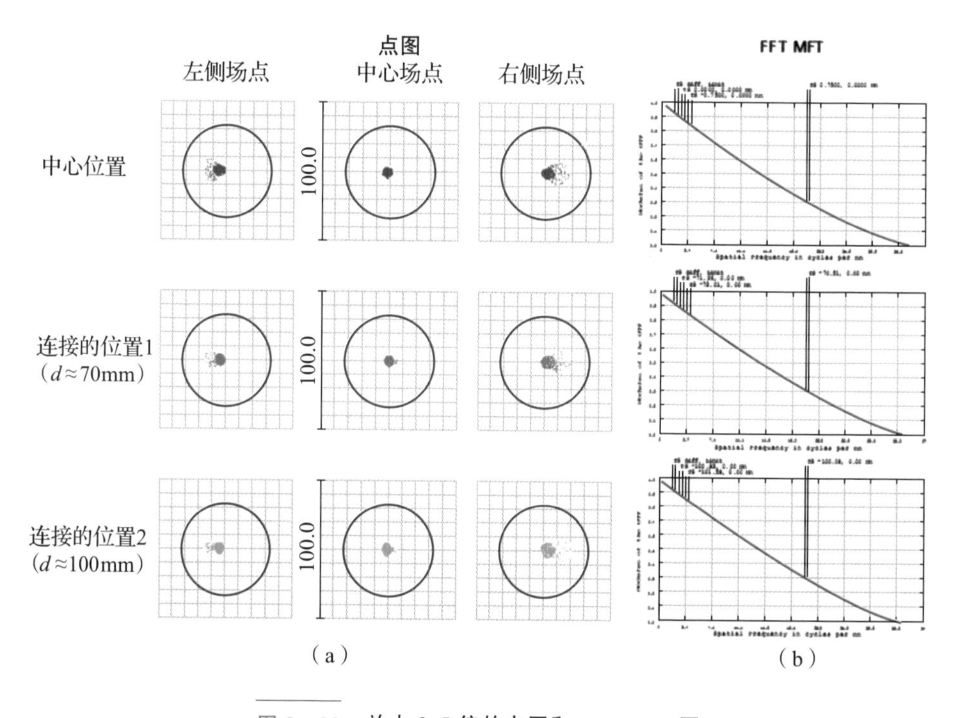

图 9-33 放大 3.5 倍的点图和 FFT MTF 图

注：不同物体位置的物体尺寸为 1.5mm×1.5mm[50]。

参考文献

[1] MANI M, FENG S, LANE B, et al, Measurement Science Needs for Real-time Control of Additive Manufacturing Powder Bed Fusion Processes[R]. Gaithersburg: US Department of Commerce, National

Institute of Standards and Technology, 2015.

[2] MANI M, LANE B M, DONMEZ M A, et al. A review on measurement science needs for real-time control of additive manufacturing metal powder bed fusion processes[J]. International Journal of Production Research, 2017, 55(5): 1400 - 1418.

[3] MALEKIPOUR E, EL-MOUNAYRI H. Common defects and contributing parameters in powder bed fusion AM process and their classification for online monitoring and control: a review[J]. The International Journal of Advanced Manufacturing Technology, 2018, 95(1 - 4): 527 - 550.

[4] EVERTON S K, HIRSCH M, STRAVROULAKIS P, et al. Review of in-situ process monitoring and in-situ metrology for metal additive manufacturing[J]. Materials & Design, 2016, 95: 431 - 445.

[5] GRASSO M, COLOSIMO B M. Process defects and in situ monitoring methods in metal powder bed fusion: a review[J]. Measurement Science and Technology, 2017, 28(4): 044005.

[6] BERUMEN S, BECHMANN F, LINDNER S, et al. Quality control of laser-and powder bed-based Additive Manufacturing (AM) technologies [J]. Physics procedia, 2010, 5: 617 - 622.

[7] COOKE A, SLOTWINSKI J. Properties of metal powders for additive manufacturing: a review of the state of the art of metal powder property testing[R]. Gaithersburg: US Department of Commerce, National Institute of Standards and Technology, 2012.

[8] CRAEGHS T, BECHMANN F, BERUMEN S, et al. Feedback control of Layerwise Laser Melting using optical sensors[J]. Physics Procedia, 2010, 5: 505 - 514.

[9] CRAEGHS T, CLIJSTERS S, YASA E, et al. Online quality control of selective laser melting: Proceedings of the 20th Solid Freeform Fabrication (SFF) symposium[C]. Austin, Texas: SFF, 2011.

[10] HANS KURT TÖNSHOFF, ICHIRO INASAKI. Sensors in Applications Volume 1: Sensors in Manufacturing[M]. Weinheim, GER: Wiley-VCH, 2001.

[11] KLESZCZYNSKI S, ZUR JACOBSMÜHLEN J, SEHRT J T, et al. Error detection in laser beam melting systems by high resolution imaging: Proceedings of the twenty third annual international solid freeform fabrication symposium[C]. Austin: SFF, 2012.

[12] KLESZCZYNSKI S, ZUR JACOBSMÜHLEN J, REINARZ B, et al. Improving process stability of laser beam melting systems: Fraunhofer Direct Digital Manufacturing Conference[C]. Berlin: DDMC, 2014.

[13] ZUR JACOBSMÜHLEN J, KLESZCZYNSKI S, SCHNEIDER D, et al. High resolution imaging for inspection of laser beam melting systems: 2013 IEEE international instrumentation and measurement technology conference (I2MTC)[C]. Piscataway: IEEE, 2013.

[14] ZUR JACOBSMÜHLEN J, KLESZCZYNSKI S, WITT G, et al. Elevated region area measurement for quantitative analysis of laser beam melting process stability: 26th International Solid Freeform Fabrication Symposium [C]. Austin, TX: SFF, 2015.

[15] PURTONEN T, KALLIOSAARI A, SALMINEN A. Monitoring and adaptive control of laser processes[J]. Physics Procedia, 2014, 56: 1218 - 1231.

[16] LIU S, LIU W, HAROONI M, et al. Real-time monitoring of laser hot-wire cladding of Inconel 625 [J]. Optics & Laser Technology, 2014, 62: 124 - 134.

[17] WECKENMANN A, JIANG X, SOMMER K D, et al. Multisensor data fusion in dimensional metrology[J]. CIRP annals, 2009, 58(2): 701 - 721.

[18] BÖSEMANN W. Industrial photogrammetry: challenges and opportunities: Videometrics, Range Imaging, and Applications Ⅺ [C]. Munich: International Society for Optics and Photonics, 2011.

[19] ZHANG B, ZIEGERT J, FARAHI F, et al. In situ surface topography of laser powder bed fusion using fringe projection[J]. Additive Manufacturing, 2016, 12: 100 - 107.

[20] GRÜNBERGER, THOMAS, DOMRE R . ptical In-Process Monitoring of

Direct Metal Laser Sintering (DMLS)[J]. Laser Technik Journal, 2014, 11 (2): 40 - 42.

[21] CRAEGHS T, CLIJSTERS S, KRUTH J P, et al. Detection of process failures in layerwise laser melting with optical process monitoring [J]. Physics Procedia, 2012, 39: 753 - 759.

[22] CAELERS M. Study of in-situ monitoring methods to create a robust SLM process: preventing collisions between recoater mechanism and part in a SLM machine[J]. 2017.

[23] FARSON D F, KIM K R. Generation of optical and acoustic emissions in laser weld plumes[J]. Journal of Applied Physics, 1999, 85(3): 1329 - 1336.

[24] ASSUNCAO E, WILLIAMS S, Yapp D. Interaction time and beam diameter effects on the conduction mode limit[J]. Optics and Lasers in Engineering, 2012, 50(6): 823 - 828.

[25] LIU S, LIU W, HAROONI M, et al. Real-time monitoring of laser hot-wire cladding of Inconel 625 [J]. Optics & Laser Technology, 2014, 62: 124 - 134.

[26] MIYOSHI K. Surface characterization techniques: An overview[J]. Mechanical tribology: materials, characterization, and applications, 2002, 2: 1 - 46.

[27] https://www.renishaw.com/en/how-do-interferometric-systems-work-38612.

[28] WYANT J C. Computerized interferometric surface measurements[J]. Applied optics, 2013, 52(1): 1 - 8.

[29] NEEF A, SEYDA V, HERZOG D, et al. Low coherence interferometry in selective laser melting[J]. Physics Procedia, 2014, 56: 82 - 89.

[30] BAUTZE T, KOGEL-HOLLACHER M. Keyhole depth is just a distance: The IDM sensor improves laser welding processes[J]. Laser Technik Journal, 2014, 11(4): 39 - 43.

[31] KOGEL-HOLLACHER M, SCHOENLEBER M, BAUTZE T. Inline coherent imaging of laser processing - a new sensor approach heading for industrial applications: The 8th International Conference on

Photonic Technologies lane 2014[C]. Fürth：CPTL，2014.
[32] BLECHER J J，GALBRAITH C M，VAN VLACK C，et al. Real time monitoring of laser beam welding keyhole depth by laser interferometry[J]. Science and Technology of Welding and Joining，2014，19(7)：560－564.
[33] BAMBERG J，ZENZINGER G，LADEWIG A. In-process control of selective laser melting by quantitative optical tomography：The 19th World Conference on Non-Destructive Testing[C]. Munich：CNDT，2016.
[34] EOS. The future of Additive Manufacturing at formnext 2016：in Industrial 3D printing-an integral part of tomorrow's production world，ed[R]. Frankfurt，Germany：EOS GmbH，2016.
[35] ZENZINGER G，BAMBERG J，LADEWIG A，et al. Process monitoring of additive manufacturing by using optical tomography：AIP Conference Proceedings. American Institute of Physics[C]. Berlin：AIP，2015.
[36] SHAO J，YAN Y. Review of techniques for on-line monitoring and inspection of laser welding[J]. Journal of Physics：Conference Series，2005，15(1)：101－107.
[37] GU H，DULEY W W. Resonant acoustic emission during laser welding of metals[J]. Journal of Physics D：Applied Physics，1996，29(3)：550.
[38] FARSON D，SANG Y，ALI A. Relationship between airborne acoustic and optical emissions during laser welding[J]. Journal of laser applications，1997，9(2)：87－94.
[39] RIEDER H，DILLHÖFER A，SPIES M，et al. Ultrasonic online monitoring of additive manufacturing processes based on selective laser melting：AIP Conference Proceedings[C]. New York：AIP，2015.
[40] SMITH R J，HIRSCH M，PATEL R，et al. Spatially resolved acoustic spectroscopy for selective laser melting[J]. Journal of Materials Processing Technology，2016，236：93－102.
[41] GUSAROV A V，YADROITSEV I，BERTRAND P，et al. Heat

transfer modelling and stability analysis of selective laser melting[J]. Applied Surface Science, 2007, 254(4): 975-979.

[42] LEE J Y, KO S H, FARSON D F, et al. Mechanism of keyhole formation and stability in stationary laser welding[J]. Journal of Physics D: Applied Physics, 2002, 35(13): 1570-1576.

[43] GU H, DULEY W W. A statistical approach to acoustic monitoring of laser welding[J]. Journal of Physics D: Applied Physics, 1996, 29(3): 556-560.

[44] ARCHENTI A. Model-Based investigation of maching systems characteristics[D]. Stockholm: KTH Royal Institute of Technology, 2008.

[45] Michael Caelers, Study of in-situ monitoring methods to create a robust SLM process [D]. Stockholm: KTH Royal Institute of Technology, 2017.

[46] ISLAM M, PURTONEN T, PIILI H, et al. Temperature profile and imaging analysis of laser additive manufacturing of stainless steel[J]. Physics Procedia, 2013, 41: 835-842.

[47] SPEARS T G, GOLD S A. In-process sensing in selective laser melting (SLM) additive manufacturing [J]. Integrating Materials and Manufacturing Innovation, 2016, 5(1): 16-40.

[48] KLESZCZYNSKI S, ZUR JACOBSMÜHLEN J, SEHRT J T, et al. Error detection in laser beam melting systems by high resolution imaging: Proceedings of the twenty third annual international solid freeform fabrication symposium[C]. Austin: SFF, 2012.

[49] KRUTH J P, DUFLOU J, MERCELIS P, et al. On-line monitoring and process control in selective laser melting and laser cutting: Proceedings of the 5th Lane Conference[C]. Erlangen, Germany: Laser Assisted Net Shape Engineering, 2007.

[50] LOTT P, SCHLEIFENBAUM H, MEINERS W, et al. Design of an optical system for the in situ process monitoring of selective laser melting (SLM)[J]. Physics Procedia, 2011, 12: 683-690.

第 10 章
研究实例

金属激光增材制造监测与控制的研究是一个蓬勃发展的领域，近 10 年来，出版了大量有影响力的研究与文献。本章从文献中选取当前有代表性的研究实例(作者个人观点)，从激光增材制造监测系统、过程控制系统、监控系统的信号、图像与智能方法等方面介绍研究实例，并总结与讨论当前研究动向。

10.1 激光增材制造监测系统

10.1.1 SLM 熔池监测系统与在线质量控制

本部分内容将集合 Clijsters 等[1-3]提出的选择性激光熔化(SLM)在线监测系统，并讨论其原理和应用。该系统使操作者能够在线监测 SLM 过程质量，并据此对零件的质量进行估计。

1. 选择性激光熔化(SLM)在线监测系统的组成与功能

监测系统由硬件和软件两大开发部分组成。第一个部分是设计一个完整的光学传感器装置。该装置配有两个商用光学传感器，连接到直接与机器控制单元通信的现场可编程门阵列(FPGA)。虽然传感器确保了熔池的高质量测量，但 FPGA 的主要任务是以高采样率(高于 10 kHz)将传感器的图像传输到数据分析系统。

第二个部分是数据分析系统，用于对过程测量值和质量图像的解释与可视化。可视化主要由“映射算法”完成，该算法将测量值从一个时间域传输到一个位置域表示。实验表明，现场监测系统性能与产品的实际质量具有良好的相关性。从该模型中得到的图像说明了熔池的变化，这些变化可能与零件中存在的气孔有关。

2. 监测系统的光学装置

1)系统的组件

搭建 SLM 过程在线监测系统的光学装置，如图 10－1 所示。

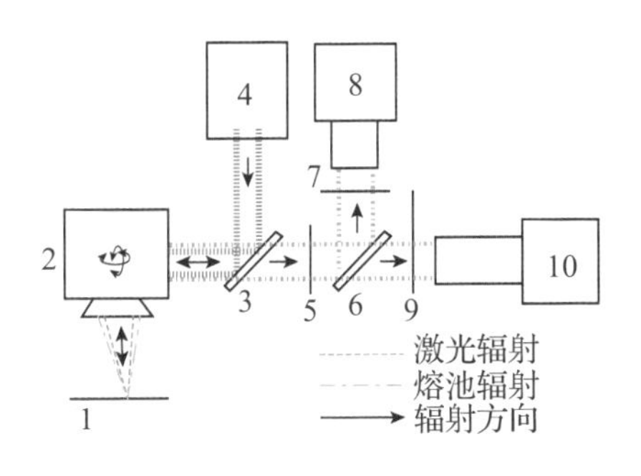

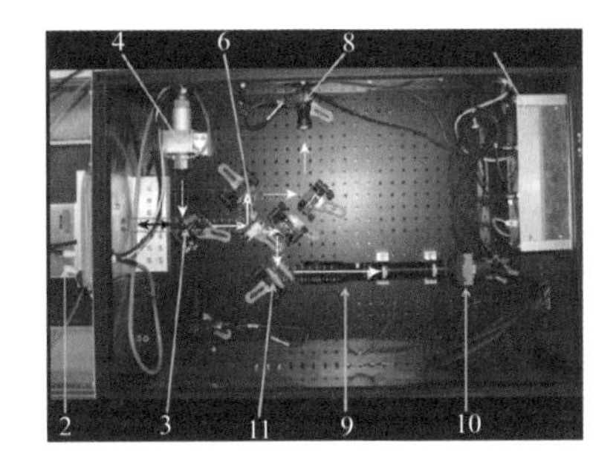

图 10－1　装置搭建原理与实例[2]

1—工作台；2—安装 $F-\theta$ 镜头的扫描器；3—半透光镜；4—激光源输出；5、7、9—滤光器；6—分光镜；8—安装聚焦光学器件的探测器(光电二极管)；10—安装聚焦光学器件的探测器(CMOS 相机)；11—校准镜。

2)装置的特点

这个装置的特点是通过一个高速近红外热 CMOS 相机和一个与激光束同轴的光电二极管进行监测。半透镜用于将激光束反射到扫描机构，并使传感器能够与激光束同轴测量。

该系统的工作目标是以至少 10 kHz 的采样率对熔池进行采样。这意味着，对于以 1000mm/s 的速度扫描和 10 kHz 的采样，每 100 μm 采集一个样本/照片。熔池直径约为 120 μm，这样的采样率可以达到要求。

3)光学装置可区分的光束

该光学装置可区分两种不同的光束：第一条光束是大功率激光束(1064nm)，必须从激光源反射到成形台上；第二条光束(780～900nm)是从熔池发出的光，必须由传感器捕捉。

4)激光束捕捉的过程

第一条光束表示激光束。该光束通过准直器进入监测系统，然后通过半透光镜 3 反射到扫描机构 2。扫描机构在特定角度下反射光束，通过 $F-\theta$ 物镜将光束转换成激光焦点在成形台上的移动。通过控制反射角，粉末将选择性地熔化在成形台上。

第二条光束是熔池发出的辐射。该光束通过 $F-\theta$ 透镜和扫描机构(相反方向)追踪激光束路径，直到到达半透光镜 3，这面镜子将波长约为 1064nm 的光反射到激光源。其他波长的光将穿过镜子，朝向分光镜 6。分离光束后，辐射光束被发送到每个传感器。光电二极管 8 和滤光器 9 都对 400～1000nm 范围内的波长敏感。

5)光学元件和滤波器的选择

光学元件和滤波器的选择对于避免图像中的畸变以及确保熔池辐射的高强度非常重要。普朗克定律指出，金属熔点的辐射能(1000～2000℃)在近红外区域中的峰值为 0.8～3μm。然而，由于反射，在这些峰值波长捕获光进行监测是不可能的。覆盖 1000nm 的半透光镜的反射率，几乎 100%反射这些波长。因此，熔池辐射只能在距离激光束一定光谱距离(当前设置中使用的 YB 光纤激光器为 1064nm)的波长范围内捕获。

6)反射镜涂层与采样率设置

选择捕获的波长区域在 1000nm 以下，以增加动态范围。在这个范围内，温度的变化对被测信号的影响更大。该区域的缺点是，与 1000nm 以上的区域相比，发射的光强度相当低。为了避免这些波长被半透性反射镜反射到激光上，反射镜被涂层以通过 950nm 以下的波长，这些波长很容易被传感器捕获。可能通过的波长下限应至少为 700nm，以消除引起测量偏差的不相关可见光(例如成形室中的照明)。然而，使用光学滤波器 5 选择下限为 780nm，这限制了 $F-\theta$ 透镜设计波长为 1064nm 时所引起的像差。因此，选择 780～950nm 的带宽作为不同需求之间的权衡，其仍然足够大以允许传感器捕获足够的光。当在 SLM 过程中使用高扫描速度时，采样率应高于 10 kHz。在这种情况下，由于发射光的高强度，相机的快门时间缩短，采样速度增加到 20kHz。发射光的强度也取决于熔池的温度。

7)光电二极管传感器的配置及其优点

光学监控装置配有两个商用传感器。第一种是包括放大器的平面光电二极管传感器。该传感器的传感面积为 $13mm^2$，在所用波长谱(780～950nm)中的响应度为 0.45A/W。这个传感器可以达到 10MHz 的带宽最低放大水平。该传感器的主要优点是吸收来自熔池所有点的辐射，并将其集成到一个表示熔池大小(面积)的传感器值中。这一优点也导致了该传感器使用上的局限性，它只允许用一个传感器值来表征熔池。因此，监控系统还配备了另一个传感器。

8)CMOS 相机的配置及其优点

第二个传感器是一个商业上可买到的 CMOS 相机，并有可能捕捉熔池的几何结构。该相机配有 1280×1024 像素的 CMOS 传感器，并具有完整的相机连接接口。该传感器可在 1280×1024 像素和 10000 帧/s 以上的最大帧速率下采样，并在降低的感兴趣区域工作。在相机前面放置一个定制设计的镜头，该镜头由几个不同的光学部件组成，以提供缩放功能并消除 $F-\theta$ 透镜的像差，这些功能对于确保熔池图像的高质量是必要的。通过摄像机监视熔池的几何结构，可以构建视图来计算熔池的长度、宽度、面积等。与光电二极管相比，提供熔池的几何信息是该传感器的主要优点。然而，该传感器比光电二极管慢，主要原因是相机的灵敏度低，另外一个原因是图像处理计算较复杂。相机通过与 FPGA 完整的连接，用于图像处理。

3. 扫描向量映射算法

该在线监测系统采用基于位置可视化的映射算法对熔池强度(光电二极管信号)和熔池面积(CMOS 相机信号)数据进行可视化，以通过捕获的数据检测误差和估计零件质量[3]，该映射算法如图 10－2 所示。

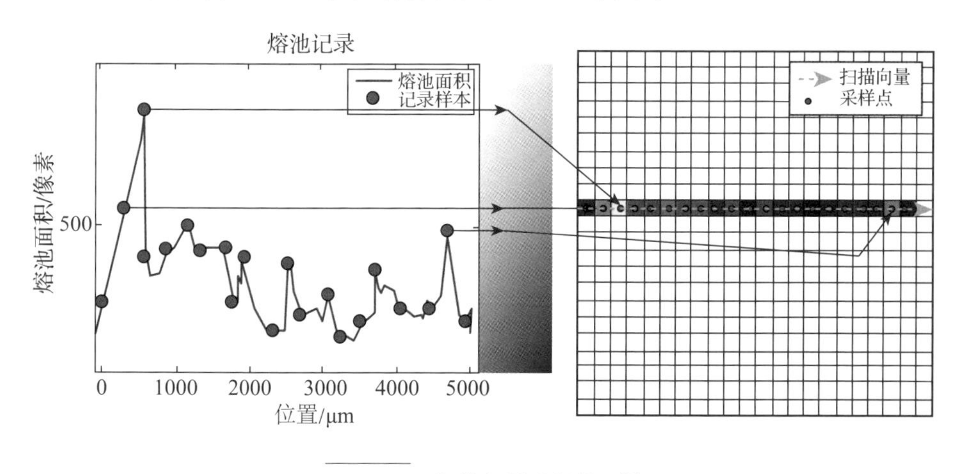

图 10－2　扫描向量映射算法[3]

为了评估测量熔池的质量，必须预先确定熔池的预期传感器值，这种参考值是根据经验分析设定的。

依据填充和轮廓扫描向量的熔池区域的相对频率直方图，这些向量的总体可用于计算统计特征，例如某个向量类的总体分布的平均值和标准偏差。除这些标准统计参数外，还可以根据这些参考数据计算置信区间，从而简化解释过程。

确定置信区间相对简单。通过绘制向量类型的相对累积频率分布，例如，95%置信区间的边界可以定义为包含 95%数据总体的范围。值得一提的是，由于向量开始和结束时的瞬态行为，熔池传感器值的分布不是高斯分布，因此最好用验证密度的实验数据定义一个置信区间。这可以对所有不同的向量类型和每个传感器值重复，以实现完整可靠的质量控制系统。

需要指出的是，以上统计分析仅对熔池强度（光电二极管）和熔池面积（CMOS 相机）进行，针对轮廓向量和填充向量两种矢量类型。对于每种材料，必须测试和验证经验值。

本书的示例材料是 Ti－6Al－4V，按照该材料 SLM 填充和轮廓扫描向量的参考值，尽管轮廓扫描的热流小于填充扫描的热流，但轮廓扫描的值小于填充扫描的值。这是因为对于轮廓扫描，扫描速度较低，激光功率被用来获得更好的精度。可以看出，轮廓的熔池比填充向量的置信区间小得多，这种较小的置信区间是由于轮廓扫描在熔体池的稳态扫描过程中进行了更多的测量。在高速填充扫描的情况下，与轮廓扫描相比，瞬态熔池与稳态熔池的比值要高得多。这会导致更多的记录处于瞬态状态，从而增加标准偏差。

要获得更准确的参考值和更小的稳态置信区间，需过滤掉瞬态（例如形成熔池、小过热等）中的这些测量值。然而，这意味着在形成熔池的过程中，应为每个瞬态定义新的向量类。这就需要为每个新的向量类提供新的参考值和置信区间（应该进行经验测试和计算）。

4. 熔池监测

熔池过热是 SLM 中最常见的问题之一。这个问题是由于某个位置的热输入增加而发生的，这可能是由于扫描动力学、激光不稳定或其他现象造成的。过热导致熔池尺寸和强度增加，并引起熔池湍流和材料蒸发，过多的湍流/蒸发可能导致球形孔的形成，因此应保持在最低水平[4-8]。下面介绍一个过热的例子。

在这项工作中，对熔池行为进行监控，以检测异常现象。由于预先定义了变化范围，因此当熔池传感器测量值超出置信区间时，可认为是发生异常或产生缺陷。

图 10－3(a)显示了立方体扫描期间填充扫描向量的熔池的典型图。使用的参数是 250W 的激光功率和 1600mm/s 的扫描速度。然而，光学扫描系统的动态响应不是无限快，在达到完全工作状态之前经过一段时间间隔。换句话说，扫描需要一定的加速时间才能达到所需的扫描速度，这导致在应用非最佳条件的位置零件质量较低。加速时间会影响向量的开始，并降低零件边缘的质量(例如，通过形成多孔性)，这会恶化零件的疲劳性能(对表面条件非常敏感)。以低于预期的速度扫描，再加上高激光功率(针对高扫描速度进行了优化)，会导致向量开始处的热量输入过多，这种过剩的热量会扩大边缘的熔池，从而导致过多的流动湍流和蒸发。例如，图 10－3(a)说明了根据稳态熔池特性确定的 95%置信区间，相机捕捉到的熔池区域明显超出了向量开始处的置信区间，这表示进程没有按预期工作。

由此，不规则多孔性形成于向量的开头(如图 10－3(b)所示)。一旦扫描达到规定的最佳扫描速度，熔池尺寸就变得稳定(图 10－3(a))。这一缺点可以通过调整扫描策略来消除，即在扫描向量前面添加一个加速向量，使其在向量开始时处于额定速度，激光仅在扫描向量开始时打开。

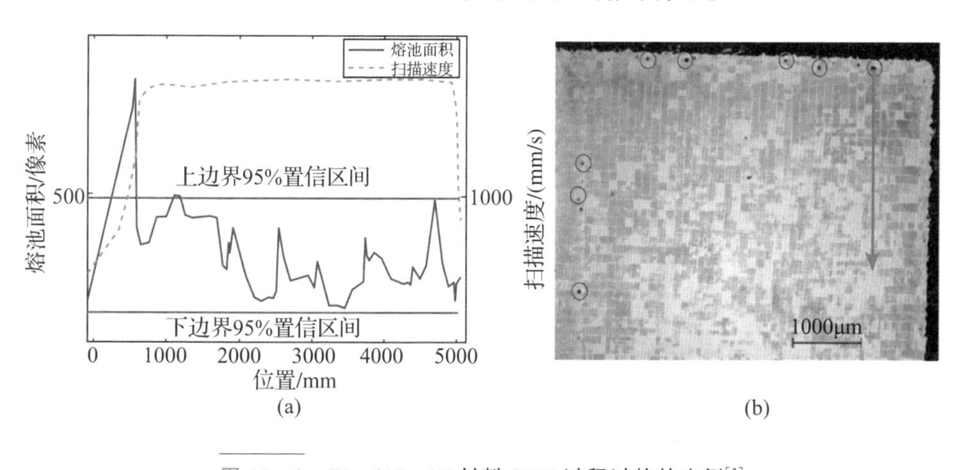

图 10－3　**Ti－6Al－4V 材料 SLM 过程过热的实例**[3]

本例介绍了 SLM 过程在线监测系统搭建以及扫描向量映射算法，这一实例经过监测系统的应用被证明是成功的。然而，需要进一步的经验数据(从各种材料和制造参数中获得)来延长不同类别材料的置信区间，并提高系统的鲁棒性。

10.1.2 多传感同轴监测系统

Gökhan 等[9]提出了一种 SLM 同轴配置的多传感器监测方案，用于观察成形过程中的发射和后向反射激光。这项工作阐述了物理过程和确定视场（FOV）所需光学配置相结合的设计标准。通过构建由多个传感器组成的灵活监控系统，可以观察到成形中的瞬时行为，从而更好地理解在成形和缺陷形成时的相关信息，而该信号特征与孔隙度形成有关。采用基于重熔的校正策略，并测试它们对降低局部孔隙率的影响。开发的模块在加工性能较低的 18Ni300 马氏体时效钢 SLM 成形中得到应用，该材料已发现易于产生孔隙。

1. 监控带宽的选择

监测模块分为 3 个通道，以跟踪同时发生的不同现象。信道划分基于波段选择，因此决定了整个系统的波长分辨率。实际上，与分光镜相比，这种划分比较有限。在加工过程中产生电磁辐射源时的主要物理现象可以划分为主频带，从而满足空间、时间和波长分辨率之间的平衡要求。成形时激光束被粉末床吸收，加热后产生熔池并可能形成小孔，然后熔池部分蒸发，产生火花、飞溅和羽流。火花和蒸汽导致材料损失和熔池不稳定，金属蒸气可吸收阻碍其通过的激光束，最终被电离。在理想稳定的过程中，激光吸收量是恒定的，熔池和温度场也是稳定的，可以避免过多的蒸汽和羽流，且不产生火花。[10-15]

表 10-1 通过监测系统和相关的物理参量展示了所研究的物理现象。物理参量要求估计所需的空间和时间分辨率，激光的吸收量可以通过监测反射光束强度状态来间接检测。因此，一个通道专用于激光波长（1070nm）。通道的时间分辨率应能分辨脉冲波激光器（PW）发射脉冲持续时间内的变化，因此，需要较高的时间分辨率。这种现象发生在激光光斑周围，与空间分辨率有关。在可见区域因等离子体形成、羽流和小孔动力学引起的电磁辐射，是熔池稳定性的一个强有力指标，与孔隙的形成有关[15]。因此，第二通道大约在 350nm 和 700nm 附近。在稳定条件下，残留在 SLM 构件中的孔隙很小且直径为 50～200μm。在不充分的熔融条件下，连续层之间存在较大且互连的孔，直径远大于 200μm。监测系统的观察区域应与熔池大小相适应。孔隙形

成需要不稳定的熔化条件，即在扫描线内出现多个激光脉冲，这可以用来描述该物理现象。在红外区域可观察到温度场，然而，在激光波长之上，光学设备透射率非常低，限制了热像仪的应用。相反，落在可见波长和激光波长之间的近红外(NIR)区域可用于追踪熔池周围的热辐射。因此，第三通道专用于近红外区域(900～1000nm)。大多数数字CCD和互补金属氧化物半导体相机在该带宽周围具有足够的灵敏度，使得物理过程容易捕捉。热不稳定性通常以变形的形式出现在连续层之间，因为它们取决于几何形状和部件的质量。为了在粉末/固体/液体金属界面之间形成显著的收缩，需要空间尺度上增加更多的扫描轨道。

表10-1　缺陷形成的物理现象及传感器参数

现象	物理参量	波长带	时域尺度	空间尺度
激光吸收	脉冲持续时间、光斑直径	和激光相同	50～500 μs	30～200 μm
孔隙形成	层厚、扫描间距、等离子体	近紫外～可见光	100～1000 μs	50～500 μm
热梯度	层数量、熔池、热辐射	近红外	>1s	>500 μm

这里讨论的理论建模原理主要基于几何光学理论[16]。光学系统的总放大率(m_{tot})取决于FOV(视场)和图像大小之间的基本关系，或者取决于传感器的大小(d_{sensor})。总放大倍数可按下式计算：

$$m_{tot} = \frac{d_{sensor}}{FOV} \tag{10-1}$$

式(10-1)指出了对于给定的传感器，为了实现预期的视场而需要满足的总放大率。

图10-4(a)描绘了由3个透镜组成的通用光学系统。对于给定的系统，从镜头到物体的距离称为q，而从镜头到像场的距离是p。对于由M个镜头组成的通用系统，总放大倍率可按下式计算：

$$m_{tot} = \prod_{i=1}^{M} -\frac{q_i}{p_i} \tag{10-2}$$

另一方面，对于每个透镜，应用薄透镜方程，其中：

$$\frac{1}{f_i} = \frac{1}{p_i} + \frac{1}{q_i} \tag{10-3}$$

$$p_{i+1} = d_i - q_i \tag{10-4}$$

图 10-4(b)描绘了具有现有 $F-\theta$ 透镜的 SLM 系统监视模块的光学系统布局。系统配置了由两个正透镜和一个负透镜组成的三透镜，以减小光路的总长度。对于给定的系统，式(10-3)和式(10-4)可以改写如下：

$$\begin{cases}\dfrac{1}{f_0}=\dfrac{1}{p_0}+\dfrac{1}{q_0}\\[2mm]\dfrac{1}{f_1}=\dfrac{1}{d_2-q_1}+\dfrac{1}{q_1}\\[2mm]\dfrac{1}{f_2}=\dfrac{1}{d_2-q_2}+\dfrac{1}{q_1}\\[2mm]\dfrac{1}{f_3}=\dfrac{1}{d_3-q_2}+\dfrac{1}{q_3}\end{cases}\tag{10-5}$$

$$m_{\text{tot}}=\left(\frac{q_0}{p_0}\right)\left(\frac{q_1}{d_1-q_0}\right)\left(\frac{q_2}{d_2-q_1}\right)\left(\frac{q_3}{d_3-q_2}\right)\tag{10-6}$$

应当注意，p_0和 d_1指的是对应 $F-\theta$ 透镜相关的距离，而 f_0对应 $F-\theta$ 透镜的后焦距。这些尺寸依赖于技术选择，为激光传播提供光学布置。因此，它们是设计时首先需要确定的。焦距透镜的选择取决于所需的视野和模块的可用空间。型号输出为 d_3和 d_4，是机器的光学组件、传感器尺寸和所选镜头的函数。需要注意的是，该模型没有考虑系统偏差。

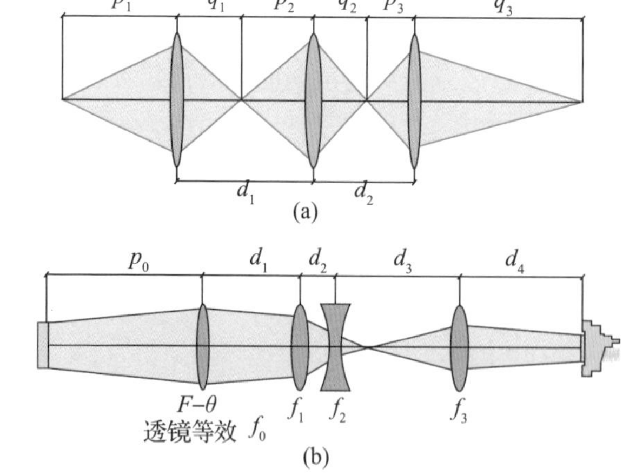

图 10-4
监测模块的光学系统
(a)三透镜配置中物体、图像和镜头距离的一般描述；
(b)监测模块中实施的光学装置的示意性布置[9]。

2. 具有同轴监测模块的 SLM 系统

在整个研究中使用标准的 SLM 系统，可以灵活控制整个工艺参数。激光源是最大功率为 250W 的单模光纤激光器(IPG Photonics YLR-150/750-

QCW-AC）；激光束用 50mm 焦距镜头对准并发射到变焦光学器件以调节光束焦平面，然后由扫描镜头控制和聚焦，使用 SCANMASTER 软件设计扫描路径轨迹。扫描仪安装了一个 420mm 的 $F-\theta$ 镜头。在该配置中，计算出焦平面处的光束直径（d_0）为 60 μm。

该 SLM 系统采用脉冲（PW）激光发射。大多数工业 SLM 系统以连续波发射的方式运行，而脉冲发射对熔池的形成和稳定性差异有影响，因此需要在监测过程时重点关注[17]。

研究中确定了 5 个主要工艺参数：激光功率控制脉冲峰值功率（P_{peak}）；脉冲持续时间控制施加到扫描线上每个点的激光脉冲的持续时间（t_{on}）；控制扫描线上连续激光点之间的距离和相邻扫描线上孔的距离，以及控制粉末床上释放的能量；还需要控制扫描线上连续激光点之间的点距离（d_p）和相邻扫描线之间的间距（d_h），以控制粉末床上释放的能量。

在机器的开放式架构上实现了同轴监控系统。图 10－5（a）显示了监控模块的示意图。选择 1 mm×1 mm 的视场可以为所有传感器提供足够的空间分辨率，用于观察所列出的现象。实现 3 个通道观察可见光（350～700nm）、近红外（700～1000nm）和激光发射（1064nm ± 10nm）带宽。对于可见光和近红外通道，旨在保留空间分辨率；而对于激光通道，必须优先考虑时间分辨率。该发射过程在扫描头的检流镜之前被一个二色镜拦截，然后使用分束器将工艺光分成不同的通道，并通过光学滤波器连续滤波以选择所需的波段。CCD 相机用于可见光通道，分辨率为 1288×964，像素尺寸为 3.75 μm。对于 NIR 通道，使用具有 2592×1933 分辨率和 2.2 μm 像素尺寸的 CMOS 相机。由于900～1000nm 之间的量子效率约为 6%，因此该相机为带宽获取提供了足够的灵敏度。两台摄像机以 68 帧/s 的采集速率运行，传感器活动区域减小到 1.2mm×1.2mm，以便观察所需的视场范围。光纤传输将来自模块的后向反射激光传输到光电二极管。特别地，在摄像机之前实现三透镜配置（f_1，f_2，f_3），以实现 1mm×1mm 的视场。表 10－2根据图 10－4（b）中表示的光学方案给出了监测模块的最终配置。图 10－5（b）显示了实现系统。

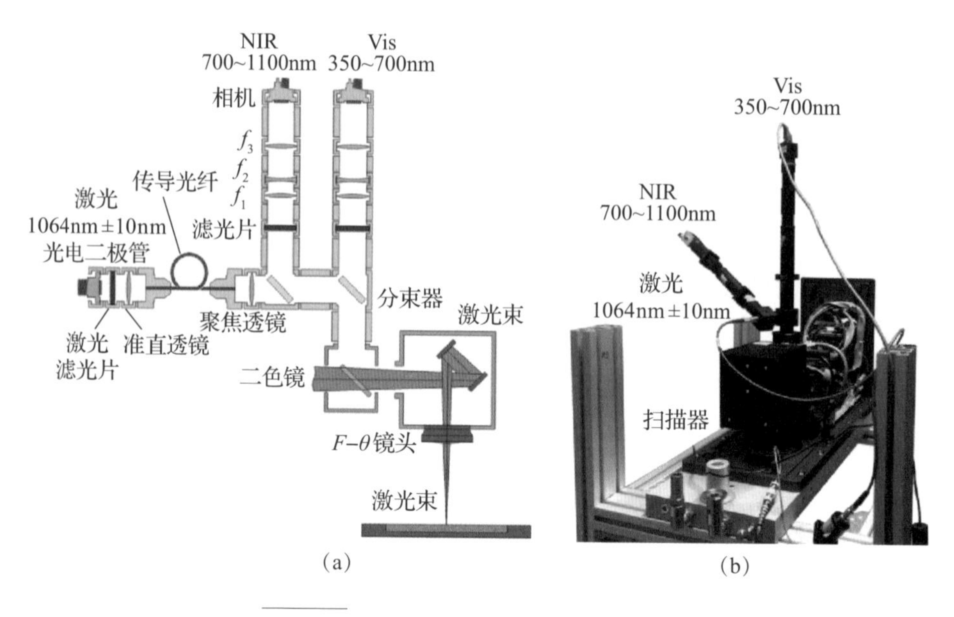

图 10－5　监测模块的示意图和实现系统[9]

表 10－2　可见光和近红外通道实现的监控模块的最终配置(1mm×1mm 视场)

参数	Vis	NIR
d_{sensor}/mm	1.2	1.2
m_{tot}	1.2	1.2
p_0/mm	207	207
d_1/mm	585	650
d_2/mm	20	20
f_0/mm	386	386
f_1/mm	50	50
f_2/mm	－50	－50
f_3/mm	25	25
d_3/mm	124.8	125.7
d_4/mm	120.3	96.2

3. 信号和图像特征分析

前面提到的多传感器监测系统可以提供丰富的监测手段，其主要优点是可以通过不同的通道观察到不同的物理现象。以近红外通道为例，其特征行为如图 10－6 所示，图中显示了体积和重熔过程之间的总体信号强度变化。与可见通道相比，信号变化范围较小，这意味着温度场比熔池动力学更稳定，该信号代表了工艺过程的温度。除了不同脉冲持续时间之间平均值的增加之外，重熔孔道的强度明显较低，这可归因于粉末和固体之间材料性质的变化。最重要的是，一旦粉末—液体—固体之间的不可逆转换完成后，热导率和密度将增加。重熔通道显示的强度低得多，避免了表面过热。近红外通道对于突出结构和尖锐边缘非常有用，在该位置可能发生热积聚并产生除孔隙率之外的缺陷。

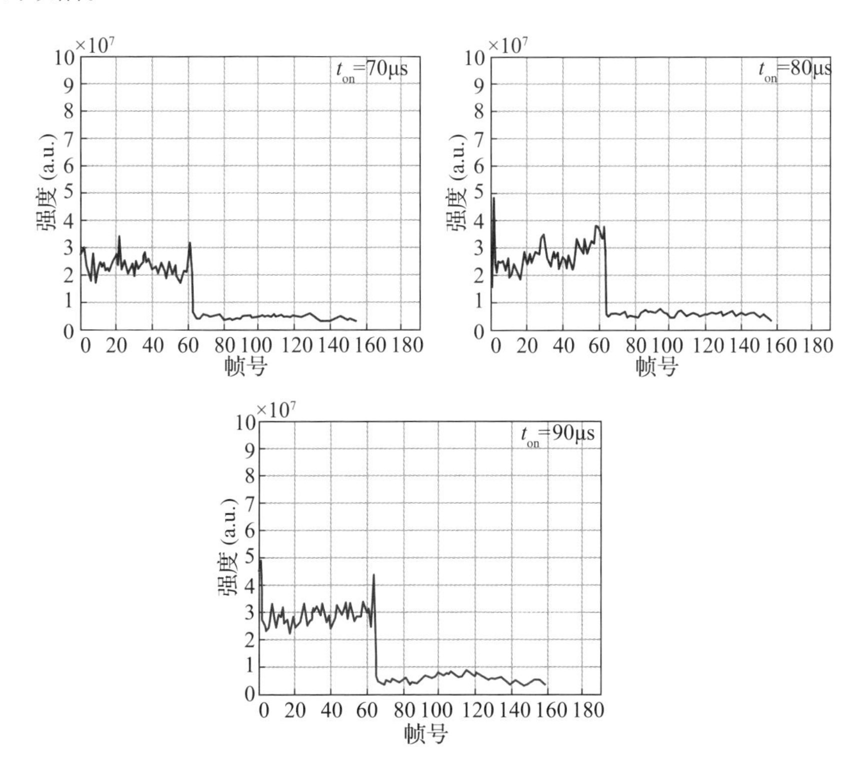

图 10-6 用 NIR 通道获取的信号描述了重熔过程中热发射的变化(NI =32，SR)[9]

10.2 金属 PBF 过程控制系统

10.2.1 金属沉积过程的层—层高度控制

1. 激光金属沉积控制系统

想要利用激光金属沉积工艺(LMD)制造出理想的几何质量的零件，应使用闭环过程控制系统来调节沉积高度。在3个主要工艺参数中，即粉末流动速率、激光功率和移动速度中，后两个参数通常用于控制沉积高度。尽管通过激光功率和扫描速度调节高度已被证明是有效的，但是它们仍具有局限性。例如，使用激光功率作为控制输入不如使用行进速度或粉末流动速率有效，因为在稳态期间，层高主要由粉末分布决定，即每单位长度的粉末量。使用激光功率作为控制输入也可能导致不均匀熔道，因为激光功率变化会引起显著的熔池宽度变化。使用扫描速度作为控制输入需要额外的控制回路来在线改变扫描速度，这涉及耗时的运动控制编程。在一些封闭的系统上，例如大多数商用计算机数字控制(CNC)机器，该方法是不可行的。

因此，Tang 和 Landers[18-19]考虑通过调节粉体流率来调节层高，这降低了在线运动控制编程的复杂性，并且比使用激光功率作为控制输入更加高效。要开发层高控制器，需要一个工艺模型。考虑到 LMD 工艺的复杂性，经验模型通常用于控制器设计。文中开发的控制方法是基于文献[8]中建立的集总参数、材料和热传递的分析模型。LMD 过程受制于能量平衡，该平衡对环境温度、零件几何形状等非常敏感。模型参数随着零件的构造而变化，使得固定的参数模型适应性差。为了适应这些限制，一种新颖的层与层高度控制方法被提出，其适应性地调节层之间的粉末流动速率以实现期望的层高度。作者创造性地将离线零件高度轮廓和在线温度测量相结合，以使用粒子群优化(PSO)来识别模型参数。然后，根据下一层的参考高度剖面，使用迭代学习控制(ILC)生成粉末流速值。借助层层控制，可以使制造过程实现自动化，有助于提高生产力并降低成本。

本书采用的 LMD 实验系统由五轴数控机床(Fadal 3016L)、粉末输送系统(Bate Surface Technologies Model 1200)、同轴喷嘴(Precitec YC50)、二极管激光器(NUVONYX ISL - 1000M)、国家仪器(NI)实时控制系统、激光位移传感器和温度传感器组成，系统设置如图 10 - 7 所示。二极管激光器的最大功率输出为 1000W，响应时间为 0.7ms。它由 5020W 二极管组成，光束轮廓如图 10 - 7 左上角所示。激光位移传感器(OMRON，型号 Z4MW100)的测量范围为 40mm，分辨率为 8 μm。温度传感器(Mikron Infrared，型号 MI-GA 5-LO)的测量范围为 400～2500℃。温度传感器安装在喷嘴上，用于测量沉积过程中的熔池温度。控制系统在 NI LabVIEW 中编码，并在实时 NI PXI 8186 系统上执行。温度和激光位移信号由 PXI 6040E 多功能电路板测量，范围为 ± 10 V 和 12 位分辨率。一个 PXI 6711 模拟量输出板具有 ± 10 V

和 12 位分辨率范围，用于向粉末进料器和激光放大器输入控制信号。有关粉末流动速率建模和控制的详细信息可参见文献[18]。

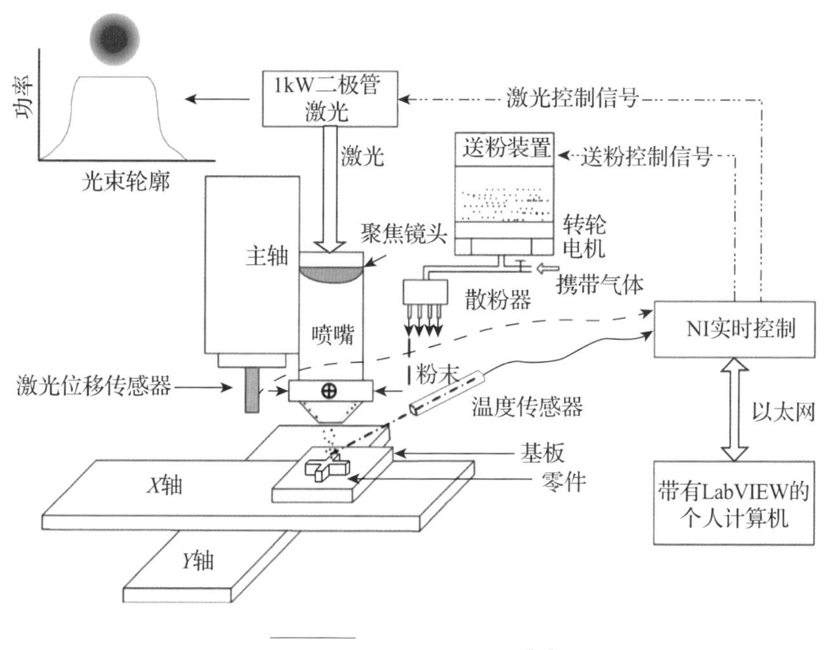

图 10－7　**LMD 工艺系统**[18]

2. 激光金属沉积过程模型

对于在线过程控制，由于计算效率的原因，与有限元法(FEM)模型相比，简化的模型更受欢迎。文献[20]中的模型由一组由质量、动量和能量平衡导出的 2 个微分和 3 个代数方程组成。质量平衡方程由下式给出：

$$\rho \dot{V}(t) = -\rho A(t) v(t) + \mu_m m(t) \tag{10-7}$$

其中，ρ 是材料密度(kg/m^3)，V 是熔珠(bead)体积(m^3)，A 是沉积方向上的横截面积(m^2)，v 是沉积方向上的工作台速度(m/s)，μ_m 是粉末收集效率，m 是粉末流动速率(kg/s)。熔珠被假定为椭圆形的，因此，在沉积方向上的体积和横截面积分别是

$$V(t) = \frac{\pi}{6} w(t) h(t) l(t) \tag{10-8}$$

$$A(t) = \frac{\pi}{4} w(t) h(t) \tag{10-9}$$

其中，w、h 和 l 分别为熔珠宽度、高度和长度(m)。动量平衡方程是

$$\rho\dot{V}(t)v(t)+\rho V(t)\dot{v}(t)=-\rho\frac{\pi}{4}w(t)h(t)v(t)[-v(t)]+\alpha w(t) \tag{10-10}$$

其中参数 α 由以下公式给定：

$$\alpha=(1-\cos\theta)(\gamma_{GL}-\gamma_{SL}) \tag{10-11}$$

其中，θ 是润湿角度(rad)，γ_{GL}是气液表面张力系数(N/m)，γ_{SL}是固液表面张力系数(N/m)。能量平衡方程是

$$\begin{aligned}&\rho c_l\dot{T}(t)V(t)+\rho\dot{V}(t)[c_s(T_m-T_0)+h_{SL}+c_l(T(t)-T_m)]\\&=-\rho\frac{\pi}{4}w(t)h(t)v(t)c_s(T_m-T_0)+\beta\mu_Q Q(t)\\&\quad-\frac{\pi}{4}w(t)l(t)\alpha_s(T(t)-T_m)-\left[\frac{\pi}{\sqrt[3]{2}}[w(t)h(t)l(t)]^{2/3}\right]\\&\quad\times[\alpha_G(T(t)-T_0)+\varepsilon\sigma(T^4(t)-T_0^4)]\end{aligned} \tag{10-12}$$

其中，T 是平均熔池温度(K)，c_s 是固体材料比热(J/(kg·K))，T_m是熔化温度(K)，T_0 是环境温度(K)，h_{SL}是特定熔融凝固潜热的热容(J/kg)，c_l是熔融材料的比热(J/(kg·K))，β 是激光表面耦合效率，μ_Q 是激光传输效率，Q 是激光功率(W)，α_s 是对流系数(W/(m^2·K))，α_G是传热系数(W/(m^2·K))，ε 是表面发射率，σ 是 Stefan－Boltzmann 常数(W/(m^2·K^4))。

对于以恒定速度运动的热源，稳态导电温度分布的熔珠宽度—长度关系由下式给出：

$$l(t)=X(t)+0.25\frac{w^2(t)}{X(t)} \tag{10-13}$$

其中，$X(t)=\max\left[\frac{w(t)}{2},\ \frac{\beta\mu_Q Q(t)}{2\pi k(T(t)-T_0)}\right]$，$k$ 为热导率常数(W/(m·K))。

给定 $f=\beta\mu_Q Q(t)/2\pi k(T(t)-T_0)$，数学分析表明，当 Q 为最大(1kW)而 T 为最低(1730K)时，f 是最大的。在该情况下，$f_{max}=4.58\times10^{-4}$ m。实验表明，轨道宽度接近激光束直径，其大约为 2.54×10^{-3}(m)，喷嘴距离为 1.27×10^{-2}(m)。因此，式(10－13)可以简化为

$$l(t)=w(t) \tag{10-14}$$

3. 激光金属沉积高度控制器设计

基于上述模型进行设计高度控制器，该高度控制器由 3 个主要部分组成：

测量(高度和温度)、系统识别以及粉末流动速率参考生成。使用激光位移和温度传感器分别测量高度和温度分布。测量的数据连同最后一层测量的粉末流动速率一起被用作系统识别程序的输入，基于粒子群优化(PSO)来估计模型参数。然后基于估计的模型使用迭代学习控制(ILC)生成粉末流动速率参考分布，该分布将产生指定的层高参考。

粒子群优化算法在本节中被应用于基于测量的高度和温度分布来估计 LMD 模型参数。温度分布曲线用于估算热损失，这对于下一层的沉积是至关重要的，因为熔池几何形状受温度和粉末流动速率的影响。LMD 过程由多个工艺参数控制，其中传热系数 α_G、表面发射率 ε、导热系数 k、对流系数 α_s、粉末收集效率 μ_m 等对处理环境非常敏感。受过程反馈限制(高度和温度)，只估计两个过程参数：对流系数 α_s($W/m^2 \cdot K$) 和粉末收集效率 μ_m。

另外，迭代学习控制用于产生粉末流动速率参考分布的生成。本节使用 Arimoto 等提出的控制准则[21]：

$$m_{j+1}(i) = m_j(i) + \gamma e_j(i+1) \tag{10-15}$$

在时间标识数为 i 和迭代($j+1$)处的粉末流动速率由时间指数 i 和迭代 j 处的粉末流动速率和校正项计算得出，校正项为学习增益 γ，乘以从以前的迭代得到的偏移跟踪误差 $e_j(i+1)$。在这个步骤中，ILC 利用在上述过程模型的帮助下产生的虚拟沉积来产生粉末流动速率参考。

4. 层层高度控制性能比较

在本节中，使用层层高度控制的高度参考跟踪的实验性能与使用恒定粉末流动速率的实验进行比较。图 10-8 和图 10-9 分别显示了使用层层高度控制和恒定粉末流动速率的高度分布实验。可以看出，与使用恒定粉末流动速率的实验相比，当使用层层高度控制时层高增量更均匀。通过层层高度控制，最终轨道高度非常接近参考轨道高度，平均误差为 1.00%。使用恒定的粉末流动速率时，平均误差约为 24.80%。还观察到，当使用恒定粉末流动速率时，第 3 层和后续层的层高增量约为 0.65mm，比经验模型计算的值大 0.15mm。原因在于随着轨道增长，由于熔池尺寸增加，粉末收集效率变大，导致较大的层高度增加。根据上面介绍的高度参考生成步骤，使用层层高度控制的前九层实验具有相同的参考，即 0.5mm。

可以观察到，对于大多数层，平均高度增量与层高参考(H_{rt})相当一致。

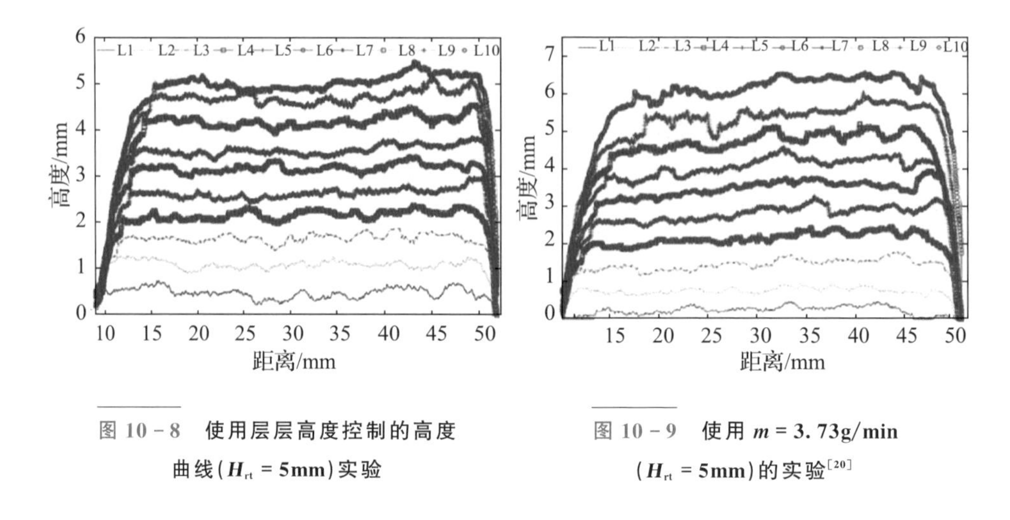

图 10-8　使用层层高度控制的高度曲线(H_{rt} = 5mm)实验

图 10-9　使用 m = 3.73g/min (H_{rt} = 5mm)的实验[20]

10.2.2　微观组织的实时控制

1. 系统介绍

研究表明，在 LAM 工艺过程中复杂的冶金现象为对材料与工艺的强烈依赖，并受工艺参数控制。沉积材料的力学性能取决于凝固显微组织(晶粒尺寸和形貌)，受凝固开始时的热条件控制。由凝固引起的晶粒形貌、晶粒尺寸和结构主要由凝固开始时局部存在的热条件控制，而细尺度微观组织主要由凝固后冷却速率控制。因此，熔体池温度和冷却速率是在 LAM 工艺中控制最终微观结构的两个主要参数，需要对这两个信号进行监测和控制，以获得具有所需性能的优质产品[22-23]。

Farshidianfar 等[24]提出了一种新的闭环控制方法，用于实时控制激光增材制造过程中的沉积微结构。开发了一种红外成像系统，以监测过程中的表面温度并作为反馈信号。冷却速率和熔池温度实时记录以提供关于热梯度的足够信息，从而控制在 LAM 期间受冷却速率影响的沉积显微组织。利用冷却速率、行驶速度和熔覆层显微组织之间的相关性，建立了一种新的反馈 PID 控制器来控制冷却速率。控制器被设计为通过调节扫描速度来保持冷却点在期望点周围。测试了几个单轨道和多轨道闭合环熔覆层上控制器的性能，以实现具有特定性能的期望的微结构。结果表明，闭环控制器在 LAM 过程中能够实时地产生一致的受控微结构。

该实验装置以最大功率为 1.1kW 的连续模式工作的 IPG 光纤激光器

YLR 1000IC 被用作能量源，采用两个 1.5 L 料斗的 Sulz Meta CO 10 - C 粉末给料器控制粉末质量进料速率和氩气保护气体流量。所需的运动是由五轴数控机床的 FADAL VMC 3016 控制系统控制的，使用 NI 实时平台和 LabVIEW 获取和处理在线数据，利用 Ni - IMAQ 模块从红外(IR)和电荷耦合器件(CCD)相机获取图像作为输入信号。采用 Ni - PCI - 7340 控制 CNC 移动速度、激光功率和激光光斑尺寸，所用的沉积粉末为不锈钢 SS303L。显微结构用光学显微镜分析，图像通过用 Olympus AH 显微镜将目标放大 50 倍获得。

2. LAM 实时微结构控制器

为了实时控制显微组织，需要完全了解熔池温度和冷却速率。为了监测凝固过程中的这些特性，需要大量的熔池及其周围环境的热信息。在这项工作中，提出的显微组织控制需要特殊连续估计冷却速率。因此，采用红外摄像机实时测量熔池及其周围环境的温度，并对沉积材料的冷却速率进行了计算。JeopTik IR - TCM 384 相机模块被用来监控 LAM 过程，红外摄像机通过 IEEE - 1391 接口连接到 LAM 设置，以获得冷却速率和熔池温度的实时测量。

为了在 LAM 过程中获得所需的显微组织，需要实时控制冷却速率和熔池温度。控制器负责获取这些数据并解释所需的控制动作以促进所需的材料性质和显微组织。由于输出过程参数被测量并实时反馈到控制器，闭环反馈控制器需要电流系统。

文献中的大多数报道都将显微组织演变归因于冷却速率变化而不是熔池温度，而本节设计了一种基于红外图像实时数据的 PID 控制器来控制闭环过程中的冷却速度。目标是通过冷却速率的闭环控制来实现可控的显微组织。

对激光移动速度、激光功率和送粉速度对冷却速率的影响进行了初步实验。结果表明，移动速度对冷却速度值有较大的影响。为了简化该问题，使用移动速度作为单一控制动作以将冷却速率稳定到期望值。所有其他影响参数，如激光功率和粉末联邦成员没有得到实时控制，随后设计并开发了 PID 控制器。最后，开发了一种方法在 LAM 过程实时控制显微组织，在图 10 - 10 中给出了该方法的框图。所开发的闭环控制系统实时测量冷却速率并将其反馈给实时冷却速率控制器，然后控制器按照所需的移动速度进给以达到期望的冷却速率，在 LAM 工艺结束时通过可控的冷却速率来预期可控的显微组织。

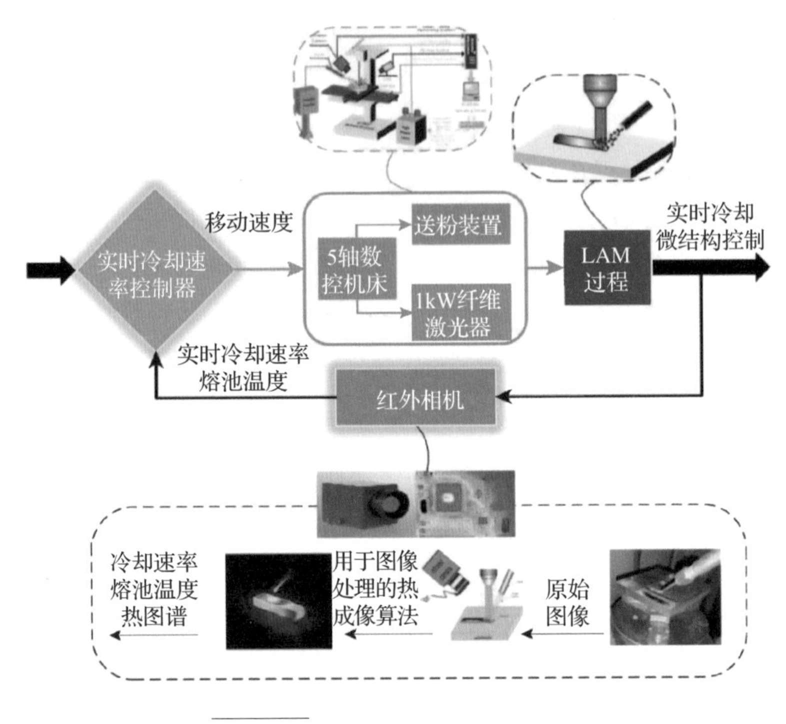

图 10-10　实时微结构控制器框图[24]

3. 热扰动下多道熔覆层组织控制

制备了多轨道沉积实验，以评估所开发的实时显微组织控制器的性能。如图 10-11 所示，3 个熔覆线连续地沉积，而不在其间进行任何冷却。每条线的长度是 90mm，线之间有 5mm 的距离。因此，随着每一条线的沉积，在衬底中产生一定量的预热，干扰下一次沉积的系统的初始热条件。此外，系统没有采用固定的设定点，而是将台阶设置点分配给控制器。每条线的上半部分的初始设定点是 430℃/s，然后闭环控制器必须达到 850℃/s 的设定点。因此，通过引入两个扰动来评估控制器的性能：①预热；②改变设定点。

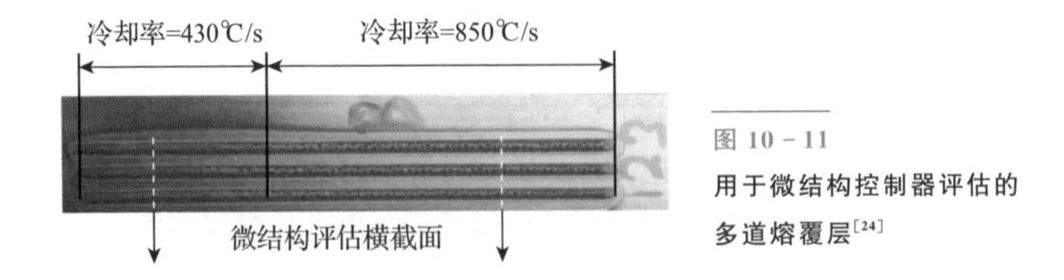

图 10-11　用于微结构控制器评估的多道熔覆层[24]

通过闭环过程熔覆了几个样品，熔覆条件与图 10－11 相同，对一组样品进行了冷却速率和显微组织控制的进一步评价。由于系统的非线性很大，所以每个设定点需要一组新的 PID 增益。然而，它的目的是调谐一组 PID 增益的多轨台阶设置点的样本，虽然这难以实现，需要更大的关注。在表 10－3 中列出了具有台阶设置点（850°C/s 和 430°C/s）的多轨道熔覆层调整的最优 PID 增益集。

表 10－3　多步熔覆步进定点最优 PID 增益

阶梯设定点冷却	K_C	$T_1\left(\frac{1}{K_1}\right)$	T_D
A（850℃/s 和 430℃/s）	4	0.002	0

A 样品（A1、A2 和 A3）的冷却速率的闭环响应如图 10－12 所示。样品数字编号（n =1，2 和 3）（即 An）表示每个样品中的沉积线（如图 10－11 所示）。在冷却速率信号开始时有过冲，这归因于实时冷却速率测量系统性质所致。如前面所述，由于计算冷却速率（温度降低）需要一定量的延迟（在这种情况下 $(n\tau)_A=0.9375\text{s}$），系统需要 0.9375s 来测量第一冷却点。在图 10－12 中可以观察到，在近 0.9375s 之后，由于冷却系统的测量是正确的，所以过冲被阻尼住了，然而，在此之前，系统测量是不可靠和不正确的。此外，系统的初始振荡和缓慢收敛是由于没有 T_D 增益。不幸的是，在 T_D 增益被插入系统中之后，虽然收敛更快，但是系统变得不稳定。

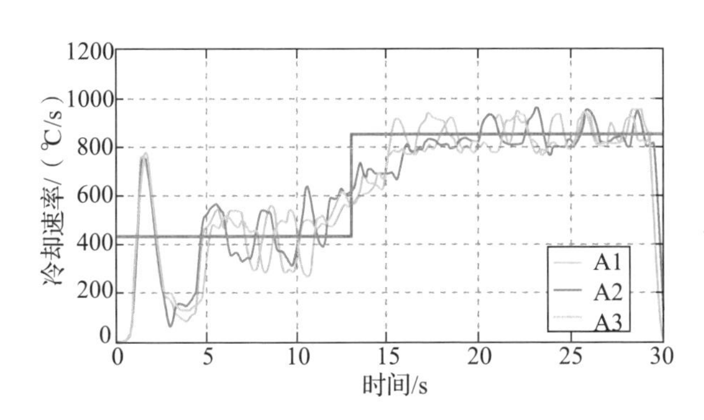

图 10－12
从 430℃/s 到 850℃/s 冷却速率过渡的 3 个重复熔覆层冷却速率的闭环响应[24]

控制器在实现达到所需的设定点方面是成功的；然而，在初始设定点 430℃/s 附近存在振荡。由于 430℃/s 低于 850℃/s，而在较低的冷却速率下像素分辨率较低，所以振荡主要被认为是测量设备的噪声。

样品的熔池温度如图 10 - 13 所示。意外的发现是，430℃/s 和 850℃/s 截面的熔池温度没有不同，两者的温度是一致的，尽管冷却速度和移动速度在变化。这一发现进一步支持了移动速度的微小变化不会影响熔池温度的观点，然而，它们会显著影响冷却速度和微观结构。另一可能是，在较低的速度下，存在较大的熔池尺寸。因此，尽管低速段和高速段的熔池温度相等，但由于熔池尺寸的变化，每个熔池中的总能量是不同的。结果表明，该控制器能够方便地跟踪不同设定值下冷却速率的期望响应。

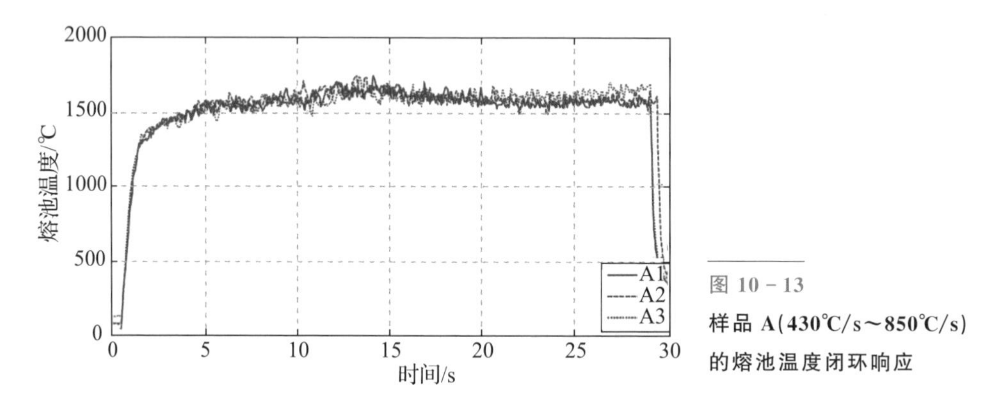

图 10 - 13
样品 A(430℃/s～850℃/s)的熔池温度闭环响应

4. 显微组织控制

本研究的主要目的是在 LAM 过程中产生所需的受控微观结构，所提出的闭环控制过程成功地控制了多轨道熔覆层的冷却速率。显微组织演变的初步研究表明，控制过程中的冷却速率也应产生可控的显微组织。因此，为了验证闭合环控制器对显微组织演化的性能，样品被划分在两个位置，一个在 430℃/s 区域，另一个位于 850℃/s 区域，如图 10 - 13 所示。如果 A 样品中的每一条线的显微组织趋势是相似的，则控制器已经成功地控制了 LAM 过程中的显微组织。虽然熔池温度也影响最终的显微组织，但是预期熔体池的实时冷却速率决定其一般的显微组织。也可以在 A 样品的较低和更高的冷却速率区域中进行研究冷却速率对显微组织的这种有效作用，该样品具有相似的熔池温度，但具有不同的冷却速率。

为了更好地说明 A 样品的显微组织控制和一致性，从 A 样品获得的光学显微照片在低(430℃/s)和高(850℃/s)冷却速率中如图 10 - 14 和图 10 - 15 所示。图中给出了这些样品的放大倍率显微照片，很明显，A 中所有沉积的线在两个冷却速率区域具有一致的相似的显微组织。

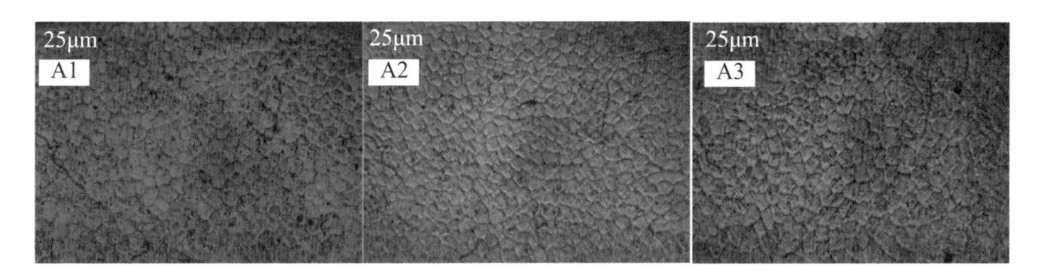

图 10 - 14　低冷却速率下 A1、A2 和 A3 线的高倍放大显微照片(430℃/s 的闭环控制)[24]

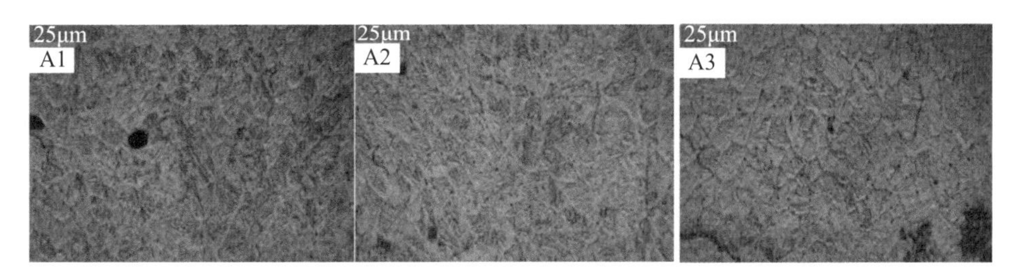

图 10 - 15　高冷却速率下 A1、A2 和 A3 线的高倍放大显微照片(850℃/s 的闭环控制)[24]

A 样品中的所有 3 条线具有相似的显微组织：①晶粒尺寸；②胞状枝晶生长；③柱状和胞状区域的体积百分数；④γ - 奥氏体和 δ - 铁素体相的体积百分数(图 10 - 15 所示显微照片的白色和暗区)。因此，通过在 A 样品中的多轨道覆盖层期间实现冷却速率的闭环控制，在整个沉积过程中其显微组织被控制为一致不变。

冷却速率和显微组织测量表明，LAM 工艺所产生的凝固结构可以使用闭环控制过程来控制。金属沉积过程中的胞状和柱状区域的生长也可以基于冷却速率来控制。

10.2.3　智能过程控制系统

1. 控制策略

智能控制中的主要难点在于如何将测量数据与质量参数联系起来，使该过程数据可以应用于不同类型的模型和机器学习策略中。为了在 AM 过程中实现具有多个输入参数的复杂控制方法，研究人员开发测试出基于人工智能的自学习方法与快速过程控制器硬件相结合的方法。

Renken 等[25]将增材制造过程分成图 10 - 16 所示的 3 个级联的 3 个控制

级别。内级联 1 根据熔池特性提供实时控制激光功率的回路，主要是利用元模型(metamodels)优化传统单输入控制器的控制特性。该元模型结合了大型仿真模型多输入参数(如有限元模型)和传统控制结构(如 PID 控制器)的优点。熔池控制器的输入包括传感器数据、每个所需熔池特性的设定值和预估的激光功率。假设所采用的传感器类型能够采集熔池特性信息，预期 RGB 信号与熔池大小和温度有关。利用 IDM(in-process depth meter)传感器可以测量距离的变化，可揭示向熔融模式的过渡[26]。

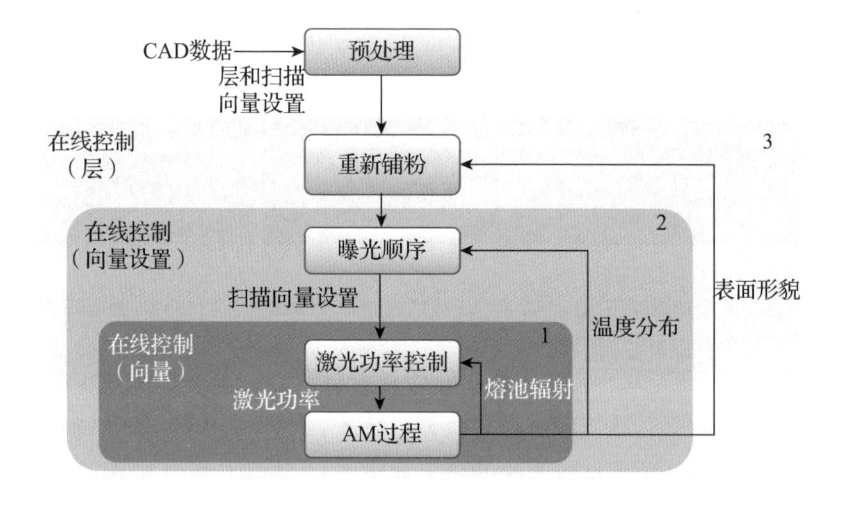

图 10-16 增材制造过程控制的级联[25]

由曝光所造成熔池的大小，取决于从光斑到周围材料的热传递和所设计工件的几何形状。先进的 AM 技术通常只曝光层中的少数区域，如轮廓和核心区域，本书引入了一种新的几何表征方法[25]。根据数字零件模型的几何形状，在数据预处理过程中将每个扫描向量生成一个索引，并将这个连接索引作为级联 1 控制器的额外输入。

中间的在机控制级联 2 决定了单层材料成形过程中的曝光顺序，根据热成像相机捕捉到的温度分布，开发一种旨在降低温度梯度的策略。温度梯度在成形过程中会引起残余应力和零件变形，最终可能导致缺陷，如裂纹和涂覆单元的损坏。

上面的顶层控制级联 3 通过 IDM 传感器观察每一层曝光前后的表面形貌，粉末沉积后，马上对粉底进行检测。如果某些区域由于进料速度不足而没有适当地用粉末覆盖，则对当前层重新铺粉。如果零件变形凸出工作平面，重注装置有损坏的危险，则可取消整个工作。

2. 自学习方法

在工艺执行期间由于环境影响，工艺过程可能会发生变化。为了捕捉这些变化，需要在增材制造过程中使用更灵活的元模型。完成此任务有两个前提条件：一是能够将待处理数据集成到计算中，二是可以将新模型参数传递到实时模型。多项式和径向基函数(RBF)执行速度快，可以应用到实时模型中，它们两者原则上都依赖于执行过程中更新的参数。由于 RBF 可以实现非线性关系结构扩展，选择径向基函数并将其作为 Matlab RBF 模块。在 XPC 目标内，虽然不能在执行期间更新 RBF 模型参数，但是可以通过外部通信从主 PC 更新模型参数。因此，可实现的结构如图 10－17 所示。PC 主机能够控制扫描镜、聚焦单元，并通过“激光开启”信号触发激光。PC 还为记录的数据和元模型参数提供了一个 MySQL 数据库。实时 PC 运行一个“XPC 目标”，即基于 Mathworks 的实时操作系统，且可以执行 Simulink 模块。PC 配有数据采集卡，通过模拟输入从 RGB 传感器获取 3 个测量的强度和 IDM 传感器获取距离。它也是对“激光开启”信号进行采样，从而准确实现系统同步。XPC 通过其中一个模拟输出来控制激光功率。

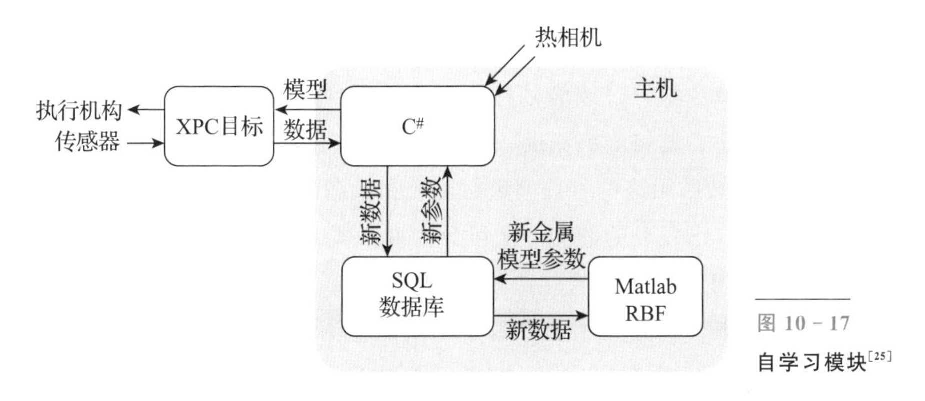

图 10－17
自学习模块[25]

XPC 目标作为过程接口，从传感器和缓冲区获取数据，其中传感器和激光功率作为执行器通过模拟电压信号输入。C#主机程序从目标加载数据并将其存储到中央数据库中。自学习算法本身作为脚本在 Matlab RBF 模块内执行，此函数使用数据库中的数据作为输入和输出并计算出新的参数向量。因此，主程序能够将其传送回目标。此外，C#程序为 XPC 提供激光扫描仪数据，这也是自学习模型应用所需要的。

在执行过程中，两个元模型分别用于关闭循环和开启闭环控制。第一个模型确立测量值和加工质量参数之间的关系。该模型基于实测 RGB 数据建立对应关系，可以通过附加的外部输入进行优化，例如工作平台上的实际位置。为了训练模型，需要进行单轨实验，以确立 RGB 信号与凝固熔池最终宽度之间的相关性。第二个模型根据熔池偏差计算所需的激光功率，该偏差将被添加到作为系统输入的实际激光功率设置值中。此外，将使用一个接近度指数作为该元模型的附加输入，该指数给出了部件几何形状中底层和邻近部分的热流量。该模型建立了测量与控制参数之间的关系，通过改进的自学习策略来提高工艺过程的稳定性，降低环境或工艺变化产生的扰动。

10.3 监控系统的信号、图像与智能方法

10.3.1 智能监测方法总结

AM 成形过程中采集的各种监测信号包含着十分丰富的加工工况信息，这些信号的特点是数据量大且噪声大，无法直接用于 AM 状态的在线监测，必须经过适当的处理，提取出对应不同加工条件及缺陷状态下的信号特征，才能为下一步的状态识别提供条件。常用的信号特征表提取方法有时域法、频域法、时—频域法等。时域信号并不直接用来判断 AM 的状态，而是先计算如均值、均方差、偏斜度、峭度、峰值因子、裕度因子等统计参数(参见第 6 章、第 8 章)，然后用这些参数值进行比较和状态诊断。

到目前为止，已发表的监测方法可分为两大类：表面成形监测[27-31]和熔池监测[32-37]。由于熔池状态直接决定了工件成形质量，因此熔池监测引起了很多关注。近年来，学界和工业界基于不同的监测器和安装配置，研究出了许多熔池监测系统[32-33,38-40]。“同轴”和“偏轴”是两种常用的安装配置。“同轴”希望沿着与激光束相同的光路捕获熔池图像信号，即从顶部观察熔池[32]。这种配置广泛用于熔池尺寸和温度测量[41-44]以及干涉成像技术的形态测量[45]。“偏轴”配置对于光学和其他信号监测也是至关重要的，可以提供更全面的信息，例如，侧视图中的熔池形状[46]、轨道中的温度分布[38]、副产品(例如羽流和飞溅)相关信息[35-36]。光学传感器主要用于 PBF 过程，包括对不同波段敏感的一维和二维传感器。此外，研究人员还探索了声学[47-49]和超声

波传感器[50]在 PBF 加工监测中的应用。

除了传感系统开发之外，如何对检测到的信号和噪声建模也是成形过程监控的关键问题。由于物理过程性质复杂，分析模型很难建立。另外，Fox 等[51]表明，即使在高时间分辨率条件下，也不能通过观察原位检测信号来获得熔池尺寸与轨道异常之间的相关性。因此，需要进一步进行信号分析和统计建模。该方向已经进行了一部分初步研究，例如 Repossini 等[35]开发了一个逻辑回归模型，证明了与飞溅相关的特征可用于判别不同能量密度的成形条件。Shevchik 等[47]提出了一种利用小波包变换进行特征提取的声发射监测方法，并利用卷积神经网络进行质量等级分类。Grasso 等[34]搭建了一个可见光范围内的机器视觉系统自动检测缺陷，通过主成分分析(PCA)选择统计特征，通过 K 均值聚类检测缺陷。后来，他们还提出了一种用于提取羽流面积和羽流平均强度的图像处理方法，并将其作为质量指标，证明了基于羽流的稳定性监测的有效性[36]。

基于对成形机理的研究，散射光包括大量的熔池信息，不仅包括温度信息，还包括熔池表面的蒸发信息、等离子体辐射以及飞溅相关信息[52-53]。不幸的是，由于热、质量和动量传递过程复杂，这些光信号也十分复杂。在 PBF 加工监控中，为监测主要信号，常见的策略是滤除其他噪声，或者将混合信号作为熔池状态识别的总体效果。据作者所知，该领域缺乏用于 AM 监测的多源异构信息融合方面的研究。信息融合通常具有多信息的优势，可以提供更可靠真实的决策，广泛应用于工业中的故障诊断和状态监测领域[54-56]。信息融合可以分为 3 个层次，即数据层融合、特征层融合和决策层融合。现阶段还没有具体的关于融合水平选择的参考标准，需要取决于具体的应用和使用的传感器。尽管 PBF 加工领域中的信息融合研究很少，但考虑到激光焊接的物理过程与之相似，可将该领域相关研究作为指导原则。例如，Gao 等[57]利用工业级和科研级传感器收集加工信号，通过支持向量机(SVM)和神经网络(NN)进行特征融合，并证明了该方法的有效性。Zhang 等[58]利用 SVM 对声音、电压和频谱信号进行了特征融合，实现了接缝渗透识别。Fidali 等[59]融合了红外和视觉图像信号，通过 KNN 分类器进行焊接加工状态监测。Chen 等[60]提出了一种改进的 Dempster - Shafer 理论，可用于融合在脉冲钨极气体保护电弧焊中获得的电弧、声音和视觉传感器信息。如 10.1 节实例研究，多传感器融合可以提高 AM 状态监测的准确率[60]。进一步研究发现，同时提取信号在不同域内的特征也可以提高 AM 状态监测的准确率。较多的情况是将信号在时域内的统计特征与在频域及时-频域内所提取的特征结合起来，作为判别 AM 状态的特征参数。

由于图像处理深度学习的巨大进展，深度神经网络(DNN)也被应用于质量缺陷识别。卷积神经网络(CNN)是一种流行的深度学习算法，在处理图像信息方面表现出色。与传统方法相比，CNN 的显著优点在于它可以通过原始数据的深层结构自动学习代表性特征，而不依赖于先前专家手工提取的特征。此外，具有权重分配的卷积结构显著减少了权重尺寸，从而降低了训练过程的耗时。Zhang 等[61]对 PCA-SVM 和卷积神经网络(CNN)的机器学习算法进行了研究，进行了质量分类比较。结果表明，CNN 算法由于可以自主从原始图像中学习特征，节省了特征提取的图像处理步骤，具有更强的实时监控应用潜力。

10.3.2 基于图像的多尺度缺陷检测

1. 多尺度缺陷检测思路

一般而言，在成形过程中可以设想 3 种不同的尺度采集数据(见图 10-18)：第一个尺度包含熔池和周围热影响区的特征；第二个尺度涉及整个层的分析，检测每个切片不同区域的缺陷；第三个尺度涉及从一层到另一层成形时体积的增长。Grasso 等[62]提出的研究重点在第二个尺度上，旨在通过偏轴机器视觉系统检测过程缺陷，并进行空间定位。研究中的缺陷类别是可能导致几何扭曲的局部过热现象，这种缺陷是由熔池到周围材料的错误传热方式引起的，通常发生在向下的区域、锐角区域和被松散粉末包围的薄壁区域，主要难点在于区分过热区域、正常熔化区域和飞溅痕迹。其他现象也可能在该过程中产生类似的“热点”，例如在粉末床上沉积大的热飞溅物。

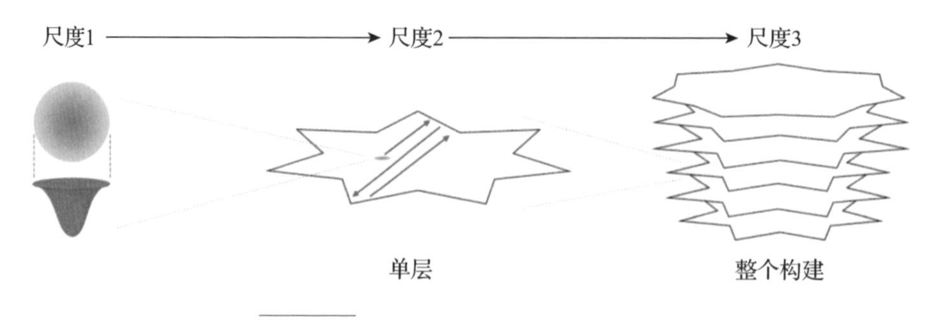

图 10-18 SLM 过程的 3 个检测尺度[62]

2. 监测方案

该方法[62]是通过检测和定位每层中的可能缺陷来监测 SLM 过程，在单层的 SLM 期间获取的图像流可以表示为三维阵列，$\mathbf{U} \in \mathbf{R}^{J \times M \times N}$，其中 J 是所获取的帧的总数，$M \times N$ 是以像素为单位的每一帧图像的大小。三维阵列是 $\mathbf{U} = \{\mathbf{U}_1, \mathbf{U}_2, \cdots, \mathbf{U}_j\}$，其中 $\mathbf{U}_j \in \mathbf{R}^{M \times N}$ 是大小为 $M \times N$ 的第 j 帧图像，$j = 1, \cdots, J$。矩阵 $\mathbf{U}_j$ 的第(m，n)个元素表示第 j 帧中相应像素位置的强度。

该方法的基本思想是研究所有像素强度分布的变化，并识别出偏离正常图像的像素。为此，提出了一种矢量化 PCA（VPCA），将三维数组转换为矩阵。VPCA 生成将权重与每个像素相关联的主成分（PC），基于霍特林（Hotelling）T^2 距离的统计量将每一帧与一个值相关联，使得 T^2 值越大，相对应的帧图像与基础图像就越远。然后使用 K 均值聚类分析来自动检测和定位缺陷区域。在层扫描结束时，即当整个图像流 $U = \{U_1, U_2, \cdots, U_j\}$ 可得到时，首先使用该方法识别局部缺陷，然后对这个方法进行扩展，在扫描当前层时对统计量迭代更新，以预测缺陷的出现。

3. 整个流程监测分析

图 10－19 显示了当 VPCA 应用于监测整个图像流的每个特征时，$T^2(X, Y)$

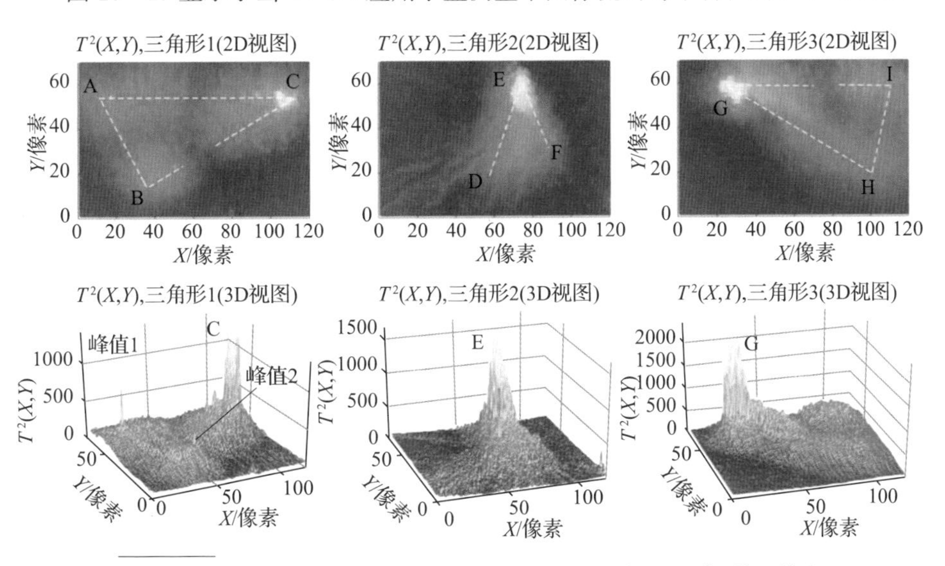

图 10－19 表示三角形 1(左)，三角形 2(中)和三角形 3(右)的二维和三维的 $T_2(X, Y)$ 空间分布[62]

注：颜色的范围从深蓝色(较低值)到亮黄色(较大值)。

的空间分布，图 10－19(上图)显示了 $T^2(X, Y)$的二维表示，其中每个三角形的中心线(白色虚线)是叠加的，图 10－19(下图)显示了相同统计量的三维视图。$T^2(X, Y)$指标是基于解释至少 80%的整体图像数据变化的最小 PC 数量。在这种情况下，对于三角形 1，2 和 3，保留的 PC 数量分别为 $m=12$，$m=10$ 和 $m=10$。

图 10－19 显示出了对应于角 C，E 和 G 的 $T^2(X, Y)$的峰值，即发生过热现象的向下的锐角区域。在这些区域中出现如此高的值，是由于像素强度分布特征与描述图像流的底层图案明显不同，这使得基于 VPCA 的 $T^2(X, Y)$适用于在线检测与过热问题相关的局部缺陷。

图 10－20(上图)显示了应用于 3 个三角形特征的 K-means 聚类的结果，在所考虑的情况下，簇数的自动选择 $K=3$(参见图 10－20 底部的 $D(K)$统计数据)。第一簇(由黑色区域表示)对应于背景区域，第二簇(由灰色区域表示)对应于正常熔化区，第三簇(由红色区域表示)对应于值 $T^2(X, Y)$的峰值。前两簇表示该过程的自然状态，而第三簇的存在是由于不均匀加热条件而导致的局部缺陷。图 10－20 显示出，该方法能够发出有关三角形 1 的图像流中的两个主要尖峰的信号，即尖峰 I 和 II，以及与三角形 2 有关的图像流中的一个大的尖峰的信号。从过程监控的角度来看，这些尖峰的空间定位知识是相关的，因为它们可以表示在下一层中可能引起缺陷的局部异常。

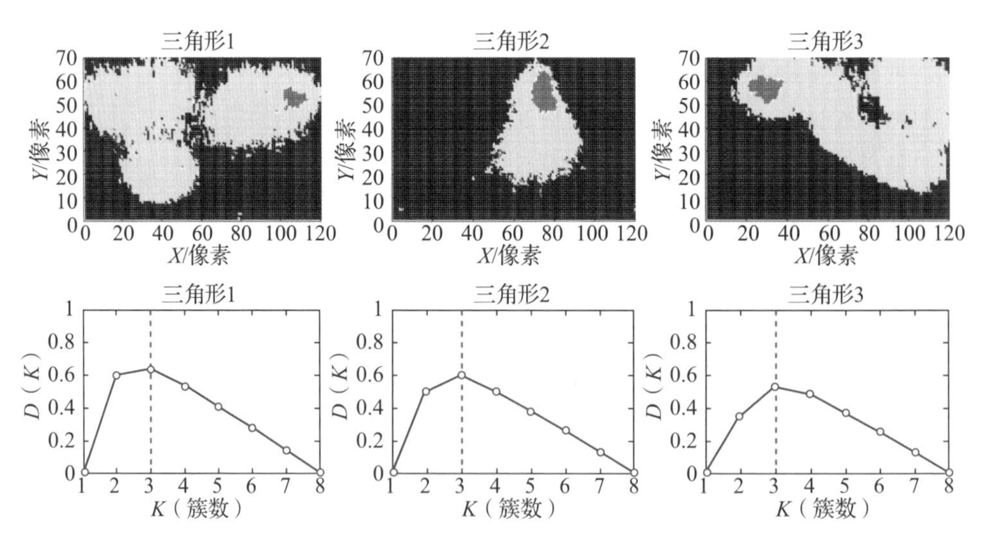

图 10－20　在失控情况下用 K-means 方法识别的聚类和相应的 $D(K)$统计数据[62]

注：①黑色：背景聚类，灰色：正常熔化聚类，红色：缺陷聚类；②垂直红色虚线对应于所选择的簇数 K。

4. 层内监控结果

前面介绍的方法仅允许我们在层扫描结束时估计和分析空间指标，因为它需要获取所有 J 帧图像流，$\mathbf{U}\in\mathbf{R}^{J\times M\times N}$。然而，可以扩展该方法，通过迭代更新 VPCA 模型的估计，实现对可能缺陷更快的检测。为此，该方法可以做如下扩展：让 $\mathbf{U}'\in\mathbf{R}^{J'\times M\times N}$是第一批$J'$帧，$1<J'\leqslant J$，把$\mathbf{U}'$的展开记为 $\mathbf{X}_1$，通过将 VPCA 应用于矩阵 $\mathbf{X}_1$，可以研究从 $j=1$ 到 $j=J'$帧的像素强度分布的方差—协方差结构。如果在第一个 J'帧内存在异常图像，则基于 $T_1{}^2(X, Y)$的指标的 K-means 均值聚类方法将有助于其检测，其中下标“1”指的是使用 $\mathbf{X}_1$矩阵。当得到下一批 J'帧时，其中 $2J'\leqslant J$，可以更新 VPCA 模型的估计。空间特征量也可以更新，从而产生新的空间分布 $T_2{}^2(X, Y)$并更新聚类分析。可以迭代地重复前一步骤，直到当前层的激光扫描结束。

为了显示层内监测的潜在好处，将提出的迭代更新的方法应用于控制实例之中。$n=8$ 个批次，使得三角形 1 和 3 的 $J'=45$(大约对应于 0.15s)，对于三角形 2 的 $J'=25$(大约对应于 0.08s)。图 10－21 显示出，三角形 1 的激光扫描在越来越多的帧迭代时的 K-means 方法聚类的结果，图中显示了两簇(图中的黑色和灰色区域)总是存在，尽管它们在 SLM 过程中逐渐分离。从第五次开始，第三簇(红色区域)开始发出信号，对应于 C 角的 $T^2(X, Y)$峰。这意味着即使在完整切片的 SLM 结束之前，所提出的方法的递归迭代也能够更快地检测出可能的缺陷。

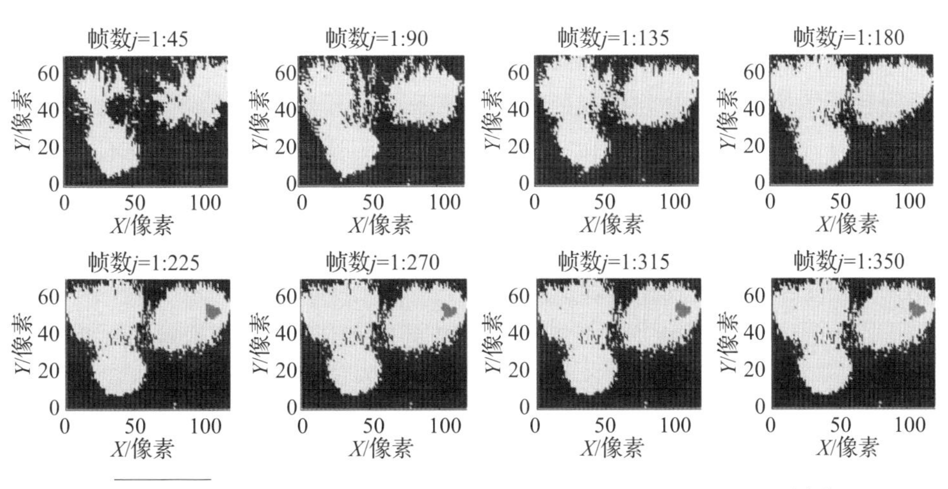

图 10－21 三角形 1 多帧迭代时的 $T^2(X, Y)$统计量的 K-means 聚类[62]

注：黑色：背景，灰色：正常熔化，红色：缺陷。

10.3.3 基于视觉的 PBF 原位监测

1. 基于视觉系统的几何缺陷检测

摄像机图像能够直观地显示各层结构的表面特征和粉末融合的质量。通过分析 AM 零件的分层可视化数据，可以提供有关缺陷和零件质量的可靠信息。基于视觉的特征表达就是将原始图像像素映射到一个可区分维度空间数据的过程，它是打破底层像素与高层语义之间的语义鸿沟至关重要的一步。在监测过程中，需要对感兴趣区域(region of interest，ROI)进行定位和目标分割，然后提取敏感性特征。图像分割是实现检测对象定位、缺陷检测的重要手段，常用的图像分割方法包括：Otsu 等方法确定最优阈值、区域增长法(seeded region growing)、*K*-means、谱聚类型等参数聚类方法、mean - shift 等非参数方法等。

Aminzadeh 和 Kurfess[63]提出了一种基于机器视觉的几何误差和孔隙检测框架，设计并实现了图像处理算法，从高分辨率相机图像中自动检测几何误差和检测零件尺寸精度。在随后的工作中[64]，他们使用了一个 900 万像素的摄像机，安装在垂直于成形平台的成形室内，该摄像机以非常详细的 7 μm/像素分辨率在粉末和融合区域之间提供足够的对比度图像。他们开发了自动图像分割算法，以 80 μm 的检测误差(小于激光扫描直径)检测零件的几何截面。

图 10 - 22 显示了说明上述步骤的零件缺陷和几何误差原位监测系统的示意流程图。作者利用计算机视觉和贝叶斯推理理论，开发了激光粉末床熔融过程各层熔接质量和缺陷形成的在线监测系统。开发了一种成像装置，允许在成形过程中逐层捕捉缺陷和孔隙细节的原位图像，并建立了一个不同成形层质量的图像数据库。该数据库用于成形图像的特征提取及机器学习模型的训练。最后通过贝叶斯分类器来对成形层或区域的成形质量(缺陷)进行分类，结果可用于准实时过程控制以及调控决策。

在激光 PBF 中，成形的质量在很大程度上取决于粉末的熔融和气孔等缺陷的形成。因此，自动检测多孔或缺陷层或融合质量低的层可以很好地判断每一层的成形质量。在许多激光 PBF 工艺应用中，由于激光参数的变化或由于零件几何形状的局部变化而导致热传导的局部变化，成形层的局部会产生缺陷。因此，该研究能够为逐层识别质量缺陷提供有力的方法。

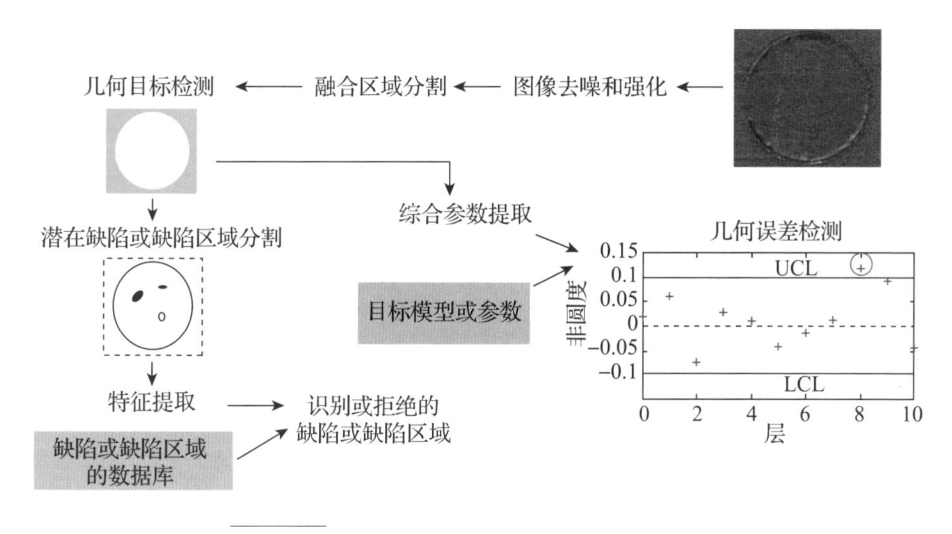

图 10-22 成形缺陷和几何误差原位监测系统[63]

2. 基于视觉方法的熔池监测

当前研究已经证实，羽流和飞溅提供的信息有助于理解 PBF 加工和原位监测[85-68]。Zhang 等[69]基于高速摄像机的偏轴视觉监测方法，设计了一种新颖的用于分别提取熔池、羽流和飞溅特征的图像处理方法。采用一个 350～800nm 的带阻光学滤光器来增强羽流和熔池之间的图像对比度。采用卡尔曼滤波跟踪技术精确定位熔池位置，分割图像中的熔池、羽流和飞溅物部分，并提出一种新的跟踪方法去除前一帧中产生的飞溅物。通过图像处理，提取到熔池强度、羽流区域、羽流方向、溅射数、溅射区域、溅射方向和溅射速度等特征，并研究了它们与扫描质量的关系。结果表明，这些特征是扫描质量评价的潜在指标。该方法可用于进一步研究羽流和飞溅的特征，去探索基于熔池、羽流和飞溅信息融合的诊断性能。

1)熔池位置跟踪

该研究采用激光 PBF 加工的非轴向监测，将摄像机固定在 SLM 成形仓外，调整摄像机使其透过窗聚焦于加工区。通过分析采集到的图像序列，可以发现许多飞溅在形状、尺寸和灰度值上与熔池具有相似的特征，如图 10-23 所示。为了提取熔池特征，精确定位熔池是十分必要的。尽管使用了恒定的扫描速度，但由于摄像机投影和加工干扰的影响，图像序列中熔池的移动速度并不总是恒定的。因此，我们采用了基于卡尔曼滤波的跟踪方法来精确定位熔池位置。

此外，虽然我们采集的图像只是加工平台的一部分，但图像尺寸仍然比熔池大得多。有助于我们理解加工过程的有效信息仅局限在熔池周围的一个小区域内，因此使用卡尔曼滤波有助于我们提取该 PBF 特征区域。这将大大缩短图像处理的计算时间，使其成为一种有前途的进程内监控解决方案。

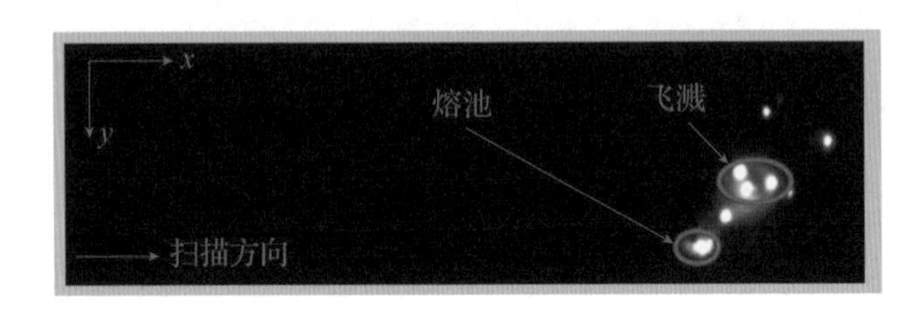

图 10-23　具有相似形状、大小和灰度值的熔池和飞溅[69]

2)熔池特征提取

基于熔池质心位置，从原始图像中提取包括熔池在内的小兴趣区(ROI)，如图 10-24(a)所示。实际上，由于羽流和周围飞溅物的干扰，真正的熔池很难被探测到，小的 ROI 是包含熔池的热影响区。ROI 的信息因为与输入能量强度有关，对于过程状态识别至关重要。在本研究中，小 ROI 的平均灰度值被定义为熔池强度。

此外，还从原始图像中提取了包含羽流和飞溅信息的感兴趣区域(ROI)，如图 10-24(a)所示。为了获取羽流信息，还应将羽流与飞溅物分开。由于截止滤光片增强了图像对比度，羽流的灰度值相对较低。在大多数情况下，羽流的尺寸大于飞溅物。然而，通过对采集到的图像序列的观察，在一些极不稳定的情况下，可能出现大尺寸、高灰值的羽流，也可能出现小尺寸的羽流。因此，我们用来提取羽流信息的算法描述如下。首先，用低阈值(1)对 ROI 图像进行二值化，以确保可以检测到羽流，然后将检测到的对象按其面积进行排序。由于在大多数情况下，羽流面积大于飞溅物，因此可以验证从大到小按面积顺序检测到的物体是否是羽流。本研究所采用的验证方法是比较被测物与熔池的位置，所用的比较函数为 $y_{p\min} - y_{m\max} < \Delta y$，其中 $y_{p\min}$ 为 y 方向羽流的最小值，$y_{m\max}$ 为 y 方向熔池的最大值，Δy 是可接受的误差值。如果满足比较函数，则选定的对象被确定为羽流。图 10-24(b)显示了从二值图像分割羽流的流程图。

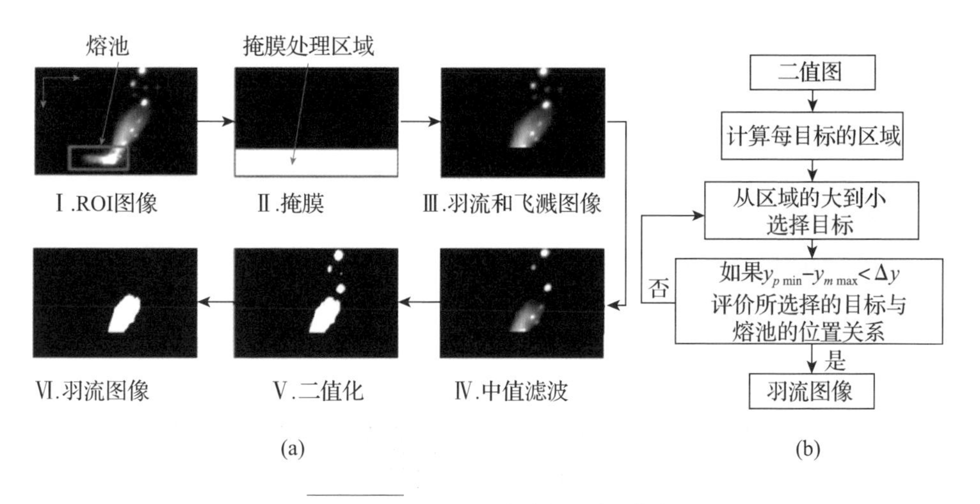

图 10-24 羽流图像的提取步骤[69]
(a)羽流的提取步骤；(b)羽流图像分割的流程图。

一旦确定羽流，如图 10-24 所示，就可以调节羽流和飞溅物，但在某些情况下，羽流内也有少量飞溅物。在大多数焊接研究中，这些内部飞溅被忽略了，但在 PBF 过程中，由于飞溅轨迹会受到保护气体的影响，这些内部飞溅的信息对于工艺状态识别至关重要，因为它们非常接近熔池，而且几乎没有保护气体的影响；因此在本研究中，还考虑了这些内部飞溅。此外，由于烟羽内部和外部飞溅物的背景不同，采用了不同的阈值分割方法，图 10-25(a)显示了飞溅物提取的步骤。

二维羽流图像被用作一个掩模，将羽流和飞溅的图像分为内外两个区域。对于外部羽流区，飞溅物的大小和灰值存在很大差异。此外，在高灰度值的一些飞溅物周围还存在一些光辐射，这可能是由于固有的模糊或“晕染”造成的，其中饱和像素会影响相邻像素的灰度水平，如图 10-25(b)所示，这使得很难找到一个最佳的飞溅全局阈值。因此，采用局部阈值算子(Ⅱ)对羽流外部的飞溅进行二值化。图 10-25(b)显示了局部阈值与全局阈值相比的优势。

对于羽流内部的区域，羽流的背景非常复杂，可能会产生过度分割，因此，通过全局阈值运算器(Ⅲ)提取羽流内部的飞溅，如图 10-25(c)所示。有时，羽流或部分羽流的光强度可能非常高，因此也可以作为飞溅物提取。由于羽流是由熔池表面蒸发引起的，因此羽流越靠近熔池，强度越高。因此，在羽流和飞溅的提取区域图像中，灰值较高的羽流部分位于图像的底部。为了消除被错误提取为飞溅物的羽流，与图像底部相连的被检测物体被排除在外。

基于上述图像处理步骤，分别使用3个阈值算子对羽流、羽流内部的飞溅和羽流外部的飞溅进行分割。它们的阈值需要在实际应用中确定。对于羽流分割的阈值 λ_1，需要确保在正常处理状态下可以检测到羽流。在研究中，从4个不同的场景中选择100个图像用于阈值优化（$M=100$）。网格搜索步骤设置为0.05。得到的优化阈值分别为 $\lambda_1=0.1$，$\lambda_2=0.45$，$\lambda_3=0.8$，最小飞溅检测误差率为14.3%。

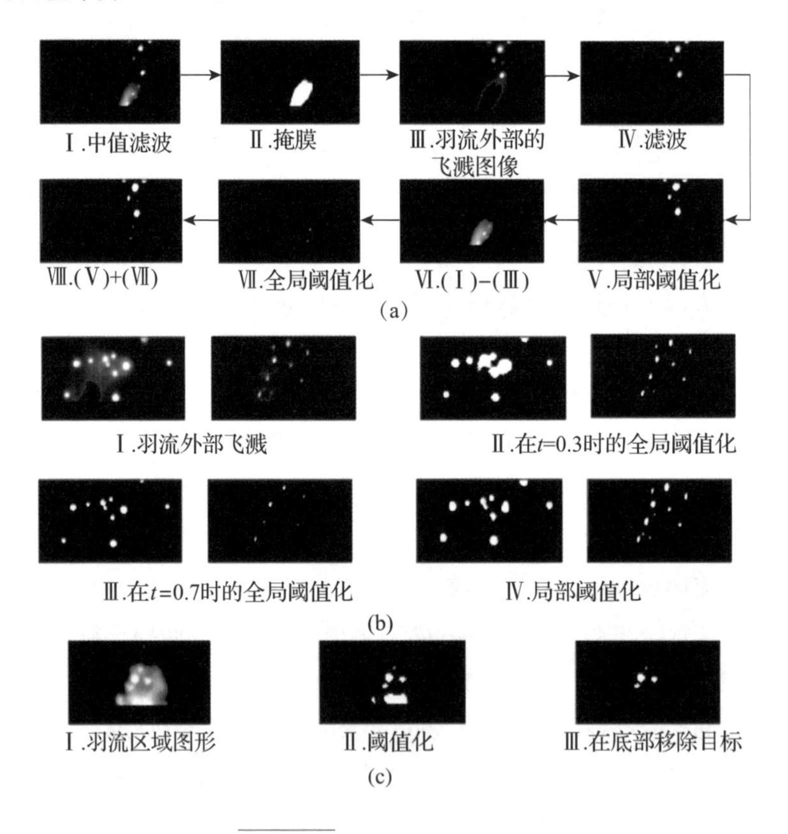

图10-25 飞溅物提取方法[69]

(a)飞溅物提取步骤；(b)全局阈值化和局部阈值化的比较；(c)羽流内部的飞溅物。

研究结果表明，熔池检测对金属蒸气喷射敏感。与羽流和飞溅相关的信息与能量输入和熔池稳定性有关。羽流和飞溅的特征会随着生产质量情况的不同表现出不同的模式，例如连续性、不规则性和球化等特征。

10.3.4　表形貌的多分形分析

1. 利用霍特林 T^2 统计量表征的多重分形谱

Yao[70] 等提出了一种新的多重分形方法[71] 来表征和模拟图像轮廓，并对 AM 的成形质量进行控制。具体的方法如下：

(1)引入“分形维数”的概念来描述图像轮廓的平均行为。

(2)使用多重分形谱来表征图像数据的局部变化。

(3)从多重分形谱中提取霍特林 T^2 统计数量(Hotelling's T-squared distribution)，并进一步利用此统计值来确定 AM 成形过程中是否存在显著的位移或变化。

假设 $\boldsymbol{F}_{m\times p}=[\boldsymbol{f}_1, \boldsymbol{f}_2, \cdots, \boldsymbol{f}_m]^{\mathrm{T}}$，$\boldsymbol{A}_{m\times p}=[\boldsymbol{\alpha}_1, \boldsymbol{\alpha}_2, \cdots, \boldsymbol{\alpha}_m]^{\mathrm{T}}$，其中，$\boldsymbol{f}_i=[f(q_1), f(q_2), \cdots, f(q_p)]^{\mathrm{T}}$，$\boldsymbol{\alpha}_i=[\alpha(q_1), \alpha(q_2), \cdots, \alpha(q_p)]^{\mathrm{T}}$，$m$ 是样本图像的数量，p 是向量 $\boldsymbol{q}$ 的长度，并且 $q_i\in[-1, 1]$。第 i 个样本 $\boldsymbol{f}$，$\boldsymbol{\alpha}$ 的霍特林 T^2 统计量分别定义为 $T_f{}^2=(\boldsymbol{f}_i-\overline{\boldsymbol{f}})^{\mathrm{T}}\boldsymbol{\Sigma}_f{}^{-1}(\boldsymbol{f}_i-\overline{\boldsymbol{f}})$，$T_\alpha^2=(\alpha_i-\overline{\alpha})^{\mathrm{T}}\boldsymbol{\Sigma}\alpha^{-1}(\alpha_i-\overline{\alpha})$。这里$\overline{\boldsymbol{f}}$和 $\overline{\boldsymbol{\alpha}}$ 分别表示 $\boldsymbol{f}$，$\boldsymbol{\alpha}$ 特征的样本均值；$\boldsymbol{\Sigma}_f$ 和 $\boldsymbol{\Sigma}\alpha$ 分别表示 $\boldsymbol{f}$，$\boldsymbol{\alpha}$ 特征的样本协方差矩阵。霍特林 T^2统计量的上限是 $\mathrm{UCL}=\dfrac{p(m+1)(m-1)}{m^2-mp}F\alpha,p,m-p$，其中 $F\alpha,p,m-p$ 是具有 p 和 $m-p$ 自由度的 F 分布的上限 $100\alpha\%$。

然而，特征向量的维数很大，这可能会引起“维数灾难”。为了减小维数，作者使用奇异值分解将特征矩阵 $\boldsymbol{F}$ 或 $\boldsymbol{A}$ 投影到其特征空间中，并且使用一组线性独立的主成分来表示原始特征空间。具体来说，以 $\boldsymbol{F}$ 矩阵为例，首先让 $\boldsymbol{F}$ 矩阵减去其样本的均值，使其中心化：$\boldsymbol{F}_c=[\boldsymbol{f}_1-\overline{\boldsymbol{f}}, \overline{\boldsymbol{f}}, \cdots, \boldsymbol{f}_p-\overline{\boldsymbol{f}}]^{\mathrm{T}}$。然后将 $\boldsymbol{F}_c$ 进行奇异值分解：$\boldsymbol{F}_c=\boldsymbol{U\lambda V}^{\mathrm{T}}$，其中 $\boldsymbol{U}$、$\boldsymbol{V}$ 分别是 $m\times m$、$p\times p$ 的正交矩阵；$\boldsymbol{\lambda}$ 表示对角元素全部非零的对角矩阵，这些元是 $\boldsymbol{F}_c$ 的特征值，并且$\lambda_{11}\geqslant\lambda_{22}\geqslant\cdots\geqslant\lambda_{pp}\geqslant 0$。相对应的主成分定义为 $Z=\boldsymbol{F}_c\boldsymbol{V}=\boldsymbol{U\lambda V}^{\mathrm{T}}\boldsymbol{V}=\boldsymbol{U\lambda}$。

然后重构原始特征矩阵：$\boldsymbol{F}_c=\boldsymbol{ZV}^{-1}=\boldsymbol{ZV}^{\mathrm{T}}$。那么样本的协方差矩阵可重新表示为

$$\boldsymbol{\Sigma}=\frac{\boldsymbol{F}_C^{\mathrm{T}}\boldsymbol{F}_C}{m-1}=\frac{\boldsymbol{VZ}^{\mathrm{T}}\boldsymbol{ZV}^{\mathrm{T}}}{m-1}=\frac{\boldsymbol{V\lambda}^{\mathrm{T}}\boldsymbol{\lambda V}^{\mathrm{T}}}{m-1}=\frac{\mathbf{diag}(\lambda^2)}{m-1} \tag{10-16}$$

其中 $\mathbf{diag}(\lambda^2)$ 是元素为 λ_{ii} 的对角矩阵，$i=1,2,\cdots,p$。T^2 统计量可以利用以下公式进行计算：

$$T_i^2 = \boldsymbol{Z}_i\boldsymbol{V}^{\mathrm{T}}\boldsymbol{\Sigma}^{-1}\boldsymbol{V}\boldsymbol{Z}_i^{\mathrm{T}} = (m-1)\boldsymbol{Z}_i\boldsymbol{V}^{\mathrm{T}}\mathbf{diag}(\lambda^{-2})\boldsymbol{V}\boldsymbol{Z}_i^{\mathrm{T}} = (m-1)\sum_{k=1}^{p}\frac{Z_{ik}^2}{\lambda_{kk}^2} \tag{10-17}$$

根据前 $s(s<p)$ 主成分，霍特林 T^2 统计量变成：

$$T_i^2(i) = (m-1)\sum_{k=1}^{q}\frac{Z_{ik}^2}{\lambda_{kk}^2} \tag{10-18}$$

再利用霍特林 T^2 统计量来表征 AM 图像轮廓的多重分形光谱 $f(q)$ 和 $\alpha(q)$ 的差异。本节所提出的多重分形分析方法将在下一节详述的实验研究中进行评估和验证。

2. 不同类型成形缺陷的多重分形分析

在该研究中，所提出的多重分形分析方法被应用于 PBF - AM 所成形的图像数据分析。AM 成形采用了直接金属激光烧结(DMLS)工艺，该过程在 EOS M280 系统内部进行。研究了 3 种类型的模拟缺陷，在此称为球化、裂缝和孔隙，它们被看作是对 AM 图像轮廓的修改，以便于评估多重分形光谱检测和表征 AM 缺陷的性能。

如图 10 - 26(a)所示，作者研究了 3 种类型的模拟缺陷，这些缺陷旨在表

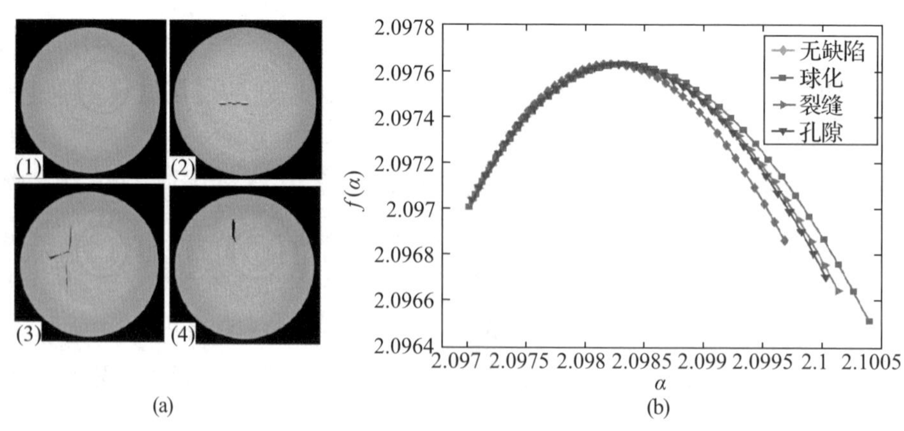

注：(1)—无缺陷；(2)—球化缺陷；(3)—裂缝缺陷；(4)—孔隙缺陷。

图 10 - 26　成形件图像轮廓及其每幅图多重分形光谱[70]

示往单个图像中添加球化、裂缝或孔隙度后的可能结果，被添加的图像是在实际部件成形后的 CT 扫描中提取的。对于每种类型的缺陷，作者分析了带有缺陷和没有缺陷的各 100 张图像。图 10 - 26(b)显示了相应的多重分形光谱。分析光谱可以注意到：相比带有缺陷的图像，没有缺陷图像的分形谱具有更短的右尾，这一结果符合有缺陷的 AM CT 扫描图像比没有缺陷的 AM 扫描图像更不均匀的事实。此外，球化缺陷的光谱具有最长的右尾，而具有孔缺陷的图像分形谱在光谱中具有相对较短的尾部。还可以注意到，在所有情况下，D_0 的值(即 $f(\alpha_0)$)都约为 2.09763。这是由于当 $q=0$ 时，$D_0=\lim_{\alpha\to 0}\frac{\ln N(\alpha)}{\ln(1/\alpha)}$，并且所有成形后的 CT 扫描图像共享相同的图像尺寸。这一现象也说明了单个分形的维数(即 D_0)不足以表征真实世界 CT 扫描图像中的缺陷。

另外，还进行了实验来评估缺陷的大小和数量对多重分形谱的形状的影响。图 10 - 27(a)显示了没有缺陷和具有 3 种不同尺寸的孔缺陷图像的多重分形光谱，这 3 种不同尺寸孔缺陷的图像如图 10 - 27(b)中 S1、S2、S3 所示。图 10 - 28(a)显示了没有缺陷和具有 3 个不同数量的孔缺陷的图像的多重分形光谱，缺陷数量分别为 N1 = 4，N2 = 8 和 N3 = 12，如图 10 - 28(b)所示。从分析光谱图可以注意到：随着缺陷尺寸或数量的增加，多重分形光谱的形状不对称性也随之增加。

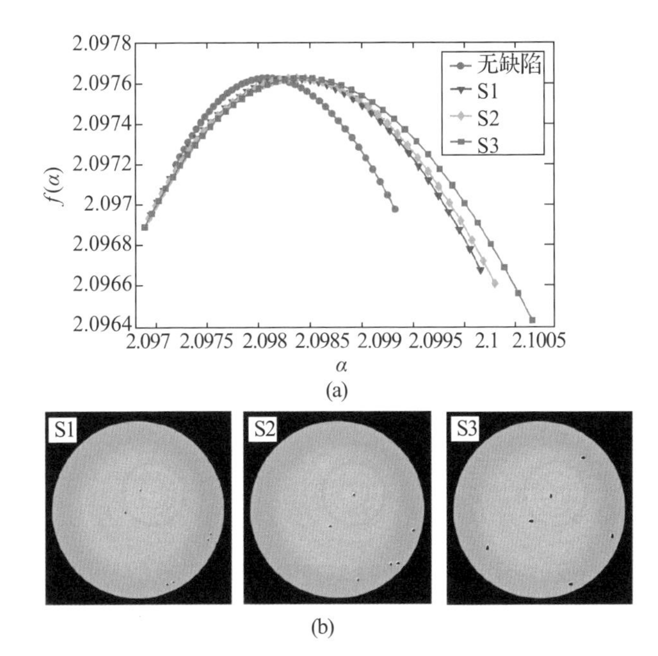

图 10 - 27
不同尺寸孔隙缺陷图像的光谱[70]

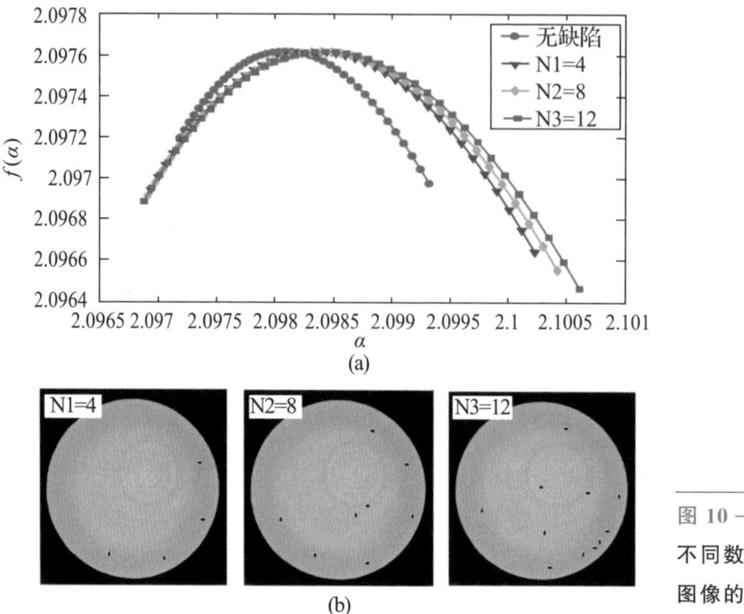

图 10-28 不同数量孔隙缺陷图像的光谱[70]

表 10-4 所示数据则说明：当缺陷尺寸从 S1 增加到 S3 或当缺陷数量从 N1 = 4增加到 N3 = 12 时，$D_1 - f(-1)$和 $\alpha(-1) - \alpha(1)$的值都单调增加。此外，霍特林 T^2 统计数值也随着图像轮廓的缺陷程度增大而增大。这些实验结果表明，多重分形谱的霍特林 T^2 统计量是捕捉 AM 图像不均匀性的有效特征。

表 10-4 统计值和不同尺寸、数量孔隙缺陷 AM 图像的多重分形维度[70]

		T_α^2	T_f^2	$\alpha(-1)$	$\alpha(0)$	$\alpha(1)$	$f(-1)$	$f(0)$	$\alpha(-1)-\alpha(1)$	$D_1-f(-1)$
数量	N1	1.593E3	1.586E3	2.10023	2.09836	2.09694	2.09664	2.09763	3.29E-3	3.0E-4
	N2	6.189E3	6.164E3	2.10042	2.09840	2.09691	2.09655	2.09763	3.51E-3	3.6E-4
	N3	1.368E4	1.364E4	2.10061	2.09843	2.09689	2.09646	2.09763	3.72E-3	4.3E-4
尺寸	S1	278	279	2.10015	2.09835	2.09695	2.09668	2.09763	3.20E-3	2.7E-4
	S2	2.80E3	2.79E3	2.10029	2.09837	2.09693	2.09661	2.09763	3.36E-3	3.2E-4
	S3	5.93E4	5.94E4	2.10066	2.09843	2.09689	2.09643	2.09763	3.77E-3	4.6E-4

10.4 基于机器学习的监测

10.4.1 基于浅层机器学习的成形缺陷预测方法

在获取各种传感器的特征向量后，可通过基于浅层的机器学习模型，如 MLP 神经网络、SVM 等建立这些特征与 AM 成形状态之间的映射关系，获得智能监控模型，最终有效地、自动地识别缺陷与监控成形状态。

1. 异常检测与机器学习算法

从根本上讲，所有机器学习算法都是通过从人类提供的一组训练数据中提取特征，然后对提取的特征进行分析：量化训练数据中的频率，描述其异同性。在深度学习中，该算法将自动设计自己的特征提取工具的优化集，而不是仅仅依靠人类程序员提供的工具。只要特征提取系统具有鲁棒性，就可以创建一个描述输入数据(基于自身特征)的模型。从任何新数据(即用户希望分析的数据)中提取特征，并将其输入模型中，使算法能够根据训练数据库中包含的知识做出决定(例如是否存在过程异常)。

近年来，已有不少基于传统统计模型的异常检测器被用来计算异常值。由于这些算法通常对适用的应用对象有简单的假设，因此需要专家的努力来为给定的应用选择合适的检测器，然后根据培训数据微调检测器的参数。这些检测器会简单地组合，如对多个检测器结果进行投票和归一化，但实际应用案例表明简单组合并没有多大帮助。

监督学习方法。为了避免传统统计异常检测器算法/参数调整的麻烦，提出了监督集成方法、EGADS(可扩展通用异常检测系统，雅虎开发)和Opprentice。它们训练异常分类器，通过使用用户反馈作为标签，并使用由传统检测器输出的异常分数作为特征。EGADS和Opprentice都显示出了很好的结果，但它们严重依赖于良好的标签(远远高出了在主题条件下积累的标签)，这在大规模应用中通常是不可行的。此外，在检测过程中运行多个传统的检测器来提取特征，会带来大量的计算成本，这是一个实际问题。

无监督的方法和深层次的生成模型。近年来，采用无监督机器学习算法进行异常检测的趋势越来越明显，如一分类支持向量机，基于聚类的方法如 K-means和GMM(高斯混合模型)、KDE(核密度估计)、VAE(变分自动编码器)及VRNN(变分递归神经网络)等。这些算法的理念是关注正常模式而不是异常情况：通常数据主要由正常数据组成，因此即使没有标签，模型也可以很容易地进行训练。概括来说，它们首先识别出原始特征空间或某个潜在特征空间中的“正常”区域，然后通过测量观测距离正常区域的“多远”来计算异常分数。

2. 基于监督机器学习的粉末床熔化原位缺陷检测

1)粉末床缺陷检测

卡耐基-梅隆大学介绍了一种基于监督机器学习的粉末床熔化(PBF)增

材制造原位缺陷检测策略的开发与实现[72]。为了实现粉末床综合监控的目标，本节介绍了一种实现机器学习和计算机视觉技术的算法，仅使用LPBF机器制造商提供的硬件对列举的异常进行检测和分类。机器学习方法只要求所选择的异常类型是自一致的，并且彼此之间存在明显的差异。当然，必须为每种异常类型提供足够多的训练样本。

激光粉末床熔化(LPBF)机器的工作原理是使用刮刀在制造板上涂抹一层薄薄的金属粉末(通常厚度为20～60 μm)。最终成形零件中的许多缺陷，以及成形过程的整体可靠性，直接与刮刀和粉末床之间的相互作用有关。所述工作的重点是监测粉末床的最终零件缺陷迹象，以及可能影响整个过程稳定性的异常情况。这些异常的严重程度从刮刀跳动(可能只表明更严重问题的开始)到超高跳动(可能非常严重)。6种缺陷总结如表10-5所示。

表10-5　异常分类及其各自颜色代码的简要说明[72]

异常情况	描述	颜色编码
无异常	在粉末床中没有明显的异常	绿色(3D图)清晰的(覆盖)
刮刀跳动	由刮刀刀片撞击零件引起，其特征是重复的垂直线(垂直于刮刀铺粉方向)	蓝绿色/浅蓝
刮纹	由刮刀拖过粉末的污染物或刀片损坏造成的，其特征是水平线(平行于刮刀铺粉方向)	深蓝
碎片	粉末床中有碎屑或其他中小型异常，但不直接位于任何零件上	黑色(绘图)白色(覆盖)
超高层	当零件从粉末层中向上发生翘曲或卷曲时，这通常是残余热应力累积的结果	红色
零件故障	对零件的严重损坏，其特点是具有多种特征	品红/紫色
铺展不完全	当重复发生从铺粉器取出不足量的粉末时，结果将会是缺少粉末，铺粉器附近最为严重	黄色

铺粉阶段发生异常研究大部分是采用计算机视觉算法自动检测异常并进行分类。异常检测和分类是使用一种无监督机器学习算法，在一个中等规模的图像块训练数据库上进行操作。对最终算法的性能进行了评估，并通过几个实例说明了其作为独立软件包的实用性。

所有机器学习算法都是通过在一组训练数据中识别相似和不同的特征来操作的。将训练数据中检测到的特征的改进、位置和相关性与正在分析的数据集中识别的特征进行比较。针对本工作的目的，训练数据集是图像块及其相应标签的数据库，所分析的数据是新铺粉的粉末层图像，应用滤波器组对二维图像滤波得到像素级输出的特征。

刮刀跳动通常发生在刮刀轻轻撞击(相对而言)粉末层下方凸起的零件时，这种刮刀的周期性“颤振”，在粉末床上可以看到重复的垂直线。

当刮刀损坏(即“缺口”)或当刮刀在粉末床上拖动一块碎片或一团粉末时，会产生刮纹。刮纹在粉末床中以单条水平线的形式出现，由于其尺寸相对较小，这一类的异常是最具挑战性的检测之一。碎片分类囊括了对粉末床的大部分(见下文不完全扩散)干扰，这些干扰不直接位于零件上方。当零件明显地在铺好的粉末层上出现凸起时，会出现超高层；翘曲通常是零件内部的残余热应力积聚导致的。由于现有零件几何结构的范围很广，超高异常现象对于大尺寸几何形状会大范围出现，但在不同的方向上通常都包含长边刮纹。零件打印停止，包含直接对零件上粉末层造成显著变形，通常主要是由于刮刀刀片的撞击而导致零件毁坏。不同于超高层，零件持续损坏通常不存在长边异常；最后，当从粉末分配器中取出的粉末量不足时，会出现在基板上铺展不完全。这种机制会对粉末床产生很大的干扰，刚开始这种现象发生在粉末收集器附近。在整个成形持续过程中，由于不完全扩散而引起的干扰可能渗入，并进一步影响粉末床。

这些零件及其标签存储在数据库中，以供机器学习算法访问。训练数据库共有2402个图像块，包括1040个无异常图像块、264个刮刀跳动图像块、228个刮纹图像块、187个碎片图像块、314个超高图像块、264个零件打印失败的图像块和105个粉末不完全铺展开的图像块。更多的图像块(来自额外成形)添加到训练数据库中，算法性能将继续提高。

由于机器学习方法具有固有的灵活性，并且有可能成为检测和分类多异常类型的“通用性(one-size-fits-all)”方法，卡耐基-梅隆大学[72]提出词袋机器学习算法，如图10-29所示。算法中选择能够保留尺度信息的滤波器响应(即潜在异常的大小影响其滤波器响应)，进行了多次实验，以确定有效的过滤器组大小和组成。为了验证边缘效应对训练过程的影响，图像块的边界用该块周围的像素填充，粉末床图像的边界用复制的像素填充。

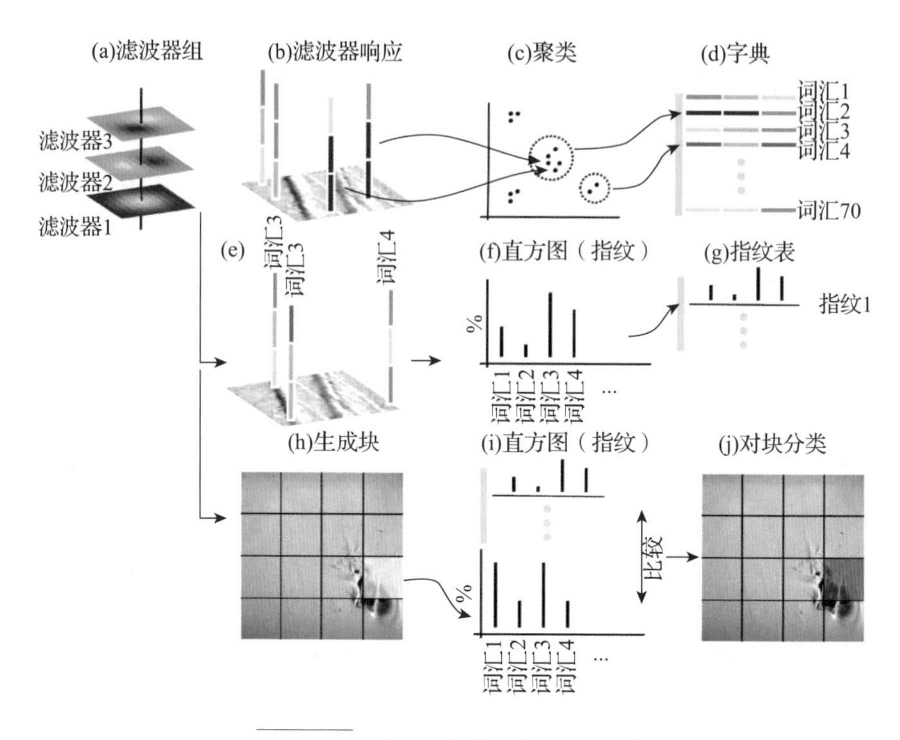

图 10-29　基于机器学习的监测框架[72]

滤波器组对每个训练图像块滤波，这样每个图像块中的每个像素都有一个响应向量。每个元素中具有相似值的向量(即有相似响应的向量)使用标准 K-means 无监督聚类算法分成不同组，每组由平均响应向量表示。100 个平均响应向量通常被称为视觉词袋，并存储在字典中。视觉词袋是用于数据集中搜索的特征(例如，新的粉末床图像)。构造字典后，滤波器组再次与每个训练图像块卷积，但这次每个像素处的滤波器响应向量与字典中最近(对距离)的视觉词匹配。对于每个训练图像块，计算与每个视觉单词匹配的像素百分比，这些信息可以用直方图表示。由于它能唯一地识别每个块，所以通常被称为指纹，每个训练图像块的指纹都存储在一个表中。理想情况下，包含相似异常的训练图像将具有相似的指纹，而包含不同异常的训练图像将具有不同的指纹。训练过程的最终输出是一个包含 2402 个直方图/指纹(每个训练图像块一个表格)的表格，每 100 个元素的长度；对应的标注真值异常标签存储在训练数据库中。

生成每个块的指纹，并将其与指纹表进行比较(使用二元单态展开函数)；

在异常分类决策过程中考虑前三个匹配。此时，从培训数据库中提取表中与每个指纹相关联的标签。

2)层化和悬垂检测

分析每一层后，每一层中异常分类的百分比可以在成形结果中显示为成形高度的函数。图 10－30 和图 10－31 示出了两个模型的总体成形结果，其中在 760 层和 1960 层的异常检测峰值分别在图 10－30 和图 10－31 中示出。第 760 层的异常峰值(图 10－30)是对 EOS 成形室意外冷却期间发生分层的检测。在这一层，在右侧模型内的残余热应力足以将其从一些将其固定在成形板上的支架上撕下。这种突然的分层将粉末从零件上“抛”下来，这种粉末的缺乏被正确地归类为超高(红色)和零件故障(品红)，对周围动力层的干扰被正确地归类为碎片(白色)。左边的模型在这一层没有遇到同样的问题。

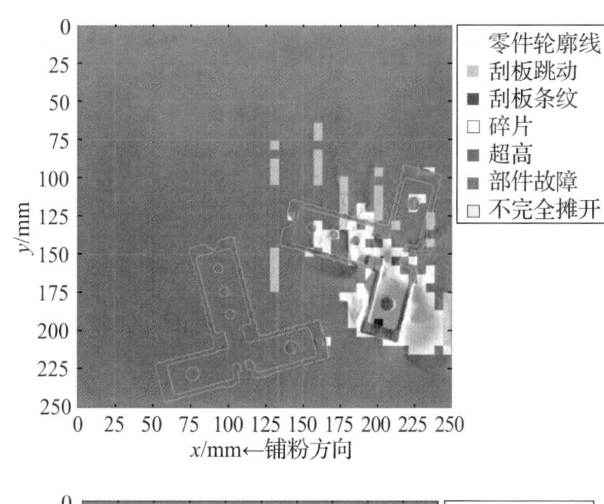

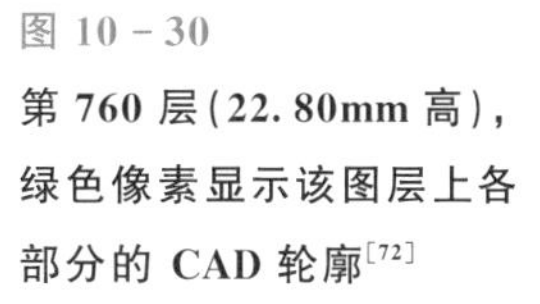

图 10－30
第 760 层(22.80mm 高)，绿色像素显示该图层上各部分的 CAD 轮廓[72]

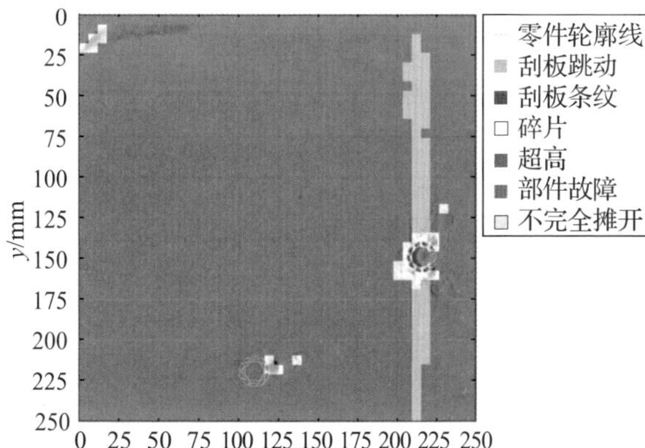

图 10－31
第 1960 层(58.80mm 高)，绿色像素显示该图层上各部分的 CAD 轮廓[72]

在第1960层(图10-31)，该算法检测多个部件故障(洋红色)，这些故障对应于观察到的最终部件中的圆形窗口(突出区域)的塌陷。铺粉机构故障，可检测到在该区域引起的刮板跳动(垂直蓝绿色线)。

3. 利用机器学习的PBF原位熔池监测

卡耐基-梅隆大学提出另一项工作[73]，是使用具有固定视场的可见光高速相机来研究Inconel 718材料系统中L-PBF熔池的形态。使用计算机视觉技术成形熔池形态的尺度不变描述，并且使用无监督机器学习来观察熔池和分类，如图10-32所示。通过观察在处理空间中产生的熔池，识别出原位特征，根据这一特征可能表明非原位观察中对应的缺陷。非原位和原位形态的这种联系使得能够使用有监督的机器学习来对非块状的几何形状(例如悬垂)的熔池(使用高速相机)进行分类。

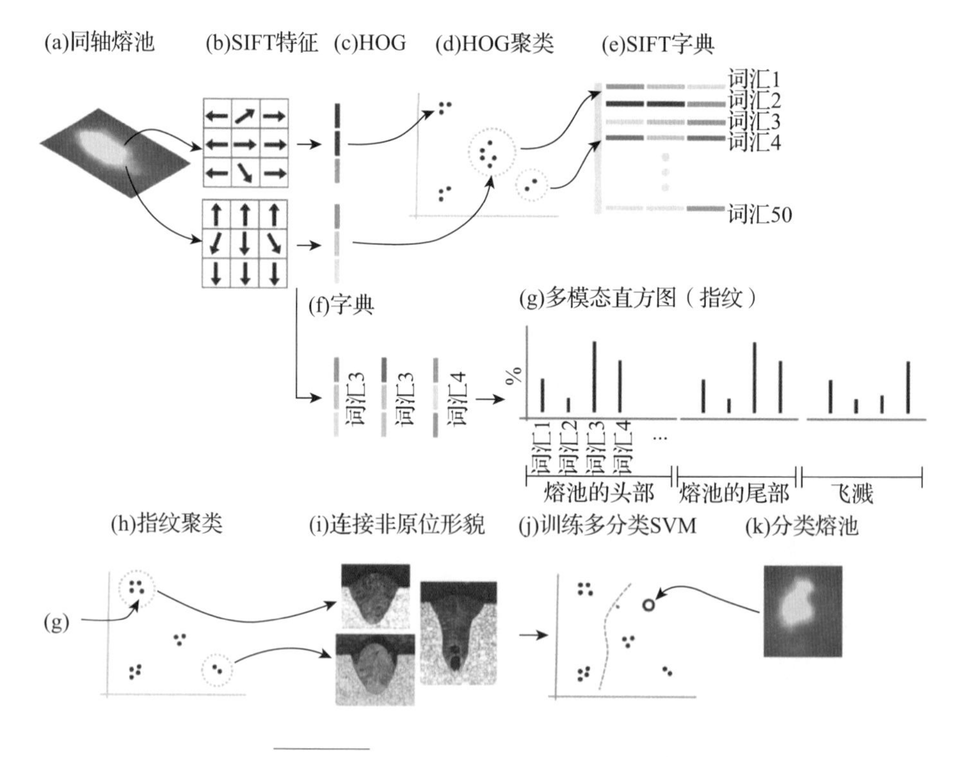

图10-32　BoW-ML技术的实现流程图

注：步骤(a)～(f)描述了特征提取过程，步骤(g)显示了用于描述熔池形态的指纹表示，步骤(h)和(i)描述了原位和非原位结果的关联，步骤(j)和(k)显示了分类算法的训练及其在新数据上的使用[73]。

在“词袋”学习实现中，训练数据由实验过程中高速相机捕获的数据帧组成，并进行变换操作使熔池看起来像是在拉格朗日(同轴)参考帧中。与训练数据相关的唯一人工标记的“真值”标签是用于观察每组熔池的工艺参数组合。“词袋”技术应用于多种特征类型表示，这里选择了使用具有尺度不变性的SIFT(尺度不变特征变换)特征。这里认为尺度不变性是至关重要的，因为熔池的大小通常与非原位缺陷无关。例如，两种不同的工艺参数组合可能会产生宽度相似的熔池，但是它们的形态可能会有根本的不同，一种熔池被认为是理想的，而另一种易于产生小孔孔隙。

1)尺度不变特征变换(SIFT)特征

“词袋”学习方法的实现是使用SIFT算法提取特征。该算法由Lowe最先提出[74]，它们通常用于描述感兴趣对象的整体形状。即使图像中(或图像之间)感兴趣对象的大小可能不同，提取的SIFT特征也是鲁棒的。SIFT特征描述了图像中每个像素周围的梯度场。在本项工作中，考虑了2像素×2像素窗口内的梯度方向。也就是说，将一个同轴变换的熔池图像分割成不重叠的窗口，每个窗口包含4个像素。梯度方向被分为9个无符号bin，例如，一个bin包含具有以下方向的所有梯度：0°～20°和180°～200°。过程中的输出是每个方向降低了一半分辨率的图像。虽然通常只计算图像中感兴趣点(也就是关键点)的SIFT特征，但是在实现中，在每个强边缘(strong edge)计算一个密集的SIFT特征域。其中，“强边缘”定义为像素梯度大小至少为图像中最强梯度大小的10%。图10-34显示了对图10-33所示的同轴变换熔池图像提取的SIFT描述符的可视化结果。

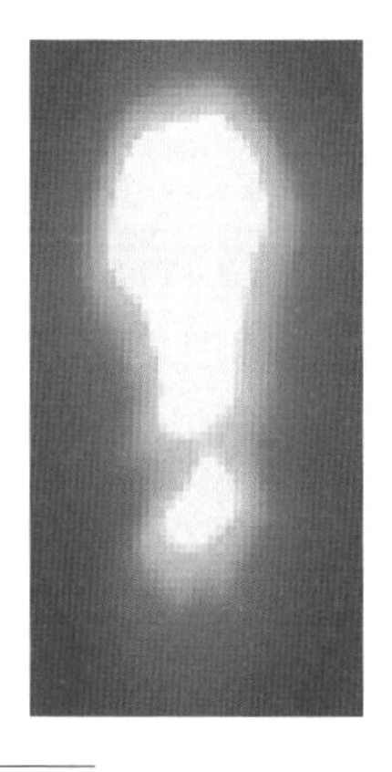

图10-33 伪彩色图像和同轴变换的熔池图像

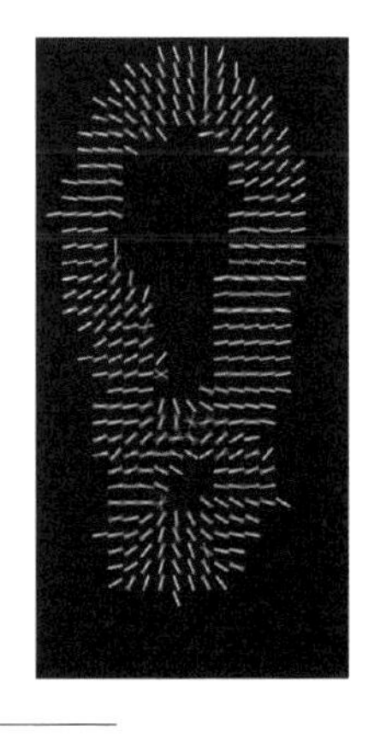

图10-34 熔池图像中提取的SIFT特征[73]

2)方向梯度直方图(HOG)

传统上，SIFT 特征被认为是高度明确的，也就是说，它们的维数等于方向 bin 的数量(即 9 个)，每个维数中的值跨越一个实数子集。因此，SIFT 算法通常用于模板匹配应用程序，而很少用于分类。各种方法可人为地降低筛选特征的特异性。本工作中，特异性降低是通过无监督的聚类方法实现的。

为了保证高维聚类方法的高效性，首先将 SIFT 特征转换为标准的矢量化格式，即方向梯度直方图(HOG)。具体来说，落在 SIFT 窗口内每个方向 bin 中的梯度数量被计算并存储在 HOG 矢量中的对应元素中(即对于 9 个方向 bins，HOG 矢量则为 9 个元素长度)。然后对 HOG 向量的每个元素的值进行归一化，使其大小在[0，1]范围内。从训练数据库中的所有熔池图像中提取 SIFT 特征。注意，没有对训练数据进行子采样，即所有提取的 SIFT 特征都包含在训练过程中。

每个元素中具有相似值的 HOG 向量(即描述相似梯度场的向量)，使用标准的 *K*-means 无监督聚类算法将它们分类。对于本工作，聚类初始化是使用设定随机种子来执行的，优先考虑类间的均匀间距。在这种机器学习方法的开发过程中，要求的聚类数量在 25～200 之间变化；其中聚类数量为 50 的性能令人满意。每个类都由一个平均 HOG 向量表示，50 个平均 HOG 向量通常被称为视觉词，并存储在字典中。

在构造字典后，每张训练图像中的每个 HOG 向量都与字典中最近的(两两间距离)视觉词相匹配。对于每张训练图像，计算与每个视觉词匹配的 SIFT 特征的百分比。这些信息可以用大小为 1×50 的直方图表示，这些直方图被称为指纹。理想情况下，具有相似原位外观的熔池将具有相似的指纹，而具有不同外观的熔池将具有不同的指纹。应该注意到，除了丢失尺度信息(期望值)，上述方法还丢失了有关 SIFT 特征的相对空间位置的信息(非期望值)。为了减少该缺点的影响，空间关系由多模态直方图表示，该直方图在下面的小节中详细说明。

虽然每个熔池可能由一个视觉词出现的直方图表示，但发现这种直方图表示对于某些原位熔池外观区分性相对较差。为了提高区分能力，将原始熔池图像中包含的附加信息添加到熔池形态表示中，具体方法是添加多个视觉词共生的直方图；其中计算每个直方图之前先对原始熔池图像执行一组预处理操作(同轴变换)。

每个熔池图像中感兴趣的信息涵盖了较大的动态范围。为了捕捉整个动态范围内的梯度场，训练数据库中的每张熔池图像都应用了3种不同的对比度调整。具体来说，每个图像中的像素级数据使用伽马值1(无变化)、0.75(对比度降低)和10(对比度增加)进行缩放。在物理上，降低对比度可以捕获图像较低温度(严格地说，较低热辐射)区域梯度场，而增加对比度则强调图像较高温度(严格地说，较高热辐射)区域中的梯度场。换言之，在低对比度图像中，蒸汽羽流扩散和较冷的颗粒飞溅可能更明显；而在高对比度图像中，只有熔池体和最热的飞溅颗粒可见。注意，“可见性”的差异还取决于“强边缘”的梯度幅度阈值。

回想一下，上一小节中提到的指纹不包含有关SIFT特征的相对空间属性的信息。为了保留这些空间信息，将3个对比度调整后的每一个熔池图像分别分割为3个不同的区域。首先，使用相同的区域连通性算法隔离飞溅；然后将主熔池体(即所有不被视为飞溅的物质)分为“尾部”区域和“鼻”区域。这两个区域由垂直于ξ轴(平行于熔池移动方向)的线在最大熔池宽度点处划定。该过程示意性地显示，每张训练图像生成9个不同的指纹，所有9个指纹组合形成尺寸为1×450的熔池的最终多模态表示。注意，在分割之前，所有SIFT特征都是通过编程方式对每个对比度调整后的熔池图像整体进行计算得到，以避免在分割图像的边界处造成失真。

使用多类支持向量机(SVM)来对熔池形态(即450元素指纹)分类。在其基本理论中，SVM是二元分类器，仅能够区分两个不同的类。在训练期间，SVM学习超平面，该超平面将高维特征空间一分为二，使得超平面中属于一个类的所有特征向量位于属于另一个类的所有特征向量(利用最小误差法)的不同侧。有多种方法可用于将SVM应用于非二元(即多类)分类问题，最简单的方法即将多类问题转换成一组二元分类问题，这样可以训练二元分类器来区分每个类和“所有其他类”，然后组合多个二元分类器以形成多类SVM。多类SVM的所有训练参数都设置为默认值。

在单个英特尔®i7－6700K 4.00 GHz处理器上，分类过程每帧大约需要0.4s。值得注意的是，在没有真值标签的情况下，无法量化所提出的机器学习方法的整体性能。然而，在多类SVM的训练期间进行了10次交叉验证，并且报告的分类准确度为85.1%。换句话说，SVM学习的超平面能够根据应用的标签正确描绘训练数据库中包含的指纹，准确度为85.1%。值得注意的是，这种分类准确度测量并不是整体算法性能的指标，只能证明使用 SVM（与另一个分类器相对）对于该数据集是合理的。

研究发现，虽然 3 个分割区域（飞溅、鼻部和尾部）的选择是由熔池动力学决定的（例如，当存在深的小孔时，可能会发生飞溅，并且球化会影响尾部形态），但用于精确对比度调整、SIFT 窗口大小、视觉词数量的选择信息较少。因此，作者认为，可以通过使用深度学习技术来改进原位熔池外观的表示。

4. 机器学习在金属 PBF 高分辨率成像缺陷检测中的应用

在一项研究中，宾夕法尼亚州立大学 Gobert 等[75]提出，对于生成的分层图像堆栈中的每个邻域，使用二进制分类技术（即线性支持向量机（SVM））提取和评估多维视觉特征，总策略如图 10－35 所示。通过二元分类，将每个 3D

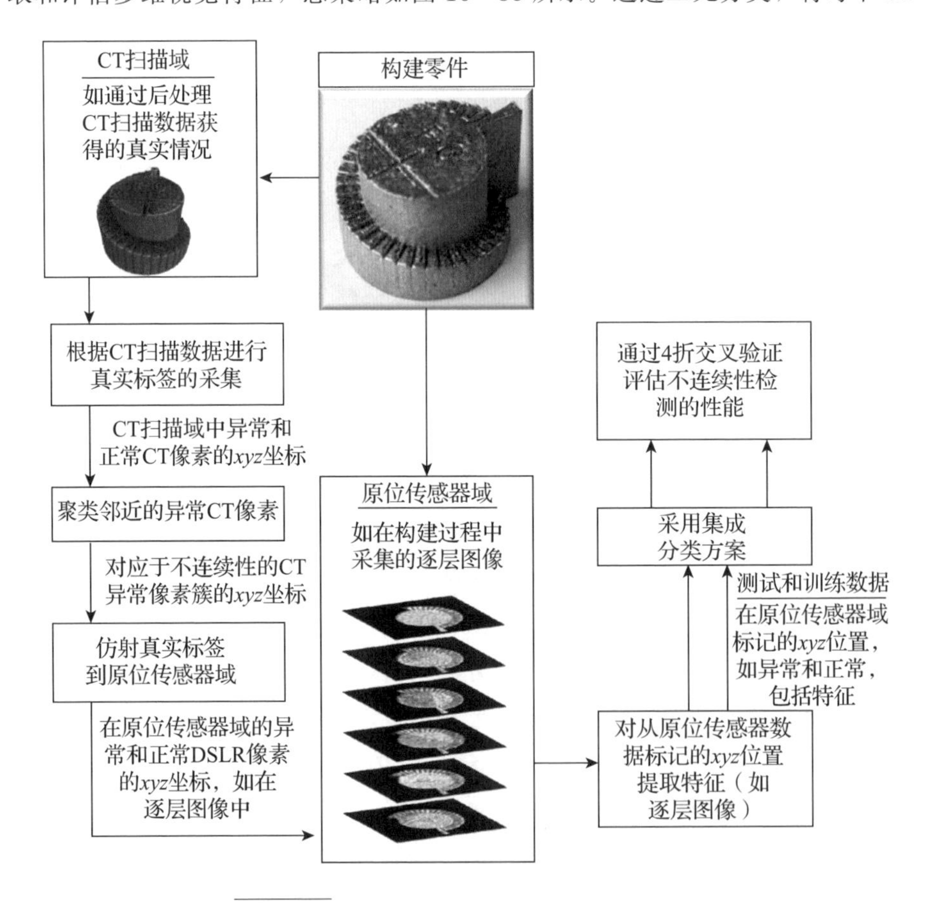

图 10－35 上层（High－level））处理示意图[75]

邻域标记为“异常”或“正常”。从成形后的高分辨率 3D CT 扫描数据中获得标注真值标签，即缺陷的真实位置和训练二元分类器所需的标称成形区域。在 CT 扫描中，使用自动分析工具或手动检查来识别不连续性，如未熔合、气孔、裂纹或夹杂物。CT 数据的 *xyz* 位置通过仿射变换传输到分层图像域中，仿射变换通过嵌入在零件中的参考点进行估计。分级机经过适当的培训后，在交叉验证实验中，现场缺陷检测精度超过 80%。

该研究是在 EOS M290LPBF 机器上完成的，通过位于成形室正上方(几乎)对成形层和粉末层的图像视区拍摄。一个新的粉末层展开后，立即自动捕获分辨率为 1280 像素 × 1024 像素的灰度图像。通常使用单个闪存模块获得 65%精度，提高到使用集成分类器获得 85%精度，表明分类性能够随着传感器信息的增加而提高。

10.4.2　基于深度学习的成形缺陷预测方法

与基于浅层的智能诊断模型相比，基于深度学习的方法摒弃数据特征提取过程中的人为经验干预，利用深度学习方法，如深度置信神经网络 DBN、SAE、CNN 等，直接对输入的原始信号逐层加工，把初始的、与异常状态联系不太密切的“低层”样本特征转化成与健康状态量紧密相关的“高层”特征表达，建立“高层”特征与缺陷之间的非线性映射关系，完成复杂的学习与分类任务。

在深度学习的整个发展过程中，DBN、DBM、AE 和 CNN 构成了早期的基础模型。后续的众多研究则是在此基础上提出或改进的新的学习模型。深度学习的网络结构因网络的层数、权重共享性以及边的特点不同而有所不同，第 8 章的表 8 - 4 对每个深度学习算法的网络结构、训练算法以及解决问题或存在问题给出了简要总结。

由于深度学习模型存在各自的优点与缺点，本节对典型网络在 AM 监测中的应用进行了对比分析，如表 10 - 6 所示。

表 10-6 在增材制造监测中的典型网络

<table>
<tr><th>深度模型</th><th>主要方法</th><th>工艺</th><th>缺陷特征</th><th>文献</th><th>优缺点</th></tr>
<tr><td rowspan="10">CNN</td><td>CNN</td><td>LENS</td><td>零件变形</td><td>[76]</td><td rowspan="10">训练参数减少，模型的泛化能力更强；池化运算降低网络的空间维度，对输入数据的平移不变性要求不高。
容易出现梯度消散问题，空间关系辨识度差，物体大幅度旋转之后识别能力低下</td></tr>
<tr><td>Spectral-CNN</td><td>SLM</td><td>质量/孔隙</td><td>[77]</td></tr>
<tr><td>Spectral-CNN</td><td>SLM</td><td>质量/孔隙</td><td>[78]</td></tr>
<tr><td>—</td><td>SLM</td><td>逐层图像缺陷</td><td>[79]</td></tr>
<tr><td>—</td><td>LPBF</td><td>零件表面</td><td>[80]</td></tr>
<tr><td>Bi-stream DCNN</td><td>SLM</td><td>粉末层和零件切片</td><td>[81]</td></tr>
<tr><td>Multi-scale CNN</td><td>SLM</td><td>不完全铺展、刮刀跳动、零件损坏等</td><td>[82]</td></tr>
<tr><td>CNN</td><td>SLM</td><td>熔池、羽流、飞溅</td><td>[61]</td></tr>
<tr><td>CNN</td><td>LPBF</td><td>逐层缺陷</td><td>[83]</td></tr>
<tr><td>CNN</td><td>LPBF</td><td>轨道</td><td>[84]</td></tr>
<tr><td rowspan="2">DBN</td><td rowspan="2">DBN</td><td>SLM</td><td>球化、过热</td><td>[85]</td><td rowspan="2">能够反映同类数据本身的相似性。
对于分类问题，分类精度不高；某些学习的复杂性较高；输入数据具有平移不变性</td></tr>
<tr><td>SLM</td><td>羽流、飞溅</td><td>[86]</td></tr>
<tr><td>RNN</td><td>RNN</td><td>DED</td><td>热历史</td><td>[87]</td><td>可以对序列内容建模。
需要训练的参数较多，容易出现梯度消散或梯度爆炸问题；不具备特征学习能力</td></tr>
<tr><td>deep-MLP</td><td>deep-MLP</td><td>SLM</td><td>熔池分类</td><td>[88]</td><td>使用更深层的神经网络，可以得到更好的表达效果。
需要人为特征提取，梯度扩散问题，难以处理时间序列数据</td></tr>
</table>

1. 基于声发射的谱卷积神经网络(SCNN)

Shevchik 等[77-78]研究了使用声发射进行现场质量监测的可行性，并将一个灵敏的声发射传感器与机器学习相结合。在商用 SLM 机器的增材制造过程中，作者使用光纤布拉格光栅传感器(fiber Bragg gratings)记录声信号。对工艺参数进行了调整，以激发工件介质内不同的孔隙度。据此定义了低、中、高质量，分别以孔隙度(1.42 ± 0.85)%、(0.30 ± 0.18)% 和(0.07 ± 0.02)% 为特征。对采集到的声信号进行相应的分组，并分成两个单独的数据集：一个用于训练，另一个用于测试。从所有信号中提取声学特征作为小波包变换窄频带的相对能量，训练基于谱卷积神经网络的分类器来区分不同质量的声学特征。分类准确度在 83%～89%。考虑到这些是没有经过优化的初步试验，其结果具有很大的发展前景，并且它们显示出了使用具有亚层(sub-layer)空间分辨率的声发射进行原位质量监测的可行性。该系统如图 10 - 36 所示。

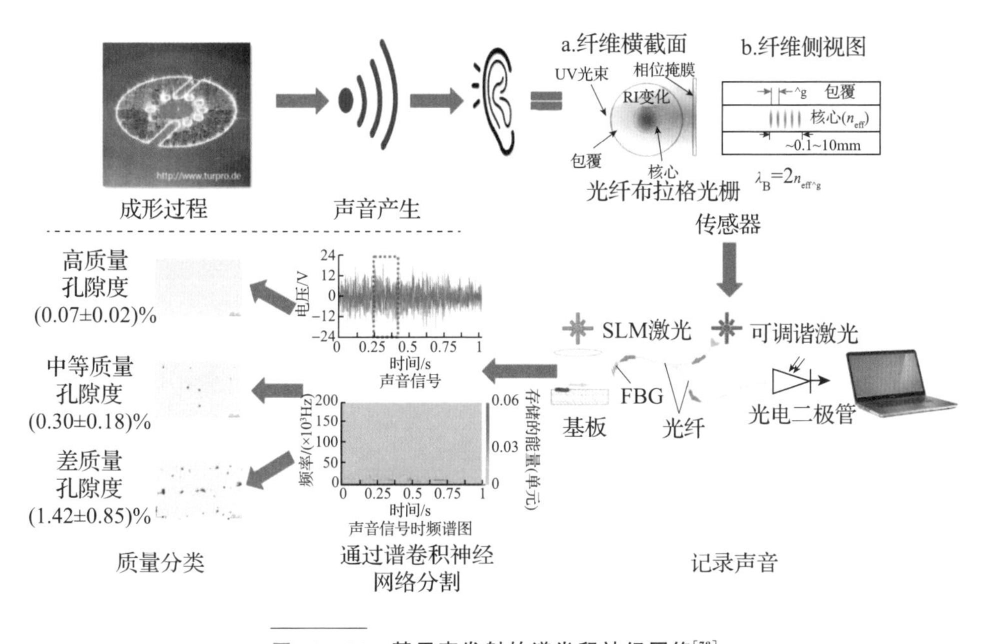

图 10 - 36 基于声发射的谱卷积神经网络[78]

1)谱卷积神经网络(SCNN)

在 SCNN 中，卷积运算是在图像上进行的，作者使用了 Mathieu 等开发的谱方法。该方法利用图 G 的拉普拉斯算子来研究数据结构。元素集 $E=\{e_i,\ i=1,\ 2,\ \cdots,\ n\}$的加权图 G 被定义为 $G=\{E,\ \boldsymbol{W}\}$，其中 $\boldsymbol{W}=\{w_{i,j}\}$ $(i,\ j=1,\ 2,\ \cdots,n)$是一个对称的、正定义的矩阵，每个元素 $w_{i,j}$ 表征一对元素$\{e_i,\ e_j\}$之间的相似性。作者使用热核计算相似度：$w_{i,j}=\exp(\|e_i-e_j\|^2/t)$。

使用 G 的非标准化拉普拉斯算子并将其定义为 $L=D-W$，而对角矩阵 $\boldsymbol{D}$ 的元素 $\{d_{ii}\}$是 W 的原始元素的总和：$d_{ii}=\sum_k w_{iy}$（y，$i=1$，2，…，n）。

在 SCNN 中，输入数据集的特征被视为元素集合 E，并且如上所述可以对整个输入空间计算拉普拉斯图。

E 中输入空间 n 的维数由窄频带的数量定义。E 的频域由 L 的奇异值分解定义，其乘积是包含一组特征向量的矩阵 $\boldsymbol{U}$。在这种情况下，G 的直接傅里叶变换定义为$E^{\mathrm{fft}}=\boldsymbol{U}E$，而它的反变换为 $E=\boldsymbol{U}^{\mathrm{T}}E^{\mathrm{fft}}$。SCNN 中卷积运算的乘积是一组特征图，它使用输入数据集 E^{fft}的傅里叶快速变换(FFT)表示形式 $C=\boldsymbol{U}E^{\mathrm{fft}}k$ 计算，其中 k 为谱乘子。SCNN 中的谱乘子类似于传统 CNN 中的核接收域的权重，其提供谱域中元素 E 的空间定位。SCNNs 的训练目标是调整乘子 k，使其输出响应与目标函数相适应。为此，对于给定的一组 E，反向传播的梯度由下式定义：$\Delta E=\boldsymbol{U}\boldsymbol{U}^{\mathrm{T}}\Delta Ck$，并且更新的谱系数 k 的梯度定义为 $\Delta k=\boldsymbol{U}^{\mathrm{T}}\Delta C\boldsymbol{U}E$。

SCNN 的体系结构是传统 CNN 之一固有的，它将卷积层和池化层相结合。如前所述，数据通过谱卷积层的乘积是一组特征图。然后池化层聚合信息，从而导致输入特征图中数据的稀疏表示。

卷积层和池化层的集合提供了一个自动特征提取，该结构的输出进一步传递到全连接层，在全连接层中对特征进行分类，并在输出层中观察结果。关于 SCNN 与 FFT 相关的更多细节可以在文献[78]中找到。

2)监测结果与讨论

从记录的信号中收集了许多受 RW(running window)约束的模式，以形成两个数据集：一个用于训练，另一个用于测试。每个数据集中的每个类别(对应于低质量、中质量和高质量)均由 300 个模式表示，并且两个数据集之间没有共同的 RW。该方法模拟了训练后的系统必须使用新输入数据进行操作的实际情况。所有 RW 的特征都是使用尽可能多的模来提取的，然后，将这些特征馈给 SCNN 分类器。在穷举搜索之后选取 RW 的时间跨度，每次重新训练之后使用具有不同时间跨度的 RW 评估 SCNN 的分类准确度。目标是找到不影响分类准确度的最短时间跨度，这是在 160ms 时达到的。RW 时间跨度的任何额外减小都会显著增加分类误差。WPT 在 10 个分解级别对每个 RW 进行分解，从而提取出 2046 个窄频带及其相对能量的对应值。根据 RW 的激光扫描速度和 160ms

的时间跨度，可以估算疵点检测的空间分辨率。所提供的设置能够分别对300mm/s（132J/mm^3，中等质量）、500mm /s（79J/mm^3，高质量）和800mm /s（50J/mm^3，低质量）成形的每层表面积的4.4%、7.2%和11.6%进行质量监测。

用于分类的SCNN计算了4个卷积层，与4个池化层交替。实验估计层数是计算复杂度和运行效率之间的最佳折中。卷积层数的减少表明分类准确度略有下降。相反，层数的增加不会影响分类性能，但会增加SCNN训练期间的计算时间。

每个特征的坐标由频带的相对能量定义。在图10－37中，示出了具有每个质量类别的30个特征的稀疏数据集，并且每个点表示特征空间中单个RW的位置。通过主成分分析（PCA）将特征空间降维投影到较低的三维空间，数据的不规则性可以看作是所有类别特征的混合。

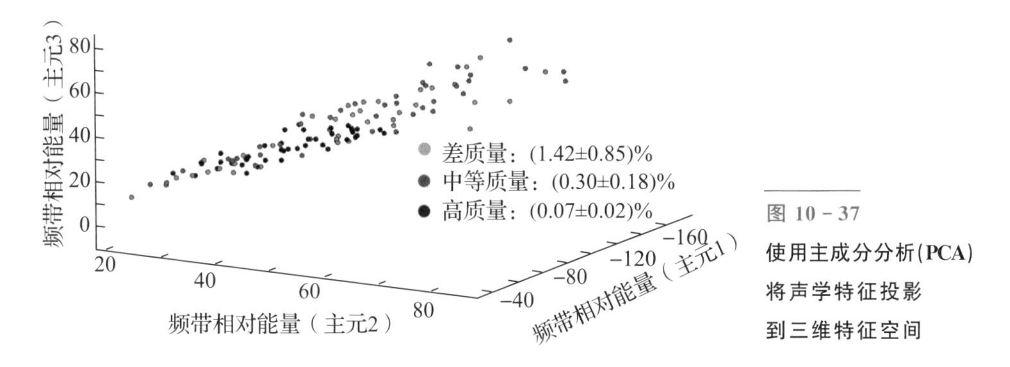

图10－37 使用主成分分析(PCA)将声学特征投影到三维特征空间

SCNN和传统CNN的分类结果（括号内）如表10－7所示。在本表中，给出了测试精度（行）与实际情况（列）之间的比较。表中的分类精度定义为真阳性（true positive）数除以每个类别的测试总数，这些值在表的对角线单元格（红色单元格）中给出。分类误差计算为真阴性（true negative）数除以每个类别的测试总数，这些值对应在非对角行单元格中。

表10－7 SCNN的分类测试精度（括号中给出了常规CNN的结果）

测试类别	基准		
	质量差	质量中	质量优
质量差（(1.42±0.85)%，800mm/s）	89 (62)	7 (19)	4 (19)
质量中（(0.30±0.18)%，300mm/s）	5 (25)	85 (53)	12 (22)
质量优（(0.07±0.02)%，500mm/s）	8 (20)	9 (17)	83 (63)

根据表 10－7 的结果，不同质量体系的分类置信度变化范围为 83%～89%。这些结果清楚地显示了该方法的潜力，特别是考虑到：①FBG(fiber Bragg gratings)的位置远不理想；②检测到的声发射(AE)信号是通过空气传播的；③研究的孔隙度范围较窄。因此，作者得出结论，由 FBG 记录声信号并用 SCNN 对其进行处理可以作为 AM 原位和实时质量监控的解决方案。

误差结构的分析可以通过表 10－7 中的非对角元素(行)进行评估。例如，对高质量的 AE 测试数据进行分类，其准确度为 83%，因此误差率最高。中低质量的分类误差基本相同。相比之下，对于中等质量，高质量的分类误差最高(12%)，低质量的分类误差最低(5%)。这种情况在低质量时完全相反。

这里需要注意的是，中等质量是以最低速度(300mm/s)制造的，其次是高质量(500mm/s)，最后是低质量(800mm/s)。接着，我们注意到，对于中等质量和低质量，误差率随着激光扫描速度差异的增加而降低。关于高质量，虽然其他两个质量水平之间的误差率非常接近，但发现最低误差率对应的是中等质量(9%，300～500mm/s)，与高质量(500mm/s)激光扫描速度的情况差别最小。相反，对于低质量，其与高质量在激光扫描速度上区别最大，误差率(8%，800mm/s)最低。因此，我们可以得出结论，激光扫描速度对 SCNN 中不同特征的自动提取有影响。因此，AE 信号可能包含其他两个相邻类别所特有的声学元素。通过对中、差质量之间相互分类误差的评估，发现可能由于激光扫描速度的显著差异导致重叠最小，从而在两种情况下都引起了不同的烧结情况。

传统 CNN 的结果如表 10－7 中括号内数字所示。观察到的分类准确度远低于 SCNN，证实了该特定应用中非常规卷积的效率。

尽管上述结果验证了所提方法的可行性，但与其他监测方法相比，它具有一些不足。其中一个问题是增材制造过程中产生相对较弱的声发射信号并且与强噪声背景相混合。众所周知，在气体环境中，高频声波很难检测，这给该方法带来了物理上的限制。然而，为了确定高灵敏度 FBG 作为 SE 传感器的极限，这里决定采用机载 AE 检测。并且，这个困难可以通过 3 个操作来解决。首先，可以在硬件层面进行选择性过滤，使用更灵敏的声学传感器。其次，可以改装 Concept M2 机器，使 FBG 和处理区域之间有物理接触。最后，信号处理部分有两个可能的改进。第一，拥有更多层的深度 SCNN 的应用带来了本次研究中还没有充分利用的额外优势。通过图形表示数据允许实现多个数学运算符，包括小波和傅里叶，其还可以在 SCNN 结构中用于降噪。第二，输入声发射数据的多尺度分析可以在检测较小尺寸缺陷方面提供一些优势。这些方法的进一步发展将有助于实现高效和低成本的增材制造的原位和实时质量监控。

2. 应用 Bi-stream DCNN 深度网络用于 SLM 监测

Caggiano 等[89]开发了一种双流（Bi-stream）DCNN 结构，分析 SLM 粉末层和部分切片图像，以识别由不当 SLM 工艺条件引起的缺陷。由于工艺条件的改变，零件切片中的表面图案偏差会影响下一个粉末层的表面图案，而粉末层中的不规则性又会反过来影响下一个零件切片的表面图案。双流 DCNN 能够融合从两层图像中发现的模式，对 SLM 过程不一致性引起的缺陷进行联合分类。为了对双流 DCNN 方法的有效性进行实验评估，通过改变 SLM 工艺参数的水平来产生零件结构缺陷，例如：熔道不连续、突出的扇形边缘和层边界、层密度不足。在网络训练过程中，采集了不同工艺条件下的单个粉末层和零件切片的在制品图像，并将其联合输入双流 DCNN，使模型能够建立各层图像表面模式与不当工艺条件引起的结构缺陷之间的对应关系，为零件质量保证提供依据。

Bi-stream DCNN 体系结构：Bi-stream DCNN 的每个流由一系列卷积层组成，通过核卷积和非线性激活来提取输入图像的特征。在每个卷积层中，特征提取都伴随着信息的丢失。在标准 CNN 中，高层不需要访问原始输入图像或低层特征，就可以看到从后退层提取的特征。因此，当提取过程传播到更深层时，在标准 CNN 中，为高层特征提取积累损失并降低信息丰富度。在双流 DCNN 中，在输入图像和卷积层之间合并跳跃连接。跳转连接允许更高层获得对输入图像和之前的多级图像特征的完全访问，从而提高信息的丰富度，从而实现模式识别的准确的高层特征提取。具体地，如图 10-38 中的虚线所示，首先复制输入图像和低层特征映射并将其发送到高卷积层。然后，将它们与高层特征映射叠加，共同参与卷积，进行后续特征提取。在两个流的最后一个卷积层的特征映射中，完全连接的层融合了从两个图像中提取的最高级别的特征。分类层利用融合后的特征，通过 softmax 函数对与缺陷状态相关的图像模式进行分类。

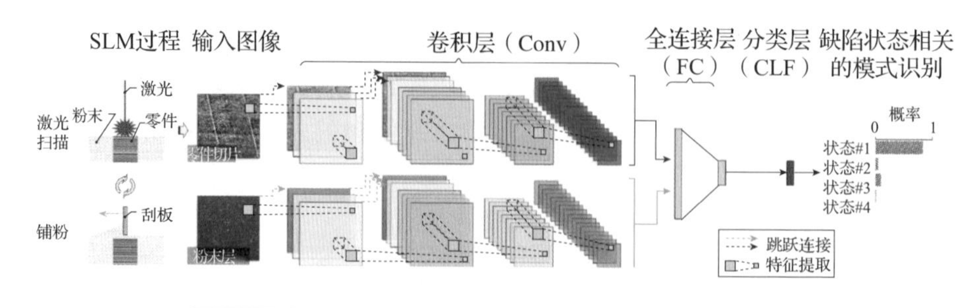

图 10-38 基于 Bi-stream DCNN 的 SLM 工艺缺陷识别[89]

10.5 信息物理融合技术

为了使 AM 整个制造流程的复杂任务更易于管理，需要开发工厂的各个部分，例如传感器、机械和产品，这将使灵活的模块化工程成为可能。考虑到这一趋势，信息物理系统(CPS)通过将不同的科学世界(机械工程、电气工程和计算机科学)结合起来而发挥了主要作用。未来的生产过程的特点是对个别产品的个性化要求。这为高度灵活的生产系统提出了新的要求，而提高工业生产过程的效率将成为重要的竞争因素。CPS 为工业 4.0 奠定了坚实的基础[90-91]，这种方法显示了这些系统在实际生产环境中的集成。

AM 是满足工业 4.0 与 CPS 的理想制造工艺，因为制造可以在没有任何硬件准备的情况下进行。除了 AM 机器之外，还需要保存在数据云中的数据。但是，在大多数工业案例中，AM 被嵌入在工艺链中，仅仅实现一个工序，并没有实现真正意义上增材制造过程的信息物理融合。

当前，已经积累了丰富的知识来以集中方式实现智能制造监控系统。通过基于云的技术向分散式架构发展的最新趋势有可能将这些知识普遍纳入，同时实现可重构性和可扩展性[92]。这些信息物理系统(CPS)代表了分散式网络计算与物理设备之间的集体协作。CPS 使制造过程监控系统可以看作是交互式的殖民地，类似于基于代理的设计和 Holonic 系统的分散式设计范例(Giret 和 Botti，2004)。基本的过程监视步骤包括测量、采集、信号处理、决策支持和环路控制，现在可以分布在几乎无限的空间内。

这些网络物理过程监控系统的独特优势包括：

(1)动态定制：由于通过服务提供组件之间的协作，因此可以自由添加或删除系统功能。

(2)可重构性：在广泛的应用中，许多不同的过程现在可以使用通过即插即用组件和可重新配置的软件属性定制的相同监视工具。

(3)泛载数据：开放数据的互操作性使得能够集成异构制造输入和输出，例如传感器、通信协议、控制设备等。

(4)传感器融合：分散的环境促进了传感器融合分析，它有可能产生以前未曾探索过的新的过程见解。

(5)可靠性：应用程序的开放互联实现了冗余机制的集成，例如复制，以确保在发生组件故障时提高关键系统的可靠性。

10.5.1 网络制造系统

传统的过程控制是统计控制，它是应用统计方法对制造过程进行监视和控制。基于统计的工具，如控制图和设计的实验，是跟踪过程中可能影响最终产品质量的变化。这种方法不需要对过程有精确的了解，但是它需要广泛的测试来预测导致无缺陷产品的允许变化。统计过程控制在短期和小批量生产或大规模定制中是无效的，因为集合数据集的数量有限，使得预测产品质量具有挑战性。此外，对于高价值产品，生产后测试的成本也会非常昂贵。

为了解决 AM 面临的这些挑战，美国宾夕法尼亚州立大学 Cooper 教授与美国自然基金 NSF 启动了一个网络制造系统(cyber-enabled manufacturing systems，CeMS)的基础研究项目[90]。研究项目的目标是开发 CeMS 的基本原理，以实现计算(基于模型)过程与物理(基于材料)过程的紧密结合和协调。CeMS 试图将传感和驱动相关的实时反馈控制与所有长度尺度上的材料加工计算模型结合起来。CeMS 增加了一个计算“体系结构”层，通过使用实时数据(现场导出)来指导制造过程并记录其每一步，从而更好地控制零件在制造过程中所需的特性。该项目期望在全面实现后，CeMS 将加速 AM 工艺和 AM 制造材料的鉴定、检验和验证，提高效率、降低成本，并将使其在工厂如同计算机数控机床(CNC)一样得到广泛的认可和应用。

CeMS 研究计算(软件)和物理(硬件)世界之间的接口，这包括能够对制造过程进行预测和控制的计算模型，这些模型可以缓解缺陷的形成，并在制造过程中实时启动原位修复。这些模型将涉及传感和执行、并发、同步、过程规划和分布式控制的显式表示。CeMS 试图明晰增材制造的几个方面：

- 确定和理解不同长度和时间尺度下物理过程的基本原理；
- 从动态实时计算的角度探索和利用物理过程模型之间的关系；
- 使新的制造技术能够将网络和信息技术与材料加工联系起来；
- 利用直接制造技术设计和开发多材料组件和多功能集成系统。

该项目的初步研究已经开始，并利用先进工具开发计算模型。例如，为了理解 MAM 成形的物理过程，Lambrakos 和 Cooper 研究了确定热分布场和温度演化规律[93]。该研究采用逆问题法，对平板等简单金属形状在逐层构造过程中熔融沉积的热模型进行计算。这种分析考虑了通过基板（导电）、熔池（对流）和环境（辐射）的热传递影响，并确定了成形体积内的热量积聚、熔池的形状和尺寸、熔池内的温度梯度、温度固化材料内的温度分布和成形腔内任何给定点的温度循环。对增材制造中热状态演化的理解有助于优化工艺设计和过程控制，这对成形过程监测都是非常重要的。图 10－39 所示为在一个试样中建立合金梯度时计算的温度场示例，该试样的一边为纯镍，另一边为纯铜[93]。

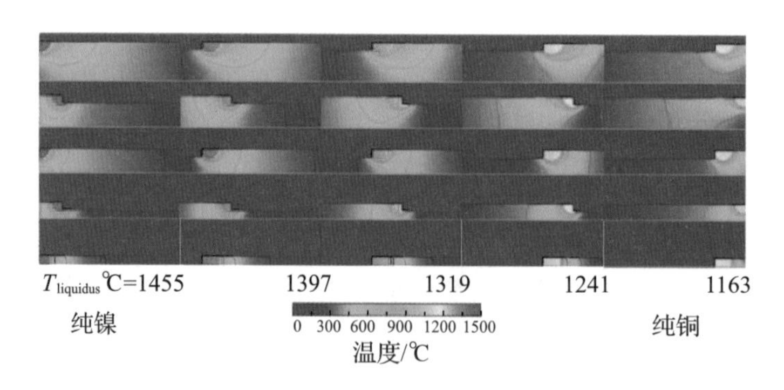

图 10－39　**AM 成形样件中的热分布场**[93]

来源：Cooper and Lambrakos(2010b)。

Cooper 等[94]还展示了一个用于熔焊的工艺和测量模型，如图 10－40 所示。这些模型可以扩展到基于金属的 AM，可以看作是一个通过一系列熔融步骤成形对象的过程。该项目拟实现以下目标：

- 控制与计算系统的协同设计的 CPS 方法；
- 用于实时控制的定制计算架构；

• 将测量、模型和不确定性纳入控制的通用模板。

可以看出，该系统与传统的基于统计的过程控制不同，基于物理的过程控制融合了测量、主动监测和实时调控，它需要更全面的数据处理与系统控制技术。

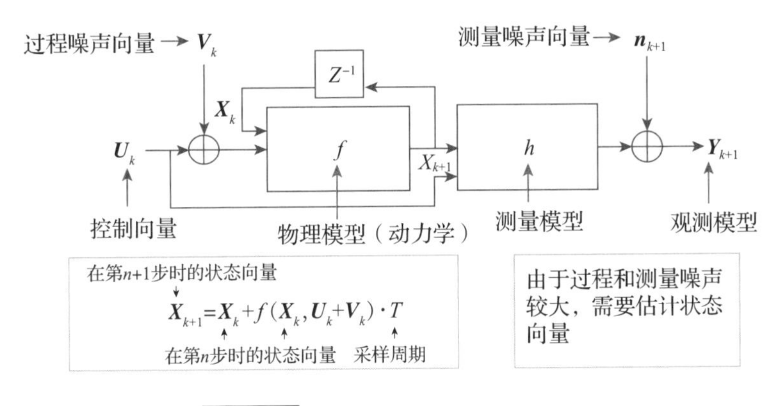

图 10－40　MAM 工艺和测量模型[94]

CeMS 研究项目目前面临以下技术难点：

• 使用多传感器、闭环控制和网络物理模型以及模块化系统级架构设计，监测和控制对象尺寸、组成、微观结构和特性；

• 开发用于规划和过程控制的软件体系结构框架；

• 通过材料相变的计算建模和基于状态空间建模的实时反馈控制，创建物理过程的形状补偿方法；

• 集成基于网络的 AM，直接从数字 3D 概念中生成满足设计意图的 3D 异构结构；

• 将数字框架（前馈）与宽带无损评估（NDE）技术（反馈）相结合，以快速优化单材料和多材料制造的 AM 工艺参数，并在制造过程中提供质量保证。

10.5.2　数字孪生技术

1. 应用于金属打印的数字孪生新概念

数字孪生是硬件的虚拟复制品，许多行业和政府机构已成功构建并用于不同的制造过程[95]。例如，通用电气目前拥有超过 55 万对真正的物理系统的数字“孪生兄弟”，这些系统的运行范围从喷气式发动机到动力涡轮机。此外，美国宇航局和美国空军已经检查了它们的使用，以提高车辆设计的可靠性和安全性[96-97]。增材制造的数字孪生体硬件由机械模型、传感和控制模型、统计模型、大数据和机器学习组成，如图 10-41(a)所示[98]。下面将讨论每个单元的功能以及它们如何及时帮助生产高质量零件。机械模型可根据成熟的工程、科学和冶金理论，估算冶金属性，如瞬态温度场、凝固形态、晶粒结构、存在相以及缺陷形成的敏感性。机械模型的能力如图 10-41(b)所示[98]。这些模型依赖于移动热源(如激光束、电子束和电弧)与金属材料之间的相互作用。

机械模型可以是双向的，这样它们可以在输入和输出变量之间切换。换言之，他们可以计算实现所需产品属性所需的一组工艺变量，例如零件尺寸、微观结构、平均晶粒度和一些简单特性。传感和控制模型可以与多个传感器连接，例如用于温度测量的红外摄像机，用于捕捉表面粗糙度变化、缺陷和几何偏差的声发射系统以及用于监测选定几何特征的原位同步加速器。这些模型可用于 AM 过程的实时控制，以高效、重复地生产出高质量的零件。当一个组件被制造出来时，模型不断地评估传感数据，以检查它们是否在可接受的范围内。如果发现任何差异，控制模型调整过程变量以确保符合设计并避免缺陷。如果监测温度偏离正常范围，控制模型可以调整过程变量，如热源功率或扫描速度，以避免缺陷的形成。

机械模型和控制模型都是复杂的，它们的输出可能由于模型中的几个简化假设、输入热物理和热力学性能数据的错误，特别是在高温下，以及大型复杂计算中常见的数值错误而产生误差。为了使这些误差最小化，应将机械模型和控制模型与先进的统计模型相结合。统计模型可以根据监测大数据中的分类记录，纠正机械模型预测中的误差。

用于增材制造的大数据主要包括 4 种主要记录类型，如图 10-41(a)所示[98]。首先，它包含通过传感获得的数据，如温度、熔池特征和零件几何属性。其次，还存储了先前成形的组件测试结果的数据，如微观结构特征、晶粒尺寸、凝固组织和力学性能。第三，记录了机械模型的计算结果，最后收集了增材制造文献的数据。有时，组件设计和打印期间生成的数据也包含在大数据集中。这些数据是根据产品规格生成的，还可以用来测试与评估新的设计方案。

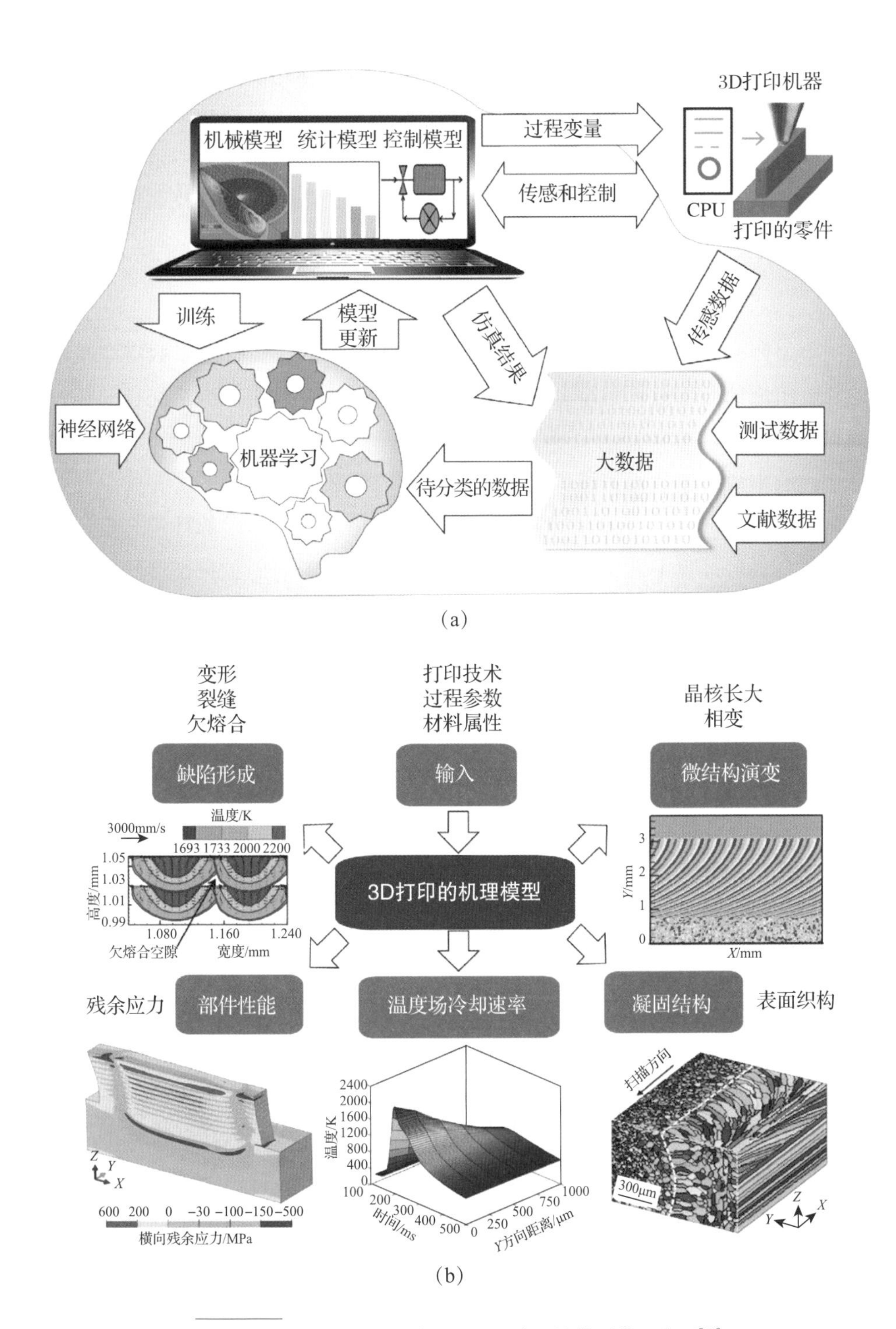

图 10-41　数字孪生系统及增材制造机械模型的示意图[98]

在每次进行实验或执行模型时，大数据都会得到扩展。对扩展的大数据进行分类并持续更新，有助于改善机器学习性能，提高模型预测性能。机器学习模型(如神经网络)具有很强的动态学习与适应能力，当打印条件或系统参数发生变化时，可以在不断增长的知识库基础上改进统计和控制模型，并使之具备数字孪生系统的适应性。

2. 基于数字孪生的增材制造系统

增材制造的数字孪生是一个新概念。尽管文献中已经报道了数字孪生体的几个组成部分，但是一个全面的、开源的增材制造数字孪生系统目前还没有出现。

一般来说，通过预先提供最优成形工艺的参数建议，可以显著减少性能检测所需的测试量[97-99]。在成形过程中，控制模型确保打印部件符合设计要求，并在成形过程中调整工艺参数以减少缺陷。成形前的机械模型结果、成形时获取的传感数据和成形后的测试结果都存储在大数据中。机械模型的预期结果通过机器学习模型与成形测试结果以及大数据集中的结果进行比较，以决定是否需要进一步改进统计模型或控制模型。

学者 Knapp 等建议按照以下的方案对图 10－41 所示概念模型进行改进[99]。

首先，上述的数字孪生系统[98]中许多模块需要改进。例如，熔融过程的瞬态动力学模型需要包含更多的打印过程中的重要物理现象，并使用不同成形条件下不同材料的实验数据进行验证。

第二，控制模型所依赖的传感数据应以更高的分辨率、精度和传感器精度更准确地采集。

第三，需要通过开发智能算法、计算设备和存储设备，进一步改进数据管理、分析、查询和决策的软硬件系统。

第四，需要通过在数字孪生系统之间建立高效快速的交互，将数字孪生系统的不同组成部分整合在同一构架内。

数字时代强大的软硬件和计算能力，以及丰富的工艺和冶金知识库，是构建一个全面、开放源代码的增材制造数字孪生系统的重要基础。通过创建数字孪生系统，在增材制造的物理世界和虚拟世界之间架起一座桥梁，将减少试验和错误测试的数量，减少缺陷，缩短设计和生产之间的时间，并使更多金属产品的增材制造更具成本效益，是将来的重要发展方向。

10.6 总结及展望

作为增材制造自动化与智能化的技术基础，增材制造过程监控为提高成形质量决策提供可靠的理论依据。基于机器学习的增材制造过程监控方法不仅能够有效提取出状态监测数据中能反映出成形状态的特征信息，而且能够刻画出状态监测数据与输出数据间的非线性关系进而实现准确缺陷预测。本节主要对基于机器学习的 PBF 增材制造过程监控方法进行系统的综述和总结。根据机器学习模型结构的深度，将其分为基于浅层机器学习的方法和基于深度学习的方法。同时梳理了每类方法的发展分支与研究现状，并且总结了相应的优势和缺点。然而根据现有研究成果，理论上与工程中仍存在大量的挑战与问题有待进一步研究。

（1）特征提取与故障机理映射。故障机理是指通过理论或大量的实验分析，得到反映设备故障状态信号与设备系统参数之间的关联映射规律。准确进行成形缺陷预测的前提是从海量的监测数据中尽可能多地提取出有效信息，但传统的统计数据驱动方法与浅层机器学习方法均需要依靠大量信号处理技术与专家经验知识，手动提取出特征信息，对于处理复杂工程设备的海量监测数据而言，这些方法受到了严重限制。深度学习能够在一定程度上克服此类问题，如 DBN 与 CNN 均具有智能化特征提取与成形缺陷预测的能力，但有关智能化特征提取与成形缺陷预测的研究仍较为匮乏，有待深入地研究。由于通常获得某一系统较全面的故障数据样本是不现实的，如何将深度学习与现有缺陷机理相结合，解决复杂增材制造系统缺陷的“相关性”问题，实现系统运行状态特征的有效提取是一个极具挑战性的问题，目前还没有明显突破性的进展。

（2）多种缺陷模式下成形质量缺陷预测研究。现有研究大都侧重于单一缺陷模式下设备的成形缺陷预测，忽略了工程设备的缺陷是由于多种缺陷模式耦合作用所引起的情形，如机械设备或电子设备通常会发生退化缺陷，但受到外界冲击或应力影响下，设备会突然无法实现正常功能，这类缺陷为突发缺陷。因而多种缺陷模式下成形质量缺陷预测研究值得进一步研究。

（3）质量缺陷特征的深度提取与识别。目前，深度学习的特征提取模型需要调节模型层数和模型参数，需要不断地尝试与实验，需要极大的经验进行模型训练，而当应用于新的运行数据，或者说外部环境变化导致数据偏离原有的结构时，模型无法自适应调整。因此，在模型层数定量确定后，小样本模型训练等也是一个极具挑战的问题。目前，深度学习网络的模型层数和模型参数确定并没有统一方法。从重构误差、分类误差、损失函数最小化等角度，以及从最大化提取特征数量、识别精确度等最大化来实现有监督的模型训练，将网络训练成为一个非线性优化问题也许为一种解决思路。

（4）多源异构数据的处理。现代增材制造系统产生了海量的时间与空间尺度上的运行数据，数据类型分散不统一，如何将机器学习与现有训练数据相结合，构建易于训练、可自适应学习的多源海量数据处理方法也是一个值得研究的方向。构建不同类型的、各自独立的子网络来处理不同类型的数据，通过平移、旋转、缩放不变以及转码等方式，将数据转化为统一的数据类型，而后再构建一个集成学习网络从这些数据中提取有用的特征，以实现训练数据样本的统一，可为解决海量多元异构数据的处理问题提供一种可行的思路。

（5）基于物理模型的过程监控。在增材制造中，包括材料科学、热弹性现象和工艺—设备相互作用的定量描述物理模型尚不成熟。因此，当前增材制造质量监测方法或是离线的，或是基于纯数据驱动的（神经网络、统计分析）或是集中质量模型。因此，它们的作用在很大程度上简化为成形异常监测。在没有物理模型的情况下，数据驱动模型的预测和调整能力有限。为实现增材制造过程的闭环控制，需要将物理模型与传感器数据相结合。

参考文献

[1] CRAEGHS T，CLIJSTERS S，YASA E，et al. Determination of geometrical factors in Layerwise Laser Melting using optical process monitoring[J]. Optics and Lasers in Engineering，2011，49(12)：1440 - 1446.

[2] CRAEGHS T. A monitoring system for on-line control of selective laser melting [D]. Louvain-la-Neuve：Katholieke Universiteit te Leuven，2012.

[3] CLIJSTERS S，CRAEGHS T，BULS S，et al. In situ quality control of

the selective laser melting process using a high-speed，real-time melt pool monitoring system[J]. The International Journal of Advanced Manufacturing Technology，2014，75(5-8)：1089-1101.

[4] HUSSEIN A，HAO L，YAN C，et al. Finite element simulation of the temperature and stress fields in single layers built without-support in selective laser melting[J]. Materials & Design，2013，52：638-647.

[5] 李瑞迪，魏青松，刘锦辉，等. 选择性激光熔化成形关键基础问题的研究进展[J]. 航空制造技术，2012，401(5)：26-31.

[6] KING W E，ANDERSON A T，FERENCZ R M，et al. Laser powder bed fusion additive manufacturing of metals：physics，computational，and materials challenges[J]. Applied Physics Reviews，2015，2(4)：041304.

[7] CHENG B，SHRESTHA S，CHOU K. Stress and deformation evaluations of scanning strategy effect in selective laser melting[J]. Additive Manufacturing，2016，12：240-251.

[8] KHAIRALLAH S A，ANDERSON A T，RUBENCHIK A，et al. Laser powder-bed fusion additive manufacturing：Physics of complex melt flow and formation mechanisms of pores，spatter，and denudation zones[J]. Acta Materialia，2016，108：36-45.

[9] GÖKHAN DEMIR A，DE GIORGI C，PREVITALI B. Design and implementation of a multisensor coaxial monitoring system with correction strategies for selective laser melting of a maraging steel[J]. Journal of Manufacturing Science and Engineering，2018，140(4)：041003.

[10] KAIERLE S，ABELS P，KRATZSCH C. Process monitoring and control for laser materials processing—an overview[J]. Proceedings of Lasers in Manufacturing，2005，3：101-105.

[11] COLOMBO D，COLOSIMO B M，PREVITALI B. Comparison of methods for data analysis in the remote monitoring of remote laser welding[J]. Optics and Lasers in Engineering，2013，51(1)：34-46.

[12] GRASSO M，COLOSIMO B M. Process defects and in situ monitoring methods in metal powder bed fusion：a review[J]. Measurement

Science and Technology, 2017, 28(4): 044005.

[13] MUMTAZ K A, HOPKINSON N. Selective laser melting of thin wall parts using pulse shaping [J]. Journal of Materials Processing Technology, 2010, 210(2): 279 - 287.

[14] WANG J, WANG C, MENG X, et al. Study on the periodic oscillation of plasma/vapour induced during high power fibre laser penetration welding [J]. Optics & Laser Technology, 2012, 44(1): 67 - 70.

[15] COLOMBO D, PREVITALI B. Through optical combiner monitoring of fiber laser processes[J]. International Journal of Material Forming, 2010, 3(1): 1123 - 1126.

[16] PEDROTTI L S. Basic geometrical optics[J]. Fundamentals of photonics, 2008: 73 - 116.

[17] DEMIR A G, MONGUZZI L, PREVITALI B. Selective laser melting of pure Zn with high density for biodegradable implant manufacturing [J]. Additive Manufacturing, 2017, 15: 20 - 28.

[18] TANG L, LANDERS R G. Layer-to-layer height control for laser metal deposition process [J]. Journal of Manufacturing Science and Engineering, 2011, 133(2): 021009.

[19] TANG L, RUAN J, LANDERS R G, et al. Variable powder flow rate control in laser metal deposition processes [J]. Journal of manufacturing science and engineering, 2008, 130(4): 041016.

[20] DOUMANIDIS C, KWAK Y M. Geometry modeling and control by infrared and laser sensing in thermal manufacturing with material deposition[J]. J. Manuf. Sci. Eng., 2001, 123(1): 45 - 52.

[21] ARIMOTO S, KAWAMURA S, MIYAZAKI F. Bettering operation of robots by learning[J]. Journal of Robotic systems, 1984, 1(2): 123 - 140.

[22] GRIFFITH M L, SCHLIENGER M E, HARWELL L D, et al. Understanding thermal behavior in the LENS process[J]. Materials & design, 1999, 20(2 - 3): 107 - 113.

[23] KOBRYN P A, SEMIATIN S L. Microstructure and texture evolution during solidification processing of Ti - 6Al - 4V [J]. Journal of

Materials Processing Technology，2003，135(2－3)：330－339.

[24] FARSHIDIANFAR M H，KHAJEPOUR A，GERLICH A. Real-time control of microstructure in laser additive manufacturing[J]. The International Journal of Advanced Manufacturing Technology，2016，82(5－8)：1173－1186.

[25] RENKEN V，ALBINGER S，GOCH G，et al. Development of an adaptive，self-learning control concept for an additive manufacturing process[J]. CIRP Journal of Manufacturing Science and Technology，2017，19：57－61.

[26] NEEF A，SEYDA V，HERZOG D，et al. Low coherence interferometry in selective laser melting[J]. Physics Procedia，2014，56：82－89.

[27] FOSTER B，REUTZEL E，NASSAR A，et al. Optical，layerwise monitoring of powder bed fusion[C]. Austin，TX：Solid Freeform Fabrication Symposium，2015.

[28] ABDELRAHMAN M，REUTZEL E W，NASSAR A R，et al. Flaw detection in powder bed fusion using optical imaging[J]. Additive Manufacturing，2017，15：1－11.

[29] SCIME L，BEUTH J. Anomaly detection and classification in a laser powder bed additive manufacturing process using a trained computer vision algorithm[J]. Additive Manufacturing，2018，19：114－126.

[30] YAO B，IMANI F，SAKPAL A S，et al. Multifractal analysis of image profiles for the characterization and detection of defects in additive manufacturing[J]. Journal of Manufacturing Science and Engineering，2018，140(3)：031014.

[31] RODRIGUEZ E，MIRELES J，TERRAZAS C A，et al. Approximation of absolute surface temperature measurements of powder bed fusion additive manufacturing technology using in situ infrared thermography[J]. Additive Manufacturing，2015，5：31－39.

[32] CLIJSTERS S，CRAEGHS T，BULS S，et al. In situ quality control of the selective laser melting process using a high-speed，real-time melt

pool monitoring system[J]. The International Journal of Advanced Manufacturing Technology，2014，75(5 - 8)：1089 - 1101.

[33] ZHAO C，FEZZAA K，CUNNINGHAM R W，et al. Real-time monitoring of laser powder bed fusion process using high-speed X-ray imaging and diffraction[J]. Scientific reports，2017，7(1)：3602.

[34] GRASSO M，LAGUZZA V，SEMERARO Q，et al. In-process monitoring of selective laser melting：spatial detection of defects via image data analysis [J]. Journal of Manufacturing Science and Engineering，2017，139(5)：051001.

[35] REPOSSINI G，LAGUZZA V，GRASSO M，et al. On the use of spatter signature for in-situ monitoring of Laser Powder Bed Fusion[J]. Additive Manufacturing，2017，16：35 - 48.

[36] GRASSO M，DEMIR A G，PREVITALI B，et al. In situ monitoring of selective laser melting of zinc powder via infrared imaging of the process plume[J]. Robotics and Computer-Integrated Manufacturing，2018，49：229 - 239.

[37] KHANZADEH M，CHOWDHURY S，BIAN L，et al. A methodology for predicting porosity from thermal imaging of melt pools in additive manufacturing thin wall sections：International Manufacturing Science and Engineering Conference [C]. [s. l.]：American Society of Mechanical Engineers，2017.

[38] LANE B，MOYLAN S，WHITENTON E P，et al. Thermographic measurements of the commercial laser powder bed fusion process at NIST [J]. Rapid prototyping journal，2016，22(5)：778 - 787.

[39] LOTT P，SCHLEIFENBAUM H，MEINERS W，et al. Design of an optical system for the in situ process monitoring of selective laser melting (SLM)[J]. Physics Procedia，2011，12：683 - 690.

[40] BIDARE P，MAIER R R J，BECK R J，et al. An open-architecture metal powder bed fusion system for in-situ process measurements[J]. Additive Manufacturing，2017，16：177 - 185.

[41] KRICZKY D A，IRWIN J，REUTZEL E W，et al. 3D spatial reconstruction

of thermal characteristics in directed energy deposition through optical thermal imaging[J]. Journal of Materials Processing Technology，2015，221：172－186.

[42] CRAEGHS T，CLIJSTERS S，YASA E，et al. Determination of geometrical factors in Layerwise Laser Melting using optical process monitoring[J]. Optics and Lasers in Engineering，2011，49(12)：1440－1446.

[43] DAGEL D J，GROSSETETE G D，MACCALLUM D O，et al. Four-color imaging pyrometer for mapping temperatures of laser-based metal processes：Thermosense：Thermal Infrared Applications XXXVIII [C]. Bellingham：International Society for Optics and Photonics，2016.

[44] ISLAM M，PURTONEN T，PIILI H，et al. Temperature profile and imaging analysis of laser additive manufacturing of stainless steel[J]. Physics Procedia，2013，41：835－842.

[45] KANKO J A，SIBLEY A P，FRASER J M. In situ morphology-based defect detection of selective laser melting through inline coherent imaging[J]. Journal of Materials Processing Technology，2016，231：488－500.

[46] SCIME L，FISHER B，BEUTH J. Using coordinate transforms to improve the utility of a fixed field of view high speed camera for additive manufacturing applications[J]. Manufacturing Letters，2018，15：104－106.

[47] SHEVCHIK S A，KENEL C，LEINENBACH C，et al. Acoustic emission for in situ quality monitoring in additive manufacturing using spectral convolutional neural networks[J]. Additive Manufacturing，2018，21：598－604.

[48] GOLD S A，SPEARS T G. Acoustic monitoring method for additive manufacturing processes：US9989495[P]. 2018－6－5.

[49] SMITH R J，HIRSCH M，PATEL R，et al. Spatially resolved acoustic spectroscopy for selective laser melting [J]. Journal of

Materials Processing Technology，2016，236：93 - 102.

[50] RIEDER H，DILLHFER A，SPIES M，et al. Ultrasonic online monitoring of additive manufacturing processes based on selective laser melting：AIP Conference Proceedings[C]. New York：AIP American Institute of Physics，2015.

[51] FOX J C，LANE B M，YEUNG H. Measurement of process dynamics through coaxially aligned high speed near-infrared imaging in laser powder bed fusion additive manufacturing：Thermosense：Thermal Infrared Applications XXXIX [C]. US：International Society for Optics and Photonics，2017.

[52] BIDARE P，BITHARAS I，WARD R M，et al. Fluid and particle dynamics in laser powder bed fusion[J]. Acta Materialia，2018，142：107 - 120.

[53] LY S，RUBENCHIK A M，KHAIRALLAH S A，et al. Metal vapor micro-jet controls material redistribution in laser powder bed fusion additive manufacturing[J]. Scientific reports，2017，7(1)：4085.

[54] LEI Y，LIN J，ZUO M J，et al. Condition monitoring and fault diagnosis of planetary gearboxes：A review[J]. Measurement，2014，48：292 - 305.

[55] DURO J A，PADGET J A，BOWEN C R，et al. Multi-sensor data fusion framework for CNC machining monitoring [J]. Mechanical systems and signal processing，2016，66：505 - 520.

[56] YANG D，LI H，HU Y，et al. Vibration condition monitoring system for wind turbine bearings based on noise suppression with multi-point data fusion[J]. Renewable energy，2016，92：104 - 116.

[57] YOU D，GAO X，KATAYAMA S. WPD-PCA-based laser welding process monitoring and defects diagnosis by using FNN and SVM[J]. IEEE Transactions on Industrial Electronics，2014，62(1)：628 - 636.

[58] ZHANG Z，CHEN S. Real-time seam penetration identification in arc welding based on fusion of sound，voltage and spectrum signals[J]. Journal of Intelligent Manufacturing，2017，28(1)：207 - 218.

[59] FIDALI M, JAMROZIK W. Diagnostic method of welding process based on fused infrared and vision images[J]. Infrared Physics & Technology, 2013, 61: 241 - 253.

[60] CHEN B, FENG J. Multisensor information fusion of pulsed GTAW based on improved DS evidence theory[J]. The International Journal of Advanced Manufacturing Technology, 2014, 71(1 - 4): 91 - 99.

[61] ZHANG Y, HONG G S, YE D, et al. Extraction and evaluation of melt pool, plume and spatter information for powder-bed fusion AM process monitoring[J]. Materials & Design, 2018, 156: 458 - 469.

[62] GRASSO M, LAGUZZA V, SEMERARO Q, et al. In-process monitoring of selective laser melting: spatial detection of defects via image data analysis[J]. Journal of Manufacturing Science and Engineering, 2017, 139(5): 051001.

[63] AMINZADEH M. A machine vision system for in-situ quality inspection in metal powder-bed additive manufacturing[D]. Atlanta: Georgia Institute of Technology, 2016.

[64] AMINZADEH M, KURFESS T R. Online quality inspection using Bayesian classification in powder-bed additive manufacturing from high-resolution visual camera images[J]. Journal of Intelligent Manufacturing, 2019, 30(6): 2505 - 2523.

[65] YOU D, GAO X, KATAYAMA S. Monitoring of high-power laser welding using high-speed photographing and image processing[J]. Mechanical Systems and Signal Processing, 2014, 49(1 - 2): 39 - 52.

[66] GAO X, SUN Y, KATAYAMA S. Neural network of plume and spatter for monitoring high-power disk laser welding[J]. International Journal of Precision Engineering and Manufacturing-Green Technology, 2014, 1(4): 293 - 298.

[67] SCHWEIER M, HAUBOLD M W, ZAEH M F. Analysis of spatters in laser welding with beam oscillation: A machine vision approach[J]. CIRP Journal of Manufacturing Science and Technology, 2016, 14: 35 - 42.

[68] PANG S, CHEN X, SHAO X, et al. Dynamics of vapor plume in transient keyhole during laser welding of stainless steel: Local evaporation, plume swing and gas entrapment into porosity[J]. Optics and Lasers in Engineering, 2016, 82: 28 - 40.

[69] ZHANG Y, FUH J Y H, YE D, et al. In-situ monitoring of laser-based PBF via off-axis vision and image processing approaches[J]. Additive Manufacturing, 2019, 25: 263 - 274.

[70] YAO B, IMANI F, SAKPAL A S, et al. Multifractal analysis of image profiles for the characterization and detection of defects in additive manufacturing[J]. Journal of Manufacturing Science and Engineering, 2018, 140(3): 031014.

[71] CHHABRA A, JENSEN R V. Direct determination of the f (α) singularity spectrum[J]. Physical Review Letters, 1989, 62(12): 1327.

[72] SCIME L, BEUTH J. Anomaly detection and classification in a laser powder bed additive manufacturing process using a trained computer vision algorithm[J]. Additive Manufacturing, 2018, 19: 114 - 126.

[73] SCIME L, BEUTH J. Using machine learning to identify in-situ melt pool signatures indicative of flaw formation in a laser powder bed fusion additive manufacturing process[J]. Additive Manufacturing, 2019, 25: 151 - 165.

[74] LOWE D G. Distinctive image features from scale-invariant keypoints [J]. International journal of computer vision, 2004, 60(2): 91 - 110.

[75] GOBERT C, REUTZEL E W, PETRICH J, et al. Application of supervised machine learning for defect detection during metallic powder bed fusion additive manufacturing using high resolution imaging[J]. Additive Manufacturing, 2018, 21: 517 - 528.

[76] FRANCIS J, BIAN L. Deep learning for distortion prediction in laser-based additive manufacturing using big data[J]. Manufacturing Letters, 2019, 20: 10 - 14.

[77] SHEVCHIK S A, MASINELLI G, KENEL C, et al. Deep learning

for in situ and real-time quality monitoring in additive manufacturing using acoustic emission [J]. IEEE Transactions on Industrial Informatics, 2019, 15(9): 5194 - 5203.

[78] SHEVCHIK S A, KENEL C, LEINENBACH C, et al. Acoustic emission for in situ quality monitoring in additive manufacturing using spectral convolutional neural networks[J]. Additive Manufacturing, 2018, 21: 598 - 604.

[79] CAGGIANO A, ZHANG J, ALFIERI V, et al. Machine learning-based image processing for on-line defect recognition in additive manufacturing[J]. CIRP Annals, 2019, 68(1): 451 - 454.

[80] ZHANG B, JAISWAL P, RAI R, et al. Convolutional neural network-based inspection of metal additive manufacturing parts[J]. Rapid Prototyping Journal, 2019.

[81] CAGGIANO A, ZHANG J, ALFIERI V, et al. Machine learning-based image processing for on-line defect recognition in additive manufacturing[J]. CIRP Annals, 2019, 68(1): 451 - 454.

[82] SCIME L, BEUTH J. A multi-scale convolutional neural network for autonomous anomaly detection and classification in a laser powder bed fusion additive manufacturing process[J]. Additive Manufacturing, 2018, 24: 273 - 286.

[83] IMANI F, CHEN R, DIEWALD E, et al. Deep learning of variant geometry in layerwise imaging profiles for additive manufacturing quality control[J]. Journal of Manufacturing Science and Engineering, 2019, 141(11): 111001.

[84] YUAN B, GUSS G M, WILSON A C, et al. Machine Learning Based Monitoring of Laser Powder Bed Fusion [J]. Advanced Materials Technologies, 2018, 3(12): 1800136.

[85] YE D, HONG G S, ZHANG Y, et al. Defect detection in selective laser melting technology by acoustic signals with deep belief networks [J]. The International Journal of Advanced Manufacturing Technology, 2018, 96(5 - 8): 2791 - 2801.

[86] YE D, FUH J Y H, ZHANG Y, et al. In situ monitoring of selective laser melting using plume and spatter signatures by deep belief networks [J]. ISA transactions, 2018, 81: 96 - 104.

[87] KWON O, KIM H G, HAM M J, et al. A deep neural network for classification of melt-pool images in metal additive manufacturing[J]. Journal of Intelligent Manufacturing, 2020, 31(2): 375 - 386.

[88] MOZAFFAR M, PAUL A, AL-BAHRANI R, et al. Data-driven prediction of the high-dimensional thermal history in directed energy deposition processes via recurrent neural networks[J]. Manufacturing letters, 2018, 18: 35 - 39.

[89] CAGGIANO A, ZHANG J, ALFIERI V, et al. Machine learning-based image processing for on-line defect recognition in additive manufacturing[J]. CIRP Annals, 2019, 68(1): 451 - 454.

[90] YING S, SZTIPANOVITS J. Foundations for innovation in cyber-physical systems: Workshop Report [C]. Columbia: Maryland Energetics Incorporated, 2013.

[91] LEE J, LAPIRA E, BAGHERI B, et al. Recent advances and trends in predictive manufacturing systems in big data environment [J]. Manufacturing letters, 2013, 1(1): 38 - 41.

[92] MONOSTORI L, KáDáR B, BAUERNHANSL T, et al. Cyber-physical systems in manufacturing[J]. Cirp Annals, 2016, 65(2): 621 - 641.

[93] COOPER K P, LAMBRAKOS S G. Thermal modeling of direct digital melt-deposition processes [J]. Journal of Materials Engineering and Performance, 2011, 20(1): 48 - 56.

[94] COOPER K P, WACHTER R F. Cyber-enabled manufacturing systems for additive manufacturing [J]. Rapid Prototyping Journal, 2014, 20(5): 355 - 359.

[95] TAO F, CHENG J, QI Q, et al. Digital twin-driven product design, manufacturing and service with big data[J]. The International Journal of Advanced Manufacturing Technology, 2018, 94(9 - 12): 3563 - 3576.

［96］General Electric Digital Twin at Work：The Technology That's Changing Industry［Z/OL］.［2019－12－23］. https：//www.ge.com/digital/blog/digital-twin-work-technology-changing-industry.

［97］LHACHEMI H，MALIK A，SHORTEN R. augmented reality，cyber-physical systems，and feedback control for additive manufacturing：A review［J］. IEEE Access，2019，7：50119－50135.

［98］MUKHERJEE T，DEBROY T. A digital twin for rapid qualification of 3D printed metallic components［J］. Applied Materials Today，2019，14：59－65.

［99］KNAPP G L，MUKHERJEE T，ZUBACK J S，et al. Building blocks for a digital twin of additive manufacturing［J］. Acta Materialia，2017，135：390－399.